Einführung in die statistische Methodenlehre

Dieter Hochstädter

Einführung in die statistische Methodenlehre

6. Auflage

Verlag Harri Deutsch

CIP-Titelaufnahme der Deutschen Bibliothek

Hochstädter, Dieter:
Einführung in die statistische Methodenlehre / Dieter
Hochstädter. – 6. Aufl. – Frankfurt am Main ; Thun : Deutsch,
1989
ISBN 3-87144-996-2

Herstellung: Fuldaer Verlagsanstalt
Printed in Germany

VORWORT ZUR 6. AUFLAGE

Die erforderliche neue Auflage mußte mit einem anderen Textverarbeitungssystem erstellt werden. Ich habe mich für WORD 4.0 entschieden, und ich hoffe, daß es mir gelungen ist, ein ansprechendes Druckbild herzustellen, das auch ein einprägsames Lesen des Textes ermöglicht.

Einige Fehler der alten Auflage habe ich ausgemerzt, aber sicher sind - auch bedingt durch die Umstellung - wieder neue hinzugekommen, die trotz eifrigen Korrekturlesens noch nicht entdeckt wurden. Ich bitte dafür um Nachsicht.

Herrn Priv.-Doz. Dr. Elart von Collani von der Universität Würzburg danke ich für einige Hinweise, die ich gern berücksichtigt habe.

Ebenfalls möchte ich mich bei meiner Mitarbeiterin Frau Ulrike Kaiser, meiner Sekretärin Frau Sybille Laszyk sowie den studentischen Hilfskräften Herrn Henning Ahnert und Herrn Stefan Brandt für die vielen Hinweise beim Korrekturlesen bedanken.

Erneut kann ich nur hoffen, daß nicht zu viele Fehler unentdeckt geblieben sind und somit die Konvergenz gegen eine brauchbare und richtige Fassung gesichert ist.

Frankfurt/Main, im November 1988 Dieter Hochstädter

VORWORT ZUR 5. AUFLAGE

Die "Methodenlehre der Statistik" hat sich als Begleittext meiner Statistikvorlesung für Wirtschaftswissenschaftler an der Universität Frankfurt seit mehreren Jahren bestens bewährt. Mittlerweile erscheint das Buch in der 5. Auflage und gegenüber der ersten Auflage aus dem Jahr 1977 hat es mehrere Überarbeitungen und Erweiterungen gegeben.

Mit dieser fünften Auflage, die auch mit einem Wechsel des Verlages verbunden war, sind einige wesentliche Änderungen und Erweiterungen verbunden. So wurde im Kapitel 8 die Neufassung des Indexes des produzierenden Gewerbes, so wie er 1980 vom Statistischen Bundesamt vorgenommen wurde, in den Text neu aufgenommen. Im Kapitel 14 werden jetzt die drei wichtigsten Testverteilungen behandelt. Dies hat zur Folge, daß in den Kapiteln 15 und 16 mit Hilfe dieser Testverteilungen eine Reihe von Konfidenzintervallen berechnet und Signifikanztests geprüft werden. Im Anhang wurden ausführliche, mit dem Computer berechnete Tabellen aller im Buch verwendeten Verteilungen hinzugefügt.

Obwohl der sachliche Inhalt beträchtlich erweitert wurde, spiegelt sich dies nicht im Seitenumfang des Buches wieder. Dies wurde dadurch erreicht, daß der gesamte Text erstmalig von mir mit Hilfe des Textverarbeitungsprogramms "Textstar" der Firma OMNITEX in Rheinfelden über eine Olivetti M24 auf Diskette bzw. Plattenspeicher erstellt wurde. Der Ausdruck erfolgte mit dem Drucker SR 10/15 der Firma STAR.

Beim anschließenden mühevollen Korrekturlesen waren mir mein wissenschaftlicher Mitarbeiter Herr Dipl. Kaufmann Ludwig Wenger und meine studentische Hilfskraft Herr Henning Ahnert behilflich. Meine Hoffnung besteht darin, daß nicht allzu viele Fehler bei der Korrektur übersehen wurden.

Dem Verlag Harri Deutsch möchte ich für das große Entgegenkommen bei der Herausgabe und Preisgestaltung des Buches danken.

Frankfurt/Main, im November 1986 Dieter Hochstädter

Inhaltsverzeichnis

1. Einführung: Was versteht man unter Statistik? 1

2. Statistische Massen: Ihre Einheiten und Merkmale 4

2.1 Statistische Massen und ihre Einheiten 4

2.2 Statistische Merkmale und ihre Ausprägungen 6

2.3 Klassifizierung der Merkmale 7

3. Die statistische Erhebung 10

3.1 Erhebungsarten 10

3.2 Erhebungstechnik 11

4. Die statistische Aufbereitung 13

4.1 Technik der Aufbereitung 13

4.2 Gruppenbildung 14
4.2.1 Allgemeines 14
4.2.2 Gruppenbildung bei (sachlich-)qualitativen Merkmalen 15
4.2.3 Gruppenbildung bei (sachlich-)quantitativen Merkmalen 16

5. Darstellung von eindimensionalen Häufigkeitsverteilungen . . 19

5.1 Eindimensionale Häufigkeitsverteilung qualitativer Merkmale 19
5.1.1 Die Häufigkeitstabelle 19
5.1.2 Die graphische Darstellung 21

5.2 Eindimensionale Häufigkeitsverteilung quantitativ-diskreter Merkmale 22
5.2.1 Die Häufigkeitstabelle 24
5.2.2 Die graphische Darstellung 24
5.2.3 Berechnung von Anteilswerten 26

5.3 Eindimensionale Häufigkeitsverteilung quantitativ-stetiger Merkmale 26
5.3.1 Die graphische Darstellung 29
5.3.2 Die Häufigkeitstabelle 32
5.3.3 Beispiel zur Histogrammdarstellung zweier Häufigkeitsverteilungen 33
5.3.4 Berechnung von Anteilswerten innerhalb einer Klasse 35
5.3.5 Übergang zu einer kontinuierlichen Kurve 37

6. Beschreibung eindimensionaler Häufigkeitsverteilungen quantitativer Merkmale durch Verteilungsmaßzahlen 39

6.1 Lageparameter 39
6.1.1 Der Median (Zentralwert) Z 40
6.1.2 Der Modalwert (Modus, häufigster Wert) 42
6.1.3 Das arithmetische Mittel (AM) 42
6.1.4 Das geometrische Mittel (GM) 48
6.1.5 Das harmonische Mittel (HM) 49

6.2 Streungs-Parameter 51
6.2.1 Die Spannweite (range) R. 52
6.2.2 Das Konzept der p-Quantile 52
6.2.3 Die durchschnittlichen absoluten Abweichungen (mean absolute deviation MAD) 55
6.2.4 Varianz und daraus abgeleitete Streuungsparameter 56
6.2.4.1 Definition und Bestimmung aus ungruppiertem Datenmaterial 56
6.2.4.2 Bestimmung aus gruppiertem Datenmaterial (Streuungszerlegungssatz) . 58
6.2.5 Der Variationskoeffizient 63
6.2.6 Das Konzept der Momente 64

6.3 Die Konzentration einer Verteilung (Lorenzkurve) 65

Übungsaufgaben. 69

7. Darstellung und Beschreibung von mehrdimensionalen Häufigkeitsverteilungen 79

7.1 Allgemeine Grundbegriffe und Darstellungsweisen 79

7.2 Randverteilungen oder marginale Verteilungen. 81

7.3 Bedingte Verteilungen. Der Begriff statistischen Unabhängigkeit 83
7.4 Zweidimensionale Häufigkeitsverteilungen quantitativer Merkmale 87
7.4.1 Die Regressionsrechnung bei ungruppiertem Datenmaterial 87
7.4.1.1 Berechnung der Parameter b_0 und b_1 nach der Methode der kleinsten Quadrate 90
7.4.2 Die Regressionsrechnung bei gruppiertem Datenmaterial 94
7.4.2.1 Berechnung der Parameter b_0 und b_1 nach der Methode der kleinsten Quadrate . 97
7.4.3 Die Korrelationsrechnung. 101
7.4.3.1 Der Korrelationskoeffizient 101
7.4.3.2 Die Streuungszerlegung. 104
7.4.3.3 Das Bestimmtheitsmaß 107
7.4.3.4 Zusammenhang zwischen dem Bestimmtheitsmaß B und dem Korrelationskoeffizienten r . . . 108

Übungsaufgaben. 110

8. Maß- und Indexzahlen 115

8.1 Verhältniszahlen 116
8.1.1 Gliederungszahlen 116
8.1.2 Beziehungszahlen. 118
8.1.3 Sonderform von Verhältnis- und Beziehungszahlen.. 120
8.1.4 Meßziffern. 121
8.1.5 Meßziffernreihen. 122
8.1.6 Umbasierung von Meßziffernreihen. 123
8.2 Standardisierung. 126

8.3 Indexzahlen 132
8.3.1 Preisindizes. 133
8.3.2 Preisindex für die Lebenshaltung. 139
8.3.3 Weitere Preisindizes. 143
8.3.4 Deflationierung mit Hilfe von Preisindizes . . . 145

8.4 Mengen- und Volumenindizes 147
8.4.1 Einfacher Index der Outputmengen 147
8.4.2 Einfacher Index der Umsätze 147
8.4.3 Volumenindizes. 148
8.4.4 Produktionsindizes des Produzierenden Gewerbes . 148
8.4.4.1 Die Nettoproduktionsindizes 149

Übungsaufgaben 164

9. Bestands- und Bewegungsmassen 171

9.1 Abgrenzung der Begriffe 171

9.2 Fortschreibungsmodelle 174
9.2.1 Der Durchschnittsbestand in einem Fortschreibungsmodell 175
9.2.2 Kennziffern für Fortschreibungsmodelle 177

9.3 Bestandsmassen 181
9.3.1 Erhebungsmöglichkeiten 181
9.3.2 Die demographische Struktur einer Bevölkerung . . 182
9.3.2.1 Gliederung nach dem Geschlecht 182
9.3.2.2 Gliederung nach dem Alter 185
9.3.2.3 Gliederung nach dem Erwerbskonzept . . . 190

9.4 Bewegungsmassen 193
9.4.1 Die zeitliche Veränderung einer Bevölkerungsstruktur 193
1. Die Generationen-Sterbetafel 197
2. Die Perioden-Sterbetafel 198

Übungsaufgaben 206

10. Zeitreihenanalyse 213

10.1 Bewegungskomponenten von Zeitreihen 213

10.2 Bestimmung der glatten Komponente 219
10.2.1 Methode der kleinsten Quadrate 219
10.2.2 Methode der gleitenden Durchschnitte 224
10.2.3 Methode der gewichteten gleitenden Durchschnitte 228
10.2.4 Verfahren der exponentiellen Glättung 229

10.2.4.1 Allgemeine Einführung 229
10.2.4.2 Zufällige Schwankungen um eine horizontale Komponente 230
10.2.4.3 Berücksichtigung eines Trendparameters . . . 234

10.3 Saisonbereinigung von Zeitreihen 236
10.3.1 bei additiver Verknüpfung 238
10.3.2 bei multiplikativer Verknüpfung 244
10.3.2.1 Phasendurchschnittsverfahren 244
10.3.2.2 Gliedzifferverfahren nach Person. . . 248

10.4 Übersicht über die Bestimmung der einzelnen Komponenten einer Zeitreihe 251
10.4.1 simultane Bestimmung 251
10.4.2 sukzessive Bestimmung 251

Übungsaufgaben 253

11. **Teilerhebungen** 259

11.1 Total- und Teilerhebungen 259

11.2 Auswahlverfahren 259

11.3 Stichprobenerhebungen 261
11.3.1 Das einfache Stichprobenverfahren. 261
11.3.2 Das geschichtete Stichprobenverfahren 264
11.3.3 Die Klumpenstichprobe 267
11.3.4 Mehrstufige Stichprobenverfahren 268

11.4 Induktive und deduktive Schlußweise 268

12. **Grundzüge der Wahrscheinlichkeitsrechnung** 271

12.1 Der Begriff des zufälligen Ereignisses 271

12.2 Der Begriff der Wahrscheinlichkeit 274
12.2.1 Die klassische Definition der Wahrscheinlichkeit nach Laplace 274
12.2.2 Beispiele zur Berechnung von Wahrscheinlichkeiten 275
12.2.3 Kritik an dem Laplace'schen Wahrscheinlichkeitsbegriff 279
12.2.4 Die Häufigkeitsdefinition der Wahrscheinlichkeit nach R. von Mises 283
12.2.5 Die Bestimmung von Wahrscheinlichkeiten . . . 283

12.3 Grundlagen der Wahrscheinlichkeitstheorie 285
12.3.1 Das Rechnen mit zufälligen Ereignissen 286
12.3.2 Das Axiomensystem von Kolmogorov 290
12.3.3 Bedingte Wahrscheinlichkeiten und stochastisch unabhängige Ereignisse 294
12.3.4 Totale (vollständige) Wahrscheinlichkeit . . . 299
12.3.5 Der Satz von Bayes 303

Übungsaufgaben 306

13. Zufallsvariable und Wahrscheinlichkeitsverteilungen . . . 315

13.1 Begriff der Zufallsvariablen 315

13.2 Wahrscheinlichkeitsverteilungen 318
13.2.1 Die Verteilungsfunktion F(x) 318
13.2.2 Die Wahrscheinlichkeitsfunktion p(x) 320
13.2.3 Die Wahrscheinlichkeitsdichte oder Dichtefunktion f(x) 322

13.3 Momente von Wahrscheinlichkeitsverteilungen 326
13.3.1 Der Erwartungswert 327
13.3.2 Die Varianz 329
13.3.3 Das Konzept der Momente von Wahrscheinlichkeitsverteilungen 331

13.4 Zweidimensionale Wahrscheinlichkeitsverteilungen . . 333
13.4.1 Wahrscheinlichkeitsverteilungen 334
13.4.2 Momente der gemeinsamen Verteilung und der Randverteilungen 342
13.4.3 Berechnung des Erwartungswertes und der Varianz für Verknüpfungen von zwei von zwei Zufallsvariablen 344

Übungsaufgaben 348

14. Einige spezielle Wahrscheinlichkeitsverteilungen 355

14.1 Die Binomialverteilung (BV) 356
14.1.1 Wahrscheinlichkeitsfunktion und - verteilung 356
14.1.2 Graphische Darstellung 361
14.1.3 Momente der Binomialverteilung 362
14.1.4 Anwendungen der Binomialverteilung 364

14.2 Die Hypergeometrische Verteilung (HV) 365
14.2.1 Wahrscheinlichkeitsfunktion und - verteilung . 365
14.2.2 Momente der hypergeometrischen Verteilung . . 366
14.2.3 Vergleich der hypergeometrischen Verteilung mit der Binomialverteilung 367
14.2.4 Beispiele für die Anwendung der hypergeometrischen Verteilung 368

14.3 Die Poissonverteilung (PV) 369
14.3.1 Wahrscheinlichkeitsfunktion und - verteilung . 369
14.3.2 Anwendungen der Poissonverteilung 372
14.3.3 Vergleich der Poissonverteilung mit der Binomialverteilung 372

14.4 Die Normalverteilung (NV) 375
14.4.1 Die zweiparametrige Schar von Normalverteilungen, die standardisierte Normalverteilung 375
14.4.2 Das Rechnen mit normalverteilten Zufallsvariablen 379
14.4.3 Die Normalverteilung als Approximation für bestimmte Verteilungstypen 387
14.4.3.1 für die Binomialverteilung 387
14.4.3.2 für die Poissonverteilung 390
14.4.4 Lineare Funktionen mehrerer normalverteilter Zufallsvariablen 392
14.4.5 Der zentrale Grenzwertsatz 395

14.5 Die Chi-Quadrat Verteilung 395

14.6 Die Studentverteilung (t-Verteilung) 398

14.7 Die F-Verteilung 399

Übungsaufgaben 402

15. Einführung in die Schätztheorie 409

15.1 Grundlagen der Punktschätzung 410
15.1.1 Der Begriff der Schätzfunktion 410
15.1.2 Wünschenswerte Eigenschaften von Schätzfunktionen 412
15.1.2.1 Die Erwartungstreue 412
15.1.2.2 Die asymptotische Erwartungstreue . . 415
15.1.2.3 Die absolute Effizienz 415
15.1.2.4 Die Konsistenz 416
15.1.3 Methoden zur Konstruktion von Schätzfunktionen 418
15.1.3.1 Die Momentenmethode 418
15.1.3.2 Die Maximum-Likelihood Methode . . . 418
15.1.3.3 Anwendung der Maximum-Likelihood Methode 420

15.2 Grundlagen der Intervallschätzung 424

15.2.1 Schwankungsintervall für den Mittelwert $\bar{X}$ . . 424
15.2.2 Konfidenzintervall für den Erwartungswert μ einer Normalverteilung bei großem Stichprobenumfang n 427
15.2.3 Konfidenzintervall für den Erwartungswert μ bei unbekannter Varianz σ^2 und kleinem Stichprobenumfang n 430
15.2.4 Konfidenzintervall für den Anteilswert P einer binomialverteilten Zufallsvariablen X . 432
15.2.5 Konfidenzintervall für die Differenz zweier Erwartungswerte 433
15.2.6 Konfidenzintervall für die Varianz einer normalverteilten Grundgesamtheit 436
15.2.7 Konfidenzintervall für den Quotienten zweier Varianzen aus normalverteilten Grundgesamtheiten 437

15.3 Der Stichprobenumfang 440

Übungsaufgaben 443

16. Einführung in die Testtheorie 449

16.1 Grundbegriffe der Testtheorie 449
16.1.1 Die statistische Hypothese 449
16.1.2 Der statistische Test 449
16.1.3 Formen der statistischen Hypothese 450

16.2 Fehlermöglichkeiten bei statistischen Tests 451

16.3 Das Prinzip eines statistischen Tests 454

16.4 Parametertests 455
16.4.1 Signifikanztest für den Erwartungswert μ bei großem Stichprobenumfang n 455
16.4.2 Signifikanztest für den Erwartungswert μ bei kleinem Stichprobenumfang n 463
16.4.3 Signifikanztest für den Anteilswert P 463
16.4.4 Signifikanztest für die Varianz σ^2 465
16.4.5 Signifikanztest für die Differenz zweier Erwartungswerte 467
16.4.6 Signifikanztest für die Differenz zweier binomialverteilter Anteilswerte 470
16.4.7 Signifikanztest für den Quotienten zweier Varianzen aus normalverteilten Grundgesamtheiten 471
16.4.8 Alternativtest 474

16.5 Tests für Verteilungsfunktionen (Anpassungstests) . . 478
16.5.1 Der Chi-Quadrat Anpassungstest 478
16.5.2 Kolmogorov-Smirnov Anpassungstest 482

16.6 Die Gütefunktion eines statistischen Tests 485

Übersicht über die behandelten Signifikanztests . . . 493

Übungsaufgaben 494

Anhang

Tabellen:

1. Binomialverteilung 503
2. Poissonverteilung 509
3. Standard-Normalverteilung 513
4. χ^2 - Verteilung 519
5. t - Verteilung 523
6. F - Verteilung für $1 - \alpha = .90$ 525
7. F - Verteilung für $1 - \alpha = .95$ 530
8. F - Verteilung für $1 - \alpha = .99$ 535

Literaturverzeichnis 541

Stichwortverzeichnis 549

1. Einführung:

Was versteht man unter Statistik?

In der landläufigen Meinung wird dem Begriff "Statistik" oft nur eine vage Bedeutung zugeordnet, die häufig mit der Aufzählung von mehr oder weniger wichtigen Zahlenkolonnen in Verbindung gebracht wird. Besonders kluge Mitbürger wissen dann bestenfalls noch zu berichten, daβ sich mit Hilfe eben dieser "Statistik" alles beweisen lasse, was gerade erwünscht werde oder sich als notwendig erweise.

Zieht man zur Information ein Lexikon zu Rate, so findet man als Erklärung, daβ die Statistik eine methodische Hilfswissenschaft sei, die dazu diene, Massenerscheinungen zahlenmäβig zu erfassen und einer Untersuchung zugänglich zu machen. Diese Erklärung trifft aber nur teilweise zu. Allerdings besteht **ein** Aufgabengebiet der Statistik darin, durch Zählungen und Messungen die quantitativen Aspekte von Massenerscheinungen numerisch zu beschreiben.

In diesem Sinne ist etwa die jährlich veröffentlichte Statistik einer abgelaufenen Bundesliga-Saison im Fuβball zu verstehen. Hier werden Angaben veröffentlicht über die Zahl der zahlenden Zuschauer, der verhängten und verwandelten Strafstöβe, der verteilten roten und gelben Verwarnungskarten und so weiter. Bezüglich der Bereiche des öffentlichen Lebens, etwa der Bevölkerungsbewegung oder der wirtschaftlichen Entwicklung, bilden die jährlich herausgegebenen Statistischen Jahrbücher eines Landes eine typische und hervorragende Sammlung von einzelnen "Statistiken". Werden diese Zählungen und Erhebungen durch amtliche Stellen durchgeführt, dann spricht man von der **amtlichen Statistik**.

Ihre Ergebnisse werden von den zuständigen Ämtern, dem Statistischen Bundesamt, den Statistischen Landesämtern und den städtischen statistischen Ämtern veröffentlicht. Daneben existieren aber auch private Statistiken. Zu ihnen zählen die Betriebsstatistiken einzelner Unternehmungen und die Statistiken von Verbänden, von denen besonders die letzteren auβerordentlich wichtig sind, um Aussagen über die Entwicklung des Wirtschaftslebens eines Landes zu erhalten.

Aber die Statistik umfaβt nicht nur eine solche Aufzählung von numerischen Tatsachen. Sie beinhaltet vor allem eine Sammlung von Methoden, die für die Untersuchung von Massenerscheinungen aller Art angewendet werden können. Die Statistik als Methodenlehre ist somit ein Mittel, um Informationen adäquat zu reduzieren, denn mit ihrer Hilfe läβt sich Zahlenmaterial so komprimieren, daβ die wichtigsten Informationen sichtbar werden. Eine Einführung in die Statistik muβ daher eine Übersicht über diese Methoden liefern.

Am Beginn der statistischen Untersuchung einer Massenerscheinung. d.h. einer Anzahl von Objekten, die sich unter einem gemeinsamen Oberbegriff zusammenfassen lassen, steht zunächst das Problem der Erhebung des benötigten Datenmaterials. Dazu muβ man zunächst aus der Menge aller möglichen Objekte das Erhebungsfeld abgrenzen. Damit will man absichern, daβ man nur diejenigen Objekte erfaβt, die für die betreffende Untersuchung relevant sind. Die Menge dieser Objekte wird als **statistische Masse** bezeichnet und ihre einzelnen Objekte als **Elemente**. Man erhält die Elemente der statistischen Masse durch Definition einer Reihe von Unterscheidungsmerkmalen, die an sämtlichen Elementen der statistischen Masse festgestellt werden können. Ein Beispiel für eine statistische Masse bilden etwa alle weiblichen Arbeitnehmer in der BRD, die zu einem bestimmten Zeitpunkt arbeitslos waren. Diese statistischen Massen bilden den Untersuchungsgegenstand der Statistik.

Nach der Definition der statistischen Masse kann man mit der Erhebung des Zahlenmaterials beginnen. Das Ergebnis ist das sogenannte **Urmaterial**. Dieses Urmaterial ist in der Regel für eine Weiterverarbeitung noch nicht geeignet, da es zu umfangreich und oftmals auch zu unübersichtlich ist. Man muβ daher dieses Urmaterial noch aufbereiten, d.h. man wird entweder für die gesamte statistische Masse oder für Teilmassen davon bestimmte Maβzahlen berechnen, und diese in sogenannten **Aufbereitungstabellen** darstellen. Obwohl auf dieser Stufe noch recht detaillierte Angaben erfolgen, wird das Urmaterial bereits konzentriert dargestellt. Diese verdichtete Darstellung wird allerdings durch einen Informationsverlust erkauft. Je konzentrierter die Darstellung erfolgt, desto gröβer ist dabei auch der Informationsverlust. Um die so verdichteten Ergebnisse für bestimmte Untersuchungszwecke nutzbar zu machen, bedarf es meistens noch einer weiteren Informationsverdichtung. Dieser Schritt wird als **Auswertung** bezeichnet. Er liefert Informationen in Form von Zahlenangaben über den Umfang, die Struktur und bestimmte quantitative Eigenschaften der untersuchten statistischen Masse.

Bei den bisherigen Überlegungen wurde unterstellt, daβ es möglich sei, alle Einheiten der zu untersuchenden statistischen Masse vollständig zu erfassen. Man spricht in diesem Zusammenhang von einer **Totalerhebung**. Oftmals ist aber eine solche nicht durchführbar, entweder weil die damit verbundenen Kosten zu hoch sind, die zur Verfügung stehende Zeit nicht ausreicht, oder erhebungstechnische Schwierigkeiten eine Erfassung aller Einheiten der statistischen Masse unmöglich machen. Man begnügt sich in einem solchen Fall mit der Erhebung eines ausgewählten Teils der Einheiten der statistischen Masse. Man spricht dann von einer **Teilerhebung**. In einem solchen Fall ist es notwendig, daβ die Statistik aufgrund der Kenntnisse über die ausgewählten Einheiten auch Informationen bezüglich aller Einheiten der statistischen Masse liefert. Dies ist allerdings nur dann möglich, wenn die ausgewählten Einheiten zufällig aus der Menge der Einheiten der statistischen Masse ausgewählt wurden. Die benötigten theoretischen Grundlagen werden von der Wahrscheinlichkeitsrechnung zur Verfügung gestellt.

Es ist üblich, die Gewinnung von statistischer Information *ohne* Verwendung der Wahrscheinlichkeitsrechnung als "**beschreibende Statistik**", diejenige *mit* ihrer Verwendung als "**schlieβende Statistik**" zu bezeichnen. Andererseits scheint eine solche starre Abgrenzung nicht immer möglich zu sein.

Man kann eine andere Unterteilung der Statistik nach ihren Zielsetzungen vornehmen. Soll die Statistik nur dazu dienen, um bestimmte räumlich und/oder zeitlich fixierte Tatsachen zu beschreiben, dann spricht man von **statistischer Deskription**. Ziel der deskriptiven Statistik ist es, die Daten, die eine empirische Untersuchung liefert, möglichst so übersichtlich zu präsentieren, daß wesentliche Informationen schnell aufgenommen werden können. Will man dagegen die Erhebungsdaten verwenden, um allgemeine Regelmäßigkeiten zu erkennen, die nicht nur für die speziellen Erhebungsfälle gelten, sondern allgemeine Gültigkeit besitzen, dann spricht man von **statistischer Inferenz**. Zur Gewinnung von Inferenzaussagen bedient man sich in der Regel der Methoden der schließenden Statistik. Man interpretiert das beobachtete empirische Zahlenmaterial als Stichprobe aus einer unendlich großen statistischen Masse, in der eine hypothetische Aussage allgemeine Gültigkeit besitzen soll. Die Inferenz-Statistik führt dann durch Überprüfung dieser Hypothese zu einer allgemeingültigen Aussage. In der Literatur werden schließende Statistik und statistische Inferenz oft als gleichbedeutende Begriffe verwendet.

2. Statistische Massen: Ihre Einheiten und Merkmale

2.1 Statistische Massen und ihre Einheiten

Die Statistik beschäftigt sich mit der Untersuchung von Massenerscheinungen. Ihr Ziel besteht in der Gewinnung von zahlenmäßigen Aussagen über diese. Damit derartige Informationen über den gewünschten Untersuchungsgegenstand durch gezielte Beobachtung gewonnen werden können, ist eine genaue Abgrenzung der statistischen Masse erforderlich.

Unter einer statistischen Masse versteht man ein Kollektiv von **wohlunterschiedenen, gleichartigen** Einheiten, die man auch als **statistische Einheiten** bezeichnet. Ihre Anzahl bezeichnet man als den **Umfang** der betreffenden statistischen Masse. Er stellt eine nicht-negative ganze Zahl dar, die auch den Wert Null annehmen kann. Für die Existenz einer statistischen Masse ist es somit unerheblich, ob sie mindestens ein Element enthält oder leer ist. So kann beispielsweise die statistische Masse "Zahl der Geburten an einem bestimmten Tag an einem bestimmten Ort" durchaus leer sein, d.h. keine statistische Einheit enthalten. Jede Teilmenge von Elementen einer statistischen Masse bildet wiederum eine statistische Masse.

Die statistischen Einheiten stellen die Merkmalsträger der Untersuchung dar, d.h. die Objekte, deren Eigenschaften festgestellt werden sollen. Bei den Einheiten muß es sich um reale, klar voneinander abgrenzbare und damit auch abzählbare Einzelfälle handeln. Statistische Einheiten können somit unter anderem Personen, Institutionen, Ereignisse und Vorgänge sein, deren Merkmale betrachtet werden sollen. Solche Erhebungsmerkmale können etwa das Alter oder Geschlecht von bestimmten Personen, die Beschäftigtenzahl in Betrieben oder auch der Preis von getätigten Verkäufen sein. Es ist allerdings auch möglich, daß man eine hypothetische Gesamtheit als statistische Masse definiert. Deren Einheiten sind dann nur gedachte Elemente, die real nicht existieren müssen, deren Vorhandensein aber möglich sein kann. Diejenigen statistischen Einheiten, die in einer statistischen Masse zusammengefaßt werden, müssen gegeneinander exakt abgegrenzt sein, andererseits sollen sie aber auch gleichartig sein.

Die Forderung nach Wohlunterschiedenheit bedeutet, daß die Einheiten eindeutig gegeneinander abgegrenzt sein müssen. Insbesondere darf nicht eine Einheit eine andere ganz oder teilweise enthalten. Die Bedingung der Gleichartigkeit verlangt, daß sämtliche Einheiten unter einen gemeinsamen Oberbegriff fallen. Dies wird dadurch erreicht, daß man bestimmte räumliche, zeitliche und sachliche Merkmale festlegt und verlangt, daß alle Einheiten hinsichtlich dieser Merkmale übereinstimmen. Diese Abgrenzungen erfolgen mit Hilfe von Unterscheidungsmerkmalen (Begriffsmerkmale, kollektivbestimmte Merkmale).

Alle statistischen Einheiten einer statistischen Masse stimmen bezüglich dieser **Unterscheidungsmerkmale** überein. Sie können sich jedoch bezüglich anderer Merkmale unterscheiden, von denen einige beobachtet werden sollen (**Erhebungsmerkmale**) und andere in dem betreffenden Untersuchungszusammenhang überhaupt nicht interessieren.

Die geographische (räumliche) und zeitliche Abgrenzung ist erforderlich, weil sonst die Gesamtheit der zu erhebenden Einheiten unbestimmt bleibt (z.B. Befragung der Weltbevölkerung über alle Zeiten). In einer Volkszählung sind z.B. das Gebiet (1. Wohnsitz im Gebiet der BRD) und ein Stichtag (z.B. 27.5.70) als Erhebungsmerkmale festzulegen. Damit haben alle Ergebnisse eine räumlich und zeitlich begrenzte Gültigkeit. Die Wahl der räumlichen und zeitlichen Abgrenzung muß mit dem Untersuchungsziel abgestimmt sein.

Bei der sachlichen Abgrenzung tritt das Problem auf, daß die von den Fachwissenschaften gelieferten Begriffe zur Definition der zu untersuchenden Objekte oft einen so hohen Abstraktionsgrad aufweisen, daß sie zur Abgrenzung der statistischen Masse nicht verwendet werden können. Sie besitzen einen idealtypischen Charakter. Der Statistiker ist deshalb gezwungen, einen operationalen Begriff zu finden, der einerseits von dem idealtypischen Begriff der Fachwissenschaft nicht stark abweicht und andererseits praktikabel genug ist, um eine Erhebung der Merkmalsausprägungen der statistischen Einheiten zu ermöglichen. Diese Schwierigkeit wird als das für die sozialwissenschaftliche Statistik charakteristische **Adäquationsproblem** bezeichnet. Beispielsweise wird in der Wirtschaftstheorie als Haushalt diejenige Wirtschaftseinheit definiert, die einen einheitlichen Verbrauchsplan aufstellt. In der Realität wird jedoch nur selten eine Gruppe von Personen, die in einem Haushalt vereinigt sind, alle Kaufentscheidungen gemeinsam treffen. Somit erscheint diese Definition des Haushaltes wenig praktikabel. In der Statistik werden, etwa bei einer Volkszählung, alle diejenigen Personen als zu einem Haushalt gehörig gezählt, die in der gleichen Wohnung leben und ihren Lebensunterhalt überwiegend gemeinsam bestreiten.

Bei der Definition von statistischen Massen sind *zeitliche, geographische und sachliche* Abgrenzungen erforderlich. Bezüglich der zeitlichen Abgrenzung sind zwei verschiedene Formen denkbar. Die statistische Masse kann entweder für einen bestimmten Zeitpunkt oder für einen Zeitraum definiert sein. Entsprechend unterscheidet man zwischen einer Bestandsmasse und einer Bewegungsmasse.

Eine **Bestandsmasse** ist jeweils nur für einen bestimmten **Zeitpunkt** definiert, etwa die Wohnbevölkerung in der BRD am 27.5.70 oder die Zahl der in der BRD am 1.1.73 zugelassenen PKW. Bestandsmassen lassen sich natürlich auch für verschiedene Zeitpunkte erfassen. Auf diese Weise erhält man ein Bild von der zeitlichen Entwicklung des zu untersuchenden Merkmals. Verschieden von den Bestandsmassen sind die **Bewegungsmassen,** diese sind für einen **Zeitraum** definiert.

Beispiele für Bewegungsmassen, die auch Ereignismassen genannt werden, sind Geburten, Sterbefälle, Eheschließungen oder Gerichtsurteile im Jahre 1970 in der BRD. Korrespondierende Bestands- und Bewegungsmassen können benutzt werden, um den Bewegungsablauf einer bestimmten Erscheinung von zeitlicher Dauer besser als durch eine Folge von Bestandsmassen an bestimmten Stichtagen zu beschreiben. Eine Bestandsmasse zum Zeitpunkt $t = 0$, $B(t_0)$, läßt sich mit Hilfe der Bewegungsmassen für Zugänge (Z) und Abgänge (A) auf den Zeitpunkt $t > t_0$, $B(t)$, fortschreiben mittels der Beziehung

$$B(t) = B(t_0) + Z(t-t_0) - A(t-t_0).$$

Dabei wurden die Zu- bzw. Abgangsmengen für das Intervall $(t_0,t]$ mit $Z(t-t_0)$ bzw. $A(t-t_0)$ bezeichnet. Man bezeichnet diesen Vorgang als **Bestandsfortschreibung**.

2.2 Statistische Merkmale und ihre Ausprägungen

Die Merkmale der statistischen Einheiten dienen einerseits zur Abgrenzung der statistischen Masse, zum anderen zur Gewinnung von Informationen über diese Einheiten bezüglich des Untersuchungsgegenstandes. Die Merkmale, die zur Abgrenzung einer statistischen Masse dienen, werden **Unterscheidungsmerkmale** genannt. Alle anderen Merkmale, die ebenfalls erhoben werden, bezeichnet man als **Erhebungsmerkmale**.

Sodann muß man zwischen **Merkmal** und **Merkmalsausprägung** unterscheiden. Jedes Merkmal besitzt in der Regel mehrere Merkmalsausprägungen. Dabei muß aber die für die Untersuchung relevante Ausprägung auch feststellbar sein.

Als statistische Einheit werde der Haushalt betrachtet. Dann ist ein Merkmal die Haushaltsgröße und die Merkmalsausprägungen können "1 Person", "2 Personen", "3 Personen", "4 und mehr Personen" sein. Betrachtet man als statistische Masse den Bestand an PKW in der BRD an einem bestimmten Stichtag, dann kann ein Merkmal die Ausstattung mit Sicherheitsgurten sein. Die Merkmalsausprägungen sind dann "vorhanden" bzw."nicht vorhanden". Sei die Wohnbevölkerung in der BRD am 27.5.70 die statistische Masse, dann besitzt diese beispielsweise das Merkmal "Geschlecht" mit den Ausprägungen "männlich" und "weiblich" oder das Merkmal "Alter" mit der Ausprägung "Alter nach Jahren".

Die Forderung, daß die Einteilung der statistischen Masse erschöpfend sein soll, bedingt in der Praxis die Einführung von sog. "Restgruppen" bei den Merkmalsausprägungen. Betrachtet man etwa das Merkmal "Religionszugehörigkeit", dann wird man neben den Hauptgruppen röm.-kath., evangelisch, ... zweckmäßig viele weitere kleinere Gemeinschaften zur Gruppe "sonstige" zusammenfassen. Ferner wird man die Gruppen "ohne Bekenntnis" und "Bekenntnis unbekannt" einführen, um tatsächlich alle Personen der betreffenden statistischen Masse zu erfassen.

Durch ein Merkmal wird eine statistische Masse in Teilmengen zerlegt. Die Einheiten, denen eine bestimmte Merkmalsausprägung zugeordnet werden kann, bilden eine Teilmenge der ursprünglichen statistischen Masse. Das System aller Teilmengen, das durch die Betrachtung aller Merkmalsausprägungen eines Merkmals erzeugt wird, bildet eine Zerlegung der ursprünglichen statistischen Masse. Jede Einheit kommt in einer Teilmenge vor, und verschiedene Teilmengen haben keine Einheit gemeinsam. Man spricht auch von einer **disjunkten Klasseneinteilung** der Einheiten der statistischen Masse.

Eine Teilmenge wäre etwa die Teilmenge der "erwerbstätigen Personen", die durch das Merkmal "Erwerbskonzept" aus der statistischen Masse "Wohnbevölkerung" ausgesondert wird. Eine solche Teilmenge kann nun selbst wieder als statistische Masse aufgefaßt werden, die etwa nach dem Merkmal "Beruf" weiter aufgegliedert werden kann.

2.3 Klassifizierung der Merkmale

Die statistischen Merkmale lassen sich in verschiedener Hinsicht klassifizieren. Eine mögliche Einteilung ist:

räumliche Merkmale,
zeitliche Merkmale,
(sachlich-)qualitative Merkmale,
(sachlich-)quantitative Merkmale.

Räumliche Merkmale dienen zur räumlichen (geographischen) Abgrenzung der Einheiten (Beispiel: an einem bestimmten Stichtag immatrikulierte Studenten an der Universität Frankfurt). Sie können allerdings auch Erhebungsmerkmale sein (Beispiel: Geburtsort dieser Studenten). Analoges gilt für **zeitliche Merkmale**.

Qualitative Merkmale, die ebenfalls notwendig sind zur Abgrenzung einer statistischen Masse, dienen vorwiegend zur Aufgliederung nach vielen Gesichtspunkten.

Beispiel für qualitative Merkmale sind:
- *Geschlecht*
- *Familienstand*
- *Beruf*
- *Betriebsart*
- *Warenart*
- *Automarke.*

Kennzeichen für qualitative Merkmale ist, daß sie außer der Klasseneinteilung, die ja jedes Merkmal induziert, keine weiteren Relationen unter den Elementen der statistischen Masse anzeigen. Grundsätzlich ist durch die Angabe der Liste der Merkmalsausprägungen alles wesentliche gesagt.

Eine zu einem qualitativen Merkmal gehörige Liste von Merkmalsausprägungen nennt man **Systematik**. Die Konstruktion von geeigneten Systematiken ist eine der schwierigsten Aufgaben der praktischen Statistik.

Sind nur zwei Ausprägungen vorhanden, sei es von der Natur der Sache (Geschlecht: männlich - weiblich) oder aufgrund von begrifflichen Festlegungen (Beispiel Klausurergebnisse: bestanden - nicht bestanden) so spricht man von **Alternativmerkmalen.**

Eine weitere Kennzeichnung qualitativer Merkmale erfolgt durch die Unterscheidung in **häufbare** und **nicht häufbare** Merkmale.

Beispiel:

Bei häufbaren Merkmalen kann eine statistische Einheit gleichzeitig mehrere Ausprägungen eines Merkmals besitzen.

häufbare Merkmale : Beruf, Wohnsitz,
nicht häufbare Merkmale : Geschlecht, Religionszugehörigkeit.

Quantitative Merkmale sind solche, deren Ausprägungen reelle Zahlen sind (Beispiele: Umsatzhöhe, Haushaltsgröße, Einkommen, Produktionsmenge). Quantitative Merkmale sind somit nicht häufbar. Quantitative Merkmale können dazu dienen, die statistischen Einheiten nach der Größe der Merkmalsausprägung anzuordnen und Einheiten zu gruppieren. Ferner kann man Merkmalssummen bilden sowie Mittelwerte, Streuungsmaße und andere Maßzahlen berechnen. Ist ein quantitatives Merkmal einmal genau definiert (z.B. das Einkommen), treten Abgrenzungsschwierigkeiten zwischen den möglichen Ausprägungen, wie sie bei den qualitativen Merkmalen existieren, nicht auf.

Die Zahlen, die bei quantitativen Merkmalen als Ausprägungen möglich sind, können solche mit verschieden hohem Informationsgehalt sein.

Dabei hängt die Qualität der Messung davon ab, wie gut die Eigenschaften durch Zahlen ausgedrückt werden können. Die Meßlatte, auf der die Ausprägungen abgetragen werden, heißt Skala. Je nachdem, auf welche Weise die Eigenschaften eines Objektes in Zahlen gemessen werden können, unterscheidet man Skalen mit unterschiedlichen Meßniveaus

1. **Nominalskala,**
2. **Ordinalskala,**
3. **Intervallskala,**
4. **Verhältnisskala.**

Die Nominalskala stellt die einfachste Form des Messens dar. Sie dient hauptsächlich zur Klassifizierung der Merkmalsausprägungen. Die Zahlen erlauben keinerlei rechnerische Transformationen, sie dienen lediglich zur Kodifizierung. Man könnte an ihrer Stelle auch andere Symbole verwenden (Beispiel: männlich = 0, weiblich = 1).

Das nächste Meßniveau wird als Ordinalskala bezeichnet. Sie ermöglicht es, eine Rangordnung der Objekte mit Hilfe von ordinalen Zahlen (Rangwerten) aufzustellen. Diese Rangordnung sagt nichts über die Abstände zwischen den einzelnen Objekten aus. Somit kann man aus einer Ordinalskala nicht ablesen, um wieviel ein Objekt besser (oder höher) eingeschätzt wird als ein anderes Objekt (Beispiel: Tabellenplatz in der Bundesliga).

Das nächsthöhere Meßniveau stellt die Intervallskala dar. Diese weist gleichgroße Skalenabschnitte aus, beispielsweise wird beim Thermometer der Abstand zwischen Gefrier- und Siedepunkt des Wassers in einhundert gleich große Abschnitte eingeteilt.

Die Verhältnisskala stellt das höchste Meßniveau dar. Sie unterscheidet sich von der Intervallskala dadurch, daß zusätzlich ein natürlicher Bezugspunkt existiert (Beispiel: der Unterschied zwischen 100 DM und 200 DM ist genauso groß wie der Unterschied zwischen 800 DM und 900 DM).

Nominal- und Ordinalskala bezeichnet man als **nicht-metrische Skalen**, Intervall- und Verhältnisskalen dagegen als **metrische Skalen**.

Skalentypen

nicht-metrisch		**metrisch**	
Nominalskala	**Ordinalskala**	**Intervallskala**	**Verhältnisskala**
Merkmalsausprägungen bilden keine natürliche Reihenfolge.	Merkmalsausprägungen bilden eine natürliche Rangordnung, allerdings sind die Abstände nicht quantifizierbar.	Merkmalsausprägungen bilden eine natürliche Reihenfolge, deren Abstände quantifizierbar sind. Bezugspunkt der Skala kann willkürlich festgelegt werden.	Wie bei der Intervallskala, allerdings existiert ein absoluter Bezugspunkt.

Tabelle 2.1: Skalentypen und ihre Meßniveaus

Eine andere, wichtige Art der Unterteilung quantitativer Merkmale ist diejenige in **diskrete, stetige und quasi-stetige** (oder approximativ-stetige).

Diskrete Merkmale sind solche, bei denen sich die einzelnen Ausprägungen immer um ganze, nicht mehr teilbare Größen unterscheiden (Beispiele: Kinderzahl pro Familie, Beschäftigte je Betrieb).

Stetige Merkmale sind solche, bei denen die Ausprägungen in einem gewissen Bereich (Intervall) alle reellen Zahlen annehmen können, gleichgültig ob die Meßgenauigkeit ausreicht oder nicht (Beispiele: Körpergröße, Körpergewicht, Lebensalter).

Approximativ-stetige Merkmale liegen dann vor, wenn quantitative diskrete Merkmale zahlreiche mögliche Ausprägungen in einem relativ begrenzten Intervall besitzen (Beispiel: Geldgrößen werden oft wie stetige Merkmale behandelt).

3. Die statistische Erhebung

Die Erhebung ist der erste Schritt zur Gewinnung von statistischem Datenmaterial. Wert und Aussagefähigkeit dieses Zahlenmaterials hängen wesentlich von der Güte der Planung und Durchführung der Erhebung ab.

3.1 Erhebungsarten

Man unterscheidet Einzel- und Mehrzweckerhebungen, primärstatistische und sekundärstatistische Erhebungen, Voll- und Teilerhebungen.

Primärstatistische Erhebungen sind solche, bei denen die Erfassung der Einheiten und die Feststellung der Ausprägungen der Erhebungsmerkmale unmittelbar und ausschließlich zu statistischen Zwecken erfolgt.

Sekundärstatistische Erhebungen sind solche, bei denen bereits vorhandene, zunächst für andere, überwiegend nicht-statistische Zwecke gesammelte Daten, etwa für die Einkommenssteuer, nachträglich für statistische Zwecke ausgewertet werden. Hier werden allerdings die begrifflichen Abgrenzungen vom primären (ursprünglichen) Erfassungszweck bestimmt.

Je nachdem, ob sich die statistische Erhebung auf ein oder mehrere Untersuchungsziele erstreckt, unterscheidet man **Einzel- und Mehrzweckerhebungen.** Bei einer primärstatistischen Einzweckerhebung gelingt es eher, die statistischen Einheiten und ihre Merkmale dem Untersuchungsziel entsprechend abzugrenzen als bei Mehrzweckerhebungen und bei sekundärstatistischen Erhebungen. Die begrifflichen Abgrenzungen und das Frageprogramm sind in diesen Fällen nicht oder nur teilweise auf das bestimmte statistische Untersuchungsziel ausgerichtet, so daß sich daraus erhebliche Schwierigkeiten für die Auswertung ergeben können. Allerdings liegen die Kosten einer sekundärstatistischen Erhebung in vielen Fällen unter denen einer entsprechenden primärstatistischen. Dies gilt besonders bei der Erhebung von Bewegungsmassen, etwa bei den Geburten, den Sterbefällen und den Unfalltoten, deren laufende primärstatistische Erhebung zu hohe Kosten verursachen würde. Man verwendet daher in diesen Fällen Daten aus sekundärstatistischen Erhebungen. Dagegen werden bei der Erhebung von Bestandsmassen oft primärstatistische Erhebungen bevorzugt.

Unter einer **Totalerhebung** versteht man die Erfassung aller Einheiten der statistischen Masse, dagegen unter einer **Teilerhebung** nur die Erfassung eines Teils ihrer Einheiten. Bei einer Teilerhebung sollen im allgemeinen Informationen über wenige Einheiten der statistischen Masse zu Aussagen über die Gesamtheit der statistischen Masse führen. Zu diesem Zweck ist es allerdings erforderlich, daß die Teilerhebung bezüglich der Gesamtheit "repräsentativ" ist, d.h. ein möglichst gutes Abbild der Gesamtheit darstellt. Eine ausführliche Behandlung von Teilerhebungen, insbesondere von Stichprobenerhebungen folgt in einem späteren Abschnitt.

Ob eine Total- oder Teilerhebung durchgeführt werden soll, richtet sich u.a. nach Art und Umfang der statistischen Masse und der zu erhebenden Merkmale, sowie nach den maximal zulässigen Kosten der Erhebung.

3.2. Erhebungstechnik

Da die Vollerhebung den Grenzfall einer Teilerhebung darstellt, wird im folgenden von einer primärstatistischen Teilerhebung ausgegangen. Die Feststellung der Merkmalsausprägungen der Erhebungseinheiten erfolgt durch Beobachtung (Augenschein, z.B. in der Qualitätskontrolle) bzw. durch mündliche oder schriftliche Befragung (insbesondere in den Wirtschafts- und Sozialwissenschaften). Die Qualität des Erhebungsmaterials hängt von der sorgfältigen Planung und Überwachung der Erhebungsarbeit ab. Vor der Durchführung der eigentlichen Erhebung müssen drei Probleme gelöst werden:

(i) Die eindeutige und adäquate Abgrenzung der Untersuchungsein heiten (statistische Einheiten). Hierzu gehört auch die Erstellung einer Erhebungsgrundlage, z.B. ein Stadtplan, eine Einwohnerkartei, eine Beschäftigtenkartei, eine Studentenkartei, eine Adressenkartei aus früheren Erhebungen oder dergleichen.

(ii) Die eindeutige und adäquate Wahl und Abgrenzung der zu erhebenden Merkmalsausprägungen.

(iii) Die Wahl der richtigen Erhebungs- (Befragungs-)methode sowie die textliche Klarheit der Erhebungsformulare bzw. Fragebögen.

Hierbei sind folgende Regeln zu beachten:

1. Umfang und Übersichtlichkeit sind so zu wählen, daß Aussicht auf eine hohe Antwortquote besteht. (Einmalige Befragungen gestatten größeren Fragenumfang als mehrmalige Befragungen; je mehr Befragte, desto weniger Fragen; bei Beantwortungszwang sind mehr Fragen möglich). Um eine hohe Antwortquote zu erreichen, sollte man auf den Zweck der Untersuchung hinweisen und den Auskunftsschutz zusichern.

2. Die Identifizierung der Einheiten für Rückfragen muß möglich sein.

3. Fragen nach leicht feststellbaren Tatsachen ergeben zuverlässigere Anworten als Fragen nach Meinungen oder Wünschen. Die Schwierigkeiten, die bei solchen Fragen auftreten können, kann man eventuell mit indirekten statt mit direkten Fragen umgehen.

4. Kontrollfragen sind häufig nützlich.

5. Es muß entschieden werden, ob offene oder geschlossene Fragen gestellt werden sollen. Bei der offenen Frage ist der Befragte in der Gestaltung seiner Antwort frei. Bei der geschlossenen Frage werden dem Befragten eine Reihe von Antwortmöglichkeiten vorgegeben, von denen er eine oder mehrere kennzeichnen soll. Vor allem, wenn man noch wenig über die Antwortmöglichkeiten weiß, ist die offene Frage von Vorteil. Schwierigkeiten bereitet jedoch oft die Aufbereitung.

Die geschlossene Frage verlangt mehr Vorbereitungszeit. Es muß eine eindeutige Zuordnung zwischen allen in Wirklichkeit vorkommenden Modalitäten und denen im Fragebogen vorgesehenen bestehen. Die geschlossene Frage erleichtert dann jedoch einmal dem Befragten die Beantwortung (Erhöhung der Antwortquote!), zum anderen auch ganz erheblich die Auswertung.

6. Die mündliche Befragung erlaubt schwierige Fragen und eine bessere Beurteilung des Wahrheitsgehaltes der Antworten als die schriftliche Befragung. Die mündliche Befragung liefert meist auch höhere Antwortquoten, obwohl auch die Gefahr der Verzerrung der Antworten durch Interviewerbeeinflussung besteht. (Interviewer-Bias). Der große Nachteil der mündlichen Befragung sind die erheblich höheren Kosten. Sie ist deshalb praktisch nur bei Teilerhebungen in Betracht zu ziehen.

Das Ergebnis einer statistischen Erhebung ist das sog. **Urmaterial.** Es besteht entweder aus der Menge der ausgefüllten Fragebögen (Primärstatistik) oder aus der Menge der ausgefüllten Zählblätter (Sekundärstatistik). Dieses Urmaterial muß nun zur Verwendung für statistische Zwecke aufgearbeitet werden.

4. Die statistische Aufbereitung

4.1 Technik der Aufbereitung

Die Aufbereitung ist derjenige Verfahrensabschnitt, der vom Urmaterial (individuelle Fragebögen oder individuelle Zählblätter) zu den Ergebnistabellen führt. Sie besteht im allgemeinen aus den folgenden vier Verfahrensabschnitten:

(i) Prüfen des Urmaterials auf Vollständigkeit und Glaubwürdigkeit,

(ii) Verschlüsseln von qualitativen Merkmalsausprägungen (Signieren),

(iii) Übertragen von Informationen auf Datenträger, z.B. Disketten und/oder Magnetbänder,

(iv) Sortieren des Urmaterials nach Maßgabe der Merkmalsausprägungen (Gruppenbildung) und Auszählen der Elemente sowie evtl. Aufsummieren von quantitativen Merkmalen.

Die Besetzungszahlen (Häufigkeiten) aller gebildeten Gruppen(einschließlich Kombinationsgruppen) und evtl. die gewonnenen Merkmalssummen werden in Tabellenform präsentiert. Bei einer großen Zahl von Merkmalen und bei vielen Merkmalsausprägungen einzelner Merkmale ist es praktisch nicht möglich, neben allen einfachen auch alle denkbaren Kombinationsgruppen zu bilden. Es muß deshalb im Zuge der Aufbereitung entschieden werden, für welche Kombinationsgruppen Ergebnisse bereit gestellt werden sollen. In einer Tabelle lassen sich bis zu vier Merkmale kombinieren. Oft wird eine Verminderung des Aufwandes dadurch erzielt, daß in einzelnen Tabellen die originären Ausprägungen eines Merkmals teilweise zusammengefaßt werden. So kann man z.B. Altersjahre zu Altersjahrzehnten zusammenfassen. Dabei ist jedoch zu bedenken, daß eine nachträgliche Feststellung von Besetzungszahlen oder Merkmalssummen für in die Aufbereitung einbezogene Gruppen nicht mehr ohne weiteres, sondern nur unter Rückgriff auf das Urmaterial möglich ist.

Einige Hinweise zur Tabellentechnik:

(i) Jede Tabelle sollte eine ausreichend informierende Überschrift haben.

(ii) Kopfzeile und Vorspalte enthalten die zur Gruppenbildung verwendeten Merkmalsausprägungen. Die Anordnung der in der Tabelle kombinierten Merkmale ist für die Interpretation der Tabelle nicht gleichgültig.

(iii) Es sollten möglichst alle Zwischensummen gebildet werden.

(iv) Kein Tabellenfeld darf leer bleiben.

4.2 Gruppenbildung

4.2.1 Allgemeines

Jede Zusammenfassung des Urmaterials in Gruppen ist mit einem Informationsverlust verbunden, der darin besteht, daβ die in einer Gruppe zusammengefaβten statistischen Einheiten nicht mehr unterschieden werden können. Jedoch gewinnt gruppiertes Material an Übersichtlichkeit bezüglich der Darstellung. Als Grundsatz jeder Gruppenbildung gilt:

Gleichartige Einheiten sollen in einer Gruppe (Klasse) zusammengefaβt werden, verschiedenartige Einheiten sollen unterschiedlichen Gruppen zugeordnet werden. Die Definition von Gleichartigkeit sollte sich aus der fachwissenschaftlichen Fragestellung ergeben.

Die Aufgliederung in Teilmassen erlaubt die Heraushebung von sachlich bedeutsamen Zusammenhängen. Dies gelingt umso besser, je homogener die gebildeten Teilmengen bezüglich des Untersuchungszieles sind. Möchte man beispielsweise die Sterbeverhältnisse der Bevölkerung eines Landes untersuchen, so scheint eine Gruppenbildung bezüglich des ausgeübten Berufes sinnvoll zu sein. Doch wäre es dabei sicherlich falsch, wenn man Berufe wie Bergmann und Verwaltungsangestellter in einer Gruppe zusammenfassen würde, da diese bezüglich ihrer Sterblichkeit sicherlich keinem ähnlichen Bedingungskomplex unterliegen, so daβ mögliche Zusammenhänge oder Abhängigkeiten bei einer sochen Gruppenbildung nicht erkannt werden können.

Häufig wird auch ein Vergleich mit einem anderen Datenmaterial, etwa aus einem früheren Zeitraum, gefordert. Dann ist die Bildung gleicher Gruppen für beide Datenmengen erforderlich. Deshalb sollten in Mehrzweckuntersuchungen möglichst enge Gruppen gebildet werden, um die Informationsverluste bei verschiedenen Untersuchungen gering zu halten.

Je nach Art des Merkmals lassen sich verschiedene Möglichkeiten der Gruppenbildung unterscheiden:

(i) Gruppen aufgrund *geographischer Merkmale*,

(ii) Gruppen aufgrund *zeitlicher Merkmale*,

(iii) Gruppen aufgrund *(sachlich-)qualitativer Merkmale* und

(iv) Gruppen aufgrund *(sachlich-)quantitativer Merkmale*.

An dieser Stelle soll nur die Gruppenbildung aufgrund der letzten beiden Merkmale näher betrachtet werden, da die Gruppenbildung für die ersten beiden Merkmale relativ leicht und unproblematisch ist.

4.2.2 Gruppenbildung bei (sachlich-)qualitativen Merkmalen

Eine Aufgliederung der statistischen Masse in Gruppen ist dann relativ einfach, wenn es sich um Merkmale handelt, die nur wenige Ausprägungen besitzen, wie dies beim Merkmal "Geschlecht" der Fall ist. Die Gruppenbildung wird schwieriger, wenn zahlreiche Merkmalsausprägungen existieren, so daß es unmöglich wird, für jede Ausprägung eine eigene Gruppe zu bilden. Man muß dann verschiedene Ausprägungen zu einer Gruppe zusammenfassen. In diesen Fällen erscheint der Aufbau einer möglicherweise **mehrstufigen, systematischen Klassifikation** erforderlich. Dabei muß man darauf achten, daß jede Einheit der statistischen Masse eindeutig einer und nur einer Gruppe zugeordnet werden kann. Durch die Aufnahme der Gruppe "Sonstige" in die Klassifikation kann man notfalls immer erreichen, daß alle Einheiten genau einer Gruppe zugeordnet werden können.

Ein Beispiel für eine Klassifikation ist die **mehrstufige Berufsklassifikation**, die eine Gliederung der Berufe nach Ber bereichen, Abschnitten, Gruppen, Ordnungen und Klassen vorsieht. Die kleinste Einheit stellt dabei die Berufsklasse dar. Diese wird gebildet durch eine Zusammenfassung von Berufen mit verwandten Tätigkeiten. Die größte Einheit bildet der Berufsbereich. Beim Aufbau einer solchen Systematik muß man, wenn sie realisierbar sein soll, nach einem einzigen Gliederungsprinzip vorgehen. Ist dies nicht möglich, dann sollte man zumindest auf jeder Stufe ein Kriterium der Aufgliederung benutzen. Bei der Berufssystematik wird allerdings dieses Prinzip nicht eingehalten, denn hier werden verschiedene Ordnungsmerkmale gleichzeitig eingesetzt. So erfolgt die Gliederung gleichzeitig nach dem Erzeugnis, dem verarbeiteten Rohstoff, der Tätigkeit, der Branche, dem Produktionsverfahren und anderem.

Besondere Probleme ergeben sich bei der **Gruppenbildung von häufbaren Merkmalen.** Darunter versteht man Merkmale, die gleichzeitig mehrere Ausprägungen annehmen können. Als Beispiel eines häufbaren Merkmals sei *"Finanzierung des Studiums"* genannt.

Es existieren prinzipiell vier verschiedene Formen der Gruppenbildung bei häufbaren Merkmalen:

(i) Bildung aller Kombinationsgruppen:

Hier wird für jede mögliche Ausprägungskombination eine eigene Gruppe gebildet. Für das Beispiel "Finanzierung des Studiums" ergibt dies möglicherweise die folgenden Gruppen "Stipendium", "Werkarbeit", "Eltern", "Stipendium und Werkarbeit", "Stipendium und Eltern", "Werkarbeit und Eltern", usw. Dieses Prinzip läßt sich dann anwenden, wenn alle in der Realität existierenden Möglichkeiten überschaubar sind und ihre Bedeutung aufgezeigt werden soll. Diese Vorgehensweise wird dann problematisch, wenn die Zahl der existierenden Merkmalskombinationen sehr groß und somit unübersichtlich ist. In einem solchen Fall verwendet man das Prinzip der Zuordnung nach dem Schwerpunkt.

(ii) Bildung nach dem Schwerpunkt:

Die Einheiten werden dabei derjenigen Gruppe zugeordnet, deren Merkmalsausprägung das größte Gewicht besitzt. Eine solche Zuordnung wird natürlich dann problematisch, wenn kein eindeutiger Schwerpunkt der Merkmalsausprägung bestimmt werden kann. Ebenfalls muß berücksichtigt werden, daß bei einer solchen Zuordnung ein nicht unbeträchtlicher Informationsverlust in Kauf genommen werden muß. Finanziert ein Student beispielsweise sein Studium etwa zu 40 % durch ein Stipendium, zu 30 % durch Werkarbeit und die restlichen 30 % durch finanzielle Hilfe seiner Eltern, dann müßte er bei einer Schwerpunkt-Zuordnung der Gruppe "Stipendium" zugeordnet werden.

(iii) Bildung durch prozentuale Aufteilung:

Bei dieser Gruppenbildung wird jede statistische Einheit entsprechend den Anteilen der auftretenden Merkmalsausprägungen aufgeteilt und den entsprechenden Gruppen zugeordnet. Dieses Verfahren wird problematisch, wenn die Einheiten der statistischen Masse nicht teilbar sind. Soll etwa die Beschäftigtenzahl der Industrie gegliedert nach Industriezweigen ermittelt werden, dann muß man Unternehmen, deren Produktion in verschiedene Industriezweige fallen würde, in Teilbetriebe entsprechend den Industriezweigen, aufgliedern und die Beschäftigten diesen Teilbetrieben zuordnen. Aber auch hier wird die Zuordnung problematisch, wenn keine Eindeutigkeit gegeben ist, wie es etwa bei den Beschäftigten der gemeinsamen Verwaltung der Fall ist.

(iv) Bildung durch Auszählung aller Fälle:

Diese Gruppierung wird vorgenommen, wenn eine prozentuale Aufteilung erwünscht ist, jedoch wegen der Unteilbarkeit nicht durchführbar ist. In diesem Fall werden dann die Einheiten in allen Gruppen ausgewiesen, in denen sie auftreten. Dies hat dann natürlich zur Folge, daß die Zahl der insgesamt in allen Gruppen auftretenden Fälle die Zahl der Einheiten der statistischen Masse übersteigt.

4.2.3 Gruppenbildung bei (sachlich-)quantitativen Merkmalen

Bei quantitativen Merkmalen ist eine Gruppenbildung einfacher als bei qualitativen Merkmalen, da hier die möglichen Merkmalsausprägungen nach einem eindeutigen Prinzip geordnet werden können. Das Problem der Gruppenbildung liegt hier im wesentlichen in der Bestimmung der Grenzen der Merkmalsausprägungen, die zu einer Gruppe zusammengefaßt werden sollen.

Für die Gruppenbildung bei **quantitativ-diskreten Merkmalen** gilt das gleiche wie bei den qualitativen Merkmalen, wenn die Anzahl der Merkmalsausprägungen klein ist. Andernfalls werden sie wie quantitativ-stetige Merkmale behandelt.

Bei **quantitativ-stetigen Merkmalen** fehlt die typische Abgrenzung der einzelnen Merkmalsausprägungen. Man muß daher unter Berücksichtigung sachlicher Gesichtspunkte versuchen, eine künstliche Klasseneinteilung zu erhalten. Dabei sollten die Grenzpunkte der einzelnen Gruppen so festgelegt werden, daß jeweils solche Einheiten in einer Gruppe zusammengefaßt werden, die zueinander ähnlich und von eigener ökonomischer Bedeutung sind. Die Abgrenzung dient dazu, Gruppen zu bilden, in denen Teilmassen mit bestimmten qualitativen Eigenschaften zusammengefaßt werden. Beispielsweise können Größenklassen bei landwirtschaftlichen Betrieben bestimmte Betriebstypen kennzeichnen. Dies hat aber auch zur Folge, daß Größenklassen mit gleicher Klassenbreite nur selten dem Untersuchungszweck entsprechen.

Ein Beispiel einer solchen Einteilung wird im Agrarbericht 1985 der Bundesregierung gegeben. Man versucht dort, eine Gliederung der landwirtschaftlichen Betriebe nach sozialökonomischen Kriterien durchzuführen. Zunächst wird eine Gliederung der Betriebe nach dem Erwerbscharakter vorgenommen. Dabei unterscheidet man Haupterwerbsbetriebe von Nebenerwerbsbetrieben. Von einem Haupterwerbsbetrieb spricht man dann, wenn das außerbetriebliche Erwerbseinkommen des Betriebsinhabers weniger als 50 % des gesamten Erwerbseinkommens beträgt. Entsprechend sind Nebenerwerbsbetriebe solche Betriebe, bei denen der Anteil des außerbetrieblichen Erwerbseinkommens des Betriebsinhabers am gesamten Erwerbseinkommen mindestens 50 % beträgt. Die Haupterwerbsbetriebe werden sodann noch in Vollerwerbsbetriebe und Zuerwerbsbetriebe untergliedert. Von einem Zuerwerbsbetrieb spricht man dann, wenn bei einem Haupterwerbsbetrieb der Anteil des außerbetrieblichen Erwerbseinkommen mindestens 10 %, aber weniger als 50 % des Gesamterwerbseinkommens beträgt. Als Vollerwerbsbetrieb wird ein Haupterwerbsbetrieb dann bezeichnet, wenn der Anteil des außerbetrieblichen Erwerbseinkommens des Betriebsinhabers weniger als 10 % beträgt.

Für die Erhebung wurden sodann die Betriebe nach Betriebsgrößen unterteilt. Diese Unterteilung erfolgte nach dem Standardbetriebseinkommen (StBE). Darunter vesteht man ein unter Verwendung statistischer Quellen und modellmäßigen Annahmen anhand betrieblicher Angaben berechnetes Einkommen zur Kennzeichnung der wirtschaftlichen Größe der Betriebe. Es entspricht in etwa dem Konzept der Nettowertschöpfung zu Faktorkosten, dies bedeutet, daß die gezahlten Löhne, Pachten und Schuldzinsen nicht vom StBE abgezogen und die vom Betriebsinhaber empfangenen Pachten und Zinsen nicht hinzugerechnet werden. Die Abgrenzung der in die Stichprobe einbezogenen Betriebe erfolgt dann durch die Bildung der folgenden künstlichen Klassen:

1. **Vollerwerbsbetriebe**

   a) kleine, unter 30 TDM Standardbetriebseinkommen,
   b) mittlere, zwischen 30 und 50 TDM Standardbetriebseinkommen,
   c) größere, über 50 TDM Standardbetriebseinkommen.

2. **Zuerwerbsbetriebe**

3. **Nebenerwerbsbetriebe**

   a) unter 5 TDM Standardbetriebseinkommen,
   b) über 5 TDM Standardbetriebseinkommen.

Durch die Schaffung dieser künstlichen Klasseneinteilung hofft man, innerhalb der gewählten Klassen bezüglich der Untersuchungsziele einigermaßen einheitliche Betriebe zu erfassen. Es muß allerdings gesagt werden, daß die Klasseneinteilung sehr stark durch das Untersuchungsziel bestimmt wird. Es ist durchaus denkbar, daß diese dargestellte Klasseneinteilung bezüglich anderer Untersuchungsziele durchaus ungeeignet wäre.

Fehlen solche sachlichen Kriterien, dann erfolgt die Klasseneinteilung nach rein formalen Kriterien. Man wählt dann etwa die Grenzen so, daß die Klassenbreite entweder absolut oder relativ für alle Klassen gleich wird. Die Größenklassen müssen allerdings so festgelegt werden, daß sichergestellt ist, daß jede Merkmalsausprägung genau einer Klasse angehört. Damit soll einmal erreicht werden, daß die Größenklassen das gesamte Urmaterial ausschöpfen, d.h. die Randklassen müssen auch die extremen Merkmalsausprägungen einschließen. Zum anderen sollen die Größenklassen zueinander disjunkt sein, d.h. sie dürfen sich weder überschneiden noch dürfen Lücken zwischen aufeinanderfolgenden Klassen entstehen.

5. Darstellung von eindimensionalen Häufigkeitsverteilungen

Im folgenden werde eine statistische Masse betrachtet, bei der nur ein Merkmal von Interesse ist. Es sollen die Darstellungsmöglichkeiten für die beobachteten Häufigkeiten der Merkmalsausprägungen dieses Merkmals untersucht werden. Dazu bieten sich eine Darstellung in Tabellenform und eine graphische Darstellung an, wobei zwischen qualitativen und quantitativen Merkmalen unterschieden werden muß.

5.1 Eindimensionale Häufigkeitsverteilung qualitativer Merkmale

5.1.1 Die Häufigkeitstabelle

Es werde eine statistische Masse betrachtet, die aus n statistischen Einheiten besteht, die alle ein bestimmtes qualitatives Merkmal A besitzen. Dieses Merkmal möge k verschiedene Merkmalsausprägungen $A_1, A_2, \ldots, A_k$ aufweisen. Dabei sollen die Merkmalsausprägungen so gewählt sein, daß dadurch eine Klasseneinteilung der statistischen Masse erfolgt, d.h. eine statistische Einheit besitzt "eine und nur eine" der k verschiedenen Merkmalsausprägungen. Die Menge der statistischen Einheiten, welche die Merkmalsausprägung A_i besitzen, soll als Klasse i bezeichnet werden.

Man definiert

Definition: Die Anzahl der statistischen Einheiten der Klasse i wird **absolute Häufigkeit** genannt und mit $n(A_i)$ oder n_i bezeichnet.

Es gilt

$$\sum_{i=1}^{k} n(A_i) = \sum_{i=1}^{k} n_i = n. \tag{5.1}$$

Allerdings eignet sich die absolute Häufigkeit wenig zu Vergleichszwecken, da ihr numerischer Wert vom Umfang der statistischen Masse abhängt. Daher führt man den Begriff der relativen Häufigkeit ein:

Definition: Als **relative Häufigkeit** der Klasse i bezeichnet man die Größe

$$h(A_i) = h_i = \frac{n_i}{n} \quad \left(\frac{\text{absolute Häufigkeit der Klasse i}}{\text{Umfang der statistischen Masse}}\right). \tag{5.2}$$

Es gilt

$$\sum_{i=1}^{k} h(A_i) = \sum_{i=1}^{k} h_i = 1.$$

Die tabellarische Darstellung der Häufigkeiten qualitativer Merkmale erfolgt in der Form

Merkmalsausprägung	absolute Häufigkeit	relative Häufigkeit
A_1	n_1	h_1
.	.	.
.	.	.
.	.	.
A_i	n_i	h_i
.	.	.
.	.	.
.	.	.
A_k	n_k	h_k
Summe	n	1

Beispiel 5.1: Zahl der Lohnsteuerbelasteten und Summe der Jahreslohnsteuer in den Bundesländern der BRD und West-Berlin für 1980 (Quelle: Fachserie 14, Reihe 7.3, Lohnsteuer 1980, Stat. Bundesamt)

Bundesland	Lohnsteuerbelastete (in 1 000)		Jahreslohnsteuer (in Mill. DM)	
	$n(A_i) = n_i$	$h(A_i) = \frac{n_i}{n}$	$n(A_i) = n_i$	$h(A_i) = \frac{n_i}{n}$
SH - A_1	706	0,0411	4 072	0,0400
HH - A_2	487	0,0284	3 345	0,0328
NS - A_3	1 924	0,1120	10 755	0,1056
HB - A_4	192	0,0112	1 143	0,0112
NRW - A_5	4 684	0,2727	28 478	0,2797
H - A_6	1 562	0,0910	9 990	0,0981
RP - A_7	1 019	0,0593	5 463	0,0536
BW - A_8	2 657	0,1547	15 971	0,1568
Bay - A_9	3 054	0,1778	17 308	0,1700
Saar - A_{10}	266	0,0155	1 413	0,0139
WB - A_{11}	623	0,0363	3 896	0,0383
Summe	17 174	1,0000	101 834	1,0000

5.1.2 Die graphische Darstellung

Bei dieser unterscheidet man grundsätzlich zwischen der Darstellung als **Stabdiagramm** und als **Kreisdiagramm**.

Beim Kreisdiagramm werden die relativen Häufigkeiten h_i dargestellt, wobei als Darstellungsmittel die Größe des Mittelpunktwinkels α_i dient: $\alpha_i = h(A_i) \cdot 360^o$. Beim Stabdiagramm können dagegen sowohl die absoluten Häufigkeiten n_i als auch die relativen Häufigkeiten n_i/n dargestellt werden. Als Darstellungsmittel dient die **Stabhöhe**. Aus Gründen der deutlicheren Darstellung kann man auch Rechtecke anstelle der Stäbe wählen. Man spricht dann auch von einem **Säulendiagramm**, wobei man jedoch darauf achten sollte, daß die Rechtecke nicht aneinander stoßen.

Beispiel 5.1: Graphische Darstellung der Zahl der Lohnsteuerbelasteten in der BRD, aufgegliedert nach Bundesländern

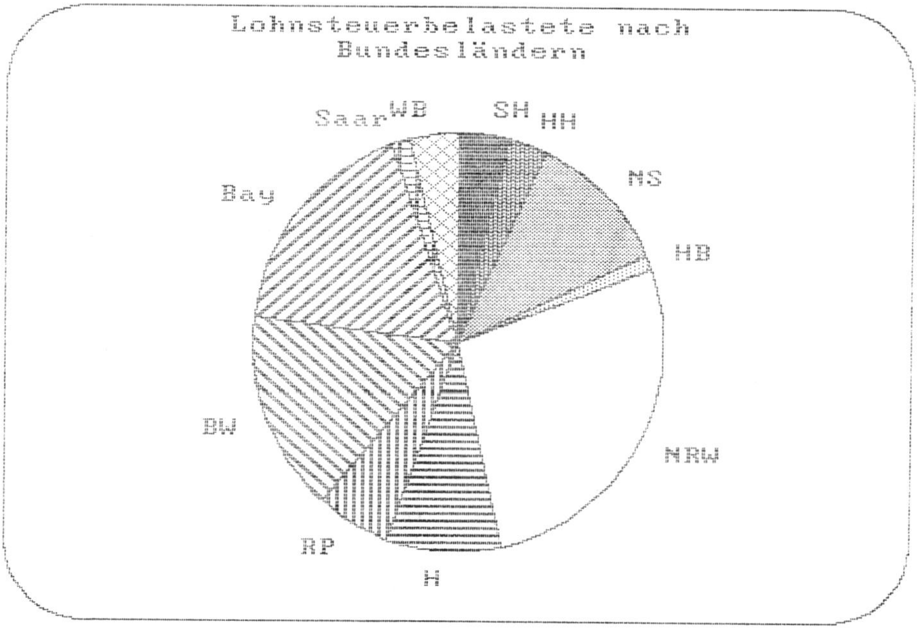

Abbildung 5.1: Kreisdiagramm für das Beispiel 5.1

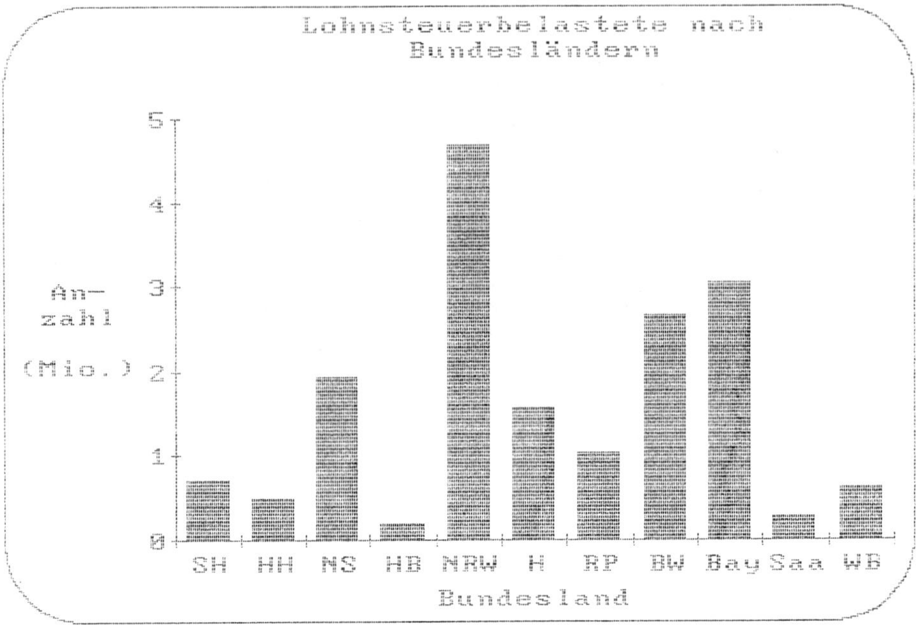

Abbildung 5.2: Säulendiagramm der Lohnsteuerbelasteten des Beispieles 5.1

5.2 Eindimensionale Häufigkeitsverteilung quantitativ-diskreter Merkmale

Von einem quantitativen Merkmal X spricht man dann, wenn für die verschiedenen Merkmalsausprägungen x_i alle reellen Zahlen möglich sind. Man spricht dann auch vom Merkmalswert x_i. Sind dagegen nur ganz bestimmte, isolierte Zahlenwerte möglich, dann spricht man von einem quantitativ-diskreten Merkmal. Der häufigste Fall ist dabei der, daß die Merkmalswerte nichtnegative ganze Zahlen sind.

Beispiele: *Anzahl der Personen in einem Haushalt,*
Anzahl der Verkäufe eines bestimmten Produktes,
Anzahl der Beschäftigten in einem Betrieb.

Die Anzahl der statistischen Einheiten mit den Merkmalswerten x_i wird mit $n(x_i)$ bezeichnet, sie gibt die **absolute Häufigkeit** dieser Merkmalsausprägung an. Nach Division durch den Umfang n der statistischen Masse erhält man wieder die **relative Häufigkeit** dieser Merkmalsausprägung

$$h(x_i) = \frac{n(x_i)}{n} .$$

Man kann $h(x_i)$ als eine diskrete Funktion auffassen, deren Definitionsbereich durch die einzelnen Merkmalswerte x_i gegeben ist. Man spricht daher auch von der **Häufigkeitsfunktion** $h(x)$.

Quantitative Merkmale besitzen häufig sehr viele Merkmalswerte, so daß man nicht für sämtliche Merkmalsausprägungen die absoluten oder relativen Häufigkeiten angeben kann. In der Regel ist daher eine Zusammenfassung zu Gruppen (Größenklassen) erforderlich. Die Besetzungszahlen der einzelnen Größenklassen sind dann die absoluten Häufigkeiten und die Quotienten aus den Besetzungszahlen und dem Umfang der statistischen Masse die relativen Häufigkeiten.
Bei quantitativen Merkmalen gibt die Differenz zweier Merkmalsausprägungen ihren Abstand an. Es ist daher üblich, Anteile auch für mehrere Merkmalsausprägungen zu errechnen. Man spricht dann von **kumulierten Häufigkeiten**. Interessiert man sich etwa für die Summe der statistischen Einheiten, deren Merkmalswerte x kleiner oder höchstens gleich einem vorgegebenen Wert x_i sind, dann erhält man

a) für die **kumulierte absolute Häufigkeit**

$$n(x \leq x_i) = n_1 + n_2 + \dots + n_i = \sum_{j=1}^{i} n_j,$$

b) für die **kumulierte relative Häufigkeit**

$$h(x \leq x_i) = h(x_1) + h(x_2) + \dots + h(x_i) = \sum_{j=1}^{i} h(x_j).$$

Man bezeichnet die kumulierte relative Häufigkeit mit $F(x_i) = h(x \leq x_i)$ und spricht von der Verteilungsfunktion des Merkmals X in der statistischen Masse.

Definition: Als **Verteilungsfunktion $F(x_i)$** des Merkmals X werde die kumulierte relative Häufigkeit derjenigen statistischen Einheiten bezeichnet, deren Merkmalswerte x kleiner oder gleich x_i sind, d.h.

$$F(x_i) = h(x \leq x_i) = \sum_{j=1}^{i} h(x_j) = \sum_{j=1}^{i} \frac{n_j}{n}. \quad (5.3)$$

Wenn man nun die Verteilungsfunktion $F(x_i)$ kennt, kann man die Häufigkeitsfunktion $h(x_i)$ durch Differenzenbildung bestimmen.

Es gilt

$$\frac{n_i}{n} = h(x_i) = F(x_i) - F(x_{i-1}).$$

5.2.1 Die Häufigkeitstabelle

Diese unterscheidet sich gegenüber derjenigen für qualitative Merkmale nur durch eine zusätzliche Spalte für die Verteilungsfunktion $F(x_i)$. Der Aufbau läßt sich an dem folgenden Beispiel erkennen.

Beispiel 5.2: Größe der neuerstellten Wohnungen in der BRD im Jahre 1983 (Quelle: Statistisches Jahrbuch, 1985, S. 224)

Zahl der Wohnräume x_i	absolute Häufigkeit $n(x_i) = n$	relative Häufigkeit $h(x_i) = \frac{n_i}{n}$	Verteilungsfunktion $F(x_i)$
1	12 993	0,0416	0,0416
2	24 785	0,0794	0,1210
3	61 077	0,1956	0,3166
4	70 749	0,2266	0,5432
5 u. mehr	142 613	0,4568	1,0000
Summe	312 217	1,0000	

Aus der relativen Häufigkeit ergibt sich u.a., daß 1983 4,16% aller neuerstellten Wohnungen Einzimmerwohnungen waren und 45,68 % aller neuerstellten Wohnungen 5 und mehr Wohnräume umfaßten.

Aus der Verteilungsfunktion folgt, daß fast ein Drittel aller neuerstellten Wohnungen, nämlich 31,66 %, im Jahre 1983 drei und weniger Wohnräume hatten.

5.2.2 Die graphische Darstellung

Als graphische Darstellung bietet sich wieder das Stabdiagramm an, bei dem die relativen Häufigkeiten n_i/n durch die Länge der Stäbe als Funktion der Merkmalswerte x_i dargestellt werden.

Daneben bietet sich als zweite graphische Darstellung die Verteilungsfunktion $F(x_i)$ an. Diese wird durch eine Treppenfunktion dargestellt, wobei man beachten muß, daß an den Sprungstellen immer der obere Wert die Verteilungsfunktion an der Stelle x_i dargestellt.

Die Treppenfunktion zeigt, daß die Verteilungsfunktion für die Zwischenwerte (nicht vorkommende Merkmalswerte) identisch ist mit dem Wert der Verteilungsfunktion für den nächstkleineren vorkommenden Merkmalswert, d.h.

$$F(x) = F(x_i) \quad \text{für} \quad x_i \leq x < x_{i+1}.$$

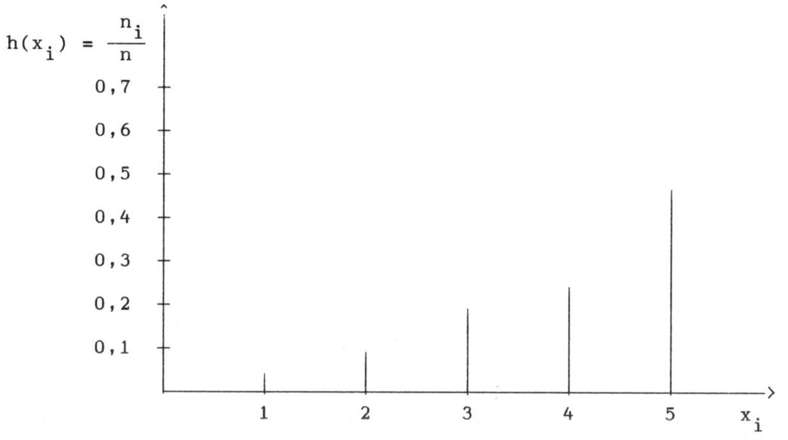

Abbildung 5.3: Stabdiagramm für das Beispiel 5.2

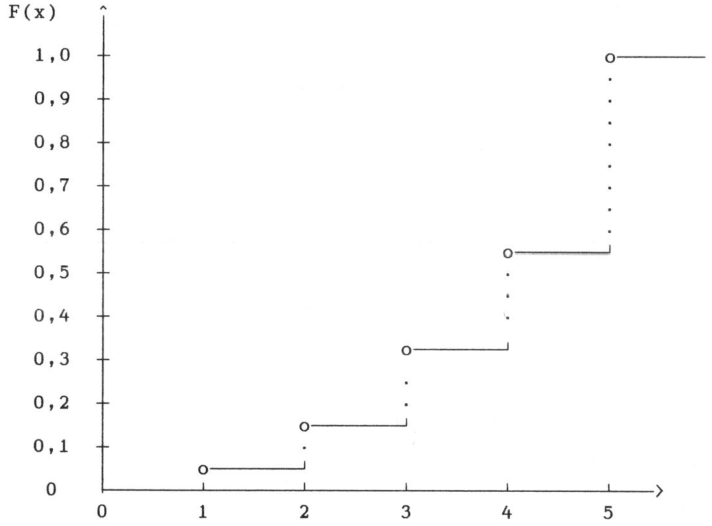

Abbildung 5.4: Verteilungsfunktion für das Beispiel 5.2

5.2.3 Berechnung von Anteilswerten

Bei einer großen Zahl von Merkmalswerten erlaubt die Verteilungsfunktion eine einfache Berechnung von beliebigen relativen Häufigkeiten (Anteilswerten). Das Verfahren soll durch die Beantwortung der folgenden beiden Fragen erläutert werden:

1. Frage: Wieviel Prozent der neuerstellten Wohnräume umfassen weniger als 3 Wohnräume?

   Gesucht ist $h(x < 3)$.
   Antwort:
   $h(x < 3) = h(x \leq 2) = F(2) = 0{,}1210$,
   d.h. 12,1 % der neuerstellten Wohnungen.

2. Frage: Wieviel Prozent der neuerstellten Wohnungen besitzen mehr als einen, aber weniger als 5 Wohnräume?

   Gesucht ist $h(1 < x < 5)$.
   Antwort:
   $h(1 < x < 5) = h(1 < x \leq 4) = h(x \leq 4) - h(x \leq 1)$
   $= F(4) - F(1) = 0{,}5432 - 0{,}0416 = 0{,}5016$,
   d.h. 50,16 % der neuerstellten Wohnungen.

5.3 Eindimensionale Häufigkeitsverteilung quantitativ-stetiger Merkmale

Wenn in einem gewissen Intervall grundsätzlich alle reellen Zahlen als Merkmalswerte vorkommen können, die Meßgenauigkeit aber nicht immer zu ihrer Unterscheidung ausreicht, dann spricht man von einem **quantitativ-stetigen** Merkmal.

Beispiele: *Lebensalter und Körpergröße von Personen,*
Geschwindigkeit eines Automobils,
Kohlenstoffgehalt von Stahllegierungen.

Quantitativ-diskrete Merkmale mit zahlreichen Merkmalswerten, z.B. Geldgrößen, werden in der Praxis häufig wie stetige Merkmale behandelt. Man spricht dann von **approximativ-stetigen Merkmalen.** Zum Beispiel kann man das Einkommen eines Haushalts als ein approximativ-stetiges Merkmal ansehen. Zwar ist das Einkommen in der kleinsten Einheit diskret, aber diese diskrete Darstellung in Pfennigbeträgen ist nicht aussagefähig. Daher behandelt man das Einkommen wie ein stetiges Merkmal.

Es liegt im Wesen eines stetigen Merkmals, daß zwei gleiche Merkmalswerte praktisch nicht beobachtet werden können, vorausgesetzt, man kann eine beliebige Meßgenauigkeit erzielen. Um trotzdem eine Darstellung der Häufigkeit von quantitativ-stetigen Merkmalen zu erhalten, muß man die Merkmalswerte zu Klassen zusammenfassen. Dies hat zur Folge, daß man die absoluten und relativen Häufigkeiten nur für diese Klassen, jedoch nicht für die einzelnen Merkmalswerte angeben kann. Diese Klassenbildung für die Merkmalswerte wird im wesentlichen durch das Untersuchungsziel bestimmt, etwa:

a) Bei einem Vergleich mit anderen Häufigkeitsverteilungen wählt man zweckmäßigerweise gleiche Klassen für alle zu vergleichenden Verteilungen.

b) Bei der Konstruktion der Klassengrenzen und bei der Einordnung sollte die Existenz der Urlistenintervalle berücksichtigt werden. Dabei gibt es prinzipiell zwei Möglichkeiten, entweder wählt man die Klassengrenzen so, daβ sie mit den Grenzen der Urlistenintervalle zusammenfallen, oder man wählt die Klassengrenzen als runde Zahlen.

Beispiel 5.3: Ein Hersteller von Stahlblechen wählt zur Überprüfung einer neuinstallierten Walzmaschine 20 Stahlbleche zufällig aus und ermittelt ihre Stärke (Angaben in mm):

```
4,9  +5,3  5,2   5,4   5,5  5,1  +5,6  4,8  5,4  5,1
4,9   4,8 -5,6  -5,3   5,8  5,5  +5,6  5,9  5,4  5,2
```

b_1) Klassengrenzen identisch mit Urlistenintervallen

Urliste:

```
 4,75 4,85 4,95 5,05 5,15 5,25 5,35 5,45 5,55 5,65 5,75 5,85 5,95
X----X----X----X----X----X----X----X----X----X----X----X----X----X
    4,8  4,9  5,0  5,1  5,2  5,3  5,4  5,5  5,6  5,7  5,8  5,9
```

```
--)[-----X-----)[-----X-----)[-----X-----)[-----X-----)[
 4,75   4,9   5,05   5,2   5,35   5,5   5,65   5,8   5,95
```

Klassen-grenzen e_i	Schreib-weise	Klassen mitten c_i	Häufigkeit abs. n_i	relative $h(x_i)$	$F(x_i^o)$	$f(x_i)=\frac{h(x_i)}{\Delta x_i}$
[4,75;5,05)	4,8 - 5,0	4,9	4	0,20	0,20	2/3
[5,05;5,35)	5,1 - 5,3	5,2	6	0,30	0,50	1
[5,35;5,65)	5,4 - 5,6	5,5	8	0,40	0,90	4/3
[5,65;5,95)	5,7 - 5,9	5,8	2	0,10	1,00	1/3
		Summe	20	1,00		

$c_i = \frac{e_{i-1} + e_i}{2}$ (= Klassenmitten), Δx_i : $x_i - x_{i-1}$,

n_i : absolute Häufigkeit, $F(x_i^o)$: Verteilungsfunktion,

$h(x_i)$: relative Häufigkeit, $f(x_i)$: Häufigkeitsdichte.

b_2) Klassengrenzen sind runde Zahlen, sie fallen mit den Klassenmitten der Urlistenintervalle zusammen.

```
4,65 4,75 4,85 4,95 5,05 5,15 5,25 5,35 5,45 5,55 5,65 5,75 5,85
-----X----X----X----X----X----X----X----X----X----X----X----X----X-
    4,7  4,8  4,9  5,0  5,1  5,2  5,3  5,4  5,5  5,6  5,7  5,8  5,9

-----(-------X-------)(-------X-------)(-------X-------)(-------X-------)(
    4,7    4,85     5,0    5,15     5,3    5,45     5,6    5,75     5,9
```

Klassengrenzen e_i	Klassenmitten c_i	absolute Häufigkeit n_i	relative Häufigkeit $h(x_i)$	Verteilungsfunktion $F(x_i^o)$	Häufigkeitsdichte $f(x_i)=\frac{h(x_i)}{\Delta x_i}$
(4,7;5,0)	4,85	4	0,20	0,20	2/3
(5,0;5,3)	5,15	5	0,25	0,45	5/6
(5,3;5,6)	5,45	7	0,35	0,80	7/6
(5,6;5,9)	5,75	4	0,20	1,00	2/3
	Summe	20	1,00		

Diese Möglichkeit bietet oft den Vorteil der einfachen Klassenbildung, hat dafür den Nachteil, daß gewisse Meßwerte auf die Klassengrenzen zu fallen scheinen. Tatsächlich lagert sich ein Urlistenintervall so um die Klassengrenzen, daß je eine Hälfte unterhalb und oberhalb der Klassengrenze zu liegen kommt. Man kann dann so vorgehen, daß alle Werte der Urliste, die auf die Klassengrenzen zu fallen scheinen, der Reihe nach alternierend mit "+" und "-" bezeichnet und die mit "+" bezeichneten der oberen benachbarten Klasse, die mit "-" bezeichneten der unteren benachbarten Klasse zugeordnet werden.

c) Als Faustregel für die Anzahl der zu bildenden Klassen gilt, daß man nicht mehr als $\sqrt{n}$ Klassen bilden sollte. Im allgemeinen kommt man mit 5 bis 20 Klassen aus.

Liegt die Klasseneinteilung vor, dann kann man die Häufigkeiten für die einzelnen Klassen ermitteln.

Definition: Die **Häufigkeitsfunktion quantitativ-stetiger** Merkmale ist die Funktion

(5.4) $$h(x_i) = h_i = h(x_{i-1}^o = x_i^u \leq x < x_i^o),$$

diese ordnet jeder Klasse i von Merkmalswerten eine bestimmte relative Häufigkeit n_i/n zu.

Dabei bedeuten:

x_i^u : Untergrenze der Klasse i,

x_i^o : Obergrenze der Klasse i,

n_i : Zahl der beobachteten Merkmalswerte im Intervall $[x_i^u, x_i^o)$.

Definition: Als **Verteilungsfunktion** $F(x_i^o)$ des quantitativ-stetigen Merkmals werde die kumulierte relative Häufigkeit derjenigen statistischen Einheit bezeichnet, deren Merkmalswerte x kleiner als x_i^o (bzw. x_{i+1}^u) sind, d.h.

(5.5) $$F(x_i^o) = h(x < x_i^o) = h(x < x_{i+1}^u).$$

5.3.1 Die graphische Darstellung

Für die graphische Darstellung eines quantitativ-stetigen Merkmals bietet sich das **Histogramm** an. Als Darstellungsmittel dient dabei die Fläche der Rechtecke, deren Basis durch die Klassenbreite des quantitativ-stetigen Merkmals gegeben ist. Die Höhe der Rechtecke muß dann so normiert werden, daß die Rechteckflächen für verschiedene Klassenbreiten tatsächlich die betreffenden relativen Häufigkeiten darstellen, und zum anderen die Fläche des Histogramms für verschiedene Verteilungen gleich groß wird. Letzteres ist erforderlich, um die Histogramme verschiedener Häufigkeitsverteilungen miteinander vergleichen zu können.

Bezeichnet man die Ordinatenhöhe der Rechtecke des Histogramms der i-ten Klasse mit $f(x_i)$ und die zugehörige Klassenbreite mit d_i, dann muß gelten

$$F = f(x_i) \cdot d_i, \quad \text{bzw.}$$

$$= f(x_i) \cdot \Delta x_i,$$

wobei $d_i = \Delta x_i = x_i^o - x_i^u$ gesetzt wurde. Die Normierungsvorschrift verlangt nun, daß die Rechteckfläche gleich der relativen Häufigkeit wird, d.h.

$$F = \frac{n_i}{n}.$$

Man erhält

$$h(x_i) = \frac{n_i}{n} = f(x_i) \cdot \Delta x_i.$$

Daraus läßt sich die Ordinatenhöhe $f(x_i)$ berechnen zu

(5.5) $$f(x_i) = \frac{n_i}{n \cdot \Delta x_i} = \frac{h(x_i)}{\Delta x_i} .$$

Im Gegensatz zur Häufigkeitsfunktion $h(x_i)$ bezeichnet man $f(x_i)$ als **Häufigkeitsdichte**. Es zeigt sich, daß diese Normierung zur Folge hat, daß die Gesamtfläche unter dem Histogramm sich zu Eins addiert.

Es gilt

$$\sum_{i=1}^{k} f(x_i) \cdot \Delta x_i = \sum_{i=1}^{k} \frac{h(x_i)}{\Delta x_i} \cdot \Delta x_i = \sum_{i=1}^{k} h(x_i) = 1$$

(k = Zahl der Klassen).

Dadurch hat man erreicht, daß die Häufigkeitsdichte verschiedener Häufigkeitsverteilungen miteinander verglichen werden können, denn es ist nun gewährleistet, daß alle Histogramme den gleichen Flächeninhalt einschließen. (siehe Abb. 5.7 und 5.8).

Verbindet man die Mitten der oberen Rechteckbegrenzungen miteinander, so erhält man das sogenannte **Häufigkeitspolygon**. Um dieses an den Enden abzuschließen, benutzt man an der unteren und oberen Grenze des Histogramms je ein Intervall der gleichen Breite wie die benachbarten Rechtecke des Histogramms. Man verwendet dann diese Intervallmitten zum Abschluß des Häufigkeitspolygons. Dadurch wird immer erreicht, daß die Gesamtfläche unter dem Häufigkeitspolygon gleich der Gesamtfläche unter dem Histogramm wird. Beachtet werden muß, daß die Histogrammdarstellung innerhalb der einzelnen Klassen eine Gleichverteilung der Merkmalswerte der statistischen Einheiten voraussetzt.

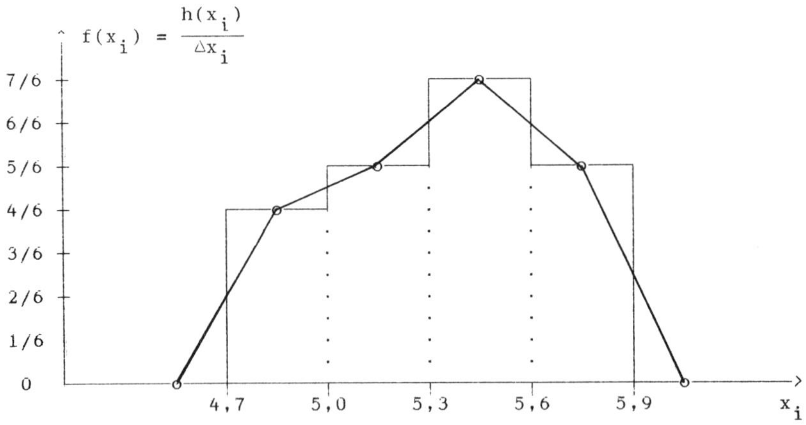

Abbildung 5.5: Histogramm und Häufigkeitspolygon für das Beispiel 5.3

Die graphische Darstellung der Verteilungsfunktion wird als Polygonzug konstruiert. Die Koordinaten der Eckpunkte sind die oberen Klassengrenzen und die zugehörigen Werte $F(x_i^o)$. Die gradlinige Verbindung der Eckpunkte impliziert wieder die Annahme der Gleichverteilung der Merkmalswerte innerhalb der Klassen. Würde man die Klassenbreite kontinuierlich verkleinern, dann würde der Polygonzug schließlich in eine stetige Kurve übergehen.

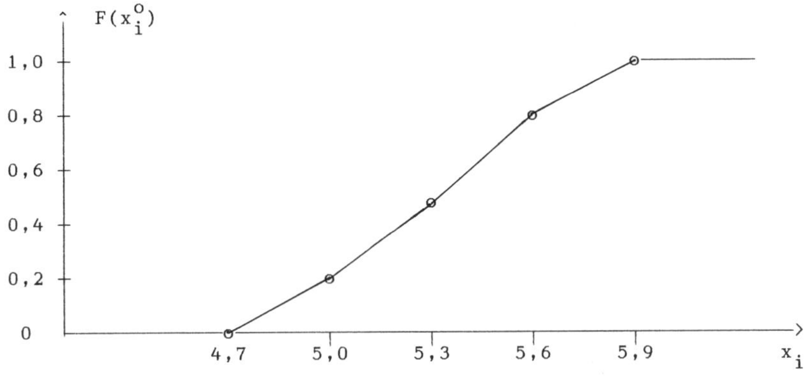

Abbildung 5.6: Verteilungsfunktion $F(x_i^o)$ für das Beispiel 5.3

5.3.2 Häufigkeitstabelle

Die tabellarische Darstellung quantitativ-stetiger Merkmale wird daher gegenüber den bisherigen Häufigkeitstabellen um eine zusätzliche Spalte für die Häufigkeitsdichte erweitert.

Beispiel 5.4: Zahl der ganzjährig beschäftigten Lohnsteuerpflichtigen in der BRD (einschließlich West-Berlin) aufgegliedert nach Lohnklassen für das Jahr 1980 (Angaben in 1000). Quelle: Fachserie 14, Reihe 7.3, 1980, Stat. Bundesamt.

Lohnklasse (in DM) $x_i^u \leq x < x_i^o$	absolute Häufigkeit n_i	relative Häufigkeit $h(x_i)$	Verteilungsfunktion $F(x_i^o)$	Häufigkeitsdichte $f(x_i)\cdot 10^{-4}$
[0; 2 400)	1 928	0,0749	0,0749	0.3122
[2 400; 4 800)	1 337	0,0520	0,1269	0.2165
[4 800; 7 200)	1 003	0,0390	0,1659	0,1624
[7 200; 9 600)	928	0,0361	0,2019	0,1503
[9 600; 12 000)	939	0,0365	0,2384	0,1521
[12 000; 16 000)	1 760	0,0684	0,3068	0,1710
[16 000; 20 000)	1 695	0,0659	0,3727	0,1647
[20 000; 25 000)	2 573	0,1000	0,4727	0,2000
[25 000; 30 000)	3 329	0,1294	0,6021	0,2588
[30 000; 36 000)	3 788	0,1472	0,7493	0,2454
[36 000; 40 000)	1 809	0,0703	0,8196	0,1758
[40 000; 45 000)	1 480	0,0575	0,8771	0,1120
[45 000; 50 000)	977	0,0380	0,9151	0,0759
[50 000; 55 000)	650	0,0253	0,9403	0,0505
[55 000; 60 000)	434	0,0169	0,9572	0,0337
[60 000; 65 000)	297	0,0115	0,9688	0,0231
[65 000; 70 000)	199	0,0077	0,9765	0,0155
[70 000; 75 000)	150	0,0058	0,9823	0,0117
[75 000; 80 000)	101	0,0039	0,9862	0,0079
[80 000; 85 000)	73	0,0028	0,9891	0,0057
[85 000; 90 000)	52	0,0020	0,9911	0,0040
[90 000; 95 000)	41	0,0016	0,9927	0,0032
[95 000; 100 000)	31	0,0012	0,9939	0,0024
[100 000; 150 000)	117	0,0045	0,9984	0,0009
[150 000; 200 000)	25	0,0010	0,9994	0,0002
[200 000; 250 000)	8	0,0003	0,9997	0,0001
[250 000; 300 000)	3	0,0001	0,9998	0,0000
[300 000; 350 000)	2	0,0000	0,9999	0,0000
[350 000 und mehr)	3	0,0001	1,0000	0,0000
Summe	25 732	1,0000		

5.3.3 Beispiel zur Histogrammdarstellung zweier Häufigkeitsverteilungen

<u>Beispiel 5.5</u>: Zahl der ganzjährig beschäftigten Lohnsteuerpflichtigen des Beispiels 5.4, aufgegliedert nach Lohnklassen für die männlichen und weiblichen Arbeitnehmer (Angaben in 1000).

a) männliche Arbeitnehmer

Lohnklasse (in DM) $x_i^u \leq x < x_i^o$	absolute Häufigkeit n_i	relative Häufigkeit $h(x_i)$	Verteilungsfunktion $F(x_i^o)$	Häufigkeitsdichte $f(x_i) \cdot 10^{-4}$
[0; 2 400)	876	0,0554	0,0554	0,2309
[2 400; 4 800)	571	0,0361	0,0915	0,1505
[4 800; 7 200)	434	0,0275	0,1190	0,1144
[7 200; 9 600)	397	0,0251	0,1441	0,1046
[9 600; 12 000)	290	0,0183	0,1624	0,0764
[12 000; 16 000)	496	0,0314	0,1938	0,0784
[16 000; 20 000)	595	0,0376	0,2314	0,0941
[20 000; 25 000)	1 249	0,0790	0,3104	0,1580
[25 000; 30 000)	2 240	0,1417	0,4521	0,2834
[30 000; 36 000)	3 022	0,1912	0,6433	0,3186
[36 000; 40 000)	1 513	0,0957	0,7390	0,2393
[40 000; 45 000)	1 254	0,0793	0,8183	0,1586
[45 000; 50 000)	847	0,0536	0,8719	0,1072
[50 000; 55 000)	581	0,0368	0,9087	0,0735
[55 000; 60 000)	400	0,0253	0,9340	0,0506
[60 000; 65 000)	276	0,0175	0,9515	0,0349
[65 000; 70 000)	188	0,0119	0,9634	0,0238
[70 000; 75 000)	141	0,0089	0,9723	0,0178
[75 000; 80 000)	97	0,0061	0,9784	0,0123
[80 000; 85 000)	70	0,0044	0,9828	0,0089
[85 000; 90 000)	50	0,0032	0,9860	0,0063
[90 000; 95 000)	39	0,0025	0,9885	0,0049
[95 000; 100 000)	30	0,0019	0,9904	0,0038
[100 000; 150 000)	113	0,0071	0,9975	0,0014
[150 000; 200 000)	24	0,0015	0,9990	0,0003
[200 000; 250 000)	8	0,0005	0,9995	0,0001
[250 000; 300 000)	3	0,0002	0,9997	0,0000
[300 000; 350 000)	2	0,0001	0,9998	0,0000
[350 000 und mehr)	3	0,0002	1,0000	0,0000
Summe	15 810	1,0000		

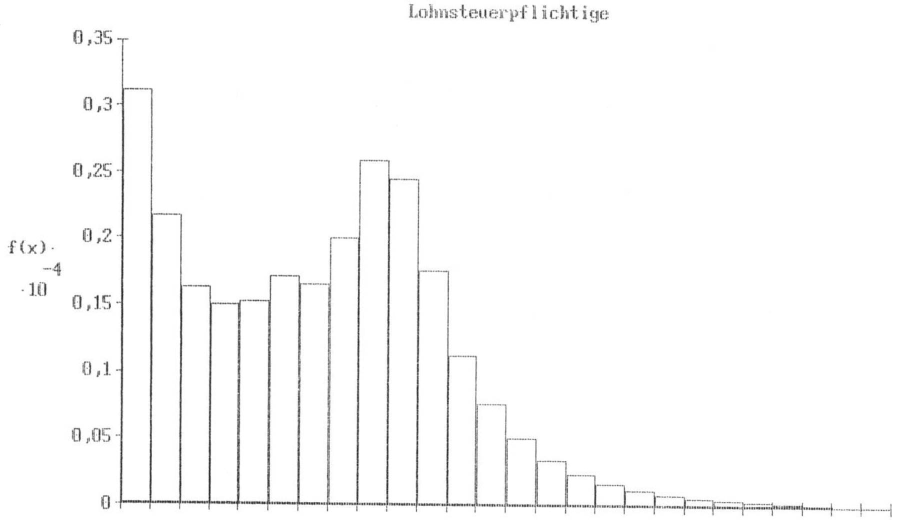

Abb. 5.7: Histogramm-Darstellung des Beispiels 5.4

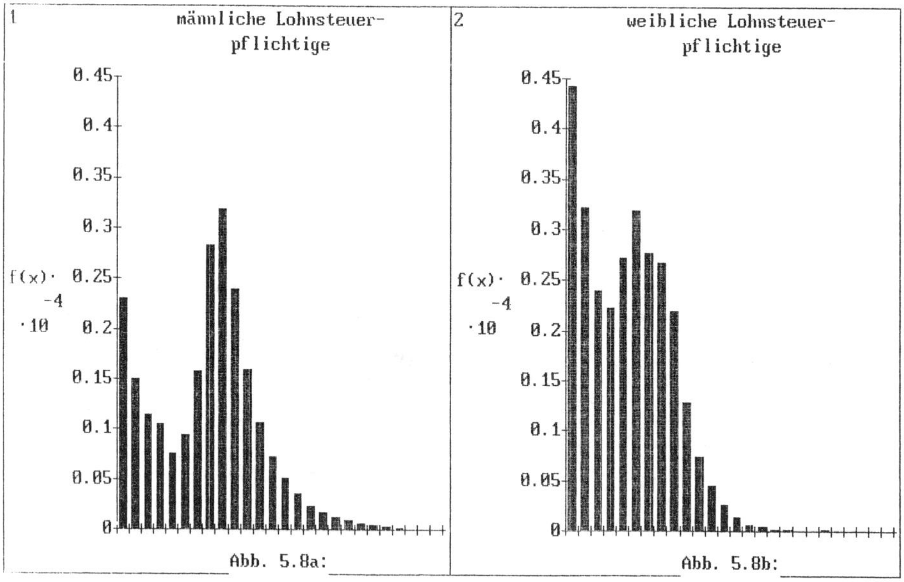

Abb. 5.8: Histogramm-Darstellung des Beispiels 5.5

b) weibliche Arbeitnehmer

Lohnklasse (in DM) $x_i^u \leq x < x_i^o$	absolute Häufigkeit n_i	relative Häufigkeit $h(x_i)$	Verteilungs-funktion $F(x_i^o)$	Häufigkeits dichte $f(x_i)\cdot 10^{-4}$
[0; 2 400)	1 052	0,1060	0,1060	0,4418
[2 400; 4 800)	765	0,0771	0,1831	0,3213
[4 800; 7 200)	570	0,0574	0,2405	0,2394
[7 200; 9 600)	531	0,0535	0,2940	0,2230
[9 600; 12 000)	649	0,0654	0,3594	0,2725
[12 000; 16 000)	1 264	0,1274	0,4868	0,3185
[16 000; 20 000)	1 099	0,1108	0,5976	0,2769
[20 000; 25 000)	1 324	0,1334	0,7310	0,2669
[25 000; 30 000)	1 089	0,1098	0,8408	0,2195
[30 000; 36 000)	767	0,0773	0,9181	0,1288
[36 000; 40 000)	296	0,0298	0,9479	0,0746
[40 000; 45 000)	226	0,0228	0,9707	0,0456
[45 000; 50 000)	130	0,0131	0,9838	0,0262
[50 000; 55 000)	70	0,0071	0,9909	0,0141
[55 000; 60 000)	34	0,0034	0,9943	0,0069
[60 000; 65 000)	21	0,0021	0,9964	0,0042
[65 000; 70 000)	10	0,0010	0,9974	0,0020
[70 000; 75 000)	9	0,0009	0,9983	0,0018
[75 000; 80 000)	4	0,0004	0,9987	0,0008
[80 000; 85 000)	3	0,0003	0,9990	0,0006
[85 000; 150 000)	8	0,0008	0,9998	0,0016
[150 000 und mehr)	1	0,0001	0,9999	0,0002
Summe	9 922	0,9999		

5.3.4 Berechnung von Anteilswerten innerhalb einer Klasse

Mit Hilfe der Häufigkeitsfunktion $h(x_i)$ lassen sich Anteilswerte für die einzelnen Klassen berechnen. Möchte man Anteile für die Merkmalswerte innerhalb einzelner Klassen bestimmen, dann kann man diese, bei Annahme der Gleichverteilung der Merkmalswerte innerhalb der einzelnen Klassen, durch lineare Interpolation der Verteilungsfunktion F(x) erhalten.

1) Allgemeine Fragestellung:
Wieviel Prozent der statistischen Einheiten besitzen einen Merkmalswert kleiner oder gleich x?

Spezielle Fragestellung:
Wieviel Prozent der Stahlbleche besitzen eine Stärke von weniger als 5,2 mm?

Gegeben: $x = 5{,}2$;
Gesucht: $h(x \leq 5{,}2) = F(5{,}2)$

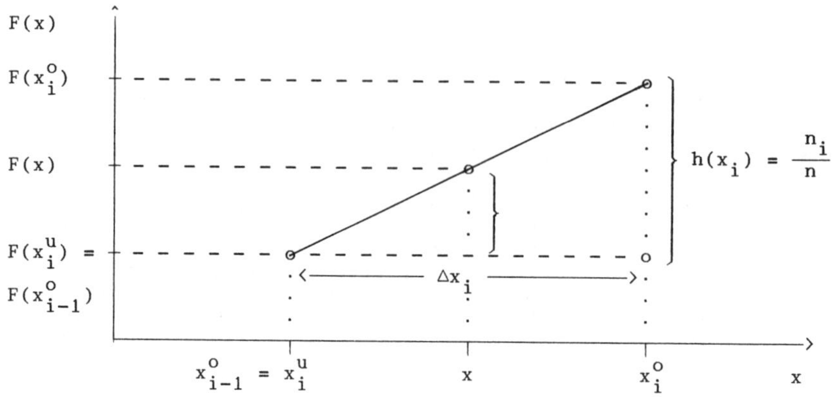

Abb. 5.9: Zur Interpolation von F(x)

Es gilt $\tan\alpha = \dfrac{h(x_i)}{\Delta x_i} = f(x_i)$,

mit $\Delta x_i = x_i^o - x_i^u$.

Allgemein gilt (2. Strahlensatz):

$$\frac{F(x) - F(x_i^u)}{h(x_i)} = \frac{x - x_i^u}{\Delta x_i} ,$$

Daraus kann man F(x) bestimmen und erhält

$$F(x) = F(x_i^u) + \frac{x - x_i^u}{\Delta x_i} \cdot h(x_i)$$

(5.6) $$= F(x_i^u) + (x - x_i^u) \cdot f(x_i).$$

Speziell ergibt sich

$$F(5,2) = 0,2 + (5,2 - 5,0) \cdot \frac{0,25}{0,30}$$

$$= 0,2 + 0,2 \cdot \frac{5}{6} = 0,2 + 0,17 = 0,37,$$

d.h. 37 % der Stahlbleche besitzen eine Stärke von weniger als 5,2 mm.

2) Allgemeine Feststellung:
Wieviel Prozent der statistischen Einheiten besitzen einen Merkmalswert der zwischen den Werten a und b liegt;

Spezielle Fragestellung:
Wieviel Prozent der Stahlbleche besitzen eine Stärke zwischen 5,4 mm und 5,6 mm?

Man beachte, daß wegen der unterstellten beliebigen Meßgenauigkeit bei quantitativ-stetigen Merkmalen nicht mehr zwischen "größer" und "größer gleich" unterschieden werden muß. Daher lautet die Fragestellung:

Gegeben : $a = 5{,}4$ mm und $b = 5{,}6$ mm ;
Gesucht : $h(5{,}4 < x < 5{,}6) = h(5{,}4 \leq x \leq 5{,}6) = F(5{,}6) - F(5{,}4)$.

Der Wert $F(5{,}6) = 0{,}80$ kann unmittelbar aus der Häufigkeitstabelle abgelesen werden, dagegen muß der Wert für $F(5{,}4)$ durch Interpolation bestimmt werden. Man erhält

$$F(5{,}4) = F(x_i^u) + (x - x_i^u) \cdot \frac{h(x_i)}{\Delta x_i}$$

$$= F(5{,}3) + (5{,}4 - 5{,}3) \cdot \frac{0{,}35}{0{,}30}$$

$$= 0{,}45 + 0{,}1 \cdot \frac{7}{6} = 0{,}45 + 0{,}12 = 0{,}57.$$

Somit erhält man

$$F(5{,}6) - F(5{,}4) = 0{,}80 - 0{,}57 = 0{,}23,$$

d.h. 23 % der Stahlbleche besitzen eine Stärke, die zwischen 5,4 mm und 5,6 mm liegt.

5.3.5 Übergang zu einer kontinuierlichen Kurve

Durch die Einteilung der Merkmalswerte des quantitativ-stetigen Merkmals in verschiedene Größenklassen mit einer positiven Klassenbreite, ergab sich als graphische Darstellung der Verteilungsfunktion bzw. der Häufigkeitsdichte ein Polygonzug.

Erhöht man die Zahl der Größenklassen k, dann hat dies eine Verkleinerung der Klassenbreiten d_i und damit schmalere Rechtecke des Histogramms zur Folge.

Erhöht man mit $k \to \infty$ auch den Umfang der statistischen Masse, d.h. $n \to \infty$, dann erhält man als Grenzübergang aus dem Polygonzug des Histogramms einen kontinuierlichen (stetigen) Kurvenzug. Zu jedem Merkmalswert x gehört jetzt ein Wert der Häufigkeitsdichte f(x), der sich in der Regel von seinen Nachbarwerten unterscheidet. Bei einer endlichen Zahl von Größenklassen mit einer positiven Klassenbreite wurde dagegen der Wert für die Häufigkeitsdichte vereinfachend als konstant angenommen. Dies bedeutet für die Darstellung des quantitativ-stetigen Merkmals in Form von Größenklassen einen Informationsverlust, den man bewußt in Kauf nehmen muß.

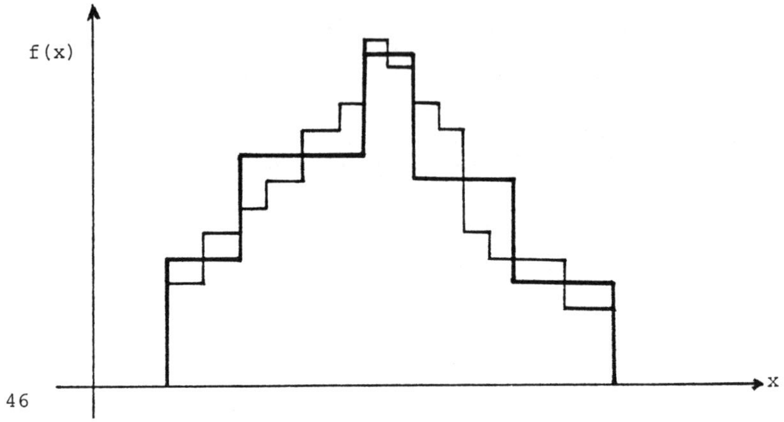

Abb. 5.10: Darstellung des Histogramms bei Vergrößerung der Klassenzahl

6. Beschreibung eindimensionaler Häufigkeitsverteilungen quantitativer Merkmale durch Verteilungsmaßzahlen

Tabellen und Schaubilder geben einen Überblick und eine erste Auskunft über das Wesen der Häufigkeitsverteilung in dem Beobachtungsmaterial. Besonders bei umfangreichem Beobachtungsmaterial ist man nicht immer an der Angabe der vollständigen Häufigkeitsverteilung interessiert, sondern man möchte die Gesamtheit der beobachteten empirischen Daten in einer stärker verdichteten Form darstellen. Man sucht nach einigen wenigen Zahlenwerten, die das Beobachtungsmaterial so verdichten, daß man auf eine detaillierte Wiedergabe aller erhobenen Zahlenwerte verzichten kann. Diese repräsentativen Maßzahlen sollen die Struktur der Häufigkeitsverteilung so charakterisieren, daß alle Besonderheiten deutlich hervorgehoben werden und zugleich Vergleiche mit anderen Verteilungen ermöglicht werden. Dazu eignen sich die sogenannten Verteilungsmaßzahlen (oder Verteilungsparameter), die man auch als statistische Parameter bezeichnet. Zu ihnen zählt man die Mittelwerte, die Maßzahlen für die Streuung und auch für die Schiefe und Wölbung einer Verteilung. Sie sind neben der graphischen Darstellung das wirksamste Instrument zum vergleichenden Studium von Häufigkeitsverteilungen. An Präzision der Aussage vermögen sie das anschauliche Mittel der graphischen Darstellung meist zu übertreffen, ihre Definition setzt allerdings voraus, daß es sich um quantitative Merkmale handelt, deren Merkmalsausprägungen durch Merkmalswerte dargestellt werden. Vergleicht man nochmals die graphische Darstellung der Häufigkeitsdichte der Männer- und Frauenlöhne, dann bieten sich folgende Fragen an:

a) Sind die Frauenlöhne im Durchschnitt niedriger als die Männerlöhne?
b) Streuen die Männerlöhne relativ stärker als die Frauenlöhne?
c) Beide Verteilungen sind schief, bei welcher Verteilung ist die Schiefe stärker ausgeprägt?
d) Welche der beiden Verteilungen ist steiler?
e) Welche der Verteilung zeigt eine stärkere Konzentration der Löhne?

In diesen Fragen werden Begriffe verwendet, die zunächst noch präzisiert werden müssen, bevor eine Antwort gegeben werden kann.

6.1 Lage - Parameter

Ein Lage - Parameter bezeichnet eine Stelle der Merkmalsachse, an der die Merkmalswerte einer statistischen Masse <u>im Mittel</u> lokalisiert sind. Diese Lokalisation läßt sich auf verschiedene Weise messen, entsprechend wurden auch verschiedene Lage - Parameter definiert.

6.1.1 Der Median (Zentralwert) Z

Der Definition des Medians (Zentralwertes) liegt folgende Idee zugrunde:

Ordnet man die Merkmalswerte x_i nach ihrer Größe, dann entsteht eine Zahlenreihe. Den mittleren Merkmalswert dieser Reihe bezeichnet man als Median. Er besitzt die Eigenschaft, daß oberhalb und unterhalb von ihm gleichviel Merkmalswerte liegen. Dies besagt, daß der Median Z derjenige Wert ist, der eine der Größe nach geordnete Reihe von Merkmalswerten halbiert.

Definition: Es seien n beliebige Merkmalswerte $x_1, x_2, \ldots, x_n$ gegeben. Diese Zahlen werden ihrer Größe nach geordnet

$$x_{(1)} \le x_{(2)} \le \ldots \le x_{(n)},$$

dabei bedeuten:

$x_{(1)}$ der kleinste Merkmalswert,

.
.
.

$x_{(i)}$ der i-te Merkmalswert in der geordneten Reihe,

.
.
.

$x_{(n)}$ der größte Merkmalswert.

Als **Median Z** definiert man

$$(6.1)\quad \begin{cases} \text{a) } Z := x_{(\frac{n+1}{2})}, & \text{falls n ungerade, d.h. } n = 2k+1, \\ \text{b) } Z := \frac{1}{2}\cdot[x_{(\frac{n}{2})} + x_{(\frac{n}{2}+1)}], & \text{falls n gerade, d.h. } n = 2k \end{cases}$$

Diese Unterscheidung ist notwendig, da nur für "n ungerade" eine Zahl aus der Reihe der Merkmalswerte die Funktion des Medians übernehmen kann. Für "n gerade" besitzt man ein zentrales Intervall, und jeder Wert dieses Intervalls kann die Funktion des Medians übernehmen.

Beispiel 6.1: In einem Unternehmen der eisenverarbeitenden Industrie wurden in einer Abteilung die Monatsgehälter der männlichen und weiblichen Angestellten ermittelt (in DM):

männliche
Arbeitnehmer: 1650, 2030, 1840, 1520, 1670, 1740, 1840, 1590.

weibliche
Arbeitnehmer: 1710, 1960, 2570, 1490, 1820.

Man ordnet die Gehälter nach ihrer Größe

männlich, $n_M = 8$: 1520, 1590, 1650, 1670, 1740, 1840, 1840, 2030.

weiblich, $n_W = 5$: 1490, 1710, 1820, 1960, 2570.

männliche und weibliche Arbeitnehmer zusammen, $n = 13$:

1490, 1520, 1590, 1650, 1670, 1710, 1740,
1820, 1840, 1840, 1960, 2030, 2570.

Man erhält

$$Z_M = \frac{1}{2}[x_{(4)} + x_{(5)}] = \frac{1}{2}(1670 + 1740) = 1705,$$

$$Z_W = x_{(3)} = 1820,$$

$$Z_{M+W} = x_{(7)} = 1740.$$

Man erkennt aus diesem Ergebnis, daß es im allgemeinen nicht möglich ist, den Median einer zusammengefaßten Grundgesamtheit aus den Medianen der einzelnen Teilgesamtheiten zu berechnen.

Liegt das Zahlenmaterial in gruppierter Form vor, so bestimmt man den Median Z approximativ mit Hilfe der Verteilungsfunktion F(x) über die Beziehung

(6.2) $$h(x \leq Z) = F(Z) = 0{,}5.$$

Bei quantitativ-stetigen Merkmalen besitzt der Median eine sehr anschauliche Bedeutung:

Es gibt genau einen Wert, der die Fläche des Histogramms halbiert, d.h. unterhalb und oberhalb dessen je die Hälfte der Fläche liegt.

Eigenschaften des Medians:

Bei der Konstruktion des Medians wird aus einer nach der Größe geordneten Zahlenreihe lediglich der Wert ausgewählt, der genau in der Mitte dieser Reihe liegt. Dies bedeutet, daß der Median von den extremen Merkmalswerten (Ausreißer) einer Verteilung unbeeinflußt bleibt. Der Median ist nur abhängig von der Größe des in der Mitte der Zahlenreihe gelegenen Merkmalswertes.

Betrachtet man die Funktion

$$g(Y) = \sum_{i=1}^{n} |x_i - Y|,$$

dann kann man zeigen, daß diese Funktion an der Stelle Y = Z ein Minimum annimmt. Dies bedeutet, daß die Summe der absoluten Abweichungen der Merkmalswerte vom Median geringer ist als von irgendeinem anderen Wert.

Ein "Median-Element" kann auch für Rangmerkmale gefunden werden, daher eignet sich dieser Lageparameter vor allem für deskriptive Zwecke, wenn ein nicht quantitatives Merkmal in eine Rangordnung gebracht werden soll.

6.1.2 Der Modalwert (Modus, häufigster Wert)

Als Modalwert der Verteilung eines Merkmals bezeichnet man denjenigen Merkmalswert, der am häufigsten auftritt. Bei einer Definition muß man zwischen diskreten und stetigen Merkmalen unterscheiden.

> Definition: Der **Modalwert D** eines diskreten Merkmals ist derjenige Merkmalswert x, für den die relative Häufigkeit h(x) ihr Maximum annimmt.

Bei einem stetigen Merkmal besitzt man eine Darstellung des Zahlenmaterials in Größenklassen. Man kann daher nicht von einem Modalwert sprechen.

> Definition: Die Klasse mit der größten Häufigkeitsdichte f(x) heißt **modale Klasse**, ihre Klassenmitte definiert man als **Modalwert D**.

Man beachte, daß der Modalwert nur dann ein vernünftiger Lageparameter ist, wenn die Verteilung eingipflig (unimodal) ist. Bei anderen Verteilungsformen (mehrgipflig, U-förmig, abfallend) hat der Modalwert keinen Sinn.

Beispiel 5.5: a) Männerlöhne:
modale Klasse: [30 000 - 36 000),
Modalwert D = 33 000

b) Frauenlöhne:
modale Klasse: [12 000 - 16 000),
Modalwert D = 14 000.

6.1.3 Das arithmetische Mittel (AM)

> Definition: Es seien n beliebige Merkmalswerte $x_1, x_2, \dots, x_n$ gegeben. Als **arithmetisches Mittel $\bar{x}$** wird die Größe
>
> (6.3) $$\bar{x} := \frac{1}{n}(x_1 + x_2 + \dots + x_n) = \frac{1}{n}\sum_{i=1}^{n} x_i$$
>
> definiert.

Beispiel 6.1: Arithmetisches Mittel für die Angestelltengehälter der männlichen und weiblichen Arbeitnehmer:

$$\bar{x}_W = \frac{1}{5}(1\,710 + 1\,960 + 2\,570 + 1\,490 + 1\,820)$$

$$= \frac{1}{5} \cdot 9\,550 = 1\,910.$$

$$\bar{x}_M = \frac{1}{8}(1\,650 + 2\,030 + 1\,840 + 1\,520 + 1\,670 + 1\,740 + 1\,840 + 1\,590)$$

$$= \frac{1}{8} \cdot 13\,880 = 1\,735.$$

Zur Bestimmung des arithmetischen Mittels $\bar{x}$ werden alle Merkmalswerte x_i verwendet. Dies bedeutet, daß die gesamte Information aus einer statistischen Masse verwendet wird.

Besonders bei **extensiven Merkmalen** - dies sind solche Merkmale, bei denen die Summe der Merkmalswerte einen interpretierbaren Sinn aufweist - besitzt das arithmetische Mittel eine anschauliche Bedeutung. Es ist sinnvoll, von einem durchschnittlichen Seifenverbrauch zu sprechen, darunter versteht man eine gleichmäßige Aufteilung des gesamten Seifenverbrauchs auf alle beteiligten Personen. Man spricht auch von der sog. **Ersatzwerteigenschaft** des arithmetischen Mittels. Aus der Definition folgt unmittelbar

$$n \cdot \bar{x} = \sum_{i=1}^{n} x_i .$$

Dies bedeutet: Wenn man in einer statistischen Masse statt der einzelnen Merkmalswerte x_i ihr arithmetisches Mittel $\bar{x}$ wählt und mit dem Umfang dieser statistischen Masse multipliziert, dann führt dies zum gleichen Ergebnis wie die Summierung aller Merkmalswerte dieser statistischen Masse.

Additionssatz für Mittelwerte:

Um das arithmetische Mittel nach der Formel $\bar{x} = \frac{1}{n} \sum_{i=1}^{n} x_i$ zu berechnen, müßte man die Urliste mit den einzelnen Merkmalswerten besitzen. Oft liegt allerdings das Beobachtungsmaterial nur noch in gruppierter Form (Klassenbildung) vor. Angenommen, das Urmaterial sei bereits in k Klassen zusammengefaßt worden. Um das arithmetische Mittel zu berechnen, benötigt man die Summe der Merkmalswerte aller Einheiten der statistischen Masse. Bezeichnet man mit $\bar{x}_i$ das AM der Merkmalswerte in der i-ten Klasse, dann erhält man folgende Zusammenfassung:

$\bar{x}_1$ kommt n_1 mal vor, dies ergibt die Merkmalssumme	$n_1 \cdot \bar{x}_1$,
$\bar{x}_2$ kommt n_2 mal vor, dies ergibt die Merkmalssumme	$n_2 \cdot \bar{x}_2$,
. . . .	
. . . .	
$\bar{x}_k$ kommt n_k mal vor, dies ergibt die Merkmalssumme	$n_k \cdot \bar{x}_k$,
Summe: n	Merkmalssumme : S

$$S = \sum_{i=1}^{k} n_i \cdot \bar{x}_i .$$

Das arithmetische Mittel bestimmt sich dann wie folgt:

$$\bar{x} = \frac{n_1\bar{x}_1 + n_2\bar{x}_2 + \ldots + n_k\bar{x}_k}{n_1 + n_2 + \ldots + n_k} = \frac{\sum\limits_{i=1}^{k} n_i\bar{x}_i}{\sum\limits_{i=1}^{k} n_i} = \frac{1}{n}\sum_{i=1}^{k} n_i\bar{x}_i .$$

Dies läßt sich auch folgendermaßen darstellen

(6.4) $$\bar{x} = \sum_{i=1}^{k} \frac{n_i}{n}\,\bar{x}_i = \sum_{i=1}^{k} h(x_i)\bar{x}_i .$$

Man erkennt, daß sich das arithmetische Mittel $\bar{x}$ bei gruppiertem Datenmaterial als gewogener Durchschnitt der arithmetischen Mittel der einzelnen Klassen darstellen läßt. Die dabei auftretenden Gewichtungsfaktoren entsprechen den relativen Häufigkeiten $h(x_i)$ der Klassen.

Beispiel 6.1: Berechnung des AM für die Monatsgehälter der männlichen und weiblichen Arbeitnehmer in der Abteilung

a) direkte Berechnung:

$$\bar{x}_{(M+W)} = \frac{1}{13} \cdot 23\,430 = 1\,802{,}31.$$

b) als gewogenes AM aus $\bar{x}_M$ und $\bar{x}_W$:

$$\begin{aligned}\bar{x}_{(M+W)} &= \frac{8}{13} \cdot \bar{x}_M + \frac{5}{13} \cdot \bar{x}_W \\ &= \frac{8}{13} \cdot 1\,735 + \frac{5}{13} \cdot 1\,910 \\ &= 1\,067{,}69 + 734{,}62 = 1\,802{,}31.\end{aligned}$$

Oftmals sind allerdings die arithmetischen Mittel der einzelnen Klassen nicht bekannt, beispielsweise wenn das statistische Material nur gruppiert veröffentlicht wurde. Man muß dann anstelle von $\bar{x}_i$ die Klassenmitte x_i^m verwenden. Die Berechnungsformel lautet dann

(6.5) $$\bar{x} \approx \frac{1}{n}\sum_{i=1}^{k} n_i x_i^m = \sum_{i=1}^{k} h(x_i)x_i^m .$$

Aus der approximativen Beziehung wird eine exakte Gleichung, wenn die Klassenmitten x_i^m mit den arithmetischen Mitteln $\bar{x}_i$ der Klassen übereinstimmen.

Beispiel 5.5: Man bestimme die AM der Männer- und Frauengehälter

a) Männergehälter:

$$\bar{x}_M = 0{,}0554\cdot 1\,200 + 0{,}0361\cdot 3\,600 + 0{,}0275\cdot 6\,000$$
$$+ 0{,}0251\cdot 8\,400 + 0{,}0183\cdot 10\,800 + 0{,}0314\cdot 14\,000$$
$$+ 0{,}0376\cdot 18\,000 + 0{,}0790\cdot 22\,500 + 0{,}1417\cdot 27\,500$$
$$+ 0{,}1912\cdot 33\,000 + 0{,}0957\cdot 38\,000 + 0{,}0793\cdot 42\,500$$
$$+ 0{,}0536\cdot 47\,500 + 0{,}0368\cdot 52\,500 + 0{,}0253\cdot 57\,500$$
$$+ 0{,}0175\cdot 62\,500 + 0{,}0119\cdot 67\,500 + 0{,}0089\cdot 72\,500$$
$$+ 0{,}0061\cdot 77\,500 + 0{,}0044\cdot 82\,500 + 0{,}0032\cdot 87\,500$$
$$+ 0{,}0025\cdot 92\,500 + 0{,}0019\cdot 97\,500 + 0{,}0071\cdot 125\,000$$
$$+ 0{,}0015\cdot 175\,000 + 0{,}0005\cdot 225\,000 + 0{,}0002\cdot 275\,000$$
$$+ 0{,}0001\cdot 325\,000$$

$$= 32\,234{,}27.$$

b) Frauengehälter:

$$\bar{x}_W = 0{,}1060\cdot 1\,200 + 0{,}0771\cdot 3\,600 + 0{,}0574\cdot 6\,000$$
$$+ 0{,}0535\cdot 8\,400 + 0{,}0654\cdot 10\,800 + 0{,}1274\cdot 14\,000$$
$$+ 0{,}1108\cdot 18\,000 + 0{,}1334\cdot 22\,500 + 0{,}1098\cdot 27\,500$$
$$+ 0{,}0773\cdot 33\,000 + 0{,}0298\cdot 38\,000 + 0{,}0228\cdot 42\,500$$
$$+ 0{,}0131\cdot 47\,500 + 0{,}0071\cdot 52\,500 + 0{,}0034\cdot 57\,500$$
$$+ 0{,}0021\cdot 62\,500 + 0{,}0010\cdot 67\,500 + 0{,}0009\cdot 72\,500$$
$$+ 0{,}0004\cdot 77\,500 + 0{,}0003\cdot 82\,500 + 0{,}0008\cdot 117\,500$$

$$= 17\,960{,}43.$$

Folgende Eigenschaften des arithmetischen Mittelwertes lassen sich nachweisen:

a) Die Summe der Abweichungen der Merkmalswerte vom arithmetischen Mittelwert $\bar{x}$ ist gleich Null

$$\sum_{i=1}^{n} (x_i - \bar{x}) = \sum_{i=1}^{n} x_i - n\cdot\bar{x} = n\cdot\bar{x} - n\cdot\bar{x} = 0.$$

b) Die Quadratsummen der Abweichungen der Merkmalswerte vom arithmetischem Mittelwert $\bar{x}$ ist kleiner als von jedem anderen beliebigen Wert a, d.h.

$$\sum_{i=1}^{n} (x_i - \bar{x})^2 \to \text{Min.}$$

Um dies nachzuweisen, bildet man die Quadratsumme der Abweichungen von einem beliebigen Wert a,

$$f(a) = \sum_{i=1}^{n} (x_i - a)^2.$$

Die Funktion f(a) wird dann minimiert, d.h. man bildet

$$f'(a) = -2 \cdot \sum_{i=1}^{n} (x_i - a),$$

setzt diese Ableitung gleich Null und bestimmt den zugehörigen Wert von a. Man erhält

$$f'(a) = 0 \text{ und daraus folgt}$$

$$\sum_{i=1}^{n} (x_i - a) = 0, \qquad \sum_{i=1}^{n} x_i - n \cdot a = 0, \qquad a = \frac{1}{n} \cdot \sum_{i=1}^{n} x_i = \bar{x}.$$

Die Quadratsumme der Abweichungen wird minimal, falls die Abweichungen vom arithmetischen Mittelwert $\bar{x}$ gemessen werden.

Der arithmetische Mittelwert besitzt die folgenden Bedeutungen:

1. Das AM ist immer dann der adäquate Mittelwert, wenn die Ersatzwerteigenschaft betont werden soll.

2. Das AM ist als Lageparameter dann geeignet, wenn die Verteilung eingipflig und näherungsweise symmetrisch ist. Dann fallen Modalwert D, Zentralwert Z und arithmetischer Mittelwert $\bar{x}$ in etwa zusammen.

3. Die absolute und relative Änderung des AM einer Verteilung im Zeitablauf ist charakteristisch für die Veränderung der gesamten Verteilung, wenn die Form der Verteilung in etwa konstant bleibt. Analoges gilt für den Vergleich mehrerer Verteilungen mit annähernd gleicher Verteilungsform.

4. Bei eingipflig nichtsymmetrischen Verteilungen ist das AM kein sehr charakteristischer Lageparameter. Vor allem extrem hohe Werte bei rechts-schiefen (links-steilen) Verteilungen bewirken oftmals, daß das AM merklich oberhalb der stärksten Massierung der Merkmalswerte (Modalwert D) und auch oberhalb des mittleren Niveaus (Zentralwert Z) liegt.

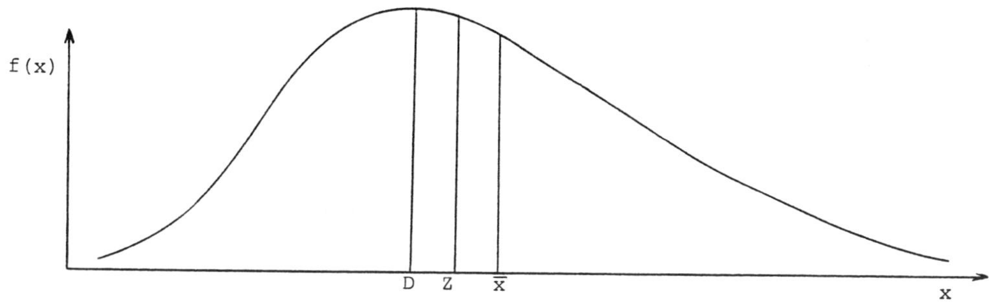

Abb. 6.1: Lageparameter bei einer rechts-schiefen (links-steilen) Verteilung

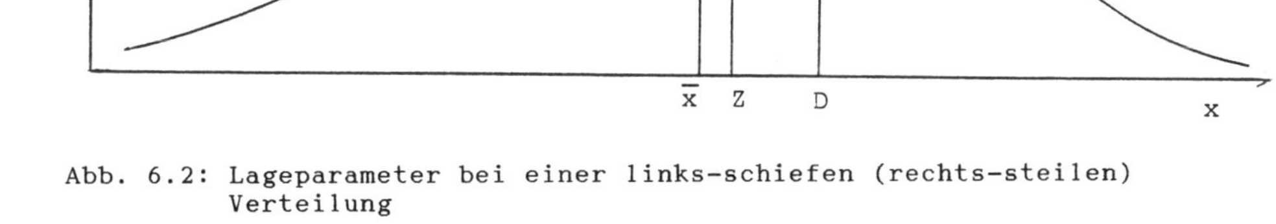

Abb. 6.2: Lageparameter bei einer links-schiefen (rechts-steilen) Verteilung

6.1.4 Das geometrische Mittel (GM)

Bei der Mittlung von multiplikativ verknüpften Merkmalswerten, etwa Wachstumsraten, erweist sich das geometrische Mittel sinnvoller als das arithmetische Mittel.

Definition: Es seien $x_1, x_2, \ldots, x_n$ beliebige, nicht-negative Merkmalswerte. Als **geometrisches Mittel (GM)** definiert man die Größe

(6.6) $$GM := \sqrt[n]{x_1 \cdot x_2 \cdot \ldots \cdot x_n} = \sqrt[n]{\prod_{i=1}^{n} x_i}\,.$$

Logarithmiert man diese Beziehung, dann erhält man

$$\log GM = \frac{1}{n}(\log x_1 + \log x_2 + \ldots + \log x_n)$$

$$= \frac{1}{n}\sum_{i=1}^{n} \log x_i\,.$$

Zwischen den beiden Mittelwerten besteht folgender Zusammenhang: Der Logarithmus des GM ist gleich dem AM der Logarithmen der einzelnen Merkmalswerte.

Beispiel 6.2: Entwicklung der Einfuhr des Generalhandels der BRD (in Mill. DM), Quelle: Fachserie 7, Reihe 1, 1982

Jahr	1975	1976	1977	1978	1979	1980	1981	1982
absolute Zahlen	190 334	229 060	240 774	249 606	298 418	350 590	379 512	385 589
Veränderung gegenüber dem Vorjahr (Wachstumsfaktor)		1,2035	1,0511	1,0367	1,1956	1,1748	1,0825	1,0160

$$\prod_{i=1}^{7} x_i = 1{,}2035 \cdot 1{,}0511 \cdot 1{,}0367 \cdot 1{,}1956 \cdot 1{,}1748 \cdot 1{,}0825 \cdot 1{,}0160$$
$$= 2{,}0259.$$

$$GM = \sqrt[7]{2{,}0259} = 1{,}1061,$$

$$AM = \frac{1}{7}\sum_{i=1}^{7} x_i = \frac{1}{7}(1{,}2035+1{,}0511+1{,}0367+1{,}1956+1{,}1748+1{,}0825+1{,}0160)$$
$$= 1{,}1086.$$

Das geometrische Mittel der jährlichen Steigerungen der Einfuhr beträgt 1,1061, d.h. eine konstante jährliche Erhöhung von 10,61 % im Zeitraum 1975 bis 1982 hätte zur gleichen Einfuhrerhöhung geführt. Berechnet man aus den jährlichen Einfuhrsteigerungen das arithmetische Mittel, dann hätte sich, bezogen auf das Basisjahr 1975 eine konstante jährliche Erhöhung von 10,86% ergeben. Würde man diese jährliche Steigerung auf das Basisjahr 1975 anwenden, dann hätte man für das Jahr 1982 den Wert 391 688 erhalten.

Beispiel 6.3 (*gewichtetes geometrisches Mittel*):

In einem Unternehmen wurde festgestellt, daß die monatliche Umsatzsteigerung eines Jahres für die Dauer von fünf Monaten mit dem Faktor $q_1 = 1{,}11$, während drei Monate mit dem Faktor $q_2 = 1{,}08$ und während der restlichen vier Monate mit dem Faktor $q_3 = 1{,}14$ erfolgte. Wie groß war der durchschnittliche Wachstumsfaktor während des gesamten Jahres?

Um diesen Wert zu berechnen benötigt man das gewichtete geometrische Mittel

$$\text{GM (gewichtet)} = q_1^{w_1} \cdot q_2^{w_2} \cdot \;.\;.\;.\;.\;.\; \cdot q_n^{w_n}, \qquad \text{mit} \sum_{i=1}^{n} w_i = 1.$$

Für unser Beispiel ergibt sich

$$\begin{aligned}\text{GM (gewichtet)} &= (1{,}11)^{5/12} \cdot (1{,}08)^{3/12} \cdot (1{,}14)^{4/12} \\ &= 1{,}0444 \cdot 1{,}0194 \cdot 1{,}0446 \\ &= 1{,}1121.\end{aligned}$$

Dies bedeutet, daß man die gleiche jährliche Umsatzsteigerung erhalten hätte, wenn eine durchschnittliche monatliche Steigerung mit $q = 1{,}1121$ erfolgt wäre.

Als grobe Faustregel kann man sagen, daß das GM immer dann verwendet werden sollte, wenn die Unterschiede zwischen den Merkmalswerten nicht durch die Differenz, sondern durch das Verhältnis charakterisiert werden.

6.1.5 Das harmonische Mittel (HM)

Bei einigen recht speziellen Sachzusammenhängen kann es sinnvoll sein, das harmonische Mittel als Lageparameter zu verwenden.

Definition: Seien $x_1, x_2, \ldots, x_n$ beliebige positive Merkmalswerte. Man definiert die Größe

$$\text{HM} := \frac{n}{\frac{1}{x_1} + \frac{1}{x_2} + \;.\;.\;.\;.\;.\; + \frac{1}{x_n}} = \frac{n}{\sum_{i=1}^{n} \frac{1}{x_i}} \tag{6.7}$$

als **harmonisches Mittel** der n Merkmalswerte.

Wegen $\frac{1}{HM} = \frac{1}{n} \sum_{i=1}^{n} \frac{1}{x_i}$ ist der Reziprokwert des HM gleich dem AM der Reziprokwerte der gegebenen Merkmalswerte.

Das HM wird bei der Mittlung von Brüchen mit konstantem Zähler verwendet, wie sie etwa bei Geschwindigkeiten (konstante Entfernung dividiert durch die Zeit), bei Preisen oder bei Verhältniszahlen auftreten.

Beispiel 6.4 (*harmonisches Mittel*):

Jemand kauft am 1. Tag für 10 DM Orangen, das Stück zu 0,50 DM ($p_1 = 0,5$) und am 2. Tag ebenfalls für 10 DM Orangen, doch diesmal das Stück zu 0,40 DM ($p_2 = 0,4$). Welcher durchschnittliche Preis $\bar{p}$ ist für die Orangen bezahlt worden?

Die Antwort des arithmetischen Mittels, nämlich $1/2 \cdot (p_1 + p_2) = 0,45$, wäre natürlich falsch!

Man muß vielmehr das harmonische Mittel bilden, nämlich

$$HM = \frac{2}{1/0,5 + 1/0,4} = 0,44 \text{ DM}.$$

Natürlich hätte man diesen Wert auch über das gewichtete arithmetische Mittel ausrechnen können. Dazu muß man aber zunächst ausrechnen, daß man am 1. Tag 20 Orangen und am 2. Tag 25 Orangen jeweils für 10 DM , also insgesamt 45 Orangen, erhalten hat.

$$\text{Gewichtetes AM} = \frac{20}{45} \cdot 0,5 + \frac{25}{45} \cdot 0,4 = \frac{20}{45} = 0,44 \text{ DM}.$$

Der Lösungsweg über das harmonische Mittel ist allerdings nur möglich, wenn die Geldsumme (hier 10 DM) an beiden Tagen die gleiche ist. Wenn diese Voraussetzung nicht mehr erfüllt ist, muß man das gewichtete arithmetische oder harmonische Mittel anwenden.

Beispiel 6.5 (*gewichtetes harmonisches Mittel*):

Jetzt werden wieder am 1. Tag für 10 DM Orangen gekauft, das Stück zu 0,50 DM ($p_1 = 0,5$), aber am 2. Tag kauft man für 20 DM Orangen, das Stück zu 0,40 DM ($p_2 = 0,4$). Wie groß ist jetzt der durchschnittliche Preis $\bar{p}$?

Man wendet das gewichtete harmonische Mittel nach der Formel

$$\text{gewichtetes HM} = \frac{1}{\Sigma(w_i/p_i)}$$

an, wobei w_i die Gewichte bezeichnet, mit der Eigenschaft $\sum_{i=1}^{n} w_i = 1$.

Für unser Beispiel erhält man mit $w_1 = 1/3$ und $w_2 = 2/3$

$$\bar{p} = \frac{1}{1/3 : 1/2} + \frac{1}{2/3 : 2/5} = \frac{1}{2/3} + \frac{1}{5/3} = \frac{1}{7/3} = 3/7 = 0,42857.$$

Auch diesen Wert hätte man natürlich über das gewichtete arithmetische Mittel berechnen können. Am 1. Tag hat man 20 und am 2. Tag 50 Orangen gekauft. Somit ergibt sich

$$\text{gewichtetes AM} = \frac{2}{7} \cdot 0{,}5 + \frac{5}{7} \cdot 0{,}4 = 3/7 = 0{,}42857.$$

6.2 Streuungs - Parameter

Obwohl Durchschnitte (d.h. Mittelwerte) die in der täglichen Praxis am häufigsten verwendeten Verteilungsparameter sind, liefern sie nur eine unvollständige Beschreibung einer Häufigkeitsverteilung. Durch sie wird nämlich keine Aussage über die Abweichung der einzelnen Merkmalswerte von dem betreffenden Lageparameter gegeben. Maßzahlen, die eine Aussage über die Abweichung der einzelnen Merkmalswerte von ihrem Lageparameter geben, bezeichnet man als **Streuungsparameter**. Die Bedeutung dieser Parameter soll an dem folgendem Beispiel deutlich gemacht werden.

Beispiel 6.6: Die Güte eines Garnes hängt von der Reißfestigkeit des Fadens ab. Fadenbrüche treten auf, wenn die Reißfestigkeit des Fadens eine gewisse Toleranzgrenze unterschreitet. Es werden zwei Garnsorten A und B miteinander verglichen, für die vom Produzenten $\bar{x}_B < \bar{x}_A$ garantiert wird. Trotzdem kann, wie aus der Abb. 6.3 zu ersehen ist, das Garn B besser sein als das Garn A, wenn infolge der starken Streuung des Garnes A ein größerer Anteil der Merkmalswerte unterhalb der geforderten Toleranzgrenze liegt.

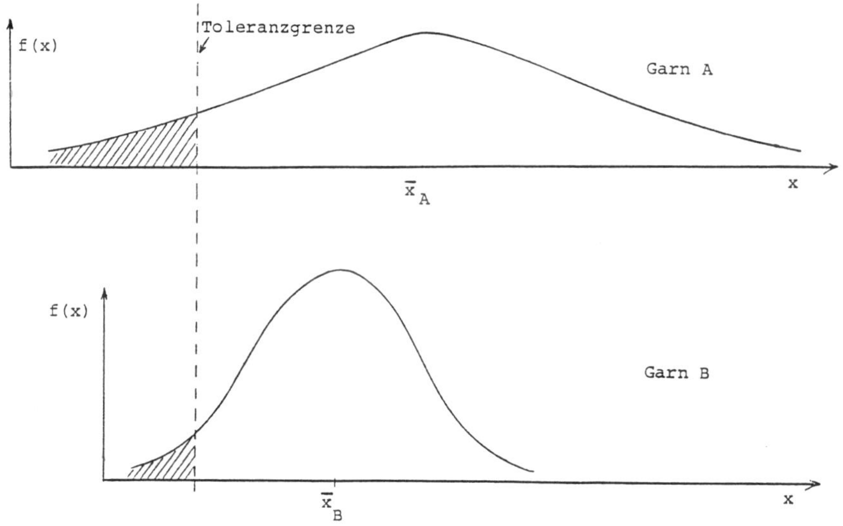

Abb. 6.3: Häufigkeitsdichte der Reißfestigkeit zweier Garnsorten mit $\bar{x}_B < \bar{x}_A$

6.2.1 Die Spannweite (range) R

Zur Messung der Streuung der Merkmalswerte einer statistischen Masse bieten sich verschiedene Maßzahlen an. Eine recht grobe Maßzahl, die vor allem bei statistischen Massen kleinen Umfangs angewandt werden kann, ist die Spannweite R.

Definition: Die Differenz zwischen größtem Merkmalswert x_{max} und kleinstem Merkmalswert x_{min} wird als **Spannweite** (oder range) einer Häufigkeitsverteilung definiert, d.h.

(6.8) $$R := x_{max} - x_{min}.$$

Die Spannweite hängt also von den Randwerten der Verteilung ab und reagiert daher besonders auf "Ausreißer". Da aber nur zwei Werte der Verteilung in die Berechnung der Spannweite eingehen, nämlich die beiden Extremwerte, besitzt sie nur einen geringen Informationsgehalt und ihre Aussagekraft ist relativ gering.

Beispiel 5.3: Für die Zahlenreihe der Stahlblechstärken werden, ausgehend von den ersten beiden Zahlen, durch Vergrößern der statistischen Masse eine Folge von Spannweiten berechnet. Man erhält

Umfang der statistischen Masse n	Spannweite R
2	5,3 - 4,9 = 0,4
12	5,6 - 4,8 = 0,8
15	5,8 - 4,8 = 1,0
20	5,9 - 4,8 = 1,1

Aus diesem Beispiel erkennt man, das der Wert der Spannweite R auch vom Umfang n der statistischen Masse abhängt.

6.2.2 Das Konzept der p-Quantile

Man kann eine Verallgemeinerung des Median Z als Streuungsparameter einführen. Der Medianwert Z stellt diejenige Zahl dar, durch die die Fläche der Häufigkeitsdichte (bzw. der Häufigkeitsverteilung) halbiert wird. Man kann nun allgemein Zahlen betrachten, durch die der p-te Teil der Fläche der Häufigkeitsdichte (bzw. der Häufigkeitsverteilung) abgetrennt wird (vgl. Abb. 6.4).

Definition: Das **p-Quantil** (auch p %-Quantil) der Verteilungsfunktion F(x) wird durch die Beziehung

$$F(x_p) := p, \quad \text{bzw. } x_p := F^{-1}(p)$$

definiert.

Um das p-Quantil bei gruppiertem Datenmaterial zu berechnen, löst man die Interpolationsformel (5.6)

$$F(x_p) = F(x_i^u) + (x_p - x_i^u) \cdot f(x_i)$$

nach x_p auf und erhält

(6.10) $$x_p = x_i^u + \frac{F(x_p) - F(x_i^u)}{f(x_i)} .$$

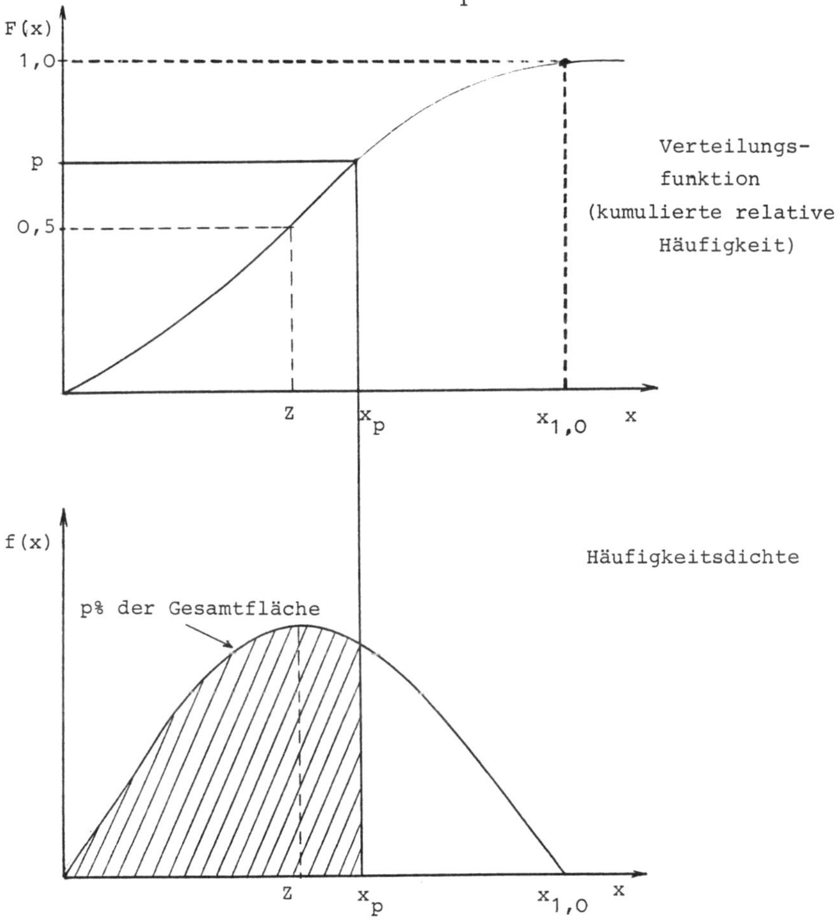

Abb. 6.4: Veranschaulichung des Konzepts der p-Quantile

Für p = 0,5 erhält man als spezielles Quantil, den Median Z, der als Lageparameter Verwendung findet. Um die p-Quantile als Streuungsparameter zu verwenden, benutzt man die Differenz zweier p-Quantile, da diese ein sehr anschauliches Bild von der Lage und der Größe des Streuungsbereiches liefern. Es hat sich eingebürgert, den sog. **Quartilsabstand (QA)** als Streuungsparameter zu verwenden. Dieser ist definiert als der halbe Abstand zwischen dem 25 %- und dem 75 %- Quantil, d.h.

(6.11) $$QA = \frac{1}{2}(x_{0,75} - x_{0,25}),$$

mit $F(x_{0,75}) = 0,75$ und $F(x_{0,25}) = 0,25$. In diesem, durch den Quartilsabstand bestimmten Intervall, liegen die mittleren 50 % aller Merkmalswerte.

Man kann die Aufgabe zur Bestimmung des Quartilsabstandes auch wie folgt formulieren:

Gesucht werden die beiden Quantile (oder Prozentpunkte) a und b derart, daß F(b) = 0,75, F(a) = 0,25 und

$$F(b) - F(a) = h(a \leq x \leq b) = 0,5$$

ist. Der Quartilsabstand ergibt sich dann zu

$$QA = \frac{1}{2} \cdot (b - a).$$

Der Quartilsabstand wird somit von den Extremwerten der Verteilung nicht beeinflußt. Bei einer nichtsymmetrischen Verteilung sind die Abweichungen zwischen dem Median Z und den beiden Quantilen des Quartilsabstandes ungleich.

Beispiel 5.5: Es soll der Quartilsabstand für die Fraueneinkommen bestimmt werden.

Unter Benutzung der Interpolationsformel (6.10) erhält man

a) $$F(x_{0,75}) = 0,75,$$
$$x_{0,75} = 25\ 000 + \frac{0,75 - 0,731}{0,2195 \cdot 10^{-4}}$$
$$= 25\ 000 + 865,60 = 25\ 865,60.$$

b) $$F(x_{0,25}) = 0,25,$$
$$x_{0,25} = 7\ 200 + \frac{0,25 - 0,2405}{0,2230 \cdot 10^{-4}}$$
$$= 7\ 200 + 426,01 = 7\ 626,01.$$

Damit erhält man für den Quartilsabstand

$$QA = \frac{1}{2}\ (25\ 865,60 - 7\ 626,01) = 9\ 119,80.$$

c) $F(Z) = F(x_{0,50}) = 0{,}50,$

$$Z = 16\ 000 + \frac{0{,}50 - 0{,}4868}{0{,}2769 \cdot 10^{-4}}$$

$$= 16\ 000 + 476{,}71 = 16\ 476{,}71.$$

Der Median Z für die Fraueneinkommen beträgt 16 476,71 DM.

Im Mittel weichen die Fraueneinkommen um den Quartilsabstand QA = 9 119,80 DM vom Median Z ab.
Wegen

$$Z - x_{0,25} = 16\ 476{,}71 - \ 7\ 626{,}01 = 8\ 850{,}70$$

und

$$x_{0,75} - Z = 25\ 865{,}60 - 16\ 476{,}71 = 9\ 388{,}89$$

erweist sich die Verteilung der Fraueneinkommen (wie übrigens alle Einkommensverteilungen) als nicht symmetrisch.

6.2.3 Die durchschnittlichen absoluten Abweichungen (mean absolute deviation = MAD)

Definition: Als **durchschnittliche absolute Abweichung** der Merkmalswerte $x_1, x_2, \ldots, x_n$ von einem bestimmten Wert c definiert man die Größe

(6.12) $$d_c := \frac{1}{n} \sum_{i=1}^{n} |x_i - c|.$$

Für c kann man sowohl den Median Z als auch das arithmetische Mittel $\bar{x}$ verwenden. Beide Größen, sowohl d_Z als auch $d_{\bar{x}}$ werden als Streuungsparameter verwendet.

Beispiel 6.1: Für die Gehälter der weiblichen Arbeitnehmer in dem betrachteten Unternehmen der eisenverarbeitenden Industrie sollen d_Z und $d_{\bar{x}}$ bestimmt werden.

a) Bestimmung von d_Z: $Z_W = 1820,$

$$x_i = 1490,\ 1710,\ 1820,\ 1960\ ,\ 2570,$$

$$|x_i - Z| = 330,\ 110,\ 0,\ 140,\ 750,$$

$$d_Z = \frac{1}{5} \cdot (330 + 110 + 0 + 140 + 750),$$

$$= \frac{1}{5} \cdot 1\ 330 = 266.$$

b) Bestimmung von $d_{\bar{x}}$: $\bar{x}_W = 1\,910$

$$|x_i - \bar{x}| = 420, \quad 200, \quad 90, \quad 50, \quad 660,$$

$$d_{\bar{x}} = \frac{1}{5} \cdot (420 + 200 + 90 + 50 + 660),$$

$$= \frac{1}{5} \cdot 1\,420 = 284.$$

Es zeigt sich, daß

$$d_{\bar{x}} > d_Z$$

ist. Diese Beziehung gilt allgemein, der Median ist unter allen möglichen Lageparametern derjenige, der den kleinsten Wert für die durchschnittliche absolute Abweichung ergibt (Minimumeigenschaft des Medians).

6.2.4 Varianz und daraus abgeleitete Streuungsparameter

6.2.4.1 Definition und Bestimmung bei ungruppiertem Datenmaterial

Die Varianz ist (neben der Standardabweichung) der am häufigsten verwendete Streuungsparameter. Ihre Bedeutung beruht auf theoretischen Überlegungen der Wahrscheinlichkeitstheorie.

Definition: Es seien $x_1, x_2, \ldots, x_n$ beliebige Ausprägungen des Merkmales X einer statistischen Masse. Als **empirische Varianz** s_X^2 definiert man bei **ungruppiertem Datenmaterial** die Größe

(6.13) $$s_X^2 := \frac{1}{n} \sum_{i=1}^{n} (x_i - \bar{x})^2.$$

Man bezeichnet die Varianz auch als Streuung, da sie die mittlere quadratische Abweichung vom arithmetischen Mittel $\bar{x}$ angibt. Die Varianz s_X^2 besitzt die Dimension eines Quadrates der Maßeinheit des Merkmals X. Will man mit einer Maßzahl arbeiten, die die gleiche Dimension wie der Merkmalswert besitzt, dann verwendet man die Quadratwurzel aus der Varianz.

<u>Definition</u>: Man bezeichnet die Größe

$$(6.14) \qquad s_X := +\sqrt{s_X^2} := +\sqrt{\frac{1}{n}\sum_{i=1}^{n}(x_i - \bar{x})^2}$$

als die **empirische Standardabweichung** der Merkmalswerte $x_1, x_2, \ldots, x_n$.

Der Begriff der Standardabweichung entspricht dem anschaulichen Begriff der Streuung eher als die Varianz. Wird die Abweichung jedes Einzelwertes vom Mittelwert verdoppelt, dann verdoppelt sich auch die Standardabweichung, während sich die Varianz dagegen vervierfacht. Dies bedeutet aber auch, daß größere Abweichungen vom arithmetischen Mittelwert $\bar{x}$ in der Varianz stärker gewichtet werden als bei der Standardabweichung.

<u>Beispiel 6.2</u>: Berechnung der Varianz und der Standardabweichung der Gehälter der weiblichen Arbeitnehmer (Beispiel 6.1, ungruppierte Daten):

$$\bar{x}_W = 1\,910.$$

$$x_i = 1\,490, \quad 1\,710, \quad 1\,820, \quad 1\,960, \quad 2\,570,$$

$$x_i - \bar{x} = -420, \quad -200, \quad -90, \quad 50, \quad 660,$$

$$(x_i - \bar{x})^2 = 176\,400, \quad 40\,000, \quad 8\,100, \quad 2\,500, \quad 435\,600,$$

$$s_X^2 = \frac{1}{5}(176\,400 + 40\,000 + 8\,100 + 2\,500 + 435\,600),$$

$$= \frac{1}{5} \cdot 662\,600 = 132\,520.$$

$$s_X = +\sqrt{132\,520} = 364{,}03.$$

Die Berechnung der Varianz (und damit auch der Standardabweichung) für ungruppiertes Datenmaterial läßt sich durch die folgende Umformung wesentlich vereinfachen:

$$s_X^2 = \frac{1}{n}\sum_{i=1}^{n}(x_i - \bar{x})^2 = \frac{1}{n}\sum_{i=1}^{n}(x_i^2 - 2\cdot\bar{x}\cdot x_i + \bar{x}^2)$$

$$= \frac{1}{n}\sum_{i=1}^{n}x_i^2 - 2\cdot\bar{x}\cdot\frac{1}{n}\sum_{i=1}^{n}x_i + \bar{x}^2$$

$$(6.15) \qquad = \frac{1}{n}\sum_{i=1}^{n}x_i^2 - \bar{x}^2.$$

6.2.4.2 Bestimmung aus gruppiertem Datenmaterial (Streuungszerlegungssatz)

Faßt man das Beobachtungsmaterial zu k Klassen zusammen, so kann man jeden Merkmalswert des ungruppierten Materials durch einen doppelten Index x_{ij} kennzeichnen. Der erste Index i bezeichnet die Klasse, der der Merkmalswert angehört (i = 1,2,....,k). Der zweite Index j bezeichnet den Merkmalswert innerhalb der Klasse i (j = 1,2,....,n_i; wobei n_i die Anzahl der statistischen Einheiten in der Klasse i bezeichnet).

Die gesamte Streuung aller Merkmalswerte läßt sich nun als Doppelsumme schreiben, indem man einmal über alle k Klassen und dann innerhalb jeder Klasse über alle statistischen Einheiten summiert.

Man erhält

$$s_X^2 = \frac{1}{n} \sum_{i=1}^{k} \sum_{j=1}^{n_i} (x_{ij} - \bar{x})^2.$$

Durch Umformung ergibt sich daraus

$$s_X^2 = \frac{1}{n} \sum_{i=1}^{k} \sum_{j=1}^{n_i} \left[(x_{ij} - \bar{x}_i) + (\bar{x}_i - \bar{x})\right]^2$$

$$= \frac{1}{n} \sum_{i=1}^{k} \sum_{j=1}^{n_i} \left[(x_{ij} - \bar{x}_i)^2 + 2(x_{ij} - \bar{x}_i)(\bar{x}_i - \bar{x}) + (\bar{x}_i - \bar{x})^2\right]$$

$$= \frac{1}{n} \sum_{i=1}^{k} \sum_{j=1}^{n_i} (x_{ij} - \bar{x}_i)^2 + \frac{2}{n} \sum_{i=1}^{k} \left\{(\bar{x}_i - \bar{x}) \sum_{j=1}^{n_i} (x_{ij} - \bar{x}_i)\right\}$$

$$+ \frac{1}{n} \sum_{i=1}^{k} \sum_{j=1}^{n_i} (\bar{x}_i - \bar{x})^2.$$

Dabei bedeutet $\bar{x}_i$ das arithmetische Mittel der Merkmalswerte in der i-ten Klasse, d.h.

$$\bar{x}_i = \frac{1}{n_i} \cdot \sum_{j=1}^{n_i} x_{ij}.$$

Wegen

$$\sum_{j=1}^{n_i} (x_{ij} - \bar{x}_i) = \sum_{j=1}^{n_i} x_{ij} - n_i \bar{x}_i = \sum_{j=1}^{n_i} x_{ij} - \sum_{j=1}^{n_i} x_{ij} = 0$$

folgt

$$s_X^2 = \frac{1}{n} \sum_{i=1}^{k} n_i \cdot \frac{\sum_{j=1}^{n_i} (x_{ij} - \bar{x}_i)^2}{n_i} + \frac{1}{n} \sum_{i=1}^{k} n_i \cdot (\bar{x}_i - \bar{x})^2.$$

Führt man die Größe

$$s_i^2 = \frac{1}{n_i} \sum_{j=1}^{n_i} (x_{ij} - \bar{x}_i)^2$$

ein, die die Varianz in der i-ten Größenklasse bezeichnet, dann läßt sich die Gesamtvarianz s_X^2 der Merkmalswerte in zwei Summanden wie folgt zerlegen (sog. **Streuungszerlegungssatz**):

$$s_X^2 = \frac{1}{n} \sum_{i=1}^{k} n_i s_i^2 + \frac{1}{n} \sum_{i=1}^{k} n_i (\bar{x}_i - \bar{x})^2$$

$$= \sum_{i=1}^{k} h_i s_i^2 + \sum_{i=1}^{k} h_i (\bar{x}_i - \bar{x})^2.$$

Der erste Summand ist das gewogene arithmetische Mittel der Varianzen der einzelnen Größenklassen, man bezeichnet ihn auch als die durchschnittliche interne Streuung.

Der zweite Summand stellt die Varianz der Mittelwerte der Klassen dar, man bezeichnet ihn auch als durchschnittliche externe Streuung.

Sind die einzelnen Merkmalswerte x_{ij} in den Klassen und die arithmetischen Mittel der Klassen $\bar{x}_i$ unbekannt, dann läßt sich nur die externe Streuung unter Verwendung der Klassenmitten x_i^m anstelle der arithmetischen Mittel der Größenklassen $\bar{x}_i$ berechnen. Damit erhält man als Berechnungsformel der Varianz für gruppiertes Material den approximativen Ausdruck

$$s_X^2 = \sum_{i=1}^{k} h_i (x_i^m - \bar{x})^2.$$

Dieser Ausdruck läßt sich noch vereinfachen zu

$$s_X^2 = \sum_{i=1}^{k} h_i (x_i^m)^2 - \bar{x}^2.$$

Es gilt nämlich

$$s_X^2 = \sum_{i=1}^{k} h_i (x_i^m - \bar{x})^2 = \sum_{i=1}^{k} \left\{ h_i (x_i^m)^2 - 2h_i \cdot \bar{x} \cdot x_i^m + h_i \bar{x}^2 \right\}$$

$$= \sum_{i=1}^{k} h_i (x_i^m)^2 - 2 \cdot \bar{x} \cdot \sum_{i=1}^{k} h_i x_i^m + \bar{x}^2 \sum_{i=1}^{k} h_i .$$

Wegen $\sum_{i=1}^{k} h_i x_i^m = \bar{x}$ und $\sum_{i=1}^{k} h_i = 1$ folgt unmittelbar

$$s_X^2 = \sum_{i=1}^{k} h_i (x_i^m)^2 - 2 \cdot \bar{x}^2 + \bar{x}^2$$

$$\sum_{i=1}^{k} h_i (x_i^m)^2 - \bar{x}^2.$$

Dieses Streuungsmaβ für gruppiertes Datenmaterial ist unter zwei Bedingungen mit der Gesamtstreuung des ungruppierten Datenmaterials identisch, nämlich wenn

a) die interne Streuung gleich Null ist, d.h. in jeder Klasse nur ein Wert existiert, und

b) wenn dieser eine Wert mit der Klassenmitte x_i^m zusammenfällt.

Beide Bedingungen sind in der Regel nur für quantitativ-diskrete Merkmale erfüllt, die je Klasse nur einen Merkmalswert aufweisen. Die Varianz in den Klassen sowie die Abweichung zwischen dem arithmetischen Mittel der Klasse $\bar{x}_i$ und der Klassenmitte x_i^m bilden den Informationsverlust, der bei der Berechnung der Varianz entsteht, wenn man gruppiertes Datenmaterial verwendet.

Beispiel 5.5: Berechnung der Varianz und der Standardabweichung für die Einkommen der männlichen und weiblichen Arbeitnehmer

a) männliche Arbeitnehmer:

$x_i^u \le x < x_i^o$	n_i	$h(x_i)$	x_i^m	$h_i x_i^m$	$(x_i^m)^2 \cdot 10^6$	$h_i (x_i^m)^2 \cdot 10^6$
[0; 2 400)	876	0,0554	1200	66,48	1,44	0,0797
[2 400; 4 800)	571	0,0361	3600	129,96	12,96	0,4678
[4 800; 7 200)	434	0,0275	6000	165,00	36,00	0,9900
[7 200; 9 600)	397	0,0251	8400	210,84	70,56	1,7710
[9 600; 12 000)	290	0,0183	10800	197,64	116,64	2,1345
[12 000; 16 000)	496	0,0314	14000	439,60	196,00	6,1544
[16 000; 20 000)	595	0,0376	18000	676,80	324,00	12,1824
[20 000; 25 000)	1 249	0,0790	22500	1777,50	506,25	39,9937
[25 000; 30 000)	2 240	0,1417	27500	3896,75	756,25	107,1606
[30 000; 36 000)	3 022	0,1912	33000	6309,60	1089,00	208,2168
[36 000; 40 000)	1 513	0,0957	38000	3636,60	1444,00	138,1908
[40 000; 45 000)	1 254	0,0793	42500	3370,25	1806,25	143,2356
[45 000; 50 000)	847	0,0536	47500	2546,00	2256,25	120,9350
[50 000; 55 000)	581	0,0368	52500	1932,00	2756,25	101,4300
[55 000; 60 000)	400	0,0253	57500	1454,75	3306,25	83,6481
[60 000; 65 000)	276	0,0175	62500	1093,75	3906,25	68,3593
[65 000; 70 000)	188	0,0119	67500	803,25	4556,25	54,2194
[70 000; 75 000)	141	0,0089	72500	645,25	5256,25	46,7806
[75 000; 80 000)	97	0,0061	77500	472,75	6006,25	36,6381
[80 000; 85 000)	70	0,0044	82500	363,00	6806,25	29,9475
[85 000; 90 000)	50	0,0032	87500	280,00	7656,25	24,5000
[90 000; 95 000)	39	0,0025	92500	231,25	8556,25	21,3906
[95 000; 100 000)	30	0,0019	97500	185,25	9506,25	18,0619
[100 000; 150 000)	113	0,0071	125000	887,50	15625,00	110,9375
[150 000; 200 000)	24	0,0015	175000	262,50	30625,00	45,9375
[200 000; 250 000)	8	0,0005	225000	112,50	50625,00	25,3125
[250 000; 300 000)	3	0,0002	275000	55,00	75625,00	15,1250
[300 000; 350 000)	2	0,0001	325000	32,50	105625,00	10,5625
[350 000 und mehr)	3	0,0002				
Summe	15810	1,0000	$\bar{x}$ = 32 234,27		Summe	1474,3632

$$s_X^2 = 1\,474\,363\,200 - (32\,234{,}27)^2$$
$$= 1\,474\,363\,200 - 1\,039\,048\,162$$
$$= 435\,315\,038.$$
$$s_X = 20\,864{,}20.$$

b) weibliche Arbeitnehmer:

Lohnklasse	n_i	h_i	x_i^m	$h_i x_i^m$	$(x_i^m)^2 \cdot 10^6$	$h_i (x_i^m)^2 \cdot 10^6$
[0 ; 2400)	1052	0,1060	1200	127,20	1,44	0,15264
[2400; 4800)	765	0,0771	3600	277,56	12,96	0,99922
[4800; 7200)	570	0,0574	6000	344,40	36,00	2,0664
[7200; 9600)	531	0,0535	8400	449,40	70,56	3,77496
[9600; 12000)	649	0,0654	10800	706,32	116,64	7,62826
[12000; 16000)	1264	0,1274	14000	1783,60	196,00	24,9704
[16000; 20000)	1099	0,1108	18000	1994,40	324,00	35,8992
[20000; 25000)	1324	0,1334	22500	3001,50	506,25	67,53375
[25000; 30000)	1089	0,1098	27500	3019,50	756,25	83,03625
[30000; 36000)	767	0,0773	33000	2550,90	1089,00	84,1797
[36000; 40000)	296	0,0298	38000	1132,40	1444,00	43,0312
[40000; 45000)	226	0,0228	42500	969,00	1806,25	41,1825
[45000; 50000)	130	0,0131	47500	622,25	2256,25	29,55688
[50000; 55000)	70	0,0071	52500	372,75	2756,25	19,56938
[55000; 60000)	34	0,0034	57500	195,50	3306,25	11,24125
[60000; 65000)	21	0,0021	62500	131,25	3906,35	8,20313
[65000; 70000)	10	0,0010	67500	67,50	4556,25	4,55625
[70000; 75000)	9	0,0009	72500	65,25	5256,25	4,73063
[75000; 80000)	4	0,0004	77500	31,00	6006,25	2,4025
[80000; 85000)	3	0,0003	82500	24,75	6806,25	2,04188
[85000;150000)	8	0,0008	117500	94,00	13806,25	0,11045
[150000; ∞)	1	0,0001				
Summe	9922	0,9999	$\bar{x}$ = 17 960,43		Summe	487,80135

$$\begin{aligned} s_X^2 &= 487\,801\,350 - (17\,960{,}43)^2 \\ &= 487\,801\,350 - 322\,577\,045{,}8 \\ &= 165\,224\,304{,}20. \\ s_X &= 12\,853{,}96. \end{aligned}$$

Wenn man die mittlere quadratische Abweichung nicht von dem arithmetischen Mittel $\bar{x}$, sondern von einem beliebigen anderen Wert a der Verteilung bestimmt, kann man die Minimaleigenschaft der Varianz s_X^2 zeigen. Es gilt

$$\begin{aligned} \frac{1}{n}\sum_{i=1}^{n}(x_i - a)^2 &= \frac{1}{n}\sum_{i=1}^{n}\left[(x_i - \bar{x}) + (\bar{x} - a)\right]^2 \\ &= \frac{1}{n}\sum_{i=1}^{n}\left\{(x_i - \bar{x})^2 + 2(\bar{x} - a)(x_i - \bar{x}) + (\bar{x} - a)^2\right\} \\ &= \frac{1}{n}\sum_{i=1}^{n}(x_i - \bar{x})^2 + 2(\bar{x} - a)\cdot\frac{1}{n}\cdot\sum_{i=1}^{n}(x_i - \bar{x}) + (\bar{x} - a)^2. \end{aligned}$$

Wegen $\frac{1}{n}\sum_{i=1}^{n}(x_i - \bar{x}) = \frac{1}{n}\sum_{i=1}^{n}x_i - \frac{1}{n}\cdot \bar{n\cdot x} = 0$ erhält man

$$\frac{1}{n}\sum_{i=1}^{n}(x_i - a)^2 = s_X^2 + (\bar{x} - a)^2.$$

Man bezeichnet diese Beziehung als **Streuungsverschiebungssatz.** Aus ihm folgt unmittelbar, daß die mittlere quadratische Abweichung von einer beliebigen Konstanten a immer größer ist als diejenige vom arithmetischen Mittel $\bar{x}$.

6.2.5 Der Variationskoeffizient

Beim Vergleich von verschiedenen Häufigkeitsverteilungen interessiert man sich oft nur für eine "relative Streuung", worunter man die Relation einer Streuungsmaßzahl zu einer Lagemaßzahl versteht. Da die Standardabweichung in der gleichen Maßeinheit wie das arithmetische Mittel gemessen wird, kann man das Verhältnis dieser beiden Größen betrachten.

Definition: Der **Variationskoeffizient V** wird gegeben durch den Quotienten

(6.18)
$$V = \frac{s_X}{\bar{x}} \cdot 100.$$

Der Variationskoeffizient ist eine dimensionslose Größe, daher ist diese Verhältniszahl besonders geeignet, wenn die Merkmalswerte in verschiedenen Dimensionen gemessen wurden. Er eignet sich als Maßzahl zum Vergleich der Streuungen zweier quantitativer Merkmale. Er ist nicht zu empfehlen, wenn die Merkmalswerte auch negative Zahlen sein können, da dann das arithmetische Mittel nahe bei Null liegen kann und man so beliebig große Werte für den Variationskoeffizienten erhalten kann.

Beispiel 6.7: Bei Preiserhebungen in München und Paris ergaben sich für eine spezielle Wurstsorte folgende Werte

Stadt	Durchschnittspreis	Standardabweichung	Variationskoeffizient
München	2,64 DM	0,15 DM	5,7
Paris	5,55 FF	0,42 FF	7,6

Daraus ist zu ersehen, daß die Streuung der Preise in der Münchener Preisstatistik kleiner ist als in der Pariser Preisstatistik. Dieser Vergleich kann aufgrund des dimensionslosen Variationskoeffizienten trotz verschiedener Währungen unmittelbar vorgenommen werden.

6.2.6 Das Konzept der Momente

Die beim arithmetischen Mittel und der Varianz angewandte Methode. Zur Darstellung einer eindimensionalen Häufigkeitsverteilung läßt sich verallgemeinern. Man bezeichnet die durchschnittlichen potenzierten Abweichungen der Merkmalswerte von einem beliebigen Bezugspunkt als Momente.

> Definition: Es seien n beliebige Merkmalswerte x_1, x_2, ..., x_n, ein beliebiger Bezugspunkt a und eine ganze Zahl $r \geq 0$ gegeben. Als das **r-te Moment der Merkmalswerte um den Bezugspunkt a** definiert man die Größe
>
> (6.19) $$m_r(a) = \frac{1}{n} \sum_{i=1}^{n} (x_i - a)^r.$$

In der Regel werden allerdings nur die Momente um den Bezugspunkt Null und das arithmetische Mittel $\bar{x}$ zur Darstellung von Verteilungen verwendet.

Allgemein spricht man vom

gewöhnlichen Moment, wenn $a = 0$, und vom

zentralen Moment, wenn $a = \bar{x}$

ist. Man verwendet die folgende abkürzende Schreibweise

$$m_r(0) = m_r', \quad \text{und}$$
$$m_r(\bar{x}) = m_r,$$

und erhält

> Definition: a) Das **gewöhnliche r-te Moment** lautet
>
> (6.20) $$m_r' = \frac{1}{n} \sum_{i=1}^{n} x_i^r,$$
>
> b) das **zentrale r-te Moment** lautet
>
> (6.21) $$m_r = \frac{1}{n} \sum_{i=1}^{n} (x_i - \bar{x})^r.$$

Zwei der bisher verwendeten Maßzahlen sind Spezialfälle des allgemeinen Momentenbegriffs, nämlich

1) das gewöhnliche 1-te Moment

$$m_1' = \frac{1}{n} \sum_{i=1}^{n} x_i = \bar{x}$$

als arithmetisches Mittel, und

2) das zentrale 2-te Moment

$$m_2 = \frac{1}{n} \sum_{i=1}^{n} (x_i - \bar{x})^2 = s_X^2$$

als empirische Varianz.

Das zentrale 3-te Moment

$$m_3 = \frac{1}{n} \sum_{i=1}^{n} (x_i - \bar{x})^3$$

wird als Maßzahl für die **Schiefe einer Verteilung** verwendet.

Linkssteile (bzw. rechtssteile) Verteilungen besitzen ein positives (bzw. negatives) zentrales 3-tes Moment m_3.

Beim Beispiel 5.5 erhält man die beiden Werte

a) männliche Arbeitnehmer

$$m_3 = 1{,}829 \cdot 10^{14},$$

b) weibliche Arbeitnehmer

$$m_3 = 9{,}446 \cdot 10^{13}.$$

Somit sind beide Einkommensverteilungen linkssteil, d.h. die geringeren Einkommensklassen sind stärker besetzt.

Zwischen den zentralen und gewöhnlichen Momenten existieren feste Beziehungen, z.B. gilt

(6.22) $$s_X^2 = m_2 = m_2' - (m_1')^2 = \frac{1}{n} \sum x_i^2 - \bar{x}^2.$$

Man kann eine Verteilung durch die Gesamtheit aller Momente, wenn sie existieren, vollständig beschreiben.

6.3 Die Konzentration einer Verteilung (Lorenzkurve)

Streuungsmaße liefern eine Aussage darüber, wie die Merkmalswerte der Einheiten einer statistischen Masse zueinander, speziell zum arithmetischen Mittel $\bar{x}$, liegen. Bei vielen praktischen Anwendungen interessiert man sich aber für die Aufteilung der gesamten Merkmalssummen $\Sigma n_i x_i$ (bzw. $\Sigma n_i x_i^m$) auf die statistischen Einheiten, man spricht von einer Konzentrationsaussage.

Beispiel 5.4: Bruttolohn der ganzjährig beschäftigten Lohnsteuerpflichtigen in der BRD (einschließlich West-Berlin)

Lohnklasse $x_i^u \leq x < x_i^o$	n_i	h_i	x_i^m	$n_i x_i^m \cdot 10^6$	$\frac{n_i \cdot x_i^m}{n \cdot \bar{x}}$	$MS(x_i)$
[0 ; 2400)	1928	0,0749	1200	2,3136	0,0036	0,0036
[2400; 4800)	1337	0,0520	3600	4,8132	0,0069	0,0103
[4800; 7200)	1003	0,0390	6000	6,0180	0,0087	0,0191
[7200; 9600)	928	0,0361	8400	7,7952	0,0113	0,0304
[9600; 12000)	939	0,0365	10800	10,1412	0,0147	0,0452
[12000; 16000)	1760	0,0684	14000	24,6400	0,0358	0,0810
[16000; 20000)	1695	0,0659	18000	30,5100	0,0443	0,1254
[20000; 25000)	2573	0,1000	22500	57,8925	0,0842	0,2095
[25000; 30000)	3329	0,1294	27500	91,5475	0,1331	0,3426
[30000; 36000)	3788	0,1472	33000	125,0040	0,1817	0,5244
[36000; 40000)	1809	0,0703	38000	68,7420	0,0999	0,6243
[40000; 45000)	1480	0,0575	42500	62,9000	0,0914	0,7157
[45000; 50000)	977	0,0380	47500	46,4075	0,0675	0,7832
[50000; 55000)	650	0,0253	52500	34,1250	0,0496	0,8328
[55000; 60000)	434	0,0169	57500	24,9550	0,0363	0,8691
[60000; 65000)	297	0,0115	62500	18,5625	0,0270	0,8961
[65000; 70000)	199	0,0077	67500	13,4325	0,0195	0,9156
[70000; 75000)	150	0,0058	72500	10,8750	0,0158	0,9314
[75000; 80000)	101	0,0039	77500	7,8275	0,0114	0,9428
[80000; 85000)	73	0,0028	82500	6,0225	0,0087	0,9515
[85000; 90000)	52	0,0020	87500	4,5500	0,0066	0,9582
[90000; 95000)	41	0,0016	92500	3,7925	0,0055	0,9637
[95000;100000)	31	0,0012	97500	3,0225	0,0044	0,9681
[100000;150000)	117	0,0045	125000	14,6250	0,0213	0,9894
[150000;200000)	25	0,0010	175000	4,3750	0,0063	0,9957
[200000;250000)	8	0,0003	225000	1,8000	0,0026	0,9983
[250000;300000)	3	0,0001	275000	0,8250	0,0012	0,9995
[300000;350000)	2	0,0000	325000	0,3250	0,0005	1,0000
[350000; ∞)	3	0,0001				
Summe	25732	1,0000	$n \cdot \bar{x}$ =	687,8409	1,0000	

Streuungsaussage:

14,72 % der Lohnsteuerpflichtigen beziehen einen jährlichen Bruttolohn zwischen 30 000 DM und 36 000 DM.

Konzentrationsaussage:

125 004 000 DM dies sind 18,17 % der gesamten Bruttolohnsumme aller Lohnsteuerpflichtigen (= 687 840 900) konzentrieren sich auf 14,72 % aller Lohnsteuerpflichtigen.

Zunächst soll der noch relativ ungenaue Ausdruck der Konzentration einer Verteilung präzisiert werden. Neben der kumulierten relativen Häufigkeit der Merkmalswerte [der Verteilungsfunktion $F(x_i)$] bestimmt man noch die kumulierte Summe der relativen Merkmalssummen $MS(x_i)$.

Man definiert

$$MS(x_0) = 0,$$

$$MS(x_i) = \begin{cases} \dfrac{\sum\limits_{j=1}^{i} n_j x_j}{\sum\limits_{j=1}^{n} n_j x_j} & \text{für ungruppiertes (diskretes) Datenmaterial,} \\[2ex] \dfrac{\sum\limits_{j=1}^{i} n_j x_j^m}{n \cdot \bar{x}} & \text{für gruppiertes (stetiges) Datenmaterial.} \end{cases}$$

Der Streckenzug, der die Punkte $[F(x_i); MS(x_i)]$ miteinander verbindet, heißt die **Lorenzkurve der Konzentration**.

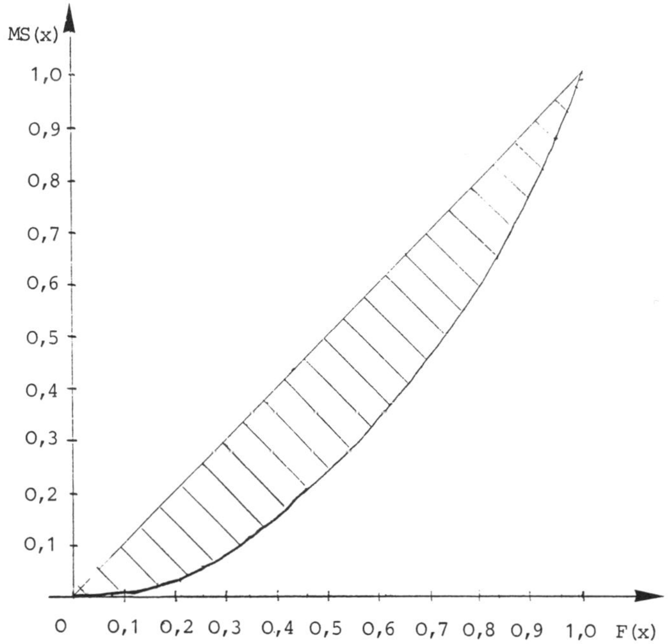

Abb. 6.5: Lorenzkurve für den Bruttolohn der ganzjährig beschäftigten Lohnsteuerpflichtigen in der BRD (einschl. West-Berlin), 1980.

Im Falle der vollständigen Nichtkonzentration liegen alle Punkte auf der Diagonalen des Quadrates mit der Seitenlänge eins. Die Fläche zwischen Diagonale und Lorenzkurve wird um so größer, je stärker die Konzentration der Verteilung des Merkmales ist. Maximale Konzentration wird ereicht, wenn die Lorenzkurve mit den beiden Quadratseiten zusammenfällt. Es liegt daher nahe, das Verhältnis der zwischen Diagonale und Lorenzkurve eingeschlossenen Fläche zur maximal möglichen Fläche (= 1/2) als Maß für die Konzentration zu wählen. Häufig wird das **Ginische Konzentrationverhältnis K** verwendet.

Definition:

$$K := \frac{\text{Fläche zwischen Lorenzkurve und Diagonale}}{\text{Fläche des Dreiecks unter der Diagonalen}}$$

$$= 2\cdot(\text{Fläche zwischen Lorenzkurve und Diagonale}).$$

Durch diese Definition wird folgendem Sachverhalt das gleiche Konzentrationsmaß zugeordnet (siehe Abb. 6.6)

A: Auf die eine Hälfte der Lohnbezieher entfällt ein Bruttolohn von Null, während die andere Hälfte der Lohnbezieher alle den gleichen Bruttolohn erhalten.

B: Die Hälfte des gesamten Bruttolohns entfällt gleichmäßig auf alle Lohnempfänger mit Ausnahme eines einzigen, der die andere Hälfte des Bruttolohns bezieht.

Nur wenn man dies als richtig ansieht, kann man das Ginische Maß K als Konzentrationsmaß verwenden.

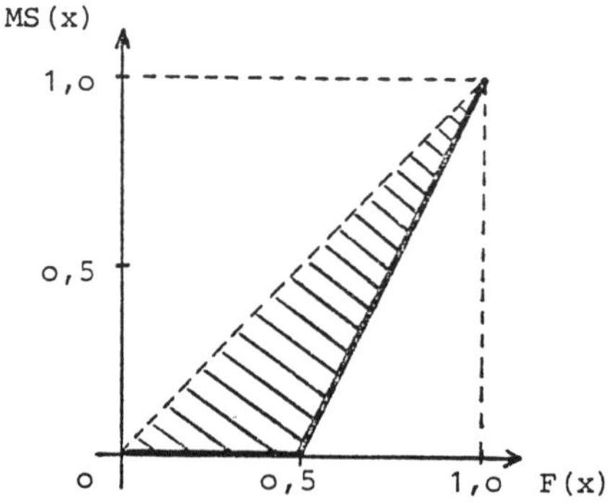

Abb.6.6A

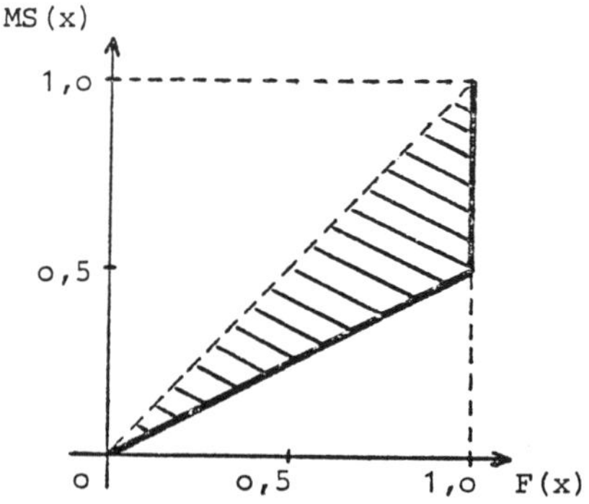

Abb.6.6B

Abb. 6.6: Zwei verschiedene Sachverhalte (A und B) mit dem gleichen Ginischen Konzentrationsmaß.

Aufgaben zu den Kapitel 5 und 6

Aufgabe 1:

In einer deutschen Groβstadt wurden 1 000 Einzelhandelsunternehmen nach ihrem Umsatz befragt. Aus den ermittelten Werten wurde folgende Tabelle aufgestellt:

Umsatz in 1 000 DM	Anzahl der Einzelhandels-unternehmen
[0; 10)	200
[10; 50)	300
[50; 100)	250
[100; 230)	250

1. a) Bestimmen Sie die relativen Häufigkeiten, die Verteilungsfunktion und die Häufigkeitsdichte. Stellen Sie die Häufigkeitsverteilung, die Verteilungsfunktion und die Häufigkeitsdichte graphisch dar. Erklären Sie den Unterschied zwischen der Häufigkeitsfunktion und der Häufigkeitsdichte.

   b) Ermitteln Sie den Gesamtumsatz der Einzelhandelsunternehmen.

   c) Wieviel Prozent der Einzelhandelsunternehmen erreichen einen Umsatz von höchstens 40 000 DM ?

   d) Welcher Umsatz wird von 60 % der Einzelhandelsunternehmen nicht überschritten?

   e) Bestimmen Sie den Quartilsabstand und interpretieren Sie die errechneten Werte.

2. a) Berechnen Sie Modus, Median und arithmetisches Mittel und interpretieren Sie die errechneten Werte. Welche Aussage können Sie aufgrund dieser Werte über die Form der Verteilung treffen?

   b) Ermitteln Sie die Varianz und die Standardabweichung.

   c) Bestimmen sie den Varibilitätskoeffizienten.

3. a) Berechnen Sie die Werte der Lorenzkurve und stellen Sie die errechneten Werte graphisch dar.

   b) Welchen Anteil an der Merkmalssumme haben 20 (75) % der Merkmalswerte?

   c) Was versteht man unter dem Ginischen Konzentrationsverhältnis? Halten Sie es für ein geeignetes Konzentrationsmaβ?

1. b) 70 000 000 DM; c) 42,5 %; d) 70 000 DM; e) 41,66.
2. a) D = 5 000 DM; Z = 50 000 DM; $\bar{x}$ = 70 000 DM;
   b) s^2 = 3 587,5; c) V = 85,6.
3. b) 1,4 % (41,1 %).

Aufgabe 2:

Ein Fertighaushersteller hat ermittelt, wieviele Reklamationen in seinen 10 Niederlassungen innerhalb des letzten Vierteljahres eingegangen sind. Er ermittelte die folgenden Daten:

1; 5; 7; 8; 10; 12; 14; 17; 22; 24.

a) Ermitteln Sie den Median und interpretieren sie diesen Wert.

b) Geben Sie die Spannweite R (range) der Gesamtverteilung an. Was besagt dieser Wert?

c) Zur besseren Übersicht wurde das Datenmaterial in der folgenden Klasseneinteilung zusammengefaßt:

[0; 4) Reklamationen,
[4; 8) Reklamationen,
[8; 16) Reklamationen,
[16; 26) Reklamationen.

Bestimmen Sie die absoluten und relativen Häufigkeiten.

d) Ermitteln Sie das arithmetische Mittel einer jeden Klasse und daraus das arithmetische Mittel der Gesamtverteilung.

e) Ermitteln Sie die Varianz der Gesamtverteilung,
- mit Hilfe des unter d) errechneten arithmetischen Mittels,
- unter Verwendung der Klassenmitten,
- mittels der Einzelwerte.

Wie erklären sich die Unterschiede?

a) Z = 11. b) R = 23.

d) $\bar{x}_1$ = 1; $\bar{x}_2$ = 6; $\bar{x}_3$ = 11; $\bar{x}_4$ = 21; $\bar{x}$ = 12.

e) 1. s^2 = 44; 2. s^2 = 41,25; 3. s^2 = 48,8.

Aufgabe 3:

Berechnen Sie aus den nachfolgend gegebenen Daten die durchschnittliche jährliche Änderung der Ausfuhr der BRD für den Zeitraum 1973/80. Folgende Entwicklung der Ausfuhr der BRD wurde beobachtet:

Periode	Änderung der Ausfuhr
1973/74	+ 29 %
1974/75	− 4 %
1975/76	+ 16 %
1976/77	+ 7 %
1977/78	+ 4 %
1978/79	+ 10 %
1979/80	+ 11 %

p = 10,025 %.

Aufgabe 4:

1. Zeigen Sie, daß folgendes gilt:

a) $\sum_{i=1}^{n} (x_i - c) = 0$ für $c = \bar{x}$,

b) $\sum_{i=1}^{n} (x_i - c)^2 = \text{Minimum}$ für $c = \bar{x}$,

c) $\frac{1}{n} \sum_{i=1}^{k} \bar{x}_i \cdot n_i = \bar{x}$ mit $\bar{x} = \frac{1}{n_i} \sum_{j=1}^{n_i} x_{ij}$ und $n = k \cdot n_i$.

2. Beweisen Sie, daß folgende Beziehung gilt

$$\frac{1}{n} \sum_{i=1}^{n} (x_i - \bar{x})^2 = \frac{1}{n} \sum_{i=1}^{n} x_i^2 - \bar{x}^2.$$

3. Beweisen Sie, daß folgende Beziehung gilt (Streuungszerlegungssatz):

$$s^2 = \frac{1}{n} \sum_{i=1}^{k} \sum_{j=1}^{n_i} (x_{ij} - \bar{x})^2 =$$

$$= \frac{1}{n} \sum_{i=1}^{k} \frac{1}{n_i} \sum_{j=1}^{n_i} (x_{ij} - \bar{x}_i)^2 \cdot n_i + \frac{1}{n} \sum_{i=1}^{k} (\bar{x}_i - \bar{x})^2 \cdot n_i \ .$$

Anleitung:

Erweitern Sie $\sum_{j=1}^{n_i} (x_{ij} - \bar{x})^2$ zu $\sum_{j=1}^{n_i} \left[(x_{ij} - \bar{x}_i) + (\bar{x}_i - \bar{x})\right]^2$.

Aufgabe 5:

In einem Unternehmen wurden folgende männliche und weibliche Arbeitnehmer (in 1 000) zu den folgenden Bruttomonatslöhnen beschäftigt:

Bruttomonatslohn in 100 DM	Anzahl der männlichen Arbeitnehmer	Anzahl der weiblichen Arbeitnehmer
[7 ; 10)	3	5
[10 ; 16)	6	10
[16 ; 22)	10	15
[22 ; 28)	20	6
[28 ; 34)	12	2
[34 ; 40)	9	2

a) Bestimmen Sie die relativen Häufigkeiten, die Häufigkeitsdichte und die Verteilungsfunktion jeweils für die männlichen und weiblichen Arbeitnehmer (Tabelle!).

b) Wieviel Prozent der männlichen Arbeitnehmer haben einen Bruttolohn von höchstens 2 500 DM?

c) Wieviel Prozent der weiblichen Arbeitnehmer haben einen Bruttolohn zwischen 1 300 DM und 2 500 DM?

d) Welcher Bruttomonatslohn wird von 50 % der männlichen Arbeitnehmer nicht überschritten?

e) Zwischen welchen Einkommenswerten findet man die mittleren 50 % der weiblichen Arbeitnehmer?

f) Berechnen Sie die arithmetischen Mittel und Mediane der Bruttomonatslöhne der männlichen und weiblichen Arbeitnehmer.

g) Berechnen Sie aus den unter f) bestimmten AM den durchschnittschnittlichen Bruttomonatslohn eines Arbeitnehmers in dem betrachteten Unternehmen.

b) 48,34 %. c) 57,5 %. d) $x = 2\ 529{,}68$ e) $a = 1\ 300$; $b = 2\ 200$.

f) $\bar{x}_M = 2\ 497{,}48$; $Z_M = 2\ 529{,}68$; $\bar{x}_W = 1\ 858{,}75$; $Z_W = 1\ 800$.

g) $\bar{x}_{ges.} = 2\ 242$.

Aufgabe 6:

Zur Beurteilung der konjunkturellen Lage seiner Branche macht ein Industrieverband eine Umfrage unter den 200 ihm angehörenden Unternehmen zur Feststellung des Auftragsbestandes.

Auftragsbestand in 1 000 DM	Anteil der Unternehmen mit einem Auftragsbestand von . . . . bis unter . . . . DM
[0 ; 100)	0,06
[100 ; 200)	0,08
[200 ; 400)	0,24
[400 ; 800)	0,30
[800 ; 1 600)	0,22
[1 600 ; 3 000)	0,10

a) Bestimmen und skizzieren Sie die Häufigkeitsdichte und die Verteilungsfunktion.

b) Ermitteln Sie den Gesamtwert des Auftragsbestandes der Unternehmen des Industriezweiges.

c) Bestimmen Sie den Modus der Verteilung.

d) Berechnen Sie den Median (Zentralwert).

e) Bei wieviel Prozent der Unternehmen liegt der Auftragsbestand zwischen 400 000 DM und 1 Mio. DM?

f) Berechnen Sie den Quartilsabstand.

b) GB = 152 200. c) D = 300. d) Z = 560. e) 35,5%.
f) QA = 394,17.

Aufgabe 7:

Bei einer Wohnungszählung wurde in einem Wohnviertel eine Stichprobe von n = 20 Wohnungen gezogen und folgendes Ergebnis festgestellt (es wurden nur ganze Räume gezählt):

Zahl der Wohnräume x_i	relative Häufigkeit der Familien mit x_i Wohnräumen
1	0,1
2	0,3
3 - 4	0,4
5 - 8	0,2

a) Berechnen Sie die durchschnittliche Zahl der Wohnräume. Später wurden als zusätzliche Information die Originalwerte gegeben:

2;8;1;2;6;2;8;5;4;2;3;1;4;3;4;2;4;3;2;4.

b) Bestimmen Sie den Zentralwert der Stichprobe.

c) Bestimmen Sie den Modus der Stichprobe.

d) Wie groß ist die durchschnittliche Wohnraumzahl? Wie erklären Sie die unterschiedlichen Ergebnisse von a) und d)?

e) Welche Aussagen über die Form der Verteilung kann man aus den errechneten Werten von Z (= Zentralwert), D (= Modus) und dem AM (= arithmetischen Mittel) treffen?

a) $\bar{x} = 3,4$. b) Z = 3. c) D = 2. d) $\bar{x} = 3,5$. e) D < Z < AM.

<u>Aufgabe 8</u>:

Bei einer Untersuchung der Brenndauer eines neuen Glühlampentyps ergaben sich folgende Werte:

Brenndauer in Stunden	Anzahl der Glühlampen
[500 ; 1 000)	12
[1 000 ; 2 000)	22
[2 000 ; 3 000)	41
[3 000 ; 4 000)	19
[4 000 ; 6 000)	6

a) Berechnen Sie den Median, den Modus und das arithmetische Mittel. Interpretieren Sie die errechneten Werte.

b) Berechnen Sie den Quartilsabstand.

c) Berechnen Sie die Standardabweichung und erklären Sie die Bedeutung dieses Wertes.

d) Bestimmen Sie den Variabilitätskoeffizienten.

a) Z = 2 390; D = 2 500; $\bar{x} = 2\,410$. b) QA = 704,55.
c) s = 1 069,77. d) V = 0,4439.

<u>Aufgabe 9</u>:

In einem Unternehmen wurden im 1. Halbjahr eines Jahres 20 Krankheitsfälle registriert. Bei der Feststellung der Krankheitsdauer erhielt man folgende Werte:

Krankheitsdauer in Tagen	n_i
[1 ; 5]	8
[6 ; 10]	6
[11 ; 15]	4
[16 ; 20]	2

a) 1. Berechnen Sie die Häufigkeitsverteilung.

2. Berechnen Sie die durchschnittliche Krankheitsdauer.

3. Ermitteln Sie die Varianz der Verteilung.

b) Als zusätzliche Information wurden später die folgenden Originalwerte für die Krankheitsdauer in Tagen gegeben:

1;2;3;3;3;4;4;5;6;7;7;7;8;9;11;12;12;13;16;17.

1. Berechnen Sie das arithmetische Mittel der Verteilung unter Verwendung der Originalwerte. Wie ist der Unterschied zwischen diesem und dem unter a) 2. errechneten arithmetischen Mittel zu erklären? Unter welcher Voraussetzung stimmen die so berechneten arithmetischen Mittel überein?

2. Bestimmen Sie den Median der Verteilung und geben Sie eine Interpretation.

3. Geben Sie die Spannweite (range) der Verteilung an. Was besagt dieser Wert und wie ist die Aussagekraft dieses Maßes zu beurteilen?

4. Berechnet man die Varianz der Verteilung unter Verwendung der Originalwerte, so erhält man $s^2 = 20{,}75$.

Warum ist die unter a) 3. berechnete Varianz nur ein Näherungswert für die gesuchte Varianz der Verteilung?

a) 2. $\bar{x} = 8$; 3. $s^2 = 25$.

b) 1. $\bar{x} = 7{,}5$; 2. $Z = 7$; 3. $R = 16$.

Aufgabe 10:

Ein Einzelhandelsunternehmen hat die Jahresumsätze ihrer einzelnen Filialgeschäfte ermittelt. Dabei ergaben sich folgende gerundete Umsätze pro Filialgeschäft (Angaben in 100 000 DM)

20;4;8;16;16;3;12;8;13;10;15;6;8;9;14;14;9;10;11;6.

1. a) Bestimmen Sie das arithmetische Mittel, den Median und den Modus und interpretieren Sie die Ergebnisse.

b) Welche Aussage kann man aus den errechneten Werten von arithmetischem Mittel, Median und Modus über die Form der Verteilung treffen?

c) Berechnen Sie die Varianz für den gesamten Konzern.

2. Zur besseren Übersicht wurde das Datenmaterial später in folgende Umsatzklassen (Angaben in 100 000 DM) zusammengefaßt:

[2,5 ; 7,5)]
[7,5 ; 12,5)]
[12,5 ; 17,5)]
[17,5 ; 22,5)]

a) Berechnen Sie die absoluten Häufigkeiten jeder Umsatzklasse

b) Bestimmen Sie aus diesem gruppierten Material den durchschnittlichen Umsatz für den gesamten Einzelhandelskonzern.

c) Wie ist der Unterschied zwischen diesem und dem unter 1.a) errechneten arithmetischen Mittel zu erklären? Unter welcher Voraussetzung stimmen die so berechneten arithmetischen Mittel überein?

d) Berechnen Sie den durchschnittlichen Umsatz der Filialen jeder der Umsatzklasse.

e) Berechnen Sie die interne und externe Streuung und die Standardabweichung für den gesamten Konzern. Der Berechnung sind die unter 2. d) ermittelten arithmetischen Mittel der einzelnen Klassen zugrundezulegen. Interpretieren Sie die errechneten Ergebnisse.

1. a) $\bar{x} = 11$; Z = 10,5; D = 8. b) D < Z < AM. c) $s_X^2 = 20,9$.

2. b) $\bar{x} = 11,5$; d) $\bar{x}_1 = 4,75$; $\bar{x}_2 = 9,375$; $\bar{x}_3 = 14,67$; $\bar{x}_4 = 19$.

e) $s_1^2 = 1,69$; $s_2^2 = 1,985$; $s_3^2 = 1,22$; $s_4^2 = 1$.

Aufgabe 11:

Für das Bruttosozialprodukt der BRD ergaben sich in den Jahren 1976 bis 1980 folgende Wachstumsraten

Jahr	Veränderungen gegenüber dem Vorjahr in %
1976	8,7
1977	6,7
1978	7,5
1979	8,5
1980	6,9

Berechnen Sie die durchschnittlichen jährlichen Änderungen des Bruttosozialproduktes für den Zeitraum 1976 - 1980.

p = 7,66.

Aufgabe 12:

Die 12 200 Unternehmen des Bauhauptgewerbes in der BRD mit 20 und mehr Beschäftigten lassen sich in folgende Größenklassen aufteilen:

Beschäftigte	Zahl der Unternehmen
[20; 50)	7 750
[50; 100)	2 820
[100; 200)	1 100
[200; 500)	460
[500; 1 000)	70
Summe	12 200

a) Geben Sie die durchschnittliche Zahl der Beschäftigten der Unternehmen im Bauhauptgewerbe an.

b) Berechnen Sie den Quartilsabstand.

c) Errechnen Sie die Werte der Lorenzkurve und stellen Sie diese graphisch dar.

d) Welchen Anteil an der Merkmalssumme haben 60 % der Merkmalswerte?

e) Was versteht man unter dem Ginischen Konzentrationsverhältnis? Halten Sie es für ein geeignetes Konzentrationsmaß? (Begründung).

a) $\bar{x}$ = 71,77. b) QA = 21,54. d) 30 %.

7. Darstellung und Beschreibung von mehrdimensionalen Häufigkeits-verteilungen

Mehrdimensionale Häufigkeitsverteilungen werden benötigt, um die Zusammenhänge zwischen mehreren Merkmalen von Elementen einer statistischen Masse zu beschreiben. Daraus folgt, daß mehrdimensionale Häufigkeitsverteilungen ein wichtiges Instrument der beschreibenden Statistik sind. Ihr Studium dient vor allem dazu, Zusammenhänge bzw. Abhängigkeiten zwischen mehreren verschiedenen Merkmalen einer statistischen Masse aufzudecken. Daraus ergeben sich die folgenden Fragestellungen:

(a) Existiert ein Zusammenhang zwischen den Merkmalen?
(b) Wenn ja, wie stark ist dieser Zusammenhang?
(c) Durch welche Funktionen kann ein existierender Zusammenhang beschrieben werden?

Zu (a): Es gibt zwei Möglichkeiten, diese Frage zu beantworten. Einmal kann man beschreiben, wie das Beobachtungsmaterial strukturiert ist. Man zeigt dabei auf, wie bei bestimmten Ausprägungen des einen Merkmals die Ausprägungen des anderen Merkmals aussehen. Zum anderen kann man die zweidimensionale Häufigkeitsverteilung als einen empirischen Befund auffassen, der einen allgemein gültigen Zusammenhang darstellt. Dazu faßt man die Beobachtungswerte als eine Stichprobe aus einer Grundgesamtheit auf. Man versucht dann aufgrund des beobachteten Zusammenhangs in der Stichprobe auf einen in der Grundgesamtheit existierenden Zusammenhang zu schließen.

Zu (b): Diese Frage wird bei qualitativen Merkmalen durch die **Assoziationsrechnung** und bei quantitativen Merkmalen durch die **Korrelationsrechnung** beantwortet. Die Maßgrößen, die zur Messung dieses Zusammenhangs dienen, heißen Assoziationsmaße und bei Rang- und qualitativen Merkmalen Korrelationskoeffizienten und Bestimmtheitsmaße.

Zu (c): Diese Frage kann bei qualitativen Merkmalen nur beschränkt beantwortet werden. Bei quantitativen Merkmalen wird sie durch die **Regressionsrechnung** beantwortet.

7.1 Allgemeine Begriffe und Darstellungsweise

Im folgenden werden der einfacheren Darstellung wegen nur statistische Einheiten mit zwei Merkmalen betrachtet. Diese beiden Merkmale werden mit A und B bezeichnet und mögen die Merkmalsausprägungen

$$\text{Merkmal A} = (A_1, A_2, \ldots, A_k), \text{ und}$$

$$\text{Merkmal B} = (B_1, B_2, \ldots, B_m)$$

besitzen. Es lassen sich nun die Methoden, die zur Beschreibung eindimensionaler Verteilungen angewendet wurden, analog übertragen und erweitern.

Definition: Die Menge der Elemente, die zugleich die Merkmalsausprägungen A_i und B_j besitzen, bezeichnet man als die **Klasse** (A_i, B_j) oder kurz (i,j).

Durch diese Einteilung der statistischen Einheiten in die Klassen (A_i, B_j) bzw. (i,j) wird eine **disjunkte Zerlegung** der Grundgesamtheit induziert. Man bezeichnet diese Zerlegung als zweidimensionales Merkmal A x B:

$$A \times B = (A_1B_1, A_1B_2, \ldots, A_1B_m, \ldots, A_kB_1, A_kB_2, \ldots, A_kB_m)$$

Definition: Die Anzahl der Elemente in der Klasse (i,j) nennt man die **absolute Häufigkeit der Klasse (i,j)** und bezeichnet sie mit $n(A_i, B_j)$ oder kurz n_{ij}.

Es gilt $\sum_{i=1}^{k} \sum_{j=1}^{m} n_{ij} = n.$

Der allgemeine Aufbau der Tabelle für das zweidimensionale Merkmal A x B besitzt die folgende Form:

Merkmal A	Merkmal B							Zeilen-summen
	B_1	B_2	....	B_j	....	B_m		
A_1	n_{11}	n_{12}	....	n_{1j}	....	n_{1m}		n_1
A_2	n_{21}	n_{22}	....	n_{2j}	....	n_{2m}		n_2
.	.	.		.		.		.
.	.	.		.		.		.
.	.	.		.		.		.
A_i	n_{i1}	n_{i2}	....	n_{ij}	....	n_{im}		$n_{i\cdot}$
.	.	.		.		.		.
.	.	.		.		.		.
.	.	.		.		.		.
A_k	n_{k1}	n_{k2}	....	n_{kj}	....	n_{km}		n_k
Spalten-summen	$n_{\cdot 1}$	$n_{\cdot 2}$	....	$n_{\cdot j}$	....	$n_{\cdot m}$		n

Tabelle 7.1: Tabellarische Darstellung des zweidimensionalen Merkmales A x B.

Beispiel 7.1: Privathaushalte in der BRD (April 1982) nach Familienstand (A) und Geschlecht (B) des Haushaltungsvorstandes (Angaben in 1 000), Quelle: Statistisches Jahrbuch 1985, Seite 66.

Merkmal A	Merkmal B männlich (B_1)	weiblich (B_2)	$\sum_{j=1}^{2} n_{ij}$ Randverteilung von A
ledig (A_1)	n_{11} = 1 828	n_{12} = 1 853	$n_{1.}$ = 3 681
verheiratet (A_2)	n_{21} = 15 245	n_{22} = 368	$n_{2.}$ = 15 613
verwitwet (A_3)	n_{31} = 658	n_{32} = 3 936	$n_{3.}$ = 4 594
geschieden (A_4)	n_{41} = 502	n_{42} = 947	$n_{4.}$ = 1 449
$\sum_{i=1}^{4} n_{ij}$ Randverteilung von B	$n_{.1}$ = 18 233	$n_{.2}$ = 7 104	n = 25 337

Wie im eindimensionalen Fall kann man die absoluten Häufigkeiten in relative Häufigkeiten umrechnen und erhält dann eine zweidimensionale Verteilung von relativen Häufigkeiten, die wieder als Häufigkeitsfunktion bezeichnet wird.

Definition: Die **relative Häufigkeit der Klasse** (i,j) wird gegeben durch die Häufigkeitsfunktion

(7.1) $$h(A_i,B_j) = h_{ij} = \frac{n(A_i,B_j)}{n} = \frac{n_{ij}}{n}.$$

Es gilt $$\sum_{i=1}^{k} \sum_{j=1}^{m} h_{ij} = 1.$$

7.2 Randverteilungen oder marginale Verteilungen

Die Tabelle der absoluten Häufigkeiten des zweidimensionalen Merkmals A x B erlaubt es, an den Rändern der Tabelle die beiden Verteilungen abzulesen, die sich ergeben, wenn man jedes Merkmal für sich allein betrachtet. Dazu werden zunächst Zeilen und Spaltensummen eingeführt.

Definition: Die Zeilensummen sind gegeben durch

(7.2) $$n_{i\cdot} = \sum_{j=1}^{m} n_{ij} \quad (i = 1,2,\ldots,k)$$

und die Spaltensummen durch

(7.3) $$n_{\cdot j} = \sum_{i=1}^{k} n_{ij} \quad (j = 1,2,\ldots,m).$$

Es gilt

$$\sum_{i=1}^{k} n_{i\cdot} = n \text{ und } \sum_{j=1}^{m} n_{\cdot j} = n.$$

Dabei werden die Summen von absoluten und relativen Häufigkeiten immer so bezeichnet, daß man den Summationsindex durch einen Punkt ersetzt.

Definition: Als **Randverteilungen** oder **marginale Verteilungen** des Merkmals A x B bezeichnet man die durch die einzelnen Merkmale (A bzw. B) gegebenen eindimensionalen Häufigkeitsverteilungen.

Tabellendarstellung:

Merkmal A	absolute Häufigkeit	relative Häufigkeit	Merkmal B	absolute Häufigkeit	relative Häufigkeit
A_1	$n_{1\cdot}$	$h_{1\cdot}$	B_1	$n_{\cdot 1}$	$n_{\cdot 1}$
.	.	.	.	.	.
.	.	.	.	.	.
.	.	.	.	.	.
A_i	$n_{i\cdot}$	$h_{i\cdot}$	B_j	$n_{\cdot j}$	$h_{\cdot j}$
.	.	.	.	.	.
.	.	.	.	.	.
.	.	.	.	.	.
A_k	$n_{k\cdot}$	$h_{k\cdot}$	B_m	$n_{\cdot m}$	$h_{\cdot m}$

Man bezeichnet die Menge der Elemente, die die Eigenschaft A_i bzw. B_j haben, als die marginale Klasse $(i,\cdot)$ bzw. $(\cdot,j)$ oder (A_i) bzw. (B_j). Die Zeilensumme $n_{i\cdot}$ und die Spaltensumme $n_{\cdot j}$ bezeichnet man als marginale Häufigkeiten. Die marginalen relativen Häufigkeiten werden dann gegeben durch

(7.4) $$h_{i\cdot} = \frac{n_{i\cdot}}{n}, \quad h_{\cdot j} = \frac{n_{\cdot j}}{n}.$$

Beispiel 7.1 (Fortsetzung):

A_1	$n_{1.} = 3\,681$	$h_{1.} = 0{,}145$	$B_1 = 18\,233$	$h_{.1} = 0{,}720$
A_2	$n_{2.} = 15\,613$	$h_{2.} = 0{,}616$	$B_2 = 7\,104$	$h_{.2} = 0{,}280$
A_3	$n_{3.} = 4\,594$	$h_{3.} = 0{,}181$		
A_4	$n_{4.} = 1\,449$	$h_{4.} = 0{,}057$		

7.3 Bedingte Verteilungen Der Begriff der statistischen Unabhängigkeit

Neben der Spaltensumme und der Zeilensumme geben auch die einzelnen Zeilen und Spalten der zweidimensionalen Tabelle Anlaß zur Betrachtung. So wird z.B. durch das Merkmal B die Grundgesamtheit in die marginalen Klassen (B_1), (B_2), ... , (B_m) zerlegt. Man kann nun jede Klasse wiederum als eine Grundgesamtheit auffassen, die durch das Merkmal A in k Klassen zerlegt wird. Dies bedeutet, daß man jeder Klasse (B_j) wieder eine Verteilung zuordnen kann.

Definition: Es sei $n_{.j} \neq 0$. Die Zerlegung der Klasse (B_j), die man durch das Merkmal A erhält, wenn man die entsprechenden absoluten Häufigkeiten durch die zugehörige Spaltensumme $n_{.j}$ dividiert, bezeichnet man als die **bedingte Verteilung von A, gegeben B_j**. Das auf die Klasse (B_j) bezogene Merkmal A bezeichnet man als das **bedingte Merkmal $A|B_j$**.

Analog kann man durch die Vertauschung der Rollen von A und B die bedingte Verteilung von B, gegeben A_i und das bedingte Merkmal $B|A_i$ definieren.

Verteilung von $A\|B_j$, $n_{.j} \neq 0$			Verteilung von $B\|A_i$, $n_{i.} \neq 0$		
Merkmal	absolute Häufigkeit	bedingte relative Häufigkeit	Merkmal	absolute Häufigkeit	bedingte relative Häufigkeit
A_1	n_{1j}	$h_{1\|j}$	B_1	n_{i1}	$h_{1\|i}$
.	.	.	.	.	.
.	.	.	.	.	.
A_i	n_{ij}	$h_{i\|j}$	B_j	n_{ij}	$h_{j\|i}$
.	.	.	.	.	.
.	.	.	.	.	.
A_k	n_{kj}	$h_{k\|j}$	B_m	n_{im}	$h_{m\|i}$
Σ	$n_{.j}$	1	Σ	$n_{i.}$	1

Die bedingten relativen Häufigkeiten werden wie folgt bestimmt

(7.5) $$h(A_i|B_j) = h_{i|j} = \frac{n(A_i,B_j)}{n(B_j)} = \frac{n_{ij}}{n_{\cdot j}},$$

(7.6) $$h(B_j|A_i) = h_{j|i} = \frac{n(A_i,B_j)}{n(A_i)} = \frac{n_{ij}}{n_{i\cdot}}.$$

Beispiel 7.1 (Fortsetzung):

Verteilung von $A\|B_1$, $n_{\cdot 1} = 18\ 233 \neq 0$			Verteilung von $A\|B_2$, $n_{\cdot 2} = 7\ 104 \neq 0$		
A_1	$n_{11} = 1\ 828$	$h_{1\|1} = 0{,}100$	A_1	$n_{12} = 1\ 853$	$h_{1\|2} = 0{,}261$
A_2	$n_{21} = 15\ 245$	$h_{2\|1} = 0{,}836$	A_2	$n_{22} = 368$	$h_{2\|2} = 0{,}052$
A_3	$n_{31} = 658$	$h_{3\|1} = 0{,}036$	A_3	$n_{32} = 3\ 936$	$h_{3\|2} = 0{,}554$
A_4	$n_{41} = 502$	$h_{4\|1} = 0{,}028$	A_4	$n_{42} = 947$	$h_{4\|2} = 0{,}133$
Σ	$= 18\ 233$	$\Sigma = 1{,}000$	Σ	$= 7\ 104$	$\Sigma = 1{,}000$

Die bedingten Verteilungen liefern nur dann mehr Informationen, wenn sie sich (untereinander) unterscheiden. Sind alle bedingten Verteilungen gleich, dann sind sie auch identisch mit der Randverteilung, d.h. der eindimensionalen Verteilung des zu untersuchenden Merkmals. Diesen Fall bezeichnet man als **statistische Unabhängigkeit**, da die relativen Häufigkeiten des einen Merkmals unabhängig davon sind, welche speziellen Merkmalsausprägungen des anderen Merkmals als Bedingung angenommen wurden.

Definition: Die beiden bedingten Häufigkeitsverteilungen $A|B_j$ und $A|B_r$ sind gleich, wenn alle bedingten relativen Häufigkeiten gleich sind, d.h.

(7.7) $$h_{i|j} = h_{i|r} \quad \text{für } i = 1,2,\ldots,k.$$

Definition: Das Merkmal A heißt **statistisch unabhängig** vom Merkmal B, wenn alle bedingten Verteilungen von $A|B_j$, für $j = 1,2,\ldots,m$, gleich sind.

Formal gilt dann

$$h(A_i|B_1) = h(A_i|B_2) = \ldots = h(A_i|B_m) = h(A_i) = \frac{n(A_i)}{n} = \frac{n_{i\cdot}}{n}$$
$$\text{für } i = 1,2,\ldots,k.$$

Unter Berücksichtigung von (7.5) gilt somit bei statistischer Unabhängigkeit

(7.8) $$\frac{n_{ij}}{n_{\cdot j}} = \frac{n_{i\cdot}}{n} \implies n_{ij} = \frac{n_{i\cdot} \cdot n_{\cdot j}}{n},$$

und daraus folgt

$$\frac{n(A_i, B_j)}{n} = \frac{n(A_i)}{n} \cdot \frac{n(B_j)}{n}$$

(7.9) $$h(A_i, B_j) = h(A_i) \cdot h(B_j).$$

Aus dieser Darstellung lassen sich die folgenden Aussagen über statistisch unabhängige Merkmale herleiten:

(i) Ist das Merkmal A vom Merkmal B statistisch unabhängig, dann ist auch das Merkmal B vom Merkmal A unabhängig. Die Unabhängigkeit ist also eine symmetrische Beziehung.

(ii) Sind die beiden Merkmale A und B voneinander statistisch unabhängig, so sind die bedingten Häufigkeitsverteilungen gleich der zugehörigen Randverteilung.

(iii) Sind die beiden Merkmale A und B voneinander statistisch unabhängig, dann ist die zweidimensionale Häufigkeitsverteilung A x B durch die Vorgabe der beiden Randverteilungen von A und B eindeutig bestimmt.

Beispiel 7.2: Gliederung der Wohnbevölkerung der BRD im Juni 1984 nach der Beteiligung am Erwerbsleben und dem Geschlecht (absolute Zahlen in 1000). Quelle: Statistisches Jahrbuch der BRD 1985, S. 98.

Tabelle 7.2:

Beteiligung am Erwerbsleben	Geschlecht männlich	weiblich	Zeilensumme
Erwerbspersonen	17 546	11 269	28 815
Nichterwerbspersonen	11 706	20 675	32 381
Spaltensumme	29 252	31 944	61 196

Die Frage: "Wie gliedert sich die Beteiligung der männlichen und weiblichen Personen am Erwerbsleben auf?", wird durch die bedingten Verteilungen beantwortet.

Tabelle 7.3: Bedingte Verteilungen (Angaben in Prozent)

von 100 Personen, die das Geschlecht ...., hatten, waren	Geschlecht männlich	weiblich	Randverteilung
Erwerbspersonen	60,00	35,28	47,09
Nichterwerbspersonen	40,00	64,72	52,91
Summe	100,00	100,00	100,00

Wäre die Beteiligung am Erwerbsleben unabhängig vom Geschlecht, so müßte die Randverteilung gleich den Besetzungszahlen für die einzelnen Geschlechter sein.

Tabelle 7.4: Fiktive Verteilung bei Unabhängigkeit vom Geschlecht und Beteiligung am Erwerbsleben (Angaben in Prozent; gerundet)

von 100 Personen, die das Geschlecht .... hatten, waren	Geschlecht männlich	weiblich	Randverteilung
Erwerbspersonen	47,09	47,09	47,09
Nichterwerbspersonen	52,91	52,91	52,91
Summe	100,00	100,00	100,00

Tabelle 7.5: Fiktive Verteilung der Beteiligung am Erwerbsleben bei Unabhängigkeit vom Geschlecht (Angaben in absoluten Zahlen)

Beteiligung am Erwerbsleben	Geschlecht männlich	weiblich	Zeilensumme
Erwerbspersonen	13 775	15 042	28 817
Nichterwerbspersonen	15 477	16 902	32 379
Spaltensumme	29 252	31 944	61 196

7.4 Zweidimensionale Häufigkeitsverteilung quantitativer Merkmale

Bei den beiden Merkmalen, nach denen die statistische Masse aufgegliedert wird, kann es sich wieder um qualitative oder quantitative Merkmale handeln. Dabei hängen die statistischen Auswertungsmöglichkeiten sehr stark von der Art dieser Merkmale ab. Wenn mindestens eines der beiden Merkmale ein qualitatives ist, sind der weiteren Auswertungsmöglichkeit sehr enge Grenzen gesetzt. Man kann noch Maßzahlen berechnen, die den Grad des Zusammenhangs zwischen den beiden Merkmalen messen sollen. Es handelt sich dabei um die Assoziations- und Kontingenzmaße. Da bei ökonomischen Zusammenhängen jedoch häufig quantitative Merkmale im Vordergrund stehen, soll zunächst nicht auf diese Maßgrößen eingegangen werden. Im folgenden wird daher zunächst unterstellt, daß es sich bei beiden Merkmalen um quantitative handelt. Ihre weitere statistische Auswertung erfolgt mit Hilfe der Regressions- und Korrelationsrechnung.

7.4.1 Die Regressionsrechnung bei ungruppiertem Datenmaterial

Die beiden quantitativen Merkmale sollen jetzt mit X und Y bezeichnet werden, und es seien n Beobachtungpaare von Merkmalsausprägungen

$$(x_1,y_1),\ (x_2,y_2),\ \ldots.,\ (x_n,y_n)$$

gegeben. Folgendes Beispiel soll betrachtet werden:

Beispiel 7.3: In einem Handelsunternehmen wurde folgende Abhängigkeit zwischen Absatzmenge und Angebotspreis beobachtet (n = 20):

Angebotspreis X (DM pro kg)	1.54	1.55	1.55	1.56	1.57	1.58	1.59	1.60	1.60	1.62	1.63	1.63	1.64	1.65	1.65	1.66	1.66	1.70	1.70
Absatzmenge Y (kg)	325	300	375	350	400	300	325	350	300	325	275	350	300	325	300	250	275	250	225

Die beobachteten Wertepaare können durch Punkte im (x,y)-Koordinatensystem dargestellt werden. Man spricht von einem Streudiagramm (Abb. 7.1). Dieses Streudiagramm läßt offensichtlich einen Zusammenhang, und zwar einen negativen, erkennen, d.h. mit steigenden Angebotspreisen sinkt die abgesetzte Menge.

Will man genauere Aussagen über die Form des Zusammenhanges der beiden statistischen Merkmale X und Y machen, dann muß man eine mathematische Funktion finden, die den Verlauf der empirischen

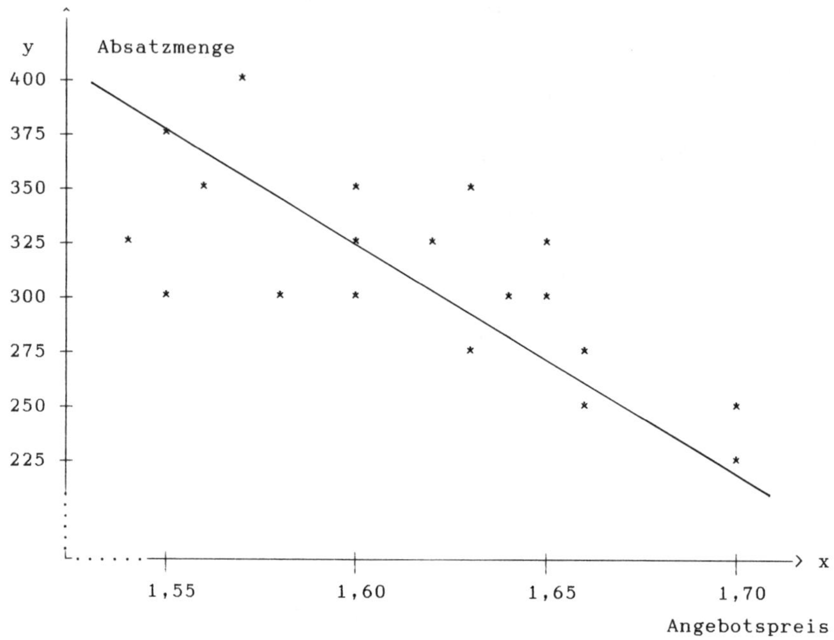

Abb. 7.1: Streudiagramm für die Daten des Beispiels 7.3

Regressionskurve möglichst gut approximiert. Dabei erweist es sich als nachteilig, wenn das Beobachtungsmaterial bereits in gruppierter Form vorliegt, da dadurch nur jeder Klassenmitte ein bedingter Mittelwert zugeordnet werden kann. Dies bedeutet aber einen wesentlichen Informationsverlust, denn es werden mehrere verschiedene Beobachtungswerte zu einem Klassenmitten-Wert zusammengefaßt. Wenn irgendmöglich, sollte man daher zur Bestimmung der mathematischen Form des Zusammenhanges auf das Urmaterial zurückgreifen. Es werde daher im folgenden angenommen, daß die Merkmalswerte in ungruppierter Form vorliegen, d.h. das Wertepaar (x_i, y_i) stellt eine einzelne Merkmalsausprägung der beiden Merkmale X und Y dar.

Man unterstellt nun eine bestimmte theoretische Modellannahme bezüglich des Zusammenhangs der beiden quantitativen Merkmale. Die einfachste Annahme fordert einen linearen Zusammenhang, d.h. die Abhängigkeit der beiden Merkmale lasse sich durch die Gerade

(7.10) $$Y' = b_0 + b_1 X$$

darstellen. Die beiden Parameter b_0 und b_1 der Geradengleichung müssen nun numerisch so bestimmt werden, daß sich die ergebende Gerade den Beobachtungswerten möglichst gut anpaßt. Zunächst muß allerdings noch geklärt werden, was unter dem Begriff der möglichst guten Anpassung zu verstehen ist.

Die Güte der Anpassung kann durch die Abweichungen der Beobachtungswerte y_i von den zugehörigen, durch die Regressionsgerade festgelegten Werten y_i' bestimmt werden. Dabei werden die Abweichungen durch den vertikalen Abstand e_i der Punkte y_i und y_i' gemessen, d.h.

$$e_i = y_i - y_i' = y_i - (b_0 + b_1 x_i).$$

Es muß nun ein Kriterium für die beste Anpassung der Regressionsgeraden an die Beobachtungspunkte gewählt werden.

Die einfachste Möglichkeit, eine Regressionsgerade den Beobachtungswerten anzupassen, besteht darin, die Gerade so durch die Punktwolke hindurch zu legen, daß der Grenzwert der Summe aller Abweichungen möglichst klein, d.h.

$$\lim_{n\to\infty} \sum_{i=1}^{n} e_i = \lim_{n\to\infty} \sum_{i=1}^{n} (y_i - y_i') = 0$$

wird (n = Zahl der Beobachtungswerte).

Da die Abweichungen e_i jedoch verschiedene Vorzeichen besitzen, ist diese Summe als Kriterium ungeeignet, da sich beträchtliche Abweichungen der Beobachtungswerte von der Regressionsgeraden zu Null addieren können (vgl. Abb. 7.2a und 7.2b).

Es bietet sich daher an, anstelle der Summe der Differenzen $y_i - y_i'$ die Summe ihrer Absolutbeträge als Fehlerkriterium zu wählen, d.h.

$$\sum_{i=1}^{n} |e_i| = \sum_{i=1}^{n} |y_i - y_i'| \Rightarrow \text{Min.}$$

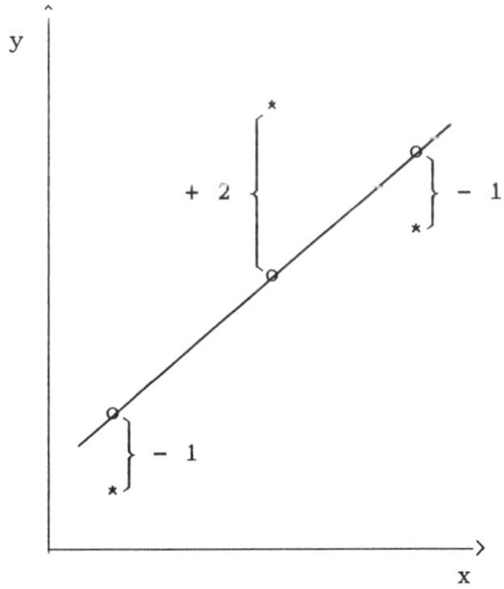

Abb. 7.2a

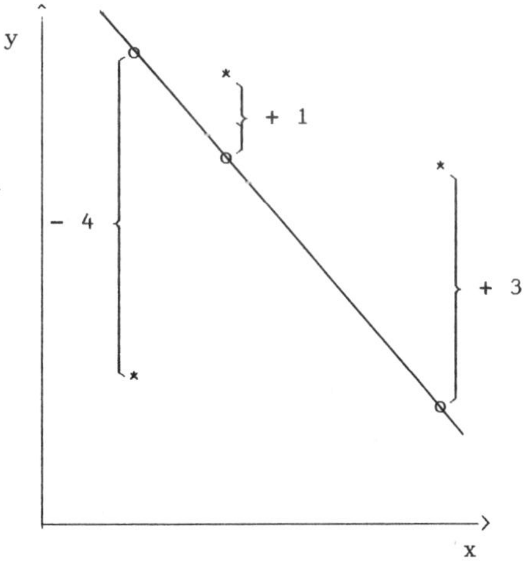

Abb. 7.2b

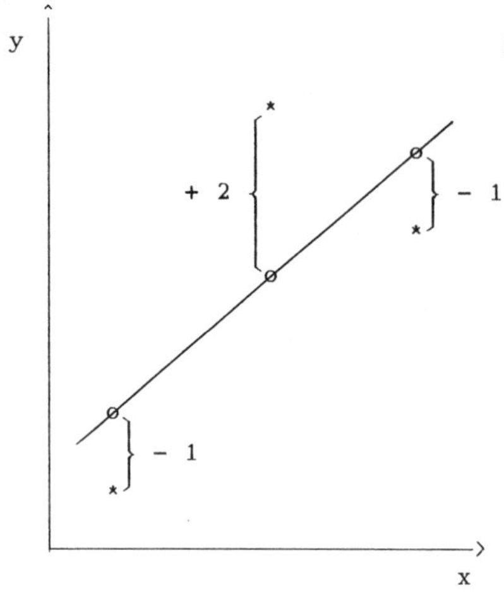

Abb. 7.3a

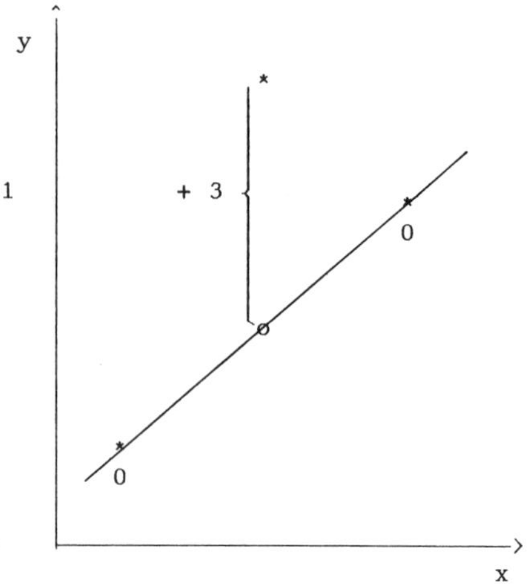

Abb. 7.3b

Aber auch dieses Fehlerkriterium erscheint nicht ideal, da es extreme Abweichungen nicht genügend berücksichtigt, wie man aus den Abbildungen 7.3a und 7.3b ersehen kann.

In der Abbildung 7.3a würde sich bei diesem Fehlerkriterium ein Wert von 4, dagegen in der Abbildung 7.3b ein Fehler von nur 3 Einheiten ergeben, obwohl die Anpassung im Fall der Abbildung 7.3a etwas günstiger erscheint als in der Abbildung 7.3b.

Solche extremen Abweichungen werden stärker berücksichtigt, wenn man als Fehlerkriterium die minimale Quadratsumme der Abweichungen wählt, d.h.

$$(7.11) \qquad \sum_{i=1}^{n} e_i^2 = \sum_{i=1}^{n} (y_i - y_i')^2 \Longrightarrow \text{Min.}$$

In diesem Fall ergibt sich für das Fehlerkriterium in der Abbildung 7.3a der Wert 6 und in der Abbildung 7.3b der Wert 9 Einheiten. Dieses Fehlerkriterium, die sogenannte Methode der kleinsten Quadrate, ist das gebräuchlichste Kriterium, auf das wir uns im folgenden beschränken wollen.

7.4.1.1 Berechnung der Parameter b_0 und b_1 der empirischen Regressionsgerade nach der Methode der kleinsten Quadrate für ungruppiertes Datenmaterial

Wir gehen davon aus, daß n Beobachtungspunkte (x_i, y_i), i = 1, 2,.. ...n, gegeben seien. Es erweist sich für die Rechnungen als nützlich, die folgenden Koordinatentransformation vorzunehmen

(7.12) $(x_i, y_i) \longrightarrow (x_i^*, y_i^*)$,

mit $x_i^* = x_i - \bar{x}$, wobei $\bar{x} = \frac{1}{n} \sum_{i=1}^{n} x_i$,

und $y_i^* = y_i - \bar{y}$, wobei $\bar{y} = \frac{1}{n} \sum_{i=1}^{n} y_i$ ist.

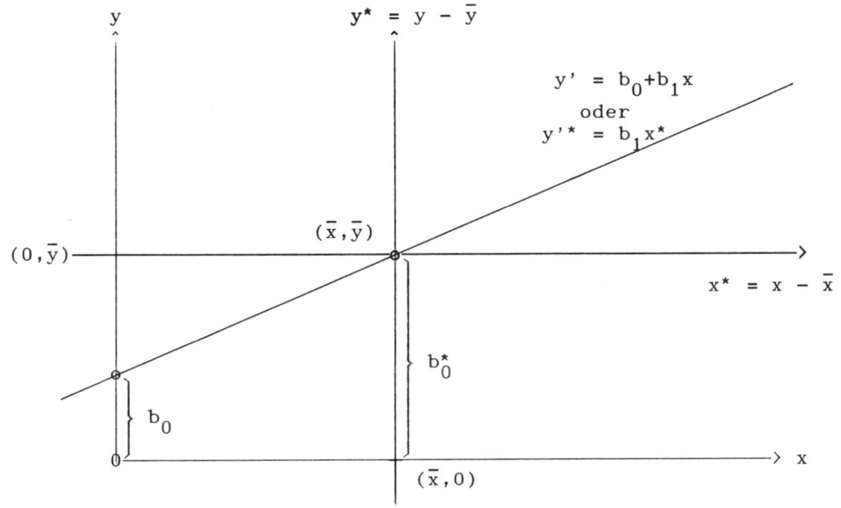

Abb. 7.4 Zur Koordinatentransformation $(x,y) \longrightarrow (x^*,y^*)$

Dies bedeutet graphisch eine Verschiebung des Koordinatensystems derart, daß der Ursprung des neuen Koordinatensystems aus dem Punkt (0,0) in den Punkt $(\bar{x},\bar{y})$ - gemessen im alten Koordinatensystem - verschoben wird.

Die Gleichung der empirischen Regressionsgeraden lautet dann im

(7.13) (x,y) -Koordinatensystem: $y' = b_0 + b_1 x$, und im

(7.14) (x^*,y^*)-Koordinatensystem: $y'^* = b_1 x^*$.

Dies bedeutet, daß die Regressionsgerade im (x^*,y^*)-Koordinatensystem durch den Koordinatenursprung verläuft. Dies war zu erwarten, da sie im ursprünglichen (x,y)-Koordinatensystem immer durch den Punkt $(\bar{x},\bar{y})$ verläuft.

Die Größe b_0 kann aus der Beziehung (vgl. Abb. 7.4)

$$b_0 = \bar{y} - b_1 \bar{x}$$

berechnet werden.

Für die Summe der Abweichungsquadrate $\sum_{i=1}^{n} e_i^2$ ergibt sich im (x^*,y^*) -Koordinatensystem

$$e_i = y_i^* - y_i'^* = y_i^* - b_1 x_i^* ,$$

$$\sum_{i=1}^{n} e_i^2 = \sum_{i=1}^{n} (y_i^* - b_1 x_i^*)^2 .$$

Der Parameter b_1 für die Regressionsgerade soll dann so bestimmt werden, daβ die Summe der Abweichungsquadrate ein Minimum wird. Ein notwendiges Kriterium dafür erhält man durch Differentation von Σe_i^2 nach b_1 und Nullsetzen dieser Ableitung. Schreibt man zur Abkürzung für die Summe dieser Abweichungsquadrate $S(b_1)$, dann erhält man

(7.15) $$S(b_1) = \sum_{i=1}^{n} e_i^2 = \sum_{i=1}^{n} (y_i^* - b_1 x_i^*)^2$$

(7.16) $$\frac{dS(b_1)}{db_1} = -2 \sum_{i=1}^{n} (y_i^* - b_1 x_i^*) \cdot x_i^* = 0 .$$

Auflösen dieser Beziehung nach b_1 ergibt

$$\sum_{i=1}^{n} y_i^* x_i^* - b_1 \sum_{i=1}^{n} (x_i^*)^2 = 0,$$

$$b_1 \sum_{i=1}^{n} (x_i^*)^2 = \sum_{i=1}^{n} y_i^* x_i^*$$

(7.17) $$b_1 = \frac{\Sigma y_i^* x_i^*}{\Sigma (x_i^*)^2} .$$

Neben der **empirischen Varianz** für das Merkmal X, d.h.

(7.19) $$\mathrm{Var}(X) = s_X^2 = \frac{1}{n} \sum_{i=1}^{n} (x_i - \bar{x})^2 = \frac{1}{n} \sum_{i=1}^{n} (x_i^*)^2 ,$$

kann man eine **empirische Kovarianz** zwischen den beiden Merkmal X und Y wie folgt definieren

(7.20) $$\mathrm{Cov}(X,Y) = s_{XY} = \frac{1}{n} \sum_{i=1}^{n} (x_i - \bar{x})(y_i - \bar{y}) = \frac{1}{n} \sum_{i=1}^{n} x_i^* y_i^* .$$

Dann läβt sich der Wert für den Regressionsparameter b_1 auch durch die folgende Beziehung bestimmen

$$(7.21) \qquad b_1 = \frac{\Sigma x_i^* y_i^*}{\Sigma (x_i^*)^2} = \frac{\frac{1}{n}\,\Sigma x_i^* y_i^*}{\frac{1}{n}\,\Sigma (x_i^*)^2} = \frac{s_{XY}}{s_X^2} = \frac{\mathrm{Cov}(X,Y)}{\mathrm{Var}(X)} .$$

Beispiel 7.3: Für die Daten dieses Beispiels sollen die Parameter der Regressionsgeraden bestimmt werden, durch welche die Abhängigkeit der Absatzmenge vom Angebotspreis dargestellt wird.

Tabelle 7.6: Rechentabelle zur Bestimmung der Parameter der Regressionsgeraden

x_i	x_i^*	$(x_i^*)^2$	y_i	y_i^*	$(y_i^*)^2$	$x_i^* \cdot y_i^*$
1,54	- 0,08	0,0064	325	20	400	- 1,60
1,55	- 0,07	0,0049	300	- 5	25	0,35
1,55	- 0,07	0,0049	375	70	4 900	- 4,90
1,56	- 0,06	0,0036	350	45	2 025	- 2,70
1,57	- 0,05	0,0025	400	95	9 025	- 4,75
1,58	- 0,04	0,0016	300	- 5	25	0,20
1,59	- 0,03	0,0009	325	20	400	- 0,60
1,60	- 0,02	0,0004	350	45	2 025	- 0,90
1,60	- 0,02	0,0004	300	- 5	25	0,10
1,62	0,00	0,0000	325	20	400	0,00
1,63	0,01	0,0001	275	- 30	900	- 0,30
1,63	0,01	0,0001	350	45	2 025	0,45
1,64	0,02	0,0004	300	- 5	25	- 0,10
1,65	0,03	0,0009	325	20	400	0,60
1,65	0,03	0,0009	300	- 5	25	- 0,15
1,66	0,04	0,0016	250	- 55	3 025	- 2,20
1,66	0,04	0,0016	275	- 30	900	- 1,20
1,70	0,08	0,0064	250	- 55	3 025	- 4,40
1,70	0,08	0,0064	225	- 80	6 400	- 6,40
1,72	0,10	0,0100	200	-105	11 025	-10,50
Σ 32,40	0,00	0,054	6100	0	47 000	-39,00

$\bar{x} = 1,62$ $\qquad\qquad$ $\bar{y} = 305$

$$b_1 = \frac{\Sigma x_i^* y_i^*}{\Sigma (x_i^*)^2} = -\frac{39,00}{0,054} = -722,22,$$

$$b_0 = \bar{y} - b_1\bar{x} = 305 + 722,22 \cdot 1,62 = 1\,475,00.$$

Damit lautet die gesuchte Regressionsgerade

a) $y' = 1\,475,00 - 722,22 \cdot x$ im (x,y)-Koordinatensystem der Beobachtungswerte, und

b) $y'^* = -722,22 \cdot x^*$ im (x^*,y^*)-Koordinatensystem der zentrierten Werte.

Der Wert b_1 gibt die Steigung der Regressionsgeraden an, er kann wie folgt gedeutet werden:

Wenn der Angebotspreis um eine Einheit (= 1 DM) erhöht würde, hätte dies einen Rückgang der Absatzmenge von durchschnittlich 722,22 Einheiten (= 722,22 kg) zur Folge. Da jedoch das Beobachtungsmaterial nicht einen Bereich von 1 DM überdeckt, sondern nur von 1,54 DM bis 1,72 DM reicht, also einen Bereich von 18 Pfennig überdeckt, ist eine solche Interpretation falsch. Eine richtige Interpretation würde besagen, wenn man den Angebotspreis im Bereich zwischen 1,54 DM und 1,72 DM um 1 Pfennig (bzw. 10 Pfennig) erhöht, würde dies einen Rückgang der Absatzmenge um durchschnittlich 7,22 kg (bzw. 72,22 kg) zur Folge haben. Eine analoge Aussage gilt, wenn man den Angebotspreis im gleichen Intervall senken würde.

Ebenfalls könnte man den Wert für b_0 interpretieren, falls der zugehörige Abszissenwert zum Wertbereich des Beobachtungsmaterials als gehören würde. Er würde diejenige Absatzmenge bedeuten, die bei einer Senkung des Angebotspreises auf Null abgesetzt würde. Da der Angebotspreis auf Null abgesetzt würde. Da der Angebotspreis von Null aber nicht zum Bereich des Beobachtungsmaterials gehört, ist eine sinnvolle Interpretation der Größe b_0 in diesem Beispiel nicht möglich. Allgemein muß man feststellen, daß die Regressionsgerade nur für einen bestimmten, vom Problem festgelegten Bereich der Abszisse aussagefähig ist.

7.4.2 Die Regressionsrechnung bei gruppiertem Datenmaterial

Oft bedingen entweder der Umfang des Zahlenmaterials oder ein Erhebungsverfahren eine Aufteilung der Merkmalsausprägungen in Klassen. Das folgende Beispiel soll zeigen, wie man in einem solchen Fall die empirische Regressionsgerade berechnet

Beispiel 7.4 [E. Weber, 1980, Seite 68]:

Für n = 648 Männer im Alter von 20 bis 25 Jahren wurden jeweils die Körpergröße X und das Körpergewicht Y ermittelt. Das Ergebnis läßt sich in der Tabelle 7.7 darstellen.

Tabelle 7.7: Darstellung des Beobachtungsmaterials mittels einer Korrelationstabelle

Körpergröße X (in cm) l Gewichtsklassen		Körpergewicht Y (in kg) k Gewichtsklassen								Spalte der Zeilensummen
		[51,5 -56,5)	[56,5 -61,5)	[61,5 -66,5)	[66,5 -71,5)	[71,5 -76,5)	[76,6 -81,5)	[81,5 -86,5)	[86,5 -91,5)	
	x^m | y^m	54	59	64	69	74	79	84	89	$n_{i\cdot}$
[155,5-159,5)	157,5	9	10	3						22
[159,5-163,5)	161,5	23	31	12	3	2				71
[163,5-167,5)	165,5	13	51	51	17	4				136
[167,5-171,5)	169,5	4	40	72	42	10	1			169
[171,5-175,5)	173,5	1	7	44	55	21	8	3		139
[175,5-179,5)	177,5		1	9	37	18	5	1		71
[179,5-183,5)	181,5			3	11	12	3	2	1	32
[183,5-187,5)	185,5				3	1	2	2		8
Zeile der Spaltensummen	$n_{\cdot j}$	50	140	194	168	68	19	8	1	648

Aus der Zeile der Spaltensumme dieser Tabelle kann man beispielsweise ablesen, daß 68 Männer ein Körpergewicht zwischen 71,5 und 76,5 kg haben. Ebenso kann man aus der Spalte der Zeilensummen ablesen, daß die Körpergröße von 139 Männern zwischen 171,5 und 175,5 cm lag. Man kann aber aus der Tabelle auch ersehen, daß es nur 21 Männer gab, die gleichzeitig ein Gewicht zwischen 71,5 und 76,5 kg und eine Körpergröße zwischen 171,5 und 175,5 cm besaßen.

Die Tabelle läßt nun einen gewissen Zusammenhang zwischen den beiden Merkmalen vermuten. Man sieht, daß mit zunehmendem x_i-Wert auch die zugehörigen y_i-Werte zunehmen.

Um diesen Zusammenhang näher zu untersuchen, betrachten wir zu einem festen x_j^m-Wert die zugehörige bedingte Häufigkeitsverteilung der y^m-Werte

$$h(y_i \mid x_j) = \frac{n(y_i^m, x_j^m)}{n(x_j^m)} = \frac{n_{ij}}{n_{\cdot j}} . \tag{7.23}$$

Man bestimmt dann den bedingten Mittelwert der y^m-Werte bei gegebenem x_j^m, $\bar{y} \mid x_j^m$, mittels der Beziehung

$$\bar{y} \mid x_j^m = \bar{y}_j = \sum_{i=1}^{k} y_i^m \frac{n_{ij}}{n_{\cdot j}} . \tag{7.24}$$

Für $x_j^m = 157{,}5$ erhält man

$$\bar{y}_{157,5} = 54 \cdot \frac{9}{22} + 59 \cdot \frac{10}{22} + 64 \cdot \frac{3}{22} = 57{,}64.$$

Ebenso lassen sich auch die anderen bedingten Mittelwerte berechnen:

x_j^m	157,5	161,5	165,5	169,5	173,5	177,5	181,5	185,5
$\bar{y}\|x_j^m$	57,64	59,07	62,09	64,50	68,46	70,41	72,91	75,88

Analog kann man zu einem festen y_i^m- Wert für die zugehörige bedingte Häufigkeitsverteilung $h(x_j^m|y_i^m) = \frac{n_{ij}}{n_{i.}}$ den bedingten Mittelwert $\bar{x}|y_i^m = \bar{x}_i$ bestimmen. Dabei ergibt sich

y_i^m	54	59	64	69	74	79	84	89
$\bar{x}\|y_i^m$	162,70	165,67	169,23	173,10	174,74	176,87	179,00	181,50

.

Man kann nun die Punktepaare $(x_j^m, \bar{y}_j)$ und $(\bar{x}_i, y_i^m)$ in ein (x,y)-Koordiantensystem eintragen und aufeinanderfolgende Punkte jeweils durch eine Gerade miteinander verbinden (vgl. Abb. 7.6). Man bezeichnet die beiden Polygonzüge $\bar{y}_j = f(x_j^m)$ und $\bar{x}_i = g(y_i^m)$ als empirische Regressionskurven. Wenn man genügend Beobachtungswerte besitzt und die Zahl der Klassen derart vergrößert, daß die Klassenbreiten gegen Null streben, erhält man anstelle der Polygonzüge stetige Kurvenzüge.

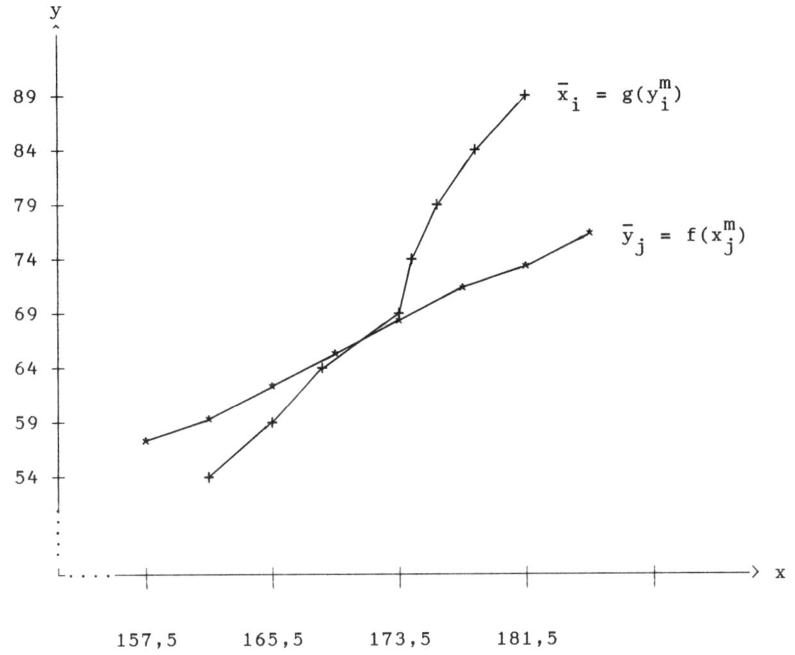

Abb. 7.6: Zusammenhang zwischen Körpergröße X und Körpergewicht Y

7.4.2.1 Berechnung der Parameter b_0 und b_1 der empirischen Regressionsgeraden bei gruppiertem Datenmaterial

Um die Regressionsgerade $\bar{Y}' = f(X^m) = b_0 + b_1 X^m$ zu bestimmen, muß man jetzt beachten, daß die einzelnen Wertepaare $(x_j^m, \bar{y}_j)$ verschiedene Bedeutung besitzen, je nachdem wie groß die Besetzungszahl der zugehörigen Randverteilung ist. So muß etwa das Wertepaar (181,5;72,91) viermal so stark berücksichtigt werden wie das Wertepaar (185,5;75,88), da sich die entsprechenden Besetzungszahlen der Randverteilung wie 32 : 8 verhalten.

Um die Parameter der Regressionsgeraden zu bestimmen, benötigt man die Mittelwerte $\bar{x}$ und $\bar{y}$ der Randverteilungen. Aus der Korrelationstabelle erhält man mit Hilfe der Spalten- bzw. Zeilensummen

(7.25) $$\bar{x} = \frac{1}{n} \sum_{j=1}^{l} n_{\cdot j}\, x_j^m$$

$$= \frac{1}{648} (22 \cdot 157{,}5 + 71 \cdot 161{,}5 + \ldots + 32 \cdot 181{,}5 + 8 \cdot 185{,}5)$$

$$= 169{,}90,$$

$$(7.26) \qquad \bar{y} = \frac{1}{n} \sum_{i=1}^{k} n_{i\cdot}\, y_i^m$$

$$= \frac{1}{648} (50 \cdot 54 + 140 \cdot 59 + \ldots + 8 \cdot 84 + 1 \cdot 89)$$

$$= 65{,}22.$$

Ferner ist die empirische Varianz der Randverteilung des Merkmals X zu berechnen. Diese lautet

$$\mathrm{Var}(X^m) = \frac{1}{n} \sum_{j=1}^{1} n_{\cdot j} (x_j^m - \bar{x})^2$$

$$(7.27) \qquad = \frac{1}{n} \sum_{j=1}^{1} n_{\cdot j} (x_j^{m*})^2 .$$

Man erhält

x_j^m	157,5	161,5	165,5	169,5	173,5	177,5	181,5	185,5
x_j^{m*}	− 12,4	− 8,4	− 4,4	− 0,4	3,6	7,6	11,6	15,6
$(x_j^{m*})^2$	153,76	70,56	19,36	0,16	12,96	57,76	134,56	243,36
$n_{\cdot j}(x_j^{m*})^2$	3382,72	5009,76	2632,96	27,04	1801,44	4100,96	4305,92	1946,88

$$\sum_{j=1}^{1} n_{\cdot j} (x_j^{m*})^2 = 23\,207{,}68,$$

$$\mathrm{Var}(X^m) = 35{,}81.$$

Schließlich benötigt man noch die empirische Kovarianz zwischen der Randverteilung des Merkmals X und dem bedingten Mittelwert $\bar{Y}$. Diese lautet

$$(7.28) \qquad \mathrm{Cov}(X^m, \bar{Y}) = \frac{1}{n} \sum_{j=1}^{1} n_{\cdot j} \cdot x_j^{m*} \cdot \bar{y}_j^* .$$

Man erhält

x_j^{m*}	$n_{\cdot j}$	$\bar{y}_j^*$	$n_{\cdot j} x_j^{m*} \cdot \bar{y}_j^*$
- 12,4	22	- 7,58	2 067,82
- 8,4	71	- 6,15	3 667,86
- 4,4	136	- 3,13	1 872,99
- 0,4	169	- 0,72	48,67
3,6	139	3,24	1 621,30
7,6	71	5,19	2 800,52
11,6	32	7,69	2 854,53
15,6	8	10,66	1 330,37
		Σ	16 264,06

$$\sum_{j=1}^{1} n_{\cdot j} x_j^{m*} \cdot \bar{y}_j = 16\ 264{,}06,$$

$$\mathrm{Cov}(X^m, \bar{Y}^*) = 25{,}10.$$

Damit ist man in der Lage, die Parameter der Regressionsgeraden zu bestimmen. Man erhält

$$(7.29) \qquad b_1 = \frac{\mathrm{Cov}(X^m, \bar{Y}^*)}{\mathrm{Var}(X^m)} = \frac{25{,}10}{35{,}81} = 0{,}70,$$

$$(7.30) \qquad b_0 = \bar{y} - b_1 \bar{x} = 65{,}22 - 0{,}70 \cdot 169{,}9 = -\ 53{,}71.$$

Die gesuchte Regressionsgerade für den Zusammenhang zwischen Körpergröße und Körpergewicht lautet

$$\bar{Y}' = -\ 53{,}71 + 0{,}70\ X.$$

Man besitzt nun eine Beziehung, die es erlaubt, zu einem vorgegebenen Wert der Körpergröße x_j den zugehörigen Mittelwert für das Körpergewicht $\bar{y}_j'$ zu berechnen, z.B.

Körpergröße x_j (cm)	170	172	175	178	180
Mittelwert für das Körpergewicht $\bar{y}_j'$ (kg)	65,29	66,69	68,79	70,89	72,29

Auf analoge Weise kann man die Regressionsgerade

$$\bar{X}' = g(Y^m) = c_0 + c_1 Y$$

bestimmen, die den Zusammenhang zwischen dem Körpergewicht Y und dem Mittelwert für die Körpergröße $\bar{X}'$ darstellt.
Dazu benötigt man jetzt die empirische Varianz der Randverteilung des Merkmales Y und die empirische Kovarianz zwischen der Randverteilung des Merkmales Y und dem bedingten Mittelwert $\bar{X}$.

Diese ergibt sich zu

$n_{i.}$	$\bar{x}_i^*$	y_i^m	y_i^{m*}	$(y_i^{m*})^2$	$n_{i.}(y_i^{m*})^2$	$n_{i.}y_i^{m*}\cdot\bar{x}_i^*$
50	− 7,20	54	− 11,22	125,89	6 294,50	4 039,20
140	− 6,22	59	− 6,22	38,69	5 416,60	3 683,48
194	− 1,22	64	− 1,22	1,49	289,06	158,58
168	3,78	69	3,78	14,29	2 400,72	2 032,13
68	8,78	74	8,78	77,09	5 242,12	2 889,67
19	13,78	79	13,78	189,89	3 607,91	1 824,89
8	18,78	84	18,78	352,69	2 821,52	1 367,18
1	23,78	89	23,78	565,49	565,49	275,85
				Σ	26 637,92	16 270,98

$$\sum_{i=1}^{k} n_{i.}(y_i^{m*})^2 = 26\,637{,}92,$$

$$\mathrm{Var}(Y^m) = 41{,}11.$$

$$\sum_{i=1}^{k} n_{i.}y_i^{m*}\cdot\bar{x}_i = 16\,270{,}98,$$

$$\mathrm{Cov}(\bar{X}^*, Y^m) = 25{,}11.$$

Für die Parameter der Regressionsgeraden erhält man

$$c_1 = \frac{\mathrm{Cov}(\bar{X}, Y^m)}{\mathrm{Var}(Y^m)} = \frac{25{,}11}{41{,}11} = 0{,}61,$$

$$c_0 = \bar{x} - c_1\bar{y} = 169{,}90 - 0{,}61\cdot 65{,}22 = 130{,}12.$$

Damit lautet die gesuchte Regressionsgerade

$$\overline{X}' = 130{,}12 + 0{,}61 \cdot Y.$$

Auch diese Beziehung erlaubt es, zu jedem sinnvollen Wert für das Körpergewicht y_i den dazugehörigen Mittelwert der Körpergröße $\overline{x}_i'$ zu berechnen.

Betrachtet man speziell die Mittelwerte aus allen Daten des Beobachtungsmaterials, nämlich

$$\overline{x} = 169{,}90 \quad \text{und} \quad \overline{y} = 65{,}22,$$

so kann man zeigen, daß die Koordinaten dieses Punktes beiden Regressionsgeraden genügen. Diese Aussage gilt allgemein:

Die beiden Regressionsgeraden $\overline{Y}' = f(X^m)$ und $\overline{X}' = g(Y^m)$ schneiden sich immer im Punkt $S(\overline{x},\overline{y})$.

7.4.3 Die Korrelationsrechnung

Die Regressionsrechnung liefert im Fall der Einfachregression eine Aussage über die Zahlenwerte der Regressionskoeffizienten b_0 und b_1. Ein Maß für die Güte der Anpassung der Regressionsgeraden an die Beobachtungswerte liefert die Korrelationsrechnung. Je enger sich die Beobachtungswerte um die Regressionsgerade scharen, umso strammer ist der Zusammenhang zwischen den beobachteten Variablen. Im folgenden soll eine geeignete Maßzahl zur Messung der Strammheit dieses Zusammenhangs zwischen den Variablen behandelt werden.

7.4.3.1 Der Korrelationskoeffizient

Es liegen n Beobachtungswerte (x_i,y_i), $i = 1,2,\ldots,n$, vor, die in ein sogenanntes Streudiagramm eingetragen werden (vgl. Abb. 7.1). Um eine Maßzahl zu bestimmen, empfiehlt es sich wieder, zu zentrierten Werten überzugehen, d.h. es wird das Koordinatensystem parallel zu sich selbst verschoben, so daß der ursprüngliche Nullpunkt mit dem Punkt $(\overline{x},\overline{y})$ zusammenfällt. Dies bedeutet, daß die folgende Koordinatentransformation

$$(7.12) \qquad x_i^* = x_i - \overline{x} \quad \text{und} \quad y_i^* = y_i - \overline{y},$$

mit $\overline{x} = \frac{1}{n} \Sigma\, x_i$ und $\overline{y} = \frac{1}{n} \Sigma\, y_i$ durchgeführt wird.

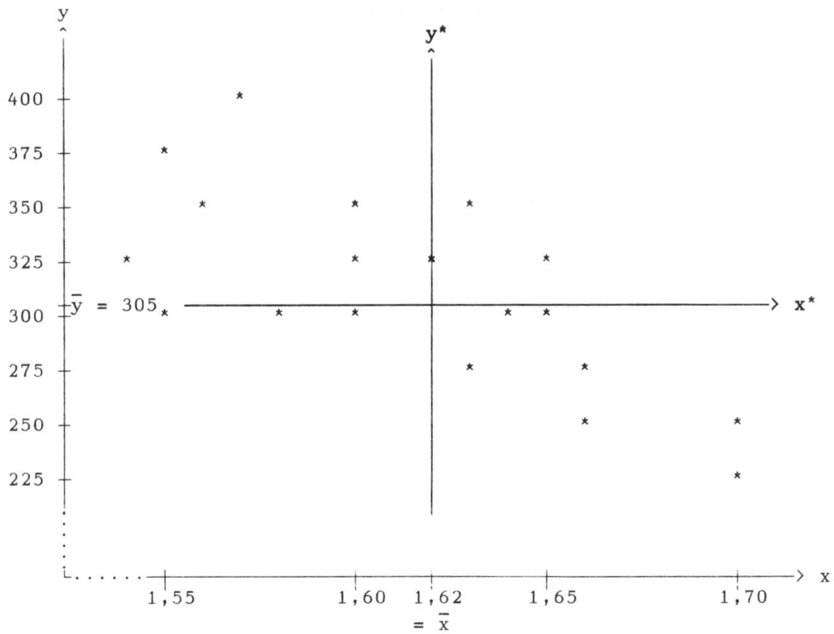

Abb. 7.7: Streudiagramm der Beobachtungswerte des Beispiels 7.3

Wenn in unserem Beispiel der Angebotspreis allein die Absatzmenge bestimmen würde, so lägen alle Beobachtungspunkte auf einer Geraden, die durch den Punkt $(\bar{x},\bar{y})$ gehen müßte. Wenn dagegen der Angebotspreis ohne jeden Einfluß auf die Absatzmenge wäre, würden die Beobachtungspunkte willkürlich über die vier Quadranten des zentrierten Koordinatensystems verteilt liegen.

Ist dagegen der Angebotspreis einer der Einflüsse, die die Absatzmenge bestimmen, dann werden zwar die Punkte in allen Quadranten liegen, aber die Verteilung über die vier Quadranten wird nicht zufällig sein. In unserem Beispiel liegen die Punkte größtenteils im II. und IV. Quadranten. In solchen Fällen spricht man von einer **negativen Korrelation**. Würden die Punkte größtenteils im I. und III. Quadranten liegen, wäre also die Absatzmenge im allgemeinen mit steigendem Angebotspreis größer geworden, so würde man von einer **positiven Korrelation** sprechen.

Als Maß für die Strammheit des Zusammenhanges zwischen den Merkmalen X und Y kommen nun verschiedene Kriterien in Betracht.

1. Kriterium: $\Sigma x_i^* y_i^*$:

Im I. Quadranten sind sowohl x_i^* als auch y_i^* positiv und somit ist auch das Produkt $x_i^* y_i^*$ positiv. Im II. Quadranten ist x_i^* negativ und y_i^* positiv und somit ist das Produkt $x_i^* y_i^*$ negativ. Im III. Quadranten sind sowohl x_i^* als auch y_i^* negativ und somit das Produkt $x_i^* y_i^*$ positiv. Im IV. Quadranten ist x_i^* positiv und y_i^* negativ, somit das Produkt $x_i^* y_i^*$ negativ.

Liegen alle Punkte hauptsächlich im I. und III. Quadranten, so wird die Summe der Produkte positiv sein. Liegen die Punkte willkürlich über die vier Quadranten verteilt, so wird die Summe der Produkte $x_i^* y_i^*$ gegen Null streben. Die Produktsumme $\Sigma x_i^* y_i^*$ wird umso größer, je stärker sich die Beobachtungpunkte um die Gerade konzentrieren. Bei positiver Steigung der Regressionsgeraden wird die Produktsumme $\Sigma x_i^* y_i^*$ positiv, entsprechend erhält man bei negativer Steigung der Regressionsgeraden eine negative Produktsumme $\Sigma x_i^* y_i^*$.
Allerdings ist $\Sigma x_i^* y_i^*$ noch kein brauchbares Maß für eine Entscheidung, da der Wert dieser Produktsumme durch zwei Einflußfaktoren bestimmt wird. Wenn man die Maßeinheit für die Merkmalswerte von x_i und y_i verändert, dann ändert sich damit auch der Wert der Produktsumme. Wird etwa die Absatzmenge nicht in kg sondern in Tonnen gemessen, dann würde sich der Wert der Produktsumme verringern. Auch kann der Wert der Produktsumme erhöht (verringert) werden, wenn man die Zahl der Beobachtungswerte erhöht (bzw. verringert).

2. Kriterium:

Daher muß die Größe $\Sigma x_i^* y_i^*$ normiert werden. Die Unabhängigkeit von der Maßeinheit für die Merkmalswerte von x_i und y_i erreicht man durch die Transformation

(7.31) $$\tilde{x}_i = \frac{x_i^*}{s_X} = \frac{x_i - \bar{x}}{s_X}, \text{ mit } s_X^2 = \frac{1}{n} \sum_{i=1}^{n} (x_i - \bar{x})^2,$$

und

(7.32) $$\tilde{y}_i = \frac{y_i^*}{s_Y} = \frac{y_i - \bar{y}}{s_Y}, \text{ mit } s_Y^2 = \frac{1}{n} \sum_{i=1}^{n} (y_i - \bar{y})^2.$$

Die sich auf diese Weise ergebende Produktsumme $\Sigma \tilde{x}_i' \tilde{y}_i'$ hängt jedoch noch vom Stichprobenumfang n ab. Diesen berücksichtigt man, indem man $\Sigma \tilde{x}_i' \tilde{y}_i'$ noch durch n dividiert. Damit erhält man die Größe

(7.33) $$r = \frac{1}{n} \cdot \Sigma \tilde{x}_i \tilde{y}_i,$$

die man den Korrelationskoeffizient (nach Bravais und Pearson) nennt. Sie ist ein Maß für die Strammheit des Zusammenhanges zwischen den Merkmalen X und Y. Man kann zeigen, daß r nur Werte zwischen -1 und +1 annehmen kann, d.h.

$$-1 \leq r \leq +1.$$

Liegt der Wert von r nahe bei -1 bzw. bei +1, dann besteht ein sehr enger negativer bzw. positiver linearer Zusammenhang zwischen X und Y. Liegt der Wert von r nahe bei Null, dann besteht kein wesentlicher linearer Zusammenhang zwischen X und Y.

Der Korrelationskoeffizient r läßt sich einfacher berechnen, wenn man ihn im (x_i^*, y_i^*)-Koordinatensystem angibt, d.h.

$$r = \frac{1}{n} \cdot \Sigma \tilde{x}_i \tilde{y}_i = \frac{\Sigma(x_i - \bar{x})(y_i - \bar{y})}{n\sqrt{\frac{1}{n} \cdot \Sigma(x_i - \bar{x})^2} \cdot \sqrt{\frac{1}{n} \cdot \Sigma(y_i - \bar{y})^2}},$$

$$= \frac{\Sigma x_i^* y_i^*}{\sqrt{\Sigma(x_i^*)^2 \cdot \Sigma(y_i^*)^2}} = \frac{Cov(X,Y)}{\sqrt{Var(X) \cdot Var(Y)}}.$$

7.4.3.2 Die Streuungszerlegung

Wenn man eine Aussage über den Erfolg der Regressionsrechnung treffen will, dann betrachtet man die Abweichung der Werte y_i von ihrem Mittelwert $\bar{y}$. Will man eine Aussage über einen Wert y_i treffen, ohne den exakten Wert von x_i zu kennen, dann kann man den Wert des arithmetischen Mittels $\bar{y}$ wählen. Dabei macht man jedoch einen Fehler, der umso größer wird, je weiter der unbekannte Wert x_i vom Mittelwert $\bar{x}$ abweicht. Dieser Fehler wird durch die Differenz $y_i - \bar{y}$ gemessen (vgl. Abb. 7.8).

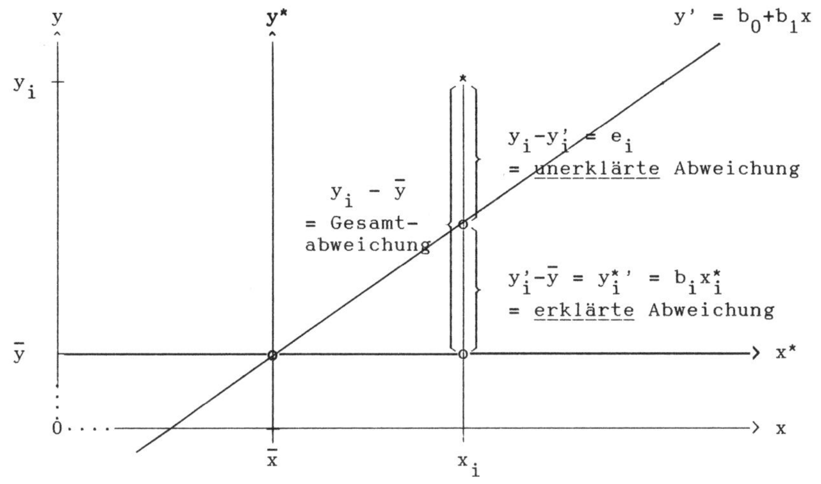

Abb. 7.8: Zur Zerlegung der Abweichungen der Beobachtungswerte von der Regressionsgeraden

Diese Abweichung wird nun durch die Regressionsgerade in zwei Summanden zerlegt, in den Teil $y_i' - \bar{y}$, der durch die Regression "erklärt" wird und in den verbleibenden Teil $y_i - y_i'$, der "unerklärt" bleibt. Man kann somit die gesamte Abweichung $y_i - \bar{y}$ für beliebiges i wie folgt zerlegen

$$(y_i - \bar{y}) = (y_i' - \bar{y}) + (y_i - y_i').$$

gesamte = "erklärte" + "unerklärte" Abweichung.

Summiert man über alle Beobachtungswerte, so erhält man

$$\sum_{i=1}^{n} (y_i - \bar{y}) = \sum_{i=1}^{n} (y_i' - \bar{y}) + \sum_{i=1}^{n} (y_i - y_i').$$

Diese Gleichung gilt auch dann noch, wenn die Summanden einzeln quadriert werden, d.h.

$$(7.34) \qquad \sum_{i=1}^{n} (y_i - \bar{y})^2 = \sum_{i=1}^{n} (y_i' - \bar{y})^2 + \sum_{i=1}^{n} (y_i - y_i')^2.$$

Beweis:

$$\sum_{i=1}^{n}(y_i - \bar{y})^2 = \sum_{i=1}^{n}\left\{(y_i' - \bar{y}) + (y_i - y_i')\right\}^2$$

$$= \sum_{i=1}^{n}(y_i' - \bar{y})^2 + 2\cdot\sum_{i=1}^{n}(y_i' - \bar{y})(y_i - y_i') + \sum_{i=1}^{n}(y_i - y_i')^2.$$

Wenn die Behauptung gelten soll, muß das mittlere Glied gleich Null sein. Berücksichtigt man die Gültigkeit von

(7.14) $$y_i' - \bar{y} = y_i'^* = b_1 x_i^*, \quad \text{und}$$

(7.16) $$\sum_{i=1}^{n} x_i^*(y_i^* - b_1 x_i^*) = 0,$$

sowie $y_i - y_i' = y_i^* - y_i'^*$, dann erhält man für das mittlere Glied

$$2\cdot\Sigma(y_i' - \bar{y})(y_i - y_i') = 2\cdot\Sigma b_1 x_i^*(y_i - y_i'),$$

$$= 2\cdot b_1\cdot\Sigma x_i^*(y_i^* - y_i'^*),$$

$$= 2\cdot b_1\cdot\Sigma x_i^*(y_i^* - b_1 x_i^*) = 0.$$

Damit ist die Behauptung bewiesen.

Die Summe der quadrierten Abweichungen der Beobachtungswerte y_i von ihrem Mittelwert $\bar{y}$ läßt sich somit zerlegen in eine durch die Regressionsgerade erklärte quadratische Abweichung $(y_i - \bar{y})^2$ und in eine bei dieser Regression nicht erklärte quadratische Abweichung, dem sog. Restglied $(y_i - y_i')^2 = e_i^2$. Je kleiner diese unerklärte quadratische Abweichung ist, umso besser paßt sich die Regressionsgerade den Beobachtungswerten y_i an.

Die Beziehung der Streuungszerlegung läßt sich auch in der Form schreiben:

(7.35) $$\sum_{i=1}^{n}(y_i - \bar{y})^2 = b_1^2\sum_{i=1}^{n}(x_i^*)^2 + \sum_{i=1}^{n} e_i^2.$$

gesamte Abweichung — **erklärte** — **unerklärte Abweichung**

7.4.3.3 Das Bestimmtheitsmaß

Ausgehend von der bei der Streuungszerlegung erhaltenen Beziehung

$$(7.34) \qquad \sum_{i=1}^{n} (y_i - \bar{y})^2 = \sum_{i=1}^{n} (y_i' - \bar{y})^2 + \sum_{i=1}^{n} (y_i - y_i')^2 .$$

läßt sich ein anderes Maß für die Strammheit eines Zusammenhanges ermitteln. Nach Division durch n erhält man

$$(7.36) \qquad \frac{1}{n}\sum_{i=1}^{n} (y_i - \bar{y})^2 = \frac{1}{n}\sum_{i=1}^{n} (y_i' - \bar{y})^2 + \frac{1}{n}\sum_{i=1}^{n} (y_i - y_i')^2 .$$

$$\left(s_Y^2 \quad = \quad s_{Y'}^2 \quad + \quad s_E^2 \right)$$

Der Ausdruck auf der linken Seite des Gleichheitszeichens stellt die empirische Varianz (das mittlere Differenzquadrat) s_Y^2 der Beobachtungswerte y_i und der erste Ausdruck auf der rechten Seite die empirische Varianz $s_{Y'}^2$ der Regressionswerte y_i' dar. Der zweite Summand auf der rechten Seite stellt die empirische Varianz der Reststreuung bei einer Regression des Merkmals Y bezüglich X dar. Man kann diese mit s_E^2 bezeichnen. Im Fall eines unabhängigen Merkmales X läßt sich $s_{Y'}^2$ aus der Abhängigkeit des Merkmales Y vom Merkmal X erklären. Die Größe s_E^2 läßt sich dagegen aus der Abhängigkeit des Merkmales Y von anderen außer X wirkenden Merkmalen sowie dem Zufall deuten. Daher der Name Reststreuung oder Residualabweichung für s_E^2. Je größer nun $s_{Y'}^2$, gegenüber s_E^2 ist, desto stärker wird die Gesamtvarianz durch die Abhängigkeit des Merkmales Y von dem Merkmal X bestimmt. Es erscheint daher vernünftig, den Quotienten $s_{Y'}^2 : s_Y^2$ zu bilden, der den Anteil der durch die Regression erklärten Varianz an der beobachteten Gesamtvarianz angibt. Je größer der Teil der Gesamtvarianz ist, der durch $s_{Y'}^2$ bedingt wird, desto besser paßt sich die Regressionsgerade den beobachteten Werten an. Man bezeichnet daher diesen Quotienten als Bestimmtheitsmaß $B_{Y,X}$, also

$$(7.37) \qquad B_{Y,X} = \frac{s_{Y'}^2}{s_Y^2} .$$

Man kann zeigen, daß für $B_{Y,X}$ gilt

$$0 \leq B_{Y,X} \leq 1 .$$

Je näher $B_{Y,X}$ bei 1 liegt, umso besser paßt sich die Regression den Beobachtungswerten an.

7.4.3.4 Zusammenhang zwischen Bestimmtheitsmaß B und dem Korrelationskoeffizienten r

Es gilt

(7.38) $$\frac{s_{Y'}^2}{s_Y^2} = B_{Y,X} = r^2.$$

Beweis:

$$B_{Y,X} = \frac{s_{Y'}^2}{s_Y^2} = \frac{\frac{1}{n}\cdot\Sigma(y_i'^*)^2}{\frac{1}{n}\cdot\Sigma(y_i^*)^2} = \frac{\Sigma(y_i'^*)^2}{\Sigma(y_i^*)^2}\ .$$

Wegen $y_i'^* = b_1 x_i^*$ und $b_1 = \frac{\Sigma x_i^* y_i^*}{\Sigma(x_i^*)^2}$ folgt unmittelbar

$$B = \frac{b_1^2\cdot\Sigma(x_i^*)^2}{\Sigma(y_i^*)^2} = \frac{(\Sigma x_i^* y_i^*)^2\ \cdot\ \Sigma(x_i^*)^2}{\left[\Sigma(x_i^*)^2\right]^2\ \cdot\ \Sigma(y_i^*)^2} = \frac{(\Sigma x_i^* y_i^*)^2}{\Sigma(x_i^*)^2\ \cdot\ \Sigma(y_i^*)^2} = r^2.$$

Damit verfügt man mit dem Bestimmtheitsmaß B und dem Korrelationskoeffizienten r über zwei Kriterien für die Güte einer Regression, die allerdings auf den gleichen Überlegungen beruhen. Man erhält also keine zusätzliche Information, wenn man nach der Berechnung des Korrelationskoeffizienten zusätzlich noch das Bestimmtheitsmaß ermittelt. Auch muß man beachten, daß das Bestimmtheitsmaß nur eine Entscheidung darüber treffen kann, ob ein linearer Zusammenhang vorliegt oder nicht. Ob dieser Zusammenhang positiv oder negativ ist, läßt sich mit Hilfe des Bestimmtheitsmaßes nicht entscheiden.

Beispiel 7.3: Für die Daten dieses Beispiels ergeben sich folgende Werte für den Korrelationskoeffizienten und das Bestimmtheitsmaß

$$r = \frac{\Sigma x_i^* y_i^*}{\sqrt{\Sigma(x_i^*)^2\ \cdot\ \Sigma(y_i^*)^2}} = \frac{-\ 39{,}00}{\sqrt{0{,}054\ \cdot\ 47\ 000}} = -\ 0{,}7741,$$

$$B = r^2 = 0{,}5993.$$

Beispiel 7.4: Für dieses Beispiel soll der Wert des Korrelationskoeffizienten und des Bestimmtheitsmaßes für die beiden empirischen Regressionsgeraden bestimmt werden

a) $\bar{Y}' = f(X^m), \qquad \bar{Y}' = -\ 53{,}71 + 0{,}70\cdot X^m,$

$$r = \frac{Cov(X^m, \bar{Y})}{\sqrt{Var(X^m) \cdot Var(Y)}} = \frac{25{,}18}{\sqrt{35{,}81 \cdot 41{,}11}} = 0{,}656,$$

$$B_{\bar{Y}, X^m} = r^2 = 0{,}431.$$

b) $\bar{X}' = g(Y^m)$, $\bar{X}' = 130{,}12 + 0{,}61 \cdot Y^m$,

$$r = \frac{Cov(Y^m, \bar{X})}{\sqrt{Var(X) \cdot Var(Y^m)}} = \frac{24{,}96}{\sqrt{35{,}81 \cdot 41{,}11}} = 0{,}651,$$

$$B_{\bar{X}, Y^m} = r^2 = 0{,}423.$$

Aufgaben zu Kapitel 7

Aufgabe 1:

Aufgliederung von 50 Unternehmen nach Umsatz und Aufwendungen für Forschung und Entwicklung in Mio. DM.

Umsatz in Mio. DM	Aufwendungen für Forschung und Entwicklung in Mio. DM [0;10)	[10;20)	[20;30)	[30;40)	[40;50)
[0 ; 200)	2	3	1	–	–
[200 ; 400)	2	6	3	1	–
[400 ; 600)	1	4	5	4	–
[600 ; 800)	–	2	4	3	2
[800 ;1 000)	–	–	1	2	4

a) Berechnen Sie die zweidimensionalen relativen Häufigkeiten.
b) Ermitteln Sie die Randverteilungen und erläutern Sie, warum man sie auch als eindimensionale Häufigkeitsverteilungen bezeichnen kann.
c) Bestimmen Sie die bedingten und marginalen relativen Häufigkeiten. Welchen Zusammenhang unterstellen Sie dabei zwischen dem Umsatz und den Aufwendungen für Forschung und Entwicklung?
d) Berechnen Sie für die unter c) angegebene Kausalität die bedingten Mittelwerte.
(Gehen Sie bei der Berechnung der bedingten Mittelwerte jeweils von den Klassenmitten aus.
e) Erklären Sie den Begriff der statistischen Unabhängigkeit und geben Sie an, ob diese im vorliegenden Fall zutrifft.

d)

x_j^m	5	15	25	35	45
$\bar{y}_j$	260,0	366,6	513,9	620,0	833,4

Aufgabe 2:

Bei einer Untersuchung über den Zusammenhang zwischen dem monatlichen Haushaltsnettoeinkommen der Haushalte mit Haus- und Grundbesitz (X) und den jährlichen Ausgaben für Zinsen und Tilgungen (Y) ergab sich das in der folgenden Tabelle zusammengestellte Datenmaterial

y = Ausgaben für Zinsen und Tilgungen pro Jahr (in 1 000 DM)	X = monatliches Haushaltnettoeinkommen der Haushalte mit Haus- und Grundbesitz (in 100 DM)				
	[0;8)	[8;12)	[12;18)	[18;25)	[25;100)
[0 ; 2)	160	125	75	30	10
[2 ; 3)	80	70	60	25	5
[3 ; 4)	15	30	30	10	5
[4 ; 5)	10	15	30	20	5
[5 ; 6)	10	20	30	20	10
[6 ; 8)	5	10	25	45	15

a) Berechnen sie die Randverteilungen $n_{i\cdot}$ und $n_{\cdot j}$.

b) Stellen Sie die Tabelle der bedingten relativen Häufigkeiten auf. (Gehen Sie bei der Berechnung der bedingten Häufigkeiten von den Klassenmitten aus!)
Welche Kausalbeziehung unterstellen Sie dabei?

c) Wie unterscheiden sich die relativen und die bedingten relativen Häufigkeiten bei zweidimensionalen Merkmalen?
Erklären Sie den Unterschied.

d) Sind die beiden Merkmale statistisch unabhängig?
Begründen Sie Ihre Antwort.

Aufgabe 3:

Für sechs Unternehmen eines Wirtschaftszweiges soll untersucht werden, welcher Zusammenhang zwischen Umsatz und Werbeaufwendungen besteht. In einem bestimmten Jahr wurden folgende Umsätze und Werbeaufwendungen (in Mio. DM) festgestellt:

Umsatz	Werbeaufwendungen
80	3
100	6
150	7
160	9
240	15
290	20

a) Welches ist in diesem Fall das abhängige und welches das unabhängige Merkmal?
b) Bestimmen Sie die Koeffizienten b_0 und b_1 der Regressionsgeraden. Interpretieren Sie die errechneten Werte.
c) Geben Sie an, wie hoch im Durchschnitt der Umsatz aller Unternehmen ist, wenn ihre Werbeaufwendungen 12 Mio. DM betragen.
d) Wie und warum nimmt man bei der Berechnung des Regressionskoeffizienten eine Koordinatentransformation vor?
e) Durch welchen Punkt verläuft jede nach der Methode der kleinsten Quadrate berechnete Regressionsgerade?
Welche Koordinaten (x,y) besitzt dieser Punkt im vorliegenden Fall?

f) Bestimmen Sie den Korrelationskoeffizienten und das Bestimmtheitsmaß. Interpretieren Sie die Ergebnisse.
Welche der beiden Maßgrößen halten Sie für aussagefähiger?

b) $b_0 = 46$; $b_1 = 12{,}4$. c) $y' = 194{,}8$.

f) $r = 0{,}968$; $B = 0{,}937$.

Aufgabe 4:

In der folgenden Tabelle werden der Wareneingang und der Absatz eines Großhandelsunternehmens dargestellt. Das Unternehmen will den Zusammenhang zwischen Wareneingang (X) und Absatz (Y) (beide in Mio. DM gemessen) in den hier berücksichtigten 10 aufeinanderfolgenden Zeitpunkten untersuchen:

x_i	102	101	105	106	109	107	104	103	102	101
y_i	113	112	114	115	118	117	115	113	112	111

a) Berechnen Sie aus diesen Daten die Werte der Regressionskoeffizienten b_0 und b_1 nach der Methode der kleinsten Quadrate und interpretieren Sie das Ergebnis der Rechnung.

b) Wie groß ist in diesem Fall die Gesamtvarianz des Warenabsatzes? Welcher Anteil davon wird durch die Regressionsfunktion erklärt? Wie groß ist die Reststreuung?

c) Angenommen, man möchte jetzt vom Absatz auf den Wareneingang schließen und berechnet die fiktive Funktion

$$X' = -27{,}33 + 1{,}152\ Y\ .$$

Man erhält dann eine von der ersten Funktion abweichende Gerade. In welchem Punkt schneiden sich beide Geraden?

d) Angenommen, Sie betrachten eine zweidimensionale Häufigkeitsverteilung. Die beiden Merkmale
X (mit $\bar{x} = 20$ und $s_X^2 = 25$) und Y (mit $\bar{y} = 30$ und $s_Y^2 = 100$) korrelieren mit $r = 0{,}6$.
Berechnen Sie die Regressionsfunktion $Y' = b_0 + b_1X$.

a) $b_0 = 30{,}8$; $b_1 = 0{,}8$.

b) $s_Y^2 = 4{,}6$ Mio.; $s_{Y'}^2 = 4{,}224$ Mio.; $s_E^2 = 0{,}376$ Mio.

c) $(\bar{x},\bar{y}) = (104{,}114)$. d) $b_0 = 6$; $b_1 = 1{,}2$.

Aufgabe 5:

Stellen Sie fest, ob die folgenden Behauptungen zutreffen (mit Begründung bzw. Beweis):

a) $\sum_{i=1}^{n} x_i^* y_i^* = \sum_{i=1}^{n} x_i^* y_i$, b) $\sum_{i=1}^{n} (y_i' - \bar{y})^2 = b_1^2 \sum_{i=1}^{n} (x_i^*)^2$,

c) $r^2 = b_1^2 \cdot \frac{s_X^2}{s_Y^2}$.

Aufgabe 6:

Bei einer Befragung von 140 Haushalten wurde das monatliche Haushaltsnettoeinkommen und die durchschnittlichen monatlichen Ersparnisse erhoben. Dabei ergab sich folgende Verteilung der Haushalte:

monatliche Ersparnisse Y (in 100 DM)	monatliches Haushaltsnettoeinkommen X (in 100 DM) [8;10)	[10;14)	[14;18)	[18;26)	RV
[0 ; 2)	15	-	-	-	15
[2 ; 4)	5	20	20	-	45
[4 ; 6)	-	20	30	10	60
[6 ; 8)	-	-	10	10	20
RV	20	40	60	20	140

1. a) Welchen Zusammenhang unterstellen Sie zwischen den durchschnittlichen monatlichen Ersparnissen und dem monatlichen Haushaltsnettoeinkommen?

   b) Berechnen Sie für die unter a) angegebene Kausalität die bedingten Mittelwerte.
   Interpretieren Sie einen der errechneten Werte.

2. a) Bestimmen Sie mit Hilfe der Methode der kleinsten Quadrate die Regressionskoeffizienten b_0 und b_1.

   b) Wie groß ist die monatliche Ersparnis, wenn im Durchschnitt das monatliche Haushaltsnettoeinkommen 1 500 DM beträgt?

   c) Ermitteln Sie den Korrelationskoeffizienten.

1.b)

x_j^m	9	12	16	22
$\bar{y}_j$	1,5	4	4,67	6

2. a) $b_0 = -0{,}21$; $b_1 = 0{,}3$. b) 429,00 DM. c) $r = 0{,}68$.

Aufgabe 7:

Ein neugegründetes Unternehmen verzeichnete in den ersten fünf Monaten folgende Gewinnentwicklung:

Monat	Umsatz in 1 000 DM	Gewinn in 1 000 DM
April	100	- 20
Mai	120	- 20
Juni	120	- 10
Juli	140	- 2
August	200	- 1

a) Bestimmen Sie die Regressionsgleichung für den Gewinn in Abhängigkeit vom Umsatz und interpretieren Sie das Ergebnis Ihrer Berechnungen.

b) Bei welchem Umsatz kann das Unternehmen damit rechnen, die Verlustzone zu verlassen?

c) Steht der unter b) erhaltene Schätzwert mit den vorliegenden Daten im Einklang? (Begründung).

a) $b_0 = -36{,}5135$; $b_1 = 0{,}1905$; b) 191,667.

8. Maß- und Indexzahlen

Die Grundidee, die zur Konstruktion von Maßzahlen führt, besteht darin, Sachverhalte durch Zahlen zu charakterisieren, um sie einem Vergleich zugänglich zu machen. Die dabei auftretenden Schwierigkeiten bestehen darin, daß oft verschiedene Maßzahlen zur Charakterisierung eines Sachverhaltes denkbar sind. Bei der Konstruktion und Interpretation dieser Maßzahlen muß man stets von der materiellen Fragestellung ausgehen und die im Hinblick darauf sinnvollste Maßzahl auswählen. Die Konstruktion solcher Maßzahlen soll an den folgenden Beispielen gezeigt werden:

1. Es soll eine Maßzahl konstruiert werden, die es ermöglicht, Aussagen über die Unfallgefährdung bei Bahn-, Auto-, Flug- und Schiffsreisen zu treffen. Bevor man diese Maßzahl konstruiert, muß zunächst geklärt werden, ob nur die Zahl der verletzten Reisenden oder nur die Zahl der tödlich verlaufenden Unfälle berücksichtigt werden soll. Flugzeugunfälle verlaufen bekanntlich mit einer größeren Wahrscheinlichkeit tödlich als etwa Unfälle bei der Bahn. Sodann liefert die Angabe der Zahl der Verunglückten bezüglich der Unfallgefährdung keine Vergleichsmöglichkeit, da die Zahl der Benutzer der einzelnen Verkehrsmittel unterschiedlich groß ist. Folgende Maßzahl

$$\frac{\text{Anzahl der Unfallbeteiligten}}{\text{Anzahl der Benutzer}}$$

liefert ebenfalls keine befriedigende Vergleichsmöglichkeit, da hierbei die Länge der Reise nicht berücksichtigt wird. Eine bessere Vergleichsmöglichkeit würde durch die Maßzahl

$$\frac{\text{Anzahl der Unfallbeteiligten}}{\text{Personenkilometer}}$$

erreicht werden. Doch auch diese Maßzahl erscheint für bestimmte Fragestellungen nicht geeignet. So erscheint es wenig sinnvoll, kurze Bahn- bzw. Autoreisen des täglichen Berufsverkehrs mit längeren Flugreisen zu vergleichen. Diesem Einwand könnte man dadurch begegnen, daß man Maßzahlen nur für bestimmte Reisestrecken oder Reisezeiten konstruiert. Allerdings gibt es kaum statistische Erhebungen, die einen solchen detaillierten Vergleich ermöglichen.

2. Den Grad der Motorisierung verschiedener Länder kann man durch die Bildung einer Maßzahl für die Kraftfahrzeugdichte untereinander vergleichbar machen. Je nach der für den betreffenden Vergleich wesentlichen Fragestellung lassen sich verschiedene Maßzahlen konstruieren, die sich dadurch unterscheiden, daß man die Zahl der Kraftfahrzeuge K auf eine andere Bezugsmasse bezieht. Mögliche Bezugsmassen wären beispielsweise die Einwohnerzahl E, die Fläche des betreffenden Landes F oder die Länge des Straßennetzes S. Vergleicht man die so gebildeten Maßzahlen

$$\frac{K}{E}, \frac{K}{F} \text{ und } \frac{K}{S}$$

für eine Zahl von Ländern, so ergibt sich für jede Maßzahl eine völlig unterschiedliche Rangordnung der einzelnen Länder. Ein dünn besiedeltes Land schneidet beispielsweise viel günstiger ab, wenn K nicht auf die Fläche F sondern auf die Einwohnerzahl E bezogen wird. Beim Vergleich von Maßzahlen muß daher streng darauf geachtet werden, daß nur Maßzahlen miteinander verglichen werden, die sich auf die gleiche Bezugsmasse beziehen.

Die Maßzahlen lassen sich untergliedern in **Verhältniszahlen**, die als Quotient zweier Zahlen gebildet werden, in **Indexzahlen**, die durch Standardisierung von Verhältniszahlen gewonnen werden und in **Verteilungsmaßzahlen** die durch allgemeine Funktionen gebildet werden. Letztere wurden bereits im Kapitel 6 besprochen.

8.1 Verhältniszahlen

Eine einfache Klasse von Maßzahlen bilden die sog. Verhältniszahlen. Diese werden als Quotient gebildet, bei dem der Umfang einer statistischen Teilmasse in Relation gesetzt wird zum Umfang einer übergeordneten statistischen Bezugsmasse. Es ist üblich, die Verhältniszahlen nach der logischen Beziehung zwischen Zähler und Nenner wie folgt weiter zu untergliedern:

Verhältniszahlen

Gliederungszahlen (8.1.1)	**Beziehungszahlen** (8.1.2)	**Meßziffern** (8.1.4)

8.1.1 Gliederungszahlen

Wird der Umfang einer statistischen Teilmasse in Relation zum Umfang einer statistischen Gesamtmasse gesetzt, so spricht man von einer Gliederungszahl

$$\text{Gliederungszahl} = \frac{\text{Teilmasse}}{\text{Gesamtmasse}} \cdot 100.$$

Sie wird auch als Quoten-, Anteils- oder Prozentzahl bezeichnet.

Beispiele für Gliederungszahlen sind etwa

$$\text{Erwerbsquote} = \frac{\text{Anzahl der Erwerbspersonen}}{\text{Wohnbevölkerung}} \cdot 100,$$

$$\text{Erwerbslosenquote} = \frac{\text{Anzahl der Erwerbslosen}}{\text{Anzahl der Erwerbspersonen}} \cdot 100.$$

Alle relativen Häufigkeiten h_i, die bei der Betrachtung von Häufigkeitsverteilungen auftreten, können als Gliederungszahlen aufgefaßt werden. Die Gliederungszahl gibt das Gewicht und damit die Bedeutung an, die die Teilgröße bezogen auf die Gesamtgröße besitzt. Die Bildung von Gliederungszahlen soll an dem folgenden Beispiel gezeigt werden:

Beispiel 8.1: Die statistische Masse "Export" der BRD soll für die Jahre 1979, 1980 und 1983 nach Erdteilen gegliedert werden (Quelle: Statistisches Jahrbuch der BRD 1985, Internationale Übersichten, S. 685 - 686).

	Export 1979		Export 1980		Export 1983	
Erdteil	Mill. DM	%	Mill. DM	%	Mill. DM	%
Europa	187 800	70,00	214 700	70,39	258 500	72,33
Afrika	18 800	7,01	19 100	6,26	19 700	5,51
Amerika	27 100	10,10	31 400	10,30	36 700	10,27
Asien	32 900	12,26	38 200	12,53	40 600	11,36
Australien mit Ozeanien	1 700	0,63	1 600	0,52	1 900	0,53
Welt	268 300	100,00	305 000	100,00	357 400	100,00

Daß Verhältniszahlen auch fehlinterpretiert werden können, soll das folgende Beispiel zeigen:

Beispiel 8.2: Eine beliebte Maßzahl zur Charakterisierung der Exportwirtschaft eines Landes ist die Exportquote (bzw. Außenhandelskoeffizient), definiert als

$$\text{Exportquote} = \frac{\text{Ausfuhrwert}}{\text{Bruttosozialprodukt}} \cdot 100$$

Für einige ausgewählte Länder ergibt sich für das Jahr 1983 folgendes Bild:

	Bruttosozialprodukt zu Marktpreisen (in Mrd. DM)	Ausfuhr (in Mrd. DM)	Exportquote
Bundesrepublik	1 400,4	314,5	22,5
Frankreich	1 401,8	179,3	12,8
Italien	595,0	132,0	22,2
Belgien/Luxemburg	203,4	102,9	50,6
Niederlande	272,5	116,4	42,7
Dänemark	119,1	26,7	22,4
Großbritanien/Nordirland	740,1	166,2	22,5
Republik Irland	26,7	13,1	49,1
Japan	1 846,8	188,1	10,2
USA	4 346,3	332,7	7,7
EG-Staaten (zusammen)	4 759,0	1 051,1	22,1
EG-Staaten ohne Handel zwischen den EG-Staaten	4 759,0	487,5	10,2

Es zeigt sich, daß die Exportquote im allgemeinen um so größer ist, je kleiner das Land ist.

Eine richtige Interpretation dieser Zahlen würde besagen, daß die Wirtschaft eines kleineren Landes stärker von der internationalen Wirtschaftslage abhängt als die eines größeren Landes.

Eine Fehlinterpretation würde darin bestehen, aufgrund verschiedener Werte der Exportquote Rückschlüsse auf die internationale Konkurrenzfähigkeit der einzelnen Länder zu ziehen. Man sieht, daß die Größe eines Wirtschaftsgebietes bei dieser Maßzahl eine Rolle spielt. Faßt man nämlich zwei Gebiete bei sonst gleichbleibenden Verhältnissen zusammen, so muß die Exportquote des zusammengefaßten Gebietes kleiner sein als die gewogene Exportquote aus beiden Ländern, da die zwischen den beiden Gebieten fließenden Exportströme wegfallen. Würde man im obigen Beispiel die EG-Länder zu einer Einheit zusammenfassen, und betrachtet die Ausfuhr der EG, dann fällt der Handel zwischen den EG-Länder weg, und es würde sich als gemeinsame Exportquote 10,2 ergeben, gegenüber einem Wert von 22,1, den man erhält, wenn man den Handel zwischen den EG-Staaten als Außenhandel mitrechnen würde.

Bei der Interpretation von Gliederungszahlen sollte folgendes beachtet werden:

1. Vergleicht man die Gliederungszahlen verschiedener Zeitpunkte oder -räume miteinander, so darf aus einer bestimmten Veränderung der Anteilswerte nicht auf eine gleichlaufende Veränderung der absoluten Zahlen geschlossen werden. So ging beispielsweise der Anteil Afrikas am Export der BRD zwischen 1979 und 1983 von 7,01% auf 5,5% zurück, der absolute Wert stieg dagegen von 18 800 Mill. DM auf 19 700 Mill. DM an. Dieses Ergebnis ist dadurch zu erklären, daß der Exportanteil anderer Erdteile, etwa Europa oder Amerika, stärker gestiegen ist als der Export nach Afrika.

   Man muß daher bei Gliederungszahlen auch die absoluten Werte angeben, da die Anteilswerte allein zu falschen Schlüssen verleiten können.

2. Oft werden Gliederungszahlen fälschlicherweise zur Messung der Intensität einer Erscheinung verwendet. Darauf soll im nächsten Abschnitt (Beispiel 8.2) eingegangen werden.

8.1.2 Beziehungszahlen

Während bei den Gliederungszahlen gleichartige Massen miteinander verglichen werden, dienen die Beziehungszahlen zum Vergleich verschiedenartiger, aber in einer sachlich sinnvollen Beziehung zueinander stehender Größen. Die Beziehungszahlen werden oft in Verursachungs- und Entsprechungszahlen unterteilt.

Bei den Verursachungszahlen wird eine Bewegungsmasse auf die zugehörige Bestandsmasse bezogen. Bewegungsmassen beziehen sich auf einen bestimmten Zeitraum, etwa ein Jahr oder einen Monat. Dagegen werden Bestandsmassen auf einen festen Zeitpunkt bezogen. Die in einem Jahr Lebendgeborenen stellen eine Bewegungsmasse dar. Um eine Geburtenziffer als Beziehungszahl zu definieren, benötigt man den zugehörigen Bevölkerungsbestand zu einem bestimmten Zeitpunkt. Da dieser jedoch meist nur für den Beginn eines Jahres bekannt ist, bildet man aus den Werten zweier aufeinanderfolgender Jahre das arithmetische Mittel und benutzt diese Größe als zugehörige Bestandsmasse:

allgemeine Geburtenziffer:=

$$\frac{\text{Zahl der Lebendgeborenen eines Jahres}}{\text{mittlerer Bestand der Bevölkerung des Jahres}} \cdot 100.$$

Analoge Überlegungen gelten für die Bildung einer allgemeinen Sterbeziffer. Man bezeichnet diese Verursachungszahlen auch als Häufigkeitsziffern, weil sie die Häufigkeit einer Bewegungsmasse zu einer Bestandsmasse angeben. Weitere Beispiele sind:

$$\frac{\text{Verkehrsunfälle}}{\text{Anzahl der Kraftfahrzeuge}} ,$$

$$\frac{\text{Anzahl der Konkurse}}{\text{Anzahl der Betriebe}} .$$

Alle übrigen Beziehungszahlen werden Entsprechungszahlen genannt.

Beispiele für Entsprechungszahlen sind:

$$\text{Bevölkerungsdichte} = \frac{\text{Wohnbevölkerung}}{\text{Fläche in km}^2} ,$$

$$\text{Hektarertrag} = \frac{\text{Ernteertrag}}{\text{Anbaufläche in Hektar}} ,$$

$$\text{Kapitalintensität} = \frac{\text{Anlagevermögen}}{\text{Anzahl der Beschäftigten}} ,$$

$$\text{Arbeitsproduktivität} = \frac{\text{reale Wertschöpfung}}{\text{Arbeitseinsatz}} .$$

Diese Beispiele zeigen, daß eine strenge Trennung zwischen Verursachungszahlen und Entsprechungszahlen nicht immer möglich ist.

Auch muß vor einer fälschlichen Verwendung von Gliederungszahlen (8.1.1) an Stelle von Beziehungszahlen (8.1.2) gewarnt werden. Das folgende Beispiel soll dies deutlich machen:

Beispiel 8.3:

In einer Wirtschaftszeitung wurde festgestellt, daß es 1979: 5 483 Konkurse gab. Davon entfielen 154 Konkurse, also 3 %, auf den Wirtschaftszweig Holz-, Papier- und Druckgewerbe. Diese Gliederungszahl sollte auf eine besonders gute wirtschaftliche Lage des Holz-, Papier- und Druckgewerbes hinweisen. Will man jedoch die Zahl der Konkurse als Indikator für die wirtschaftliche Lage einer Branche verwenden, so muß man diese Zahl zur Anzahl der Betriebe dieser Branche in Beziehung setzen, also eine Beziehungszahl (hier Verursachungszahl) berechnen. Für dieses Beispiel erhält man

$$\frac{\text{Anzahl der Konkurse}}{\text{Anzahl der Betriebe}} = \begin{cases} 3\ \%\ \text{für das Holz-, Papier- und Druckgewerbe,} \\ 1\ \%\ \text{für das gesamte Handwerk.} \end{cases}$$

Es zeigt sich, daß die Intensität der Konkurse im Holz-, Papier- und Druckgewerbe, auf die es bei der Beurteilung der wirtschaftlichen Lage dieser Branche ankommt, wesentlich höher ist als im gesamten Bereich der Handwerksunternehmen.

8.1.3 Sonderform von Verhältnis- und Beziehungszahlen

Bei der Konstruktion von Verhältnis- und Beziehungszahlen muß man besonders darauf achten, daß ihr Aussagegehalt wesentlich von der Wahl der Bezugsgröße abhängt. So hat die Bevölkerungsdichte einen ganz verschiedenen Aussagegehalt, je nachdem, ob man die Bevölkerung auf die Gesamtfläche eines Landes oder nur auf die kultivierte Fläche bezieht. Die Beziehungszahl ist um so aussagekräftiger, je stärker der sachlogische Zusammenhang zwischen Zähler und Nenner ist.

Beispiel 8.4:

Ägypten besitzt eine Bevölkerungsdichte von 47,0 Einwohner/km^2, wenn man als Bezugsgröße die Gesamtfläche des Staates wählt. (Zum Vergleich: BRD 246,0 Einwohner/km^2). Wählt man jedoch als Bezugsgröße die kultivierte Fläche des Staates, so ergibt sich für Ägypten eine Bevölkerungsdichte von 810,3 Einwohner/km^2.

Verhältnis- bzw. Beziehungszahlen, bei denen der Nenner von gewissen unbeteiligten Teilmassen bereinigt wurde, heißen **spezifische** Verhältnis- bzw. Beziehungszahlen.

Man kann etwa die beiden Ehescheidungsziffern unterscheiden:

$$\textbf{allgemeine}\text{ Ehescheidungsziffer} = \frac{\text{Ehescheidungen}}{\text{10 000 Einwohner}},$$

$$\textbf{spezifische}\text{ Ehescheidungsziffer} = \frac{\text{Ehescheidungen}}{\text{10 000 bestehende Ehen}}.$$

Ebenfalls kann man die folgenden Erwerbsquoten unterscheiden:

$$\textbf{allgemeine}\text{ Erwerbsquote} = \frac{\text{Anzahl der Erwerbspersonen}}{\text{Wohnbevölkerung}} \cdot 100$$

$$\textbf{spezifische}\text{ Erwerbsquote} = \frac{\text{Anzahl der Erwerbspersonen}}{\text{Wohnbevölkerung im Alter zwischen 15 und 65 Jahren}} \cdot 100$$

Daneben kann man noch sogenannte **besondere** Verhältnis- bzw. Beziehungszahlen unterscheiden. Von einer solchen spricht man dann, wenn man nach dem gleichen Kriterium die Zählermasse und die Bezugsmasse des Nenners in Teilmassen aufspaltet und das Verhältnis einer Zählerteilmasse zur zugehörigen Nennerteilmasse bildet.

Ein Beispiel für eine besondere Verhältniszahl ist die Größe

$$\frac{\text{Anzahl der Gestorbenen der Alterklasse x eines bestimmten Kalenderjahres}}{\text{Mittlerer Bevölkerungsbestand der Altersklasse x des gleichen Kalenderjahres}} \cdot 100 .$$

Man nennt diese besondere Verhältniszahl zur besseren Unterscheidung auch altersspezifische Sterbeziffer, obwohl diese Bezeichnung nicht streng exakt ist.

Ein weiteres Beispiel für eine besondere Verhältniszahl ist die besondere Heiratsziffer

$$\frac{\text{Zahl der eheschließenden Männer im Alter von 25 bis unter 26 Jahren}}{\text{Mittlerer Bestand an ledigen Männern im Alter von 25 bis unter 26 Jahren}} \cdot 1000 .$$

8.1.4 Meßziffern

Bei diesen werden mehrere gleichartige metrisch skalierte Größen, die sich meist durch einen wechselnden Erhebungszeitpunkt oder eine wechselnde Erhebungsperiode unterscheiden, zueinander ins Verhältnis gesetzt. Dabei wird die im Nenner stehende Bezugsmasse als **Basis** bezeichnet. Meßziffern werden überwiegend zum Zeitvergleich benutzt, und geben an, auf das Wievielfache sich eine interessierende Größe in dem betreffenden Zeitraum, bezogen auf eine Basisgröße, verändert hat.

Beispiel 8.5: Die Entwicklung des Güterumschlags in einigen ausgewählten Seehäfen der BRD soll bezüglich der Ein- und Ausladungen anhand des folgenden Datenmaterials untersucht werden (Quelle: Statistisches Jahrbuch der BRD, 1981, S. 296):

1. Angaben in absoluten Zahlen (in 1 000 t)

Hafen	1978 insgesamt	1978 Einladungen	1978 Ausladungen	1979 insgesamt	1979 Einladungen	1979 Ausladungen
Lübeck	6 249,2	2 296,6	3 952,6	6 876,4	2 661,6	4 214,8
Kiel	1 548,6	410,5	1 138,1	1 504,4	428,0	1 076,4
Hamburg	53 332,2	14 373,7	38 958,5	61 246,4	15 219,7	46 026,7
Cuxhaven	320,9	38,5	282,4	378,1	33,5	344,6
Wilhelmshaven	31 127,8	3 160,3	27 967,5	34 734,4	2 793,0	31 941,4

2. Meßziffern für 1979 (Basis 1978 = 100)

Hafen	insgesamt	Einladungen	Ausladungen
Lübeck	110,0	115,9	106,6
Kiel	97,1	104,3	94,6
Hamburg	114,8	105,9	118,1
Cuxhaven	117,8	87,0	122,0
Wilhelmshaven	111,6	88,4	114,2

Meist wählt man als Basis der Meßziffer die Zahl 100. Vergleicht man allerdings sehr unterschiedliche Größen miteinander, so wählt man als Basis besser die Zahl 1.

Beispiel 8.6: Vergleicht man den Güterumschlag des Hamburger Hafens mit dem von Cuxhaven für das Jahr 1979, so erhält man

Basis Cuxhaven 1979 = 100 : Hamburg 16 202,8
Basis Cuxhaven 1979 = 1 : Hamburg 162,03.

Man wird nun nicht sagen, der Güterumschlag Hamburgs betrage 16 202,8 % des Güterumschlags von Cuxhaven, sondern wird sagen, der Güterumschlag Hamburgs betrug im Jahre 1979 das 162,03-fache des Güterumschlags von Cuxhaven.

Wird die Änderung der Meßziffer in Prozenten einer festen Basis angegeben, so spricht man oft von Prozentpunkten. Besitzt eine Meßziffer den Wert 200 %, so bedeutet eine Steigerung um 10 Prozentpunkte eine Steigerung auf 210 %. Dies stellt eine Steigerung der Meßziffer um 5 % dar. Zu beachten ist ferner, daß eine Steigerung der Meßziffer um 10 % und eine darauffolgende Senkung um 10 % nicht zur Wiederherstellung des alten Zustandes führt, z.B.:

Ausgangspunkt 100 %; eine 10 % Steigerung führt zu 110 %;
Ausgangspunkt 110 %; eine 10 % Senkung führt zu 99 %.

8.1.5 Meßziffernreihen

Liegt eine Zeitreihe von Beobachtungswerten vor, und möchte man die zeitliche Entwicklung durch eine Meßziffer charakterisieren, so kann man die Meßziffer bezogen auf einen **Basiszeitpunkt** angeben.
Für eine beobachtete Zeitreihe

$$x_0,\ x_1,\ x_2,\ \ldots\ x_{t-1},\ x_t,\ x_{t+1},\ \ldots$$

wird der Quotient

(8.1) $$I_{0,t} = \frac{x_t}{x_0} \cdot 100$$

als Meßziffer von x bezogen auf die Basis 0 bezeichnet.

Es bezeichnet

x_t den absoluten Wert zum Zeitpunkt t,
x_0 den absoluten Wert zum Zeitpunkt 0,
0 : den Basiszeitpunkt bzw. die Basisperiode,
t : den Berichtszeitpunkt bzw. die Berichtsperiode.

Die Wahl des Basiszeitpunktes bzw. der Basisperiode ist entscheidend für die Aussagekraft einer Meßziffernreihe. Formal kann man jeden beliebigen Zeitpunkt als Basis wählen, allerdings eignen sich aus sachlichen Erwägungen nicht alle Zeitpunkte als Basis. Der zeitliche Verlauf der Meßziffernreihe wird ein völlig verschiedenes Aussehen haben, je nachdem, ob man einen besonders niedrigen oder einen besonders hohen absoluten Wert als Basiswert gewählt hat. Der Grundzug der zeitlichen Entwicklung wird von der Wahl der Basis nicht beeinflußt. Werden dagegen zwei oder mehrere Meßziffernreihen miteinander verglichen, so kann ihre gegenseitige Lage sehr wohl von der Wahl der Basis beeinflußt werden.

Beispiel 8.7: Bildung einer Meßziffernreihe

Jahr	Produktion	Meßziffer Basis Jahr 1 = 100	Meßziffer Basis Jahr 6 = 100	Kettenmeßziffer
1	2 400	100	55	1,0000
2	2 800	117	64	1,1667
3	3 000	125	68	1,0714
4	3 600	150	82	1,2000
5	4 200	175	96	1,1667
6	4 400	183	100	1,0476

Es kann jeder Zeitpunkt als Basis gewählt werden. Wählt man das Jahr 1 als Basis, dann zeigt die Reihe der Meßwerte eine Steigerung von 83 Prozentpunkten in den sechs Jahren.

Wählt man dagegen das Jahr 6 als Basis, dann ergibt sich rein rechnerisch eine Steigerung von 45 Prozentpunkten.

Man sollte als Basisperiode nicht einen Zeitpunkt oder -raum wählen, der durch singuläre Ereignisse beeinflußt worden ist. Die tatsächliche prozentuale Entwicklung einer Zeitreihe von Beobachtungswerten erhält man, wenn man sog. Kettenmeßziffern bildet, bei denen stets der in der Reihe vorhergehende Wert als Basis gewählt wird, d.h.

$$\frac{x_1}{x_0}, \frac{x_2}{x_1}, \frac{x_2}{x_2}, \; . \; . \; . \; . \; , \frac{x_t}{x_{t-1}}, \frac{x_{t+1}}{x_t}, \; . \; . \; . \; . \; .$$

8.1.6 Umbasierung von Meßziffernreihen

Oft erweist es sich als notwendig oder wünschenswert, eine gegebene Reihe von Meßziffern, die auf eine bestimmte Basis bezogen wird, etwa den Zeitpunkt 0, auf eine andere Basis umzurechnen. Meist werden aber die absoluten Werte der Reihe nicht bekannt sein, sondern nur die Meßziffernreihe

$$I_{0,1}, I_{0,2}, \; . \; . \; . \; . \; , I_{0,t_1}, \; . \; . \; . \; . \; , I_{0,t}, \; . \; . \; . \; .$$

Es muß daher ein Verfahren angegeben werden, das die Umbasierung ohne Kenntnis der absoluten Werte erlaubt. Wegen

$$(8.2) \quad I_{t_1,t} = \frac{x_t}{x_{t_1}} \cdot 100 = \frac{(x_t/x_0) \cdot 100}{(x_{t_1}/x_0) \cdot 100} \cdot 100 = \frac{I_{0,t}}{I_{0,t_1}} \cdot 100$$

bildet man die Meßziffernreihe

$$I_{t_1,1} = \frac{I_{0,1}}{I_{0,t_1}} \cdot 100; \; I_{t_1,2} = \frac{I_{0,2}}{I_{0,t_1}} \cdot 100; \; . \; . \; . \; ; \; I_{t_1,t} = \frac{I_{0,t}}{I_{0,t_1}} \cdot 100.$$

Üblicherweise werden auch diese umbasierten Meßziffern wieder in Prozent angegeben.

Beispiel 8.8: Entwicklung der Zahl der Erwerbstätigen in der BRD (mit West-Berlin) von 1960 bis 1980.
Quelle: Statistisches Jahrbuch der BRD, 1981, S.96.

Jahr	Jahresdurchschnitt in 1 000	Erwerbstätige in der BDR mit West-Berlin 1960=100	1962=100	1970=100	1974=100
1960	26 247	100,00	98,34	98,42	100,12
1962	26 690	101,69	100,00	100,08	101,81
1964	26 753	101,93	100,24	100,32	102,05
1966	26 801	102,11	100,42	100,50	102,24
1968	25 968	98,94	97,29	97,38	99,06
1970	26 668	101,60	99,92	100,00	101,73
1972	26 655	101,55	99,87	99,95	101,68
1974	26 215	99,88	98,22	98,30	100,00
1976	25 088	95,58	94,00	94,08	95,71
1978	25 230	96,13	94,53	94,61	96,24
1979	25 573	97,43	95,81	95,89	97,55
1980	25 795	98,28	96,65	96,73	98,40

Die Umbasierung von 1970 = 100 auf 1974 = 100 erfolgt für das Jahr 1976 durch Anwendung der Beziehung

$$I_{74,76} = \frac{I_{70,76}}{I_{70,74}} \cdot 100 = \frac{94,08}{98,30} \cdot 100 = 95,71.$$

Diese Beziehung für die Umbasierung läßt sich auch als Kettenformel

(8.3) $$I_{0,t} = I_{0,t_1} \cdot I_{t_1,t}/100$$

schreiben. Man bezeichnet diesen Vorgang als Verkettung und sieht, daß Umbasierung und Verkettung zueinander inverse Operationen darstellen. Die Verkettung dient in etwa dazu, eine durchlaufende Reihe von Indexwerten zu erhalten. Ist eine Meßziffernreihe jeweils auf der Basis der vorhergehenden Periode (als Kettenmeßziffer) berechnet, etwa als Wachstumsrate, dann kann man aus diesen Daten nicht ohne weiteres auf die Entwicklung schließen. Mit Hilfe der Verkettung ist es möglich, diese Entwicklung darzustellen.

Beispiel zur Verkettung von Indexzahlen:

a) Gegeben sei die Wachstumsrate des Umsatzes eines Produktes in zwei aufeinanderfolgenden Jahren

$$I_{0,1} = \frac{x_1}{x_0} \cdot 100 = 106 \quad \text{und} \quad I_{1,2} = \frac{x_2}{x_1} \cdot 100 = 104.$$

Es soll $I_{0,2} = \frac{x_2}{x_0} \cdot 100$ berechnet werden

$$I_{0,2} = \frac{I_{0,1} \cdot I_{1,2}}{100} = \frac{106 \cdot 104}{100} = 110,24.$$

Damit lautet die Meßziffernreihe

$$I_{0,0} = 100; \quad I_{0,1} = 106; \quad I_{0,2} = 110,24.$$

b) In der Praxis tritt oft der Fall auf, daß eine Meßziffernreihe A mit dem Beobachtungszeitpunkt t_1 abbricht und man die Entwicklung mit einer analogen Meßziffernreihe B fortsetzen möchte. Dazu bildet man einen verketteten Index $I^v_{0,t}$ durch Anwendung der Kettenformel

(8.4) $$I^v_{0,t} = I_{0,t_1}(A) \cdot I_{t_1,t}(B)/100.$$

Bei der Verkettung zweier Meßziffernreihen wird unterstellt, daß die Entwicklung der beiden Reihen den gleichen Verlauf genommen hätte, eine Annahme, die in der Praxis oft nur approximativ erfüllt sein dürfte.

Möchte man die Steigerung der Anzahl der Erwerbstätigen von 1950 an verfolgen, so steht für die Zeit vor 1960 nur eine Meßziffer für das Gebiet ohne West-Berlin zur Verfügung. Für das Jahr 1960 aber liegen Daten mit West-Berlin vor:

Jahres-durchschnitt	Erwerbstätige BRD ohne West-Berlin in 1 000	1950 = 100
1950	20 376	100,0
1960	25 223	123,79

Will man nun etwa den Wert des Jahres 1976 auf die Basis von 1950 bezogen berechnen, d.h. $I_{50,76}$, dann benötigt man die beiden Werte $I_{50,60}$ und $I_{60,76}$. Den Wert $I_{50,60}$ erhält man aus der Meßziffernreihe ohne West-Berlin und den Wert $I_{60,76}$ aus der Reihe mit West-Berlin zu

$$I_{50,60}(\text{ohne West-Berlin}) = 123,79,$$

$$I_{60,76}(\text{mit West-Berlin}) = 95,58.$$

Für die verkettete Meßziffer erhält man somit

$$I^v_{50,76} = I_{50,60} \cdot I_{60,76}/100$$

$$= 123,79 \cdot 95,58/100 = 118,32.$$

Unterstellt man in der Bundesrepublik ohne West-Berlin vor 1960 die gleiche Entwicklung wie nach 1960 (einschl. West-Berlin), dann wäre im Jahre 1976 die Zahl der Erwerbstätigen gegenüber 1950 um 18,32 % gestiegen.

Die Notwendigkeit der Verkettung von Meßziffernreihen wird sich später besonders bei der Preisstatistik als notwendig erweisen.

8.2 Standardisierung

Verhältniszahlen wurden konstruiert, um bestimmte Sachverhalte durch Zahlen zu charakterisieren und so Vergleichen zugänglich zu machen. Allerdings genügt der Vergleich zweier beliebiger Verhältniszahlen oft nicht, um einen Sachverhalt befriedigend zu erklären. Man muß bei der Konstruktion der betreffenden Verhältniszahl gewisse Bedingungen erfüllen. Die folgenden Beispiele sollen dies deutlich machen.

Beispiel 8.9:

Im Rahmen der Einkommens- und Verbrauchsstichprobe für die BRD des Jahres 1978 ergab sich bei Haushalten mit einem Kind für den Anteil der Ernährungsausgaben

- bei Beamtenhaushalten 26,01 %,
- bei Angestelltenhaushalten 27,85 % und
- bei Arbeiterhaushalten 33,77 %.

Nun ist bekannt, daß der prozentuale Anteil der Ausgaben für Ernährung mit steigendem Einkommen fällt. Man kann daher den Unterschied dieser prozentualen Anteile durch die verschieden hohen Einkommen bei Beamten-, Angestellten- und Arbeiterhaushalten erklären. Trotzdem bleibt die Frage offen, ob die gesamte Differenz durch den Faktor Einkommen erklärt werden kann oder ob daneben noch weitere Faktoren existieren, die diesen Unterschied mitbestimmen können.

Um diese Frage zu beantworten, könnte man untersuchen, wie groß der prozentuale Anteil der Ausgaben für Ernährung bei den Beamtenhaushalten wäre, wenn bei ihnen die gleiche Einkommensverteilung vorliegen würde wie bei den Angestellten- oder den Arbeiterhaushalten, vorausgesetzt, sie würden ihre eigenen einkommensspezifischen Ausgaben beibehalten. Dazu benötigt man für verschiedene Einkommensverhältnisse Angaben über die Aufgliederung der Ernährungsausgaben bei den verschiedenen Haushaltstypen.

Die folgende Tabelle 8.1 gibt eine solche Aufgliederung für einige ausgewählte monatliche Einkommen. Dabei bezeichnen E_0^i die Einkommen und A_0^i die Ausgaben für Ernährung der Beamtenhaushalte der i-ten Einkommensklasse. E_1^i und A_1^i bezeichnen die entsprechenden Größen für die Angestelltenhaushalte und E_2^i sowie A_2^i diejenigen für die Arbeiterhaushalte.

Tabelle 8.1: Einkommen und Ausgaben für Nahrungs- und Genußmittel von Beamten-, Angestellten- und Arbeiterhaushalten. Quelle: EVS 1978, FS 15, Heft 1, S. 50-86 und Heft 3, S. 211-265.

	Anteil der Ausgaben für Nahrungs- und Genußmittel der Haushalte insgesamt			Aufgliederung der Gesamthaushalte nach Einkommensklassen in %		
monatliches Einkommen pro Haushalt i	Beamte $\frac{A_0^i}{E_0^i}\cdot 100$	Angestellte $\frac{A_1^i}{E_1^i}\cdot 100$	Arbeiter $\frac{A_2^i}{E_2^i}\cdot 100$	Beamte g_0^i	Angestellte g_1^i	Arbeiter g_2^i
[0; 1200)[1)]	39,7	39,6	42,8	1,2	5,7	9,2
[1200; 1800)	33,1	32,9	38,0	12,4	21,6	36,7
[1800; 2000)	31,6	30,6	34,9	7,9	8,7	11,4
[2000; 2200)	28,5	30,0	32,6	9,5	8,4	10,0
[2200; 2500)	27,6	28,6	30,1	13,7	12,3	11,8
[2500; 3000)	26,3	26,5	27,9	19,0	16,2	11,2
[3000; 4000)	22,5	23,2	24,7	26,8	19,1	8,0
[4000; 5000)	19,4	19,6	*	7,3	5,4	1,5
[5000;20000)	*	*	*	2,1	2,6	0,0
	26,01	27,85	33,77	99,9	100,0	99,9

*) keine Angaben,
1) 600,-- DM als Existenzminimum vorgegeben.

Die Tabelle zeigt, daß sowohl bei allen Einkommensklassen i als auch bei den einzelnen Haushaltstypen ein Unterschied im Anteil der Ernährungsausgaben existiert.

Um eine Maßgröße zu konstruieren, die den Durchschnitt eines Haushaltstyps für alle Klassen i liefert, muß dieser Klasseneinfluß künstlich eliminiert werden. Dazu ordnet man jeder Klasse i ein bestimmtes Gewicht g^i zu. Dies muß, wenn m verschiedene Klassen existieren, die Eigenschaft

$$\sum_{i=1}^{m} g^i = 1$$

besitzen.

Für g^i wählt man den prozentualen Anteil der Haushalte dieses Typs in der Klasse i am Gesamteinkommen dieses Haushaltstyps. Als Maßgröße bildet man das gewichtete arithmetische Mittel der Ernährungsausgaben für alle Klassen, d.h.

Beamte: $$\frac{1}{100}\sum_{i=1}^{m} g_0^i\cdot\frac{A_0^i}{E_0^i} = \frac{1}{100}\left[39{,}7\cdot 1{,}2 + 33{,}1\cdot 12{,}4 + 31{,}6\cdot 7{,}9\right.$$

$$+ 28{,}5 \cdot 9{,}5 + 27{,}6 \cdot 13{,}7 + 26{,}3 \cdot 19{,}0 + 22{,}5 \cdot 26{,}8 + 19{,}4 \cdot 7{,}3] = 26{,}01.$$

Angestellte: $$\frac{1}{100} \sum_{i=1}^{m} g_1^i \cdot \frac{A_1^i}{E_1^i} = \frac{1}{100} [39{,}6 \cdot 5{,}7 + 32{,}9 \cdot 21{,}6 + 30{,}6 \cdot 8{,}7 + 30{,}0 \cdot 8{,}4 + 28{,}6 \cdot 12{,}3 + 26{,}5 \cdot 16{,}2 + 23{,}2 \cdot 19{,}1 + 19{,}6 \cdot 5{,}4] = 27{,}85.$$

Arbeiter: $$\frac{1}{100} \sum_{i=1}^{m} g_2^i \cdot \frac{A_2^i}{E_2^i} = \frac{1}{100} [42{,}8 \cdot 9{,}2 + 38{,}0 \cdot 36{,}7 + 34{,}9 \cdot 11{,}4 + 32{,}6 \cdot 10{,}0 + 30{,}1 \cdot 11{,}8 + 27{,}9 \cdot 11{,}2 + 24{,}7 \cdot 8{,}0] = 33{,}77.$$

Im allgemeinen wird diese Maßgröße von der speziellen Wahl der Gewichte g_i, in diesem Fall von der speziellen Einkommensverteilung, abhängen.

Möchte man für einen bestimmten Haushaltstyp eine Vergleichsgröße konstruieren, bei der auch dieser Einfluß ausgeschaltet ist, muß man seine Anteile der Ernährungsausgaben auf eine zum **Standard erhobene Einkommensverteilung** beziehen. Man kann etwa die Einkommensverteilung der Arbeiterhaushalte zum Standard wählen. Will man nun eine Maßgröße für Ernährungsausgaben eines bestimmten Haushaltstyps berechnen, die sich auf dieses Standardeinkommen bezieht, muß man für seine Anteile $\frac{A^i}{E^i}$ das gewichtete arithmetische Mittel über alle Klassen i mit Hilfe der Gewichte g_i bilden, d.h.

$$\sum_{i=1}^{m} g_2^i \frac{A^i}{E^i} . \tag{8.5}$$

Die auf diese Weise erhaltene Verhältniszahl bezeichnet man als standardisiert und den Vorgang als **Standardisierung**.Man bildet auf diese Weise die beiden standardisierten Größen

Beamtenhaushalte: $$\frac{1}{100} \sum_{i=1}^{m} g_2^i \cdot \frac{A_0^i}{E_0^i} = \frac{1}{100} [39{,}7 \cdot 9{,}2 + 33{,}1 \cdot 36{,}7 + 31{,}6 \cdot 11{,}4 + 28{,}5 \cdot 10{,}0 + 27{,}6 \cdot 11{,}8 + 26{,}3 \cdot 11{,}2 + 22{,}5 \cdot 8{,}0 + 19{,}4 \cdot 1{,}5] = 30{,}55.$$

Angestellten-haushalte: $\frac{1}{100} \sum_{i=1}^{m} g_2^i \cdot \frac{A_1^i}{E_1^i} = \frac{1}{100} [39,6 \cdot 9,2 + 32,9 \cdot 36,7 + 30,6 \cdot 11,4$

$+ 30,0 \cdot 10,0 + 28,6 \cdot 11,8 + 26,5 \cdot 11,2$

$+ 23,1\ 8,0 + 19,6\ 1,5]$

$= 30,70.$

Diese beiden Ergebnisse besagen:

Wenn man bei den Beamten und den Angestellten die gleiche Einkommensverteilung auf die Klassen i wie bei den Arbeitern unterstellt, dann würden die Beamten durchschnittlich 30,55 % und die Angestellten 30,70 % ihres Einkommens für Ernährung ausgeben. Damit bleibt bei den Beamten noch eine echte Differenz von 3,22 % und bei den Angestellten von 3,07 %, die sich nicht durch die unterschiedliche Einkommensverteilung der einzelnen Haushaltstypen erklären läßt. Dieser Unterschied muß daher einem gruppentypischen Verhalten der betreffenden Haushalte zugeschrieben werden.

Beispiel 8.10:

Zur Messung der Sterbeintensität eines Landes wird häufig die **allgemeine Sterbeziffer m** verwendet:

(8.6) $$m := \frac{\text{Gestorbene eines Jahres (=D)}}{\text{mittlerer Bestand der Bevölkerung dieses Jahres (=P)}} \cdot 1000$$

Diese allgemeine Beziehungszahl sei für ein Land A gleich 14 und für ein Land B gleich 13 (vgl. Tabelle 8.2). Man möchte natürlich die Ursachen für diesen Unterschied ergründen. Man könnte zunächst geneigt sein, aus der höheren Sterbeintensität im Land A auf ungünstigere Lebensbedingungen als im Land B zu schließen, die sich etwa aus einer schlechteren ärztlichen Versorgung oder einem ungünstigeren Klima ergeben könnten.

Allerdings wird diese Verhältniszahl auch von anderen Faktoren, wie dem Verhältnis von Frauen und Männern an der Gesamtbevölkerung und der Altersstruktur beeinflußt. Will man nun die für den Unterschied kausalen Faktoren ermitteln, so tritt, im Gegensatz zu den Naturwissenschaften, bei denen durch wiederholte Experimente der kausale Faktor bestimmter Erscheinungen ermittelt werden kann, in den Wirtschafts- und Sozialwissenschaften an die Stelle des Experiments die zweckentsprechende Aufgliederung der Daten in homogenere Teilmassen und die Eliminierung von störenden Einflußfaktoren.

Analog zur allgemeinen Sterbeziffer m können für jede Altersklasse x **besondere Sterbeziffen**, sog. altersspezifische Sterbeziffern m_x, definiert werden:

$$(8.7) \qquad m_x = \frac{\text{Zahl der Gestorbenen im Alter x eines Jahres } (= D_x)}{\text{mittlerer Bestand der Bevölkerung im Alter x dieses Jahres } (= P_x)} \cdot 1000 \; .$$

Diese altersspezifische Sterbeziffer wird für die einzelnen Altersklassen unterschiedlich groß ausfallen. Man kann nun die allgemeine Sterbeziffer als gewogenes arithmetisches Mittel der besonderen Sterbeziffer berechnen, wobei als Gewichte die Anteile der Bevölkerung in den verschiedenen Altersklassen an der Gesamtbevölkerung benutzt werden.

Tabelle 8.2: Bevölkerungsstruktur und altersspezifische Sterbeziffern für die Länder A und B

Altersgruppe	Land A			Land B		
	$P_x(A)$	$D_x(A)$	$m_x(A)$	$P_x(B)$	$D_x(B)$	$m_x(B)$
[0 ; 15)	2 000	28	14	6 000	96	16
[15 ; 65)	6 000	30	5	12 000	84	7
[65 ; ∞)	2 000	82	41	2 000	80	40
Summe	10 000	140	·	20 000	260	·

Für das Land A kann man die allgemeine Sterbeziffer m aus den altersspezifischen Sterbeziffern m_x (besondere Verhältniszahl) als gewichtetes arithmetisches Mittel wie folgt berechnen:

$$\begin{aligned} m(A) &= \sum_x \frac{P_x(A)}{P(A)} \cdot m_x(A) \\ &= \frac{2\,000}{10\,000} \cdot 14 + \frac{6\,000}{10\,000} \cdot 5 + \frac{2\,000}{10\,000} \cdot 41 \\ &= 14. \end{aligned}$$

$$m(B) = \sum_x \frac{P_x(B)}{P(B)} \cdot m_x(B) = 13.$$

Es lassen sich nun zwei Faktoren unterscheiden, die für die Höhe der allgemeinen Sterbeziffer verantwortlich sind: Die Altersstruktur (**Struktureffekt**) als Gewichtsfaktor und die altersspezifischen Sterbeziffern (**Sacheffekt**), d.h. die Sterbeintensität in den einzelnen Altersklassen.

In ähnlicher Form werden auch andere Verhältniszahlen, wie z.B. die allgemeine Erwerbsquote oder die allgemeine Fruchtbarkeitsziffer von einem **Sacheffekt** (besondere Verhältniszahl) und von einem **Struktureffekt** (Gewichte) beeinflußt. Will man nun die aufgrund des Sacheffekts bestehenden Unterschiede zweier Verhältniszahlen verschiedener Zeitpunkte oder Länder ermitteln, dann ist der Struktureffekt zu eliminieren, indem zur Berechnung der Verhältniszahlen die besonderen Verhältniszahlen mit den gleichen Gewichten bewertet werden (standardisierte Verhältniszahl). Interessiert man sich hingegen dafür, welchen Einfluß der Struktureffekt auf die allgemeinen Verhältniszahlen hat, so wird der Sacheffekt eliminiert, indem die unterschiedlichen Gewichte mit den gleichen besonderen Verhältniszahlen multipliziert werden (erwartungsgemäße Verhältniszahl).

Definition der **standardisierten Verhältniszahl**:

Eine standardisierte Verhältniszahl erhält man als ein gewogenes arithmetisches Mittel aus den besonderen Verhältniszahlen, wobei als Gewichte der **Struktureffekt** des gewählten Standards auftritt

Definition der **erwartungsgemäßen Verhältniszahl**:

Eine erwartungsgemäße Verhältniszahl erhält man als ein gewogenes arithmetisches Mittel aus den unterschiedlichen Anteilen des Struktureffektes, wobei als Gewichte die besonderen Verhältniszahlen (**Sacheffekt**) des gewählten Standards verwendet werden.

Tabelle 8.3: Berechnung von allgemeinen, standardisierten und erwartungsgemäßen Verhältniszahlen (Beispiel: Sterbeziffen)

Art der Verhältniszahl	Land A	Land B
allgemeine	$m(A) = \sum_x \frac{P_x(A)}{P(A)} \cdot m_x(A)$	$m(B) = \sum_x \frac{P_x(B)}{P(B)} \cdot m_x(B)$
standardisierte	Struktur (Gewichte) des Landes B wird konstant gehalten $m_B^{ST}(A) = \sum_x \frac{P_x(B)}{P(B)} \cdot m_x(A)$	Struktur (Gewichte) des Landes A wird konstant gehalten $m_A^{ST}(B) = \sum_x \frac{P_x(A)}{P(A)} \cdot m_x(B)$
erwartungsgemäße	Sachkomponente (besondere Verhältniszahl) des Landes B wird konstant gehalten $m_B^{EW}(A) = \sum_x \frac{P_x(A)}{P(A)} \cdot m_x(B)$	Sachkomponente (besondere Verhältniszahl) des Landes A wird konstant gehalten $m_A^{EW}(B) = \sum_x \frac{P_x(B)}{P(B)} \cdot m_x(A)$

Für das Land A wird nun eine standardisierte Sterbeziffer $m_B^{ST}(A)$ auf der Basis der Bevölkerungsstruktur des Landes B berechnet, d.h. die altersspezifischen Sterbeziffern des Landes A, $m_x(A)$, werden mit den Bevölkerungsanteilen der einzelnen Alterklassen des Landes B, $\frac{P_x(B)}{P(B)}$, gewichtet:

$$(8.8) \qquad m_B^{ST}(A) = \sum_x \frac{P_x(B)}{P(B)} \cdot m_x(A)$$

$$= 14 \cdot \frac{6\,000}{20\,000} + 5 \cdot \frac{12\,000}{20\,000} + 41 \cdot \frac{2\,000}{20\,000} = 11{,}3.$$

Hätte das Land A die gleiche Bevölkerungsstruktur wie das Land B, dann ergäbe sich aufgrund der Sterbeintensitäten in den einzelnen Altersklassen in Land A also eine allgemeine Sterbeziffer von 11,3, die damit unter der von Land B liegt.

Analog könnte man auch für das Land B eine standardisierte Sterbeziffer, $m_A^{ST}(B)$, berechnen, die den Wert 15,4 ergäbe. Dies zeigt. daß allein aufgrund der günstigeren Altersstruktur im Land B die allgemeine Sterbeziffer einen geringeren Wert als im Land A aufweist und es voreilig gewesen wäre, daraus sofort auf ungünstigere Lebensbedingungen im Land A zu schließen. Als Maß für die Sterbeintensität eines Landes ist demnach die allgemeine Sterbeziffer kaum geeignet.

8.3 Indexzahlen

Bisher wurde nur eine einzelne Meßziffernreihe betrachtet. Es handelt sich dabei um Werte einer ökonomischen Größe im Zeitablauf, die auf einen festen Basiswert dieser Gruppe bezogen sind. Dabei enthält der Nenner dieser Größe den Bezugszeitpunkt und der Zähler den Berichtszeitpunkt. Man spricht auch von einer einfachen Indexzahl.

Häufig möchte man jedoch die durchschnittliche Veränderung einer Vielzahl von Meßziffernreihen durch eine einzige globale, alle Reihen erfassende Meßziffer beschreiben. Solche Meßziffern bezeichnet man als Indexzahlen oder zum Unterschied zur einfachen auch als zusammengesetzte Indexzahl. Die wichtigsten in der Ökonomie verwendeten Indexzahlen lassen sich untergliedern in:

a) Preisindizes,
b) Umsatzindizes und
c) Mengenindizes.

Man kann etwa die Frage stellen: Um wieviel Prozent sind die Kosten der Lebenshaltung eines Berichtsjahres, verglichen mit einem Basisjahr, durchschnittlich gestiegen? Hier wird jetzt nach der zeitlichen Veränderung einer Reihe von einzelnen Sachverhalten gefragt, da sich die Lebenshaltungskosten zusammensetzen aus einer Vielzahl von mit ihren Preisen bewerteten Einzelprodukten.

Die Lebenshaltungskosten können sich nun aufgrund von Preis- und Mengenänderungen gegenüber dem Basisjahr verändert haben. Man kann sich nun dafür interessieren, welchen Einfluß die Preis- bzw Mengenänderungen auf die Lebenshaltungskosten ausgeübt haben. Dementsprechend kann man Preis- und Mengenindizes berechnen.

Die Berechnung dieser Indexzahlen basiert auf der Methode der **Standardisierung**. Interessiert man sich für den Einfluß Preisentwicklung der Lebenshaltungskosten, so dient als Ausgangspunkt ein bestimmtes Verbrauchsschema, d.h. die Aufstellung eines bestimmten Standardverbrauchs. Man bestimmt dann die Preise dieses Standardverbrauchs zu verschiedenen Zeitpunkten und vergleicht sie miteinander. Diese Standardisierung auf einen fiktiven Standardverbrauch ist notwendig, um einen Index zu erhalten, der nur von Preisänderungen und nicht auch von Änderungen der Verbrauchsgewohnheiten beeinflußt wird.

8.3.1 Preisindizes

Die Konstruktion eines Preisindexes soll anhand eines fiktiven Beispiels gezeigt werden.

Beispiel 8.11: In den Jahren 1980 und 1982 wurden von einem bestimmten Produkt von den Typen A, B und C die folgenden Mengen produziert und zu den angegebenen Preisen abgesetzt:

Produktart	Preise in DM		produzierte Menge in Mio. Stück	
	1980	1982	1980	1982
Typ A	11	13	0,8	1,8
Typ B	11	12	2,5	0,8
Typ C	10	11	1,8	2,0
		Summe	5,1	4,6

Basisperiode 0 : 1980, Berichtsperiode t : 1982

Möchte man nun die Frage beantworten, wie sich die Preise (produzierte Mengen) des Berichtsjahres gegenüber dem Basisjahr geändert haben, so führt diese Fragestellung auf die Angabe eines Preis- (bzw. Mengen-)indexes. Die Konstruktion einer solchen Indexzahl soll für den Preisindex gezeigt werden.
Die Preismeßziffern

$$I_{0,t}(p^i) = \frac{p_t^i}{p_0^i} \cdot 100$$

(der hochgestellte Index i bezeichnet die Produkttype) ergeben sich für die einzelnen Typen zu

$$\text{Typ A:} \quad I_{80,82}(p^A) = \frac{13}{11} \cdot 100 = 118{,}18,$$

Typ B: $I_{80,82}(p^B) = \frac{12}{11} \cdot 100 = 109,09,$

Typ C: $I_{80,82}(p^C) = \frac{11}{10} \cdot 100 = 110,0.$

Der Konstruktion einer einheitlichen Indexzahl für die Preisentwicklung können nun verschiedene Überlegungen zugrunde liegen.

1. Man wählt das gewöhnliche arithmetische Mittel der einzelnen Preismeßziffern:

$$I_{0,t}(p) = \frac{1}{3}\cdot(118,18 + 109,09 + 110,0) = 112,42,$$

   allgemein

$$I_{0,t}(p) = \frac{1}{n}\cdot \sum_{i=1}^{n} I_{0,t}(p^i).$$

   Diese Indexzahl ist allerdings wenig aussagefähig. Bei einer Preissteigerung würde logischerweise auch dieser Index steigen. Um die unterschiedliche mengenmäßige Bedeutung der einzelnen Produkte zu berücksichtigen, sollte eine Gewichtung mit den jeweiligen Mengen erfolgen.

2. Man wählt als Index das Verhältnis der jeweiligen Durchschnittspreise:

   Die Durchschnittspreise ergeben sich für Berichts- und Basisjahr zu

$$1980: \frac{11 \cdot 0,8 + 11 \cdot 2,5 + 10 \cdot 1,8}{5,1} = 10,65,$$

$$1982: \frac{13 \cdot 1,8 + 12 \cdot 0,8 + 11 \cdot 2,0}{4,6} = 11,96.$$

   Daraus ergibt sich für den Index

$$I_{0,t}(p) = \frac{\text{Durchschnittspreis 1982}}{\text{Durchschnittspreis 1980}} = \frac{11,96}{10,65} \cdot 100 = 112,3.$$

   Dieser Index besagt, daß der Durchschnittspreis der tatsächlich produzierten Mengen um 12,3 % gestiegen ist.

   Allgemein lautet dieses Prinzip

$$I_{0,t}(p) = \frac{\sum_{i=1}^{n} p_t^i q_t^i}{\sum_{i=1}^{n} p_0^i q_0^i} \cdot \frac{\sum_{i=1}^{n} q_0^i}{\sum_{i=1}^{n} q_t^i} \cdot 100$$

$$\left(= \frac{\text{Meßziffer der Gesamtumsatzänderung}}{\text{Meßziffer der Gesamtmengenänderung}}\right).$$

   Diese Art der Berechnung ist allerdings nur möglich, wenn alle Mengen in den gleichen Maßeinheiten gemessen werden können, was nicht immer gewährleistet werden kann.

3. Man wählt als Index wieder das Verhältnis der Durchschnittspreise, wobei man als **Bezugsmasse** die (konstante) Menge der **Basisperiode** wählt.

Allgemein lautet dieses Prinzip

(8.9) $$I^L_{0,t}(p) = \frac{\sum_{i=1}^{n} p^i_t q^i_0}{\sum_{i=1}^{n} p^i_0 q^i_0} \cdot 100.$$

Diesen Index bezeichnet man als **Preisindex nach Laspeyres**. Man erhält

$$I^L_{0,t}(p) = \frac{13 \cdot 0{,}8 + 12 \cdot 2{,}5 + 11 \cdot 1{,}8}{11 \cdot 0{,}8 + 11 \cdot 2{,}5 + 10 \cdot 1{,}8} \cdot 100$$

$$= \frac{60{,}2}{54{,}3} \cdot 100 = 110{,}86.$$

Diese Maßzahl erweist sich tatsächlich als ein echter Mittelwert der einzelnen Preismeßziffern.

4. Man bildet den Index als ein gewogenes arithmetisches Mittel aus den einzelnen Preismeßziffern.

Allgemein lautet dieses Prinzip

(8.10) $$I^L_{0,t}(p) = \sum_{i=1}^{n} \beta_i I_{0,t}(p^i), \quad \text{mit} \sum_{i=1}^{n} \beta_i = 1.$$

Wählt man nun die Gewichtsfaktoren β_i gleich den Umsatzanteilen der Basisperiode 0, d.h.

(8.11) $$\beta_i = \frac{p^i_0 q^i_0}{\sum_{i=1}^{n} p^i_0 q^i_0},$$

dann ergibt sich

$$I^L_{0,t}(p) = \sum_{i=1}^{n} \beta_i \cdot I_{0,t}(p^i) = \frac{\sum_{i=1}^{n} p^i_0 q^i_0 \cdot I_{0,t}(p^i)}{\sum_{i=1}^{n} p^i_0 q^i_0}$$

$$= \frac{\sum_{i=1}^{n} p^i_0 q^i_0 \cdot \frac{p^i_t}{p^i_0} \cdot 100}{\sum_{i=1}^{n} p^i_0 q^i_0} = \frac{\sum_{i=1}^{n} p^i_t q^i_0}{\sum_{i=1}^{n} p^i_0 q^i_0} \cdot 100.$$

Man erhält auf diese Weise das gleiche Ergebnis wie unter Punkt 3. Allerdings erlaubt diese Herleitung eine interessante Interpretation. Betrachtet man die Produktionsmengen der Basisperiode als Warenkorb $(q_0^1, q_0^2, \ldots, q_0^n)$, dann wird der Wert dieses Warenkorbes einmal für die Preise der Basisperiode p_0^i und einmal für die Preise der Berichtsperiode p_t^i ermittelt.

Diese Berechnungsweise hat den Vorteil, daß man unter Konstanthaltung des Wägungsschemas mit Hilfe der Preismeßziffern relativ einfach für jede Periode den Preisindex berechnen kann.

Es werden jetzt beliebig große Warenkörbe mit ihren zugehörigen Preisen betrachtet

$$\begin{array}{ll} \text{Warenkorb} & (q_t^1, q_t^2, \ldots, q_t^n), \\ \text{Preise} & (p_t^1, p_t^2, \ldots, p_t^n). \end{array}$$

Man kann diese Warenkörbe auf verschiedene Weise zur Konstruktion von Preisindizes verwenden.

1. Der Preisindex von **Laspeyres**

$$I_{0,t}^L(p) = \frac{\sum_{i=1}^n p_t^i q_0^i}{\sum_{i=1}^n p_0^i q_0^i} \cdot 100 . \tag{8.9}$$

Dies bedeutet, daß der Warenkorb einmal für die Basisperiode 0 bestimmt und im weiteren zeitlichen Verlauf konstant gehalten wird. Damit werden Substitutionen von Gütern, die im zeitlichen Verlauf vorgenommen werden, durch diesen Index nicht berücksichtigt.

2. Der Preisindex von **Paasche**

$$I_{0,t}^P(p) = \frac{\sum_{i=1}^n p_t^i q_t^i}{\sum_{i=1}^n p_0^i q_t^i} \cdot 100 . \tag{8.12}$$

Bei diesem Preisindex wird der Warenkorb für die jeweilige Berichtsperiode t bestimmt und sein Preis ins Verhältnis gesetzt zum Preis dieses Warenkorbes in der Basisperiode 0. Der Warenkorb, der zur Berechnung dieses Preisindex herangezogen wird, ändert sich somit im zeitlichen Verlauf.

Fortsetzung des Beispiels 8.11:

$$I^P_{0,t}(p) = \frac{13 \cdot 1{,}8 + 12 \cdot 0{,}8 + 11 \cdot 2{,}0}{11 \cdot 1{,}8 + 11 \cdot 0{,}8 + 10 \cdot 2{,}0} \cdot 100$$

$$= \frac{55}{48{,}6} \cdot 100 = 113{,}2.$$

Aufgrund von Preissteigerungen hätte sich der Umsatz der drei Typen 1982 um 13,2 % gegenüber 1980 erhöht, wenn die Absatzmengen von 1982 auch 1980 vorgelegen hätten.

Der Preisindex nach Paasche läßt sich auch – wie der Preisindex nach Laspeyres – als ein gewogenes arithmetisches Mittel der einzelnen Preismeßziffern darstellen, in der Form

(8.13)
$$I^P_{0,t}(p) = \frac{1}{\sum_{i=1}^{n} \beta_i' \cdot \frac{1}{I_{0,t}(p^i)}},$$

mit

(8.14)
$$\beta_i' = \frac{p_t^i q_t^i}{\sum_{i=1}^{n} p_t^i q_t^i}.$$

Einige Beispiele für Preisindizes sind

- **Preisindex für die Lebenshaltung,**
- **Preisindex für die Einzelhandelspreise,**
- **Preisindex für die Import- und Exportpreise,**
- **Lohnindex, der als Preisindex der Arbeit interpretiert werden kann.**

Die <u>Indexformeln nach Laspeyres</u> können in der Praxis leicht berechnet werden, da die Gewichte nur einmal für die Basisperiode bestimmt werden müssen, denn sie sind für jede Berichtsperiode gleich.

Der wichtigste Vorteil von Indexzahlen nach Laspeyres liegt in der direkten Vergleichbarkeit der Zahlen einer Indexreihe, die nach diesem Schema berechnet wurden.

Dieser Vorteil ist jedoch gleichzeitig auch ein Nachteil. Bei der Verwendung dieser konstanten Gewichte wird angenommen, daß sich nur ein Faktor (etwa der Preis) ändert, der andere (die Verbrauchsmengen) jedoch konstant bleibt. Diese Annahme ist allerdings höchst unrealistisch.

Wenn Basisjahr und Berichtsjahr weit auseinanderliegen, muß angenommen werden, daß der Laspeyres-Index unexakt ist, da die konstanten Gewichte der Basisperiode weder den Preiswandel noch die Mengenänderung exakt erfassen. Meist zeigt der Laspeyres-Index bei wirtschaftlichen Zeitreihen die Entwicklung überhöht an.

Der Grund dafür liegt in der Preis-Mengen Elastizität. Bei Preiserhöhungen wandern die Käuferschichten von Produkten, die preiselastisch sind, ab, und diese Güter werden durch Produkte substituiert, deren Preise konstant geblieben oder weniger stark angestiegen sind. Eine solche Entwicklung kann jedoch der Laspeyres-Index nicht erfassen, da bei ihm die Gewichtungsfaktoren konstant sind.

Die Indexformeln nach Paasche haben den Vorteil, daß sie die Realität, d.h. die Situation zum gegenwärtigen Zeitpunkt, besser widerspiegeln.

Ihrer Anwendung stehen jedoch große praktische Schwierigkeiten entgegen. Es müssen nämlich sowohl der Preis als auch die Menge in der Berichtsperiode bestimmt werden. Dies hat den Nachteil, daß der Arbeitsaufwand und somit auch die Kosten bei der Ermittlung wesentlich höher liegen als beim Laspeyres-Index. Ein weiterer Nachteil des Paasche-Indexes liegt darin, daß kein direkter Vergleich aller Indexwerte einer zeitlichen Entwicklung mehr möglich ist.

Durch die im Zeitablauf notwendige Aktualisierung der Warenkörbe wird es notwendig, Reihen von Indexzahlen, bezogen auf verschiedene Basisperioden, miteinander zu verketten. Der Vorgang der Verkettung von einfachen Indexzahlen wurde im Abschnitt 8.1.6 behandelt. Man kann diesen Vorgang der Verkettung auf zusammengesetzte Indexzahlen, etwa den Laspeyres-Preisindex, anwenden

$$I^L_{0,t}(p) = I^L_{0,t_1}(p) \cdot I^L_{t_1,t}(p) \;/\; 100.$$

Die Erfüllung dieser Bedingungen wurde von I. Fisher [The Making of Index Numbers, 1. Auflage 1922, 3. Auflage 1927, Boston/New-York] als Rundprobe ('circular test') bezeichnet und lautet in seiner allgemeinen Form

$$I^L_{0,t}(p) = I^L_{0,1}(p) \cdot I^L_{1,2}(p) \cdot \;.\;.\;.\;.\;.\; \cdot I^L_{t-1,t}(p).$$

Man kann nun allgemein zeigen, daß weder die Indexzahlen nach Laspeyres noch die nach Paasche dieser Rundprobe genügen. Dies bedeutet streng genommen, daß weder Laspeyres- noch Paasche-Indizes verkettet werden dürften. In der Praxis wird jedoch gegen diese theoretische Erkenntnis verstoßen, d.h. man verkettet solche Indexreihen, da die erhaltenen Ergebnisse eine für die meisten Anwendungen ausreichende Genauigkeit besitzen. I. Fisher hat versucht, die denkbaren Indexformeln durch eine Reihe von Forderungen, die von dem Index erfüllt werden müssen, auf einige wenige Indizes zu reduzieren. Er definierte einen sog. Idealindex als geometrisches Mittel aus den Indexzahlen von Paasche und Laspeyres. Doch auch dieser erfüllte nicht alle aufgestellten Forderungen gleichzeitig. Er erfüllte die Bedingungen der sog. Faktorumkehrprobe und der sog. Zeitumkehrprobe, jedoch nicht die Rundprobe. Ein Index, der der sog. Rundprobe genügt, ist die Indexformel nach Lowe. Für einen Preisindex ist diese in der Form

$$I_{0,t}^{Lowe}(p) = \frac{\sum_{i=1}^{n} p_t \bar{q}}{\sum_{i=1}^{n} p_0 \bar{q}}$$

definiert, wobei etwa für die Wahl der Mengen $\bar{q}$ das arithmetische Mittel aus allen Perioden zwischen Berichts- und Basisperiode gewählt wird, d.h.

$$\bar{q} = \frac{1}{t+1} (q_0 + q_1 + \ldots + q_t).$$

Eine Übersicht über verschiedene ökonomische Indexformeln und ihre formalen theoretischen Eigenschaften findet sich bei W. Eichhorn, R. Henn, O. Opitz, R.W. Shepard (Hrsg.): 'Theory and Applications of Economic Indices', Würzburg 1978.

8.3.2 Preisindizes für die Lebenshaltung

Dieser Preisindex soll die Auswirkungen von Preisänderungen auf die Kosten der Lebenshaltung bestimmter Verbrauchergruppen messen. Diese Indexzahl bezieht sich auf einen bestimmten Warenkorb, der die Verbrauchsgewohnheiten von gewissen Bevölkerungsgruppen eines Landes repräsentieren soll. Der Inhalt des Warenkorbes wird mit Hilfe von Wirtschaftlichkeitsrechnungen für eine Stichprobe aus den Haushalten der betreffenden Bevölkerungsgruppe bestimmt. Aus den detaillierten Aufschreibungen dieser Haushalte lassen sich für die Berichtsperiode die durchschnittlichen Ausgaben für die einzelnen Produkte und für den gesamten Warenkorb berechnen. Daraus werden dann die Gewichtungsfaktoren für die einzelnen Produkte des Warenkorbes bestimmt. Diese Gewichtungsfaktoren werden normalerweise während eines Zeitraums von 5 bis 10 Jahren konstant gehalten, um sie dann den gewandelten Verbrauchsgewohnheiten anzupassen. Der sich ergebende Warenkorb wird in Bedarfsgruppen untergliedert und man berechnet Preisindizes auch für die einzelnen Bedarfsgruppen. Als Bedarfsgruppe kommen etwa in Frage: Ernährung, Getränke und Tabakwaren, Wohnung, Heizung und Beleuchtung, Hausrat, Bekleidung, Reinigung und Körperpflege, Bildung und Unterhaltung, Verkehr.

Vom Statistischen Bundesamt werden mehrere Preisindizes für die Lebenshaltung nach Laspeyres bestimmt, die sich bezüglich des verwendeten Warenkorbes unterscheiden. Es sind dies:

1. Ein Preisindex für die Lebenshaltung aller Haushalte, bei dem die Ausgabenanteile für die einzelnen Produkte des Warenkorbes anhand einer Stichprobe repräsentativ für alle Haushalte ermittelt werden,
2. ein Preisindex für einen 4-Personen-Haushalt von Angestellten und Beamten mit höherem Einkommen,
3. ein Preisindex für einen 4-Personen-Haushalt von Arbeitnehmern mit mittlerem Einkommen,
4. ein Preisindex für einen 2-Personen-Haushalt von Renten- und Sozialhilfeempfängern mit geringem Einkommen,
5. ein Preisindex für die einfache Lebenshaltung eines Kindes.

Tabellarische Übersicht der Preisindizes für die Lebenshaltung auf der Basis 1980:

	Mitglieder	Zusammensetzung	Verbrauchsangaben je Monat und Haushalt im Basisjahr 1980
1. Alle privaten Haushalte	2,4		2 665 (1976: 2 326 1970: 1 294 1962: 740)
2. Haushalte von Angestellten und Beamten mit höherem Einkommen (städtische Haushalte)	4	2 Erwachsene 2 Kinder	4 148 (1976: 3 298 1970: 1 996 1962: 1 528)
3. Arbeitnehmerhaushalte*) mit mittlerem Einkommen (städtische Haushalte, Haushaltsvorstand Alleinverdiener)	4	2 Erwachsene 2 Kinder	2 575 (1976: 2 053 1970: 1 157 1962: 742)
4. Haushalte von Renten- und Sozialhilfeempfängern	2	2 ältere Erwachsene	1 192 (1976: 889 1970: 532 1962: 310)

*) durchgehende Reihen seit 1918/19

Quelle: Statistisches Bundesamt, Fachserie 17, Reihe 7, Preise und Preisindizes für die Lebenshaltung, 1980

Bei der Berechnung der Preisindizes ergeben sich einige Schwierigkeiten. So ist der Preis für eine bestimmte Ware oder Dienstleistung keine feste Größe. Um der örtlichen Differenzierung Rechnung zu tragen, werden in Orten verschiedener Gemeindegrößenklassen Preise erhoben unter weitgehender Berücksichtigung der effektiven Verteilung der Bevölkerung auf die einzelnen Ortsgrößen. Auch die Qualität der Produkte muß eindeutig festgelegt sein. Hier ergibt sich eine weitere Schwierigkeit, die besonders bei technischen Produkten auftritt, nämlich das Problem der Erfassung von Qualitätsänderungen, die teilweise in steigenden Preisen zum Ausdruck kommen. Wenn ein Produkt gleichzeitig in zwei verschiedenen Qualitäten auf dem Markt gehandelt wird, versucht man, durch eine Verkettung der Preismeßzahlen den Qualitätsunterschied auszuschalten.

Beispiel 8.12:

Im Jahre 1965 waren statt der heute üblichen Drehstromlichtmaschinen für Kraftfahrzeuge nur Gleichstromlichtmaschinen auf dem Markt, die jedoch 1976 fast völlig vom Markt verschwunden waren. Zur Ausschaltung der Qualitätsänderung kann man die Preise einer Periode (hier: Dezember 1975), in der beide Aggregate marktgängig waren, als Nutzenunterschiede für den Verbraucher interpretieren und wie folgt verketten:

	Gleichstromlichtmaschine	Drehstromlichtmaschine
1965	76,90 DM = 100,0	
Dez. 1975	98,50 DM = 128,1	134,60 DM = 128,1
Jan. 1976		142,10 DM = 135,2

Im Verkettungszeitpunkt werden beide Preismeßzahlen gleichgesetzt. Ab Jan. 1976 wird nur noch der Preis der Drehstromlichtmaschine berücksichtigt. Dabei wird zusätzlich unterstellt, daß die Preisentwicklung des neuen Modells approximativ mit derjenigen übereinstimmt, die sich ohne Modellwechsel für dieses Gut ergeben hätte.

Zusammensetzung des Warenkorbes für den Preisindex der Lebenshaltung aller privater Haushalte:

	Anteile der Hauptgruppen an den Warenkörben			
	1962	1970	1976	1980
Nahrungs- und Genußmittel	39,85	33,33	26,67	24,93
Kleidung, Schuhe	11,96	10,08	8,64	8,19
Wohnungsmiete	10,99	12,62	13,33	14,82
Elektrizität, Gas, Brennstoff	4,14	4,59	4,91	6,51
übrige Waren und Dienstleistungen für die Haushaltsführung	11,71	11,36	10.01	9,36
Verkehrszwecke und Nachrichtenübermittlung	7,75	10,54	14,71	14,26
Körper- und Gesundheitspflege	3,43	4,04	4,26	4,05
Bildung- und Unterhaltungszwecke, Freizeit	6,43	6,07	7,87	8,47
sonstige Waren und Dienstleistungen für die persönliche Ausstattung	3,75	7,38	9,60	9,40
Summe	100,01	100,01	100,00	99.99

Quelle: Statistisches Jahrbuch für die BRD 1970 (S. 430), 1976 (S. 457-458), 1981 (S. 505-507).

Umfang des Warenkorbes für alle privaten Haushalte:

1898: 16 Nahrungsmittel,
1934: 116 Positionen,
1962: 879 Positionen,
1970: 899 Waren und Dienstleistungen,
1976: 778 Waren und Dienstleistungen,
1980: 800 Waren und Dienstleistungen.

Neufestsetzung der Warenkörbe nach Kriegsende:

1950, 1958, 1962, 1970, 1976, 1980.

1950 keine	Fernseher, Autos, Plastikartikel,
dafür:	Kernseife, Kaffee-Ersatz, Brennholz.
1958 neu:	Suppenhühner, Schallplatten, elektr. Haushaltsgeräte.
1970 neu:	Farbfernseher, Stereoanlagen, Geschirrspülmaschinen.
1976 neu:	Quarzuhren, Taschenrechner, Herrenlederjacken, Pizza-Fertiggerichte.
1980 neu:	Uhren-Radio, Video-Recorder, Video-Band, Sofortbild-Kamera, Telekassette.

Der zugrundeliegende Warenkorb wird über einen längeren Zeitraum konstant gehalten, also auch innerhalb eines Jahres. In der Praxis weisen jedoch die tatsächlich gekauften Mengen beträchtliche Saisonschwankungen auf. Im Sommer wird viel mehr Gemüse und Obst gekauft als im Winter, dafür verbraucht man im Winter mehr Kohle, Gas und Strom. Gewisse Saisonschwankungen in den gekauften Mengen werden auch durch saisonale Preisschwankungen induziert. Wenn man in einem solchen Fall die Menge konstant hält, ergibt sich für den Preisindex eine Saisonschwankung, die keine reale Bedeutung besitzt.

Beispiel 8.13:

Ein Institut für Wirtschaftsforschung berechnete bis 1960 einen Preisindex für die Lebenshaltung, indem der Gemüseverbrauch durch eine das ganze Jahr hindurch konstant gehaltene Menge von Rotkraut repräsentiert wurde. Das Ergebnis war eine Saisonschwankung des Indexes mit einer Amplitude von 6 %. Da die durchschnittliche jährliche Steigerung des Indexes zu jener Zeit etwa 3 bis 4 % betrug, wurde die Entwicklung von dieser Saisonschwankung überdeckt. Es müssen daher besondere Maßnahmen getroffen werden, um Saisonschwankungen zu eliminieren. Man unterscheidet:

a) Maßnahmen bezüglich des Gewichtungsschemas:

Alle Waren mit saisonabhängigen Preisen werden vernachlässigt,
oder
man gibt den Waren mit saisonabhängigen Preisen einen variablen Gewichtungsfaktor.

b) Maßnahmen bezüglich der Preise:

Man bereinigt die Preisreihen von den Saisonschwankungen,
oder
man schreibt die jährlichen Durchschnittspreise der Waren mit Hilfe von Preisen ähnlicher, nicht saisonabhängiger Waren fort.

Beispiel 8.14:

Übergang der Preise für Kartoffeln von der alten Ernte auf Kartoffeln der neuen Ernte:

	April	Mai	Juni
1970:	96 : 4,	80 : 20,	50 : 50.
1976:	80 : 20,	50 : 50.	

8.3.3 Weitere Preisindizes

Neben dem Preisindex für die Lebenshaltung werden noch andere Preisindizes von den Statistischen Ämtern berechnet. So etwa Indizes für die Erzeugerpreise landwirtschaftlicher und industrieller Produkte, für die Preise im Wohnungsbau und für die Großhandelspreise.

Der **Preisindex für den Einzelhandel** soll die Entwicklung der Preise im Einzelhandel wiedergeben. Dabei ist zu beachten, daß dieser Index nicht identisch ist mit dem Preisindex der Lebenshaltung. Zum einen werden im Einzelhandel zahlreiche Güter abgesetzt, die nicht im Warenkorb des Lebenshaltungsindexes enthalten sind, zum anderen sind im Einzelhandelsindex auch Verkäufe enthalten, die nicht an private Haushalte erfolgen. Schließlich umfaßt der Lebenshaltungsindex zahlreiche Waren und vor allem Dienstleistungen, die nicht über den Einzelhandel bezogen werden. Bei der Berechnung des Indexes werden die vom Einzelhandel abgesetzten Mengen als Gewichtungsfaktoren verwendet, dabei werden gewisse schwer erfaßbare Bereiche (wie etwa der Kunsthandel) nicht berücksichtigt.

Bei der Berechnung von **Indizes für die Großhandelspreise** wurden als Gewichtungsfaktoren lange Zeit die vom Großhandel in einem bestimmten Basisjahr umgesetzten Mengen gewählt. Gegen eine derartige Berechnung des Indexes sind jedoch Bedenken vorgebracht worden, da hierbei der Index von Umständen beeinflußt wird, die mit dem Niveau der Großhandelspreise nichts zu tun haben. Beispielsweise würde eine Preissteigerung bei Wolle den Index der Großhandelspreise gleichzeitig auf mehreren Stufen beeinflussen. Sie würde bei den Preisen der Wolle, des Garns, des Gewebes und der fertigen Kleidung berücksichtigt werden. Auch ist die Größe des Gewichtungsfaktors, mit dem der Preis des Garnes im Index berücksichtigt wird, von mehr oder weniger zufälligen Bedingungen abhängig, etwa davon, wie oft Spinnereien und Webereien in einem Unternehmen vereinigt sind.

Man ist daher dazu übergegangen, einen allgemeinen Großhandelspreisindex mit einem solch unklaren Aussagegehalt nicht mehr zu berechnen, sondern statt dessen sog. Sektorindizes zu bestimmen. Solche Sektoren können die Textilindustrie, die Landwirtschaft, die Industrie allgemein oder Teilbereiche davon sein. Man kann für jeden Sektor einen Index für die Einsatzpreise und einen für die Ausstoßpreise berechnen. Der Gewichtungsfaktor der Einsatzpreise sind jene Mengen, die innerhalb der Basisperiode von diesem Sektor gekauft wurden, und der Gewichtungsfaktor der Ausstoßpreise die Mengen, die innerhalb der Basisperiode von diesem Sektor verkauft wurden. Der Index der Ausstoßpreise für den Sektor der Textilindustrie enthält daher Garne nur insoweit, als sie an andere Sektoren verkauft werden, nicht jedoch wenn sie innerhalb des Sektors der Textilindustrie weiterverarbeitet werden.

Der Index der Brutto-Arbeitsverdienste der Industriearbeiter ist ebenfalls ein Preisindex, da der Lohn das Entgelt für geleistete Arbeit darstellt. Dabei ergeben sich verschiedene Indexreihen, je nachdem, ob man Bruttostunden- oder Bruttowochenverdienste betrachtet. Als Gewichtungsschema bei dem Index der Wochenlöhne dient dabei eine Standardstruktur, die entsprechend der Zahl der Arbeiter in den einzelnen Berufsgruppen aufgestellt wurde. Bezieht sich der Index auf die Stundenlöhne, dann wird eine sog. Zahl der Arbeiterstunden (= Summe der Arbeiterstunden aller Arbeiter der betreffenden Berufsgruppe innerhalb eines bestimmten Zeitraumes) als Gewichtungsfaktor gewählt.

Neben Lohnindizes mit starrem Gewichtungsschema werden auch sog. Lohnsummenindizes berechnet und für verschiedene Zeitpunkte miteinander verglichen. Sie dienen als Indikatoren für Änderungen des Masseneinkommens. Allerdings geben diese Indizes keinen Aufschluß über eine Änderung des Lohnniveaus, da sie ja nicht nur von einer Änderung der Löhne, sondern auch von einer Umschichtung in der Struktur der Arbeiterschaft beeinflußt werden.

Man kann **Preisindizes zur Berechnung von Kaufkraftparitäten** verwenden. Angenommen, ein Bürger der BRD habe festgestellt, daß er mit einem Betrag von 1 800 DM den Lebensunterhalt für sich und seine Familie einen Monat lang bestreiten kann. Es wäre nun falsch, zu glauben, er könne unter Beibehaltung seiner bisherigen Lebensführung mit 1 532 sfr (oder 6 207 dkr) einen Monat lang in der Schweiz (oder in Dänemark) leben. Die Valutaparität (100 sfr = 117,50 DM oder 100 dkr = 29 DM) ist nämlich kein echter Maßstab für die tatsächliche Kaufkraftparität. Um diese zu ermitteln, geht man von einem bestimmten Standardverbrauch aus, in der Regel wird der Warenkorb des Lebenshaltungsindexes gewählt. Man ermittelt dann, wieviel die Füllung desselben Warenkorbes im Land A und im Vergleichsland B kostet. Bildet man den Quotienten aus den Aufwendungen A/B, dann erhält man eine Kaufkraftparität, die angibt, wie viele Währungseinheiten im Land A einer Währungseinheit im Land B entsprechen.

Beispiel für Kaufkraftvergleiche:

A: Angenommen, ein deutscher Standardwarenkorb kostet

$$\text{in den USA} \quad \Sigma p_{US} q_D = 720 \text{ \$},$$
$$\text{in der BRD} \quad \Sigma p_D\, q_D = 1\,800 \text{ DM}.$$

Die Kaufkraftparität ergibt sich als Quotient

$$VG(=\text{Verbrauchergeldparität})_{D,US} = \frac{720}{1\,800} = 0{,}40,$$

d.h.

1 DM entspricht 0,40 \$, und
1 \$ entspricht 2,50 DM.

B: Angenommen, ein amerikanischer Standardwarenkorb kostet

$$\text{in der BRD} \quad \Sigma p_D\, q_{US} = 2\,065 \text{ DM},$$
$$\text{in den USA} \quad \Sigma p_{US} q_{US} = 620 \text{ \$}.$$

Man erhält dann

$$VG\ (= \text{Verbrauchergeldparität})_{US,D} = \frac{2\,065}{620} = 3{,}33,$$

d.h.

1 \$ entspricht 3,33 DM,
1 DM entspricht 0,30 \$.

Will man aus beiden Größen den Mittelwert bilden, so muß man das geometrische Mittel wählen. Man erhält

$$1\ \$ \mathrel{\hat{=}} 2{,}89\ \text{DM};\ 1\ \text{DM} \mathrel{\hat{=}} 0{,}35\ \$.$$

Ebenfalls kann man einen Index der Reallöhne berechnen, indem man einen Lohnindex durch einen Index der Verbraucherpreise (bei einem internationalen Vergleich durch die entsprechende Kaufkraftparität) dividiert. Dies läßt sich wie folgt zeigen:

Es sei L_t der Durchschnittslohn zum Zeitpunkt t und Q_t der Wert des festen Warenkorbes zum Zeitpunkt t. Dann ist L_t/L_0 der Lohnindex und Q_t/Q_0 der Preisindex bezogen auf den Basiszeitpunkt 0. Unter der vereinfachenden Annahme, daß $L_0 = Q_0$ ist, d.h. zum Basiszeitpunkt entspreche der Wert des Warenkorbes genau dem Durchschnittslohn, erhält man für den Reallohnindex

$$\frac{L_t}{L_0} : \frac{Q_t}{Q_0} = \frac{L_t}{Q_t} .$$

Dieser gibt an, wie oft man zum Zeitpunkt t mit dem Durchschnittslohn L den Warenkorb kaufen kann, den man zum Zeitpunkt 0 genau einmal kaufen konnte.

8.3.4 Deflationierung mit Hilfe von Preisindizes

Eine Anwendung finden Preisindizes bei der Deflationierung von nominalen Wertgrößen. Dabei möchte man tatsächliche Wertgrößen, die durch Preis- und Mengenänderungen beeinflußt sind, von den Preisänderungen bereinigen, indem man die Preise künstlich konstant hält. Man möchte die Preismeßziffer eines Beobachtungszeitraumest t, nämlich $\sum_{i=1}^{n} p_t^i q_t^i$, für die Mengen $(q_t^1, q_t^2, \ldots, q_t^n)$ in eine fiktive Größe $\sum_{i=1}^{n} p_0^i q_t^i$ umrechnen, wobei die Mengen der Beobachtungsperiode t mit den Preisen der Basisperiode 0 bewertet sind.

Die entstandene preisbereinigte Größe $\sum_{i=1}^{n} p_0^i q_t^i$ soll dann mit der tatsächlichen Größe $\sum_{i=1}^{n} p_0^i q_0^i$ der Basisperiode 0 verglichen werden.

Man spricht vom <u>realen Verbrauch der Beobachtungsperiode t</u>, wenn man den mengenmäßigen Verbrauch der Periode t mit den konstant gehaltenen Preisen der Basisperiode 0 bewertet.

Man erhält die gewünschten realen Größen, indem man durch den Preisindex von Paasche dividiert

$$(8.15) \quad \sum_{i=1}^{n} p_t^i q_t^i : I_{0,t}^P(p) = \sum_{i=1}^{n} p_t^i q_t^i \cdot \frac{\sum_{i=1}^{n} p_0^i q_t^i}{\sum_{i=1}^{n} p_t^i q_t^i} = \sum_{i=1}^{n} p_0^i q_t^i .$$

Die preisbereinigte Größe $\Sigma p_0^i q_t^i$ gibt an, wie groß die Ausgaben in der Beobachtungsperiode 0 tatsächlich gewesen wären, wenn sich zwischen Beobachtungs- und Basisperiode nur die Mengen, nicht aber die Preise geändert hätten.

Fortsetzung des Beispiels 8.11:

Von zwei weiteren Produkttypen D und E sei lediglich der Gesamtumsatz in den Jahren 1980 (90 Mill. DM) und 1982 (100 Mill. DM) bekannt. Man möchte aber wissen, wie groß die Umsatzänderungen zwischen 1980 und 1982 ohne Preissteigerungen gewesen wären. Zu diesem Zweck benötigt man den Umsatz von 1982 zu konstanten Preisen, d.h. zu Preisen von 1980. Sind diese, was hier unterstellt werden soll, für beide Produkttypen nicht bekannt, dann läßt sich der Umsatz von 1982 mit Hilfe des für die anderen drei Produkttypen bekannten Wertes berechnen

$$I_{80,82}^P(p) = \frac{\sum_{i=A,B,C} p_{82}^i q_{82}^i}{\sum_{i=A,B,C} p_{80}^i q_{82}^i} \cdot 100 = \frac{23,4 + 9,6 + 22,0}{19,8 + 8,8 + 20,0} \cdot 100$$

$$= \frac{55}{48,6} \cdot 100 = 113,2 ,$$

$$\sum_{i=D,E} p_{82}^i q_{82}^i = 100 \text{ Mill. DM.}$$

$$\left[\sum_{i=D,E} p_{82}^i q_{82}^i : I_{80,82}^P(p)\right] \cdot 100 = [100 : 113,2] \cdot 100 = 88,34.$$

Unter der Annahme, daß die beiden Produkttypen eine Preisentwicklung aufweisen, die dem berechneten Paasche-Preisindex entspricht, hätte sich der reale Umsatz von 1980 bis 1982 von 90 Mill. DM auf 88,34 Mill. DM, also um 1,66 Mill. DM verringert.

Um eine Deflationierung vornehmen zu können, benötigt man also einen Paasche-Preisindex. Für die Verbrauchspreise wird von der amtlichen Statistik der BRD allerdings nur ein Laspeyres-Preisindex ausgewiesen. Man kann daher den realen Verbrauch nur approximativ durch Division mit dem Laspeyres-Preisindex bestimmen.

8.4 Mengen- und Volumenindizes

Wenn die Frage beantwortet werden soll, um wieviel Prozent die Ausfuhr der BRD in einem Berichtsjahr t gegenüber einem Basisjahr 0 gestiegen ist, dann soll die Antwort durch einen Mengenindex für den Export gegeben werden. Wie soll ein solcher Index konstruiert werden? Aus den Zollbegleitpapieren kann man für jede Warenart (Zollposition) die Werte q_0 und q_t für die Mengen sowie p_0 und p_t für die Erlöse je Mengeneinheit im Basis- und Berichtsjahr ermitteln. Diese Werte kann man nun zur Konstruktion von Meßziffern und sodann von Indexzahlen verwenden.

8.4.1 Einfacher Index der Outputmengen

Man könnte die Meßziffer

$$I_{0,t}(q) = \frac{\sum_i q_t^i}{\sum_i q_0^i} \cdot 100$$

als Index verwenden. Diese Größe wird als Outputindex bezeichnet. Sie kann nur dann berechnet werden, wenn alle Produkte in den gleichen Mengeneinheiten gemessen werden können. Es hat aber wenig Sinn, Lokomotiven, Arzneimittel, optische Geräte, Kohle und andere Wirtschaftsgüter zu addieren. Außerdem berücksichtigt dieser Index nicht die unterschiedlichen Preise der Güter und damit ihre starke unterschiedliche wirtschaftliche Bedeutung.

8.4.2 Einfacher Index der Umsätze

Berücksichtigt man die jeweils erzielten Preise, so kann man den Umsatzindex

$$I_{0,t}(pq) = \frac{\sum_i p_t^i q_t^i}{\sum_i p_0^i q_0^i} \cdot 100 \tag{8.16}$$

bilden. Dieser berücksichtigt nicht die mengenmäßige, sondern die wertmäßige Entwicklung des Outputs, die sich sowohl aus der Mengen- als auch aus der Preisänderung zusammensetzt. Eine Steigerung des Umsatzindexes braucht daher keine echte Produktionssteigerung anzuzeigen, sie kann allein durch Preisänderungen hervorgerufen sein.

8.4.3 Volumenindizes

Sowohl der Output- als auch der Umsatzindex machen entgegengesetzte Fehler, wenn man sie als Maßzahl für eine Mengenänderung betrachtet. Der Outputindex ermöglicht keine Zusammenfassung von Mengeneinheiten unterschiedlicher Dimensionen. Daher wird eine Bewertung der Mengen erforderlich. Der Umsatzindex nimmt zwar eine solche Bewertung vor, berücksichtigt aber auch Preisänderungen. Man wird daher versuchen, eine Indexkonstruktion mit konstanten Preisen vorzunehmen.

a) Volumenindex nach Laspeyres

Bei diesem verwendet man als Gewichtungsfaktoren die Preise der Basisperiode

$$I^{L}_{0,t}(q) = \frac{\sum_i p^i_0 q^i_t}{\sum_i p^i_0 q^i_0} \cdot 100 \,. \tag{8.17}$$

b) Volumenindex nach Paasche

Bei diesem verwendet man als Gewichtungsfaktoren die Preise der Berichtsperiode

$$I^{P}_{0,t}(q) = \frac{\sum_i p^i_t q^i_t}{\sum_i p^i_t q^i_0} \cdot 100 \,. \tag{8.18}$$

Beide Volumenindizes messen mengenmäßige Änderungen von Warenkörben zu konstanten Preisen. Ihre Benennung ist in der Literatur nicht einheitlich. Um sie gegen die Umsatzindizes abzugrenzen, sollte man sie als Volumenindizes bezeichnen. Man findet allerdings in der Literatur auch die Bezeichnung Mengenindizes.

Man kann festhalten: Volumenindizes besitzen im Zähler und Nenner unterschiedliche q-Werte, dagegen als Gewichtungsfaktoren gleiche p-Werte. Preisindizes dagegen besitzen im Zähler und Nenner verschiedene p-Werte, die mit gleichen q-Werten gewichtet werden.

8.4.4 Produktionsindizes des Produzierenden Gewerbes

Zu den wichtigsten Indikatoren der kurzfristigen Konjunkturbeobachtung gehören die Indizes des Produzierenden Gewerbes. Sie werden je nach Zielsetzung auf verschiedene Weise berechnet. Die Aufgabe der Nettoproduktionsindizes ist es, die von Preisänderungen nicht beeinflußte Beschreibung der monatlichen Entwicklung der Eigenleistungsgrößen (Nettoproduktion) des Basisjahres zu messen.

Die statistischen Einheiten sind die Unternehmen und Betriebe, für die, institutionell nach Wirtschaftszweigen geordnet, ein gewogener **Produktionsindex für Unternehmen** berechnet wird. Konzeptionell sind die Produktionsindizes Volumenindizes nach Laspeyres. Man unterscheidet aufgrund der verschiedenen Gewichtungsmöglichkeiten Brutto- und Nettoproduktionsindizes. Mit den Bruttoproduktionsindizes kann die Entwicklung ausgewählter Gütergruppen (Endprodukte) beschrieben werden. Nettoproduktionsindizes haben gegenüber den Bruttoproduktionsindizes den Vorteil, Doppelzählungen von Produktionsleistungen auf den verschiedenen Verarbeitungsstufen auszuschließen. Aus diesem Grund haben Nettoproduktionsindizes die weitaus größere Bedeutung in der Beurteilung des Produzierenden Gewerbes.

8.4.4.1 Die Nettoproduktionsindizes

In der früheren Fassung des Nettoproduktionsindexes wurden die Unternehmen und Betriebe nur nach ihrem wirtschaftlichen Schwerpunkt in einen der Wirtschaftszweige zusammengefaßt. Durch die zunehmende horizontale und vertikale Diversifikation der Unternehmen und Betriebe sind viele nicht mehr ausschließlich einem Wirtschaftszweig zuzuordnen. Dies ergab zwangsläufig ungenaue Meßergebnisse in der statistischen Aufbereitung. Um diese sogenannten "Fremdbeimischungen" der Unternehmen und Betriebe besser berücksichtigen zu können, führte das Statistische Bundesamt bei der Umbasierung des Nettoproduktionsindexes auf das neue Basisjahr 1980 als zusätzliche Disaggregationsmöglichkeit der Wirtschaftszweige den Begriff der "**fachlichen Unternehmensteile**" ein.

Durch die statistische Einheit "fachlicher Unternehmensteil" ist ein Teil eines Unternehmens festgelegt, das eine einzige Tätigkeit ausübt. Hierbei sind die Tätigkeiten durch die Art der hergestellten Güter charakterisiert und werden anhand der **Sy**stematik des **Pro**duzierenden Gewerbes (SYPRO) definiert. Die Verwendung fachlicher Unternehmensteile ermöglicht aufbereitete Ergebnisse im Sinne homogener Produktionsprozesse, während bei einer nach ihrem wirtschaftlichen Schwerpunkt erhobenen Einheit (Unternehmen, Betriebe) auch branchenfremde Bereiche erfaßt sind, die unter dem wirtschaftlichen Schwerpunkt subsummiert werden.

Die Datenbasis der amtlichen Statistik bezieht sich auf Unternehmen mit mehr als 100 Beschäftigten. Bei Unternehmen mit weniger als 100 Beschäftigten wird eine Aufteilung in fachliche Unternehmensteile als vernachlässigbar angesehen. Aus dieser Sicht ist der Nettoproduktionsindex der Wirtschaftszweige nach fachlichen Unternehmensteilen der kleinste Baustein in der statistischen Aufbereitung. Diesem Index liegen die 4-Steller (Wirtschaftszweige) der SYPRO zugrunde. In der SYPRO ist genau definiert, welche ausgewählten Erzeugnisse (z.B. Maschinenbauerzeugnisse) der institutionell abgegrenzten Wirtschaftshauptgruppe (Maschinenbau) zuzuordnen sind. Sie enthält (siehe Statistisches Bundesamt, Fachserie 4, Produzierendes Gewerbe, Reihe 3.2)

5	Wirtschaftshauptgruppen	1-Steller (siehe Abb. 8.3),
42	Wirtschaftsgruppen	2-Steller (siehe Abb. 8.1) und
254	Wirtschaftszweige	4-Steller.

Die Wirtschaftszweigindizes werden dann, unter Berücksichtigung eines noch zu beschreibenden Gewichtungsverfahrens, zu dem **Gesamtnettoproduktionsindex für fachliche Unternehmensteile** $NPI_{0,t}$ (FU) aggregiert. Dieser Index wird also durch die zugrundeliegenden homogenen Produktionseinheiten charakterisiert. Die Produktionsheterogenität der Unternehmen (Produktionspalette) kann durch diesen Index nicht interpretiert werden. Aus diesem Grund wird vom Statistischen Bundesamt ein weiterer Nettoproduktionsindex, und zwar **auf der Basis der Unternehmen** $NPI_{0,t}$ (U), berechnet.

Mit diesem kann die Entwicklung der Produktionsleistung aller Unternehmen, die nach ihrem Produktionsschwerpunkt einem bestimmten Wirtschaftszweig zugeordnet sind bzw. in der aggregierten Form für das gesamte Produzierende Gewerbe, beurteilt werden.

Um nun unverfälschte Indizes für den Output der einzelnen Wirtschaftszweige zu erhalten, darf man die produzierten Mengen nicht mit den Verkaufspreisen des Basisjahres gewichten. Man muß vielmehr den Wert der Vorleistungen anderer Wirtschaftszweige vom Verkaufspreis in Abzug bringen und die so erhaltenen Nettoproduktionswerte pro Mengeneinheit als Gewichtungsfaktor wählen.

Wirtschaftsgruppen (2-Steller)

Nummer	Bezeichnung	Nummer	Bezeichnug
10	Elektrizitäts-, Gas-, Fernwärme- und Wasserversorgung	40	Chemische Industrie
		50	Herstellung von Büromaschinen, Datenverarbeitungsgeräten- und einrichtungen
21	Bergbau		
22	Mineralölverarbeitung		
24	Herstellung und Verarbeitung von Spalt- und Brutstoffen	51	Feinkeramik
		52	Herstellung und Verarbeitung von Glas
25	Gewinnung und Verarbeitung von Steinen und Erden	53	Holzbearbeitung
		54	Holzverarbeitung
		55	Zellstoff- undHolzschliff, Papier- und Pappeerzeugung
27	Eisenschaffende Industrie	56	Papier- und Pappeverarbeitung
28	NE-Metallerzeugung, NE-Metallhalbzeugwerke	57	Druckerei, Vervielfältigung
29	Gießerei		
30	Ziehereien, Kaltwalzwerke,Stahlverformung	58	Herstellung von Kunststoffwaren
		59	Gummiverarbeitung
31	Stahl- und Leichtmetallbau, Schienenfahrzeugbau	61	Ledererzeugung
		62	Lederverarbeitung
32	Maschinenbau	63	Textilgewerbe
33	Straßenfahrzeugbau, Reparatur von Kraftfahrzeugen usw.	64	Bekleidungsgewerbe
		65	Reparatur von Gebrauchsgütern (ohne elektr. Geräte für den Haushalt)
34	Schiffbau	68	Ernährungsgewerbe
35	Luft- und Raumfahrzeugbau	69	Tabakverarbeitung
36	Elektrotechnik, Reparatur von elektrischen Geräten für den Haushalt	72	Hoch- und Tiefbau
		73	Spezialbau
		74	Stukkateurgewerbe, Gipserei, Verputzerei
37	Feinmechanik, Optik, Herstellung von Uhren	75	Zimmerei, Dachdeckerei
38	Herstellung von Eisenblech und Metallwaren		
		76	Bauinstallation
39	Herstellung von Musikinstrumenten, Spielwaren, Schmuck, Füllhaltern	77	Ausbaugewerbe (ohne Bauinstallation)

Abb. 8.1: Auszug aus der "Systematik der Wirtschaftszweige", Ausgabe 1979, Fassung für die Statistik im Produzierenden Gewerbe (SYPRO)
Quelle: "Das Arbeitsgebiet der Bundesstatistik 1981" Hrsg.: Statistisches Bundesamt, S. 429

Abb. 8.2: Produktionskonto eines Unternehmens bzw. fachlichen Unternehmensteils im Produzierenden Gewerbe
Quelle: WISTA 2/84, S. 128

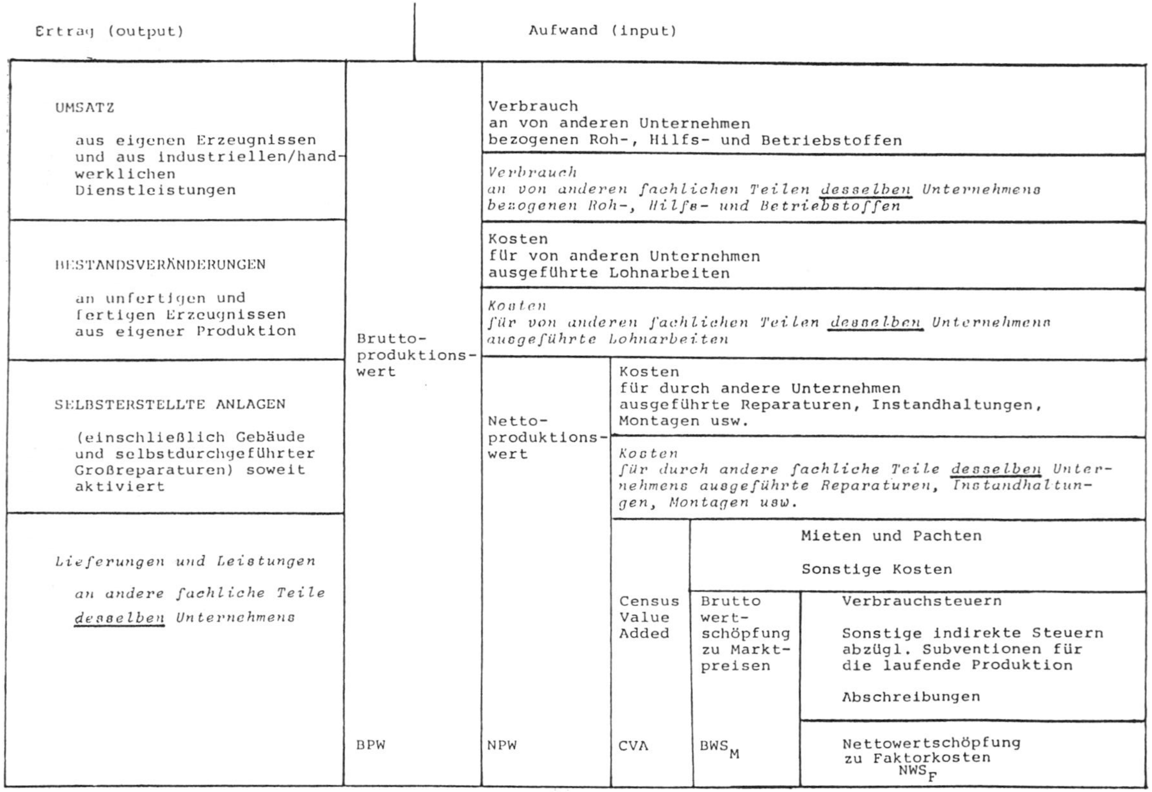

Das sog. Produktionskonto (siehe Abb. 8.2) eines Unternehmens enthält jedoch auch Elemente, die nicht zum Produzierenden Gewerbe gehören. Es sind dies Tätigkeiten des Handels und sonstiger nichtindustrieller/nichthandwerklicher Art. Bei der Berechnung der Indizes muß dies mit berücksichtigt werden.

In Abb. 8.2 sind die Unterscheidungsmerkmale zwischen fachlichen Unternehmensteilen und Unternehmen kursiv gedruckt. Man daß durch die Untergliederung in fachliche Unternehmensteile das Produktionskonto verlängert wird. Bei Produktionskonten, die sich ausschließlich auf Unternehmen beziehen, bleiben die Verflechtungen der einzelnen fachlichen Unternehmensteile unberücksichtigt. Weiterhin ergibt sich aus dem Produktionskonto, daß der Nettoproduktionswert als Gewichtungsgröße für den Nettoproduktionsindex fachlicher Unternehmensteile nicht geeignet ist, da er noch die innerhalb des Unternehmens auftretenden Kosten für sonstige industrielle/handwerkliche Dienstleistungen wie Reparaturen und Instandhaltungen enthält. Aus diesem Grund wird als neue Wertschöpfungsgröße der **Census-Value-Added (CVA)** eingeführt, bei dem alle Transaktionen zwischen den fachlichen Einheiten saldiert sind und der ohne Doppelzählungen von den fachlichen Unternehmensteilen zum Unternehmenswert additionsfähig ist.

Die im Basisjahr festgestellte Verteilung des CVA auf die einzelnen Wirtschaftszweige stellt die Struktur der Gewichtungskoeffizienten dar. Diese Verteilung des CVA auf die einzelnen Wirtschaftszweige soll anhand der Abbildung 8.3 gezeigt werden.

Die in dieser Abbildung erhobenen Werte sind auf die Ebene der Wirtschaftshauptgruppen (1-Steller der SYPRO), aggregiert in Mill. DM, gemessen. Die Punkte in der Matrix bedeuten CVA Werte kleiner als die gewählte Maßeinheit bzw. die unterhalb der Erhebungsgrenzen lagen, der waagerechte Strich keine Verflechtung. Aus diesem Grund sind die Randwerte marginal verschieden zu den Summen der Zahlenbesetzungen.

		Wirtschaftshauptgruppen fachlicher Unternehmensteile					
Wirtschaftshauptgruppen **für Unternehmen**		B	G	I	V	N	Σ
	B	13 392	311	·	·	–	13 750
	G	5 201	127 733	4 165	3 559	200	140 858
	I	·	5 243	223 963	2 114	·	231 404
	V	·	1 531	1 270	78 456	·	81 260
	N	·	228	·	·	49 898	50 252
	Σ	18 681	135 045	229 453	84 246	50 099	517 524

CVA: in Mill. DM für 1980
B: Bergbau
G: Grundstoff- und Produktionsgütergewerbe
I: Investitionsgüter produzierendes Gewerbe
V: Verbrauchsgüter produzierendes Gewerbe
N: Nahrungs- und Genußmittelgewerbe

Abb. 8.3: CVA bei fachlichen Unternehmensteilen nach Hauptgruppen der Unternehmen und der fachlichen Unternehmensteile für 1980 (ohne Bauhauptgewerbe und Elektrizitäts- und Gasversorgung)

Aus dieser Verflechtungsmatrix ist zu ersehen, daß überwiegend in den Wirtschaftshauptgruppen nach fachlichen Unternehmensteilen, die auch gleichzeitig den Schwerpunkt in der Wirtschaftshauptgruppe besitzen (Hauptdiagonale), ein hoher CVA-Wert erzielt wurde. So wurden von den 18 681 Mill. DM CVA im Bergbau nach fachlichen Unternehmensteilen 13 392 Mill. DM (= 71,69 %) CVA von Unternehmen mit Schwerpunkt Bergbau erwirtschaftet, während 5 201 Mill. DM (= 28,28 %) des CVA von fachlichen Unternehmensteilen des Bergbaus in Unternehmen mit dem Schwerpunkt Grundstoff- und Produktionsgütergewerbe erwirtschaftet wurden.

Wirtschafts-hauptgruppen	Bruttowert-schöpfung zu Marktpreisen (ohne MWSt.) %	Census Value Added %	Art und Zahl Fortschreibungsreihen			
			Güterausstoß		Umsatz	Arbeitsstunden
			Mengen	Werte		
Bergbau	2,31	3,12	11	-	-	-
Grundstoff- und Produktions-gütergewerbe	21,89	23,10	207	52	4	-
Investitionsgüter produzierendes Gewerbe	37,01	37,57	31	523	7	3
Verbrauchsgüter produzierendes Gewerbe	12,97	13,34	50	85	11	-
Nahrungs- und Genußmittel-gewerbe	9,48	8,55	55	4	6	-
Bauhaupt-gewerbe	10,26	9,11	-	-	-	2
Elektrizitäts- und Gasver-sorgung	6,08	5,21	*	*	*	*
Summe	100,00	100,00				

*: keine Angabe

Tabelle 8.3: Gewichtung und Art der Fortschreibungsreihen im Index der Nettoproduktion für das Produzierende Gewerbe (Basis 1980). Quelle: Statistisches Bundesamt, Fachserie 4, Reihe 2.1

Da für fachliche Unternehmensteile keine empirisch ermittelten Wirtschaftsgrößen vorliegen, werden die Ergebnisse durch ein mathematisches Schätzverfahren (Mittelwertschätzung) erzeugt. In dem Schätzverfahren werden im wesentlichen für die in der Stichprobe erfaßten Unternehmen (56 000) der jährlichen Kostenstrukturerhebung die Anteile des CVA am Bruttoproduktionswert für jeden Wirtschaftszweig nach fachlichen Unternehmensteilen berechnet.

In der zweiten Stufe werden die Nettoquoten an die Bruttoproduktionswerte der fachlichen Teile der nicht in der Kostenstrukturerhebung erfaßten Unternehmen hochgerechnet. Der CVA aller Unternehmen eines Wirtschaftszweiges (4-Steller der SYPRO) setzt sich also zusammen aus dem <u>Teil der Wertschöpfung (CVA) im schwerpunktbestimmenden fachlichen Unternehmensteil</u> und der <u>Wertschöpfung (CVA) in den übrigen fachlichen Teilen</u> (Fremdbeimischung).

Wir nehmen nun an, daß in den k Wirtschaftszweigen jeweils n_k Unternehmen bzw. n_k fachliche Unternehmensteile zusammengefaßt sind. Da die monatlichen Daten des CVA nicht erhoben werden können, müssen für ausgewählte Erzeugnisse die jeweiligen Produktionsmengen, Umsätze oder Arbeitsstunden forgeschrieben werden.

Hierbei unterstellt die Fortschreibung durch Produktionsmengen keinerlei Qualitätsänderungen der ausgewählten homogenen Güter. Liegen der Fortschreibung Wertgrößen zugrunde, müssen diese durch Deflationierung mit dem Paasche-Preisindex bereinigt werden. Die erforderlichen Paasche-Preisindizes können aber nicht erhoben werden. Aus diesem Grund wird ersatzweise mit den Laspeyres Preisindizes deflationiert. Die mögliche Ungenauigkeit wird durch die stark disaggregierte Deflationierung abgeschwächt.

Der Ausgangspunkt ist der Umsatzindex des j-ten ausgewählten Erzeugnisses ($j = 1, \ldots, n_i$) des i-ten fachlichen Unternehmensteils ($i = 1, \ldots, n_k$) im k-ten Wirtschaftszweig

$$I_{0,t}(p_k^i\, q_k^i) = \frac{\sum_{j=1}^{n_i} p_{kt}^{i(j)} q_{kt}^{i(j)}}{\sum_{j=1}^{n_i} p_{k0}^{i(j)} q_{k0}^{i(j)}} \cdot 100 \quad \text{für } 1 \leq k \leq s.$$

Dieser wird nun mit dem entsprechenden Laspeyres-Preisindex deflationiert, und man erhält die preisbereinigte Fortschreibungsreihe des i-ten fachlichen Unternehmensteils im k-ten Wirtschaftszweig für die Berichtsperiode t

$$(8.19) \qquad \left[I_{0,t}(p_k^i q_k^i) : I_{0,t}^L(p_k^i)\right] \cdot 100 =$$

$$= \frac{\sum_{j=1}^{n_i} p_{kt}^{i(j)} q_{kt}^{i(j)}}{\sum_{j=1}^{n_i} p_{k0}^{i(j)} q_{k0}^{i(j)}} : \frac{\sum_{j=1}^{n_i} p_{kt}^{i(j)} q_{k0}^{i(j)}}{\sum_{j=1}^{n_i} p_{k0}^{i(j)} q_{k0}^{i(j)}} \cdot 100 = \frac{\sum_{j=1}^{n_i} p_{kt}^{i(j)} q_{kt}^{i(j)}}{\sum_{j=1}^{n_i} p_{kt}^{i(j)} q_{k0}^{i(j)}} \cdot 100$$

$$= I_{0,t}^P(q_k^i) = f_{t;k}^i.$$

Im nächsten Schritt werden die einzelnen Fortschreibungsmeßzahlen mit den Anteilen der Bruttoproduktionswerte der Fortschreibungsreihe am gesamten Bruttoproduktionswert aller Fortschreibungsreihen des Wirtschaftszweiges gewichtet. Bezeichnet man mit $b^{i}_{0;k}$ die Bruttoproduktionswerte des i-ten fachlichen Unternehmensteils im k-ten Wirtschaftszweig der Basisperiode 0, so ergeben sich die Gewichte β^{i}_{k} als Quotient

$$\beta^{i}_{k} = \frac{b^{i}_{0;k}}{\sum\limits_{i=1}^{n_k} b^{i}_{0;k}}, \quad \text{wobei} \quad \sum\limits_{i=1}^{n_k} \beta^{i}_{k} = 1.$$

Mit diesen sog. "Einzelgewichten" werden die zugehörigen Fortschreibungsreihen des Wirtschaftszweiges zu dem Wirtschaftszweigindex fachlicher Unternehmensteile (4-Steller SYPRO) zusammengewogen (vgl. Abb. 8.4)

$$(8.20) \qquad I_{0,t}(FU)_k = \sum_{i=1}^{n_k} \beta^{i}_{k}\, f^{i}_{t;k}$$

Falls Unterlagen über die Bruttoproduktionswerte nicht vorliegen, oder aus anderen Gründen nicht beschafft oder verwendet werden können, werden sie durch andere Fortschreibungsreihen, etwa Produktionsmenge und Umsatz ersetzt (vgl. Tab. 8.3).

Die $I_{0,t}(FU)_k$ Werte werden durch die Gewichte mit den Anteilen des des CVA des Wirtschaftszweiges am Gesamt-CVA, die "Zweiggewichtung" (vgl. Abb. 8.4), über die Indizes für Wirtschaftsgruppen (2-Steller) und die Wirtschaftshauptgruppen (1-Steller) zu dem Nettoproduktionsindex für fachliche Unternehmensteile aggregiert. Das Gewichtungsschema des Statistischen Bundesamtes für die CVA der Wirtschaftshauptgruppen kann aus Tabelle 8.3 entnommen werden. Mit $c(FU)_k$ soll die Größe bezeichnet werden, die sich als Anteil des CVA des k-ten Wirtschaftszweiges am Gesamt-CVA ergibt. Dabei wird die Struktur des Basisjahres zugrunde gelegt, d.h.

$$c(FU)_k = \frac{CVA_{0;k}}{\sum\limits_{k=1}^{s} CVA_{0;k}}, \quad \text{mit} \quad \sum_{k=1}^{s} c(FU)_k = 1.$$

Abb. 8.4: Bildungsstruktur der Nettoproduktionsindizes für Wirtschaftsgruppen und des Gesamtindexes für Unternehmen auf der Basis 1980, Quelle: WISTA, 12/83, S. 933

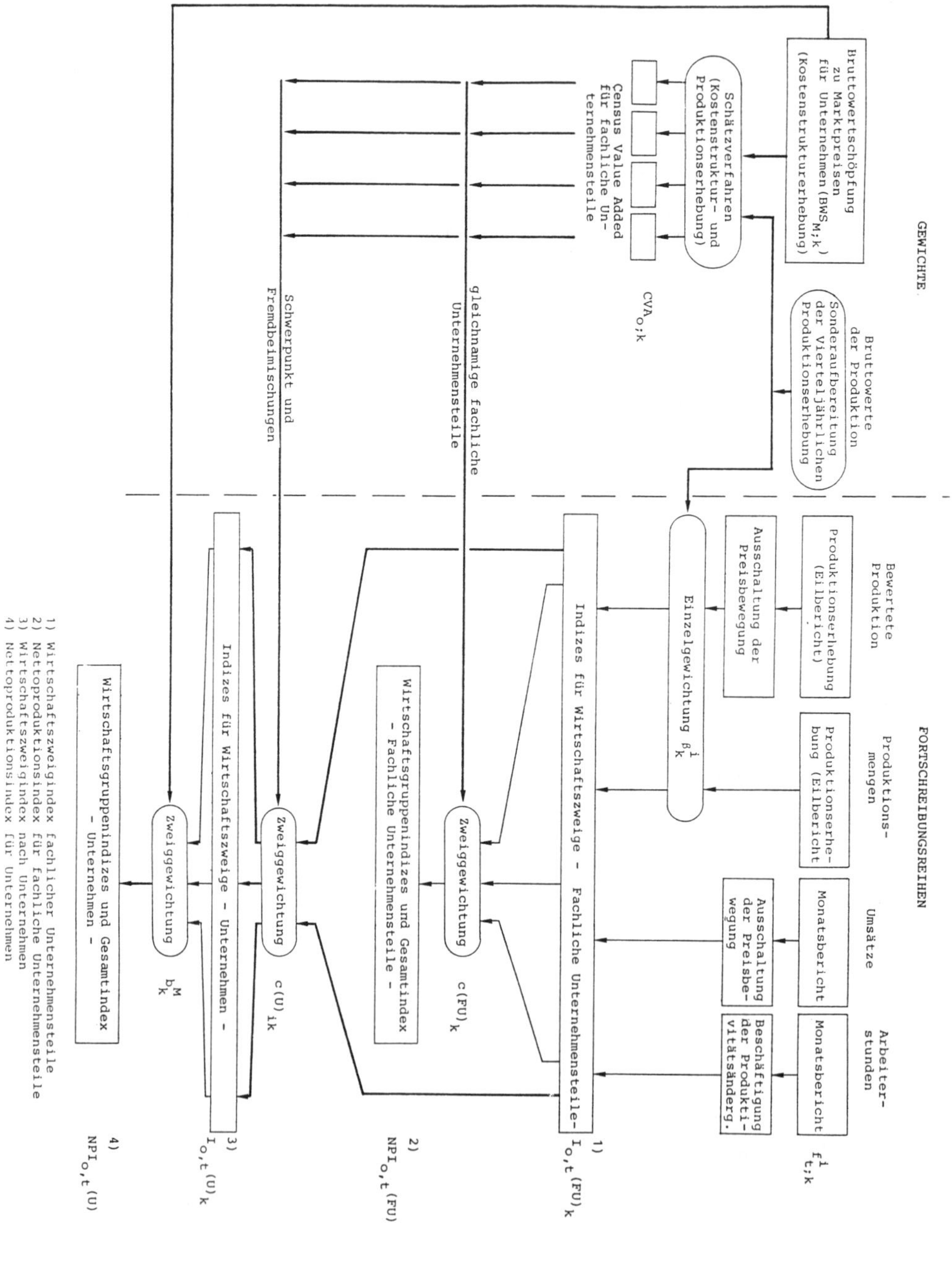

Beispiel 8.15a: Berechnung des Nettoproduktionsindexes für das Ernährungs- und Tabakverarbeitungsgewerbe auf der Basis von fachlichen Unternehmensteilen

1	2	3	4	5	6	7	8	9	10	11
Wirtschaftsgruppe	Wirtschaftszweig	ausgewählte Erzeugnisse in dem FU	Preisindex 1980	BPW 1980	BPW 1983	Fortschreibungsziffer	Gewichtung BPW 1980	Index	CVA 1980	Anteil 1980
2-Steller	4-Steller		$I^L_{80,83}(p)$	$b^i_{80;k}$	$b^i_{83;k}$	$f^i_{83;k}$	β^i_k	$I_{80,83}(FU_k)$		$c(FU)_k$
Ernährungsgewerbe	Herstellung von Backwaren	Brot	108	25 000	28 850	106,85	0,17	135,12	140 000	0,06
		andere Backwaren	110	120 000	186 000	140,91	0,83			
	Schlachtungen	Wurst	109	112 000	124 000	101,57	0,05	130,74	2 100 000	0,85
		Fleischwaren	112	2 025 000	3 000 000	132,28	0,95			
	Brauerei	Pils	114	45 000	65 000	126,71	0,35	109,80	102 000	0,04
		Export	112	55 000	50 000	81,17	0,42			
		andere Biersorten	110	30 000	45 000	136,36	0,23			
	Mineralbrunnen	Limonaden	104	50 000	60 000	115,38	0,44	139,12	76 000	0,03
		Mineralwasser	103	40 000	65 000	157,77	0,56			
Tabakverarbeitung	Tabakverarbeitung	Tabakerzeugnisse	120	50 000	55 000	91,67	1,00	91,67	42 000	0,02
Ernährungs- und Tabakverarbeitungsgewerbe zusammen			.	2 552 000	3 678 850	.	.	.	2 460 000	1,00

BPW := Bruttoproduktionswert

Der Nettoproduktionsindex für fachliche Unternehmensteile $NPI_{0,t}(FU)$ wird nun als gewogenes arithmetisches Mittel berechnet

$$(8.21) \qquad NPI_{0,t}(FU) = \sum_{k=1}^{s} c(FU)_k \cdot I_{0,t}(FU)_k.$$

Am Beispiel 8.15a von ausgewählten fachlichen Teilen des gegenüber der amtlichen Statistik verkürzten Ernährungs- und Tabakverarbeitungsgewerbes soll mit Hilfe fiktiver Zahlen gezeigt werden, wie man den Index der industriellen Nettoproduktion dieser Wirtschaftsgruppe auf Basis fachlicher Unternehmensteile berechnet.

So betrug der Bruttoproduktionswert des fachlichen Unternehmensteiles "Brot" im Berichtsjahr 1983: 28 850 Mill. DM und im Basisjahr 1980: 25 000 Mill. DM. Um die Fortschreibungsmeßziffer für den fachlichen Unternehmensteil "Brot" bilden zu können, wird der Umsatzindex für diesen fachlichen Teil berechnet und mit dem Laspeyres Preisindex des Basisjahres deflationiert

$$f_{83;k} = \left[\left(\frac{28\ 850}{25\ 000} \cdot 100 \right) : 108 \right] \cdot 100 = 106{,}85.$$

Der Anteil des Bruttoproduktionswertes des fachlichen Teiles "Brot" am Gesamtbruttoproduktionswert des Wirtschaftszweiges "Backwaren" beträgt für das Basisjahr 1980: 17 %. Die Gewichtung der Fortschreibungsmeßziffern aller fachlichen Teile "Backwaren" mit ihren jeweiligen Bruttoproduktionswertanteilen des Basisjahres führt zu dem Nettoproduktionsindex für den Wirtschaftszweig "Backwaren" nach fachlichen Unternehmensteilen

$$\begin{aligned} I_{80,83}(FU)_k &= 0{,}17 \cdot 106{,}85 + 0{,}83 \cdot 140{,}91 \\ &= 135{,}12. \end{aligned}$$

Bildet man wiederum ein gewogenes arithmetisches Mittel mit den Wirtschaftszweigindizes, so erhält man den Nettoproduktionsindex fachlicher Unternehmensteile für die ausgewählten fachlichen Teile der Wirtschaftsgruppe Ernährungs- und Tabakverarbeitungsgewerbe. Als Gewichtungsstruktur werden die Anteile des entsprechenden CVA verwendet

$$\begin{aligned} NPI_{80,83}(FU) &= 0{,}06 \cdot 135{,}12 + 0{,}85 \cdot 130{,}74 \\ &\quad + 0{,}04 \cdot 109{,}80 + 0{,}03 \cdot 139{,}12 \\ &\quad + 0{,}02 \cdot 91{,}67 \\ &= 129{,}64. \end{aligned}$$

Dies besagt, daß die durchschnittliche mengenmäßige Produktion dieser Wirtschaftsgruppe <u>nach fachlichen Unternehmensteilen</u> von 1980 bis 1983 um 29,64 % gesteigert wurde.

Die Indizes für fachliche Unternehmensteile beschreiben aber nur eine Richtung der wirtschaftlichen Entwicklung des Produzierenden Gewerbes. Die Heterogenität der Unternehmensstruktur (Produktionspalette) wird dadurch jedoch nicht berücksichtigt. Allerdings kann die detaillierte Kenntnis über die fachlichen Unternehmensteile auch für die Entwicklung im schwerpunktbestimmenden fachlichen Teil benutzt werden. Hierzu wird der Anteil der CVA nach dem Schwerpunkt des Wirtschaftszweiges am Gesamt CVA des Wirtschaftszweiges mit dem Nettoproduktionsindex der entsprechenden Wirtschaftszweige für fachliche Unternehmensteile gewichtet (vgl. Abb. 8.4)

(8.22) $$I_{0,t}(U)_k = \sum_{i=1}^{n_k} c(U)_{ik} \cdot I_{0,t}(FU)_i,$$

$$\text{mit} \quad \sum_{i=1}^{n_k} c(U)_{ik} = 1.$$

Um den Gesamtnettoproduktionsindex für Unternehmen $NPI_{0,t}(U)$ aus den Wirtschaftszweigindizes bilden zu können, wird als "Zweiggewichtung" jetzt der Anteil der Bruttowertschöpfung zu Marktpreisen des Basisjahres des Wirtschaftszweiges ($BWS_{M;k}$) an der Gesamtsamtbruttowertschöpfung zu Marktpreisen des Basisjahres gewählt (vgl. Abb. 8.4). Das Gewichtungsschema der Wirtschaftshauptgruppen kann wiederum aus Tabelle 8.3 entnommen werden

$$b_k^M = \frac{BWS_{M;k}}{\sum_{k=1}^{s} BWS_{M;k}}, \quad \text{mit} \quad \sum_{k=1}^{s} b_k^M = 1.$$

Eine Gewichtung durch die CVA's wäre an dieser Stelle nicht gerechtfertigt, da interne Verflechtungen auf Unternehmensniveau saldiert werden können. Der Nettoproduktionsindex nach Unternehmen ergibt sich nun als gewogenes arithmetisches Mittel der Wirtschaftszweigindizes nach Unternehmen und den entsprechenden Anteilen der Bruttowertschöpfung zu Marktpreisen

(8.23) $$NPI_{0,t}(U) = \sum_{k=1}^{s} b_k^M \cdot I_{0,t}(U)_k.$$

Für das fiktive Beispiel 8.15 soll nun als Teil b) auch der Nettoproduktionsindex für Unternehmen berechnet werden. Aus dem Beispiel 8.15b) erkennt man, daß die Unternehmen des Backwarengewerbes nicht nur in ihrem schwerpunktbestimmenden Unternehmensteil tätig sind, sondern auch z.B. Tabakerzeugnisse herstellen. Dies muß bei der Gewichtung der Wirtschaftszweigindizes berücksichtigt werden. Der Wirtschaftszweigindex nach Unternehmen des Backgewerbes ergibt sich zu

$$I_{80,83}(U)_k = (0{,}451 + 0{,}521)\cdot 135{,}12 + 0{,}028\cdot 91{,}67$$
$$= 133{,}90.$$

Die einzelnen Wirtschaftszweigindizes werden mit ihrem Anteil an der Bruttowertschöpfung zu Marktpreisen zu dem Nettoproduktionsindex der Unternehmen des Ernährungs- und Tabakverarbeitungsgewerbes zusammengewogen

$$
\begin{aligned}
NPI_{80,83}(U) &= 0{,}06 \cdot 133{,}9 + 0{,}87 \cdot 130{,}75 + 0{,}03 \cdot 108{,}42 \\
&\quad + 0{,}03 \cdot 138{,}36 + 0{,}01 \cdot 93{,}81 \\
&= 130{,}13.
\end{aligned}
$$

Dieser Index besagt, daß die durchschnittliche mengenmäßige Produktion dieser Wirtschaftsgruppe nach Unternehmen von 1980 bis 1983 um 30,13 % gesteigert wurde.

Das Beispiel 8.15 zeigt, daß beide Indizes zu unterschiedlichen Ergebnissen führen. Allerdings ermöglicht nur die disaggregierte Analyse des neuen Indexsystems die volle Breite der Interpretationsmöglichkeiten. In den Bewegungskomponenten des Unternehmensindex sind alle fachlichen Unternehmensteile dieses Wirtschaftszweiges vorhanden. Die Voraussetzung für einen divergierenden Verlauf von Unternehmens-Index und Fachlichen-Unternehmensteile Index ist eine heterogene Unternehmensstruktur, d.h. nennenswerte Teile der Wertschöpfung werden außerhalb des wirtschaftlichen Schwerpunktes erwirtschaftet. Dies ist zwar eine notwendige, jedoch keine hinreichende Bedingung. Entscheidend ist vielmehr, daß die Entwicklung der "Fremdbeimischungen" des Unternehmens möglichst gleichmäßig in eine andere Richtung zeigt, als der Fachliche-Unternehmensteile-Index des wirtschaftlichen Schwerpunktes.

Unterschiedliche Entwicklungen zeigen, welchen konjunkturell und strukturell bedingten Einflüssen die für das Basisjahr festgelegte Branchenkonstellation unterliegt und wie sich diese auf das gesamte Unternehmensergebnis auswirken.

Beispiel 8.15b: Berechnung des Nettoproduktionsindexes ausgewählter Erzeugnisse des Ernährungs- und Tabakverarbeitungsgewerbes auf der Basis von Unternehmen

1	2	3	4	5	6	7	8	9
Wirtschaftsgruppe	Wirtschaftszweig	ausgewählte Erzeugnisse in Untern.	CVA 1980	Anteil 1980	Index	Index	BWS_M 1980	Anteil
2-Steller	4-Steller	Herstellung von		$c(U)_{ik}$	$I_{80,83}(FU_k)$	$I_{80,83}(U)$		b_k^M
Ernährungsgewerbe	Unternehmen des Backwarengewerbes	Brot	65 000	0,451	135,12	133,90	130 000	0,06
		andere Backwaren	75 000	0,521	135,12			
		Tabakerzeugnisse	4 000	0,028	91,67			
	Unternehmen des Schlachtgewerbes	Wurst	1 000 000	0,476	130,74	130,75	2 000 000	0,87
		Fleischwaren	1 100 000	0,523	130,74			
		Mineralwasser	1 000	0,001	139,12			
	Unternehmen des Brauereigewerbes	Pils	16 000	0,154	109,80	108,42	80 000	0,03
		andere Biere	80 000	0,770	109,80			
		Tabakerzeugnisse	8 000	0,076	91,67			
	Mineralbrunnen	Limonaden	45 000	0,584	139,12	138,36	73 000	0,03
		Mineralwasser	30 000	0,390	139,12			
		Brauereien	2 000	0,026	109,80			
Tabakverarbeitungsgewerbe	Unternehmen des Tabakverarbeitungsgewerbe	Tabakerzeugnisse	30 000	0,882	91,67	93,81	26 000	0,01
		Brauereierzeugnisse	4 000	0,118	109,80			
Ernährungs- und Tabakverarbeitungsgewerbe zusammen			2 460 000	.	.	.	2 309 000	1,00

BWS_M := Bruttowertschöpfung zu Marktpreisen

Aufgaben zu Kapitel 8

Aufgabe 1:

Zahlenangaben aus dem Statistischen Jahrbuch für die BRD:

		1974	1979
- Wohnbevölkerung in der BRD in 1 000:			
	Jahresdurchschnitt:	62 054	61 359
	am Jahresende :	61 991	61 439
	davon männlich :	29 605	29 317
- Erwerbspersonen in der BRD in 1 000:			
	am 1.4.1980 :		27 640
	davon männlich :		17 161
- Eheschließungen in 1 000	:		345
- Fläche der BRD in qkm	:		248 667

Konstruieren Sie im Ansatz aus diesen Zahlenangaben je ein sinnvolles Beispiel für:

a) eine Gliederungszhal,
b) eine Beziehungszahl,
c) eine Meßziffer.

Erklären Sie jeweils, was die so gebildeten Zahlen aussagen!

a) 0,6209. b) 0,478; 5,62; 247,07. c) 98,88.

Aufgabe 2:

1. Nehmen sie an, die Arbeitslosenstatistik vom September 1980 hätte ergeben, daß von allen Arbeitslosen 60 % Teilzeitkräfte waren. Können Sie daraus schließen, daß Teilzeitkräfte in Zeiten eines konjunkturellen Abschwunges eher entlassen werden als Vollbeschäftigte?

2. Der Benzinverbrauch pro zugelassenem Kraftfahrzeug ist in der BRD in den letzten Jahren gefallen. Kann man daraus schließen, daß in der BRD weniger gefahren wurde als früher?

3. Im Land A betrug der Anteil der Insolvenzen des Produzierenden Gewerbes an der Gesamtheit aller Insolvenzen 20 %, im Land B waren es 16,8 %. Bezogen auf 1 000 der Gesamtzahl der Unternehmen betrug die Zahl der Insolvenzen im Produzierenden Gewerbe in demselben Jahr im Land A 40 und im Land B 60.

   a) Um welche Art von Verhältniszahl handelt es sich hier?
   b) Welche Zahlen muß man vergleichen, wenn man feststellen will, in welchem Land die Zahl der Insolvenzen in Prozent größer war?
   c) Geben Sie an, wie hoch der Anteil der Insolvenzen im Land A und im Land B waren.

3. c) 0,2; 0,357.

Aufgabe 3:

Die Preisentwicklung eines bestimmten Kraftfahrzeuges wird durch die folgenden Meßziffernreihen angegeben

	I	II
1980	100	
1981	120	
1982	130	100
1983		120
1984		140
1985		160

a) Berechnen Sie für I und II die verkettete Meßziffernreihe.
b) Interpretieren Sie jeweils einen der berechneten Werte.
c) Wie groß war die Preissteigerung von 1982 auf 1983?
d) Welche Annahme treffen Sie bei der Verkettung?
e) In welchen Jahren waren die Preissteigerungen gleich groß?

c) 120. e) 1980/81; 1982/83.

Aufgabe 4:

Gesamtumsatz und Auslandsumsatz eines Unternehmens der Maschinenbauindustrie nach Maschinentypen 1980 und 1985 in Mio. DM:

Maschinen-typ	Auslandsumsatz 1980	Auslandsumsatz 1985	Gesamtumsatz 1980	Gesamtumsatz 1985
A	120	240	200	400
B	40	0	200	100
Σ	160	240	400	500

Definition: $\text{Exportquote} = \dfrac{\text{Auslandsumsatz (= Export)}}{\text{Gesamtumsatz}}$.

a) Berechnen Sie die allgemeine Exportquote des Unternehmens für 1980 und für 1985. Welche sachliche Aussage gewinnt man aus dem Vergleich der beiden Zahlenwerte?

b) Berechnen Sie die besonderen Exportquoten für die beiden Maschinentypen, ebenfalls für beide Jahre. Was besagt diesmal der Zeitvergleich?

c) Wie erklärt sich der scheinbare Widerspruch zwischen den Aussagen a) und b)?

d) Berechnen Sie eine standardisierte Exportquote für 1985 und zwar so, daß sie mit der allgemeinen Exportquote von 1980 sinnsinnvoll vergleichbar ist. Welche Aussage liefert der Vergleich?

a) 0,40; 0,48. b) 0,60; 0,20; 0,60; 0,0. d) 0,30.

Aufgabe 5:

In einem Land A wurden folgende Beschäftigten- und Arbeitslosenzahlen für die Jahre 1982 und 1984 ermittelt:

Altersstufe	1982 mittlere Beschäftigtenzahl	1982 Arbeitslose	1984 mittlere Beschäftigtenzahl	1984 Arbeitslose
[20 ; 30)	400	40	200	24
[30 ; 45)	800	48	1 000	100
[45 ; 65)	600	42	400	50
Summe	1 800	130	1 600	174

$$\text{Arbeitslosenziffer (ALZ)} = \frac{\text{Zahl der Arbeitslosen}}{\text{mittlere Beschäftigtenzahl}} .$$

a) Berechnen Sie die allgemeine Arbeitslosenziffer für den Zeitraum 1982 und 1984.
Um welche Art von Verhältniszahl handelt es sich dabei?

b) Berechnen Sie die besonderen Arbeitslosenziffern und geben Sie an, welcher Zusammenhang zwischen den **besonderen** Arbeitslosenziffern und der **allgemeinen** Arbeitslosenziffer besteht.

c) Welche Aussage liefert der Vergleich der besonderen Arbeitslosenziffern der Altersstufen [20;30) und [45;65) für die Jahre 1982 und 1984?

d) Berechnen Sie die Arbeitslosenziffer für 1984, wenn sich nur die Beschäftigtenstruktur verändert hätte und nicht die Arbeitslosenziffer von 1982.

a) 0,072; 0,109. d) 0,0675.

Aufgabe 6:

In einem Kaufhaus wurden die Preise in den verschiedenen Abteilungen im Zeitablauf folgendermaßen geändert:

Abteilung	Preise in DM		Umsatz in 100 000 DM	
	p_0 1980	p_t 1982	$p_0 \cdot q_0$ 1980	$p_t \cdot q_t$ 1982
I	80	85	40	
II	150	190	80	
III	210	200	120	
IV	50	60	70	
			Σ 310	

Der Umsatz in den Abteilungen I und II hat sich von 1980 bis 1982 um 20 %, in der Abteilung III um 10 % erhöht und in der Abteilung IV um 30 % verringert.

a) Berechnen Sie den Umsatz von 1982 für alle 4 Abteilungen.

b) Berechnen Sie die Preisindices nach Laspeyres und Paasche und erklären Sie ihre Unterschiede.

c) Zeigen Sie, daß allgemein gilt

$$\frac{I_{0,t}(pq)}{I^L_{0,t}(p)} = I^P_{0,t}(q) \quad \text{mit } I_{0,t}(pq) = \frac{\sum_i p^i_t q^i_t}{\sum_i p^i_0 q^i_0} .$$

d) Berechnen Sie den Mengenindex nach Laspeyres und interpretieren Sie ihn.

a) 325. b) 1,103; 1,081. d) 0,96965.

Aufgabe 7:

In einem Land A ist der Preisindex für die Lebenshaltung während der letzten 10 Jahre von 220 auf 308 gestiegen, in einem Land B dagegen von 140 auf 179,2.

a) Kann man aus diesen Angaben schließen, in welchem Land das Preisniveau höher ist? Begründen Sie Ihre Antwort.

b) In welchem Land sind die Preise stärker gestiegen? Wie groß ist der Unterschied?

c) Wie groß waren die beiden mittleren prozentualen Preissteigerungen pro Jahr in beiden Ländern?

b) 140; 128. c) 1,0342; 1,0250.

Aufgabe 8:

Ein Unternehmer handelt mit drei Gütern A,B und C. Die Umsätze dieser drei Güter für die Jahre 1982 und 1983 sowie die zugehörigen Preismeßziffern sind der nachstehenden Tabelle zu entnehmen:

Gut	Umsatz in 1 000 DM 1982	1983	Preismeßziffern $I_{82,83}(p^i)$
A	20	35	1,8
B	25	30	1,5
C	75	85	1,1

a) Berechnen Sie den Preisindex nach Laspeyres für 1983 auf der Basis 1982 für die Güter und interpretieren Sie das Ergebnis.

b) Zeigen Sie, daß sich durch Division des Umsatzindexes $\frac{\Sigma\ p_t q_t}{\Sigma\ p_0 q_0}$ durch den Preisindex von Laspeyres der Mengenindex nach Paasche ergibt.

Berechnen Sie den Paasche-Mengenindex auf diese Weise.

c) Der Preisindex nach Laspeyres der drei Güter für das Jahr 1982 auf der Basis 1976 beträgt 113.
Berechnen Sie einen Index für 1983 auf der Basis 1976.
Welche Annahme unterliegt der Rechnung?

d) Was versteht man unter Deflationierung?
Zeigen Sie den formelmäßigen Zusammenhang.

e) Berechnen Sie den Umsatz von 1983, wenn sich von 1982 auf 1983 nur die Mengen geändert hätten.

a) 130. b) 96,2. c) 146,9. e) 1,1672.

Aufgabe 9:

a) Wie unterscheidet sich sachlich die Aufgliederung eines Unternehmens in Werke und Betriebe einerseits von der Aufgliederung in fachliche Unternehmensteile andererseits?

b) Was verstehen Sie unter dem Census Value Added?

c) Wodurch unterscheidet sich der Census Value Added vom Nettoproduktionswert (NPW)? Worin liegt sein Vorteil gegenüber dem NPW als Gewichtungsindex für die Berechnung der NPI fachlicher Unternehmensteile?

d) Eine abgelegene Südseeinsel wendet zur Berechnung des NPI das in der BRD sei 1983 angewandte Verfahren an. In ihrer SYPRO (Systematik des Produzierenden Gewerbes) finden sich unter der Wirtschaftsgruppe 31 = Holzverarbeitung die Wirtschaftszweige 3110 = Bootsbau, 3120 = Hüttenbau und 3130 = sonstige Holzverarbeitung. Aus der jüngsten CVA-Berechnung ergibt sich die folgende Verflechtungsmatrix:

		. . . nach fachlichen Unternehmensteilen			
		Bootsbau = 3110	Hüttenbau = 3120	sonstige Holzverarbeitung = 3130	Summe
. . . **nach Unter-mehmen**	Bootsbau = 3110	600	80	90	770
	Hüttenbau = 3120	30	200	30	260
	sonstige Holzver-arbeitung = 3130	20	70	300	390
	Summe	650	350	420	1 420

Tabelle 1: CVA 1975 in Mio. Inseldollar (I$)

1. Interpretieren Sie einen der Werte dieser Matrix.

2. Berechnen Sie unter Verwendung der untenstehenden Wirtschaftszweigdaten beide Nettoproduktionsindizes der Wirtschaftsgruppe "Holzverarbeitung" für das Berichtsjahr 1980 auf der Basis von 1975.
   Erläutern Sie die unterschiedlichen Ergebnisse.

Wirtschaftsgruppe **nach fachlichen Unternehmensteilen:**

Wirtschaftsgruppe	Wirtschaftszweige	ausgewählte Erzeugnisse in FU	BPW in 1 000 I$ 1975	BPW in 1 000 I$ 1980	Preisindex 1975=100	Fortschreibungsreihen 1975	Fortschreibungsreihen 1980
31	3110					Anzahl der Boote	
		a	300	.		30	40
		b	400	.		20	25
		c	50	.		15	18
	3120					Umsatz in 1 000	
		d	1000	.	104	1400	1600
		e	4000	.	102	4900	5000
		f	8000	.	103	8400	8200
	3130	g	20	.	116	200	200
		h	80	120	118	.	.
		i	90	110	112	.	.

Die Bruttowertschöpfung zu Marktpreisen (BWS_M) betrug in 1975 nach Unternehmen:

Wirtschaftszweig	3110	3120	3130
BWS_M	600	180	220 (in Mio. I$).

d) 116,4437; 117,1213.

Aufgabe 10:

Ein Computer-Versand setzte in den Jahren 1986 und 1987 die nachfolgend aufgeführten Mengen an XT- und AT-Geräten ab, wobei jeweils 2 bzw. 3 Ausstattungstypen unterschieden werden konnten.

		Menge		Preis (DM)	
		1986	1987	1986	1987
XT	XT1	6	9	4.500	2.000
	XT2	2	4	5.000	2.100
AT	AT1	10	20	10.000	5.000
	AT2	12	50	10.050	6.000
	AT3	13	30	12.300	6.800

a) Berechnen Sie für alle aufgeführten Geräte den Preisindex nach Laspeyres!

b) Berechnen Sie die Volumenindices für XT- und AT-Geräte getrennt nach Paasche.

c) Wodurch unterscheiden sich die beiden Indices und welche Konsequenz hat dieser Unterschied auf ihre praktische Anwendung?

d) Um wieviel Prozent hat sich der Gesamtwert der abgesetzten Geräte verändert?

e) Erklären Sie verbal die Begriffe "Umbasieren" und "Verketten".

a) 54,28 %; b) 162,93 %, 287,07 %; d) 15,66 %.

9. Bestands- und Bewegungsmassen

9.1 Abgrenzung der Begriffe

Im folgenden sollen zeitliche Veränderungen einer statistischen Masse untersucht werden. Eine statistische Masse, deren Einheiten sich auf einen bestimmten Zeitpunkt beziehen, bezeichnet man als eine Bestandsmasse. Zu ihrer Erfassung muß ein bestimmter Stichtag festgelegt werden. So stellt etwa die Bevölkerung der BRD am 1. Januar eines beliebigen Jahres eine Bestandsmasse dar. Es werden alle an diesem Tag existierenden Einheiten der statistischen Masse erfaßt. Im Gegensatz dazu werden Bewegungsmassen auf einen bestimmten Zeitraum bezogen. Erfaßt werden dann alle Einheiten der statistischen Masse, die während dieses Zeitraums zur statistischen Masse gehören. Jeder Bestandsmasse sind zwei Bewegungsmassen zugeordnet, nämlich die Zugangs- und die Abgangsmasse.

Beispiel 9.1:

a) Die Bestandsmasse Lagerbestand erfährt durch die beiden Bewegungsmassen Lagerzugang und Lagerabgang eine zeitliche Veränderung.
b) Die Bestandsmasse der Studenten einer Universität wird durch die beiden Bewegungsmassen Immatrikulation und Exmatrikulation verändert.
c) Die Bestandsmasse Bevölkerung wird durch die beiden Zugangsmassen Geborene und Zuwanderungen sowie die beiden Abgangsmassen Gestorbene und Auswanderungen verändert.

Die Beziehung zwischen einer Bestands- und einer Bewegungsmasse läßt sich durch das sog. "Becker'sche Schema" darstellen. Bei diesem wird jeder Einheit der Bewegungsmasse eine sog. Verweillinie zugeordnet. Eine Einheit, die zum Zeitpunkt t' in die Bestandsmasse eintritt und zum Zeitpunkt $t'' > t'$ wieder austritt, gehört der statistischen Masse während der Zeit $t^* = t'' - t' > 0$ an. Man nennt die Zeit t^* die Verweildauer der Einheit. Um die Verweillinien verschiedener Einheiten voneinander zu trennen, trägt man sie nicht auf der als Zeitachse gewählten Abszisse des Koordinatensystems auf. Man zieht sie dadurch auseinander, daß man ihre Zugangszeit t' auch auf der Ordinate des Koordinatensystems abträgt. Dadurch liegen die Punkte aller Zugangszeiten auf einer um 45° geneigten Geraden durch den Koordinatenursprung. Die Verweillinien selbst verlaufen im Abstand t' parallel zur Zeitachse (vgl. Abb.9.1).

Zeichnet man im Becker'schen Schema durch den Zeitpunkt $\tilde{t}$ eine Senkrechte zur Zeitachse, so erhält man eine Momentaufnahme der Bestandsmasse. Alle Einheiten, die zum Zeitpunkt $\tilde{t}$ der Bestandsmasse angehören sind dadurch gekennzeichnet, daß ihre Verweillinie von dem Lot geschnitten wird.

Grundsätzlich muß man zwischen geschlossenen und offenen Massen unterscheiden. Eine Masse heißt geschlossen, wenn es zwei Zeitpunkte t' und t'', mit t' < t'', derart gibt, daß keine ihrer Einheiten vor dem Zeitpunkt t' in die Masse eingetreten ist und keine Einheit die Masse nach dem Zeitpunkt t'' verläßt. Eine Masse, die nicht geschlossen ist, bezeichnet man als offen. Entsprechend unterscheidet man auch halbseitig offene Massen (vgl. Abb. 9.2).

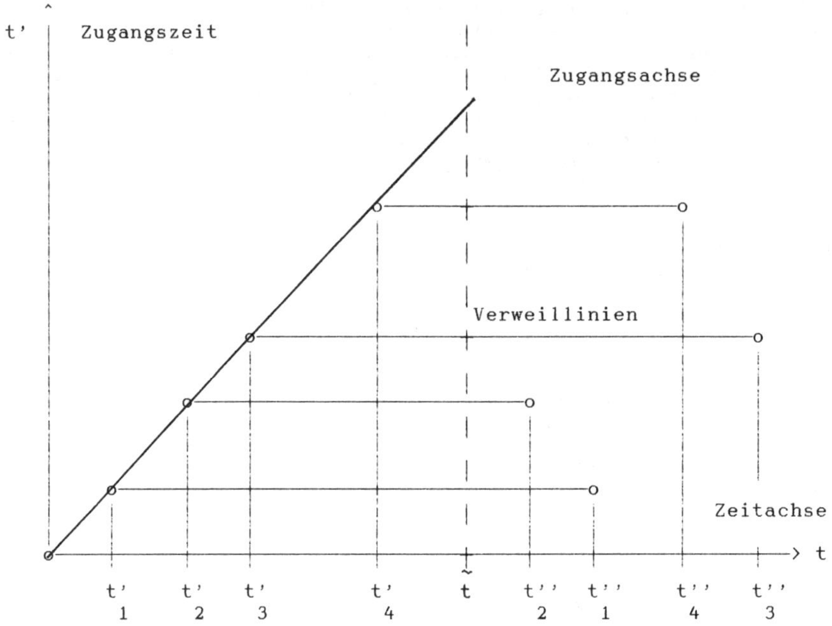

Abb. 9.1: Becker'sches Schema

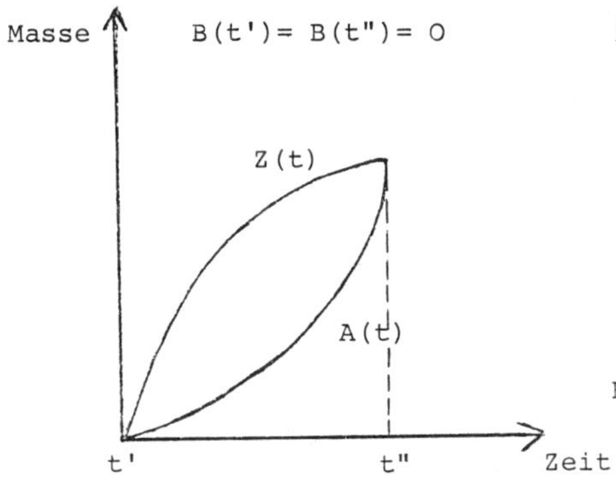

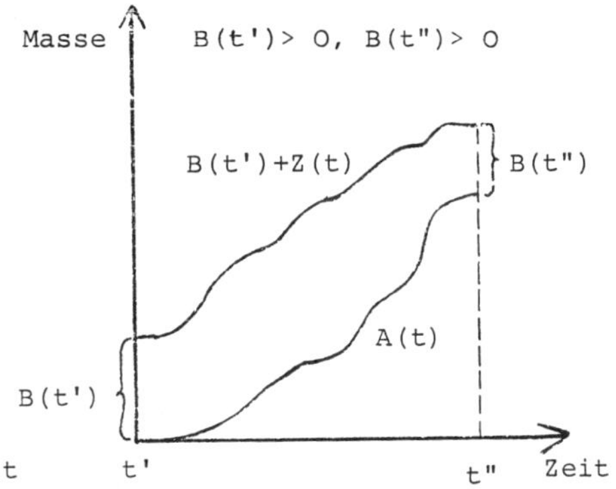

a) beidseitig geschlossene Masse   b) beidseitig offene Masse

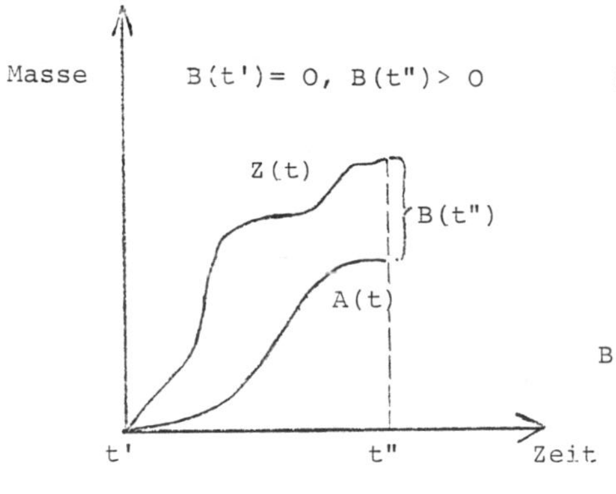

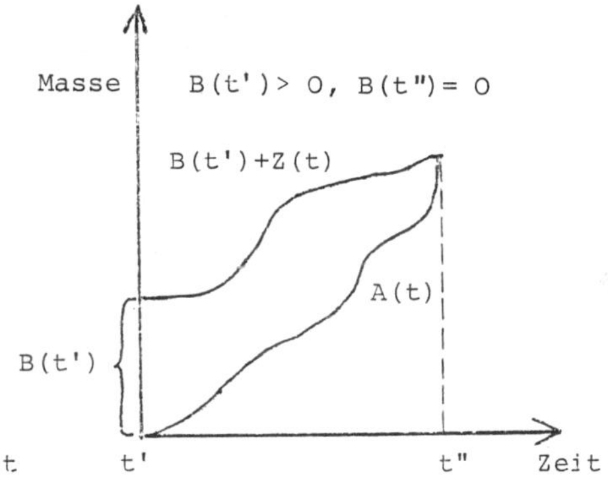

c) rechtsseitig offene Masse   d) linksseitig offene Masse

Abb. 9.2: Beispiele für offene und geschlossene Massen

Beispiel 9.2:

Geschlossene Massen bilden etwa die Fahrgäste des Personennahverkehrs an einem bestimmten Tag oder die Druckauflage eines bestimmten Buches. Offene Massen dagegen bilden die Zahl der Arbeitslosen eines bestimmten Monats oder die Menge der Glühlampen der Straßenbeleuchtung einer bestimmten Stadt.

Ob eine Masse geschlossen oder offen ist, hängt von der speziellen Fragestellung ab. Interessiert man sich für den Gesamtbestand an PKW, so ist diese Masse offen. Betrachtet man dagegen die PKW eines speziellen Baujahres, etwa 1974, so ist diese Masse abgeschlossen, wenn man nur den Endpunkt des Beobachtungszeitraumes hinreichend spät wählt.

9.2 Fortschreibungsmodelle

Es wird eine Bestandsmasse betrachtet, deren Umfang sich im Zeitablauf ändert. Die Abhängigkeit des Bestandes zu jedem Zeitpunkt wird durch die sog. Bestandsfunktion gegeben, die den Bestand als Funktion der Zeit angibt. Die Bestimmung der Bestandsfunktion erfolgt meist dadurch, daß man von einem Bestand $B(t_0)$ zu einem bestimmten Zeitpunkt t_0 ausgeht. Den Bestand $B(t)$ zu einem späteren Zeitpunkt, d.h. $t > t_0$, erhält man formal durch die Beziehung

$$(9.1) \qquad B(t) = B(t_0) + Z(t) - A(t),$$

dabei wurden die Zu- bzw. Abgangsmengen für das Intervall $(t_0,t]$ mit $Z(t)$ bzw. $A(t)$ bezeichnet. Man bezeichnet diesen Vorgang als **Bestandsfortschreibung**.

Auf diese Weise versucht man, den Bevölkerungsbestand zwischen zwei Volkszählungen durch Fortschreibung auf dem aktuellen Stand zu halten. Durch Addition der Zahl der Geborenen und der Zugezogenen sowie durch Subtraktion der Zahl der Gestorbenen und der Fortgezogenen versucht man, den Bevölkerungsbestand für beliebige Zeitpunkte zu bestimmen. Dabei sind die Wanderungsbewegungen um so stärker zu beachten, je kleiner die Gebietseinheit ist, für die der Bevölkerungsbestand durch Fortschreibung ermittelt werden soll.

Durch die laufende Erfassung der Zu- und Abgänge einer Bestandsmasse kann man Aussagen machen über die Verweildauer der statistischen Einheiten in der Bestandsmasse. Darunter versteht man die Zeitspanne, die zwischen dem Zugang und dem Abgang der Einheit aus der Bestandsmasse verstreicht. Dabei muß man folgende Fallunterscheidungen treffen:

a) Es sind nur Angaben über die Gesamtzahl der Zu- und Abgänge sowie über die Bestände verfügbar. Man ist dann nur in der Lage, Aussagen über die mittlere Verweildauer zu machen.

b) Es sind Angaben über den Zu- und Abgang jeder einzelnen Einheit verfügbar. In diesem Fall kann man auch Aussagen über die Verteilung der Verweildauer machen.

Wenn man nicht an der individuellen Verweildauer der einzelnen Einheiten einer Bestandsmasse interessiert ist, spricht man von einem Fortschreibungsmodell. Bei diesem unterstellt man, daß jeweils die Einheiten mit der längsten Verweildauer aus dem Bestand zuerst ausscheiden.

9.2.1 Der Durchschnittsbestand in einem Fortschreibungsmodell

Der Einfachheit halber werde $t_0 = 0$ und $t = T$ angenommen, d.h. als Beobachtungszeitraum werde das Intervall $(0,T]$ betrachtet. Die durchschnittlichen Zu- und Abgangsmengen pro Zeiteinheit ergeben sich für den Beobachtungszeitraum zu

(9.2) $$\bar{Z} = \frac{1}{T} Z(T) \quad \text{bzw.} \quad \bar{A} = \frac{1}{T} A(T).$$

Um den Durchschnittsbestand des Beobachtungszeitraumes $(0,T]$ zu berechnen, benötigt man den Begriff des Zeitmengenbestandes M_Z.

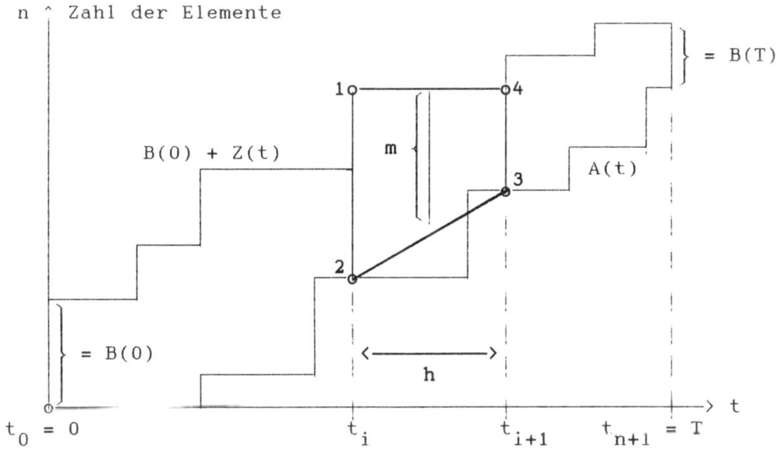

Abb. 9.3: Zum Begriff des Zeitmengenbestandes M_Z

Fläche des Trapezes: $F_{1234} = m \cdot h$, wobei

$h = t_{i+1} - t_i$ und $m = \dfrac{B(t_{i+1}) + B(t_i)}{2}$ sind.

Somit ergibt sich für die Fläche

$$F_{1234} = \frac{1}{2}\left[B(t_{i+1}) + B(t_i)\right] \cdot (t_{i+1} - t_i).$$

Der Wert des Zeitmengenbestandes wird durch die Fläche gegeben, die für den Beobachtungszeitraum von der Zu- und Abgangsfunktion eingeschlossen wird (vgl. Abb. 9.3).

Bei der praktischen Berechnung der **Bestandsfunktion B(t)** wird unterstellt, daß während des Beobachtungszeitraumes nur zu endlich vielen Zeitpunkten eine Veränderung beobachtet wird. Gegeben seien die Bestände

$$B(t_0) = B(0),\ B(t_1),\ B(t_2),\ .\ .\ .\ .\ .\ ,\ B(t_n),\ B(t_{n+1}) = B(T)$$

für die Zeitpunkte

$$t_0 = 0,\ t_1,\ t_2,\ .\ .\ .\ .\ .\ ,\ t_n,\ t_{n+1} = T.$$

Der Verlauf der Bestandsfunktion B(t) zwischen zwei aufeinanderfolgenden Beobachtungszeitpunkten t_i und t_{i+1} soll durch eine Gerade approximiert werden. Der Flächeninhalt des sich dann ergebenden Trapezes zwischen t_i und t_{i+1} ergibt sich somit zu

$$\frac{B(t_i) + B(t_{i+1})}{2} \cdot (t_{i+1} - t_i).$$

Für den Wert des Zeitmengenbestandes M_Z erhält man somit

$$(9.3) \qquad M_Z = \sum_{i=0}^{n} \frac{B(t_i) + B(t_{i+1})}{2} \cdot (t_{i+1} - t_i),$$

mit $t_{n+1} = T$. Den <u>Durchschnittsbestand</u> $\bar{B}$ erhält man dann aus

$$\bar{B} = \frac{1}{T} \cdot M_Z = \frac{1}{2T} \sum_{i=0}^{n} \left[B(t_i) + B(t_{i+1})\right] \cdot (t_{i+1} - t_i).$$

Die Zeitpunkte t_i werden so gewählt, daß $\Delta t_i = t_{i+1} - t_i = \text{const.}$ wird für alle i = 0, 1, 2, ..., n.

Wegen T = (n+1)·c erhält man dann für den Durchschnittsbestand

$$\bar{B} = \frac{1}{2(n+1)c} \sum_{i=0}^{n} c \cdot \left[B(t_i) + B(t_{i+1})\right]$$

$$= \frac{1}{2(n+1)} \left[B(0) + 2 \cdot B(t_1) + 2 \cdot B(t_2) + \ldots + 2 \cdot B(t_n) + B(T)\right]$$

$$(9.4) \qquad = \frac{1}{n+1} \left[\frac{1}{2} B(0) + \sum_{i=1}^{n} B(t_i) + \frac{1}{2} B(T)\right].$$

Durch diese Beziehung wird der Durchschnittsbestand als ein gewichtetes arithmetisches Mittel bestimmt.

9.2.2 Kennziffern für Fortschreibungsmodelle

Fortschreibungsmodelle werden bei der praktischen Anwendung häufig durch Kennziffern beschrieben. Einige davon sollen jetzt näher betrachtet werden.

Als **Zugangsziffer Z*** wird die durchschnittliche Zugangsmenge pro Zeiteinheit, bezogen auf den Durchschnittsbestand während des Beobachtungszeitraumes bezeichnet. Sie beträgt somit

$$Z^* = \bar{Z} \;/\; \bar{B}. \tag{9.5}$$

Analog wird eine **Abgangsziffer A*** definiert als

$$A^* = \bar{A} \;/\; \bar{B}. \tag{9.6}$$

Eine wichtige Kennziffer zur Beschreibung eines Fortschreibungsmodells ist die **Verweildauerziffer V***. Sie gibt die durchschnittliche Verweildauer einer statistischen Einheit in der Bestandsmasse an. Ihr Wert läßt sich für einen gegebenen Beobachtungszeitraum aus den Zugangs-, den Abgangsmengen und dem Durchschnittsbestand für diesen Zeitraum berechnen.

Zunächst werde der Fall einer beidseitig abgeschlossenen Bestandsmasse betrachtet. Für diese gilt bekanntlich $B(0) = B(T) = 0$. Der Zeitmengenbestand M_Z gibt die Summe der Verweilzeiten aller statistischen Einheiten der Bestandsmasse im Beobachtungszeitraum $(0,T]$ an. Die Anzahl der Einheiten wird durch $Z(T)$ bzw. $A(T)$ gegeben. Damit ergibt sich die Verweildauerziffer V^* zu

$$V^* = \frac{M_Z}{Z(T)} = \frac{M_Z}{A(T)} \; . \tag{9.7}$$

Wenn die Bestandsmasse an mindestens einer Stelle nicht abgeschlossen ist, dann ist die Verweildauer gewisser Elemente nur teilweise bekannt. Wenn $B(0) > 0$ ist, dann gehören der Bestandsmasse auch Einheiten an, deren Zeitpunkt des Zugangs vor dem betreffenden Beobachtungszeitraum liegt und deren gesamte Verweildauer somit nicht bekannt wäre. Analoges gilt, wenn $B(T) > 0$ ist, denn dann kennt man von den Einheiten des Endbestandes die gesamte Verweildauer nicht, da der Zeitpunkt ihres Ausscheidens nach dem Beobachtungszeitraum liegt.

Es werde nun eine beidseitig offene Bestandsmasse betrachtet, d.h. $B(0) > 0$ und $B(T) > 0$. Man nimmt nun an, daß die Einheiten des Anfangsbestandes $B(0)$ im Durchschnitt bereits den λ-ten Teil, $0 \leq \lambda \leq 1$, ihrer mittleren Verweildauer V^* hinter sich haben. Ebenfalls wird unterstellt, daß die Einheiten des Endbestandes $B(T)$ im Durchschnitt noch eine restliche Verweildauer von $(1-\lambda)\cdot V^*\cdot$ vor sich haben. Somit erhält man einen Schätzwert für die Summe der Verweilzeiten aller Einheiten, die im Beobachtungszeitraum $(0,T]$ einmal dem Bestand angehört haben, durch die Größe

$$\lambda\cdot V^*\cdot B(0) + M_Z + (1-\lambda)\cdot V^*\cdot B(T).$$

Die Gesamtheit der Einheiten läßt sich auch wie folgt schreiben

$$B(0) + Z(T) = A(T) + B(T) = \lambda\left[B(0) + Z(T)\right] + (1-\lambda)\left[A(T) + B(T)\right].$$

Damit ergibt sich die mittlere Verweildauer V* zu

$$V^* = \frac{\lambda \cdot V^* \cdot B(0) + M_Z + (1-\lambda) \cdot V^* \cdot B(T)}{\lambda\left[B(0) + Z(T)\right] + (1-\lambda)\left[A(T) + B(T)\right]} .$$

Multiplikation mit dem Nenner ergibt

$$\lambda \cdot V^* \cdot B(0) + \lambda \cdot V^* \cdot Z(T) + (1-\lambda) \cdot V^* \cdot A(T) + (1-\lambda) \cdot V^* \cdot B(T)$$
$$= \lambda \cdot V^* \cdot B(0) + M_Z + (1-\lambda) \cdot V^* \cdot B(T),$$

woraus folgt

(9.8) $$V^* = \frac{M_Z}{\lambda \cdot Z(T) + (1-\lambda) \cdot A(T)} .$$

Aus dieser Beziehung erkennt man unmittelbar, daß es einen Zusammenhang gibt zwischen der Verweildauer V*, der Zugangsziffer Z* und der Abgangsziffer A*. Man kann die Verweildauerziffer V* wie folgt umschreiben

(9.9) $$V^* = \frac{\bar{B}}{\lambda \cdot \bar{Z} + (1-\lambda) \cdot \bar{A}} ,$$

bzw., wenn man Zähler und Nenner durch T dividiert

(9.10) $$V^* = \frac{1}{\lambda \cdot Z^* + (1-\lambda) \cdot A^*} .$$

Um die Verweildauer V* aus einem Beobachtungsmaterial numerisch zu bestimmen, müssen Annahmen bezüglich des Parameters λ getroffen werden. Man kann, wenn $B(0) + B(T) > 0$ ist,

(9.11) $$\lambda = \frac{B(0)}{B(0) + B(T)}$$

wählen.

Wenn $0{,}5 \leq \lambda \leq 1$ ist, folgt für die Verweildauerziffer V* nach Einsetzen von $\lambda = 0{,}5$ und $\lambda = 1$ die Beziehung

$$\frac{2 \cdot \bar{B}}{\bar{Z} + \bar{A}} \leq V^* \leq \frac{\bar{B}}{\bar{Z}} .$$

Eine weitere Kennziffer eines Fortschreibungsmodells ist die <u>Umschlagziffer</u> U*. Sie gibt Auskunft darüber, wie oft im Durchschnitt der Bestand während eines Beobachtungszeitraums erneuert wird. Für einen Beobachtungszeitraum der Länge T erhält man

(9.12) $$U^* = \frac{T}{V^*} = T[\lambda \cdot Z^* + (1-\lambda) \cdot A^*].$$

Beispiel 9.3: Fiktives Beispiel zur Berechnung der Kennziffern eines Lagerbestand-Fortschreibungsmodells

Zeit t_j	Lagerbestand am Quartalsende $B(t_j)$	Abgang während des Quartals $A(t_j)$	Zugang während des Quartals $Z(t_j)$
4. Quartal 1981	200	.	.
1. Quartal 1982	20	280	100
2. Quartal 1982	212	908	1 100
3. Quartal 1982	32	1 280	1 100
4. Quartal 1982	42	390	400
Summe		2 858	2 700

Die Berechnung der Kennziffern soll auf Kalendertage (1 Jahr = 365 Tage) bezogen werden. Man erhält

$\bar{A} = \frac{2\,858}{365} = 7{,}83$, d.h. im Durchschnitt sind im Jahr 1982 7,83 Einheiten pro Tag dem Lager entnommen worden.

$$Z(t) = B(t) - B(t_0) + A(t) = 42 - 200 + 2\,858 = 2700,$$

$\bar{Z} = \frac{2\,700}{365} = 7{,}40$, d.h. im Durchschnitt sind im Jahr 1982 7,40 Einheiten pro Tag eingelagert worden.

$$M_Z = 100 + 20 + 212 + 32 + 21 = 385,$$

$\bar{B} = \frac{385}{365} = 1{,}05$, d.h. der durchschnittliche tägliche Lagerbestand betrug im Jahr 1982 1,05 Einheiten.

$$Z^* = \frac{\bar{Z}}{\bar{B}} = \frac{7{,}40}{1{,}05} = 7{,}05; \qquad A^* = \frac{\bar{A}}{\bar{B}} = \frac{7{,}83}{1{,}05} = 7{,}46.$$

Diese beiden Kennziffern besagen, daß die durchschnittlichen täglichen Zugänge das 7,05-fache und die durchschnittlichen täglichen Abgänge das 7,46-fache des durchschnittlichen täglichen Lagerbestandes betrugen.

$$\lambda = \frac{200}{200 + 42} = 0{,}83,$$

$$V^* = \frac{1}{\lambda \cdot Z^* + (1-\lambda) \cdot A^*} = \frac{1}{5{,}85 + 1{,}27} = \frac{1}{7{,}12} = 0{,}14,$$

d.h. die mittlere Verweildauer des Durchschnittsbestandes im Lager beträgt 0,14 Zeiteinheiten.

$$U^* = \frac{T}{V^*} = \frac{365}{0,14} = 2\ 607,14,$$

d.h. im Durchschnitt wurde der durchschnittliche tägliche Lagerbestand im Jahr 1982 insgesamt 2 607-mal erneuert.

9.3 Bestandsmassen

9.3.1 Erhebungsmöglichkeiten

Die Bevölkerung der BRD stellt für einen bestimmten Stichtag eine Bestandsmasse dar. Die Erfassung dieses Bevölkerungsbestandes kann primärstatistisch durch Zählungen oder sekundärstatistisch aus Unterlagen (Karteien) von registrierenden Behörden (Einwohnermeldeämter, Standesämter) erfolgen.

Durch periodische Totalerhebungen kann man zwar Zustandsbilder des jeweiligen Bevölkerungsbestandes erhalten. Man kann daraus jedoch keine Rückschlüsse ziehen, wie dieser Zustand erreicht wurde und auf welche Weise bestimmte Bevölkerungsgruppen daran beteiligt waren. Oft ist man aber aus Zwecken der Analyse an den Umschichtungsvorgängen selbst interessiert. Man unterscheidet bezüglich der Aufbereitung und Auswertung von personen- und zeitbezogenen Daten zwei Möglichkeiten:

a) Querschnittsanalysen

Bei diesen werden Bestandserhebungen zu bestimmten Zeitpunkten durchgeführt. Dadurch kann allerdings der Strukturwandel nur in beschränkter Weise aufgedeckt werden. Durch wiederholte Bestandserhebungen versucht man dann, auf die Bewegungsvorgänge zu schließen. Es ist zwar möglich, daß bei diesen wiederholten Erhebungen dieselben Personen erfaßt werden, doch lassen sich die von ihnen an den verschiedenen Stichtagen gemachten Angaben nicht miteinander vergleichen.

b) Längsschnittanalysen

Diese beruhen darauf, daß man an einer bestimmten Personengruppe, die durch ein gemeinsames Ereignis charakterisiert ist, etwa das gleiche Geburtsjahr oder das gleiche Immatrikulationssemester, eine längerfristige Beobachtung durchführt. Eine solche Personengruppe, die durch ein gemeinsames Ereignis (z.B. gleiches Geburtsjahr, Immatrikulationssemester oder Heiratsjahr) charakterisiert wird, bezeichnet man als eine **Kohorte**.

Der Bevölkerungsbestand kann primärstatistisch durch eine Volkszählung, die eine Totalerhebung darstellt, an einem bestimmten Stichtag ermittelt werden. Zunächst muß jedoch der Begriff der Bevölkerung klar abgegrenzt werden. Früher verstand man darunter die ortsanwesende Bevölkerung. Im Zeichen fortschreitender Mobilität erwies sich dieser Begriff jedoch als wenig brauchbar. Man legt daher heute den Begriff der Wohnbevölkerung zugrunde. Um eine Zuordnung von Personen zur Wohnbevölkerung zu erhalten, unterscheidet man für jedes Zählgebiet drei Bevölkerungsgruppen, von denen nur die ersten beiden zur Wohnbevölkerung gezählt werden:

a) Personen mit nur einem Wohnsitz, der im Zählgebiet liegt,

b) Personen mit mehr als einem Wohnsitz, von denen einer im Zählgebiet liegt, und die sich überwiegend im Zählgebiet aufhalten, insbesondere, wenn sie von dort ihrem Beruf oder ihrer Ausbildung nachgehen,

c) Personen mit mehr als einem Wohnsitz, von denen einer im Zählgebiet liegt, die sich aber überwiegend außerhalb des Zählgebietes aufhalten.

Volkszählungen sind wohl das älteste und bekannteste Verfahren einer statistischen Erhebung. Merkmale, die praktisch bei fast allen Volkszählungen erfaßt werden, sind

1. Geschlecht,
2. Alter (Datum der Geburt),
3. Familienstand,
4. Religionszugehörigkeit,
5. Staatsangehörigkeit,
6. Stellung zum (Beteiligung am) Erwerbsleben,
7. Beruf (ausgeübte Tätigkeit),
8. Stellung im Beruf,
9. Wirtschaftszweig (wirtschaftliche Gliederung der Erwerbstätigen).

Wegen des mit einer Volkszählung verbundenen großen Aufwandes können diese Erhebungen nur in größeren zeitlichen Abständen durchgeführt werden. Einer UNO-Empfehlung folgend sollen Volkszählungen in einem 10-Jahresabstand durchgeführt werden. Demzufolge wurden die letzten Volkszählungen in der BRD an den Stichtagen 13.9.1950, 6.6.1961 und 27.5.1970 durchgeführt.

Um den langen Zeitraum zwischen zwei Volkszählungen zu überbrükken, wurde 1957 in der BRD eine "Repräsentativerhebung der Bevölkerung und des Erwerbslebens", kurz "Mikrozensus" genannt, eingeführt. Dabei handelt es sich um eine vierteljährliche Stichprobenerhebung, die dreimal mit einem Auswahlsatz von 0,1 % und einmal mit einem Auswahlsatz von 1 % durchgeführt wird. Gefragt werden alle im Grundprogramm einer Volkszählung vorkommenden Merkmale. Damit kann der Mikrozensus als eine kleine Volkszählung aufgefaßt werden.

Er ist als laufende Stichprobenerhebung vor allem wegen seines erwerbsstatistischen Fragenkomplexes für die Wirtschaftsforschung wichtig. Auch eignet er sich zur Beobachtung von Umschichtungsvorgängen, weil die durch den Zensus erfaßten Haushalte wiederholt befragt werden, und zwar maximal zwölfmal, d.h. drei Jahre lang. Dies wird durch den Auswahlmodus des Zensus gewährleistet, da jedes Jahr ein Drittel der Auswahleinheiten planmäßig durch neue ersetzt werden.

9.3.2 Die demographische Struktur einer Bevölkerung

Unter der demographischen Struktur einer Bevölkerung versteht man ihre Aufgliederung nach demographischen Merkmalen. Dabei wird die Zusammensetzung einer Bevölkerung aus Subpopulationen durch die Häufigkeitsverteilung der Individuen bezüglich eines oder mehrerer demographischer Merkmale beschrieben. Von besonderer Wichtigkeit sind dabei die Merkmale Geschlecht und Alter. Daneben interessieren je nach Problemstellung noch die Merkmale Familienstand, Religionszugehörigkeit, Erwerbstätigkeit, Stellung im Beruf und andere.

Man kann eine Bevölkerung als eine Masse von Individuen (statistische Einheiten) auffassen. Jedes Individuum tritt einmal in die Masse ein (Zugang), verweilt eine gewisse Zeit in ihr (Verweildauer) und verläßt sie wieder (Abgang). Wegen dieser zeitlichen Veränderung einer Bevölkerungsstruktur muß man einen zeitlichen Bezugspunkt angeben, auf den man sich beziehen muß, wenn man bestimmte Aussagen über den Aufbau der Bevölkerung machen will. Man kann sich etwa für die Zusammensetzung der Bevölkerung zu einem bestimmten Zeitpunkt interessieren. Eine solche Momentaufnahme kann dann als Grundlage für Bevölkerungsvorausschätzungen dienen.
Es sollen hier im folgenden die Merkmale Geschlecht, Alter und Erwerbstätigkeit als Gliederungsmerkmale einer Bevölkerungsstruktur betrachtet werden.

9.3.2.1 Gliederung nach dem Geschlecht

Teilt man den Bevölkerungsbestand P zu einem festen Zeitpunkt in Männer (M) und Frauen (F) auf, d.h.

$$P = M + F,$$

dann kann man den Anteil eines Geschlechtes an der Gesamtbevölkerung durch die Gliederungszahlen M/P bzw. F/P wiedergeben. In vielen Bevölkerungen läßt sich ein Frauenüberschuß beobachten, der durch die Beziehungszahl

$$\sigma = \frac{F}{M} \cdot 1000, \tag{9.13}$$

bezeichnet als **Sexualproportion** der Geamtbevölkerung, ausgedrückt werden kann.

Tabelle 9.1: Für das Deutsche Reich, bzw. die BRD betrug diese Sexualproportion (Quelle: verschiedene Statistische Jahrbücher für das Deutsche Reich und die BRD)

a) Deutsches Reich

Zeitpunkt	1.12.1890	1.12.1910	16.6.1925	17.5.1939
σ	1040	1026	1067	1044

b) Bundesrepublik Deutschland

Zeitpunkt	13.9.1950	6.6.1961	27.5.1970	31.12.1973
σ	1142	1127	1101	1090

Wie kommen nun solche unterschiedlichen Werte für die Sexualproportion zustande? Dafür gibt es hauptsächlich zwei biologische Gegebenheiten, nämlich

a) die Sexualproportion der Neugeborenen,
b) die unterschiedliche Sterblichkeit der Geschlechter.

Zu a):

Es werden immer mehr Knaben als Mädchen geboren, wobei sich das Verhältnis über einen längeren Zeitraum als sehr konstant erweist.

Tabelle 9.2: Anteil der Knabengeburten an den Gesamtgeburten in der BRD (Lebendgeborene)

Jahr	1971	1972	1973	1974	1975	1976	1977	1978	1979	1980
$\frac{K}{K+M}100$	51,43	51,39	51,32	51,32	51,48	51,32	51,48	51,41	51,24	51,32

Zu b):

In fast allen Staaten der Erde und in allen Altersgruppen ist die Sterblichkeit der Frauen geringer als die der Männer. Auf diese Weise wird der durch die höhere Geburtenzahl von Knaben bestehende anfängliche Knabenüberschuß durch die höhere geschlechtsspezifische Sterblichkeit der Männer allmählich aufgezehrt, um schließlich in einen Frauenüberschuß überzugehen.

Um diese Erscheinung darzustellen, verwendet man bezüglich eines Geburtsjahres (einer Kohorte) eine besondere Beziehungszahl, nämlich die **altersspezifische Sexualproportion** σ_x, die wie folgt definiert ist

(9.14) $$\sigma_x = \frac{F_x}{M_x} \cdot 1\,000,$$

wobei F_x die Anzahl der Frauen im Alter $[x,x+1)$,
M_x die Anzahl der Männer im Alter $[x,x+1)$ und
$x = 0,1,2,\ldots.$ die Altersvariable bezeichnen.

Für kleine Werte von x wird σ_x Werte unter 1 000 annehmen, um dann für große Werte von x, etwa ab $x \geq 45$, auf Werte über 1 000 zu steigen.

Da eine solche Längsschnittanalyse praktisch kaum durchführbar ist, geht man zu einer **Querschnittanalyse** der Bevölkerung über. Dabei unterstellt man, daß die Sexualproportion der Neugeborenen und auch die geschlechtsspezifische Sterblichkeit zeitlich konstant seien. Dann kann man die oben definierten altersspezifischen Sexualproportionen σ_x auf einen festen Zeitpunkt beziehen, mit der inhaltlichen Interpretation, daß sie sich auf einen Bevölkerungsquerschnitt beziehen.

Tabelle 9.3: Altersspezifische Sexualproportionen σ_x (Frauen auf 1 000 Männer) für die BRD

Altersgruppe x / Zeitpunkt	unter 6	6 bis 15	15 bis 18	18 bis 21	21 bis 45	45 bis 60	60 bis 65	über 65
13. 9.1950	954	962	980	962	1 253	1 205	1 301	1 237
6. 6.1961	951	952	962	947	1 085	1 263	1 297	1 505
27. 5.1970	952	950	955	955	943	1 373	1 359	1 589
31.12.1979	954	953	945	946	945	1 140	1 516	1 768

Ein weiterer Faktor, der die Sexualproportion σ beeinflußt, ist das unterschiedliche Wanderungsverhalten der beiden Geschlechter. Typische Einwanderungsländer, wie beispielsweise Australien, weisen einen Männerüberschuß auf, da Wanderungen überwiegend von Männern vorgenommen werden.

Betrachtet man die Entwicklung der Sexualproportion σ über einen längeren Zeitraum, so fallen einige typische Schwankungen ins Auge. Dies soll am Beispiel des Deutschen Reiches bzw. der Bundesrepublik untersucht werden.

Tabelle 9.4: Zeitliche Entwicklung der Sexualproportion σ für die deutsche Gesamtbevölkerung

a) Gebiet des Deutschen Reiches

Jahr	1871	1880	1890	1900	1910	1919	1925	1933	1939
σ	1037	1039	1040	1032	1026	1093	1067	1058	1044

b) Gebiet der Bundesrepublik Deutschland

Jahr	1939	1946	1950	1956	1961	1966	1970	1973	1978	1979	1980
σ	1034	1229	1142	1133	1127	1105	1101	1090	1099	1096	1092

Der Rückgang des Frauenüberschusses bis zum Jahr 1910 beruht im wesentlichen auf dem stärkeren Absinken der Säuglingssterblichkeit bei den männlichen Geborenen. Das starke Ansteigen des Frauenüberschusses nach den beiden Weltkriegen ist auf die stärkeren Verluste der Männer zurückzuführen.

9.3.2.2 Gliederung nach dem Alter

Das Lebensalter stellt das wichtigste demographische Merkmal dar, nach dem eine gegebene Bevölkerung gegliedert werden kann, da die Fortpflanzungstätigkeit und die Sterblichkeit und damit das Bevölkerungswachstum eng mit dem Lebensalter verbunden sind.

Das Lebensalter einer Person ist die Zeitdauer, die von der Geburt bis zum jeweiligen Stichtag verstrichen ist. Man kann diese Größe exakt angeben, beispielsweise 2 Jahre und 42 Tage = 2,115 Jahre. In der Regel werden aber ganzzahlige Werte zur Angabe des Lebensalters verwendet. Da das Alter ein quantitativ-stetiges Merkmal ist, benötigt man zur Beschreibung von Altersangaben von Bevölkerungen eine Klasseneinteilung. Am einfachsten ist die Bildung von Einjahres-Klassen:

$$x := [x, x+1), \quad x = 0,1,2,....$$

In dieser Klasse sind alle Personen zusammengefaßt, die x vollendete Lebensjahre zählen.

Man kann aber auch andere Klasseneinteilungen wählen, etwa Fünfjahres-Klassen:

$$x := [x, x+5), \quad x = 0,5,10,....$$

Das bekannteste Darstellungsmittel für die Altersstruktur einer Bevölkerung sind die **Alterspyramiden**. Diese Darstellung läßt Faktoren erkennen, die den Altersaufbau der Bevölkerung in der Vergangenheit beeinflußten.

Ausgangspunkt bildet ein Koordinatensystem, auf dessen Ordinatenachse die Altersklassen (etwa in Jahresintervallen) aufgetragen werden. Auf der Abszissenachse mißt man den zu den Altersklassen an einem Stichtag beobachteten Personenbestand. Der Umfang der Bestände wird für jede Altersgruppe als Rechteckfläche dargestellt, dessen Länge proportional zur jeweiligen Besetzungszahl ist. Schichtet man diese liegenden Rechtecke aufeinander, so erhält man ein Histogramm der Altersverteilung der Bevölkerung.Dieser Altersaufbau soll mit der Geschlechtsaufgliederung kombiniert werden. Daher wird jedes Rechteck in zwei Teilrechtecke zerlegt, deren Flächen (Längen bei gleicher Klassenbreite) proportional zum Bestand der entsprechenden geschlechtsspezifischen Altersklassen sind. Zur Alterspyramide gelangt man dadurch, daß man diese Teilrechtecke nach beiden Seiten der Ordinatenachse aufträgt. Hierbei pflegt man das männliche Geschlecht auf der linken und das weibliche Geschlecht auf der rechten Seite der Ordinatenachse abzutragen.

Obwohl solche Alterspyramiden verschiedene Formen besitzen können, haben sie gewisse Charakteristika gemeinsam. Je höher die Altersklasse, desto weiter liegt das Geburtsjahr zurück. Da ein Geburtsjahrgang bis zum heutigen Tag der Sterblichkeit um so länger ausgesetzt war, je weiter er zurückliegt, verjüngt sich daher die Pyramide nach oben hin.

Die Schnelligkeit dieser Verjüngung, d.h. die Besetzungszahlen der oberen Altersklassen hängen von Art und Umfang der Sterblichkeit, der Fruchtbarkeit und der Wanderungen der Bevölkerung ab.

Die Schnelligkeit dieser Verjüngung, d.h. die Besetzungszahlen der oberen Altersklassen hängen von Art und Umfang der Sterblichkeit, der Fruchtbarkeit und der Wanderungen der Bevölkerung ab.

Ein weiteres Merkmal ist die Unsymmetrie der beiden Pyramidenflügel. Während in den jüngeren Altersklassen das männliche Geschlecht überwiegt, gleicht sich dies mit steigendem Alter aus und geht schließlich in einen Frauenüberschuß über. Man kann drei Grundtypen von Alterspyramiden unterscheiden. Dazu wird angenommen, daß sich die Sterblichkeit im Zeitablauf nicht ändern soll und keine Wanderungen stattfinden.

a) Glockenförmiger Altersaufbau:

Es wird angenommen, daß die jährlichen Geburtenzahlen approximativ konstant seien. Da weiter zurückliegende Geburtenjahrgänge länger der Sterblichkeit ausgesetzt sind, verjüngt sich der Altersaufbau ständig immer mehr nach oben.

b) Pyramidenförmiger Altersaufbau:

Es wird angenommen, daß die absoluten Geburtenzahlen jährlich zunehmen. Dadurch erfolgt eine verstärkte Verjüngung nach oben, da die höheren Altersjahrgänge nicht nur länger der Sterblichkeit ausgesetzt sind, sondern auch noch aus schwächer besetzten Geburtsjahrgängen stammen.

c) Urnenförmiger Altersaufbau:

Jetzt wird angenommen, daß die Zahl der Geburten ständig abnimmt. Weiter zurückliegende Jahrgänge sind zwar umfangreicher, unterliegen aber länger der Sterblichkeit, daher können die Sterblichkeitseinflüsse, die zu einer Verjüngung führen, aufgehoben oder sogar überkompensiert werden. Es entsteht eine Art Urnenform der Alterspyramide.

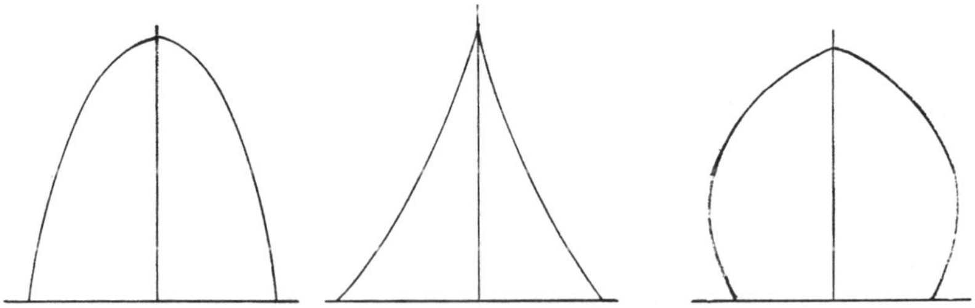

a) **glockenförmig** b) **pyramidenförmig** c) **urnenförmig**

Abb. 9.4: Verschiedene Formen des Altersaufbaus einer Bevölkerung

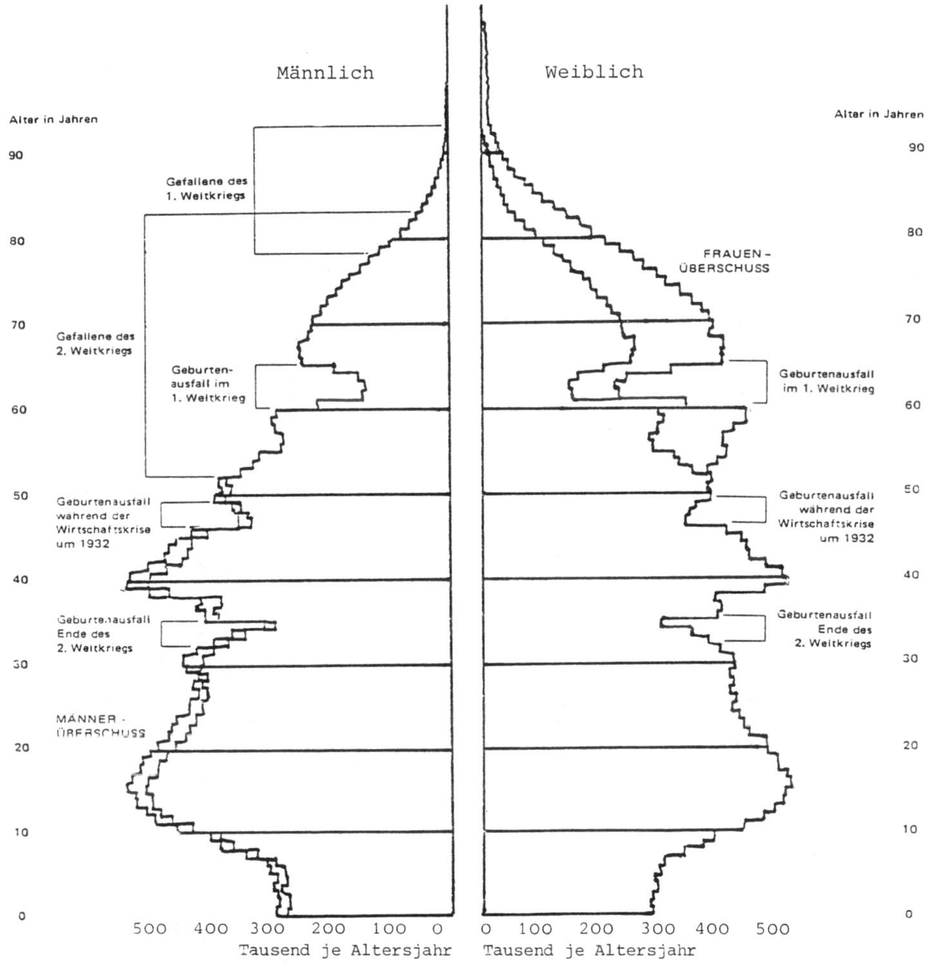

Abb. 9.5: Alterspyramide der Wohnbevölkerung der BRD
am 31.12.1979

Die Auswirkungen einiger spezieller Einflüsse auf den Alterssaufbau soll anhand der Alterspyramide für die BRD gezeigt werden. Die allmähliche Abnahme der Sterblichkeit bewirkt eine Aufblähung des mittleren und oberen Pyramidenteils, während das Absinken der Fruchtbarkeit der Bevölkerung zu einer Verschmälerung der Pyramidenbasis führt. Anhand der Alterspyramiden läßt sich der Einfluß einiger historischer Ereignisse auf die Bevölkerungsentwicklung erkennen. So lassen sich sowohl die vermehrten Sterbefälle infolge der Kriegsjahre (besonders der männlichen Bevölkerung) als auch der Geburtenrückgang während der Weltwirtschaftskrise und der beiden Weltkriege als Einbuchtungen in der Pyramide erkennen.

Die Bevölkerungsentwicklung des deutschen Volkes läßt sich durch den Vergleich der Alterspyramiden verschiedener Jahre sehr schön verfolgen.

Abb. 9.6: Altersaufbau der deutschen Bevölkerung der Jahres 1910, 1925 und 1939 für das Deutsche Reich und 1950 für die BRD.

Es zeigt sich, daß nur im Jahre 1910 von einer Pyramide gesprochen werden kann. Im Jahre 1925 erkennt man deutlich die Geburtenausfälle des 1. Weltkrieges sowie die männlichen Kriegsverluste (linksseitige Einbuchtung). Im Jahre 1939 kommt der Geburtenausfall während der Weltwirtschaftskrise als Einbuchtung bei den 5- bis 10-jährigen hinzu. Als Folge der Bevölkerungspolitik des Dritten Reiches verbreitert sich der Sockel der Pyramide. Im Jahre 1950 sind die eben geschilderten Besonderheiten alle um 11 Jahre nach oben gerückt. Zusätzlich lassen sich jetzt die Kriegsverluste des 2. Weltkrieges sowie der Geburtenausfall während dieser Zeit erkennen.

Man sieht, daß sich durch den Vergleich der Alterspyramiden einer Bevölkerung zu verschiedenen Zeitpunkten deutliche Veränderungen in der Altersstruktur erkennen lassen. Diese Änderungen werden noch deutlicher, wenn man nur einige wenige größere Altersgruppen betrachtet. Auf diese Weise läßt sich deutlich der Effekt einer ständigen Zunahme der Überalterung der deutschen Bevölkerung erkennen.

Tabelle 9.5: Altersaufbau der deutschen Bevölkerung:
1890, 1910, 1925 und 1939: Gebiet des Deutschen Reiches,
1950, 1960, 1972 und 1979: Gebiet der Bundesrepublik

	1890	1910	1925	1939	1950	1960	1972	1979
unter 6	15,4%	14,3%	11,4%	9,7%	8,2%	9,5%	8,2%	5,7%
[6 - 10)	8,8%	9,1%	4,4%	5,6%	6,3%	5,7%	6,7%	4,7%
[10 - 14)	8,8%	8,6%	7,9%	6,2%	7,4%	5,5%	6,3%	6,4%
[14 - 20)	11,9%	11,6%	12,5%	10,4%	8,9%	8,1%	8,2%	10,1%
[20 - 45)	34,3%	36,1%	38,8%	39,0%	35,8%	34,3%	34,8%	35,8%
[45 - 65)	15,6%	15,3%	19,3%	21,2%	24,1%	26,3%	22,1%	21,7%
über 65	5,1%	5,0%	5,7%	7,9%	9,3%	10,6%	13,7%	15,6%

kumulierte Häufigkeiten

	1890	1910	1925	1939	1950	1960	1972	1979
unter 6	15,4%	14,3%	11,4%	9,7%	8,2%	9,5%	8,2%	5,7%
[6 - 10)	24,2%	23,4%	15,8%	15,3%	14,5%	15,1%	14,9%	10,4%
[10 - 14)	33,0%	32,0%	23,7%	21,5%	21,9%	20,7%	21,2%	16,8%
[14 - 20)	44,9%	43,6%	36,2%	31,9%	30,8%	28,8%	29,4%	26,9%
[20 - 45)	79,3%	79,7%	75,0%	70,9%	66,6%	63,1%	64,2%	62,7%
[45 - 65)	94,9%	95,0%	94,3%	92,1%	90,7%	89,4%	86,3%	84,4%
über 65)	100,0%	100,0%	100,0%	100,0%	100,0%	100,0%	100,0%	100,0%

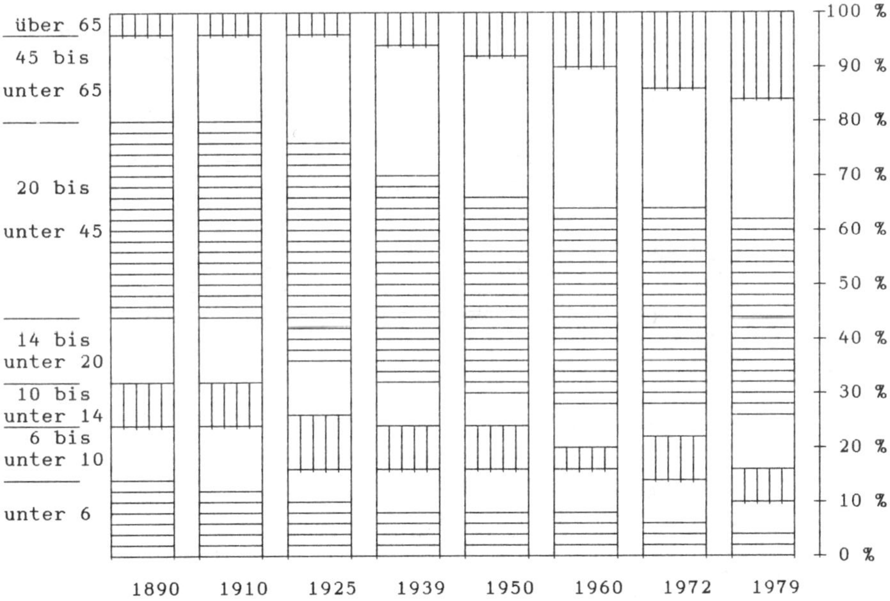

Abb. 9.7: Altersaufbau der deutschen Bevölkerung
Gebiet des Deutschen Reiches: 1890, 1910, 1925 und 1939;
Gebiet der Bundesrepublik: 1950, 1960, 1972 und 1979.

9.3.2.3 Gliederung der Bevölkerung nach der Erwerbsbeteiligung und dem Lebensunterhalt

Seit der Volkszählung 1961 wird die Stellung zum Erwerbsleben der Bevölkerung der BRD nach zwei verschiedenen Ordnungskriterien gegliedert: dem Erwerbs- und dem Unterhaltskonzept.

Das Erwerbskonzept gliedert die Personen nach der Beteiligung am Erwerbsleben wie folgt:

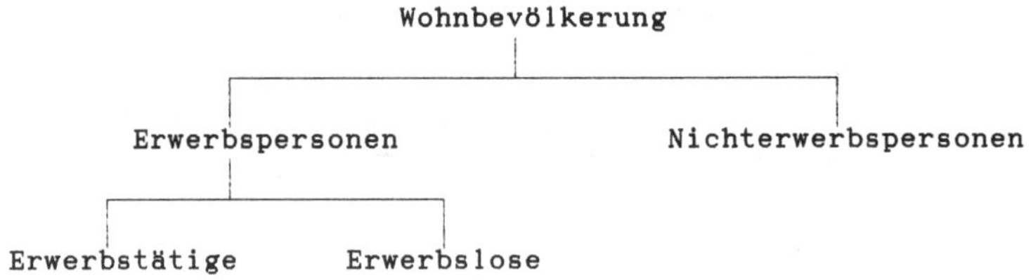

Erwerbstätige sind Personen, die irgendeinem Erwerb nachgehen. Es fallen in diese Gruppe alle Personen, die überhaupt am volkswirtschaftlichen Produktionsprozeß beteiligt sind, unabhängig vom Umfang ihrer Tätigkeit und unabhängig davon, ob die Tätigkeit der Bestreitung ihres Lebensunterhalts dient.

Als **Erwerbslose** werden diejenige Personen bezeichnet, die keiner Erwerbstätigkeit nachgehen, jedoch eine solche Tätigkeit suchen. Von ihnen zu unterscheiden sind die Arbeitslosen. Hierunter fallen alle Personen, die ein Arbeitsgesuch beim Arbeitsamt gestellt haben und zur Zeit keine oder nur eine geringfügige Nebentätigkeit ausüben. Es ist demnach möglich, daß eine Person arbeitslos, aber nicht erwerbslos ist. Andererseits ist es auch möglich, daß ein Erwerbsloser nicht arbeitslos ist (noch nicht schulentlassene Stellensuchende).

Unter **Nichterwerbspersonen** versteht man normalerweise nicht erwerbstätige und sich gegenwärtig auch nicht um eine Arbeitsstelle bemühende Personen, z.B. "Schulkinder", "NurHausfrauen". Nach dem Unterhaltskonzept wird die Bevölkerung nach den Hauptunterhaltsquellen gegliedert in:

Personen mit überwiegendem Unterhalt durch:

- **Erwerbstätigkeit,**
- **Arbeitslosenunterstützung,**
- **Rente und dergleichen (Sozialhilfe, Vermögen) und**
- **Angehörige.**

Die Kombination des Erwerbs- und Unterhaltskonzeptes vermittelt Aufschlüsse darüber, wie hoch der Anteil der Erwerbspersonen an der Bevölkerung ist und wie sich die Hauptunterhaltsstruktur der Erwerbstätigen, Erwerbslosen und Nichterwerbspersonen unterscheidet (vgl. Tabelle 9.6).

Die Bevölkerung ist in der Summenspalte nach dem Erwerbskonzept und in der Summenzeile nach dem Unterhaltskonzept gegliedert. In der Summenspalte wird angegeben, daß 43,42 % der Bevölkerung zu ihrem Lebensunterhalt durch eigene Erwerbstätigkeit beitragen. Man bezeichnet diese Gliederungszahl als allgemeine Erwerbsquote, weil sie den Anteil der Erwerbspersonen an der Wohnbevölkerung angibt.

$$\text{allgemeine Erwerbsquote} = \frac{\text{Zahl der Erwerbspersonen}}{\text{Wohnbevölkerung}} \cdot 100$$

Allerdings lebt ein Teil dieser Erwerbspersonen nicht von dem Entgelt für ihre Tätigkeit, sondern von Rente und dergleichen bzw. von Angehörigen, was bedeutet, daß die soziale Belastung der Personen, die überwiegend ihren Lebensunterhalt aus Erwerbstätigkeit beziehen, wesentlich höher ist. Auf einen hauptberuflich Erwerbstätigen entfielen

$$1972\colon \frac{43{,}29}{40{,}12} = 1{,}08; \quad 1980\colon \frac{40{,}09}{40{,}27} = 1{,}00; \quad 1982\colon \frac{38{,}72}{40{,}17} = 0{,}96$$

Angehörige und

$$1972\colon \frac{16{,}44}{40{,}12} = 0{,}41; \quad 1980\colon \frac{19{,}00}{40{,}27} = 0{,}47; \quad 1982\colon \frac{19{,}68}{40{,}17} = 0{,}49$$

berufslose Rentenempfänger.

Zur Kennzeichnung der Erwerbsintensität eignet sich als besondere Gliederungszahl die spezifische Erwerbsquote besser als die allgemeine Erwerbsquote

$$\text{spezifische Erwerbsquote} := \frac{\text{Zahl der Erwerbspersonen}}{\text{Bevölk. im Alter von 15-65 J.}} \cdot 100$$

Da aber Geschlecht, Alter und Familienstand ebenfalls wichtige Faktoren für die Größe der allgemeinen Erwerbsquote darstellen, erscheint eine Berechnung von besonderen Erwerbsquoten für eine so gegliederte Bevölkerung sinnvoll. Diese besonderen Erwerbsquoten hängen wiederum maßgeblich von der Wirtschaftsstruktur ab (etwa dem Anteil der Landwirtschaft an der Erwerbstätigkeit der Frauen), von gesetzlichen Bestimmungen (Altersgrenze, Sozialversicherung, Verbot der Kinderarbeit), von der Ausbildungsdauer und den Ausbildungsmöglichkeiten. So wird sich die Erwerbsbeteiligung in den unteren Altersklassen zwischen Männern und Frauen nicht wesentlich unterscheiden. Jedoch mit zunehmendem Alter wird der Anteil der erwerbstätigen Frauen zurückgehen, während der Anteil der Männer zunächst ansteigt, um mit dem 40. Lebensjahr einen Höhepunkt zu erreichen, und dann allmählich abfällt.

Tabelle 9.6: Gliederung der Bevölkerung der BRD (einschl. West-Berlin) nach der Beteiligung am Erwerbsleben und nach der überwiegenden Unterhaltsquelle

Beteiligung am Erwerbsleben	Personen mit überwieg. Lebensunterhalt durch												Summe		
	Erwerbstätigkeit			Arbeitslosengeld und -hilfe			Rente und dgl.			Angehörige					
	Absolute Zahlen in 1.000														
	1972	1980	1982	1972	1980	1982	1972	1980	1982	1972	1980	1982	1972	1980	1982
Erwerbstätige	24716	24772	24769	(2)	(3)	6	509	365	395	1633	1734	1664	26860	26874	26774
Erwerbslose	x	x	x	94	388	887	41	129	208	72	249	475	207	766	1560
Nichterwerbspersonen	x	x	x	x	x	x	9577	11195	11590	24961	22682	21736	34538	33877	33326
Summe	24716	24772	24769	96	391	883	10127	11689	12133	26666	24662	23875	61605	61517	61660
Gliederung nach der Unterhts.-quelle	Von 100 Personen mit überwiegendem Lebensunterhalt durch												waren		
	1972	1980	1982	1972	1980	1982	1972	1980	1982	1972	1980	1982	1972	1980	1982
Erwerbstätige	10000	10000	10000	2,08	0,77	0,68	5,03	1,12	2,76	6,12	7,03	697	43,60	43,69	43,42
Erwerbslose	x	x	x	97,92	99,23	99,32	0,40	1,10	1,71	0,27	1,01	1,99	0,34	1,25	2.53
Nichterwerbspersonen	x	x	x	x	x	x	94,57	95,77	95,52	93,61	91,97	91,04	56,06	55,07	54,05
Summe	10000	10000	10000	10000	10000	10000	10000	99,99	99,99	10000	100,01	100000	10000	100,01	10000
Gliederung der Beteiligung am Erwerbsleben	Von 100 Personen nach der Beteiligung am Erwerbsleben entfielen auf die Gruppe nach dem überwiegenden Lebensunterhalt														
	1972	1980	1982	1972	1980	1982	1972	1980	1982	1972	1980	1982	1972	1980	1982
Erwerbstätige	92,02	92,18	92,51	0,01	0,01	0,02	1,90	1,36	1,25	6,08	6,45	6,21	100,00	100,00	99,99
Erwerbslose	x	x		45,41	50,65	56,22	19,81	16,84	13,33	34,78	32,51	30,45	100,00	100,00	100,00
Nichterwerbspersonen	x	x		x	x		27,73	33,05	34,78	72,27	66,95	65,22	100,00	100,00	100,00
Summe	40,12	40,27	40,17	0,16	0,64	1,43	16,44	19,00	19,68	43,29	40,09	38,72	100,01	100,00	100,00

Alter	Erwerbsquoten (in %) 1972		Erwerbsquoten (in %) 1980	
	männlich	weiblich	männlich	weiblich
[15 - 20)	62,1	60,4	48,5	41,4
[20 - 25)	83,6	67,0	82,0	71,1
[25 - 30)	93,0	53,4	90,2	62,5
[30 - 35)	98,1	48,1	97,3	56,2
[35 - 40)	98,7	48,5	98,3	55,4
[40 - 45)	98,4	50,0	98,1	54,9
[45 - 50)	96,7	50,7	96,8	52,2
[50 - 55)	93,9	46,5	93,3	47,1
[55 - 60)	86,2	36,0	82,3	38,7
[60 - 65)	68,5	17,7	44,2	13,0
[über 65	15,0	5,7	7,4	3,0
insgesamt	77,5	39,1	58,4	32,6

Tabelle 9.7: Alters- und geschlechtsspezifische Erwerbsquoten im April 1972 (Statistisches Jahrbuch 1974, S. 135) und im April 1980 (Statistisches Jahrbuch 1981, S. 94).

9.4 Bewegungsmassen

9.4.1 Die zeitliche Veränderung einer Bevölkerungsstruktur

Während im vorigen Abschnitt der Zustand einer Bevölkerung zu einem bestimmten Zeitpunkt beschrieben wurde, soll jetzt untersucht werden, welche Prozesse die zeitlichen Veränderungen einer Bevölkerungsstruktur bewirken. Die drei wichtigsten Prozesse, die eine zeitliche Veränderung der Bevölkerungsstruktur bewirken, sind die Sterblichkeit, die Fruchtbarkeit und die Heirat. Daneben gibt es noch eine Reihe weiterer Faktoren, die eine zeitliche Veränderung bewirken, etwa die geographische Mobilität, die Arbeitsmobilität, die Haushaltsbildung und -auflösung, die Gesundheit und andere. Im folgenden soll nur der Einfluß der Sterblichkeit näher untersucht werden, da dies der am einfachsten zu analysierende demographische Vorgang ist.

Zunächst muß eine Möglichkeit angegeben werden, um die Intensität der Sterblichkeit zu messen. Dazu wird man eine Beziehungszahl konstruieren, indem man die Anzahl der Ereignisse für einen bestimmten Zeitraum auf die Anzahl derjenigen Einheiten bezieht, bei denen diese Ereignisse eintreten können. Man wird also Sterbeziffern konstruieren, indem man die Gestorbenen eines Jahres auf 1.000 Personen der Gesamtbevölkerung zur Jahresmitte bezieht, also

$$m = \frac{D}{P} \cdot 1\,000, \tag{8.6}$$

mit

D := Anzahl der Gestorbenen in einem bestimmten Kalenderjahr

P := Bevölkerungsbestand zur Jahresmitte eines bestimmten Kalenderjahres.

Diese Sterbeziffer wird als "**rohe Sterbeziffer**" bezeichnet, weil sie sich auf die undifferenzierte Gesamtbevölkerung bezieht. Früher waren rohe Sterbeziffern um 40 normal, während sie heute in den entwickelten Ländern ungefähr zwischen 7 und 15 liegen. Die rohen Sterbeziffern haben den Vorteil, daβ sie sich relativ leicht ermitteln lassen, allerdings besitzen sie den Nachteil, daβ durch diese Beziehungszahl verschiedene Bevölkerungsgruppen mit unterschiedlicher Sterbeneigung vermengt werden. Verfolgt man die zeitliche Entwicklung roher Sterbeziffern für die Bevölkerung eines bestimmten Gebietes, so fällt ihre sinkende Tendenz auf.

Beispiel 9.4: Entwicklung der rohen Sterbeziffern für Schweden

Jahr	1750	1820	1865	1910	1950
rohe Sterbeziffer m	30	25	20	15	10

Der Rückgang der Sterblichkeit beruht im wesentlichen auf medizinischen und ökonomischen Fortschritten.

Beispiel 9.5: Entwicklung der rohen Sterbeziffern in Deutschland

a) Gebiet des Deutschen Reiches

Jahr	1845	1860	1880	1900	1910	1920	1930	1939
m	25,3	23,2	26,0	22,1	16,2	15,1	11,0	12,3

b) Gebiet der Bundesrepublik

Jahr	1946	1950	1954	1958	1960	1962	1966	1968
m	13,0	10,5	10,7	11,0	11,6	12,3	11,5	12,2

Jahr	1969	1970	1975	1976	1980
m	12,2	12,1	12,1	11,9	11,6

Dieses Beispiel zeigt eine steigende Tendenz der rohen Sterbeziffern in der BRD zwischen 1950 und 1969. Man könnte nun vermuten, daß die Sterbeintensität in diesem Zeitraum in der BRD gestiegen sei. Dies ist aber ein Trugschluß, denn die ansteigenden Sterbeziffern sind auf die fortschreitende Überalterung der Bevölkerung in der BRD zurückzuführen. Um den Einfluß der Altersstruktur der Bevölkerung zu eliminieren, kann man entweder auf eine bestimmte Bevölkerungsstruktur standardisieren, oder man muß von den rohen Sterbeziffern zu spezifischen Sterbeziffern übergehen. Diese beziehen sich auf bestimmte Subpopulationen der Bevölkerung, die bezüglich ihrer Sterbeintensität relativ homogen sind. Wählt man etwa die Bevölkerungsstruktur des Jahres 1970 als Standard, so ergibt sich für die Entwicklung dieser standardisierten Sterbeziffer folgende Zeitreihe

Jahr	1950	1960	1969	1970	1975	1980
rohe Sterbeziffer	10,5	11,6	12,2	12,1	12,1	11,6
standardisierte Sterbeziffer	13,6	13,0	12,4	12,1	11,4	9,9

Die wichtigste spezifische Sterbeziffer erhält man durch eine Unterteilung der Bevölkerung in Altersklassen. Dies führt zu den **altersspezifischen** Sterbeziffern

(8.7)
$$m_x = \frac{D_x}{P_x} \cdot 1\,000,$$

mit

D_x := Anzahl der Gestorbenen der Altersklasse x in einem bestimmten Kalenderjahr,

P_x := Bevölkerungsbestand der Altersklasse x zur Jahresmitte eines bestimmten Kalenderjahres und

m_x := altersspezifische Sterbeziffer der x-ten Altersklasse.

Die altersspezifischen Sterbeziffern zeigen in Abhängigkeit vom Alter x einen charakteristischen U-förmigen Verlauf. Beginnend mit dem ersten Lebensjahr sinken die Sterbeziffern rasch bis zu einem Minimum, das ungefähr im zehnten Lebensjahr erreicht wird. Danach steigt die Sterbeziffer zunächst langsam wieder an, um in den höheren Altersklassen, etwa vom sechzigsten Lebensjahr an, stark anzusteigen (vgl. Abb. 9.8).

Ein wichtiges Hilfsmittel zur Beschreibung der Lebensgeschichte eines Geburtsjahrganges von Personen (einer Kohorte) bilden die Sterbetafeln. Sie stellen eine Art Protokoll dar über den durch die Sterblichkeit bedingten Abbau der Ausgangskohorte. Sterbetafeln sollen die folgenden Fragen beantworten:

a) Wie kann die Wahrscheinlichkeit abgeschätzt werden, ausgehend von einem vorgegebenem Alter mindestens ein höheres Alter zu erreichen?

b) Wie groß ist die Wahrscheinlichkeit einer x-jährigen Person, innerhalb des nächsten Altersjahres zu sterben?

c) Wieviel Jahre kann eine x-jährige Person erwarten, noch am Leben zu bleiben?
Speziell: Wie groß ist die Lebenserwartung eines Neugeborenen?

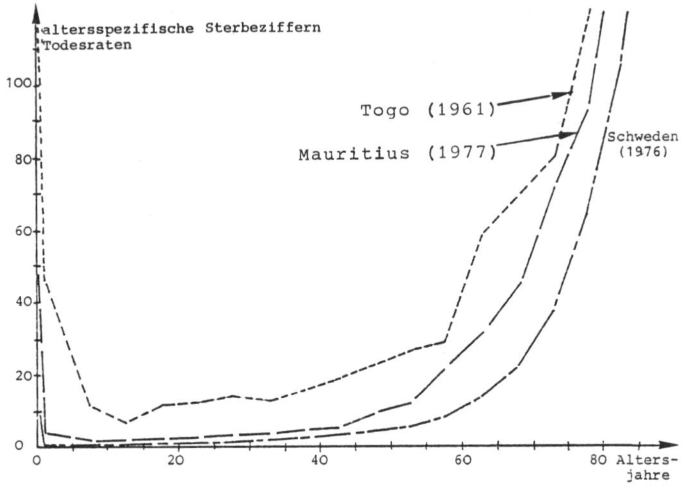

Abb. 9.8: Altersspezifische Sterbeziffern
(Quelle: Demographic Yearbook, UN, 1978, Tab. 20)
rohe Sterbeziffern für
Togo (1961): 29,0; Mauritius (1977): 7,9;
Schweden (1976): 11,0.

Die Beantwortung dieser Fragen ist von großer theoretischer und praktischer Bedeutung. Voraussagen über den zukünftigen Bevölkerungsbestand hängen vom Überlebensverhalten der einzelnen Individuen ab. Für Versicherungsgesellschaften sind diese Fragen wesentlich für die Tarifgestaltung.

Grundsätzlich gibt es zwei Möglichkeiten für die Aufstellung von Sterbetafeln:

1. Die Generationen-Sterbetafel

Bei diesem Verfahren betrachtet man eine effektive Ausgangsgesamtheit, etwa eine Kohorte von l_0 im Laufe des Kalenderjahres t_0 geborener Individuen. Diese Kohorte wird bis zu ihrem völligen Verschwinden beobachtet. Dabei unterstellt man, daß die Kohorte abgeschlossen sei gegenüber Ein- und Auswanderungen, d.h. man kann die Kohorte nur durch den Tod verlassen. Hierbei handelt es sich um eine echte Längsschnittanalyse, und die Generationen-Sterbetafel kann erst dann erstellt werden, wenn alle Kohortenmitglieder gestorben sind. Damit dürfte diese Möglichkeit für die Erstellung einer Sterbetafel praktisch nicht gangbar sein, da einmal der Beobachtungszeitraum zu lang ist, zum anderen sich über diesen langen Zeitraum hinweg die Sterblichkeitsverhältnisse geändert haben. Für viele andere statistische Zwecke ist jedoch der Grundgedanke der Kohortenanalyse durchaus sinnvoll.

Beispiel 9.4: (Generationen-Sterbetafel)

Nach R. Pressat [L'Analyse Démographique. Concepts-Méthods-Résultats, deuxi|me édition, Paris 1969].

Von l_0 = 100 000 Frauen, geboren 1820 in Frankreich,

starben im ersten Lebensjahr 15 270,
im zweiten Lebensjahr 5 253,
im dritten Lebensjahr 2 941,
. . . . ,
. . . . ,
im hundertsten Lebensjahr 14.

Bestimmung der überlebenden Frauen:

$$l_0 = 100\ 000,$$

$$l_1 = l_0 - d_0 = 100\ 000 - 15\ 270 = 84\ 730,$$

$$l_2 = l_1 - d_1 = 84\ 730 - 5\ 253 = 79\ 477,$$

$$l_3 = l_2 - d_2 = 79\ 477 - 2\ 941 = 76\ 536,$$

.
.
.
usw.

Die einjährigen Sterbewahrscheinlichkeiten q_x berechnen sich daraus wie folgt:

$$q_0 = \frac{d_0}{l_0} = \frac{15\ 270}{100\ 000} = 0{,}1527,$$

$$q_1 = \frac{d_1}{l_1} = \frac{5\ 253}{84\ 730} = 0{,}0620,$$

$$q_2 = \frac{d_2}{l_2} = \frac{2\,941}{79\,477} = 0{,}0370,$$

.

.

.

usw.

2. **Die Perioden-Sterbetafel**

Dies ist der weitaus häufiger verwendete Typ einer Sterbetafel. Es handelt sich hierbei um eine Querschnittsanalyse, bei der die Sterbeverhältnisse eines relativ kurzen Zeitraumes analysiert werden. Die Perioden-Sterbetafel beantwortet die Frage:

> Wie würde sich die augenblicklichen Sterbeverhältnisse auf die Überlebenswahrscheinlichkeiten einer hypothetischen Kohorte auswirken?

Um eine Perioden-Sterbetafel zu erstellen, geht man von den in einem Kalenderjahr herrschenden Sterblichkeitsverhältnissen aus. Diese werden durch die **altersspezifischen Sterbeziffern m_x** gekennzeichnet. Ihre Anwendung auf das Überlebensverhalten einer fiktiven Kohorte ergibt die Perioden-Sterbetafel. Um einer Entstellung durch den Zufall vorzubeugen, wählt man in der Regel drei benachbarte Jahre als Beobachtungszeitraum zur Bestimmung der altersspezifischen Sterbeziffern.

Um eine Sterbetafel aufstellen zu können, benötigt man die einjährigen altersspezifischen Sterbewahrscheinlichkeiten:

q_x :=	Wahrscheinlichkeit, daβ eine Person im Alter von genau x Jahren vor Erreichen des (x+1)-ten Jahres stirbt.

Wenn man die Werte für q_x kennt, kann man von der Kohorte l_0 ausgehend die jeweiligen Überlebenden des Alter x bestimmen.

Man kann die Gesamtheit der Kohorte l_0 = 100 000 als Überlebende im Alter von x = 0 Jahren betrachten. Von diesen stirbt bis zum Alter von einem Jahr (x = 1) die Teilgesamtheit $d_0 = l_0 \cdot q_0$. Die Größe d_0 bezeichnet somit die im Altersintervall [0,1) aufgetretenen Sterbefälle. Die Anzahl der Überlebenden beträgt $l_1 = l_0 - d_0$. Definiert man die Größe $p_0 = 1 - q_0$ als einjährige altersspezifische Überlebenswahrscheinlichkeit, dann kann man l_1 auch in der Form $l_1 = l_0 \cdot p_0$ erhalten.

Allgemein bezeichnet

d_x := die Anzahl der im Alter [x,x+1) gestorbenen Personen, und l_x := die Anzahl der Personen, die mindestens das Alter x erreichen.

Es gilt dann

(9.16) $$d_x = l_x q_x, \text{ und}$$

(9.17) $$l_{x+1} = l_x - d_x = l_x - l_x q_x$$
$$= l_x(1 - q_x) = l_x p_x.$$

Da alle Menschen einmal sterben müssen, gilt $\sum_{x=0}^{w} d_x = l_0$, wobei w+1 das maximal mögliche Alter bezeichnet. Ausgehend von l_0 läßt sich sich mit Hilfe der Größen d_x, l_x und $q_x = d_x/l_x$ das Überlebens- und Sterbeverhalten einer Generation vollständig beschreiben. In der Regel sind aber nicht die altersspezifischen einjährigen Sterbewahrscheinlichkeiten q_x bekannt, sondern nur die altersspezifischen Sterbeziffern m_x. Es müssen also zunächst die Werte q_x aus den Werten für m_x bestimmt werden. Man bezeichnet mit

E_x := die Anzahl der Personen der beobachteten Bevölkerung, die das exakte Alter x erreichen.

Die einjährige altersspezifische Sterbewahrscheinlichkeit q_x bezieht die Todesfälle, welche E_x Personen im Altersintervall [x,x+1) erleiden, auf diese Personenmenge. Die Anzahl dieser Todesfälle kann man durch D_x (= Anzahl der Todesfälle in der Altersgruppe x) approximieren und erhält somit

(9.18) $$q_x = \frac{D_x}{E_x}.$$

Unter der Annahme, daß die Todesfälle im Altersintervall [x,x+1) gleichmäßig verteilt sind, läßt sich die Größe E_x ersetzen durch

$$E_x = P_x + \frac{1}{2} D_x.$$

P_x stellt den Bevölkerungsbestand der Altersgruppe x zur Jahresmitte dar. Zu diesem kommen noch diejenigen Personen hinzu, die in der ersten Hälfte des Jahres gestorben sind. Setzt man dies ein, so erhält man

$$q_x = \frac{D_x}{E_x} = \frac{D_x}{P_x + \frac{1}{2}D_x} = \frac{D_x/P_x}{1 + \frac{1}{2}(D_x/P_x)} = \frac{m_x}{1 + \frac{1}{2}\cdot m_x} .$$

Ein Vergleich zeigt, daß die altersspezifische Sterbeziffer m_x größer ist als die entsprechende einjährige altersspezifische Sterbewahrscheinlichkeit q_x. Der Grund dafür besteht darin, daß im Nenner von m_x jene Personen fehlen, die im ersten Halbjahr sterben, jedoch im Nenner von q_x eingeschlossen sind, d.h. im Nenner von m_x stehen im Durchschnitt (x + 1/2)-jährige Personen, während im Nenner von q_x genau x-jährige Personen stehen.

Es wird sodann eine weitere, sich auf das Intervall [x,x+1) beziehende Sterbetafelfunktion definiert. Es bezeichne

L_x := die Anzahl der von allen Überlebenden x-jährigen Personen bis zum Alter x+1 durchlebten Jahre.

Man bezeichnet L_x auch als die Anzahl der im Intervall [x,x+1) verlebten Personenjahre. Alle Personen l_x, die das Alter x erreicht hatten und auch ihren (x+1)-ten Geburtstag erleben, tragen zur Größe L_x ein volles Lebensjahr bei. Es sterben aber d_x Personen vor Erreichen ihres (x+1)-ten Geburtstages. Unter der Annahme, daß die Todesfälle gleichmäßig verteilt sind, leben diese Personen im Durchschnitt ein halbes Jahr.
Man erhält somit

$$L_x = 1\cdot l_{x+1} + \frac{1}{2}\, d_x, \text{ und wegen } d_x = l_x - l_{x+1} \text{ folgt}$$

(9.19)
$$L_x = l_{x+1} + \frac{1}{2}\,(l_x - l_{x+1}) = \frac{1}{2}\,(l_x + l_{x+1})$$
$$= \frac{1}{2}\, l_x + \frac{1}{2}\,(l_x - d_x) = l_x - \frac{1}{2}\, d_x .$$

Es bezeichnet

T_x := die Gesamtzahl der von den Überlebenden des Alters x noch zu durchlebenden Jahren.

T_x ist dann gleich der Summe der Größen $L_x, L_{x+1}, L_{x+2}, \ldots$, d.h

(9.20)
$$T_x := \sum_{y=x}^{w} L_y ,$$

wobei w wieder das maximal mögliche Alter bezeichnet. Man kann die Größe T_0 auch als gewichtetes arithmetisches Mittel aus den Klassenmitten x_i^m und den zugehörigen Werten $d_x = l_x q_x$ in der Form

$$T_0 = \sum_{i=0}^{w} d_i x_i^m$$

berechnen. Dividiert man die Größe T_x durch die Anzahl der Überlebenden des Alters x, nämlich l_x, dann erhält man

(9.21) $$e_x = \frac{T_x}{l_x},$$

die **durchschnittliche Lebenserwartung** einer x-jährigen Person. Dies stellt die mittlere Anzahl von Jahren dar, die eine zur Zeit x-jährige Person noch bis zu ihrem Tod erleben wird.

Wegen $L_x = \frac{1}{2}(l_x + l_{x+1})$ läßt sich die Größe T_x berechnen in der Form

$$T_x = \frac{1}{2} l_x + \sum_{y=x+1}^{w} l_y.$$

Damit läßt sich die durchschnittliche zukünftige Lebenserwartung in der Form

$$e_x = \frac{T_x}{l_x} = \frac{1}{2} + \frac{1}{l_x} \cdot \sum_{y=x+1}^{w} l_y$$

berechnen. Speziell für einen Neugeborenen erhält man

$$e_0 = \frac{1}{2} + \frac{1}{l_0} \cdot \sum_{y=1}^{w} l_y.$$

Eine Übersicht über die höchsten und niedrigsten mittleren Lebenserwartungen von Neugeborenen in verschiedenen Ländern dieser Erde zeigt die folgende Übersicht [Quelle: UN, Demographic Yearbook 1978, Seite 396-417]:

weiblich		männlich	
Island	79,2	Island	73,0
Norwegen	78,42	Japan	72,15
Niederlande	78,4	Norwegen	72,12
Schweden	77,75	Schweden	72,10
Japan	77,35	Niederlande	72,0
.		.	
.		.	
.		.	
.		.	
Laos	41,8	Guinea	39,4
Afghanistan	40,7	East Timor	39,2
Bhutan	40,5	Laos	39,1
Äthiopien	40,1	Jemen	40,4
Jemen	42,5	Äthiopien	37,0
Togo	28,5	Togo	31,6

Tabelle 9.7: Werte von e_0 für verschiedene Länder

Beispiel 9.7: (Perioden-Sterbetafel)

Gegeben seien die folgenden einjährigen altersspezifischen Sterbewahrscheinlichkeiten

q_0 = 0,0353; q_1 = 0,0023; q_2 = 0,0014; q_3 = 0,0010;

q_4 = 0,0009; q_5 = 0,0008; q_6 = 0,0007.

1. Aus diesen Angaben soll die Perioden-Sterbetafel bestimmt werden. Man erhält

vollendetes Alter	Überlebende im Alter x	Gestorbene im Alter x bis unter x+1	Sterbe- wahrscheinlichkeit vom Alter x bis x+1	Über- lebens- wahrscheinlichkeit vom Alter x bis x+1	Anzahl der von den Überlebenden im Alter x bis x+1 durchlebten Jahre
x	$l_x=l_{x-1}p_{x-1}$	$d_x=l_x-l_{x+1}$ $=l_x \cdot q_x$	q_x	$p_x=1-q_x$	$L_x=l_x-\frac{1}{2}d_x$
0	100 000	3 530	0,0353	0,9647	98 235
1	96 470	222	0,0023	0,9977	96 359
2	96 248	135	0,0014	0,9986	96 181
3	96 113	96	0,0010	0,9990	96 065
4	96 017	86	0,0009	0,9991	95 974
5	95 931	77	0,0008	0,9992	95 893
6	95 854	67	0,0007	0,9993	95 821
7	95 787				

2. Wie groß ist die Wahrscheinlichkeit, daß ein neugeborenes Kind mindestens sechs Jahre alt wird?

$$p(6|0) = \frac{l_6}{l_0} = \frac{95\ 854}{100\ 000} = 0{,}95854, \quad \text{d.h. } 95{,}85\ \%.$$

3. Wie groß ist die Wahrscheinlichkeit, daß ein [0,1)-jähriges Kind sechs Jahre später für einen Schuleintritt in Frage kommt

$$\frac{L_6}{L_0} = \frac{95\ 821}{98\ 235} = 0{,}97542,$$

d.h. 97,54 % der [0,1)-jährigen Kinder erreichen das vollendete 6. Lebensjahr.

Der Unterschied zwischen Teil 2 und Teil 3 des Beispieles besteht darin, daß im 2. Teil ein **Zeitpunkt** betrachtet wird, während im 3. Teil die Größen auf einen **Zeitraum** bezogen sind.

Tabelle 9.8: Allgemeine Sterbetafel 1970/72

Vollendetes Alter	Männliche Bevölkerung						
	Überlebende im Alter x	Gestorbene im Alter x bis unter x + 1	Sterbe- wahrscheinlichkeit vom Alter x bis x + 1	Überlebens- wahrscheinlichkeit vom Alter x bis x + 1	Von den Überlebenden im Alter x bis zum Alter x + 1 durchlebte Jahre	Von den Überlebenden im Alter x insgesamt noch zu durchlebende Jahre	Durchschnittliche Lebenserwartung im Alter x in Jahren
x	l_x	d_x	q_x	$p_x=1-q_x$	L_x	T_x	e_x
Wochen		während einer Woche	für eine Woche				
0	100 000	1 787	0,01 787	0,98 213	1 765	6 740 662	67,41
1	98 213	134	0,00 136	0,99 864	1 748	6 738 897	68,61
2	98 079	59	0,00 060	0,99 940	1 746	6 737 149	68,69
3	98 020	41 [1]	0,00 042 [1]	0,99 958 [1]	2 927 [1]	6 735 403	68,71
Monate		während eines Monats	für einen Monat				
0	100 000	2 021	0,02 021	0,97 979	8 186	6 740 662	67,41
1	97 979	115	0,00 117	0,99 883	8 160	6 732 476	68,71
2	97 864	95	0,00 097	0,99 903	8 151	6 724 316	68,71
3	97 769	75	0,00 077	0,99 923	8 144	6 716 165	68,69
4	97 694	60	0,00 061	0,99 939	8 139	6 708 021	68,66
5	97 634	49	0,00 050	0,99 950	8 134	6 699 882	68,62
6	97 585	40	0,00 041	0,99 959	8 130	6 691 748	68,57
7	97 545	38	0,00 039	0,99 961	8 127	6 683 618	68,52
8	97 507	31	0,00 032	0,99 968	8 124	6 675 491	68,46
9	97 476	29	0,00 030	0,99 970	8 122	6 667 367	68,40
10	97 447	26	0,00 027	0,99 973	8 120	6 659 245	68,34
11	97 421	21	0,00 022	0,99 978	8 118	6 651 125	68,27
Jahre		während eines Jahres	für ein Jahr				
0	100 000	2 600	0,02 600	0,97 400	97 655	6 740 662	67,41
1	97 400	151	0,00 155	0,99 845	97 325	6 643 007	68,20
2	97 249	97	0,00 100	0,99 900	97 201	6 545 682	67,31
3	97 152	85	0,00 088	0,99 912	97 110	6 448 481	66,38
4	97 067	78	0,00 080	0,99 920	97 028	6 351 371	65,43
5	96 989	71	0,00 073	0,99 927	96 954	6 254 343	64,49
6	96 918	64	0,00 066	0,99 934	96 886	6 157 389	63,53
7	96 854	59	0,00 061	0,99 939	96 825	6 060 503	62,57
8	96 795	54	0,00 056	0,99 944	96 768	5 963 678	61,61
9	96 741	49	0,00 051	0,99 949	96 717	5 866 910	60,65
10	96 692	45	0,00 047	0,99 953	96 670	5 770 193	59,68
11	96 647	43	0,00 044	0,99 956	96 626	5 673 523	58,70
12	96 604	43	0,00 044	0,99 956	96 583	5 576 897	57,73
13	96 561	46	0,00 048	0,99 952	96 538	5 480 314	56,75
14	96 515	56	0,00 058	0,99 942	96 487	5 383 776	55,78
15	96 459	76	0,00 079	0,99 921	96 421	5 287 289	54,81
16	96 383	110	0,00 114	0,99 886	96 328	5 190 868	53,86
17	96 273	155	0,00 161	0,99 839	96 196	5 094 540	52,92
18	96 118	191	0,00 199	0,99 801	96 023	4 998 344	52,00
19	95 927	195	0,00 203	0,99 797	95 830	4 902 321	51,10
20	95 732	191	0,00 200	0,99 800	95 637	4 806 491	50,21
21	95 541	184	0,00 193	0,99 807	95 449	4 710 854	49,31
22	95 357	175	0,00 184	0,99 816	95 270	4 615 405	48,40
23	95 182	166	0,00 174	0,99 826	95 099	4 520 135	47,49
24	95 016	158	0,00 166	0,99 834	94 937	4 425 036	46,57
25	94 858	153	0,00 161	0,99 839	94 782	4 330 099	45,65
26	94 705	150	0,00 158	0,99 842	94 630	4 235 317	44,72
27	94 555	150	0,00 159	0,99 841	94 480	4 140 687	43,79
28	94 405	152	0,00 161	0,99 839	94 329	4 046 207	42,86
29	94 253	156	0,00 165	0,99 835	94 175	3 951 878	41,93
30	94 097	160	0,00 170	0,99 830	94 017	3 857 703	41,00
31	93 937	164	0,00 175	0,99 825	93 855	3 763 686	40,07
32	93 773	169	0,00 180	0,99 820	93 689	3 669 831	39,14
33	93 604	175	0,00 187	0,99 813	93 517	3 576 142	38,21
34	93 429	184	0,00 197	0,99 803	93 337	3 482 625	37,28
35	93 245	196	0,00 210	0,99 790	93 147	3 389 288	36,35
36	93 049	211	0,00 227	0,99 773	92 944	3 296 141	35,42
37	92 838	228	0,00 246	0,99 754	92 724	3 203 197	34,50
38	92 610	249	0,00 269	0,99 731	92 486	3 110 473	33,59
39	92 361	272	0,00 294	0,99 706	92 225	3 017 987	32,68
40	92 089	295	0,00 320	0,99 680	91 942	2 925 762	31,77
41	91 794	319	0,00 347	0,99 653	91 635	2 833 820	30,87
42	91 475	344	0,00 376	0,99 624	91 303	2 742 185	29,98
43	91 131	370	0,00 406	0,99 594	90 946	2 650 882	29,09
44	90 761	398	0,00 439	0,99 561	90 562	2 559 936	28,21

[1] In den übrigen Tagen des 1. Lebensmonats.

Quelle: Statistisches Bundesamt Wiesbaden, Fachserie A 1970/72, S.36 u. 37

Tabelle 9.8: Allgemeine Sterbetafel 1970/72

Vollendetes Alter	Männliche Bevölkerung						
	Überlebende im Alter x	Gestorbene im Alter x bis unter x + 1	Sterbe- wahrscheinlichkeit vom Alter x bis x + 1	Überlebens- wahrscheinlichkeit vom Alter x bis x + 1	Von den Überlebenden im Alter x bis zum Alter x + 1 durchlebte Jahre	Von den Überlebenden im Alter x insgesamt noch zu durchlebende Jahre	Durchschnittliche Lebenserwartung im Alter x in Jahren
x	l_x	d_x	q_x	$p_x=1-q_x$	L_x	T_x	e_x
Jahre		während eines Jahres	für ein Jahr				
45	90 363	429	0,00 475	0,99 525	90 149	2 469 374	27,33
46	89 934	466	0,00 518	0,99 482	89 701	2 379 225	26,46
47	89 468	510	0,00 570	0,99 430	89 213	2 289 524	25,59
48	88 958	560	0,00 630	0,99 370	88 678	2 200 311	24,73
49	88 398	617	0,00 698	0,99 302	88 090	2 111 633	23,89
50	87 781	677	0,00 771	0,99 229	87 443	2 023 543	23,05
51	87 104	735	0,00 844	0,99 156	86 737	1 936 100	22,23
52	86 369	795	0,00 920	0,99 080	85 972	1 849 363	21,41
53	85 574	857	0,01 002	0,98 998	85 146	1 763 391	20,61
54	84 717	928	0,01 095	0,98 905	84 253	1 678 245	19,81
55	83 789	1 010	0,01 206	0,98 794	83 284	1 593 992	19,02
56	82 779	1 106	0,01 336	0,98 664	82 226	1 510 708	18,25
57	81 673	1 213	0,01 485	0,98 515	81 067	1 428 482	17,49
58	80 460	1 330	0,01 653	0,98 347	79 795	1 347 415	16,75
59	79 130	1 455	0,01 839	0,98 161	78 403	1 267 620	16,02
60	77 675	1 588	0,02 044	0,97 956	76 881	1 189 217	15,31
61	76 087	1 730	0,02 274	0,97 726	75 222	1 112 336	14,62
62	74 357	1 880	0,02 529	0,97 471	73 417	1 037 114	13,95
63	72 477	2 037	0,02 811	0,97 189	71 459	963 697	13,30
64	70 440	2 198	0,03 121	0,96 879	69 341	892 238	12,67
65	68 242	2 360	0,03 459	0,96 541	67 062	822 897	12,06
66	65 882	2 521	0,03 826	0,96 174	64 622	755 835	11,47
67	63 361	2 676	0,04 223	0,95 777	62 023	691 213	10,91
68	60 685	2 821	0,04 649	0,95 351	59 275	629 190	10,37
69	57 864	2 955	0,05 106	0,94 894	56 387	569 915	9,85
70	54 909	3 071	0,05 592	0,94 408	53 374	513 528	9,35
71	51 838	3 165	0,06 106	0,93 894	50 256	460 154	8,88
72	48 673	3 235	0,06 647	0,93 353	47 056	409 898	8,42
73	45 438	3 277	0,07 212	0,92 788	43 800	362 842	7,99
74	42 161	3 289	0,07 800	0,92 200	40 517	319 042	7,57
75	38 872	3 271	0,08 415	0,91 585	37 237	278 525	7,17
76	35 601	3 228	0,09 066	0,90 934	33 987	241 288	6,78
77	32 373	3 161	0,09 764	0,90 236	30 793	207 301	6,40
78	29 212	3 075	0,10 526	0,89 474	27 675	176 508	6,04
79	26 137	2 970	0,11 364	0,88 636	24 652	148 833	5,69
80	23 167	2 846	0,12 286	0,87 714	21 744	124 181	5,36
81	20 321	2 702	0,13 297	0,86 703	18 970	102 437	5,04
82	17 619	2 536	0,14 396	0,85 604	16 351	83 467	4,74
83	15 083	2 348	0,15 569	0,84 431	13 909	67 116	4,45
84	12 735	2 140	0,16 803	0,83 197	11 665	53 207	4,18
85	10 595	1 917	0,18 095	0,81 905	9 637	41 542	3,92
86	8 678	1 688	0,19 454	0,80 546	7 834	31 905	3,68
87	6 990	1 461	0,20 902	0,79 098	6 260	24 071	3,44
88	5 529	1 242	0,22 468	0,77 532	4 908	17 811	3,22
89	4 287	1 036	0,24 167	0,75 833	3 769	12 903	3,01
90	3 251	844	0,25 970	0,74 030	2 829	9 134	2,81
91	2 407	672	0,27 906	0,72 094	2 071	6 305	2,62
92	1 735	520	0,29 981	0,70 019	1 475	4 234	2,44
93	1 215	391	0,32 201	0,67 799	1 020	2 759	2,27
94	824	285	0,34 570	0,65 430	682	1 739	2,11
95	539	200	0,37 092	0,62 908	439	1 057	1,96
96	339	135	0,39 768	0,60 232	272	618	1,82
97	204	87	0,42 598	0,57 402	161	346	1,70
98	117	53	0,45 578	0,54 422	91	185	1,58
99	64	31	0,48 703	0,51 297	49	94	1,47
100	33	17	0,51 962	0,48 038	25	45	1,36

Aufgaben zu Kapitel 9

Aufgabe 1:

1. Natürliche Bevölkerungsentwicklung und Wanderungen in der BRD (Angaben in 1 000). (Quelle: Statistisches Jahrbuch, 1981, S.68 und 77)

Jahr	Veränderungen der	
	Geborenen	Zugezogen
1976	- 13,0	- 72,2
1977	- 12,3	32,7
1978	- 14,7	115,4
1979	- 13,0	246,0
1980	- 9,4	311,9

Der Bevölkerungsbestand der BRD betrug am 31.12.1975 ca. 61 645 000.

a) Erläutern Sie die Begriffe Bestands- und Bewegungsmasse und geben Sie an, welche Erhebungsmöglichkeiten von Bestandsmassen Sie kennen.
Erläutern Sie den Begriff der Bevölkerung.

b) Ermitteln Sie mittels Bestandsfortschreibung den Bevölkerungsbestand der BRD am 31.12.1977.

c) Die durch die Volkszählung am 27.5.1970 festgestellte Einwohnerzahl lag um 1,4 % unter dem zum gleichen Stichtag fortgeschriebenen Bevölkerungsbestand auf der Basis der Volkszählung 1961.
Wie erklären Sie sich diesen Unterschied?

2. Die Bevölkerung der Erde betrug

1971: 3,706 Mio.
1980: 4,415 Mio.

a) Berechnen Sie die durchschnittliche jährliche Wachstumsrate der Erdbevölkerung in der Zeit von 1971 bis 1980.

b) Extrapolieren Sie den Bevölkerungsbestand bis 1990.
Welche Annahmen machen Sie bei diesem Verfahren?

1.b) 61 580 200. 2.a) 1,01945. b) 5258; 5361; 5465.

Aufgabe 2:

Im Fertigungslager eines Betriebes wurden während des Jahres 1979/80 die folgenden Zu- und Abgänge einer bestimmten Güterart verzeichnet:

Aufgabe 2:

Im Fertigungslager eines Betriebes wurden während des Jahres 1979/80 die folgenden Zu- und Abgänge einer bestimmten Güterart verzeichnet:

Monat	Zugänge Stück	Abgänge Stück
Juli	36	35
Aug.	43	55
Sept.	39	63
Okt.	27	57
Nov.	29	125
Dez.	33	115
Jan.	33	16
Febr.	35	17
März	31	13
April	30	20
Mai	42	20
Juni	42	28

Der Bestand am 30. Juni betrug 270 Stück.

a) Stellen Sie die Zugangs- und Abgangslinie graphisch dar.

b) Wie groß war der Bestand am 31. März 1980?

c) War der durchschnittliche Lagerbestand im Zeitraum Juli 79 - Dez. 79 höher oder niedriger als während der gesamten Periode?

d) Ermitteln Sie die Verweildauerziffer und geben Sie an, welcher Zusammenhang zwischen der Verweildauerziffer und dem Durchschnittsbestand besteht.

e) Geben Sie an, wie groß die Umschlagsziffer dieses Jahres ist und erläutern Sie, was diese Ziffer in diesem Fall bedeutet.

f) Berechnen Sie die mittlere Zu- und Abgangsmenge pro Monat und die Zu- und Abgangsziffer. Interpretieren Sie die errechneten Werte.

b) 80. c) 204,58; 141. d) 0,68; 3,63. e) 3,31.
f) 47; 35; 0,333; 0,248.

Aufgabe 3:

a) Das Statistische Bundesamt hatte im Jahre 1981 für die Bundesrepublik Deutschland für den 31.12.1979 folgenden Altersaufbau veröffentlicht.

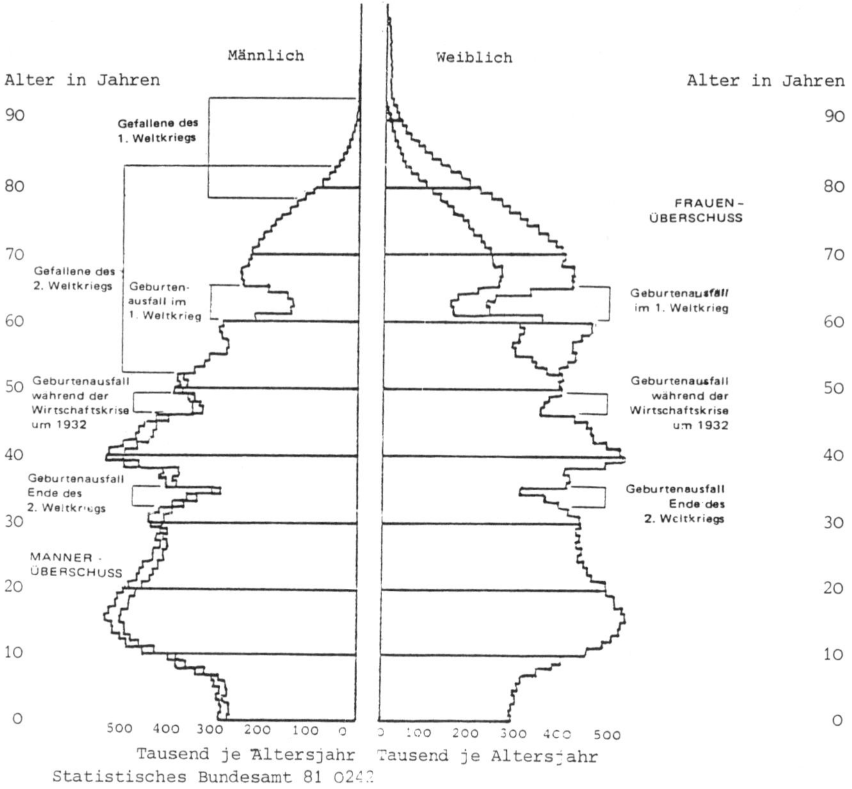

Abb.: Altersaufbau der Wohnbevölkerung am 31.12.1979

a) Erläutern Sie die Besonderheiten dieses Altersaufbaus im Hinblick auf ihre Ursache und Wirkungen und geben Sie die typischen Formen des Altersaufbaus an.

b) Prognostizieren Sie einen Bevölkerungsaufbau für das Jahr 1990. Welche Annahmen treffen Sie dabei?

Aufgabe 4:

Ein Lebensmittelhändler kauft um 6.00 Uhr 100 Schalen Erdbeeren am Großmarkt ein. Erfahrungsgemäß hat er bis 12.00 Uhr 40 Schalen, um 15.00 Uhr insgesamt 60, um 17.00 Uhr insgesamt 85 und bei Geschäftsschluß alle Schalen verkauft.

a) Erstellen Sie eine "Sterbetafel" mit den Spalten

x, q_x, p_x, l_x, d_x und L_x.

b) Interpretieren Sie p_x, l_x und L_x allgemein und auf die Fragestellung bezogen!

c) Wie groß ist die Zahl der Schälchen, die er von 12 bis 15 Uhr hat?

d) Wie groß ist die Wahrscheinlichkeit dafür, daß eine Schale, die bis 15 Uhr noch nicht verkauft ist, bis 17 Uhr einen Abnehmer findet?

a)

Zeit	x	q_x	p_x	l_x	d_x	L_x
(6 - 12)	1	0,4	0,6	100	40	80
(12 - 15)	2	0,333	0,667	60	20	50
(15 - 17)	3	0,625	0,375	40	25	27,5
(17 - ∞)	4	1	0	15	15	

c) 50, d) 0,625.

Aufgabe 5:

Die Wohnbevölkerung der Bundesrepublik Deutschland ließ sich im April 1980 nach der Beteiligung am Erwerbsleben und dem Unterhaltskonzept wie folgt aufgliedern (Angaben in 1 000):

Beteiligung am Erwerbsleben	Personen mit überwiegendem Lebensunterhalt durch				
	Erwerbstätigkeit	Arbeitslosengeld	Rente und dergleichen	Angehörige	Summe
Erwerbstätige	24 772	-	365	1 734	26 871
Erwerbslose	-	388	129	249	766
Nichterwerbspersonen	-	-	11 195	22 682	33 877
Wohnbevölkerung	24 772	388	11 689	24 665	61 514

a) Berechnen Sie, wie groß der Anteil derjenigen unter den Personen ist, die ihren Lebensunterhalt überwiegend durch Rente und dergleichen bestreiten und als Erwerbspersonen anzusehen sind.

b) Wie groß ist der Anteil derjenigen Erwerbspersonen, die ihren Lebensunterhalt vorwiegend aus den Einkünften ihrer Angehörigen bestreiten?

c) Berechnen Sie die allgemeine Erwerbsquote. Halten Sie diese Zahl zur Kennzeichnung der sozialen Belastung der arbeitenden Bevölkerung für sinnvoll oder läßt sich aus obigem Zahlenmaterial eine geeignetere Maßzahl bestimmen?
Begründen Sie Ihre Antwort.

d) Die Zahl der Arbeitslosen betrug Ende Sept. 1980 ca. 822 701. Wie lassen sich die Unterschiede zwischen der Zahl der Arbeitsbeitslosen und der Erwerbslosen erklären?

a) 4,23 %. b) 7,18 %. c) 44,93 %; 40,27 %.

Aufgabe 6:

Ein Bundesland der BRD wies in den Jahren 1971 und 1981 folgende Altersgliederung der Erwerbspersonen und der Wohnbevölkerung auf (Angaben in 100 000):

Alter	Erwerbspersonen		Wohnbevölkerung	
	1971	1981	1971	1981
[0; 15)	0,0	0,0	25,0	30,0
[15; 25)	8,0	7,2	10,0	12,0
[25; 45)	21,0	22,4	30,0	32,0
[45; 65)	12,0	12,0	20,0	20,0
über 65	3,0	1,6	15,0	16,0

a) Berechnen Sie die allgemeine Erwerbsquote dieses Bundeslandes in den Jahren 1971 und 1981.

b) Ermitteln Sie die altersspezifische Erwerbsquoten für 1981.

c) Zeigen Sie, daß sich die allgemeine Erwerbsquote als gewogenes arithmetisches Mittel der besonderen Erwerbsquoten darstellen läßt.

d) Berechnen Sie die standardisierte Erwerbsquote für das Jahr 1981 auf der Basis der Altersstruktur von 1971. Interpretieren Sie das errechnete Ergebnis.

a) 39,28 %; 44,00 %. b) 0 %; 60,0 %; 70,0 %, 60,0 %, 10,0 %.
d) 40,5 %.

Aufgabe 7:

a) Erklären Sie den Unterschied zwischen Sterbewahrscheinlichkeit und Sterbeziffer.

b) Welcher Zusammenhang besteht zwischen der allgemeinen Sterbeziffer und der Abgangsziffer im Fortschreibungsmodell?

Aufgabe 8:

1980 wurden in der BRD 318 480 männliche Kinder geboren. Beantworten sie unter Verwendung der Werte aus der Sterbetafel von 1970/72 (Tabelle 9.8) folgende Fragen:

a) Berechnen Sie die durchschnittliche Anzahl der männlichen Personen, die sich im zweiten Lebensjahr befinden werden.

b) Wie groß ist die Zahl der männlichen Personen, die sich im Alter von 5 bis unter 6 Jahren befinden werden?

c) Bestimmen Sie die Zahl der männlichen Personen, die im Laufe des Jahres 1986 den sechsten Geburtstag erleben werden?

d) Bestimmen Sie die mittlere zukünftige Lebenserwartung von 9-jährigen Knaben.

a) 309 959. b) 308 778. c) 308 665. d) 60,65.

Aufgabe 9:

Ein Hersteller von hochwertigen Präzisionswerkzeugen weiß aus Erfahrung, daß von 100 neu hergestellten Werkzeugen 20 bereits im ersten Jahr ihrer Nutzung verschrottet werden müssen, 40 im zweiten Jahr und die restlichen 40 im dritten Jahr.

a) Erstellen Sie eine Sterbetafel für diese Präzisionswerkzeuge mit den Spalten x, q_x, p_x, l_x und d_x.

b) Wie groß ist die Wahrscheinlichkeit dafür, daß ein Werkzeug, das eine einjährige Nutzung bereits hinter sich hat, im folgenden (zweiten) Jahr verschrottet werden muß?

c) Ein Unternehmen kauft 10 000 dieser Werkzeuge. Wie groß ist der Ersatzbedarf dieses Unternehmens in den nächsten 2 Jahren, wenn alle defekten Werkzeuge am Ende eines Jahres durch neue ersetzt werden müssen?

b) 0,5. c) 6 400.

Aufgabe 10:

Gegeben sei die folgende Statistik für Sterbefälle:

Alter	vollendetes Lebensjahr x	Anzahl der Männer, die in den Jahren 1951-60 ihren x-ten Geburtstag erreichten (in Mio.)	Anzahl der Männer, der Spalte (3), die vor Erreichen des (x+10)-ten Geburtstages sterben (in Mio.)
[0;10)	0	5	0,40
[10;20)	10	4	0,04
[20;30)	20	4	0,08
[30;40)	30	5	0,10
[40;50)	40	4	0,24
[50;60)	50	3	0,36
[60;70)	60	3	0,80
[70;80)	70	1	0,58
[80;90)	80	1	0,91

Berechnen Sie anhand dieser Tabelle

a) die Sterbe- und Überlebenswahrscheinlichkeiten der x-jährigen Männer,

b) die Sterbewahrscheinlichkeiten eines Neugeborenen in den einzelnen Altersklassen,

c) das Altersintervall in dem ein Neugeborener, nachdem er es erreicht hat, mit der größten Wahrscheinlichkeit stirbt und seine mittlere Lebenserwartung.

d) Weshalb spricht man davon, daß bei der Sterbetafel Ergebnisse einer Querschnittsanalyse längsschnittanalytisch interpretiert werden.

c) [70;80); 64,16.

10. Zeitreihenanalyse

10.1 Bewegungskomponenten von Zeitreihen

Von einer Zeitreihe spricht man, wenn man den gleichen Sachverhalt, etwa die Kohleförderung einer bestimmten Zeche oder die Ausgaben eines bestimmten Haushaltes für Nahrungsmittel, über einen längeren Zeitraum beobachtet und zu bestimmten, oftmals äquidistanten Zeitpunkten einen Beobachtungswert registriert. Beispiele für ökonomische Größen, die über einen längeren Zeitraum beobachtet werden, sind beispielsweise Absatzmengen, Preise, Einkommen, Konsumausgaben, Bevölkerungszahlen, Geburtenziffern, Preisindizes und viele andere Größen. Die Aufgabe der Analyse besteht dann darin, eine solche beobachtete Zeitreihe auf gewisse Gesetzmäßigkeiten zu untersuchen.
Dies geschieht,

a) um die zeitliche Entwicklung verschiedener Tatbestände miteinander zu vergleichen,

b) um Aussagen zu gewinnen über Zeitpunkte des Beobachtungsintervalls, für die kein Wert beobachtet wurde (Interpolation) und

c) um Aussagen zu treffen über Zeitpunkte, die außerhalb des Beobachtungsintervalls liegen (Extrapolation, Prognose).

Ein Verfahren, um solche Gesetzmäßigkeiten aufzuzeigen, haben wir bereits mit der Regressions- und Korrelationsrechnung im Kapitel 7.4 kennengelernt. Bei dieser Methode wird versucht, die zeitliche Entwicklung einer ökonomischen Variablen mit Hilfe von anderen ökonomischen Einflußgrößen zu erklären. Man spricht von einer multivariablen Zeitreihenanalyse.

Eine andere Möglichkeit besteht nun darin, eine beobachtete Zeitreihe auf gewisse eigenständige Gesetzmäßigkeiten zu untersuchen, ohne andere ökonomische Einflußfaktoren zu berücksichtigen. Durch eine solche Analyse einer Folge von Beobachtungswerten wird daher nur das zeitliche Verhalten der beobachteten Größe selbst untersucht. Man spricht in diesem Zusammenhang von einer univariablen Zeitreihenanalyse.

Im Rahmen dieses Kapitels soll nur auf die **univariable Zeitreihenanalyse** eingegangen werden.

Hat man eine Folge von Beobachtungswerten vorliegen, dann bietet sich zunächst eine graphische Darstellung der Beobachtungsbefunde im gewöhnlichen rechtwinkligen Koordinatensystem an. Auf der Abszisse werden die Zeitpunkte bzw. das Zeitintervall abgetragen und auf der Ordinate die beobachteten Merkmalswerte. Eine solche graphische Darstellung erlaubt noch keine exakten analytischen Rückschlüsse auf den Aufbau einer Zeitreihe. Der graphische Vergleich vieler solcher Zeitreihen sowie wirtschaftstheoretische Überlegungen haben jedoch zur Vorstellung geführt, daß eine Zeitreihe durch das Zusammenwirken mehrerer zeitlicher Bewegungskomponenten entsteht. Daher hat es sich eingebürgert, die folgenden einzelnen Komponenten voneinander zu unterscheiden:

a) eine **Trend-Komponente**, m_T, durch die eine langfristige Grundrichtung der zeitlichen Entwicklung erfaßt werden soll,

b) eine **zyklische Komponente**, z_T, durch die mittelfristige, sich periodisch wiederholende Einflüsse, insbesondere konjunkturelle Schwankungen, erfaßt werden sollen, die mit einer mehrjährigen, aber nicht völlig konstant bleibenden Periode den Trend überlagern,

c) eine **saisonale Komponente**, s_T, durch die jahreszeitliche Ereignisse erfaßt werden sollen, die mit einer konstanten jährlichen Periode auftreten und dem Trend und der zyklischen Komponente überlagert sind. Diese saisonalen Schwankungen sind etwa durch institutionelle Ursachen begründet, wie beispielsweise Jahreszeiten, Feiertage, Urlaubszeiten, Steuertermin usw.,

d) eine **zufällige Rest-Komponente**, r_T, durch die alle Schwankungen der beobachteten Zeitreihe erfaßt werden sollen, die nicht durch die drei bereits genannten systematischen Komponenten erfaßt und gedeutet worden sind. Von diesen zufälligen Schwankungen wird postuliert, daß ihr Mittelwert Null ist. Außerdem hängt die Größe der Restkomponente von dem Verfahren ab, nach welchem die anderen Komponenten bestimmt worden sind.

Da eine klare Trennung von Trend- und zyklischer Konjunkturkomponente oftmals nicht exakt möglich ist, werden beide meistens zu einer glatten Komponente, g_T, zusammengefaßt. Allerdings treten bei ökonomischen Zeitreihen die einzelnen systematischen Bewegungskomponenten nicht isoliert, sondern miteinander vermischt auf. Bei der Analyse einer solchen Zeitreihe stellt sich daher das Problem, wie sich die Zeitreihenwerte aus den einzelnen systematischen Komponenten zusammensetzen. Bezeichnet man die Beobachtungswerte für die Zeitpunkte T = 1,2,....,n mit Y_T, dann fordert das einfachste Modell eine **additive Verknüpfung** der einzelnen Komponenten

$$(10.1) \qquad Y_T = g_T + s_T + r_T . \qquad (T = 1,2,....,n)$$

Eine solche Verknüpfung erscheint immer dann sinnvoll, wenn die saisonale Komponente einen Ausschlag aufweist, der unabhängig vom Niveau der glatten Komponente g_T der Zeitreihe Y_T ist. Allerdings wird man bei vielen ökonomischen Zeitreihen beobachten, daß der Wert der Saisonkomponente vom Niveau der glatten Komponente abhängt, d.h. wenn die glatte Komponente steigt, werden auch die Saisonausschläge größer. Wird eine solche Erscheinung beobachtet, dann erscheint eine multiplikative Verknüpfung der einzelnen Komponenten vernünftiger, d.h.

$$(10.2) \qquad Y_T = g_T \cdot s_T \cdot r_T \qquad (T = 1,2,....,n)$$

(vergleiche Abb. 10.1a und 10.1b).

Wenn $Y_T > 0$ ist, kann dieser Ansatz durch Logarithmieren auf den additiven Ansatz zurückgeführt werden, nämlich

$$\log Y_T = \log g_T + \log s_T + \log r_T .$$

Dies bedeutet, daß man von einer additiven Verknüpfung der Logarithmen der einzelnen Komponenten ausgehen kann. Modelle, in denen sowohl additive als auch multiplikative Verknüpfungen gleichzeitig auftreten, sollen im folgenden nicht behandelt werden.

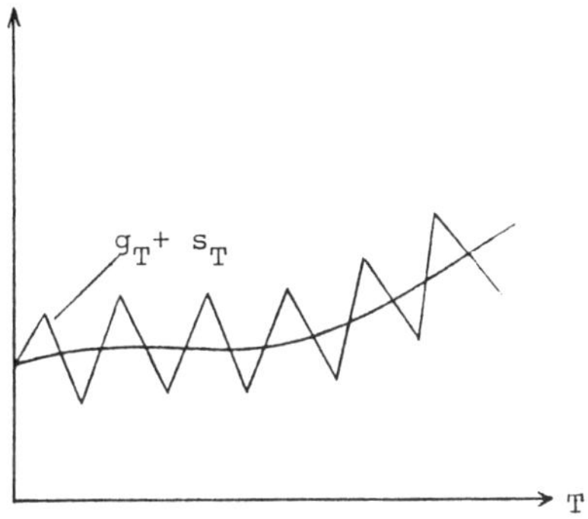

Abb. 10.1a:
glatte und Saisonkomponente
bei additiver Verknüpfung

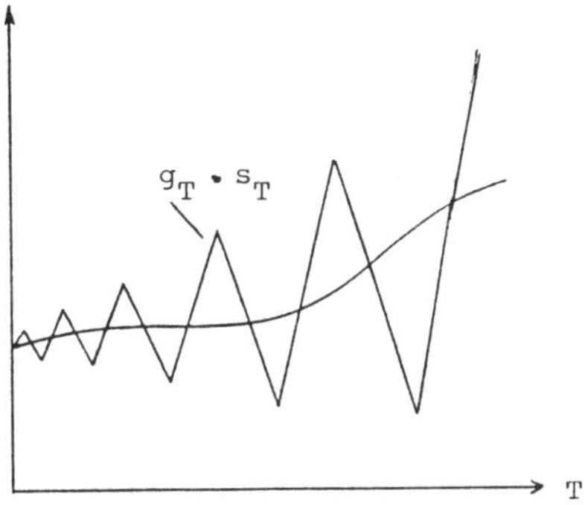

Abb. 10.1b:
glatte und Saisonkomponente
bei mulitplikativer Verknüpfung

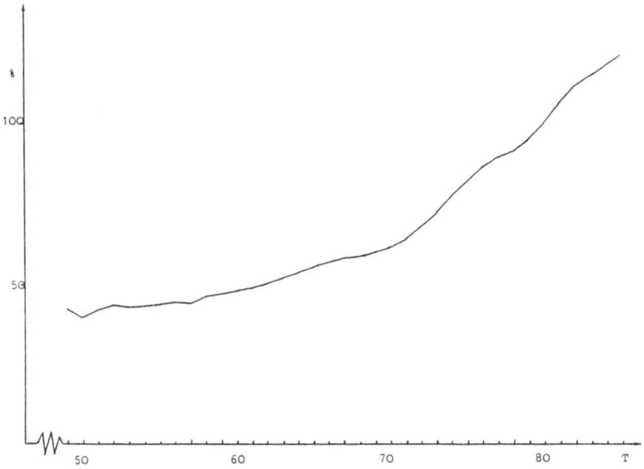

Abb. 10.2: Zeitliche Entwicklung des Preisindexes für die Lebenshaltung in der BRD. Beispiel für eine Zeitreihe mit Trendkomponente (Basis 1980). Quelle: Statistisches Jahrbuch, 1984

Abb. 10.3: Zeitliche Entwicklung des durchschnittlichen Milchertrages pro Kuh und Monat in der BRD. Beispiel für eine Zeitreihe mit einer Saisonkomponente von fester Periodenlänge. Quelle: Fachserie 3, Reihe 4.2.2 des Statistischen Bundesamtes

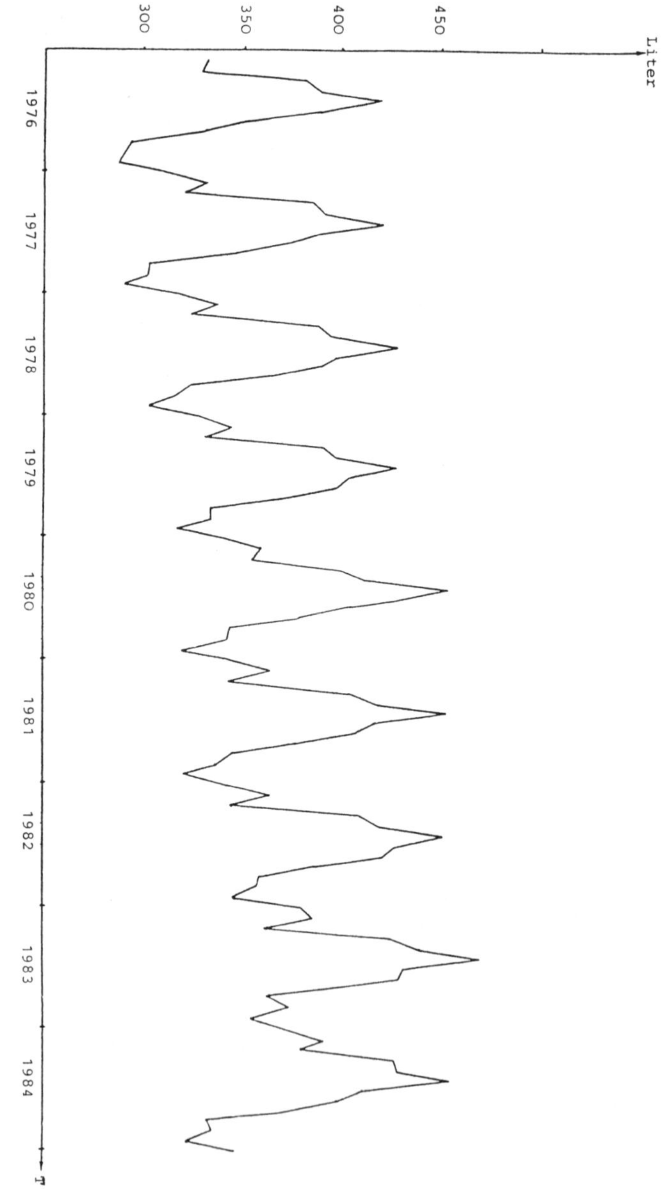

Stellt man außer der Art der Verknüpfung keine weiteren Forderungen an die einzelnen Bewegungskomponenten der Zeitreihe, so ist bezüglich der Zerlegung wenig festgelegt. Fordert man dagegen die Erfüllung exakter Bedingungen, etwa der Art, daß die glatte Komponente durch eine Gerade darstellbar sei und die Saisonkomponente eine starre, sich jedes Jahr wiederholbare Form besitze, dann werden dadurch alle anderen Bewegungserscheinungen der Zeitreihe in die Restkomponente gedrängt, die dann sicher nicht mehr nur zufällige Schwankungen enthält, sondern auch noch gewisse Reste der glatten und saisonalen Komponente. Man sollte daher, bevor man versucht, eine Zeitreihe durch Zerlegung zu analysieren, erst aufgrund von sachlichen Überlegungen prüfen, ob die unterstellten Modellannahmen annähernd erfüllt werden.

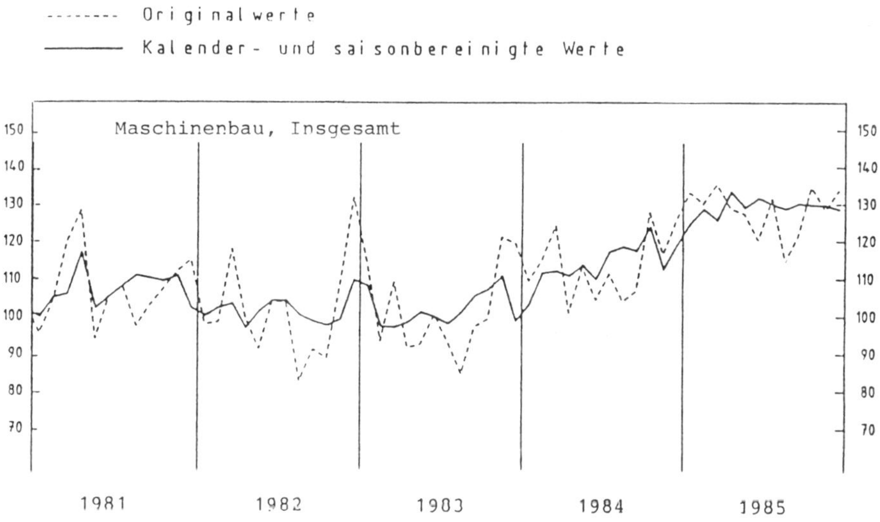

Abb. 10.4: Auftragseingang beim Maschinenbau (Originalwerte und saisonbereinigte Werte) Quelle: Fachserie 4, Reihe 2.2 des Statistischen Bundesamtes 12/85

Abb. 10.5: Zeitliche Entwicklung des Schweinebestandes in der BRD. Beispiel für eine Zeitreihe mit Trend- und saisonaler Komponente. Quelle: Fachserie 3, Reihe 4.1 des Statistischen Bundesamtes

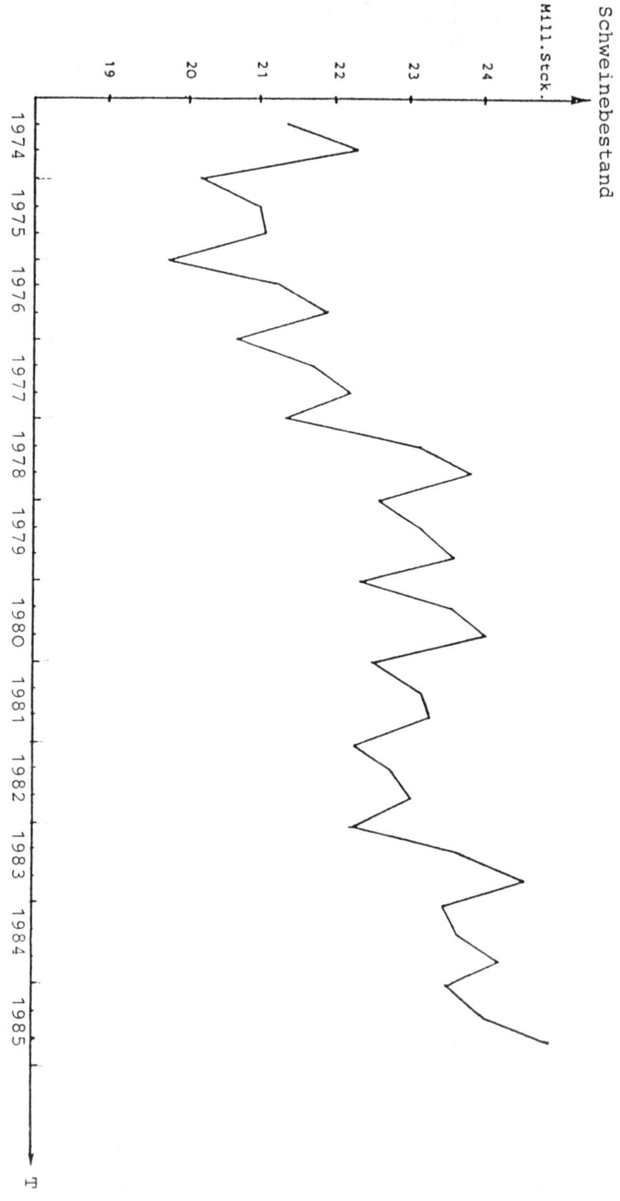

10.2 Bestimmung der glatten Komponente einer Zeitreihe

Zunächst werde ein einfaches Modell betrachtet, bei dem eine glatte Komponente additiv nur von einer Restkomponente überlagert wird, d.h.

$$Y_T = g_T + r_T.$$

Die Aufgabe besteht dann darin, die glatte Komponente g_T dieser Zeitreihe aus einer gegebenen Menge von n Beobachtungswerten zu schätzen, d.h. man will die zeitliche Entwicklung von zufälligen Schwankungen bereinigt darstellen. Dazu stehen im wesentlichen zwei Methoden zur Verfügung.

10.2.1 Die Methode der kleinsten Quadrate

Bei dieser Methode wird unterstellt, daß die glatte Komponente nur den Trend enthält und dieser durch einen bestimmten Funktionstyp dargestellt werden kann. Man kann etwa annehmen, daß sich der Trend durch ein Polynom k-ter Ordnung,

$$g_T = b_0 + b_1T + b_2T^2 + \dots + b_kT^k,$$

hinreichend genau darstellen läßt. Dann kann man die unbekannten Koeffizienten b_i, i = 0,1,....,k, nach der Methode der kleinsten Quadrate schätzen. Allerdings läßt sich durch einen solchen Polynomansatz nur der Trend erfassen, nicht die allgemeinere glatte Komponente, bei der ja noch die zyklische Konjunkturkomponente berücksichtigt wird.

Der einfachste Fall liegt vor, wenn die Trendkomponente eine **lineare** Funktion der Zeit T ist, d.h.

(10.3) $$g_T = b_0 + b_1T.$$

Ein solcher Ansatz ist dann vertretbar, wenn die Zeitreihenwerte pro Zeiteinheit um den gleichen Betrag zunehmen. Ist allerdings der Trend der Zeitreihenwerte durch abnehmende absolute Zuwachsraten pro Zeiteinheit gekennzeichnet, dann sollte die Trendkomponente durch einen in g_T quadratischen Ansatz erfaßt werden, d.h.

$$g_T^2 = b_0 + b_1T.$$

Ein Exponentialansatz für den Trend in der Form

$$g_T = b_0(b_1)^T, \text{ bzw.}$$

$$\log g_T = \log b_0 + T\cdot\log b_1,$$

erscheint dann angemessen, wenn der Zeitreihenwert Y_T einen konstanten prozentualen Anstieg pro Zeiteinheit aufweist.

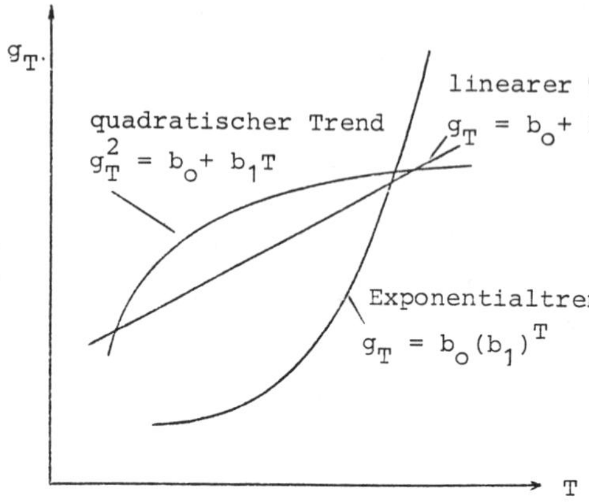

Abb. 10.6: Verschiedene Trendverläufe

Beispiel 10.1:

Die Berechnung einer Trendgeraden nach der Methode der kleinsten Quadrate soll am Beispiel des Preisindexes für die Lebenshaltung in der BRD für den Zeitraum von 1949 bis 1985 gezeigt werden.

Zunächst nimmt man eine Transformation der Zeitkomponente T_i derart vor, daß die transformierte Zeitkomponente T_i^* der Bedingung

$$\sum_{i=1}^{n} T_i^* = 0$$

genügt, wobei n die Zahl der Beobachtungswerte angibt.

Zweckmäßigerweise transformiert man die ursprünglichen Zeitkomponenten T_i so, daß die transformierten Werte T_i^* nur ganzzahlige Werte annehmen. Bei einer äquidistanten Zeitreihe wird dies durch folgende Transformation erreicht

$$T_i^* = \begin{cases} T_i - \bar{T} & \text{bei ungeradem } n, \text{ d.h. } n = 2k+1, \\ 2(T_i - \bar{T}) & \text{bei geradem } n, \quad \text{d.h. } n = 2k. \end{cases}$$

Da n = 39 eine ungerade Zahl (n = 2k+1) ist, wird die Transformation der Zeitkomponente mittels der Beziehung

$$T_i^* = T_i - \bar{T}$$

vorgenommen. Für $\bar{T}$ erhält man den Wert

$$\bar{T} = 1968{,}0.$$

Für T_i = 1949 ergibt diese Transformation beispielsweise

$$T^*_{1949} = 1949 - 1968{,}0 = -19.$$

Bekanntlich erhält man für den Parameter b_1 der Trendgeraden

(10.4) $$g^*_T = b_1 T^*$$

nach der Methode der kleinsten Quadrate den Wert

$$b_1 = \frac{\sum_{i=1}^{n} g^*_i T^*_i}{\sum_{i=1}^{n} (T^*_i)^2} = \frac{\sum_{i=1}^{n} (Y_i - \bar{Y}) T^*_i}{\sum_{i=1}^{n} (T^*_i)^2} .$$

Diese Beziehung läßt sich wie folgt zerlegen

$$b_1 = \frac{\sum_{i=1}^{n} Y_i T^*_i}{\sum_{i=1}^{n} (T^*_i)^2} - \frac{\bar{Y} \sum_{i=1}^{n} T^*_i}{\sum_{i=1}^{n} (T^*_i)^2} .$$

Wegen $\sum_{i=1}^{n} T^*_i = 0$ vereinfacht sich diese Beziehung zu

(10.5) $$b_1 = \frac{\sum_{i=1}^{n} Y_i T^*_i}{\sum_{i=1}^{n} (T^*_i)^2} .$$

Aus den Werten der Tabelle 10.1 erhält man für die Parameter der Trendgeraden

$$b_1 = \frac{11.272{,}2}{4.940} = 2{,}2818,$$

$$b^*_0 = \bar{Y} = \frac{2.730{,}6}{39} = 70{,}0128.$$

Somit lautet die Trendgerade in transformierten Zeitkoordinaten

$$g_{T^*} = b^*_0 + b_1 \cdot T^*_i = 70{,}0128 + 2{,}2818 \cdot T^*_i .$$

Tabelle 10.1: Rechentabelle zur Bestimmung der Trendgeraden für den Preisindex der Lebenshaltung in der BRD für den Zeitraum von 1949 bis 1987 (n = 39); 4 Personen Arbeitnehmerhaushalt mit mittlerem Einkommen des alleinverdienenden Haushaltsvorstandes (2 Kinder, mindestens eins unter 15 Jahren).

Jahr T_i	transformierte Zeitkoordinate T_i^*	Index der Lebenshaltung Y_i	$Y_i T_i^*$	$(T_i^*)^2$
1949	- 19	42,5	- 807,5	361
1950	- 18	39,8	- 716,4	324
1951	- 17	42,9	- 729,3	289
1952	- 16	43,8	- 700,8	256
1953	- 15	43,0	- 645,0	225
1954	- 14	43,1	- 603,4	196
1955	- 13	43,8	- 569,4	169
1956	- 12	44,9	- 538,8	144
1957	- 11	45,9	- 504,9	121
1958	- 10	46,8	- 468,0	100
1959	- 9	47,3	- 425,7	81
1960	- 8	48,0	- 384,0	64
1961	- 7	49,1	- 343,7	49
1962	- 6	50,5	- 303,0	36
1963	- 5	52,1	- 260,5	25
1964	- 4	53,3	- 213,2	16
1965	- 3	55,1	- 165,3	9
1966	- 2	57,0	- 114,0	4
1967	- 1	57,8	57,8	1
1968	0	58,6	0,0	0
1969	1	59,8	59,8	1
1970	2	61,7	123,4	4
1971	3	64,8	194,4	9
1972	4	68,3	273,2	16
1973	5	72,9	364,5	25
1974	6	77,9	467,4	36
1975	7	82,6	578,2	49
1976	8	86,3	690,4	64
1977	9	89,3	803,7	81
1978	10	91,6	916,0	100
1979	11	95,0	1 045,0	121
1980	12	100,0	1 200,0	144
1981	13	106,3	1 381,9	169
1982	14	112,0	1 568,0	196
1983	15	115,6	1 734,0	225
1984	16	118,4	1 894,4	256
1985	17	121,0	2 057,0	289
1986	18	120,7	2 172,6	324
1987	19	121,0	2 299,0	361
Summe	0	2.730,6	11 272,2	4.940

$\bar{T}$ = 1968,0

Wegen $T^* = T_i - \bar{T}$ lautet die Trendgerade in den ursprünglichen Zeitkoordinaten

$$g_{T^*} = b_0^* + b_1 \cdot T_i^* = b_0^* + b_1 \cdot (T_i - \bar{T})$$

$$= b_0^* - b_1\bar{T} + b_1 T_i .$$

Für unser Beispiel folgt daraus

$$g_T = 70{,}0128 + 2{,}2818 \cdot (T_i - 1969{,}0)$$

$$= - 4\,422{,}8514 + 2{,}2818 \cdot T_i .$$

Will man diese Trendgerade verwenden, um den Preisindex der Lebenshaltung für das Jahr 1988 zu extrapolieren, so würde man den Wert

$$g_{1988} = 113{,}367$$

erhalten. Dieser Wert wird mit Sicherheit den wahren Wert beträchtlich unterschätzen. Aus der Abbildung 10.7 erkennt man, daß der Anstieg dieses Indexes etwa seit 1970 überproportional erfolgt, so daß die Annahme einer Trendgeraden mit konstanter Steigung für den gesamten Zeitraum spätestens seit etwa 1970 nicht mehr gerechtfertigt erscheint (vergleiche Abb. 10.7).

Gegen die Methode der kleinsten Quadrate zur Trendbestimmung kann unter anderem eingewendet werden, daß ihre Anwendung nur dann möglich ist, wenn man bereits eine klare Vorstellung über den Funktionstyp besitzt, der die Trendrichtung beschreibt.

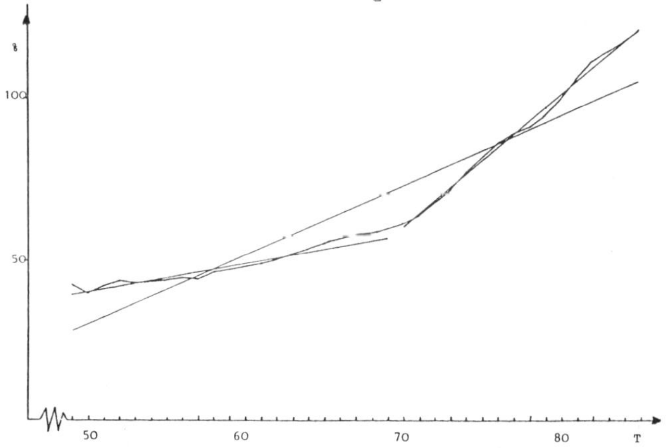

Abb. 10.7: Trendgerade nach der KQ-Methode für den Preisindex der Lebenshaltung in der BRD von 1949 bis 1985 sowie für d Zeiträume von 1949 bis 1969 und 1970 bis 1985 getrennt

10.2.2 Die Methode der gleitenden Durchschnitte

Neben der Methode der kleinsten Quadrate wurden früher sehr häufig sog. gleitende Durchschnitte verwendet, um bei einer Zeitreihe der Form

$$Y_T = g_T + r_T$$

die Restschwankungen auszuschalten.
Es sei eine Zeitreihe mit den Beobachtungswerten Y_T zu den Zeitpunkten $T = 1,2,\ldots,n$ gegeben. Man bildet aus jeweils $2k + 1$ zeitlich aufeinanderfolgenden Beobachtungswerten das arithmetische Mittel

$$(10.6) \qquad D_j(2k+1) = \frac{1}{2k+1} \sum_{h=-k}^{+k} Y_{j+h}, \quad \text{für } j = k+1, k+2, \ldots, n-k.$$

Die Größe $D_j(2k+1)$ bezeichnet man als $(2k+1)$-gliedrigen gleitenden Durchschnitt, wobei k eine natürliche Zahl ist, deren Wahl noch näher spezifiziert werden muß. Der Wert $D_j(2k+1)$ bezieht sich auf den Beobachtungswert zum Zeitpunkt $T = j$, der in der Mitte der Folge $Y_{j-k}, \ldots, Y_j, \ldots, Y_{j+k}$ liegt. Aus diesem Grund empfiehlt es sich, für die Berechnung eines gleitenden Durchschnittes eine ungerade Zahl von Zeitreihenwerten $(2k+1)$ zu wählen, denn dann bezieht sich der errechnete gleitende Durchschnitt auf einen Beobachtungszeitpunkt. Bei einer geraden Anzahl von Zeitreihenwerten $(2k)$ bezieht sich der gleitende Durchschnitt auf die Mitte eines Intervalls zwischen zwei Beobachtungszeitpunkten, wodurch gewisse praktische Schwierigkeiten bei der zeitlichen Zuordnung des gleitenden Durchschnittes zu einem Zeitreihenwert entstehen. Um diese auszuräumen, definiert man $D_j(2k)$ als arithmetisches Mittel zweier aufeinanderfolgender gleitender Durchschnitte aus jeweils $(2k)$ Zeitreihenwerten

$$D_j(2k) = \frac{1}{2} \left[\frac{1}{2k} \cdot \sum_{h=-k}^{k-1} Y_{j+h} + \frac{1}{2k} \cdot \sum_{h=-k+1}^{k} Y_{j+h} \right].$$

Dies läßt sich auch wie folgt umschreiben

$$(10.7) \qquad D_j(2k) = \frac{1}{2k} \left[\frac{1}{2} Y_{j-k} + \sum_{h=-k+1}^{k-1} Y_{j+h} + \frac{1}{2} Y_{j+k} \right].$$

In dieser Teilfolge $Y_{j-k}, \ldots, Y_j, \ldots, Y_{j+k}$ gibt es genau einen in der Mitte liegenden Beobachtungswert Y_j, auf dessen Zeitkomponente $T = j$ sich der gleitende Durchschnitt bezieht.

Die praktische Berechnung der gleitenden Durchschnitte erweist sich als numerisch relativ einfach. Man kann nämlich den $(2k+1)$-gliedrigen gleitenden Durchschnitt $D_{j+1}(2k+1)$ aus dem gleitenden Durchschnitt $D_j(2k+1)$ berechnen. Aus der Definition erhält man

$$D_{j+1}(2k+1) = \frac{1}{2k+1} \sum_{h=-k}^{+k} Y_{j+h+1}$$

$$= \frac{1}{2k+1} (Y_{j-k+1} + Y_{j-k+2} + Y_{j-k+3} + \ldots$$

$$\ldots + Y_{j+k-1} + Y_{j+k} + Y_{j+k+1} + Y_{j-k} - Y_{j-k})$$

$$= \frac{1}{2k+1} (Y_{j+k+1} - Y_{j-k}) + \frac{1}{2k+1} \sum_{h=-k}^{+k} Y_{j+h}$$

$$= D_j(2k+1) + \frac{1}{2k+1} (Y_{j+k+1} - Y_{j-k}). \qquad (10.8)$$

Man sieht, daß man den gleitenden Durchschnitt $D_{j+1}(2k+1)$ aus dem vorherigen gleitenden Durchschnitt $D_j(2k+1)$ erhalten kann, indem man den $\frac{1}{2k+1}$ -ten Teil des nächsten Zeitreihenwertes Y_{j+k+1} addiert und den $\frac{1}{2k+1}$ -ten Teil des ältesten Zeitreihenwertes Y_{j-k} subtrahiert.

Das Verfahren der gleitenden Durchschnitte ist das älteste Verfahren zur Analyse von Zeitreihen. Es besitzt allerdings einen entscheidenden Nachteil. Wenn man für eine Zeitreihe von n Beobachtungswerten

$$Y_1, \ldots, Y_k, Y_{k+1}, \ldots, Y_{n-k}, Y_{n-k+1}, \ldots, Y_n$$

(2k+1)-gliedrige gleitende Durchschnitte berechnet, dann gehen am Anfang die Werte $Y_1, \ldots, Y_k$ und am Ende die Werte $Y_{n-k+1}, \ldots, Y_n$ verloren. Es lassen sich nämlich aus n Beobachtungswerten nur n-2k (2k+1)-gliedrige gleitende Durchschnitte berechnen, wobei sich der letzte gleitende Durchschnitt auf den Zeitpunkt T = n-k bezieht. Dies hat zur Folge, daß sich die mittels der Methode der gleitenden Durchschnitte bestimmte Trendkomponente kaum für Prognosezwecke eignet, es sei denn, die Zeitreihe setzt sich nur aus zufälligen Schwankungen r_T um einen konstanten Niveauwert, d.h.

$$g_T = a_0,$$

zusammen.

Bevor eine Berechnung mittels der Methode der gleitenden Durchschnitte durchgeführt werden kann, muß noch die Zahl k festgelegt werden, die bestimmt, wieviele Zeitreihenwerte in die Berechnung des gleitenden Durchschnittes eingehen. Diese Wahl hängt sowohl von der Größe der zufälligen Schwankungen als auch vom Verlauf der glatten Komponente ab. Die Zeitreihenwerte lassen sich wie folgt zerlegen

$$Y_T = g_T + r_T.$$

Es wird angenommen, daß sich die glatte Komponente nur langsam und stetig ändert und die zufälligen Schwankungen den Mittelwert Null besitzen, d.h. $\bar{r} = 0$. Bildet man für diese Zeitreihe (2k+1)-gliedrige gleitende Durchschnitte, so erhält man

$$D_T(2k+1) = \bar{g}_T(2k+1) + \bar{r}_T(2k+1).$$

Dabei stellt $\bar{r}_T(2k+1)$ das arithmetische Mittel aus den (2k+1) Werten $r_{T-k}, \ldots, r_{T-1}, r_T, r_{T+1}, \ldots, r_{T+k}$ dar. Wegen der Annahme, daß $\bar{r} = 0$ ist, wird der Mittelwert $\bar{r}_T(2k+1)$ um so näher bei Null liegen, je größer die Gliederzahl (2k+1) ist. Um die zufällige Komponente soweit wie möglich auszuschalten, empfiehlt es sich also, die Gliederzahl möglichst groß zu wählen, so daß praktisch

$$D_T(2k+1) = \bar{g}_T(2k+1)$$

gilt. Der Wert $\bar{g}_T(2k+1)$ stellt dann eine Approximation für die glatte Komponente g_T dar. Man sollte aber darauf achten, daß die Gliederzahl (2k+1) nicht so groß gewählt wird, daß dadurch die glatte Komponente so stark geglättet wird, daß konjunkturelle Schwankungen durch den gleitenden Durchschnitt abgeschliffen werden.

Dazu muß man wissen, daß der (2k+1)-gliedrige gleitende Durchschnitt $\bar{g}_T(2k+1)$ nach der Methode der kleinsten Quadrate bestimmt werden kann, indem man den Kurvenverlauf durch (2k+1) Beobachtungswerte der Zeitreihe durch eine Gerade approximiert. Während bisher bei der Methode der kleinsten Quadrate der gesamte Kurvenverlauf durch einen angenommenen Funktionstyp approximiert wurde, wird bei der Methode der gleitenden Durchschnitte jeweils nur ein kleines Stück der Kurve durch eine Gerade approximiert. Um den (2k+1)-gliedrigen gleitenden Durchschnitt $D_T(2k+1)$ zu berechnen, wird eine Gerade durch die Zeitreihenwerte Y_{T-k} bis Y_{T+k} gelegt. Der Wert, den diese Gerade für den Zeitpunkt T annimmt, nämlich $D_T(2k+1)$, ergibt eine Approximation für den Zeitreihenwert Y_T. Um den gleitenden Durchschnitt $D_{T+1}(2k+1)$ zu berechnen, legt man eine Gerade durch die Zeitreihenwerte Y_{T-k+1} bis Y_{T+k+1}. Der Wert, den diese Gerade für den Zeitpunkt (T+1) annimmt, ergibt eine Approximation für den Zeitreihenwert Y_{T+1}. Aus diesen Überlegungen ersieht man, daß die Approximation nach der Methode der gleitenden Durchschnitte flexibler auf Änderungen im Verlauf der glatten Komponente reagieren kann als die Methode der kleinsten Quadrate. Andererseits liefert die Methode der kleinsten Quadrate eine bessere Approximation, wenn die glatte Komponente g_T fast keine Krümmung aufweist. Aus diesen Gründen läßt sich als Faustregel ableiten:

a) Bei Kurvenverläufen mit schwacher Krümmung und starker zufälliger Komponente r_T empfiehlt es sich, eine große Gliederzahl zu wählen.
b) Bei Kurvenverläufen mit starker Krümmung und schwacher zufälliger Komponente r_T empfiehlt es sich, eine kleine Gliederzahl zu wählen.

Die Methode der gleitenden Durchschnitte beruht darauf, daß man den beobachteten Kurvenverlauf der Zeitreihe jeweils stückweise durch eine Gerade approximiert. Den Nachteil dieses Verfahrens, daß an Kurvenstellen mit starker Krümmung diese abgeschliffen wird, könnte man nun dadurch abzumildern versuchen, daß man die Approximation nicht durch eine Gerade, sondern eine Kurve höherer Ordnung vornimmt. Es läßt sich zeigen, daß eine solche Approximation ebenfalls auf gleitende Durchschnitte führt, bei denen allerdings eine Gewichtung der einzelnen Beobachtungswerte vorgenommen wird, die zur Berechnung des gleitenden Durchschnittes benötigt werden. Neben der Schwierigkeit bei der Feststellung der einzelnen Gewichtungsfaktoren besitzen die gewichteten gleitenden Durchschnitte den Nachteil, daß ihre numerische Berechnung wesentlich komplizierter ist.

Beispiel 10.2:

Der zeitliche Verlauf der Entwicklung des Preisindexes für die Lebenshaltung in der BRD für den Zeitraum von 1948 bis 1985 soll anhand eines 3-gliedrigen gleitenden Durchschnittes aufgezeigt werden.

Tabelle 10.2: Arbeitstabelle zur Berechnung der 3-gliedrigen gleitenden Durchschnitte

T	1948	1949	1950	1951	1952	1953	1954	1955	1956
Y_T	43,0	42,5	39,8	42,9	43,8	43,0	43,1	43,8	44,9
$s_j = \sum_{h=-1}^{+1} Y_{j+h}$		125,3	125,2	126,5	129,7	129,9	129,9	131,8	134,6
$D_j(3) = \frac{1}{3} s_j$		41,77	41,73	42,17	43,23	43,30	43,30	43,93	44,87

1957	1958	1959	1960	1961	1962	1963	1964	1965	1966	1967
45,9	46,8	47,3	48,0	49,1	50,5	52,1	53,3	55,1	57,0	57,8
137,6	140,0	142,1	144,4	147,6	151,7	155,9	160,5	165,4	169,9	173,4
45,87	46,67	47,37	48,13	49,20	50,57	51,97	53,50	55,13	56,63	57,80

1968	1969	1970	1971	1972	1973	1974	1975	1976	1977	1978
58,6	59,8	61,7	64,8	68,3	72,9	77,9	82,6	86,3	89,3	91,6
176,2	180,1	186,3	194,8	206,0	219,1	233,4	246.8	258,2	267,2	275,9
58,73	60,03	62,10	64,93	68,67	73,03	77,80	82,27	86,07	89,07	91,97

1979	1980	1981	1982	1983	1984	1985	1986	1987
95,0	100,0	106,3	112,0	115,6	118,4	121,0	120,7	121,0
286,6	301,3	318,3	333,9	346,0	355,0	360,1	362,7	
95,53	100,43	106,10	111,30	115,33	118,33	120,03	120,9	

Man erkennt, daß sich die 3-gliedrigen gleitenden Durchschnitte dem Kurvenverlauf des Preisindexes sehr gut anpassen. Allerdings erweist es sich als sehr problematisch, mittels dieser gleitenden Durchschnitte eine Prognose für das Jahr 1988 zu treffen. Man könnte etwa den linearen Anstieg zwischen 1985 und 1986

$$\Delta D_{85,86} = D_{1986}(3) - D_{1985}(3) = 0,87$$

verwenden, um die Jahre 1987 und 1988 zu extrapolieren. Dies würde ergeben

$$Y_{1986} = 121,77 \quad \text{und} \quad Y_{1987} = 122,64.$$

Der tatsächlich beobachtete Wert, entnommen aus dem Statistischen Jahrbuch 1988, ergab

$$Y_{1987} = 121,0.$$

Dies bedeutet, daß die Entwicklung des Preisindexes für die Lebenshaltung für das Jahr 1987 durch eine lineare glatte Komponente überschätzt wird. Der Wert von 121,0 zeigt einen Wandel in der Entwicklung dieses Indexes an. Dieser plötzliche schwächere Anstieg läßt sich mit einem solchen Prognoseverfahren nicht nachvollziehen. Es ist daher zu vermuten, daß auch ein für 1988 prognostizierte Wert daher kaum den Realitäten entsprechen wird.

10.2.3 Die Methode der gewichteten gleitenden Durchschnitte

Um die gleitenden Durchschnitte besser für Prognosezwecke verwenden zu können, kann man eine Gewichtung der einzelnen Zeitreihenwerte entsprechend ihrem Informationsgehalt einführen. Die Idee besteht darin, jeden Zeitreihenwert, der in den gleitenden Durchschnitt eingeht, mit einem Gewichtsfaktor zu multiplizieren, der den proportionalen Anteil an Information wiedergeben soll, mit dem dieser Zeitreihenwert bei der Bildung des Mittelwertes berücksichtigt werden soll, d.h.

$$GD_T = k_0 Y_T + k_1 Y_{T-1} + k_2 Y_{T-2} + \ldots . + k_i Y_{T-i} + \ldots . ,$$

beispielsweise etwa

$$GD_T = 0,3 \cdot Y_T + 0,25 \cdot Y_{T-1} + 0,2 \cdot Y_{T-2} + 0,15 \cdot Y_{T-3} + 0,1 \cdot Y_{T-4}.$$

Dabei müssen die Gewichtsfaktoren so normiert sein, daß gilt

$$\sum_{\text{alle } i} k_i = 1.$$

Die Schwierigkeit bei dieser Methode besteht allerdings in der Bestimmung der einzelnen Gewichtsfaktoren. Dabei wird nicht gefordert, daß die Gewichtsfaktoren notwendig alle positiv sein müssen.

Die praktische Durchführung dieser Methode der gewichteten gleitenden Durchschnitte hat den zusätzlichen Nachteil, daß neben allen Beobachtungswerten, die zur Bildung des Durchschnittes benötigt werden, auch noch genau so viele Gewichtsfaktoren gespeichert werden müssen.

Aus allen diesen Gründen kann die Methode der gleitenden Durchschnitte weder in der ungewichteten noch in der gewichteten Form für Prognosezwecke uneingeschränkt empfohlen werden.

10.2.4 Das Verfahren der exponentiellen Glättung

10.2.4.1 Allgemeine Einführung

Angenommen, man besitzt die einzelnen Beobachtungswerte der Vergangenheit nicht mehr, sondern nur noch den zuletzt aus N Beobachtungswerten berechneten Mittelwert $\bar{Y}_T$. Nach der Beobachtung eines neuen Wertes Y_{T+1} möchte man jetzt den neuen Mittelwert $\bar{Y}_{T+1}$ berechnen. Der bekannte Ansatz zur Fortschreibung des gleitenden Durchschnittes

$$\bar{Y}_{T+1} = \bar{Y}_T + \frac{Y_{T+1} - Y_{T-N+1}}{N}$$

läßt sich jetzt nicht mehr anwenden, da der Wert Y_{T-N+1} nicht mehr bekannt ist. Statt dessen kann man aber diesen fehlenden Wert Y_{T-N+1} durch einen Schätzwert ersetzen, und zwar durch den noch bekannten Mittelwert $\bar{Y}_T$. Dadurch erhält man einen Schätzwert $\hat{\bar{Y}}_{T+1}$ für den neuen Mittelwert, nämlich

$$\hat{\bar{Y}}_{T+1} = \bar{Y}_T + \frac{Y_{T+1} - \bar{Y}_T}{N} = \frac{1}{N} \cdot Y_{T+1} + (1 - \frac{1}{N}) \cdot \bar{Y}_T.$$

Durch diese Beziehung wird ein Verfahren definiert, das man auf eine Menge von aufeinanderfolgenden Beobachtungswerten anwenden kann. Ersetzt man die Größe $\frac{1}{N}$ durch einen Reaktionsparameter α und bezeichnet man die erhaltenen Werte nicht mehr mit Y, sondern mit G (= **Glättung**), so erhält man für beliebige Werte von T die Beziehung

$$G_{T+1}(Y) = \alpha \cdot Y_{T+1} + (1 - \alpha) \cdot G_T(Y).$$

ür den Reaktionsparameter α soll gelten $0 < \alpha < 1$. Das durch diese Beziehung definierte Verfahren bezeichnet man als exponentielle Glättung. Es läßt sich verbal wie folgt interpretieren:

Neuer Mittelwert = α · neuer Beobachtungswert +

+ $(1 - \alpha)$ · alter Mittelwert.

Man kann diese Beziehung auch wie folgt schreiben

$$G_{T+1}(Y) = G_T(Y) + \alpha[Y_{T+1} - G_T(Y)].$$

In dieser Form läßt sich das Verfahren wie folgt verbal interpretieren:

Neuer Mittelwert = alter Mittelwert + α · Abweichung des jüngsten

Beobachtungswertes vom alten Mittelwert.

10.2.4.2 Zufällige Schwankungen um eine horizontale Komponente

Wenn den Beobachtungswerten eine Zeitreihe der Form

$$Y_T = g_T + r_T$$

zugrunde liegt und die glatte Komponente sich aus zufälligen Schwankungen r_T um eine horizontale Komponente von konstantem Niveau a_0 zusammensetzt, d.h.

$$Y_T = a_0 + r_T,$$

dann läßt sich eine Vorhersage zur Zeit T für i Perioden im voraus darstellen durch

$$Y_{T+1} = a_0 = G_T(Y) = \alpha \cdot Y_T + (1-\alpha) \cdot G_{T-1}(Y),$$
$$= G_{T-1}(y) + \alpha[Y_T - G_{T-1}(y)].$$

Der mit der exponentiellen Glättung errechnete neue Wert ist somit kein gleitender Mittelwert mehr, sondern ein fortgeschriebener Mittelwert. Durch sukzessives rückwärtiges Einsetzen erhält man

$$G_T(Y) = \alpha \cdot Y_T + (1-\alpha)[\alpha \cdot Y_{T-1} + (1-\alpha) \cdot G_{T-2}(Y)]$$
$$= \alpha \cdot Y_T + \alpha \cdot (1-\alpha)Y_{T-1} + (1-\alpha)^2[\alpha \cdot Y_{T-2} + (1-\alpha) \cdot G_{T-3}(Y)]$$

$$= \alpha \cdot Y_T + \alpha \cdot (1-\alpha) Y_{T-1} + \alpha (1-\alpha)^2 Y_{T-2} + \dots$$

$$\dots + \alpha (1-\alpha)^n Y_{T-n} + \dots$$

$$= \alpha \sum_{i=0}^{n} (1-\alpha)^i Y_{T-i} .$$

Für theoretische Untersuchungen setzt man aus Gründen der Vereinfachung voraus, daß von den Beobachtungswerten Y_T die gesamte Vergangenheit bekannt ist. Man kann dann schreiben

$$G_T(Y) = \alpha \sum_{i=0}^{\infty} (1-\alpha)^i Y_{T-i} .$$

Damit setzt sich der exponentiell geglättete Wert $G_T(Y)$ aus einer Linearkombination aller vergangenen Beobachtungswerte zusammen. Die Gewichtsfaktoren, mit denen die einzelnen Beobachtungswerte dabei gewichtet werden, fallen geometrisch mit dem Alter des Beobachtungswertes. Aus der Tabelle 10.3 kann man die Werte der Gewichtsfaktoren für verschiedene Werte des Reaktionsparameters α ersehen.

Tabelle 10.3: Die Gewichtsfaktoren für die Beobachtungswerte bei verschiedenen Werten für den Reaktionsparameter α

α	0,1	0,2	0,3	0,4	0,5
T	0,1	0,2	0,3	0,4	0,5
T-1	0,09	0,16	0,21	0,24	0,25
T-2	0,081	0,128	0,147	0,144	0,125
T-3	0,0729	0,1024	0,1029	0,0864	0,0625
T-4	0,06561	0,08192	0,07203	0,05184	0,03125
T-5	0,059049	0,065536	0,050421	0,031104	0,015625

Man erkennt, daß der jüngste Beobachtungswert mit dem Faktor α gewichtet wird, der eine Periode zurückliegende Beobachtungswert mit dem Faktor $\alpha(1-\alpha)$ und der i Perioden zurückliegende Beobachtungswert mit dem Faktor $\alpha(1-\alpha)^i$.

Wegen $0 < \alpha < 1$ gilt $\alpha(1-\alpha)^{i+1} < \alpha(1-\alpha)^i$. Somit nehmen die Gewichtsfaktoren monoton nach einer geometrischen Reihe ab. Man kann nun leicht zeigen, daß sich die Gewichtsfaktoren zu eins addieren und somit die Bedingung für einen Mittelwert erfüllen. Dazu betrachtet man die unendliche geometrische Reihe

$$a + aq + aq^2 + \dots + aq^i + \dots = a \sum_{i=1}^{\infty} q^i = \frac{a}{1-q} .$$

Setzt man nun $a = \alpha$ und $q = 1-\alpha$, dann stellt die linke Seite die Summe der Gewichtsfaktoren dar, und die rechte Seite ergibt den Wert eins, d.h.

$$\sum_{i=0}^{\infty} \alpha(1-\alpha)^i = 1 .$$

Durch die Wahl des Wertes für den Reaktionsparameter α kann man die Verteilung der Gewichte auf die einzelnen Beobachtungswerte beeinflussen. Ein kleiner Wert für α, etwa $\alpha = 0{,}1$, bedingt eine fast gleichmäßige Verteilung der Gewichtsfaktoren über einen längeren Zeitraum. Ein großer Wert für den Reaktionsparameter dagegen, etwa $\alpha = 0{,}5$, bewirkt eine Anhäufung der Gewichtsfaktoren auf die jüngsten Beobachtungsperioden. Die Auswirkungen einer solchen Gewichtsverteilung bestehen bei einem kleinen Wert von α in einer sehr langsamen Anpassung des Mittelwertes an Änderungen im Kurvenverlauf. Man sagt, das System reagiert "träge". Ein Vorteil eines solchen Systemes besteht jedoch darin, daß es auf zufällige Schwankungen kaum reagiert.
Andererseits führt ein größerer Wert für den Reaktionsparameter α zu einer schnelleren Anpassung an den Verlauf der jüngsten Beobachtungswerte, aber auch zu einem nervösen Reagieren auf zufällige Schwankungen dieser Beobachtungswerte.

Einen Eindruck über den unterschiedlichen Einfluß der Vergangenheitswerte bei dieser Mittelwertbildung für verschiedene Werte des Reaktionsparameters α liefert die folgende Überlegung:

Das Alter der augenblicklichen Beobachtung sei gleich Null, das Alter der vorherigen Beobachtung sei gleich eins, das Alter der Beobachtung, die davor gemacht wurde, sei gleich zwei, usw. Bei dem Verfahren der gleitenden Durchschnitte werden die jüngsten N Beobachtungswerte, die zur Bildung des Durchschnittes herangezogen werden, alle mit dem gleichen Gewichtsfaktor 1/N belegt. Alle Beobachtungswerte, die davor liegen, werden mit dem Gewichtsfaktor Null belegt. Es werde sodann ein durchschnittliches Alter für diejenigen Beobachtungswerte definiert, die den gleitenden Durchschnitt bilden. Dieses ist gleich

$$t_D = \frac{0 + 1 + 2 + \ldots\ldots + (N-1)}{N} = \frac{N - 1}{2} .$$

Bei der exponentiellen Glättung wird dagegen ein Beobachtungswert, der vor i Perioden gemacht wurde, mit dem Gewichtsfaktor $\alpha\beta^i$ belegt, wobei $\beta = 1-\alpha$ ist. Somit ergibt sich für das durchschnittliche Alter der Beobachtungswerte bei der exponentiellen Glättung

$$t_G = 0\cdot\alpha + 1\cdot\alpha\beta + 2\cdot\alpha\beta^2 + \ldots\ldots + i\cdot\alpha\beta^i + \ldots\ldots$$

$$= \alpha \sum_{i=0}^{\infty} i\cdot\beta^i = \alpha \frac{\beta}{(1-\beta)^2} = \alpha \frac{\beta}{\alpha^2} = \frac{\beta}{\alpha} .$$

Falls der Wert für α nicht aus anderen Überlegungen folgt, hat man damit eine Möglichkeit, den Reaktionsparameter einer exponentiellen Glättung so zu wählen, daß das durchschnittliche Alter der Beobachtungswerte gleich dem entsprechenden Wert bei einem gleitenden Durchschnitt ist, der aus N Beobachtungswerten gebildet wurde. Man setzt

$$\frac{\beta}{\alpha} = \frac{1 - \alpha}{\alpha} = \frac{N - 1}{2} \quad \text{und erhält} \quad \alpha = \frac{2}{N + 1} .$$

Aus der Tabelle 10.4 kann man den Zusammenhang zwischen den Werten des Reaktionsparameters α und der Zahl der Perioden entnehmen, die in die entsprechende Bestimmung des gleichaltrigen gleitenden Durchschnittes eingehen würde. Besitzt man daher eine Idee über die Zahl der Beobachtungswerte, die man bei einer Bestimmung mittels des gleitenden Durchschnittes wählen würde, dann kann man aus dieser Tabelle den entsprechenden Wert für den Reaktionsparameter α entnehmen.

Tabelle 10.4: Zusammenhang zwischen Wert des Reaktionsparameters α und der Anzahl N der Beobachtungswerte für den gleitenden Durchschnitt bei gleichem durchschnittlichem Alter

N	3	4	5	6	9	12
α	0,500	0,400	0,333	0,286	0,200	0,154

N	18	19	24	39	52	199
α	0,105	0,100	0,080	0,050	0,038	0,010

In diesem Zusammenhang kann die Frage nach einem optimalen Wert für den Reaktionsparameter α interessieren. Ein allgemeines theoretisches Verfahren zur Bestimmung eines optimalen α gibt es nicht. Daneben benötigt man für die Initialisierung der exponentiellen Glättung noch einen Startwert $G_0(Y)$. In der Praxis werden diese beiden Größen meist durch die Analyse einer bereits vorhandenen Menge von Beobachtungswerten erhalten. Durch Simulation mit verschiedenen Werten für den Reaktionsparameter α wird dann derjenige bestimmt, der für die Vergangenheit die beste Anpassung ergeben hat. Mit dem so bestimmten Wert für α beginnt man dann die Prognose.

Einige heuristische Überlegungen sind dabei hilfreich:

1. Vorsicht bei zu kleinen Werten von α, da dadurch das Risiko vergrößert wird, eventuell auftretende Änderungen im Verlauf der Zeitreihe zu spät zu erkennen.

2. Es sind Fälle denkbar, in denen sogar ein negativer Wert für α kurzfristig eine bessere Vorhersage liefern würde. Dies wäre dann der Fall, wenn der Kurvenverlauf alternierend ist, d.h. große und kleine Werte sich zyklisch abwechseln würden. Aber auch hier ist Vorsicht geboten, denn ein solches System ist sehr labil. Folgen mehrere Perioden mit großen negativen Werten aufeinander, so wird der geglättete Mittelwert und damit auch die Prognose negativ. In einem solchen Fall kann kein positiver Zeitreihenwert eine Rückkehr in den positiven Bereich bewirken.

3. Erwartet man eine Änderung in der Struktur der Zeitreihe, ohne genau zu wissen, wie diese erfolgen wird, dann kann eine vorübergehende Erhöhung des Wertes für den Reaktionsparameter α eine schnellere Anpassung an diese Änderung bewirken. Sobald jedoch der Zeitreihenverlauf auf das alte Niveau zurückgekehrt ist, muß wieder mit dem alten Wert von α gearbeitet werden. In einem solchen Fall genügt es zu wissen, daß eine Änderung erfolgen wird. Die Richtung, in der diese Änderung erfolgen wird, muß dabei nicht bekannt sein.

10.2.4.3 Berücksichtigung eines Trendparameters

Enthält die den Beobachtungswerten zugrunde liegende Zeitreihe einen Trendparameter, so hinkt der exponentiell geglättete Mittelwert $G_T(Y)$ hinter der Zeitreihenentwicklung her, weil zu seiner Berechnung auch Daten früherer Beobachtungsperioden beitragen. Selbst eine Vergrößerung des Reaktionsparameters α läßt diesen Lag nicht verschwinden. Man muß vielmehr den Mittelwert korrigieren, und zwar um den Betrag, um den er hinter der Entwicklung herhinkt. Dazu bestimmt man die Differenz zwischen dem exponentiell geglätteten Mittelwert und dem tatsächlichen Beobachtungswert. Angenommen, die glatte Komponente der Zeitreihe besitze den Trendanstieg b, dann lautet der Modellansatz

$$Y_T = g_T + r_T = a_0 + b \cdot T + r_T,$$

und eine zum Zeitpunkt T getroffene Prognose für den Zeitpunkt T+i lautet

$$\hat{Y}_{T+i} = a_0 + i \cdot b.$$

Der Ansatz der exponentiellen Glättung würde ergeben

$$\begin{aligned} G_T(Y) &= \alpha \cdot Y_T + (1-\alpha) \cdot G_{T-1}(Y) \\ &= \alpha \sum_{i=0}^{\infty} (1-\alpha)^i Y_{T-i} \\ &= \alpha \sum_{i=0}^{\infty} (1-\alpha)^i \cdot [a_0 - i \cdot b] \\ &= a_0 \cdot \sum_{i=0}^{\infty} \alpha(1-\alpha)^i - b \cdot \sum_{i=0}^{\infty} \alpha \cdot i(1-\alpha)^i. \end{aligned}$$

Wegen $\sum_{i=0}^{\infty} \alpha(1-\alpha)^i = 1$ erhält man

$$G_T(Y) = a_0 - X, \quad \text{bzw. } a_0 = G_T(Y) + X,$$

mit

$$X = b \cdot \sum_{i=0}^{\infty} \alpha \cdot i(1-\alpha)^i$$

als Betrag, um den die Größe $G_T(Y)$ hinter a_0 zurückbleibt. Diese Größe wurde in 10.2.4.2 mit t_G, dem durchschnittlichen Alter der Beobachtungswerte bei der exponentiellen Glättung, bezeichnet. Die Größe dieses Betrages kann man wie folgt berechnen

$$X = b[\alpha(1-\alpha) + 2\alpha(1-\alpha)^2 + 3\alpha(1-\alpha)^3 + \dots],$$

$$(1-\alpha)X = b[\qquad \alpha(1-\alpha)^2 + 2\alpha(1-\alpha)^3 + \dots].$$

Durch Subtraktion dieser beiden Gleichungen erhält man

$$\alpha X = b[\alpha(1-\alpha) + \alpha(1-\alpha)^2 + \alpha(1-\alpha)^3 + \dots]$$

$$= b \sum_{i=1}^{\infty} \alpha(1-\alpha)^i = b(1-\alpha) \sum_{i=0}^{\infty} \alpha(1-\alpha)^i = b(1-\alpha),$$

letzteres wegen $\sum_{i=0}^{\infty} \alpha(1-\alpha)^i = 1$.

Somit ergibt sich

$$X = \frac{1-\alpha}{\alpha} \cdot b.$$

Die Schätzung der Konstanten a_0 muß also um diesen additiven Faktor X korrigiert werden. Man erhält also

$$\hat{a}_0 = G_T(Y) + \frac{1-\alpha}{\alpha} \cdot \hat{b}.$$

Allerdings ist in diesem Schätzwert noch die Größe b enthalten, der Trendanstieg der Zeitreihe. Dieser Wert ist zunächst noch nicht bekannt. Man muß daher einen Schätzwert $\hat{b}$ bestimmen.

Für eine zum Zeitpunkt T für i Perioden im voraus getroffene Prognose erhält man danach

$$\hat{Y}_{T+i} = \hat{a}_0 + i \cdot \hat{b}$$

$$= G_T(Y) + \frac{1-\alpha}{\alpha} \cdot \hat{b} + i \cdot \hat{b}.$$

Speziell für i=1 erhält man

$$\hat{Y}_{T+1} = G_T(Y) + \frac{1-\alpha}{\alpha} \cdot \hat{b} + \hat{b} = G_T(Y) + \frac{1}{\alpha} \cdot \hat{b}.$$

$G_T(Y)$ soll fortan als exponentiell geglätteter Mittelwert **erster Ordnung** und mit $G_T^{(1)}(Y)$ bezeichnet werden.

Man kann nun die exponentielle Glättung auf den Wert $G_T^{(1)}(Y)$ anwenden und erhält dann einen zweifach exponentiell geglätteten Mittelwert, nämlich

$$G[G_T^{(1)}(Y)] = G_T^{(2)}(Y) = \alpha \cdot G_T^{(1)}(Y) + (1-\alpha) \cdot G_{T-1}^{(2)}(Y).$$

Man spricht von einer **exponentiellen Glättung zweiter Ordnung**.

Man kann nun zeigen, daß der zweifach exponentiell geglättete Mittelwert $G_T^{(2)}(Y)$ hinter dem einfach exponentiell geglätteten Mittelwert $G_T^{(1)}(Y)$ ebenfalls um den Betrag X zurückbleibt. Dadurch ist es möglich, den Schätzwert für a_0 einfacher zu berechnen, nämlich aus

$$\begin{aligned}\hat{a}_0 &= G_T^{(1)}(Y) + [G_T^{(1)}(Y) - G_T^{(2)}(Y)] \\ &= 2 \cdot G_T^{(1)}(Y) - G_T^{(2)}(Y).\end{aligned}$$

Einen Schätzwert für b erhält man, wenn man die Beziehung

$$\hat{a}_0 = G_T^{(1)}(Y) + \frac{1-\alpha}{\alpha} \cdot \hat{b}$$

nach $\hat{b}$ auflöst. Dies ergibt

$$\begin{aligned}\frac{1-\alpha}{\alpha} \hat{b} &= a_0 - G_T^{(1)}(Y) \\ &= 2 \cdot G_T^{(1)}(Y) - G_T^{(2)}(Y) - G_T^{(1)}(Y) = G_T^{(1)}(Y) - G_T^{(2)}(Y)\end{aligned}$$

und somit

$$\hat{b} = \frac{\alpha}{1-\alpha} [G_T^{(1)}(Y) - G_T^{(2)}(Y)].$$

Man kann also durch Bilden von exponentiell geglätteten Werten erster und zweiter Ordnung Schätzwerte für die Koeffizienten a_0 und b eines Zeitreihenmodells mit Trendparameter erhalten.

Speziell für eine Prognose zum Zeitpunkt T für die nächste Periode T+1 erhält man den Wert

$$\begin{aligned}\hat{Y}_{T+1} &= \hat{a}_0 + 1 \cdot \hat{b} \\ &= 2 \cdot G_T^{(1)}(Y) - G_T^{(2)}(Y) + \frac{\alpha}{1-\alpha} [G_T^{(1)}(Y) - G_T^{(2)}(Y)] \\ &= G_T^{(1)}(Y) + \frac{1}{1-\alpha} [G_T^{(1)}(Y) - G_T^{(2)}(Y)].\end{aligned}$$

10.3 Saisonbereinigung von Zeitreihen

Man unterstellt jetzt, daß den Beobachtungswerten ein Modell der Form

$$Y_T = f(g_T, s_T, r_T)$$

zugrunde liegt. Will man bei einer solchen Zeitreihe die zufällige Komponente r_T ausschalten, d.h. die Anteile g_T und s_T möglichst unverzerrt darstellen, dann muß man die Methode der gewichteten gleitenden Durchschnitte anwenden, da wegen der saisonalen Komponente die Zeitreihe Stellen mit starker Krümmung aufweist.

Allerdings besteht das Interesse bei der Analyse von Zeitreihen mit einer saisonalen Komponente oftmals nicht in der Ausschaltung der zufälligen Komponente r_T, sondern in der Elimination des Saisoneinflusses s_T. Man ist also hauptsächlich an der Darstellung der Anteile der Komponenten g_T und r_T interessiert, d.h. man möchte eine Vorstellung davon bekommen, wie sich die Zeitreihe entwikkelt hätte, wenn ihr Verlauf nicht von saisonalen Einflüssen überlagert worden wäre. So ist man beim monatlichen Preisindex für die Lebenshaltung nicht an jährlich wiederkehrenden, saisonbedingten Schwankungen interessiert, sondern man möchte wissen, wie er sich langfristig entwickelt.

Bevor man jedoch versucht, die Beobachtungswerte von einem eventuell vorhandenen Saisoneinfluß zu bereinigen, müßte man zunächst prüfen, ob nicht Teile der saisonalen Schwankung künstlich erzeugt worden sind. So können beispielsweise gewisse regelmäßig wiederkehrende Schwankungen durch die Struktur unseres Kalenders hervorgerufen worden sein. Bekanntlich besitzen die einzelnen Monate zwischen 28 und 31 Kalendertage, wodurch Schwankungen bis zu 10 % hervorgerufen werden können, was sich etwa bei der Angabe der Zahl der Geburten pro Monat bemerkbar macht. Hier empfiehlt es sich, entweder die Angaben auf Kalendertage zu beziehen oder eine Umrechnung auf Normalmonate mit 30 Kalendertagen vorzunehmen.

Bei Daten aus dem Wirtschaftsleben ist meist die Zahl der Arbeitstage und nicht der Kalendertage entscheidend. Auch hier gibt es in den einzelnen Kalendermonaten Schwankungen bis zu 26 % (Januar mit 23 gegenüber Mai mit 17 Arbeitstagen). Eine Angabe von Daten, bezogen auf Arbeitstage, kann zu einer klareren Darstellung der Saisonkomponente führen, doch muß dabei sichergestellt sein, daß in dem betreffenden Erhebungssektor fehlende Arbeitstage nicht durch Überstunden oder Sonderschichten nachgeholt wurden. Besondere Probleme sind bei Zeitreihen zu berücksichtigen, die sich auf Umsatzdaten beziehen. Hier erweist sich eine Angabe, bezogen auf monatliche Arbeitstage, oftmals als nicht zweckmäßig, da der monatliche Umsatz in manchen Branchen von der Zahl der Feiertage und der Wochenenden abhängt. Ein zusätzliches Problem ergibt sich auch aus der Lage der beweglichen Feiertage Ostern und Pfingsten, die in verschiedenen Jahren in verschiedene Monate fallen können und somit die Struktur der Saisonkomponente verändern.

Bevor man daher bei einer Zeitreihe eine Saisonbereinigung vornimmt, sollte man zweckmäßigerweise die Beobachtungswerte zunächst vom Einfluß dieser störenden Faktoren, den sog. Kalenderunregelmäßigkeiten, bereinigen.

Im folgenden soll eine Zeitreihe mit einer starren, d.h. zeitunabhängigen Saisonkomponente und einer konstanten Periode der Länge λ, d.h. $s_T = s_{T+\lambda}$, betrachtet werden. Wenn die Saisonkomponente eine Jahresperiode besitzt, dann beträgt $\lambda = 12$. Besteht die Zeitreihe aus Monatsdaten mit einer Quartalsperiode, dann beträgt $\lambda = 4$.

Angenommen, die vorliegenden Beobachtungswerte umfassen k vollständige Saisonperioden, d.h. $n = k\cdot\lambda$. Dann können die Beobachtungswerte übersichtlicher in einem Tableau angeordnet werden, bei dem Werte, die sich auf den gleichen Zeitpunkt verschiedener Saisonperioden beziehen, in den Spalten untereinander angeordnet sind

$$\begin{array}{llcl} Y_1, & Y_2, & \cdots\cdots & Y_\lambda, \\ Y_{\lambda+1}, & Y_{\lambda+2}, & \cdots\cdots & Y_{2\cdot\lambda}, \\ \vdots & \vdots & & \vdots \\ Y_{(k-1)\cdot\lambda+1}, & Y_{(k-1)\cdot\lambda+2}, & \cdots\cdots & Y_{k\cdot\lambda} = Y_n. \end{array}$$

Diese Anordnung läßt eine Doppelindizierung der Beobachtungswerte Y_T als vernünftig erscheinen, nämlich

$$Y_{ij} \quad \text{mit } i = 1,\ 2,\ .\ .\ .\ .\ .\ ,\ k \ \text{ und } \quad j = 1,\ 2,\ .\ .\ .\ .\ .\ ,\ \lambda,$$

wobei der erste Index i die Periode und der zweite Index j den Zeitpunkt innerhalb einer Periode bezeichnet.

Das Ziel der folgenden Überlegungen besteht darin, eine saisonbereinigte Reihe zu bestimmen. Dazu ist zunächst die Saisonfigur zu ermitteln, um mit ihrer Kenntnis danach die saisonbereinigten Werte zu berechnen. Je nach der Verknüpfungsart der einzelnen Komponenten bieten sich verschiedene Verfahren an.

10.3.1 Saisonbereinigung bei additiver Verknüpfung

Es wird jetzt eine Zeitreihe aus äquidistanten Beobachtungswerten vom Typ

(10.1) $$Y_T = g_T + s_T + r_T, \qquad T = 1,2,\ldots,n,$$

bzw.

(10.9) $$Y_{ij} = g_{ij} + s_{ij} + r_{ij}, \qquad \left.\begin{array}{l} i = 1,2,\ldots,k, \\ j = 1,2,\ldots,\lambda, \end{array}\right\} n = k\cdot\lambda$$

betrachtet.
Wenn sich die glatte Komponente der Zeitreihe für jeweils $(\lambda+1)$ aufeinanderfolgende Werte durch eine Gerade approximieren läßt, dann kann man durch Bildung von λ-gliedrigen gleitenden Durchschnitten der Form

(10.10) $$D_{ij}(\lambda) \text{ für } \begin{cases} ij = \frac{\lambda}{2} + \frac{1}{2};\ \frac{\lambda}{2} + \frac{3}{2};\ldots;\ n - \frac{\lambda}{2} + \frac{1}{2} & \text{falls } \lambda \text{ ungerade} \\ ij = \frac{\lambda}{2} + 1;\ \frac{\lambda}{2} + 2;\ldots;\ n - \frac{\lambda}{2} & \text{falls } \lambda \text{ gerade} \end{cases}$$

die Saisonkomponente aus den Zeitreihenwerten ausschalten. Wegen der Annahme einer konstanten Saisonperiode der Länge λ ist der λ-gliedrige gleitende Durchschnitt der Saisonkomponente, $\bar{s}_{ij}(\lambda)$, für jeden Zeitpunkt $T = ij$ gleich Null. Man erhält daher

$$D_{ij}(\lambda) = \bar{g}_{ij}(\lambda) + \bar{s}_{ij}(\lambda) + \bar{r}_{ij}(\lambda)$$
$$= \bar{g}_{ij}(\lambda) + \bar{r}_{ij}(\lambda).$$

Wegen der Annahme, daß die Restkomponente r_{ij} den Mittelwert Null besitzen soll, d.h. $\bar{r}_{ij} = 0$, kann man unterstellen, daß $\bar{r}_{ij}(\lambda)$ approximativ gleich Null ist. Somit stellt die Folge der $D_{ij}(\lambda)$-Werte approximativ die glatte Komponente g_{ij} der Zeitreihe dar. Die Analyse der Zeitreihe läßt sich noch vertiefen. Dazu bildet man die Differenz aus den Beobachtungswerten Y_{ij} und den zugehörigen λ-gliedrigen gleitenden Durchschnitten $D_{ij}(\lambda)$

$$d_{ij} = Y_{ij} - D_{ij}(\lambda) = (g_{ij} + s_{ij} + r_{ij}) - [\bar{g}_{ij}(\lambda) + \bar{r}_{ij}(\lambda)]$$
$$= [g_{ij} - \bar{g}_{ij}(\lambda)] + s_{ij} + r_{ij} - \bar{r}_{ij}(\lambda).$$

Wegen $\bar{g}_{ij}(\lambda) \approx g_{ij}$ und $\bar{r}_{ij}(\lambda) \approx 0$ folgt

(10.11) $$d_{ij} = Y_{ij} - D_{ij}(\lambda) \approx s_{ij} + r_{ij}.$$

Die Folge dieser Differenzen d_{ij} stellt somit approximativ die Summe aus saisonaler und Restkomponente dar.

Diese Differenzen d_{ij} kann man verwenden, um Saisonindexziffern zu bestimmen, mit deren Hilfe man dann eine saisonbereinigte Zeitreihe berechnen kann. Die Bestimmung der Saisonindexziffern erfolgt mit Hilfe des sog. **Phasendurchschnittsverfahrens**, das voraussetzt, daß die Zeitreihe keine glatte Komponente mehr besitzt, d.h. $g_{ij} = 0$ ist.

Für die weitere Analyse wird diese Doppelindexschreibweise verwendet.

Man vergleicht nun für einen festen Saisonzeitpunkt j die Differenzen

$$d_{1j},\ d_{2j},\ .\ .\ .\ .\ .\ ,\ d_{kj}$$

miteinander. Wegen

$$s_{1j} = s_{2j} = .\ .\ .\ .\ . = s_{kj}$$

dürfen die Werte dieser Differenzen nur zufällige Schwankungen um einen gemeinsamen Wert aufweisen. Man bildet nun für jeden einzelnen Saisonzeitpunkt j das arithmetische Mittel dieser Differenzen über alle Perioden, d.h.

(10.13) $$\bar{d}_j = \frac{1}{k} \sum_{i=1}^{k} d_{ij} = \frac{1}{k} \sum_{i=1}^{k} [Y_{ij} - D_{ij}(\lambda)].$$

Um sich gegenüber möglichen Ausreißern unter den d_{ij}-Werten zu schützen, kann man auch anstelle des arithmetischen Mittels den Median $Z(d_j)$ wählen. Für eine konstante Saisonperiode muß die Summe dieser arithmetischen Mittelwerte über eine Periodenlänge Null ergeben, d.h.

$$\sum_{j=1}^{\lambda} \bar{d}_j = 0.$$

Dies wird jedoch - auch wegen noch verbliebener Restschwankungen - meist nicht genau der Fall sein. Daher müssen die d_j-Werte noch so normiert werden, daß diese Summe Null ergibt. Dazu bildet man

(10.14) $$\bar{d} = \frac{1}{\lambda} \sum_{j=1}^{\lambda} \bar{d}_j = \frac{1}{\lambda \cdot k} \sum_{i=1}^{k} \sum_{j=1}^{\lambda} d_{ij}$$

und korrigiert die $\bar{d}_j$-Werte wie folgt

(10.15) $$S_j^* = \bar{d}_j - \bar{d}.$$

Die Werte S_j^* bezeichnet man als **Saisonindexziffern**. Sie geben für den jeweiligen Zeitpunkt j der Periode den Einfluß der Saisonkomponente an. Wenn man diese Größe von den entsprechenden Beobachtungswerten Y_{ij} subtrahiert, erhält man sog. saisonbereinigte Beobachtungswerte

(10.16) $$Y_{ij} - S_j^*.$$

Diese geben eine Approximation für die Summe aus glatter und zufälliger Komponente der Zeitreihe.

Die Bestimmung von Saisonindexziffern ist unbedingt erforderlich, wenn man eine Zeitreihe analysieren will, die eine saisonale Komponente besitzt.

Beispiel 10.3:

Für den durchschnittlichen Milchertrag pro Kuh und Monat in der BRD sollen für den Zeitraum von 1973 bis 1983 Saisonindexziffern und saisonbereinigte Werte durch die Bildung von 12-gliedrigen gleitenden Durchschnitten bestimmt werden.
(Quelle: Fachserie 3, Land- und Forstwirtschaft, Reihe 4.2.2, Statistisches Bundesamt, Wiesbaden)

Tabelle 10.3: Ausgangsdaten für das Beispiel 10.3

	1976	1977	1978	1979	1980	1981	1982	1983	1984
Jan.	332	333	339	346	361	364	364	387	393
Febr	329	321	325	331	355	345	345	362	381
März	382	386	389	390	402	405	410	427	429
Apr.	389	391	396	398	413	419	420	440	430
Mai	418	422	429	429	454	453	451	471	465
Juni	388	389	397	404	429	417	427	433	412
Juli	353	375	390	399	404	408	422	430	398
Aug.	331	347	365	370	379	377	387	398	370
Sept	295	305	324	334	345	347	359	365	332
Okt.	292	303	317	335	343	338	359	374	335
Nov.	288	291	305	318	320	321	347	356	323
Dez.	311	319	328	342	344	436	371	376	347

Tabelle 10.4: 12-gliedrige gleitende Durchschnitte
für das Beispiel 10.3

	1976	1977	1978	1979	1980	1981	1982	1983	1984
Jan.	·	343,58	351,87	360,96	376,21	378,33	380.08	397,42	398,58
Febr	·	345,17	353,25	361,54	376,79	378,42	381,08	398,21	396,08
März	·	346,25	354,79	362,17	377,62	378,42	382,00	398,92	393,08
Apr.	·	347,12	356,17	363,33	378,42	378,29	383,37	399,79	393,54
Mai	·	347,71	357,33	364,62	378,83	378,12	385,33	400,79	390,54
Juni	·	348,17	358,29	365,75	379,00	378,25	387,46	401,37	387,54
Juli	342,38	348,75	358,96	366,96	379,21	378,33	389,46	401,83	384,96
Aug.	342,08	349,17	359,50	368,58	378,92	378,33	391,12	402,87	·
Sept	341,92	349,46	359,79	370,08	378,62	378,54	392,54	403,75	·
Okt.	342,17	349,79	359,92	371,21	379,00	378,79	394,08	403,42	·
Nov.	342,42	350,29	360,00	372,87	379,21	378,75	395,75	402,33	·
Dez.	342,62	350,92	360,29	374,96	378,67	379,08	396,83	400,79	·

Tabelle 10.5: d_{ij}-, $\bar{d}_j$- und S_j^*-Werte für das Beispiel 10.3

	1976	1977	1978	1979	1980	1981	1982	1983	1984	$\bar{d}_j$
Jan.	·	-10,58	-12,87	-14,96	-15,21	-14,33	-16,08	-10,42	- 5,58	-12,51
Feb.	·	-24,17	-28,25	-30,54	-21,79	-33,42	-36,08	-36,21	-15,08	-28,19
März	·	39,75	34,21	27,83	24,38	26,58	28,00	28,08	35,46	30,54
Apr.	·	43,88	39,83	34,67	34,58	40,71	36,63	40,21	39,46	38,74
Mai	·	74,29	71,67	64,38	75,17	74,88	65,67	70,21	67,46	70,46
Juni	·	40,83	38,71	38,25	50,00	38,75	39,54	31,63	27,04	38,09
Juli	10,63	26,25	31,04	32,04	24,79	29,67	32,54	28,17	·	26,89
Aug.	- 11,08	- 2,17	5,50	1,42	0,08	- 1,33	- 4,12	- 4,87	·	- 2,07
Sep.	- 46,92	-44,46	-35,79	-36,08	-33,62	-31,54	-33,54	-38,75	·	-37,59
Okt.	- 50,17	-46,79	-42,92	-36,21	-36,00	-40,79	-35,08	-29,42	·	-39,67
Nov.	- 54,42	-59,29	-55,00	-54,87	-59,21	-57,75	-48,75	-46,33	·	-54,45
Dez.	- 31,62	-31,92	-32,29	-32,96	-34,67	-33,08	-25,83	-24,79	·	-30,90
									Σ	- 0,66

$$\bar{d} = \frac{1}{12} \sum_{j=1}^{12} \bar{d}_j = \frac{1}{12} \cdot (-\ 0{,}66) = -\ 0{,}055$$

	Jan.	Febr.	März	April	Mai	Juni
S_j^*	- 12,45	- 28,08	30,59	38,80	70,52	38,15
	Juli	**Aug.**	**Sept.**	**Okt.**	**Nov.**	**Dez.**
S_j^*	26,94	- 2,02	- 37,53	- 39,62	- 54,40	- 30,84

Tabelle 10.6: Saisonbereinigte Werte ($Y_{ij} - S_j^*$) für das Beispiel 10.3

	1976	1977	1978	1979	1980	1981	1982	1983	1984
Jan.	344,45	345,45	351,45	358,45	373,45	376,45	376,45	399,45	405,45
Febr	357,14	349,14	353,14	359,14	383,14	373,14	373,14	390,14	409,14
März	351,41	355,41	358,41	359,41	371,41	374,41	379,41	396,41	398,41
Apr.	350,20	352,20	357,20	359,20	374,20	380,20	381,20	401,20	391,20
Mai	347,48	351,48	358,48	358,48	383,48	382,48	380,48	400,48	384,48
Juni	349,85	350,85	358,85	365,85	390,85	378,85	388,85	394,85	373,85
Juli	326,06	348,06	363,06	372,06	377,06	381,06	395,06	403,06	371,06
Aug.	333,02	349,02	367,02	372,02	381,02	379,02	389,02	400,02	372,02
Sep.	332,53	342,53	361,53	371,53	382,53	384,53	396,53	402,53	369,53
Okt.	331,62	342,62	356,62	374,62	382,62	377,62	398,62	413,62	374,62
Nov.	342,40	345,40	359,40	372,40	374,40	375,40	401,40	410,40	377,40
Dez.	341,84	349,84	358,84	372,84	374,84	376,84	401,84	406,84	377,84

Abb. 10.8: Kurvenverlauf für den durchschnittlichen monatlichen Milchertrag pro Kuh und die dazugehörige Kurve der saisonbereinigten Werte

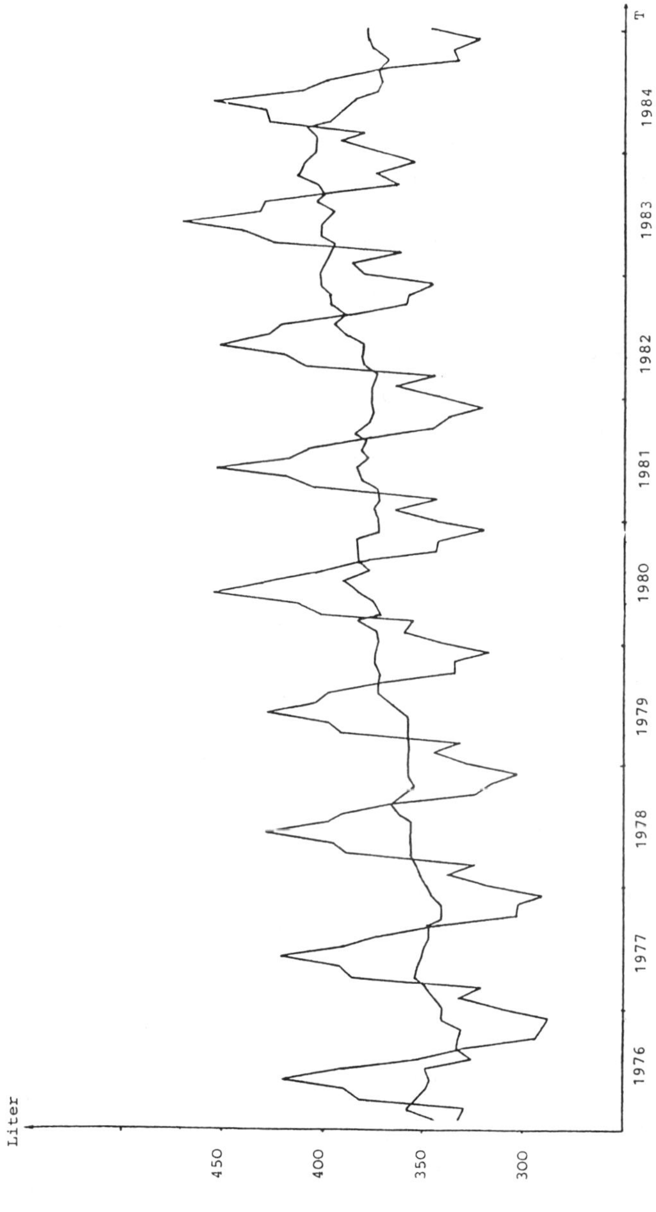

10.3.2 Saisonbereinigung bei multiplikativer Verknüpfung

Es wurde im vorigen Abschnitt ein Verfahren angegeben, wie man bei einer additiven Verknüpfung der Komponenten, nach Ausschaltung des Einflusses der glatten Komponenten mittels gleitender Durchschnitte, die Saisonindexziffern berechnen kann. Falls eine multiplikative Verknüpfung der Komponenten vorliegt, d.h.

$$Y_T = g_T \cdot s_T \cdot r_T \quad \text{bzw.} \quad Y_{ij} = g_{ij} \cdot s_{ij} \cdot r_{ij},$$

kann man zur Berechnung der Saisonindexziffern das **Gliedziffernverfahren von Person** oder das Phasendurchschnittsverfahren verwenden, das bereits im vorigen Abschnitt behandelt wurde.

10.3.2.1 Das Phasendurchschnittsverfahren

Da die Voraussetzung des Phasendurchschnittsverfahrens über die fehlende glatte Komponente von den meisten Zeitreihen recht selten erfüllt ist, bedeutet dies, daß man zunächst die glatte Komponente, etwa mit Hilfe von gleitenden Durchschnitten, auszuschalten hat. Da diese multiplikativ mit den anderen Komponenten verknüpft ist, bildet man zunächst aus den Beobachtungswerten Y_{ij} und den λ-gliedrigen gleitenden Mittelwerten $D_{ij}(\lambda)$ die trendbereinigten Werte d_{ij}

$$(10.17) \qquad d_{ij} = \frac{Y_{ij}}{D_{ij}(\lambda)} .$$

Diese Werte kann man sich wieder in einem rechteckigen Tableau derart angeordnet denken, daß die Werte d_{ij}, die sich auf den gleichen Zeitpunkt j ($j = 1,2,\ldots,\lambda$) einer Saisonperiode beziehen, spaltenweise untereinander stehen. Man bildet dann für jede Spalte entweder das arithmetische Mittel

$$(10.13) \qquad \bar{d}_j = \frac{1}{k} \sum_{i=1}^{k} d_{ij} \qquad (j = 1,2,\ldots,\lambda)$$

oder, um sich gegen Ausreißerwerte zu schützen, den Median $Z(d_j)$ aus den k Werten einer Spalte.

Das arithmetische Mittel $\bar{d}$ für alle Werte d_{ij} der Zeitreihe kann man aus den Spaltenmittelwerten wie folgt erhalten

$$(10.14) \qquad \bar{d} = \frac{1}{\lambda} \sum_{j=1}^{\lambda} \bar{d}_j = \frac{1}{\lambda \cdot k} \sum_{i=1}^{k} \sum_{j=1}^{\lambda} d_{ij} .$$

Bei einer konstanten Saisonfigur muß das Mittel dieser arithmetischen Mittelwerte über eine Periodenlänge den Wert eins ergeben. Dies wird jedoch im allgemeinen nicht erfüllt sein. Daher müssen analog zum Verfahren beim additiven Modell die $\bar{d}_j$-Werte noch so normiert werden, daß ihr arithmetisches Mittel Eins ergibt.

Die **Saisonindexziffer** S_j^* erhält man dann dadurch, daß man die Spaltenmittelwerte $\bar{d}_j$ [bzw. den Spaltenmedian $Z(d_j)$] auf den Mittelwert der Trendabweichungen der gesamten Zeitreihe d bezieht und den Quotienten noch mit 100 multipliziert

$$(10.18) \qquad S_j^* = \frac{\bar{d}_j}{\bar{d}} \cdot 100 \qquad (\text{für } j = 1,2,\ldots\ldots,\lambda).$$

Diese Saisonindexziffern geben für jeden Zeitpunkt j einer Saisonperiode die durchschnittliche Abweichung der Beobachtungswerte dieses Zeitpunktes vom Trend der Zeitreihe an, bezogen auf den Mittelwert der Trendabweichungen der gesamten Zeitreihe. Um eine saisonbereinigte Zeitreihe zu erhalten, müssen die Beobachtungswerte jedes Zeitpunktes j einer Periode durch die zugehörige Saisonindexziffer S_j^* dividiert werden, d.h.

$$(10.19) \qquad \frac{Y_{ij}}{S_j^*} \cdot 100 \;.$$

Beispiel 10.4:

Für den Schweinebestand in der BRD sollen für die Jahre 1974 bis 1980 (siehe Tabelle 10.7) durch Bildung von 3-gliedrigen gleitenden Durchschnitten $D_{ij}(3)$ (siehe Tabelle 10.8) die trendbereinigten Werte d_{ij} bestimmt werden. Durch Anwendung des Phasendurchschnittsverfahrens sollen aus diesen d_{ij}-Werten die Saisonindexziffern S_j^* und sodann eine Zeitreihe mit saisonbereinigten Werten ermittelt werden.

Tabelle 10.7: Ausgangsdaten für das Beispiel 10.4
(Angaben in 1 000) Quelle: Fachserie 3, Reihe 4
1979: S. 4 und 10, 1984: S. 16 und 475.

Jahr	Bestand im Monat April	August	Dezember
1974	21 363,3	22 334,4	20 233,7
1975	21 011,8	21 098,7	19 805,1
1976	21 199,1	21 874,8	20 589,2
1977	21 754,2	22 261,1	21 386,3
1978	23 197,4	23 872,0	22 641,0
1979	23 247,3	23 646,9	22 373,8
1980	23 632,7	24 065,7	22 553,4
1981	23 273,5	23 338,7	22 310,3
1982	22 814,1	23 090,7	22 477,8
1983	23 744,0	24 669,4	23 449,3
1984	23 683,7	24 190,6	23 616,8
1985	23 965,3	24 813,3	

Tabelle 10.8: 3-gliedrige gleitende Durchschnitte

Jahr	durchschnittlicher Bestand im Monat April	August	Dezember
1974	·	21 310,47	21 193,30
1975	20 781,40	20 638,53	20 700,97
1976	20 959,67	21 221,03	21 406,07
1977	21 534,83	21 800,53	22 281,60
1978	22 818,57	23 236,80	23 253,43
1979	23 178,40	23 089,33	23 217,80
1980	23 357,40	23 417,27	23 297,53
1981	23 055,20	22 974,17	22 821,03
1982	22 738,37	22 794,20	23 104,17
1983	23 630,40	23 954,23	23 934,13
1984	23 774,53	23 830,37	23 924,23
1985	24 131,80	·	·

Tabelle 10.9: $d_{ij} = \frac{Y_{ij}}{D_{ij}(3)}$ - Werte und Saisonindexziffern S_j^*

für das Beispiel 10.4

Jahr	April	August	Dezember
1974	·	1,0481	0,9547
1975	1,0111	1,0223	0,9999
1976	1,0114	1,0309	0,9618
1977	1,0102	1,0211	0,9598
1978	1,0166	1,0273	0,9737
1979	1,0030	1,0242	0,9637
1980	1,0118	1,0277	0,9681
1981	1,0095	1,0159	0,9850
1982	1,0033	1,0130	0,9729
1983	1,0048	1,0299	0,9797
1984	0,9962	1,0151	0,9871
1985	0,9931	·	·
Summe	11,0710	11,2755	10,7064
$\bar{d}_j$	1,0064	1,0250	0,9733
S_j^*	100,483	102,340	97,178

$\bar{d} = 1.00157$

Tabelle 10.10: Saisonbereinigte Werte $\frac{Y_{ij}}{S_j^*} \cdot 100$

Jahr	April	August	Dezember
1974	21 260,61	21 790,48	20 888,47
1975	20 910,80	20 584,87	20 446,00
1976	21 097,20	21 342,07	21 255,48
1977	21 649,63	21 718,96	22 078,37
1978	23 085,90	23 290,63	23 373,68
1979	23 135,56	23 071,01	23 097,83
1980	23 519,10	23 479,62	23 283,24
1981	23 161,63	22 770,32	23 032,27
1982	22 704,44	22 528,36	23 205,20
1983	23 629,87	24 068,61	24 208,13
1984	23 569,46	23 601,47	24 381,05
1985	23 850,10	24 209,01	.

10.3.2.2 Das Gliedzifferverfahren nach Person

Das Verfahren setzt eine Saisonkomponente mit einer konstanten Periode der Länge λ voraus. Zunächst muß auch hier der Einfluß der glatten Komponente g_j eliminiert werden. Dies geschieht nicht wie bisher mit Hilfe der Bestimmung gleitender Durchschnitte, sondern durch den sukzessiven Vergleich zweier aufeinanderfolgender Zeitreihenwerte.

Das Verfahren läßt sich wie folgt darstellen:

1. Für jeden Saisonzeitpunkt j einer Periode i bestimmt man eine Zahl q_{ij} als Quotient aus den Beobachtungswerten der Zeitpunkte j und j-1 multipliziert mit 100, d.h.

$$(10.20) \qquad q_{ij} = \frac{Y_{ij}}{Y_{ij-1}} \cdot 100 \quad (\text{i: Periode, j: Saison}).$$

2. Aus den Werten q_{ij} wird für jeden Zeitpunkt einer Periode i eine Gliedziffer g_i entweder als arithmetisches Mittel oder als Median über alle Perioden i gebildet, d.h.

$$g_j = \frac{1}{k} \sum_{i=1}^{k} q_{ij} \quad \text{oder} \quad Z(q_j) \quad (j = 1,2,\ldots.,\lambda).$$

Auf diese Weise erhält man Gliedziffern, die für jeden Zeitpunkt die durchschnittliche Veränderung der Zeitreihenwerte gegenüber dem vorherigen Zeitpunkt in Indexform angeben.

Man möchte aber wissen, wie sich die durchschnittlichen Saisonwerte für alle Zeitpunkte zu ihrem Durchschnitt verhalten. Daher werden im nächsten Schritt zunächst alle Gliedziffern auf eine gemeinsame Basis bezogen.

3. Dies erfolgt durch sukzessive Bildung folgender **Kettenmeßziffern** K_j

$$K_1 = g_1,$$

$$K_j = \frac{K_{j-1} \cdot g_j}{100} \quad (\text{für } j = 2,3,\ldots,\lambda).$$

Da die erste Gliedziffer einer Periode auf den letzten Zeitpunkt der Vorperiode bezogen ist, erhält man auf diese Weise Indexziffern, die alle auf diesen Zeitpunkt als Basis bezogen sind.

4. Wird durch diese Prozedur die Saisonbewegung vollständig erfaßt, dann muß $K_\lambda = 100$ sein. Auch dies wird nicht genau zutreffen, man bildet daher **korrigierte Kettenmeßziffern** K'_j wie folgt

$$K'_j = \frac{K_j}{d^j}, \quad \text{mit} \quad d = \sqrt[\lambda]{D} \quad \text{und} \quad D = \frac{K_\lambda}{100} \quad (\text{für } j = 1,2,\ldots,\lambda).$$

5. Die gesuchten **Saisonindexziffern** S^*_j erhält man, wenn man die korrigierten Kettenmeßziffern auf ihren Durchschnitt bezieht und mit 100 multipliziert, d.h.

$$S^*_j = \frac{K'_j}{\bar{K}'} \cdot 100, \quad \text{mit } \bar{K}' = \frac{1}{\lambda} \sum_{j=1}^{\lambda} K'_j \quad (\text{für } j = 1,2,\ldots,\lambda).$$

Beispiel 10.5:

Für die Daten des Beispiels 10.4 (siehe Tabelle 10.7) soll mittels des Gliedzifferverfahrens von Person eine saisonbereinigte Zeitreihe bestimmt werden.

Tabelle 10.11: q_{ij} Werte, Gliedziffern g_j, Kettenmeßziffern K_j, korrigierte Kettenmeßziffern K'_j und Saisonindexziffern S^*_j für das Beispiel 10.5

Jahr	April	August	Dezember
1975	103,85	100,41	93,87
1976	107,04	103,19	94,12
1977	105,66	102,33	96,07
1978	108,47	102,91	94,84
1979	102,68	101,72	94,62
1980	105,63	101,83	93,72
1981	103,19	100,28	95,59
1982	102,26	101,21	97,35
1983	105,63	103,90	95,05
1984	101,00	102,14	97,63
1985	101,48	103,54	
g_j = AM	104,26	102,13	95,29
K_j	104,26	106,48	101,47
$D = 1{,}0147;\ d = \sqrt[3]{1{,}0147} = 1{,}0049$			
K'_j	103,76	105,46	100,00
$\bar{K}' = 103{,}07$			
S^*_j	100,67	102,31	97,02
$g_j = Z_j(q_{ij})$	103,85	102,14	94,95

Tabelle 10.12: Saisonbereinigte Werte $\frac{Y_{ij}}{S^*_j} \cdot 100$ für das Beispiel 10.5

Jahr	April	August	Dezember
1975	20 872,96	20 621,36	20 413,41
1976	21 059,02	21 379,90	21 221,59
1977	21 610,45	21 757,46	22 043,18
1978	23 044,11	23 331,92	23 336,42
1979	23 093,68	23 111,91	23 061,01
1980	23 476,54	23 521,24	23 246,12
1981	23 119,71	22 810,68	22 995,56
1982	22 663,35	22 568,30	23 168,20
1983	23 587,10	24 111,28	24 169,54
1984	23 527,20	23 646,31	24 342,19
1985	23 806,94	24 251,92	

Abb. 10.9: Kurvenverlauf für den Schweinebestand in den Monaten April, August und Dezember in der BRD, zugehörige Kurve der 3-gliedrigen gleitenden Durchschnitte und der nach dem Gliedzifferverfahren von Person saisonbereinigten Kurve.

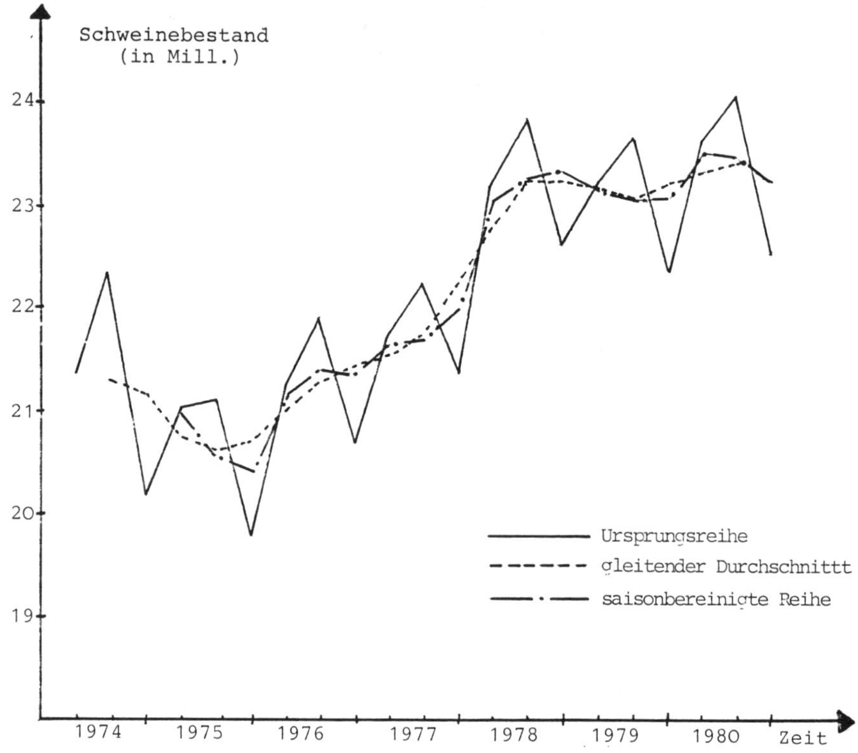

10.4 Übersicht über die Bestimmung der einzelnen Komponenten einer Zeitreihe

Bei den bisher betrachteten Verfahren zur Bestimmung der Komponenten einer Zeitreihe wurde jeweils nur eine einzelne Komponente bestimmt, während die anderen als nicht existent angesehen wurden. Wenn nun eine Zeitreihe von der Form

$$(10.1) \qquad Y_T = g_T + s_T + r_T$$

gegeben ist, so erhebt sich die Frage, wie die einzelnen Komponenten aus einem vorgegebenem Beobachtungsmaterial isoliert werden können. Es bieten sich prinzipiell zwei Möglichkeiten der Bestimmungen:

10.4.1 Simultane Bestimmung

Man kann eine simultane Bestimmung der verschiedenen Komponenten vornehmen. Dies würde bedeuten, daß man die glatte Komponente etwa durch einen Polynomansatz von der Form

$$(10.3) \qquad g_T = b_0 + b_1 T$$

und die saisonale Komponente durch eine Kombination von trigonometrischen Funktionen etwa in der Form

$$s_T = c \cdot \sin \omega T + d \cdot \cos \omega T$$

ansetzt. Mit Hilfe der Methode der kleinsten Quadrate kann man dann die Werte der Parameter b_0, b_1, c und d bestimmen.

10.4.2 Sukzessive Bestimmung

In der Praxis wird man die Zerlegung der Zeitreihe in ihre Komponenten sukzessiv vornehmen, indem man die Komponenten einzeln bestimmt und vor der Bestimmung der nächsten Komponenten die Zeitreihe bezüglich des Einflusses der bereits bestimmten Komponenten bereinigt. Es gibt prinzipiell viele Möglichkeiten, eine solche sukzessive Bestimmung vorzunehmen.

Eine Möglichkeit wäre die folgende Vorgehensweise:

1. Bestimmung der glatten Komponente g_j nach der Methode der gleitenden Durchschnitte.
2. Bereinigung der Originalzeitreihe vom Einfluß der glatten Komponente, d.h. man bildet

   a) im additiven Modell $d_{ij} = Y_{ij} - D_{ij}(\lambda)$, (10.12)

   b) im multiplikativen Modell $d_{ij} = Y_{ij}/D_{ij}\,(\lambda)$.

3. Bestimmung von Saisonindexziffern S_j^* aus den bereinigten Werten d_{ij}

   a) im additiven Modell
$$S_j^* = \bar{d}_j - \bar{d} \qquad (10.15)$$
$$= \frac{1}{k} \sum_{i=1}^{k} d_{ij} - \frac{1}{\lambda \cdot k} \sum_{i=1}^{k} \sum_{j=1}^{\lambda} d_{ij},$$

   b) im multiplikativen Modell
$$S_j^* = \frac{\lambda \sum_{i=1}^{k} d_{ij}}{\sum_{i=1}^{k} \sum_{j=1}^{\lambda} d_{ij}} . \qquad (10.18)$$

4. Bestimmung von saisonbereinigten Werten aus den Daten der Originalzeitreihe

   a) im additiven Modell $Y_{ij} - S_j^*$, (10.19)

   b) im multiplikativen Modell $(Y_{ij}/S_j^*) \cdot 100$. (10.16)

5. Bestimmung der Restkomponente durch Elimination des Saisoneinflusses aus den um die glatte Komponente bereinigten Originalwerten

   a) im additiven Modell $d_{ij} - S_j^*$.

   b) im multiplikativen Modell $(d_{ij}/S_j^*) \cdot 100$.

Die sukzessive Vorgehensweise bei der Zerlegung einer Zeitreihe in ihre einzelnen Komponenten bietet Ansätze zur Kritik, da man im einzelnen nicht überschauen kann, welche Auswirkungen die einzelnen Bestimmungen auf die jeweils nicht berücksichtigten Komponenten besitzen.

Aufgaben zu Kapitel 10

Aufgabe 1: (additive Überlagerung)

Die folgende Übersicht zeigt die Entwicklung der Produktionsindizes für das Tiefbaugewerbe im Zeitraum von 1977 bis 1980

Quartal	1977	1978	1979	1980
I	70,1	69,3	63,9	82,4
II	101,8	113,0	119,0	120,0
III	107,0	117,5	127,3	122,2
IV	99,4	108,0	119,1	104,3

a) Stellen Sie die Zeitreihe graphisch dar.

b) Geben Sie an, welche Komponenten die Zeitreihe enthält und welches Verfahren Sie aufgrund der Struktur der Zeitreihe bei der Zerlegung verwenden.

c) Bestimmen Sie die trendbereinigte Reihe und erläutern Sie die Vor- und Nachteile des zur Trendbereinigung verwendeten Verfahrens.

d) Bestimmen Sie die Saisonfigur und interpretieren Sie die errechneten Werte.

e) Berechnen Sie die saisonbereinigten Werte für 1980.

c) 12,52; 3,62; - 29,19; 12,12; 16,22; 6,65; - 39,43; 13,06; 17,66; 7,02; - 29,17; 10,92.
d) - 32,77; 11,84; 15,30; 5,59.
e) 115,17; 108,16; 106,90; 98,71.

Aufgabe 2: (Methode der kleinsten Quadrate)

Bestand an Kraftfahrzeugen 1974 - 1980 (Stichtag 1.7.)

Jahr	Kfz in Mio.
1974	20,4
1975	21,0
1976	22,3
1977	23,5
1978	24,8
1979	26,3
1980	27,1

a) Bestimmen Sie den Trend der Zeitreihe mit Hilfe der Methode der kleinsten Quadrate.
Welche Überlegungen sind vor der Anwendung des Verfahrens anzustellen?
Erscheint Ihnen die Anwendung dieses Verfahrens zur Trendbestimmung in diesem Fall sinnvoll?

b) Prognostizieren Sie unter Verwendung der berechneten Trendfunktion den Bestand an Kraftfahrzeugen in den Jahren 1981 und 1982. Wie beurteilen Sie die Güte der Prognose?

c) Berechnen Sie einen dreigliedrigen gleitenden Durchschnitt.

d) Was spricht bei der Berechnung gleitender Durchschnitte für einen möglichst langen, was für einen möglichst kurzen Stützbereich?

a) 23,63; 1,2. b) 28,43; 29,63.
c) 21,23; 22,27; 23,53; 24,87; 26,07.

Aufgabe 3:

Ein Unternehmen der Bekleidungsindustrie verzeichnete für die Zeit von 1977 bis 1980 folgende Umsätze:

Zeit	Umsätze in 100 000 DM			
	1977	1978	1979	1980
Jan. - Febr.	11	17	28	33
März - April	20	23	31	35
Mai - Juni	17	21	28	34
Juli - Aug.	18	23	31	38
Sept.- Okt.	21	29	33	40
Nov. - Dez.	28	39	48	60

a) Berechnen Sie mit Hilfe des Phasendurchschnittsverfahrens die Saisonindexziffern und erklären Sie die Bedeutung der einzelnen Rechenschritte.

b) Welche Annahme treffen Sie dabei über die Verknüpfung der Komponenten dieser Zeitreihe?

a) 87,4; 98,5; 86,4; 90,5; 101,5; 135,7.

Aufgabe 4:

Gegeben sei die folgende Zeitreihe: Die Zahl der Neuzulassungen von Personen- und Kombinationskraftwagen in der BRD (Angaben in 1 000)

Jahr	Jan.-April	Mai-Aug.	Sept.-Dez.
1974	601	597	494
1975	726	698	681
1976	882	723	707
1977	960	830	767
1978	988	984	791

a) Geben Sie an, welche Annahme man über den Zusammenhang der Komponenten in diesem Fall macht.

b) Zur Zerlegung dieser Zeitreihe in ihre Komponenten nach dem Gliedzifferverfahren werden zunächst für die einzelnen Abschnitte Kettenmeßziffern berechnet:

Jahr	I	II	III
1974		99,33	82,75
1975		96,14	97,56
1976		81,97	97,79
1977	135,79	86,46	
1978	128,81	99,56	

Berechnen Sie - soweit möglich - die noch fehlenden Werte.

c) Ermitteln Sie die Saisonindexziffern und erläutern Sie, welche Bedeutung die zur Berechnung notwendigen Rechenabschnitte haben.

b) 146,96; 129,52; 92,41; 80,39. c) 112,811 100,35; 86,84.

Aufgabe 5: (additive Überlagerung)

1. a) Geben Sie an, welche Komponenten eine Zeitreihe enthalten kann, und erläutern Sie diese.

   b) Erklären Sie die sachlichen Unterschiede zwischen einer multiplikativen und einer additiven Verknüpfung der Komponenten (evtl. mit Hilfe einer Zeichnung).

2. Die Entwicklung des Bierausstoßes in der BRD von 1977 - 1980 in 1 000 hl ist aus nachstehender Tabelle zu entnehmen:

Jahr	Quartal I	II	III	IV
1977	21 832	24 930	24 870	21 643
1978	20 886	24 739	24 042	21 989
1979	20 348	25 019	23 958	22 298
1980	21 017	24 483	24 578	22 231

Bei der Zerlegung obiger Zeitreihe in ihre einzelnen Komponenten wurde von einem additiven Modell ausgegangen. Dabei ergaben sich folgende 4-gliedrige gleitende Durchschnitte:

Jahr	Quartal I	II	III	IV
1977	.	.	23 200,50	23 058,38
1978	22 931,00	22 870,75	22 846,75	22 814,50
1979	22 839,00	22 867,13	22 989,38	23 006,00
1980			.	.

a) Bestimmen Sie die fehlenden 4-gliedrigen gleitenden Durchschnitte.

b) Warum verwendet man bei der Schätzung der glatten Komponente der Zeitreihe nicht die Methode der kleinsten Quadrate?

c) In der nachstehenden Tabelle sind die Werte der trendbereinigten Zeitreihe gegeben. Berechnen Sie die fehlenden Werte.

Jahr	Quartal I	II	III	IV
1977	.	.	1 669,50	- 1 415,38
1978	- 2 045,00	1 868,25	1 195,25	- 825,50
1979	- 2 491,00	2 151,87	968,62	- 708,00
1980			.	.

d) Bestimmen Sie die Saisonindexziffern und die saisonbereinigte Zeitreihe für das Jahr 1980.

2a) 23 016,50; 23 085,63. c) - 1 999,50; 1 397,37.
d) - 2 159,04; 1 825,29; 1 297,25; - 963,50;
23 176,04; 22 657,71; 23 280,75; 23 194,50.

Aufgabe 6:

Es soll die Entwicklung der Anzahl der Wohnräume in Frankfurt am Main mit 6 und mehr qm Fläche in den Jahren 1971 bis 1979 untersucht werden [1].

Jahr	1971	1972	1973	1974	1975	1976	1977	1978	1979
Wohnräume (in 1 000)	955	995	1 008	1 022	1 032	1 043	1 083	1 086	1 090

1) Daten entnommen aus: Statistisches Jahrbuch der Stadt Frankfurt am Main, 1980.

a) Welche Komponenten enthält die Zeitreihe?

b) Berechnen Sie 3-gliedrige gleitende Durchschnitte und geben Sie an, welche Komponente durch die Bildung von gleitenden Durchschnitten eliminiert werden kann.

c) Ermitteln Sie mit Hilfe der Methode der kleinsten Quadrate den Trend dieser Zeitreihe.
Schildern Sie die Nachteile dieses Verfahrens und vergleichen Sie es mit der Methode der gleitenden Durchschnitte.

b) 986,0; 1 008,3; 1 020,7; 1 032,3; 1 052,7; 1 070,7; 1 086,3.
c) 989,9; 9.

Aufgabe 7: (multiplikative Überlagerung)

Die folgende Tabelle enthält die Entwicklung des Umsatzes des Bergbaues in der BRD von 1977 bis 1980 in Mrd. DM:

	1977	1978	1979	1980
I	7,2	7,6	8,8	9,5
II	6,9	7,4	8,8	8,9
III	7,9	8,0	9,8	10,5

a) Stellen Sie diese Zeitreihe graphisch dar.

b) Halten Sie es für sinnvoll, die Saisonschwankungen dieser Zeitreihe durch das Phasendurchschnittsverfahren zu isolieren?

c) Bildung von 3-gliedrigen gleitenden Durchschnitten

	1977	1978	1979	1980
I	.	?	?	?
II	?	7,7	9,1	9,6
III	?	8,1	9,4	.

Berechnen Sie die noch fehlenden Werte.
Erläutern Sie die Vor- und Nachteile der Methode der gleitenden Durchschnitte und vergleichen Sie dieses Verfahren mit der Methode der kleinsten Quadrate.

d) Berechnung der trendbereinigten Werte

	1977	1978	1979	1980
I	.	?	?	?
II	?	0,96	0,97	0,93
III	?	0,99	1,04	.

Berechnen Sie die noch fehlenden Werte.

e) Bestimmen Sie die Saisonindexziffern.

f) In der folgenden Tabelle sind die saisonbereinigten Werte angegeben

	1977	1978	1979	1980
I	?	?	8,63	9,31
II	?	7,79	9,26	9,37
III	?	?	?	?

Berechnen Sie die noch fehlenden Werte und interpretieren Sie diese.

c) 7,3; 7,5; 7,6; 8,5; 9,4. d) 0,95; 1,05; 1,00; 1,04; 1,01.
e) 102; 95; 103.
f) 7,06; 7,26; 7,67; 7,45; 7,77; 9,52; 10,20.

Aufgabe 8:

Die Ausgaben von Devisen deutscher Urlauber im Reiseverkehr nach Spanien betrugen in den Jahren 1970 - 1974:

Quartal	1970	1971	1972	1973	1974
I	17	16	27	28	33
II	33	53	64	77	102
III	51	78	109	117	167
IV	13	31	41	47	64

a) Geben Sie an, welche Komponenten diese Zeitreihe enthält und welche Verfahren Sie aufgrund der Struktur der Zeitreihe für eine Saisonbereinigung verwenden können.

b) Berechnen Sie die durchschnittliche Veränderung der Zeitreihenwerte gegenüber dem vorherigen Zeitpunkt in Indexform.
Um welche Maßgrößen handelt es sich hier?

c) Ermitteln Sie die Saisonindexziffern und erläutern Sie, auf welche Weise man aus den Kettenmeßziffern die Saisonindexziffern erhält.

d) Bestimmen Sie für das Jahr 1974 die saisonbereinigten Werte dieser Zeitreihe.

e) Geben Sie einen Überblick über die Verfahren der Zeitreihenanalyse mit ihren Voraussetzungen.
Erklären Sie, welche Arten der Bestimmung der einzelnen Komponenten einer Zeitreihe Sie kennen.

b) 194,1; 154,5; 25,5; 123,1; 331,3; 147,2; 39,7; 87,1; 237,0; 170,3; 37,6; 68,3; 275,0; 152,0; 40,2; 70,2; 309,1; 163,7; 38,3.
c) 47,71; 119,16; 174,17; 58,96.
d) 69,17; 85,60; 95,88; 108,55.

11. Teilerhebungen

11.1 Total- und Teilerhebungen

Im Kapitel 3 war festgestellt worden, daß eine statistische Erhebung entweder als Totalerhebung oder als Teilerhebung durchgeführt werden kann. Bei der Teilerhebung wird aus der Gesamtheit der zu untersuchenden statistischen Einheiten, die man als Grundgesamtheit bezeichnet, nur eine Teilmenge ausgewählt. Teilerhebungen spielen heute eine viel größere Rolle als Totalerhebungen. Ihre wesentlichen Vorteile sind Kosten- und Zeitersparnisse sowohl bei der Erhebung als auch bei der Auswertung des Datenmaterials, so daß die Ergebnisse früher zur Verfügung stehen. Zudem kann eine Teilerhebung auch gründlicher durchgeführt werden als eine Totalerhebung. Trotzdem ist nicht zu erwarten, daß auf Totalerhebungen völlig verzichtet werden kann, da nur sie zuverlässige Unterlagen über die Grundgesamtheit liefern. Diese Kenntnisse können dann verwendet werden, um Auswahlpläne für Teilerhebungen zu erhalten, die im Zeitablauf überprüft werden müssen.

Die Ergebnisse über die Eigenschaften der Einheiten der Teilerhebung werden verwendet, um Rückschlüsse über die Eigenschaften der Einheiten der Grundgesamtheit zu ziehen. Dies ist aber nur dann sinnvoll, wenn die Auswahl der Einheiten aus der Grundgesamtheit so erfolgt, daß sie repräsentativ ist. Liefert die Teilerhebung ein vergröbertes, aber nicht entstellendes Abbild der Grundgesamtheit, dann spricht man von einer Stichprobenerhebung oder kurz von einer Stichprobe. Sie bildet im wesentlichen den Gegenstand dieses Kapitels.

Die statistischen Probleme, die bei Stichprobenerhebungen auftreten, können in den folgenden drei Fragestellungen zusammengefaßt werden:

1. Wie sollen die Einheiten der Stichprobe aus den Einheiten der Grundgesamtheit ausgewählt werden?

2. Wie groß soll der Umfang der Stichprobe gewählt werden?

3. Wie genau stellen die aus der Stichprobe gewonnenen Ergebnisse den wahren Sachverhalt in der Grundgesamtheit dar?

Die Beantwortung dieser Fragen erfolgt im Rahmen der Stichprobentheorie. Die erste Frage wird in diesem, die beiden anderen in den folgenden Kapiteln einführend behandelt.

11.2 Auswahlverfahren

Das Auswahlverfahren, nach dem die Einheiten der Grundgesamtheit für die Stichprobe ausgewählt werden, hängt davon ab, welche Informationen man über die Grundgesamtheit gewinnen will. Angenommen, es soll das verfügbare Einkommen der privaten Haushalte in der BRD für ein bestimmtes Jahr, etwa 1982, untersucht werden, dann bieten sich unter anderem folgende Untersuchungsziele an:

1. Man kann nach der Verteilung der Haushalte bezüglich der Höhe ihres verfügbaren Einkommens fragen.

2. Man kann nach dem durchschnittlichen verfügbaren Einkommen pro Haushalt fragen oder

3. man kann die verfügbaren Einkommen der Haushalte unterteilen nach dem Erwerbskonzept und das verfügbare Einkommen der selbständigen mit dem der unselbständigen Haushalte vergleichen.

Je nachdem, welches Untersuchungsziel man verfolgt, werden andere Ansprüche an die Stichprobe gestellt. Beim ersten Untersuchungsziel wird man von der Stichprobe verlangen, daß sie eine getreue Darstellung der Verteilung der Höhe der verschiedenen Einkommen der Grundgesamtheit wiedergibt. Interessiert man sich dagegen für das zweite Untersuchungsziel, so ist es durchaus denkbar, daß man eine Stichprobenzusammensetzung wählt, die bezüglich der Verteilung der Einkommen verzerrt ist, jedoch das durchschnittliche Einkommen genauer repräsentiert als andere Stichproben.

Ist man dagegen am dritten Untersuchungsziel interessiert, so muß man darauf achten, daß die Proportion der beiden Gruppen in der Stichprobe derjenigen entspricht, die in der Grundgesamtheit gilt. Ist das Untersuchungsziel vorgegeben, muß man das Prinzip festlegen, nach welchem diejenigen Einheiten der Grundgesamtheit ausgewählt werden, die in die Stichprobe gelangen sollen. Prinzipiell kann man zwischen zwei Möglichkeiten der Auswahl unterscheiden:

1. Prinzip der Zufallsauswahl und
2. Prinzip der bewußten Auswahl.

Beim Prinzip der Zufallsauswahl wird ein Auswahlverfahren angewendet, bei dem jede Einheit der Grundgesamtheit die gleiche Chance besitzt in die Stichprobe zu gelangen. Diese Forderung hat zur Folge, daß man den "Fehler" berechnen kann, der dadurch entsteht, daß man nicht die Grundgesamtheit als Ganzes, sondern nur einen Teil davon in die Erhebung einbezieht. Bei einer nach dem Prinzip der Zufallsauswahl erhaltenen Stichprobe ist man aufgrund des Stichprobenergebnisses in der Lage, den Bereich abzugrenzen, in dem die wahren Werte der Grundgesamtheit mit einem vorgegebenen Sicherheitsgrad liegen. Eine solche Aussage kann zwar nicht mit absoluter Sicherheit gegeben werden, aber man kann den Sicherheitsgrad beliebig vergrößern. Dies hat allerdings zur Folge, daß der Bereich, in dem der wahre Wert der Grundgesamtheit liegt, größer wird, d.h. die Aussage wird mit steigendem Sicherheitsgrad unschärfer.

Stichprobenerhebungen nach dem Prinzip der Zufallsauswahl sind somit Teilerhebungen, bei denen der Fehler, der durch die Beschränkung auf einen Teil der Grundgesamtheit entsteht, berechenbar ist. Dies wird durch die Wahrscheinlichkeitsrechnung und die mathematische Statistik ermöglicht, mit denen wir uns daher vom nächsten Kapitel an eingehender beschäftigen werden.

Beim Prinzip der bewußten Auswahl werden die Einheiten der Grundgesamtheit nach gewissen Vorkenntnissen über ihre Zusammensetzung ausgewählt. Diese Auswahl der Stichprobenelemente erfolgt nicht nach zufälligen Kriterien, sondern ihre Bestimmung wird gezielt vorgenommen.

Ein Verfahren der bewußten Auswahl ist das sog. **Quotenverfahren**. Angenommen, es soll die Meinung der Bevölkerung zu einer bestimmten politischen Fragestellung erkundet werden. Unterstellt man dabei, daß diese Meinung von der Konfession, dem Geschlecht und dem Alter der Bevölkerung beeinflußt wird, dann kann man wie folgt vorgehen:

Aus anderen Erhebungen kennt man die prozentualen Anteile der verschiedenen Konfessionen und der beiden Geschlechter an der Gesamtbevölkerung. Ebenfalls sei die Aufteilung der Gesamtbevölkerung auf die einzelnen Altersklassen bekannt. Man stellt dann den Interviewern die Aufgabe, die Befragung der vorgesehenen Bevölkerungsgruppen so vorzunehmen, daß die sich ergebende Stichprobe bezüglich der Verteilung von Konfession, Geschlecht und Aufteilung auf die einzelnen Altersgruppen ein genaues Spiegelbild der Grundgesamtheit ergibt. Im Rahmen dieser vorgegebenen "Quoten" besitzen die Interviewer völlig freie Hand, welche Einheiten der Grundgesamtheit sie in die Stichprobe aufnehmen und welche nicht.

Ein weiteres Verfahren der bewußten Auswahl ist die sog. **Teilerhebung nach dem Konzentrationsprinzip**. Sie wird insbesondere dann verwendet, wenn es weniger um einzelne Einheiten als vielmehr um aufsummierte quantitative Merkmale geht. Die Einheiten, die nur einen unbedeutenden Beitrag zur Merkmalssumme liefern, erfaßt man nicht, um Erhebungskosten zu sparen. Ein Beispiel hierfür ist die monatliche Industriestatistik in der BRD, bei der nur Betriebe mit mehr als 10 Beschäftigten erfaßt werden. Dabei werden 58 % der Betriebe erfaßt und man erhält so Angaben über 98 % der Beschäftigten und der Umsätze der Industrie. Es handelt sich hierbei allerdings um eine nichtrepräsentative Teilerhebung.

Es erscheint nun theoretisch denkbar, obwohl es von der Praxis nicht bestätigt wird, daß eine solche bewußte Auswahl zu genaueren Ergebnissen führt als eine reine Zufallsauswahl. Entscheidend ist jedoch die Tatsache, daß man nur bei einer Auswahl nach dem Prinzip des Zufalls in der Lage ist, mit Hilfe der Wahrscheinlichkeitsrechnung Angaben über die Genauigkeit der Ergebnisse bezüglich der Grundgesamtheit zu berechnen. Im folgenden soll daher bei einer Stichprobe immer unterstellt werden, daß ihre Einheiten nach dem Prinzip der Zufallsauswahl aus der Grundgesamtheit bestimmt werden.

Zunächst sollen die Methoden erläutert werden, nach der eine Auswahl der Stichprobenelemente nach dem Zufallsprinzip erfolgen kann.

11.3 Stichprobenerhebungen

11.3.1 Das einfache Stichprobenverfahren

Das Prinzip der einfachen Stichprobe kann anhand des nachstehenden Beispiels erläutert werden:

Als Grundgesamtheit werde die Wohnbevölkerung eines bestimmten Gebietes zu einem bestimmten Zeitpunkt betrachtet. Es soll die Geschlechterproportion dieser Bevölkerung bestimmt werden. Die Grundgesamtheit besteht aus N Einwohnern. Daraus werden nach dem Zufallsprinzip n ($n \leq N$) Einwohner als Stichprobe ausgewählt. Aufgrund der Geschlechterproportion dieser Stichprobe wird dann auf die entsprechende Proportion in der Grundgesamtheit geschlossen. Wenn jede Einheit der Grundgesamtheit die gleiche Chance besitzt, in die Stichprobe zu gelangen, spricht man von einer einfachen Stichprobe oder auch von einer reinen bzw. uneingeschränkten Zufallsauswahl.

Wie kann man nun erreichen, daß jede Einheit der Grundgesamtheit die gleiche Chance besitzt, als Stichprobenelement ausgewählt zu werden. Zunächst sei festgestellt, daß damit keine Auswahl "aufs Geratewohl" gemeint ist, denn eine solche garantiert nicht, daß jede Einheit der Grundgesamtheit die gleiche Chance besitzt als Stichprobenelement ausgewählt zu werden.

Um die Meinung der Bevölkerung einer Großstadt zu einem bestimmten Problem zu erforschen, genügt es keineswegs sich an einem belebten Platz dieser Großstadt aufzustellen, und die vorbeigehenden Menschen nach ihrer Meinung zu einem bestimmten Problem zu befragen. Selbst wenn man dies über einen längeren Zeitraum durchführt, ist damit nicht gesichert, daß alle Bewohner dieser Stadt die gleiche Chance besitzen, gefragt zu werden.

Ein Möglichkeit, jeder Einheit der statistischen Grundgesamtheit die gleiche Chance zu bieten, in die Stichprobe zu gelangen, kann man mit Hilfe von **Zufallszahlen** erreichen. Diese entnimmt man speziellen Tabellen, in denen mehrstellige Zufallszahlen in regelloser Folge aufgelistet sind, so daß sich kein Bildungsgesetz angeben läßt, nach dem aufeinanderfolgende Zahlen berechnet werden können. Auf die verschiedenen Möglichkeiten, solche Zufallszahlen zu erzeugen, soll hier nicht näher eingegangen werden.

Nehmen wir nun an, daß ein Adressenverzeichnis einer Bevölkerungsgrundgesamtheit zur Verfügung steht. Man kann dann diese Adressen durchnummerieren, etwa von 1 bis N. Dann beginnt man an einer beliebigen Stelle der Tabelle der Zufallszahlen und sucht - in einer beliebigen Richtung der Tabelle fortschreitend - diejenigen Adressen aus der Kartei heraus, deren Nummer durch die Zufallszahl bestimmt wird. Auf diese Weise fährt man fort, bis der gewünschte Stichprobenumfang erreicht ist. Handelt es sich beispielsweise bei der Adressenkartei um fünfstellige Adressennummern und liegt nur eine zweistellige Tabelle von Zufallszahlen vor, dann kann man durch Kombination aufeinanderfolgender Zufallszahlen fünfstellige Zahlen erhalten. Beispielsweise erhält man aus den zweistelligen Zufallszahlen

31 13 63 21 08 97 38 35 34 29

durch Kombination die fünfstelligen Zufallszahlen

31136 32108 97383 53429.

Allerdings ist auch bei der Verwendung von Zufallszahlen die Erstellung einer exakten Zufallsauswahl relativ mühsam. Daher werden in der Praxis manchmal Auswahlverfahren angewendet, die zwar keine Zufallsauswahl im strengen Sinne garantieren, aber für praktische Zwecke zufriedenstellende Stichproben liefern. Ist beispielsweise die Durchnumerierung der einzelnen Adresskarten nicht durchführbar, so kann man das folgende Auswahlverfahren anwenden. Aus einer Grundgesamtheit von N = 100 000 Einheiten soll eine Stichprobe vom Umfang n = 5 000 gezogen werden. Man kann mit einer zufällig ausgewählten einstelligen Zufallszahl beginnen, etwa der Zahl 6, und dann jede 20-te Adresskarte aus der Grundgesamtheit ziehen. Wenn die Anordnung der Adresskarten mit dem Untersuchungsmerkmal korreliert ist, kann ein solches systematisches Auswahlverfahren allerdings zu groben Verfälschungen der Stichprobenresultate bezüglich der Grundgesamtheit führen. Je enger dieser Zusammenhang ist, desto größer ist die Gefahr einer Verzerrung des Stichprobenergebnisses. Ein Beispiel aus der Literatur mag dies verdeutlichen.

Beispiel 11.1 [Blind]:

Es soll die durchschnittliche Miethöhe einer Gemeinde geschätzt werden. Zu diesem Zweck wird aus dem Verzeichnis der Wohnungen der Gemeinde, das nach Stadtteilen, Straßen und Häusern geordnet ist, jede 10. Wohnung ausgewählt. Bei der Festlegung des Intervalls zwischen den auszuzählenden Einheiten ist darauf zu achten, ob etwa in gewissen Zyklen hohe und niedrige Mieten miteinander abwechseln, z.B. in Siedlungen mit einheitlichen Haustypen mit jeweils 10 Wohnungen. Man könnte somit bei der Entnahme nur Wohnungen eines bestimmten Typs, z.B. Dach- oder Erdgeschoßwohnungen, auswählen.

Man muß daher darauf achten, ob es in der Grundgesamtheit bestimmte periodische Erscheinungen gibt, die für die Erhebungsmerkmale von Bedeutung sind. Wenn dies der Fall ist, darf die Länge einer solchen Periode nicht mit dem Abstand zweier aufeinanderfolgender Elemente der Grundgesamtheit übereinstimmen, die für die Stichprobe ausgewählt werden sollen.

Ein weiteres Verfahren, eine zufällige Auswahl aus der Grundgesamtheit zu erhalten, ist das sog. Schlußziffernverfahren. Bei diesem wird gefordert, daß die Grundgesamtheit von 1 bis N durchnumeriert ist, wobei die Einheiten nicht dieser Zahlenfolge entsprechend geordnet sein müssen. Möchte man aus der Grundgesamtheit eine 10 % ige Stichprobe ziehen, so wird man alle Einheiten mit einer zufällig gewählten Endziffer, etwa 3, aus der Grundgesamtheit auswählen. Möchte man einen Auswahlsatz von 5 % erzielen, so kann man aus einer Tabelle mit zweistelligen Zufallszahlen fünf aufeinanderfolgende Zufallszahlen, etwa

14, 66, 12, 87 und 22

auswählen.

Es werden dann alle Einheiten der Grundgesamtheit mit diesen Endziffern in die Stichprobe gewählt. Bei der Anwendung dieses Schlußziffernverfahrens muß auf jeden Fall gewährleistet sein, daß die Grundgesamtheit nicht gruppenweise, jeweils wieder mit 1 beginnend, durchnumeriert wurde. Sind nämlich diese Gruppen sehr klein, dann werden die ersten Schlußziffern häufiger vertreten sein als die übrigen, und die Stichprobe wird kein repräsentatives Abbild der Grundgesamtheit darstellen.

Es gibt allerdings auch Fälle, bei denen eine Auswahl nach den bisher geschilderten Zufallsprinzipien nicht möglich ist, etwa weil die Eintragungen in verschiedenen Karteien erfolgten, die sich nicht in ihrer Gesamtheit durchnumerieren lassen. In diesem Fall muß ein Auswahlverfahren angewandt werden, welches es erlaubt, eine zufällige Auswahl aus allen voneinander getrennt geführten Karteien zu ziehen. Dies läßt sich dadurch erreichen, daß man alle Einheiten in die Stichprobe aufnimmt, die ein bestimmtes Merkmal aufweisen. Dieses Merkmal sollte allerdings mit dem Erhebungsmerkmal in keinem Zusammenhang stehen, damit die Stichprobenauswahl keine Verzerrungen gegenüber der Grundgesamtheit aufweist. Es bieten sich eine Auswahl nach dem Geburtstag oder dem Anfangsbuchstaben des Familiennamens an. Allerdings hängt die Zugehörigkeit zu einer bestimmten Bevölkerungsgruppe oft mit dem Namen zusammen. In der Bundesrepublik ist dies beispielsweise bei den Heimatvertriebenen der Fall. Daher sollte man statt eines einzelnen Anfangsbuchstaben besser mehrere Buchstabenkombinationen wählen. Dies Verfahren setzt allerdings voraus, daß man den proportionalen Anteil dieser Buchstabenkombination in der Grundgesamtheit kennt.

<u>Beispiel 11.2</u> [Schott, 1923, Seite 44]:

Von den alphabetisch geordneten Familienbögen der Stadt Mannheim aus dem Anfang des 19. Jahrhunderts wurden willkürlich die mit den Anfangsbuchstaben A, B und M beginnenden Familiennamen herausgezogen und bezüglich der Kinderzahl pro Familie untersucht. Eine parallel dazu durchgeführte Auszählung sämtlicher Familienbögen bezüglich der Kinderzahl pro Familie zeigte jedoch weit größere Differenzen zwischen dem Stichprobenergebnis und dem wahren Sachverhalt in der Grundgesamtheit als es theoretisch zulässig gewesen wäre. Eine genauere Nachforschung ergab, daß sich unter den ausgewählten Anfangsbuchstaben relativ viele jüdische Familiennamen befanden und die jüdischen Ehen zu jener Zeit in Mannheim viel kinderreicher als die christlichen Ehen waren.

11.3.2 Das geschichtete Stichprobenverfahren

Das geschilderte Verfahren der einfachen Stichprobe erweist sich immer dann als angemessen, wenn die Grundgesamtheit homogen ist. Nun sind derartige homogene Grundgesamtheiten in der Wirtschafts- und Sozialstatistik relativ selten zu finden. Liegt eine inhomogene Grundgesamtheit vor, dann kann man diese in homogenere Teilgesamtheitem aufteilen, die in der Stichprobentheorie als Schichten bezeichnet werden. Es kann nämlich nachgewiesen werden, daß diese geschichtete Stichprobenerhebung wesentlich bessere Ergebnisse liefert als eine reine Zufallsauswahl.

Beispiel 11.3:

Um bei landwirtschaftlichen Betriebserhebungen schneller zu vorläufigen Ergebnissen zu gelangen, entnimmt man der Grundgesamtheit, gebildet aus allen eingegangenen Erhebungsbögen, eine Stichprobe und wertet diese aus. Bezüglich der Untersuchungsmerkmale Bodennutzung, Viehbestand, Arbeitskräfte, Maschinen usw. handelt es sich um eine stark inhomogene Grundgesamtheit. Daher bildet man aus ihr mehrere Schichten, in der Hoffnung auf diese Weise homogenere Teilgesamtheiten zu erhalten, in denen die zu untersuchenden Merkmalswerte nicht mehr so stark streuen wie in der ursprünglichen Grundgesamtheit. Eine mögliche Schichtenbildung sieht etwa die folgenden fünf Klassen vor:

Nr. der Schicht	Landwirtschaftliche Nutzfläche in ha	Auswahlsatz
1	[0,5; 5)	2 %
2	[5 ; 20)	5 %
3	[20 ; 50)	10 %
4	[50 ;200)	20 %
5	[200 ; ∞)	100 %

Bei der Bestimmung des Auswahlsatzes für die einzelnen Schichten geht man von der Überlegung aus, daß die 1. Schicht besonders stark besetzt sein wird und außerdem die Streuung der Untersuchungsmerkmale in ihr nicht besonders groß sein wird.

Später wird gezeigt werden, daß die Güte einer Stichprobenerhebung um so besser wird, je größer der Stichprobenumfang und je homogener die entsprechende Grundgesamtheit ist. Es genügt daher, bei der ersten Schicht einen relativ geringen Auswahlsatz zu wählen. Dagegen ist die fünfte Schicht sowohl schwach besetzt als auch relativ inhomogen. Daher empfiehlt es sich, diese voll in die Stichprobenerhebung aufzunehmen.

Bei einer nach dem Prinzip des geschichteten Stichprobenverfahrens bestimmten Auswahl hat nun nicht mehr jede Einheit der Grundgesamtheit die gleiche Chance, in die Auswahl zu gelangen. Jedoch kann man nach Festlegung des Auswahlsatzes für die einzelnen Schichten diese Chancen berechnen. Man fordert nun, daß jede Einheit der Grundgesamtheit eine berechenbare, von Null verschiedene Chance besitzt, in die Stichprobe zu gelangen.

Wenn man sich für eine geschichtete Stichprobe entschieden hat und der Stichprobenumfang n festgelegt worden ist, bleiben bezüglich der Erhebung noch zwei Probleme zu klären, nämlich

1. Wie soll der Stichprobenumfang n auf die einzelnen Schichten aufgeteilt werden?

2. Wie sollen in der Grundgesamtheit die einzelnen Schichten abgegrenzt werden?

Angenommen, die Grundgesamtheit sei in j verschiedene Schichten aufgeteilt, dann muß für jede Schicht i, i = 1,2,....,j, mit N_i Einheiten

$$N = \sum_{i=1}^{j} N_i,$$

die Anzahl der Elemente n_i festgelegt werden, die aus dieser Schicht in die Stichprobe gelangen sollen. Dabei müssen lediglich die beiden Bedingungen

$$\sum_{i=1}^{j} n_i = n \quad \text{und} \quad n_i \leq N_i$$

berücksichtigt werden.

Prinzipiell unterscheidet man zwei mögliche Aufteilungen:

1. die **proportionale Aufteilung** und
2. die **bestmögliche (oder optimale) Aufteilung**.

Bezeichnet man den Anteil der Einheiten der i-ten Schicht an der gesamten Grundgesamtheit mit p_i, d.h. $p_i = N_i/N$, dann besagt die proportionale Aufteilung, daß man aus der i-ten Schicht $n_i = np_i = n \cdot N_i/N$ Einheiten auswählt. Eine proportionale Aufteilung ist immer dann brauchbar, wenn innerhalb der einzelnen Schichten keine allzu großen Unterschiede bezüglich des Untersuchungsmerkmals bei den einzelnen Einheiten zu erwarten sind. Theoretisch läßt sich allerdings zeigen, daß die proportionale Aufteilung bei gegebenem n nicht die kleinste Varianz des Stichprobenergebnisses bezüglich des Untersuchungsmerkmals liefert.

Man kann daher eine optimale Aufteilung bestimmen, die bei gegebenem n diese Varianz minimiert. Dazu müssen allerdings die Varianzen des Untersuchungsmerkmals in den einzelnen Schichten bekannt sein. Wegen dieser Abhängigkeit der optimalen Aufteilung von den Varianzen in den einzelnen Schichten erhält man im allgemeinen für jedes Untersuchungsmerkmal eine andere optimale Aufteilung. Will man mehrere Merkmale der Grundgesamtheit gleichzeitig untersuchen, muß man daher entweder die optimale Aufteilung bezüglich eines Merkmals wählen oder sich auf eine proportionale Aufteilung der Stichprobeneinheiten beschränken.

Die Schichtenbildung in der Grundgesamtheit sollte so vorgenommen werden, daß diejenigen Elemente der Grundgesamtheit zu einer Schicht zusammengefaßt werden sollten, die bezüglich der Untersuchungsmerkmale die geringste Streuung aufweisen. Dieses Ziel kann man etwa dadurch erreichen, daß man einen Zusammenhang zwischen den Schichtungsmerkmalen und den Untersuchungsmerkmalen herstellt.

Ein mögliches Schichtungsmerkmal ist eine gebietsmäßige Aufgliederung der Grundgesamtheit. Eine solche bietet sich dann an, wenn die Zählpapiere von umfangreicheren Erhebungen (etwa Volkszählungen) bereits geographisch geordnet vorliegen. Dabei erweist sich die regionale Schichtung einer stichprobenweisen Aufbereitung von Volks- und Berufszählungen weniger wirksam bei den Volkszählungsmerkmalen (Geschlecht, Familienstand, Altersgruppen) als bei den Berufszählungsmerkmalen (Berufsgruppe, Wirtschaftszweig, soziale Stellung). Dies liegt darin begründet, daß die einzelnen Gebiete (z.B. Kreise, Stadtteile) hinsichtlich der Berufszählungsmerkmale in sich einheitlicher sind als unter dem Gesichtspunkt der meisten

Volkszählungsmerkmale (eine Ausnahme bildet dabei das Merkmal Religion). Ein anderes Schichtungsmerkmal ist die Größenklassengliederung für die das Beispiel 11.3 eine Anwendung darstellt.

11.3.3 Die Klumpenstichprobe

Die Klumpenstichprobe wird angewandt, um den mit der Auswahl einer großen Zahl einzelner Einheiten verbundenen Aufwand zu verringern. Der Vorteil der Klumpenauswahl besteht in einer wesentlichen Vereinfachung der Erhebung, weil alle Einheiten eines Klumpens auf einmal erfaßt werden können, wodurch große Zeit- und Kostenersparnisse erzielt werden. Diese Auswahl kommt insbesondere in Frage, wenn nur für die Klumpen und nicht für die Untersuchungseinheiten eine Auswahlgrundlage vorliegt (vgl. das Beispiel aus der Qualitätskontrolle im Abschnitt 11.3.4).

Bei einer Klumpenstichprobe wird also die Grundgesamtheit in m - nicht notwendig umfanggleiche - Klumpen aufgeteilt, und dann eine bestimmte Anzahl von Klumpen zufällig ausgewählt und diese mit allen ihren Einheiten in die Stichprobe einbezogen. Man beachte den Unterschied zwischen einer Schichten- und einer Klumpenstichprobe. Aus der in Teilmengen zerlegten Grundgesamtheit wird bei der Schichtenstichprobe jede Schicht in die Stichprobenerhebung einbezogen. Innerhalb jeder Schicht wird dann durch Zufallsauswahl bestimmt, welche Einheiten in die Stichprobe einbezogen werden. Anders dagegen bei der Klumpenstichprobe. Bei dieser werden durch Zufallsauswahl die Klumpen bestimmt, die in die Erhebung einbezogen werden sollen. Bezüglich der ausgewählten Klumpen erfolgt dann eine Totalerhebung aller Einheiten. Unterteilt man eine Grundgesamtheit in Klumpen, so darf jede Untersuchungseinheit einem und nur einem Klumpen angehören. In der Praxis ist es wichtig, diese Klumpenaufteilung so vorzunehmen, daß relativ einfach die Zugehörigkeit der Einheiten der Grundgesamtheit zu den einzelnen Klumpen ermittelt werden kann. Bei der Zerlegung der Grundgesamtheit in Klumpen sollte man darauf achten, daß die einzelnen Klumpen in sich bezüglich des Untersuchungsmerkmals möglichst inhomogen sind, d.h. möglichst verschiedene Merkmalsausprägungen besitzen. Auch dies ist ein Gegensatz zur Schichtenstichprobe, bei der die einzelnen Schichten in sich möglichst homogen sein sollten. Der Grund für diesen Unterschied ist offensichtlich. Das Prinzip der Klumpenstichprobe kann an dem folgenden Beispiel deutlich gemacht werden.

<u>Beispiel 11.4</u>:

In einer Großstadt soll eine Erhebung im Interviewverfahren durchgeführt werden über die Zahl der Haushalte die ein Farbfernsehgerät besitzen und deren Haushaltsnettoeinkommen. Es stellt sich die Frage, wie man eine Stichprobe von Haushalten dieser Stadt gewinnt. Es wäre denkbar, alle Haushalte zu befragen und auf diese Weise eine Liste der Zahl der Haushalte in der Grundgesamtheit mit einem Farbfernsehgerät anzufertigen. Dieses Verfahren wäre jedoch viel zu kostspielig und zu zeitaufwendig. Man wählt daher folgende Vorgehensweise: Das gesamte Stadtgebiet wird in Teilflächen aufgegliedert, die man von 1 bis k durchnumeriert. Aus diesen Teilflächen wählt man dann eine bestimmte Anzahl zufällig aus. Diese zufällig ausgewählten Teilflächen bilden die Stichprobe. In dieser werden alle Haushalte, die ein Farbfernsehgerät besitzen, interviewt. Diese geschilderte Methode bezeichnet man als Flächenstichprobenverfahren. Sie stellt einen Spezialfall der Klumpenstichprobe dar.

11.3.4 Mehrstufige Stichprobenverfahren

Das kennzeichnende Merkmal eines mehrstufigen Stichprobenverfahrens besteht darin, daß eine Reihe von Zufallsauswahlen nacheinander durchgeführt werden, wobei der Umfang der Teilgesamtheiten mit wachsender Stufenzahl immer kleiner wird. Das Klumpenstichprobenverfahren läßt sich beispielsweise zu einem zweistufigen Verfahren erweitern, wenn man nach der zufälligen Auswahl der Klumpen nicht alle Einheiten dieser ausgewählten Klumpen in die Erhebung einbezieht, sondern erneut eine zufällige Auswahl unter den Einheiten trifft.

Die mehrstufigen Stichprobenverfahren werden häufig in der Qualitätskontrolle angewandt, um die Güter einer Produktion zu testen. Angenommen, die von einem Produzenten gelieferte Ware ist in Kisten verpackt. Dann wählt der Konsument auf der ersten Stufe eine bestimmte Anzahl von Kisten zufällig aus und auf der zweiten Stufe werden aus der in diesen Kisten befindlichen Artikel erneut einige zufällig ausgewählt. Nur diese Artikel werden dann vom Konsumenten auf ihre Qualität getestet. Aufgrund dieses Testergebnisses schließt dieser dann auf die Qualität der vom Produzenten gelieferten Partie und entscheidet, ob die Gesamtheit der gelieferten Ware seinen Qualitätsansprüchen genügt oder nicht.

Eine weitere Anwendungsmöglichkeit von mehrstufigen Stichprobenverfahren bietet beispielsweise die landwirtschaftliche Statistik. Wird kurz vor der Ernte ein Überblick über den zu erwartenden Ernteertrag für ein bestimmtes Bundesland gewünscht, dann wählt man auf der ersten Stufe nach dem Zufallsprinzip Dörfer dieses Landes aus. Auf der zweiten Stufe werden aus jeder dieser ausgewählten Landgemeinden zufällig eine bestimmte Anzahl von bäuerlichen Betrieben ausgewählt. Auf der dritten Stufe werden unter diesen ausgewählten Betrieben wieder zufällig eine bestimmte Anzahl von Feldern ausgewählt, auf denen das gewünschte Getreide angebaut wird. Von den so in die Endauswahl gelangten Feldern werden nach bestimmten Vorschriften 5 Proben im Ausmaß von jeweils nur 1 qm abgeerntet und deren Ernteertrag bestimmt. Auf diese Weise erhält man einen Schätzwert für den zu erwartenden durchschnittlichen Ernteertrag pro qm. Dieser Wert wird dann auf die gesamte Anbaufläche hochgerechnet.

11.4 Induktive und deduktive Schlußweise in der Statistik

Bisher haben wir uns vorwiegend mit dem Problem beschäftigt, wie aus einer Grundgesamtheit diejenigen Einheiten auszuwählen sind, die durch eine Stichprobenerhebung erfaßt werden sollen. Die sich bei einer Stichprobenerhebung ergebenden statistischen Probleme sind damit aber noch nicht erschöpft. Stichprobenerhebungen werden durchgeführt, um Aussagen über die Eigenschaften der Merkmale von statistischen Einheiten einer Grundgesamtheit treffen zu können. Nachdem die Stichprobe festgelegt worden ist, wird man die Kenngrößen für die Untersuchugsmerkmale innerhalb der Stichprobe bestimmen, etwa den Mittelwert, die Varianz oder die Verteilung innerhalb der Stichprobenelemente. Nun ist man aber nicht an der

Größe dieser Werte innerhalb der Stichprobe interessiert, sondern man möchte aufgrund dieser Stichprobenergebnisse Rückschlüsse auf die Eigenschaften der betreffenden Untersuchungsmerkmale in der unbekannten Grundgesamtheit ziehen.

Um solche Aussagen zu treffen, benötigt man jedoch zunächst Kenntnisse der Wahrscheinlichkeitsrechnung. Diese beschäftigt sich mit der sog. deduktiven Schlußweise der Statistik. Sie geht von einer Grundgesamtheit aus, deren Eigenschaften bezüglich gewisser Untersuchungsmerkmale bekannt sind. Man schließt dabei von der bekannten Grundgesamtheit auf die unbekannte Stichprobe. Aufgrund der Grundgesamtheitseigenschaften werden sodann Aussagen über die Eigenschaften der betreffenden Untersuchungsmerkmale in der zu ziehenden Stichprobe getroffen.

Für die praktische Anwendung der statistischen Methoden ist jedoch die umgekehrte Schlußweise wichtiger und interessanter. Meistens sind die Eigenschaften der Untersuchungsmerkmale in der Grundgesamtheit nicht bekannt. Um über sie Aussagen machen zu können, versucht man aufgrund von Stichprobenergebnissen auf die Eigenschaften der Untersuchungsmerkmale in der unbekannten Grundgesamtheit zu schließen. Man spricht in diesem Zusammenhang von der induktiven Schlußweise der Statistik (vgl. Abb. 11.1). Diese hat die Aufgabe, aufgrund von Stichprobenergebnissen die folgenden beiden Probleme zu behandeln:

1. Die Schätzung von Kenngrößen für die Untersuchungsmerkmale unbekannter Grundgesamtheiten sowie die Angabe von Vertrauensbereichen (sog. Konfidenzintervallen) für diese Größen zu vorgegebenen Sicherheitswahrscheinlichkeiten aufgrund von Stichprobenergebnissen (**Schätztheorie, Kapitel 15**).

2. Die statistische Prüfung von Hypothesen bezüglich vorgegebener Eigenschaften von Untersuchungsmerkmalen in der unbekannten Grundgesamtheit aufgrund von beobachteten Stichprobenergebnissen (**Testtheorie, Kapitel 16**).

Damit ist die weitere Vorgehensweise festgelegt. Zunächst muß man sich mit der Wahrscheinlichkeitsrechnung vertraut machen, um die deduktive Schlußweise der Statistik zu verstehen (Kapitel 12 bis 14). Danach wird, um Stichprobenerhebungen auswerten zu können, die induktive Schlußweise in Form einer Einführung in die Schätz- und Testtheorie behandelt.

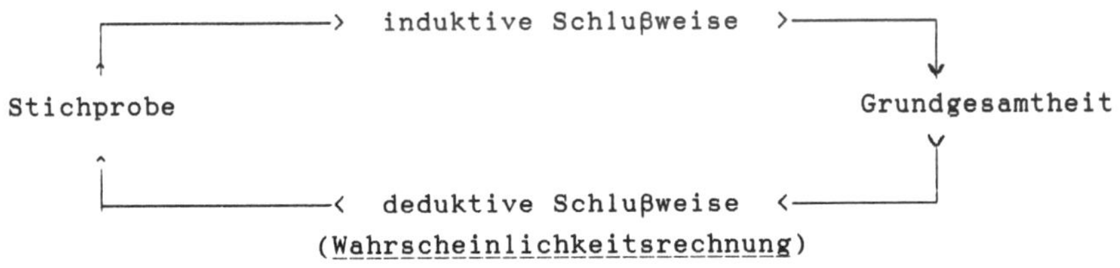

Abb. 11.1: Die beiden Schlußweisen in der Statistik

12. Grundzüge der Wahrscheinlichkeitsrechnung

Im vorigen Kapitel war gesagt worden, daß es mit Hilfe der Wahrscheinlichkeitsrechnung möglich ist, Abschätzungen zu bestimmen, die angeben, wie weit beobachtete Stichprobenergebnisse von den entsprechenden Kenngrößen der Grundgesamtheit abweichen können. Voraussetzung für die Möglichkeit solcher Abschätzungen ist die Tatsache, daß die Einheiten der Stichprobe zufällig aus der Grundgesamtheit ausgewählt wurden. Die Wahrscheinlichkeitsrechnung beschäftigt sich mit der Untersuchung von Gesetzmäßigkeiten im Verhalten von zufälligen Ereignissen. Es werden daher in diesem Kapitel die grundlegenden Begriffe und Methoden der Wahrscheinlichkeitsrechnung behandelt.

12.1 Der Begriff des zufälligen Ereignisses

Grundlegende Begriffe der Wahrscheinlichkeitsrechnung sind das **Zufallsexperiment** und das **zufällige Ereignis**. Unter genau definierten und konstant gehaltenen Bedingungen werde eine Serie von Experimenten durchgeführt: etwa das Werfen einer Münze oder das Ziehen einer Karte aus einem Kartenspiel. Nun unterstellt man, daß es sich um solche Experimente handelt, bei denen es nicht mit absoluter Sicherheit möglich ist, ihr Ergebnis vorherzusagen.

Man kann definieren:

Als **Zufallsexperiment** bezeichnet man einen Vorgang, der nach einer bestimmten Vorschrift ausgeführt wird, der beliebig oft wiederholbar ist und dessen Ergebnisse vom Zufall abhängen, d.h. im voraus nicht eindeutig bestimmt werden können. Ferner sollen sich die Ergebnisse bei mehrmaliger Wiederholung des Versuches nicht gegenseitig beeinflussen.

Anstatt vom Eintreffen des Ergebnisses eines durchgeführten Experimentes spricht man auch von der **Realisation** eines bestimmten Ereignisses. Kann bei einem Ereignis nicht mit absoluter Sicherheit auf seine Realisierung geschlossen werden, dann spricht man von einem zufälligen Ereignis. Diese Bezeichnung besagt, daß es vom Zufall abhängt, ob das betreffende Ereignis realisiert wird oder nicht.

Man kann definieren:

Ein **zufälliges Ereignis** ist ein solches Ereignis, das bei einem unter festliegenden Bedingungen durchgeführten Versuch eintreten kann, aber nicht eintreten muß.

Den Versuch, dessen Realisierung zu einem zufälligen Ereignis führt, bezeichnet man als Zufallsexperiment. Um zu zeigen, wie man solche zufälligen Ereignisse numerisch erfassen kann, sollen - gedanklich - zwei altbekannte Zufallsexperimente durchgeführt werden.

Beispiel 12.1:

Bei vielen Gesellschaftsspielen werden Würfel verwendet, dabei wird bei einigen Spielen einer bestimmten Augenzahl eine besondere Bedeutung zugeordnet. Etwa spielt die "sechs" eine solche Sonderrolle. Anhand eines Zufallsexperimentes soll daher untersucht werden, wie häufig das Ereignis "würfeln einer sechs" eintritt. Angenommen, es werden nacheinander 200 Würfe durchgeführt und dabei die folgenden Realisierungen des gewünschten Ereignisses beobachtet

Gesamtzahl der Würfe	20	40	60	80	100	120	140	160	180	200
absolute Häufigkeit	2	5	11	14	18	21	23	26	30	33
relative Häufigkeit	1/10 = 0,100	1/8 = 0,125	11/60 ≈ 0,183	7/40 = 0,175	9/50 = 0,180	21/120 = 0,175	23/140 ≈ 0,164	13/80 ≈ 0,163	1/6 ≈ 0,167	33/200 = 0,165

Beispiel 12.2:

Es werde eine Münze geworfen. Man interessiert sich nun dafür, welche der beiden Seiten - Wappen oder Zahl - nach dem Wurf oben liegt. Angenommen, für das Eintreffen des Ereignisses "Wappen liegt oben" werden bei einer Serie von Würfen folgende Realisationen beobachtet:

Gesamtzahl der Würfe	100	500	1 000	5 000	10 000
absolute Häufigkeit	54	257	491	2 517	4 980
relative Häufigkeit	0,540	0,514	0,491	0,503	0,498

Die absolute Häufigkeit zeigt an, daß die Abweichungen von der "erwarteten" Hälfte der Gesamtzahl der Würfe mit zunehmender Gesamtzahl immer größer werden. Bezogen auf die Gesamtzahl der durchgeführten Würfe (relative Häufigkeit) nähern sich die Ergebnisse jedoch mit wachsender Gesamtzahl der Würfe immer mehr dem "erwarteten" Wert 0,5.

Man erkennt, daß sich die relative Häufigkeit der Realisierungen mit wachsender Gesamtzahl der Würfe einem bestimmten Wert nähert, der ungefähr bei 0,17 liegt. Dieser Wert, dem sich die relative Häufigkeit mit wachsender Gesamtzahl der Würfe (= Stichprobenumfang) nähert, läßt sich unter bestimmten Voraussetzungen auch ohne langwierige Zufallsexperimente rechnerisch ermitteln.

Grundsätzlich sind die Ergebnisse dieser beiden Zufallsexperimente nicht besonders verwunderlich. Geht man davon aus, daß Münze und Würfel noch solide deutsche Wertarbeit repräsentieren, dann müßten beide völlig symmetrisch aufgebaut sein, d.h. keine der beiden Seiten dürfte ein Übergewicht besitzen. Unter diesen Voraussetzungen existiert kein Grund zu der Annahme, daß eine der Seiten bei der Realisierung bevorzugt werden sollte. Anders sähe das Ergebnis aus, wenn man eine Seite zusätzlich durch einen Bleizusatz beschwerte. Da sich jedoch in der Realität Münzen bzw. Würfel beim Werfen nicht immer so exakt verhalten, wie man es von ihnen in einem Modellversuch erwartet (z.B. wegen der verschiedenen Umwelteinflüsse), geht man gedanklich von einer idealen Münze bzw. von einem idealen Würfel aus. Darunter versteht man nicht nur, daß der betreffende Gegenstand völlig ausbalanciert sein soll, sondern man versteht darunter auch, daß beim mehrfachen Werfen stets die gleichen äußeren Bedingungen herrschen. Bei einer idealen Münze treten dann die beiden zufälligen Ereignisse "Wappen" {W} und "Zahl" {Z} prinzipiell gleich oft auf. Man sagt auch beide zufälligen Ereignisse sind "**gleich möglich**".

Der Begriff "gleich möglich" meint, daß jedes Element die gleiche Chance besitzt, realisiert zu werden. In der klassischen Wahrscheinlichkeitsdefinition wird daher gefordert, daß es a-priori keinen Grund gibt, eines der Elementarereignisse als bevorzugt zu betrachten. Damit stützt man sich auf das "**Prinzip vom unzureichenden Grund**", d.h. es ist keine Ursache zu erkennen, die auf die Realisierung eines bestimmten Elementarereignisses besonders hinweisen würde.

Bei dem Zufallsexperiment mit dem idealen Würfel würde nun keine Augenzahl gegenüber einer anderen bevorzugt. Bei jedem Wurf mit dem idealen Würfel kann also jede der sechs möglichen Augenzahlen gleich häufig realisiert werden. Auch in diesem Fall spricht man von gleich möglichen zufälligen Ereignissen.

In der Wahrscheinlichkeitsrechnung ist es üblich, zur Beschreibung von zufälligen Ereignissen die Mengenschreibweise zu verwenden. {W} bedeutet das zufällige Ereignis "Wappen liegt oben" und {6} bedeutet das zufällige Ereignis "Würfeln einer 6". In diesen beiden Fällen handelt es sich jeweils um sog. einelementige Ereignismengen.

Die Menge aller möglichen Ergebnisse eines Zufallsexperimentes wird als "**Menge der Elementarereignisse**" bezeichnet. Jedes ihrer Elemente, d.h. jedes einzelne mögliche Ergebnis des Zufallsexperimentes wird als **Elementarereignis** bezeichnet.

12.2 Der Begriff der Wahrscheinlichkeit

12.2.1 Die klassische Definition der Wahrscheinlichkeit nach Laplace

Im folgenden wird angenommen, daß die Menge der Elementarereignisse endlich sei, sie umfasse etwa n Elementarereignisse. Ferner werden folgende Voraussetzungen getroffen:

1. Die Elementarereignisse schließen einander aus, d.h. als Ergebnis eines Zufallsexperimentes kann nur ein Elementarereignis realisiert werden.

2. Alle Elementarereignisse seien gleichmöglich, d.h. jedes Elementarereignis besitzt die gleiche Chance, realisiert zu werden.

3. Genau eines der möglichen Elementarereignisse tritt als Realisation des durchgeführten Zufallsexperimentes ein.

In solchen Fällen kann man den Wert berechnen, dem sich die relative Häufigkeit mit wachsender Zahl der durchgeführten Realisierungen des Zufallsexperimentes nähert.

Die Menge der Elementarereignisse kann nun in zwei zueinander elementfremde (disjunkte) Teilmengen aufgeteilt werden. Die erste Teilmenge umfaßt diejenigen Elementarereignisse, deren Realisierung gleichbedeutend ist mit der Realisierung des betrachteten zufälligen Ereignisses. Die zu dieser Teilmenge gehörenden Elementarereignisse bezeichnet man als "**günstig**" bezüglich des betrachteten zufälligen Ereignisses. Ihre Anzahl bezeichnet man mit g. Zur zweiten Teilmenge gehören diejenigen Elementarereignisse, deren Realisierung das Nichteintreten des betrachteten zufälligen Ereignisses darstellt. Da die beiden Teilmengen zueinander disjunkt sind beträgt ihre Anzahl n-g.

Das Zufallsexperiment "Würfeln mit einem idealen Würfel und Feststellen der gewürfelten Augenzahl" besitzt sechs gleichmögliche Elementarereignisse. Man sagt auch, das Zufallsexperiment besitzt eine sechselementige Elementarereignismenge. Interessiert man sich nun für das zufällige Ereignis "Würfeln einer sechs", dann stellt dieses Elementarereignis ein für unsere Fragestellung günstiges Elementarereignis dar. Die übrigen Elementarereignisse sind dann bezüglich unserer Fragestellung ungünstig. Man kann nun den Wert berechnen, gegen den die relative Häufigkeit mit wachsender Zahl der durchgeführten Realisationen des Zufallsexperimentes strebt. Diesen erhält man als den Quotienten aus der Zahl der günstigen zur Zahl der überhaupt möglichen Elementarereignisse.

1. Beispiel 12.1: Ereignis: "Würfeln einer 6"

$$\frac{\text{Anzahl der günstigen Elementarereignisse}}{\text{Anzahl der möglichen Elementarereignisse}} = \frac{g}{n} = \frac{1}{6} \approx 0{,}167.$$

2. Beispiel 12.2: Ereignis: "Wappen liegt oben"

$$\frac{\text{Anzahl der günstigen Elementarereignisse}}{\text{Anzahl der möglichen Elementarereignisse}} = \frac{g}{n} = \frac{1}{2} = 0{,}5.$$

Unter der Voraussetzung der Gleichmöglichkeit aller Elementarereignisse läßt sich dieser Zahlenwert berechnen. Damit kann man für ein Zufallsexperiment drei verschiedene Zahlenwerte bestimmen:

(i) Die **absolute Häufigkeit**, die angibt, wie oft das günstige Elementarereignis bei einer Serie von Realisationen aufgetreten ist.

(ii) Die **relative Häufigkeit**, die das Verhältnis angibt, von beobachteter absoluter Häufigkeit des günstigen Elementarereignisses zur Gesamtzahl aller möglicher Realisationen des Zufallsexperimentes.

(iii) Die **Wahrscheinlichkeit**, die angibt, mit welcher relativen Häufigkeit bei einem idealen Zufallsexperiment mit dem Auftreten des günstigen Elementarereignisses zu rechnen ist.

Dieser dritte Wert, die Wahrscheinlichkeit, ist ein rein rechnerisches Ergebnis. Unter der Voraussetzung der Gleichmöglichkeit aller möglicher Elementarereignisse und deren Endlichkeit bildet man für das gewünschte zufällige Ereignis A den Quotienten

$$\frac{\text{Anzahl der günstigen Elementarereignisse}}{\text{Anzahl der möglichen Elementarereignisse}}$$

und bezeichnet diesen Wert als die Wahrscheinlichkeit des zufälligen Ereignisses A

$$\text{Prob}\{A\} = \frac{g}{n} \, . \tag{12.1}$$

Diese Definition der Wahrscheinlichkeit stammt von Jakob Bernoulli (1654 - 1705) und Pierre Simon Laplace (1749 - 1827). Jedem Elementarereignis wird damit als Wahrscheinlichkeit eine Zahl zwischen Null und eins, $0 \leq \text{Prob}\{A\} \leq 1$, zugeordnet. Ein unmögliches Ereignis besitzt die Wahrscheinlichkeit Null, ein absolut sicheres Ereignis die Wahrscheinlichkeit eins. Diese Definition der Wahrscheinlichkeit besitzt natürlich nur dann einen Sinn, wenn alle möglichen Elementarereignisse gleichmöglich sind, und sie läßt sich nur berechnen, wenn die Zahl aller Elementarereignisse endlich ist.

12.2.2 Beispiele zur Berechnung von Wahrscheinlichkeiten

Beispiel 12.3:

Von einem Monarchen aus früherer Zeit wird berichtet, daß er alle eines Verbrechens Verdächtige zunächst einmal einsperren ließ. Im Gefängnis wurden dann dem Inhaftierten zwei Urnen vorgehalten. Die eine Urne enthielt schwarze, die andere Urne gleich viele weiße Kugeln. Mit verbundenen Augen mußten die Gefangenen eine Urne wählen und daraus eine Kugel ziehen. War die gezogene Kugel schwarz, so bedeutete dies "schuldig" und damit Gefangenschaft. War die gezogene Kugel weiß, so wurde der Inhaftierte in die Freiheit entlassen.

Der Monarch hielt dieses Verfahren natürlich für gerecht, zeigte ihm doch die Erfahrung seiner langen Herrschaft, daß etwa die Hälfte der Inhaftierten wieder entlassen wurde. Eines Tages geriet der König jedoch in arge Bedrängnis. Ein Inhaftierter äußerte einen besonderen Wunsch. Bevor er eine Kugel ziehen sollte, wolle er die Kugeln in den beiden Urnen ein wenig umsortieren, ohne jedoch beim Umsortieren die Zahl der schwarzen und weißen Kugeln zu verändern. Da sich der Monarch nun keine Blöße geben wollte, stimmte er zu. Was sollte auch schon passieren, zumal die Zahl der schwarzen und weißen Kugel gleich blieb? Darauf nahm der Gefangene aus der Urne mit den weißen Kugeln alle bis auf eine heraus und mischte sie in die Urne mit den schwarzen Kugeln. Danach ließ er sich die Augen verbinden, wählte eine Urne aus, zog aus dieser eine Kugel: Sie war weiß! Damit wurde er in die Freiheit entlassen. Seit dieser Zeit hatte der Monarch keine rechte Freude mehr an seiner "Rechtssprechung". War er von dem Inhaftierten hereingelegt worden, oder war es Zufall, daß der Gefangene eine weiße Kugel zog?

Betrachten wie die Lösungen der beiden Situationen:

1. Normalfall:

In diesem Fall ist die Entscheidung über Freiheit oder Gefängnis bereits dann gefallen, wenn die Urne gewählt wurde, da ja jede Urne nur eine Sorte von Kugeln enthält. Man erhält somit

$$\frac{\text{Anzahl der günstigen Ereignisse}}{\text{Anzahl der möglichen Ereignisse}} = \frac{g}{n} = \frac{1}{2} = 0{,}5.$$

Über einen längeren Zeitraum wird also die Hälfte der Inhaftierten in die Freiheit entlassen, während die andere Hälfte im Gefängnis bleiben muß.

2. Fall des listigen Gefangenen:

Durch das Mischen der Kugeln sind Verhältnisse geschaffen worden, die im Augenblick noch nicht vollständig rechnerisch erfaßt werden können. Dennoch kann man sich überlegen, ob der listige Gefangene einen Vorteil gegenüber seinen Mitgefangenen erzielt hat.

Zunächst muß zwischen beiden Urnen entschieden werden. Mit der Wahrscheinlichkeit 1/2 wird die Urne mit der weißen Kugel gezogen, dies ist keine Veränderung gegenüber dem Normalfall. Hat jedoch der listige Gefangene die Urne mit dem Kugelgemisch gewählt, die Wahrscheinlichkeit dafür ist ebenfalls 1/2, dann ist für ihn noch nicht jede Hoffnung verloren, denn diese Urne enthält ja neben schwarzen auch noch weiße Kugeln. Wenn ursprünglich in jeder Urne n Kugeln enthalten waren, so sind in dieser Urne neben n schwarzen noch (n-1) weiße Kugeln enthalten. Die Wahrscheinlichkeit, aus dieser Urne ebenfalls eine weiße Kugel zu ziehen, beträgt für unseren listigen Gefangenen ebenfalls nochmals fast 1/2, nämlich

$$\frac{\text{Anzahl der günstigen Ereignisse}}{\text{Anzahl der möglichen Ereignisse}} = \frac{g}{n} = \frac{n-1}{2n-1} \approx 0{,}5.$$

Der listige Gefangene hat sich auf diese Weise gegenüber seinen Mitgefangenen zwar einen Vorteil geschaffen, jedoch absolut sicher ist auch dieses System nicht. Der Monarch kann sich damit trösten, daß es noch immer vom Zufall abhängt, ob der Gefangene freigelassen werden muß oder nicht, allerdings hat der listige Gefangene seine Chancen auf diese Weise aufgebessert. Wie groß diese Aufbesserung numerisch ist, kann erst zu einem späteren Zeitpunkt exakt bestimmt werden.

Beispiel 12.4:

Antoine Gombaud Chevalier de Méré, Sieur des Baussay (1607 - 1684) ist deshalb in die Geschichte eingegangen, weil er sich eines Tages bei seinem Freund Blaise Pascal über die Mathematik beklagte: Ihre Ergebnisse schienen mit den Erfahrungen des praktischen Lebens nicht übereinzustimmen.

Das "praktische Leben" bestand für den Chevalier im Würfelspiel. Man spielte mit einem Würfel, und die Bank des Herrn de Méré gewinnt, wenn der Spieler bei vier Würfen wenigstens eine sechs wirft. Auf diese Weise soll Chevalier de Méré über einen längeren Zeitraum ein Vermögen gewonnen haben.

Eines Tages nun dachte sich unser Chevalier eine Variante dieses Glückspieles aus: Es sollte 24 mal mit zwei Würfeln gewürfelt werden, und die Bank des Herrn de Méré gewinnt, sobald der Spieler eine doppelte sechs würfelt. Herr von Méré meinte, daß die Chancen die gleichen seien wie bei dem vorigen Spiel. Die Zahl der Würfe betrug beim ersten Spiel vier und die Zahl der Elementarereignisse sechs. Beim zweiten Spiel betrug die Zahl der Würfe 24 und die Zahl der Elementarereignisse $6 \cdot 6 = 36$. Bei beiden Spielen beträgt somit das Verhältnis "Zahl der Würfe zur Zahl der Elementarereignisse" jeweils vier zu sechs.

Die Spielpraxis zeigte aber, daß beim zweiten Spiel die Bank öfter verlor als die Spieler und der Chevalier hatte in kurzer Zeit sein zuvor gewonnenes Vermögen wieder verspielt. Wie läßt sich diese Beobachtung mit Hilfe der Wahrscheinlichkeitsrechnung erklären?

1. Spiel:

Die Wahrscheinlichkeit, bei einem Wurf mit einem Würfel eine sechs zu würfeln, beträgt 1/6, die Wahrscheinlichkeit keine sechs zu würfeln demnach 5/6.

Würfelt der Spieler zweimal, so gibt es für ihn $5 \cdot 5 = 25$ günstige Elementarereignisse bei insgesamt $6 \cdot 6 = 36$ Elementarereignissen. Die Wahrscheinlichkeit für den Spieler, bei zwei Versuchen keine sechs zu würfeln, beträgt somit

$$\frac{5 \cdot 5}{6 \cdot 6} = \frac{25}{36} = 0{,}6944.$$

Analog erhält man die Wahrscheinlichkeit, bei vier Würfen keine sechs zu würfeln, zu

$$\frac{5 \cdot 5 \cdot 5 \cdot 5}{6 \cdot 6 \cdot 6 \cdot 6} = \frac{625}{1\,296} \approx 0{,}4823 < \frac{1}{2}.$$

Man erkennt, daß dieses Spiel langfristig für den Spieler ungünstig ist, und somit für die Bank ein lohnendes Geschäft darstellt.

2. Spiel:

Es werde zunächst die Wahrscheinlichkeit bestimmt, bei einem Wurf eine doppelte sechs zu werfen. Bei insgesamt 36 Elementarereignissen ist nur ein einziges günstig, d.h. die Wahrscheinlichkeit beträgt 1/36, und die Wahrscheinlichkeit keine doppelte sechs zu würfeln demnach 35/36. Bei insgesamt 24 Würfen beträgt somit die Wahrscheinlichkeit, keine doppelte sechs zu würfeln,

$$\left(\frac{35}{36}\right)^{24} \approx 0{,}508 > \frac{1}{2}.$$

Dies bedeutet, daß, aus der Sicht des Spielers gesehen, dieses Spiel langfristig für ihn günstiger ist als für die Bank. Daher ist es für einen Kenner der Wahrscheinlichkeitsrechnung auch nicht erstaunlich, daß der Chevalier mit diesem Spiel sein zuvor gewonnenes Vermögen wieder verlor.

Beispiel 12.5:

Mit einer Münze werden nacheinander 2 Würfe ausgeführt. Wie groß ist die Wahrscheinlichkeit, daß bei den beiden Würfen mindestens einmal das Ereignis "Wappen" erscheint?

Der berühmte französische Mathematiker und Philosoph d'Alembert (1717 - 1783) hat durch folgenden Fehlschluß diese Aufgabe falsch gelöst: Wenn man "Glück" hat und beim 1. Wurf schon Wappen {W} oben liegt, braucht man die Münze nicht ein zweites Mal zu werfen, weil das Merkmal bereits eingetreten ist. Auf diese Weise erhielt er die folgenden drei Elementarereignisse: {W,ZW,ZZ}. Von diesen sind nur die ersten beiden für unser Merkmal günstig. Damit kam d'Alembert zu der Lösung

$$\text{Prob}\{M\} = \frac{g}{n} = \frac{2}{3} .$$

Schon rein äußerlich hätte ihm auffallen müssen, daß das erste Elementarereignis {W} und die beiden anderen {ZW} und {ZZ} lauten. Das ist mathematisch gesehen unsymmetrisch und inhomogen. Diese drei von ihm aufgezeigten Fälle sind eben nicht gleichmöglich. Vielmehr besteht das von ihm angenommene Ereignis {W} seinerseits aus den beiden gleichmöglichen Elementarereignissen {WW} und {WZ}. Diese sind im Vergleich zu den beiden bereits als richtig erkannten Fällen {ZW} und {ZZ} gleichwertig und gleichmöglich. Somit ergibt sich für die Grundgesamtheit

$$G = \{(WW),\ (WZ),\ (ZW),\ (ZZ)\}.$$

Davon sind die ersten drei für das Merkmal günstig, woraus als richtige Lösung folgt

$$\text{Prob}\{M\} = \frac{g}{n} = \frac{3}{4} .$$

12.2.3 Kritik am Laplace'schen Wahrscheinlichkeitsbegriff

Die sog. "klassische Definition der Wahrscheinlichkeit" ist allerdings wenig befriedigend und im weiteren Verlauf der Entwicklung der Wissenschaft heftig kritisiert worden. Ein Kritikpunkt wendet sich sowohl gegen die geforderte Endlichkeit als auch die Möglichkeit der Abzählbarkeit der Menge der Elementarereignisse. Nicht immer besteht die Möglichkeit, die Zahl der Elementarereignisse eindeutig festzustellen. Will man die Wahrscheinlichkeit der Geburt eines Knabens bestimmen, so ist es nicht ohne weiteres möglich, die Menge der Elementarereignisse eindeutig zu bestimmen. Ähnlich verhält es sich mit der Sterbewahrscheinlichkeit. Die Zahl der Personen, die in einem bestimmten Alter, etwa 50 Jahren, sterben, ist unter gegebenen Bedingungen relativ konstant. Man könnte vermuten, daß die relative Häufigkeit der gestorbenen 50-jährigen Personen als Stichprobe aus einer theoretischen Grundgesamtheit aufgefaßt werden kann. Es erscheint jedoch völlig unmöglich, die Menge der Elementarereignisse zu definieren. Trotzdem wendet man auf solche Fälle mit Erfolg die Wahrscheinlichkeitsrechnung an, denn die Lebensversicherungen sind auf solche Berechnungen angewiesen.

Eine erste Erweiterung des Wahrscheinlichkeitsbegriffes erfolgte durch die Theorie der sog. "geometrischen Wahrscheinlichkeiten". Es werde ein Kreis B betrachtet, in dem ein kleinerer Kreis A eingezeichnet ist (vgl. Abb. 12.1). Es werde zufällig ein Punkt auf der Fläche des Kreises B ausgewählt und nach der Wahrscheinlichkeit gefragt, daß dieser Punkt auf der Fläche des Kreises A liegt. Zufällige Auswahl bedeutet in diesem Fall, daß bei einer großen Zahl derartiger Auswahlen jeder Punkt gleich häufig ausgewählt wird. Das betreffende günstige Ereignis besteht darin, daß ein solcher zufällig ausgewählter Punkt auf der Fläche des kleineren Kreises A liegt. Die Menge aller Elementarereignisse wird durch die Fläche des Kreises B und die Menge der günstigen Elementarereignisse von der Fläche des kleineren Kreises A gebildet.

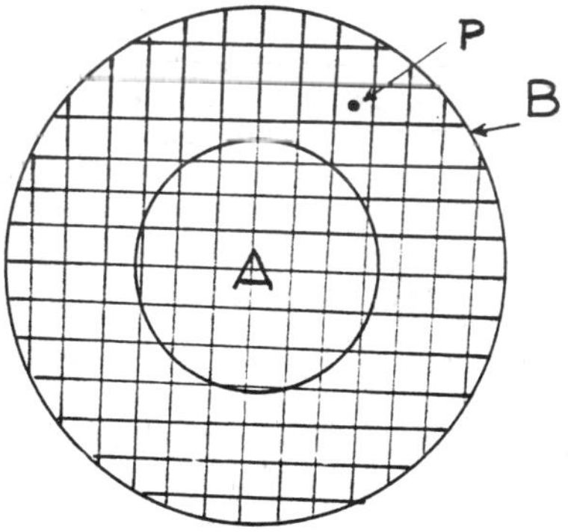

Abb. 12.1: Zum Begriff der geometrischen Wahrscheinlichkeiten

Wie definiert man nun den Umfang der Menge der Elementarereignisse, da diese Menge nicht endlich ist? Dazu konstruiert man zunächst ein Modell mit einer endlichen Menge von Elementarereignissen und gelangt dann mittels Grenzübergang zum Modell mit einer unendlichen Menge von Elementarereignissen.

In unserem Beispiel wird die Fläche des großen Kreises B mit einer endlichen Zahl von Quadraten gleicher Fläche überdeckt. Man betrachtet dann diejenigen Quadrate, die sich vollständig auf der Fläche des Kreises B befinden. Sie bilden die Menge aller Elementarereignisse. Die Wahrscheinlichkeit, daß sich ein zufällig ausgewähltes Quadrat vollständig auf der Fläche des kleineren Kreises A befindet, ist gleich dem Verhältnis der Zahl der Quadrate, die sich vollkommen auf der Fläche des kleineren Kreises A befinden zu der Gesamtzahl der Quadrate, die sich vollkommen auf der Fläche des Kreises B befinden. Jetzt möge sich die Zahl der Quadrate unbegrenzt vergrößern. Dies bedeutet, daß die Fläche jedes einzelnen Quadrates gegen Null strebt, die vereinigte Fläche aller Quadrate strebt jedoch als Grenzwert gegen die Fläche des großen Kreises B. Die Summe derjenigen Quadrate, die sich vollständig auf der Fläche des kleineren Kreises A befinden, strebt gegen die Fläche des kleineren Kreises A. Das Verhältnis der Zahl der Quadrate auf dem kleineren Kreis A zur Gesamtzahl aller Quadrate strebt als Grenzwert gegen das Verhältnis der Fläche des Kreises A zur Fläche des Kreises B. Man erhält

$$\lim_{n \to \infty} \frac{g}{n} = \frac{\text{Fläche des Kreises A}}{\text{Fläche des Kreises B}} .$$

Dieser Grenzwert stellt die Wahrscheinlichkeit dar, daß ein zufällig ausgewählter Punkt aus der Fläche des großen Kreises B auch auf der Fläche des kleinen Kreises A liegt. Diese Definition der Wahrscheinlichkeit besitzt jedoch den Nachteil, daß es oft mehr als eine Möglichkeit der Grenzwertbildung gibt. Dies hat zur Folge, daß der Zahlenwert dieser geometrischen Wahrscheinlichkeit vom gewählten Verfahren des Grenzüberganges abhängt.

Ein weiterer Kritikpunkt gegen die klassische Definition der Wahrscheinlichkeit besteht darin, daß man den nicht definierten Begriff der "Gleichmöglichkeit" benutzt, um den Begriff der Wahrscheinlichkeit zu definieren. Damit liegt ein Zirkelschluß in der Begriffsbildung vor. Außerdem erweist sich der Begriff der Gleichmöglichkeit bei manchen Ereignissen als problematisch. Dies soll anhand des sog. "**Bertrand'schen Paradoxon**" erläutert werden.

Beispiel 12.6:

In einem Kreis werde zufällig eine Sehne gezogen. Wie groß ist die Wahrscheinlichkeit, daß diese Sehne länger ist als die Seite des dem Kreis einbeschriebenen gleichseitigen Dreiecks?

Um das Problem zu behandeln, bieten sich mehrere Lösungswege an, von denen drei betrachtet werden sollen (vgl. Abb. 12.2).

1. Aus Symmetriegründen ist die Richtung der zufällig ausgewählten Sehne gleichgültig. Man gebe daher einen beliebigen Durchmesser des Kreises vor und betrachte nur solche Sehnen, die senkrecht auf diesem Durchmesser stehen. Diejenigen Sehnen, die zwischen - 1/2 und + 1/2 den Durchmesser schneiden, sind länger als die Seite des einbeschriebenen gleichseitigen Dreiecks. Die Länge der Strecke (- 1/2; + 1/2) beträgt 1, die des Durchmessers 2. Somit ergibt sich die gesuchte Wahrscheinlichkeit zu Prob = 1/2 (Abb. 12.2a).

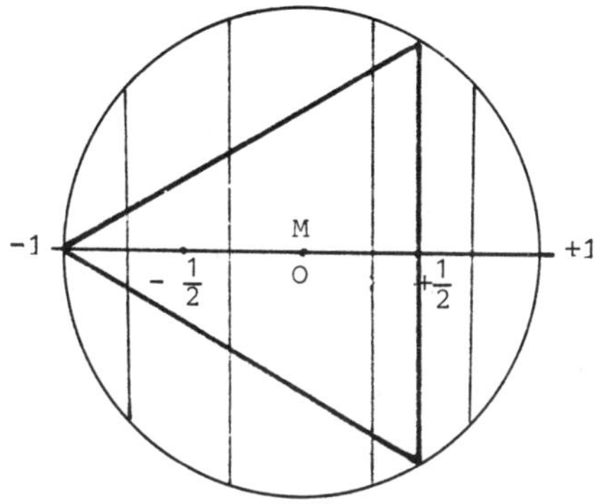

Abb. 12.2a: Erste Möglichkeit der Sehnenkonstruktion

2. Aus Symmetriegründen kann man einen beliebigen Punkt P auf dem Rand des Kreises wählen und alle von diesem Punkt P ausgehenden Sehnen betrachten. Günstig im Sinne der Aufgabenstellung sind die Sehnen, die im Inneren des mittleren Winkels von 60° verlaufen, den man erhält, wenn man im Punkt P an den Kreis die Tangenten zieht und den so im Punkt P erhaltenen gestreckten Winkel drittelt. Für die ungünstigen Ereignisse bieten sich die beiden Randwinkel von jeweils 60° an. Somit ergibt sich für die gesuchte Wahrscheinlichkeit der Wert Prob = 1/3 (Abb. 12.2b).

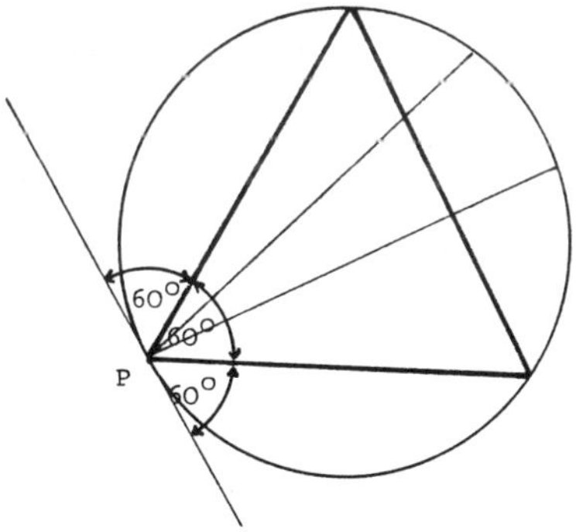

Abb. 12.2b: Zweite Möglichkeit der Sehnenkonstruktion

3. Ein Punkt der Kreisfläche werde willkürlich ausgewählt. Durch ihn werde die Sehne so gezogen, daß er Sehnenmittelpunkt wird. Damit die Sehne länger wird als die Seite, muß ihr Mittelpunkt im Inneren des konzentrischen Kreises mit dem Radius r/2 liegen. Damit ergibt sich für die Wahrscheinlichkeit der Wert

$$\text{Prob} = \frac{\pi(r/2)^2}{\pi r^2} = \frac{1}{4} .$$

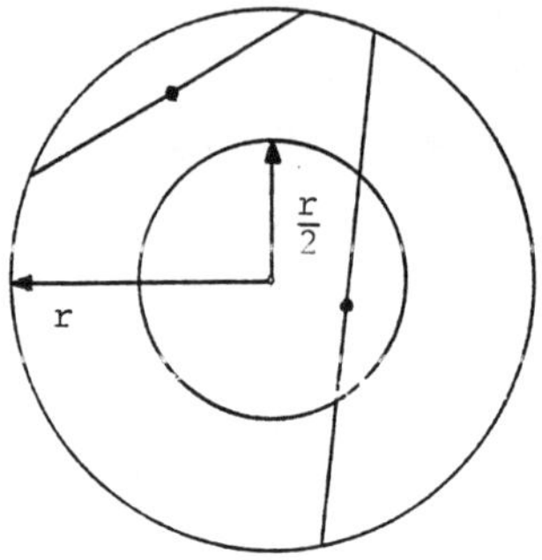

Abb. 12.2c: Dritte Möglichkeit der Sehnenkonstruktion

Dieser Widerspruch entsteht dadurch, daß man verschiedene Vorstellungen vom Begriff der "Gleichmöglichkeit" zugrunde gelegt hat. Im ersten Fall wird das Zeichnen einer Sehne senkrecht zu einem beliebig gewählten Durchmesser durch beliebige Punkte dieses Durchmessers als gleichmöglich vorausgesetzt, im zweiten Fall das Zeichnen einer Sehne durch einen beliebig gewählten Punkt auf dem Rand des Kreises in einem beliebigen Winkel α zur Tangente an den Kreis in diesem Punkt und im dritten Fall das Zeichnen einer Sehne so durch einen beliebigen Kreispunkt, daß dieser Sehnenmittelpunkt wird.

Dieses Beispiel zeigt die Problematik, die mit dem Begriff "gleichmöglich" und damit mit den Grundlagen des klassischen Wahrscheinlichkeitsbegriffes verbunden ist. Um eine exakte Definition des Begriffes Wahrscheinlichkeit zu erhalten, bedarf es daher weiterer bzw. anderer Überlegungen. Aus den bisherigen Interpretationen kann als gemeinsame Aussage nur festgestellt werden, daß durch den Begriff der Wahrscheinlichkeit jedem zufälligen Ereignis eine Zahl zwischen Null und eins zugeordnet wird.

12.2.4 Die Häufigkeitsdefinition der Wahrscheinlichkeit nach R. von Mises (Begriff der statistischen Wahrscheinlichkeit)

Die klassische Definition der Wahrscheinlichkeit geht von der Analyse der Bedingungen für das Auftreten von Elementarereignissen aus. Diese Analyse besteht im Vergleich der Realisierungen des jeweiligen Ereignisses mit dem Zufallsprozeß, bei dem eine endliche oder unendliche Zahl von Elementarereignissen existiert. Von diesen sind dann nur eine bestimmte Anzahl für das Eintreffen des Ereignisses günstig. Bei der häufigkeitstheoretischen Definition der Wahrscheinlichkeit, die um 1930 durch den deutschen Mathematiker Richard von Mises erfolgte, wird von zwei Annahmen über das Zufallsexperiment ausgegangen:

1. Es sei beliebig oft wiederholbar und
2. die einzelnen Realisationen seien stochastisch voneinander unabhängig.

Man untersucht nun die bei statistischen Beobachtungen aufgetretene relative Häufigkeit. Als Wahrscheinlichkeit definiert man den Grenzwert, dem diese relative Häufigkeit bei beliebig vergrößerter Beobachtungszahl zustrebt. Sei n die Anzahl der Beobachtungen und werde das Ereignis A dabei g-mal beobachtet, dann definiert von Mises als Wahrscheinlichkeit für dieses Ereignis A den Grenzwert

$$\text{Prob}\{A\} = \lim_{n \to \infty} \frac{g}{n} = \lim_{n \to \infty} h_n(A).$$

(lies: statistische Wahrscheinlichkeit für das Ereignis A).

Es werde beim Zufallsexperiment "Werfen einer Münze" die relative Häufigkeit für das Eintreffen des Ereignisses "Wappen liegt oben" {W} beobachtet. Bei ständiger Erhöhung der Zahl der Beobachtungen wird man feststellen, daß sich die beobachtete relative Häufigkeit für das Ereignis {W} immer mehr dem Wert 0,5 nähert. Man sagt dann, die Wahrscheinlichkeit für das Eintreffen des Ereignisses {W} betrage 0,5.

Die Problematik dieser Definition besteht darin, daß die Voraussetzung verwendet wird, die relative Häufigkeit strebe gegen einen Grenzwert, der unabhängig vom Grenzübergang ist. Die Richtigkeit einer solchen Annahme kann aber nicht durch eine endliche Anzahl von Beobachtungen bestätigt werden.

12.2.5 Die Bestimmung von Wahrscheinlichkeiten

a) die empirische Bestimmung

In empirischen Situationen mißt man die relative Häufigkeit, mit der ein zufälliges Ereignis eintritt. Das Verhältnis

$$\frac{\text{Anzahl der Realisationen}}{\text{Anzahl der durchgeführten Versuche}}$$

stellt eine Maßgröße für die Wahrscheinlichkeit dieser Realisationen dar. Dieser numerische Wert hängt natürlich von den Versuchs- bzw. von den Erhebungsbedingungen ab. Man spricht daher von

objektiven a-posteriori Wahrscheinlichkeiten.

Sie sind erst nach der Durchführung der Versuche bzw. der Erhebungen berechenbar.

b) die logische Bestimmung

In einigen Situationen läßt sich die Wahrscheinlichkeit ohne Versuche bzw. Erhebungen allein aufgrund von logischen Überlegungen bestimmen. Nach dem Prinzip vom unzureichenden Grund (de Laplace) [man hat keinen zureichenden Grund, einem Ereignis eine größere Chance zuzumessen] ist die Wahrscheinlichkeit für das Eintreten eines bestimmten zufälligen Ereignisses gleich dem Verhältnis

$$\frac{\text{Anzahl der für das Ereignis günstigen Fälle}}{\text{Gesamtzahl der gleichmöglichen Fälle}} = \frac{g}{n} .$$

Die so ermittelten Wahrscheinlichkeiten nennt man auch

objektive a-priori Wahrscheinlichkeiten,

da sie nach objektiven Kriterien bestimmt werden, bevor ein Versuch bzw. eine Erhebung durchgeführt wurde.

c) die subjektive Bestimmung

Eine Reihe von Wahrscheinlichkeitstheoretikern möchte Wahrscheinlichkeiten auf subjektiver Basis bestimmen. Dies gilt besonders für die Entscheidungstheoretiker. Ein Teil der Subjektivisten möchte die Wahrscheinlichkeiten direkt aufgrund eigener Ansichten und Einsichten bestimmen (etwa: mit der Wahrscheinlichkeit von 1/4 wird es morgen regnen), ein anderer Teil indirekt über Wetten oder Lotterien. Wenn ich bei gleichem Einsatz die Wette, daß beim einmaligen Werfen eines Würfels eine gerade Augenzahl erreicht wird, der Wette vorziehe, daß es morgen regnen wird, dann ist meine subjektive Wahrscheinlichkeit, daß es morgen regnen wird, kleiner als 1/2.

Durch weitere hypothetische Wetten läßt sich dann der Bereich der subjektiven Wahrscheinlichkeit, daß es morgen regnen wird, eingrenzen. Allerdings haben die Vertreter der subjektiven Wahrscheinlichkeit bisher noch keine volle Anerkennung gefunden. Wenn es allerdings nicht möglich ist, gleichmögliche Elementarereignisse zu formulieren, und auch kein empirischer Befund vorliegt, erscheint diese Möglichkeit der Bestimmung sogenannter

subjektiver a-priori Wahrscheinlichkeiten

attraktiv.

12.3 Grundlagen der Wahrscheinlichkeitstheorie

In der modernen Wahrscheinlichkeitstheorie werden die zufälligen Ereignisse als Mengen aufgefaßt und die Wahrscheinlichkeit eines zufälligen Ereignisses als Maß auf dieser Menge definiert. Grundlage der 1933 von dem Russen Kolmogorov entwickelten Wahrscheinlichkeitstheorie bildet daher die Mengenlehre. Es wurde bereits von der Menge der Elementarereignisse eines Zufallsexperimentes gesprochen, wobei bisher gefordert wurde, daß diese Menge aus einer endlichen Anzahl von Elementen besteht. Die Endlichkeit wird im folgenden nicht mehr unbedingt gefordert. Die Gesamtheit aller Elementarereignisse E_i eines Zufallsexperimentes (oder Zufallsprozesses) werde zu einer Grundgesamtheit G zusammengefaßt.

Beispiel 12.7:

Beim Werfen eines Würfels sind insgesamt sechs Elementarereignisse möglich. Diese werden zur Grundgesamtheit G dieses Zufallsprozesses zusammengefaßt, also

$$G = \{E_1, E_2, \ldots\ldots, E_6\}.$$

Aus diesen Elementarereignissen lassen sich weitere, sog. zusammengesetzte Ereignisse bilden, etwa

A_1 = {Werfen einer ungeraden Zahl}, oder

A_2 = {Werfen einer Zahl kleiner als drei}.

Jedes dieser Ereignisse ist aus bestimmten (einelementigen) Elementarereignissen zusammengesetzt, nämlich

$$A_1 = \{E_1, E_3, E_5\},$$

$$A_2 = \{E_1, E_2\}.$$

Falls zur Bildung eines Ereignisses A das Elementarereignis E_i bebenötigt wird, schreibt man $E_i \in A$ und liest "E_i ist Element von A". Dagegen bedeutet $E_i \notin A$, "E_i ist kein Element von A". Für unsere Beispiele gilt:

$$E_3 \in A_1, \text{ jedoch } E_3 \notin A_2.$$

Die Grundgesamtheit G wird auch als Ereignisraum oder Stichprobenraum bezeichnet. Dabei wird das Wort "Raum" nicht im Sinne eines dreidimensionalen Körpers gebraucht, sondern in der abstrakten Bedeutung zur Kennzeichnung von Mengen.

Man kann auch die gesamte Grundgesamtheit G eines Zufallsprozesses als Ereignis auffassen, es ist dies das sog. sichere Ereignis, denn eines der in der Grundgesamtheit enthaltenen Elementarereignisse muß mit absoluter Sicherheit eintreffen. Betrachtet man beim Werfen eines Würfels als Ereignis die vollständige Grundgesamtheit, so wird dieses Ereignis bei jedem Wurf mit Sicherheit realisiert. Ebenso kann man ein Ereignis definieren, das keine Elementarereignisse des betreffenden Zufallsprozesses enthält. Man spricht dann von einem unmöglichen Ereignis, da es nie realisiert werden kann. Beim Werfen eines Würfels kann man etwa das Ereignis "Werfen einer Zahl größer als sechs" definieren. Dieses Ereignis kann nie realisiert werden, da es kein Elementarereignis der Grundgesamtheit enthält.

12.3.1 Das Rechnen mit zufälligen Ereignissen

Zunächst besteht die Notwendigkeit, Verknüpfungen zwischen verschiedenen Ereignissen zu definieren. Da die Ereignisse als Mengen aufgefaßt werden, bieten sich die Regeln der Mengenlehre an, um diese Verknüpfungen zu definieren. Im folgenden werden vier Rechenoperationen und eine Relation eingeführt. Diese Rechenoperationen gestatten es, aus gegebenen Ereignissen neue zu berechnen, während die Relation Aussagen über die Beziehung zwischen verschiedenen Ereignissen enthält.

A. Rechenoperationen:

1. Komplementbildung

Gegeben sei das Ereignis A. Das Ereignis $\bar{A}$ (lies: "**nicht A**") tritt dann ein, wenn das Ereignis A nicht eintritt. Also

(12.4) $$\bar{A} = \{E_i \mid E_i \in G;\ E_i \notin A\}.$$

Mit $\bar{A}$ werden alle diejenigen Elementarereignisse E_i der Grundgesamtheit G erfaßt, die nicht in A liegen.

2. Vereinigung

Gegeben seien die beiden Ereignisse A und B. Das Ereignis A U B (lies: "**A oder B**") ist dasjenige Ereignis, das eintritt, wenn das Ereignis A oder das Ereignis B eintritt. Also

(12.5) $$A \cup B = \{E_i \mid E_i \in G;\ E_i \in A \text{ oder } E_i \in B\}.$$

A U B heißt auch die Vereinigung der beiden Ereignisse A und B. Sie umfaßt diejenigen Elementarereignisse der Grundgesamtheit G, die in mindestens einem der beiden Ereignisse A oder B enthalten sind.

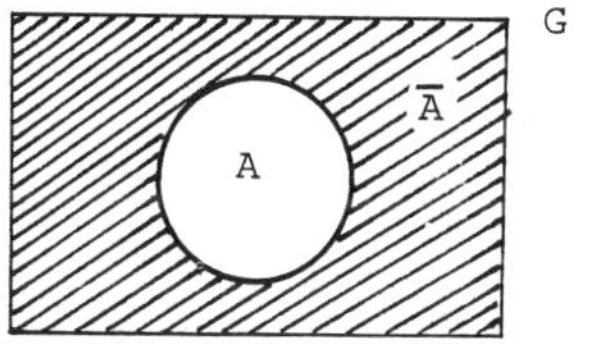

Abb. 12.3: Komplementbildung

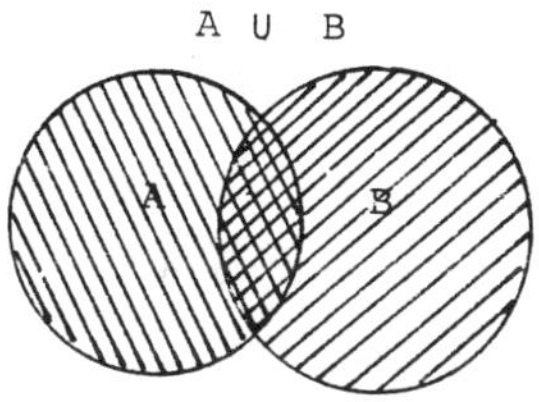

Abb. 12.4: Vereinigung

3. **Durchschnitt**

Gegeben seien die beiden Ereignisse A und B. Das Ereignis $A \cap B$, auch AB geschrieben, (lies: "**A und B**") ist dasjenige Ereignis, das eintritt, wenn sowohl A als auch B eintreten. Also

(12.6) $\quad A \cap B = \{E_i \mid E_i \in G;\ E_i \in A \text{ und } E_i \in B\}.$

$A \cap B$ heißt auch der Durchschnitt der beiden Ereignisse A und B. Es enthält diejenigen Elementarereignisse der Grundgesamtheit G, die in den beiden Ereignissen A und B gleichzeitig enthalten sind.

Wenn $A \cap B = \emptyset$ ist, d.h. es existiert kein Elementarereignis E_i, das sowohl zu A als auch gleichzeitig zu B gehört, dann heißen die beiden Ereignisse A und B zueinander disjunkt.

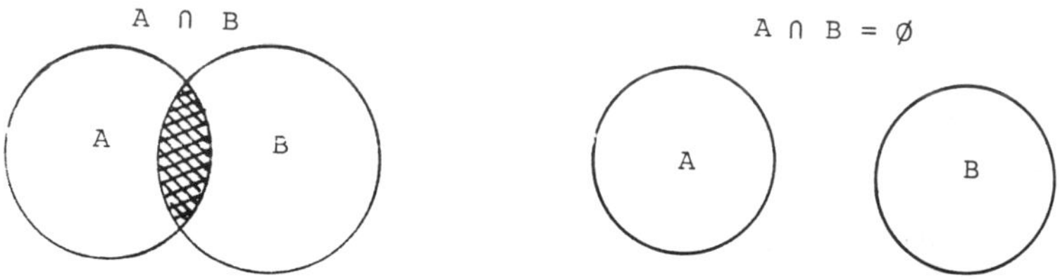

Abb. 12.5: Durchschnitt

4. Differenz

Gegeben seien die beiden Ereignisse A und B. Das Ereignis A - B, auch A \ B geschrieben, (lies: "**A nicht B**") ist dasjenige Ereignis, welches aus denjenigen Elementarereignissen der Grundgesamtheit G gebildet wird, die in A, jedoch nicht in B enthalten sind. Also

$$A \setminus B = \{E_i \mid E_i \in G;\ E_i \in A \text{ und } E_i \notin B\}. \qquad (12.7)$$

A \ B heißt auch die Differenz der beiden Ereignisse.

B. Relationen

1. Enthaltensein

Gegeben seien die beiden Ereignisse A und B. Man kann die Relation zwischen diesen beiden Ereignissen in der Form $A \subseteq B$, auch $A \subset B$, (lies: "**B enthält A**") darstellen, wenn alle Ereignisse, die in A enthalten sind gleichzeitig auch in B enthalten sind. Man kann sie in der Form $B \subseteq A$, auch $B \subset A$, (lies: "**A enthält B**") darstellen, wenn alle Ereignisse, die in B enthalten sind gleichzeitig auch in A enthalten sind.

Diese Rechenoperationen und Relationen lassen sich graphisch durch die sog. "**Eulerschen Kreise**", auch **Venn-Diagramme** genannt, darstellen (Abb. 12.3 bis 12.7).

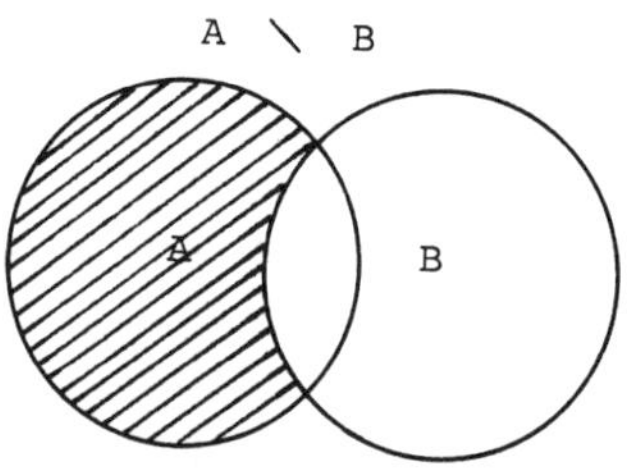

Abb. 12.6: Differenz

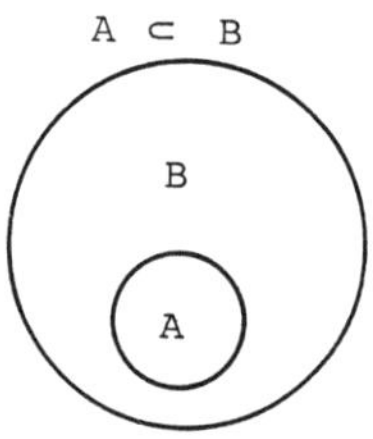

Abb. 12.7: Enthaltensein

Beispiel 12.8:

Als Zufallsexperiment werde das zweimalige Werfen einer idealen Münze mit den beiden Seiten {Zahl} **und** {Wappen} betrachtet. Die Grundgesamtheit G besteht aus den vier zweielementigen Elementarereignissen

$$G = \{(W,W);\ (W,Z);\ (Z,W);\ (Z,Z)\}.$$

Es werden nun die beiden Ereignisse definiert

$A = \{(W,W);\ (W,Z)\}$, im ersten Wurf werde {Wappen} beobachtet,

$B = \{(W,Z);\ (Z,Z)\}$, im zweiten Wurf werde {Zahl} beobachtet.

Es sollen die zu A und B komplementären Ereignisse A und B konstruiert werden

$\bar{A} = \{(Z,W);\ (Z,Z)\}$, im ersten Wurf werde {Zahl} beobachtet,

$\bar{B} = \{(W,W);\ (Z,W)\}$, im zweiten Wurf werde {Wappen} beobachtet.

Die Vereinigung beider Ereignisse liefert das Ergebnis

$$A \cup B = \{(W,W);\ (W,Z);\ (Z,Z)\},$$

beim ersten Wurf wird {Wappen} **oder** beim zweiten Wurf {Zahl} beobachtet.
Als Durchschnitt der beiden Ereignisse erhält man

$$A \cap B = \{(W,Z)\},$$

beim ersten Wurf wird {Wappen} und beim zweiten Wurf {Zahl} beobachtet.

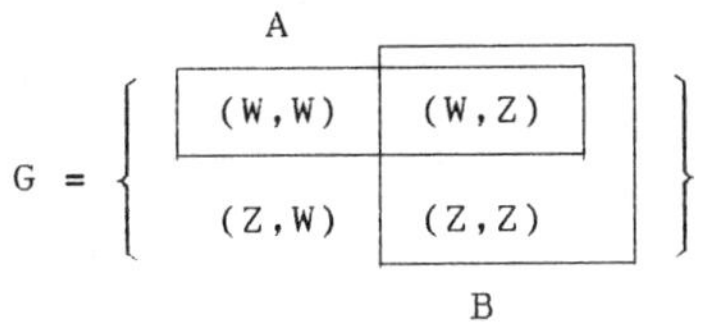

Abb. 12.8 Darstellung des Beispieles 12.8

Als sichere Ereignisse ergeben sich die beiden Vereinigungen

$$A \cup A = G \quad \text{und} \quad B \cup \bar{B} = G,$$

und als unmögliche Ereignisse die beiden Durchschnitte

$$A \cap \bar{A} = \emptyset \quad \text{und} \quad B \cap \bar{B} = \emptyset.$$

Es wird noch der Begriff der Zerlegung eines Ereignisses B in eine Menge von Ereignisse $A_1, A_2, \ldots, A_n$ eingeführt.

Definition: Eine Menge von Ereignissen $A_1, A_2, \ldots, A_n$ heißt eine **vollständige Zerlegung des Ereignisses B**, wenn die Ereignisse A_i paarweise zueinander disjunkt sind und ihre Vereinigung das Ereignis B ergibt, d.h. wenn gilt

a) $A_i \cap A_j = \emptyset$ für $i,j = 1,2,\ldots,n;\ i \neq j$,

b) $A_1 \cup A_2 \cup \ldots \cup A_n = B$,

c) $A_i \neq \emptyset$ für $i = 1,2,\ldots,n$.

12.3.2 Das Axiomensystem von Kolmogorov

Um die grundlegenden Darstellungen der Wahrscheinlichkeitstheorie von Kolmogorov zu verstehen, benötigt man sowohl Kenntnisse der Mengenlehre als auch der Theorie der reellen Funktionen. Da diese hier nicht vorausgesetzt werden können, soll nur das Axiomensystem angegeben werden, aus dem dann auf deduktivem Wege die gesamte Wahrscheinlichkeitstheorie abgeleitet werden kann. Axiome sind nicht beweisbare Aussagen, die nach Gesichtspunkten der Zweckmäßigkeit aufgestellt werden und von denen lediglich gefordert wird, daß das aus ihnen gebildete Axiomensystem in sich widerspruchsfrei ist.

Axiom I : Jedem zufälligen Ereignis A wird eine bestimmte Zahl Prob{A} zugeordnet, für die gilt

(12.8) $$0 \leq \text{Prob}\{A\} \leq 1. \qquad \textbf{(Nichtnegativität)}$$

Diese Zahl heißt die **Wahrscheinlichkeit des zufälligen Ereignisses A.**

Axiom II : Die **Wahrscheinlichkeit des sicheren Ereignisses** ist gleich 1, d.h.

(12.9) $$\text{Prob}\{G\} = 1. \qquad \textbf{(Normierung)}$$

Axiom III: Die **Wahrscheinlichkeit der Vereinigung von endlich oder abzählbar unendlich vielen zufälligen Ereignissen,** die paarweise zueinander disjunkt sind, ist gleich der Summe der Wahrscheinlichkeiten dieser Ereignisse

$$\text{Prob}\{A_1 \cup A_2 \cup \ldots \cup A_n \cup \ldots\} =$$
$$= \text{Prob}\{A_1\} + \text{Prob}\{A_2\} + \ldots + \text{Prob}\{A_n\} + \ldots$$

bzw.

(12.10) $$\text{Prob}\{\bigcup_{i=1}^{\infty} A_i\} = \sum_{i=1}^{\infty} \text{Prob}\{A_i\}. \qquad \textbf{(Additivität)}$$

Aus diesem Axiomensystem folgen alle weiteren Eigenschaften für die Wahrscheinlichkeit. Wenn für zwei zufällige Ereignisse A und B die Realisation $A \subseteq B$ gilt, dann folgt die Ungleichung

$$\text{Prob}\{A\} \leq \text{Prob}\{B\},$$

d.h. die Wahrscheinlichkeit des zufälligen Ereignisses A ist nicht größer als die Wahrscheinlichkeit des zufälligen Ereignisses B.

Das Axiomensystem von Kolmogorov kann als Definition der Wahrscheinlichkeit zufälliger Ereignisse angesehen werden. Allerdings ist diese Definition sehr allgemein gehalten und sagt nichts darüber aus, wie man in einem konkreten Falle die Wahrscheinlichkeit für ein bestimmtes zufälliges Ereignis berechnen kann. Es lassen sich nun aus dem Axiomensystem einige weitere einfache Folgerungen ableiten:

1. Für jedes Ereignis A gilt

   (12.11) $$\text{Prob}\{A\} = 1 - \text{Prob}\{\bar{A}\}.$$

   Nach Definition sind die beiden Ereignisse A und $\bar{A}$ disjunkt, und ihre Vereinigung ergibt die Grundgesamtheit G

   $$A \cap \bar{A} = \emptyset \quad \text{und} \quad A \cup \bar{A} = G.$$

   Wegen Axiom 2 und 3 gilt

   $$\text{Prob}\{A\} + \text{Prob}\{\bar{A}\} = \text{Prob}\{A \cup \bar{A}\} = \text{Prob}\{G\} = 1.$$

   Die Wahrscheinlichkeiten für ein Ereignis A und dessen Komplement $\bar{A}$ addieren sich zu 1. Man nennt 1 - Prob{A} auch die Gegenwahrscheinlichkeit des Ereignisses A.

2. Es gilt

   (12.12) $$\text{Prob}\{\emptyset\} = 0.$$

   Für das sichere Ereignis G gilt $\bar{G} = \emptyset$. Die Gegenwahrscheinlichkeit für das sichere Ereignis liefert dann die obige Behauptung

   $$\emptyset \cup G = G,$$

   $$\text{Prob}\{\emptyset\} + \text{Prob}\{G\} = \text{Prob}\{G\},$$

   $$\text{Prob}\{\emptyset\} = 0.$$

3. **Wahrscheinlichkeit für Differenzereignisse:**

   Es seien A und B zwei beliebige Ereignisse, dann gilt für die Wahrscheinlichkeit ihrer Differenzereignisse

   (12.13) $$\text{Prob}\{A \setminus B\} = \text{Prob}\{A\} - \text{Prob}\{A \cap B\},$$
   $$\text{Prob}\{B \setminus A\} = \text{Prob}\{B\} - \text{Prob}\{B \cap A\}.$$

4. **Additionssatz für nicht-disjunkte Ereignisse:**

Es seien A und B zwei nicht notwendig disjunkte Ereignisse. Dann besagt der Additionssatz für die Wahrscheinlichkeit zweier beliebiger Ereignisse

(12.14) $\text{Prob}\{A \cup B\} = \text{Prob}\{A\} + \text{Prob}\{B\} - \text{Prob}\{A \cap B\}$.

Um die Gültigkeit dieser Beziehung zu beweisen, zerlegt man zunächst das zusammengesetzte Ereignis $A \cup B$ in die beiden zu- zueinander disjunkten Ereignisse A und $\bar{A} \cap B$,

$$A \cup B = A \cup (\bar{A} \cap B),$$

(12.15) $$\text{Prob}\{A \cup B\} = \text{Prob}\{A \cup (\bar{A} \cap B)\}$$

$$= \text{Prob}\{A\} + \text{Prob}\{\bar{A} \cap B\}.$$

Um die Wahrscheinlichkeit $\text{Prob}\{\bar{A} \cap B\}$ zu bestimmen, stellt man B in der Form

$$B = (\bar{A} \cap B) \cup (A \cap B).$$

dar. Da die beiden Ereignisse $\bar{A} \cap B$ und $A \cap B$ zueinander disjunkt sind, folgt für die Wahrscheinlichkeit

$$\text{Prob}\{B\} = \text{Prob}\{(\bar{A} \cap B) \cup (A \cap B)\}$$

$$= \text{Prob}\{\bar{A} \cap B\} + \text{Prob}\{A \cap B\}.$$

Also ist

$$\text{Prob}\{\bar{A} \cap B\} = \text{Prob}\{B\} - \text{Prob}\{A \cap B\},$$

und damit ergibt sich die Behauptung

$$\text{Prob}\{A \cup B\} = \text{Prob}\{A\} + \text{Prob}\{B\} - \text{Prob}\{A \cap B\}.$$

Es werde noch der Spezialfall betrachtet, daß die beiden Ereignisse A und B zueinander disjunkt sind, d.h. $A \cap B = \emptyset$.

Dann reduziert sich der Additionssatz auf die Aussage des Axiom III:

(12.16) $$\text{Prob}\{A \cup B\} = \text{Prob}\{A\} + \text{Prob}\{B\}.$$

Beispiel 12.9:

Eine Würfelbude auf dem Münchener Oktoberfest bietet folgendes Glückspiel an: Aus einer Urne mit sechs Kugeln, die von 1 bis 6 durchnumeriert sind, darf der Spieler zweimal eine Kugel ziehen. Dabei soll die erste Kugel nach dem Ziehen wieder in die Urne zurückgelegt werden. Gewonnen haben diejenigen Spieler, die mit beiden Kugeln zusammen genau die Summe "acht" erreichen, alle anderen Spieler verlieren ihren Einsatz. Das Gewinnereignis soll mit A bezeichnet werden. Es fragt sich nun, ob dieses Spiel fair ist. Bevor eine Antwort auf diese Frage gegeben werden kann, müßten zuerst Spieleinsatz und die Gewinnsumme festgelegt werden. Wir wollen jedoch zunächst nur die Gewinnwahrscheinlichkeiten des Spieles betrachten.

Die Grundgesamtheit für dieses Spiel besteht aus insgesamt 36 Elementarereignissen. Man kann diese Grundgesamtheit anschaulich in einem quadratischen Tableau darstellen (vgl. Abb. 12.9). Von diesen 36 Elementarereignissen erweisen sich insgesamt fünf für den Spieler als günstig. Bezeichnet man dieses Gewinnereignis mit A, dann wird es gegeben durch die Teilmenge

$$A = \{(2,6);\ (3,5);\ (4,4);\ (5,3);\ (6,2)\}.$$

Damit beträgt die Wahrscheinlichkeit, bei diesem Spiel zu gewinnen, wenn jedem Elementarereignis die Wahrscheinlichkeit 1/36 zugeordnet wird:

$$\begin{aligned}\text{Prob}\{A\} &= \text{Prob}\{(2,6) \cup (3,5) \cup (4,4) \cup (5,3) \cup (6,2)\}\\ &= \text{Prob}\{2,6\} + \text{Prob}\{3,5\} + \text{Prob}\{4,4\}\\ &\quad + \text{Prob}\{5,3\} + \text{Prob}\{6,2\}\\ &= 1/36 + 1/36 + 1/36 + 1/36 + 1/36\\ &= 5/36 \approx 0{,}1389.\end{aligned}$$

1. Kugel \ 2. Kugel	①	②	③	④	⑤	⑥
①	(1,1)	(1,2)	(1,3)	(1,4)	(1,5)	(1,6)
②	(2,1)	(2,2)	(2,3)	(2,4)	(2,5)	(2,6)
③	(3,1)	(3,2)	(3,3)	(3,4)	(3,5)	(3,6)
④	(4,1)	(4,2)	(4,3)	(4,4)	(4,5)	(4,6)
⑤	(5,1)	(5,2)	(5,3)	(5,4)	(5,5)	(5,6)
⑥	(6,1)	(6,2)	(6,3)	(6,4)	(6,5)	(6,6)

Abb. 12.9: Grundgesamtheit des Beispieles 12.9

Dieses Spiel ist somit aus der Sicht des Spielers dann zu empfehlen, wenn bei einem Einsatz von 5 DM pro Spiel die Gewinnsumme mindestens 36 DM beträgt.

Im darauffolgenden Jahr ist vom Besitzer der Würfelbude der Gewinnplan geändert worden. Es wird jetzt nicht mehr ein Hauptgewinn, sondern es werden mehrere kleinere Gewinne ausgezahlt. Jetzt hat der Spieler gewonnen, wenn er mit beiden Kugeln einen Summenwert von mindestens 10 erzielt {Ereignis A} oder zwei gleiche Zahlen zieht {Ereignis B}. Wie hat sich dadurch die Gewinnwahrscheinlichkeit für den Spieler verändert?

Man könnte wie folgt argumentieren: Für das Merkmal "A = Summenwert mindestens 10" ergeben sich 6 günstige Ereignisse, und für das Merkmal "B = zwei gleiche Zahlen" nochmals 6 günstige Ereignisse. Die Wahrscheinlichkeit könnte man dann wie folgt berechnen:

$$\text{Prob}\{A \cup B\} = \text{Prob}\{A\} + \text{Prob}\{B\} = 6/36 + 6/36 = 1/3 \approx 0{,}3333.$$

Damit hätte sich die Gewinnwahrscheinlichkeit für den Spieler beträchtlich erhöht. Doch leider ist diese Berechnung falsch!

Aus der Abbildung 12.9 erkennt man sofort, daß die beiden Ereignisse "A = Summenwert mindestens 10" und "B = zwei gleiche Zahlen" nicht zueinander disjunkt sind, d.h. $\text{Prob}\{(A \cap B\} \neq 0\}$. Die beiden Elementarereignisse (5,5) und (6,6) gehören nämlich beiden Ereignissen an. Will man daher die Wahrscheinlichkeit mit Hilfe des Additionssatzes berechnen, muß man diese Tatsache berücksichtigen.

Somit lautet die richtige Lösung

$$\text{Prob}\{A \cup B\} = \text{Prob}\{A\} + \text{Prob}\{B\} - \text{Prob}\{A \cap B\}$$

$$= 6/36 + 6/36 - 2/36 = 5/18 \approx 0{,}2778.$$

Wenn also dieses zweite Spiel für den Spieler empfehlenswert sein soll, muß bei einem Einsatz von 5 DM pro Spiel jetzt die Gewinnsumme mindestens 18 DM betragen.

12.3.3 Bedingte Wahrscheinlichkeiten und stochastisch unabhängige Ereignisse

Bei der Anwendung der Wahrscheinlichkeitsrechnung tritt das Problem auf, ob gewisse Ereignisse voneinander unabhängig sind oder nicht. Es wird das Problem des Ziehens einer Kugel aus einer Urne betrachtet. Angenommen, die Urne enthalte n Kugeln, von denen m schwarz und n-m weiß sind. Die Wahrscheinlichkeit des zufälligen Ereignisses "Ziehen einer Kugel und Feststellung ihrer Farbe" soll bestimmt werden.

Es müssen nun grundsätzlich zwei verschiedene Sachverhalte unterschieden werden. Zum einen wird die gezogene Kugel anschließend wieder in die Urne zurückgelegt und der Urneninhalt danach wieder gut durchgemischt, um die äußeren Bedingungen des Zufallsexperimentes nicht zu verändern. Dadurch sind die Ergebnisse einer Folge von Realisationen des zufälligen Ereignisses voneinander stochastisch unabhängig. Zufällige Ereignisse heißen somit stochastisch unabhängig, wenn sie unter festen Bedingungen wiederholbar sind und der Einfluß der vorherigen Realisation vernachlässigt werden kann. Die zu solchen zufälligen Ereignissen gehörenden Wahrscheinlichkeiten heißen **unbedingte Wahrscheinlichkeiten**.

Zum anderen wird die einmal gezogene Kugel nicht wieder in die Urne zurückgelegt. Jetzt liegt ein anderer Sachverhalt vor, da die Verhältnisse vor jeder Realisation des Zufallsexperimentes nicht mehr die gleichen sind, sie hängen vielmehr von den jeweils bereits vorausgegangenen Realisationen ab. In diesem Fall spricht man von **stochastisch abhängigen zufälligen Ereignissen** und bezeichnet die zugehörigen Wahrscheinlichkeiten als **bedingt**. Man kann nach der Wahrscheinlichkeit des Eintreffens eines bestimmten zweiten Ereignisses fragen, unter der Bedingung, daß bereits ein bestimmtes erstes Ereignis eingetroffen ist. In diesem Fall bezieht man die Anzahl der günstigen Ereignisse nicht auf die Gesamtheit aller möglichen Elementarereignisse, sondern nur auf die Anzahl der unter den gegebenen Bedingungen möglichen Elementarereignissen.

Beispiel 12.10:

In einer Urne befinden sich zwei weiße und eine schwarze Kugel.

a) **Fragestellung bei unabhängigen Ereignissen**, d.h. mit Zurücklegen der gezogenen Kugel:

   Wie groß ist die Wahrscheinlichkeit, eine weiße (bzw. eine schwarze) Kugel zu ziehen?

   Bei jedem Zug beträgt die Wahrscheinlichkeit, eine weiße (bzw. eine schwarze) Kugel zu ziehen, 2/3 (bzw. 1/3), unabhängig davon, wieviele Realisationen bereits durchgeführt wurden.

b) **Fragestellung bei abhängigen Ereignissen**, d.h. ohne Zurücklegen der gezogenen Kugel:

   Wie groß ist die Wahrscheinlichkeit, beim zweiten Zug eine weiße Kugel zu ziehen, vorausgesetzt, beim ersten Zug ist ebenfalls eine weiße Kugel gezogen worden?

   Zum Zwecke der Unterscheidung werden die beiden weißen Kugeln mit W_1 und W_2, sowie die schwarze Kugel mit S bezeichnet.

Zunächst werde die **Grundgesamtheit** G aller Elementarereignisse aufgestellt

$$G = \{(W_1,W_2);\ (W_1,S);\ (W_2,W_1);\ (W_2,S);\ (S,W_1);\ (S,W_2)\}.$$

Sodann werden die folgenden beiden Ereignisse definiert:

Ereignis A = {Beim ersten Zug wird eine weiße Kugel gezogen},

Ereignis B = {Beim zweiten Zug wird eine weiße Kugel gezogen}.

Für den Fall des Ziehens ohne Zurücklegen bestehen diese beiden Ereignisse aus den folgenden Elementarereignissen

$$A = \{(W_1,W_2);\ (W_1,S);\ (W_2,W_1);\ (W_2,S)\},$$

$$B = \{(W_1,W_2);\ (W_2,W_1);\ (S,W_1);\ (S,W_2)\}.$$

Nun betrachtet man das Ereignis B unter der zusätzlichen Bedingung, daß das Ereignis A bereits eingetroffen ist. Dieses neue Ereignis schreibt man B|A (gelesen: B gegeben A). Um seine Wahrscheinlichkeit zu berechnen, betrachtet man das Verhältnis der Zahl der günstigen zu der Zahl der möglichen Ereignisse. Die Zahl der möglichen Ereignisse wird von den Elementarereignissen des Ereignisses A gebildet. Aus den Elementarereignissen des Ereignisses B werden die für das Ereignis B|A günstigen Fälle entnommen. Diese erhält man als Durchschnitt der beiden Ereignisse A und B, es sind dies die beiden Elementarereignisse (W_1,W_2) und (W_2,W_1). Somit erhält man die Wahrscheinlichkeit

$$\text{Prob}\{B|A\} = \frac{\text{Prob}\{B \cap A\}}{\text{Prob}\{A\}} = \frac{2/6}{4/6} = \frac{2}{4} = \frac{1}{2}\ .$$

Dieses Beispiel gibt Anlaß zu der folgenden **Definition der bedingten Wahrscheinlichkeit**:

> Definition: Gegeben seien die beiden Ereignisse A und B. Es sei Prob{A} ≠ 0. Dann nennt man die Größe
>
> (12.17) $$\text{Prob}\{B|A\} = \frac{\text{Prob}\{B \cap A\}}{\text{Prob}\{A\}}$$
>
> die **bedingte Wahrscheinlichkeit** des Ereignisses B unter der Bedingung, daß das Ereignis A bereits eingetroffen ist.

Analog gilt für Prob{B} ≠ 0

$$\text{Prob}\{A|B\} = \frac{\text{Prob}\{A \cap B\}}{\text{Prob}\{B\}}\ .$$

Aus der Definition der bedingten Wahrscheinlichkeit folgt unmittelbar der **allgemeine Multiplikationssatz der Wahrscheinlichkeiten** für beliebige Ereignisse:

Definition: Es seien zwei beliebige, nichtdisjunkte Ereignisse A und B gegeben. Ferner sei mindestens eine der bedingten Wahrscheinlichkeiten $\text{Prob}\{A|B\}$ oder $\text{Prob}\{B|A\}$ bekannt. Dann gilt für die Wahrscheinlichkeit des Ereignisses $A \cap B$

(12.18)

$$\text{Prob}\{A \cap B\} = \text{Prob}\{A\} \cdot \text{Prob}\{B|A\} = \text{Prob}\{B\} \cdot \text{Prob}\{A|B\}.$$

Dieser Multiplikationssatz läßt sich ohne Schwierigkeiten auf den Fall mehrerer Ereignisse erweitern. Für den Fall von drei nichtdisjunkten Ereignissen lautet er

$$\text{Prob}\{A \cap B \cap C\} = \text{Prob}\{A\} \cdot \text{Prob}\{B|A\} \cdot \text{Prob}\{C|A \cap B\}.$$

Beispiel 12.11:

10 % der Bevölkerung seien in einem gegebenen Zeitraum im Durchschnitt von einer Krankheit befallen, $\text{Prob}\{E_1\} = 0{,}10$. Von diesen Erkrankten mögen in der Regel 8 % sterben, $\text{Prob}\{E_2|E_1\} = 0{,}08$. Die Wahrscheinlichkeit dafür, daß eine Person der betrachteten Bevölkerung in dem gegebenen Zeitraum erkrankt und an dieser Krankheit stirbt, $\text{Prob}\{E_1 \cap E_2\}$, ergibt sich dann zu

$$\text{Prob}\{E_1 \cap E_2\} = \text{Prob}\{E_1\} \cdot \text{Prob}\{E_2|E_1\} = 0{,}1 \cdot 0{,}08 = 0{,}008,$$

d.h. die Wahrscheinlichkeit, daß eine Person aus der Gesamtbevölkerung an dieser Krankheit stirbt, beträgt 0,8 %.

Beispiel 12.12:

Von einer anderen Krankheit mögen 20 % der Bevölkerung infiziert sein (E_1), von denen beispielsweise 30 % erkranken ($E_2|E_1$), und von diesen sterben schließlich 5 % ($E_3|E_1 \cap E_2$).

$$\begin{aligned}\text{Prob}\{E_1 \cap E_2 \cap E_3\} &= \text{Prob}\{E_1\} \cdot \text{Prob}\{E_2|E_1\} \cdot \text{Prob}\{E_3|E_1 \cap E_2\} \\ &= 0{,}20 \cdot 0{,}30 \cdot 0{,}05 = 0{,}003,\end{aligned}$$

d.h. die Wahrscheinlichkeit, daß eine Person aus der Gesamtbevölkerung an dieser Krankheit stirbt, beträgt 0,3 %. Bei der stochastischen Unabhängigkeit zweier Ereignisse A und B fordert man, daß die bedingte Wahrscheinlichkeit $\text{Prob}\{B|A\}$ für das Eintreffen des Ereignisses B unabhängig davon ist, ob das Ereignis A oder $\bar{A}$ bereits eingetroffen ist, also $\text{Prob}\{B|A\} = \text{Prob}\{B|\bar{A}\} = \text{Prob}\{B\}$.

Die Information über das Eintreffen des Ereignisses A ändert somit nichts an der Wahrscheinlichkeitsaussage bezüglich des Ereignisses B. Man sagt "B sei von A unabhängig". Diese Beziehung ist symmetrisch, d.h. wenn sie erfüllt ist, gilt auch die Aussage "A ist von B unabhängig".

Wegen

$$\text{Prob}\{B|A\} = \text{Prob}\{B\}$$

und dem Multiplikationssatz für nichtdisjunkte Ereignisse

$$\text{Prob}\{A \cap B\} = \text{Prob}\{A\} \cdot \text{Prob}\{B|A\}$$

folgt somit

$$\text{Prob}\{A \cap B\} = \text{Prob}\{A\} \cdot \text{Prob}\{B\} = \text{Prob}\{B\} \cdot \text{Prob}\{A\}.$$

Diese Beziehung wird zur Definition der stochastischen Unabhängigkeit benutzt.

<u>Definition</u>: **(Multiplikationssatz für unabhängige Ereignisse)** Die beiden Ereignisse A und B heißen **stochastisch unabhängig**, wenn

(12.19) $$\text{Prob}\{A \cap B\} = \text{Prob}\{A\} \cdot \text{Prob}\{B\}$$

gilt.

Gegenüber der Beziehung $\text{Prob}\{B|A\} = \text{Prob}\{B\}$ hat diese Unabhängigkeitsdefinition (12.19) den Vorteil, daß sie

a) symmetrisch in den beiden Ereignissen A und B ist,

b) die Voraussetzungen $\text{Prob}\{A\} \neq 0$ und $\text{Prob}\{B\} \neq 0$ nicht benötigt.

<u>Beispiel 12.13</u>:

Eine ideale Münze werde zweimal hintereinander geworfen. Man möchte wissen, mit welcher Wahrscheinlichkeit in beiden Würfen das {Wappen} oben liegt.

1. Lösungsmöglichkeit

1a) Baumdiagramm:

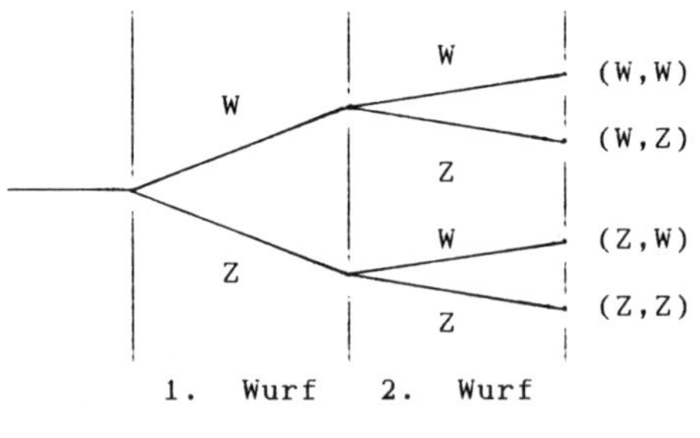

1b) Tabelle:

		2. Wurf	
		W	Z
1. Wurf	W	(W,W)	(W,Z)
	Z	(Z,W)	(Z,Z)

Somit besteht die Grundgesamtheit aus vier möglichen Elementarereignissen, die unter der Vorausetzung eines idealen Zufallsexperimentes gleichwahrscheinlich sind. Diese vier Elementarereignisse schließen sich gegenseitig aus, und für das gewünschte Ereignis ist nur eines davon günstig. Somit ergibt sich für die Wahrscheinlichkeit

$$\text{Prob}\{W,W\} = 1/4.$$

2. Lösungsmöglichkeit

Da die vier Elementarereignisse der Grundgesamtheit voneinander unabhängig sind, kann man den entsprechenden Multiplikationssatz anwenden. Man erhält

$$\text{Prob}\{W,W\} = \text{Prob}\{W\} \cdot \text{Prob}\{W\} = 1/2 \cdot 1/2 = 1/4.$$

12.3.4 Totale (vollständige) Wahrscheinlichkeit

In der Praxis sind häufig bedingte Wahrscheinlichkeiten bekannt und es sollen mit ihrer Hilfe unbedingte Wahrscheinlichkeiten berechnet werden. Ein wichtiges Hilfsmittel dazu ist der folgende **Satz von der totalen (vollständigen) Wahrscheinlichkeit:**

Die Ereignisse $A_1, A_2, \ldots, A_n$ bilden eine vollständige Zerlegung der Grundgesamtheit G, wobei $\text{Prob}\{A_i\} \neq 0$ für $i = 1,2,\ldots,n$ ist. Dann gilt für ein beliebiges Ereignis $B \supseteq G$

$$\text{(12.20)} \quad \text{Prob}\{B\} = \text{Prob}\{B|A_1\} \cdot \text{Prob}\{A_1\} + \ldots + \text{Prob}\{B|A_n\} \cdot \text{Prob}\{A_n\}$$

$$= \sum_{i=1}^{n} \text{Prob}\{B|A_i\} \cdot \text{Prob}\{A_i\}.$$

Berücksichtigt man, daß die Ereignisse A_i paarweise zueinander disjunkt sind und damit auch die Ereignisse $B \cap A_i$, dann läßt sich das Ereignis B zerlegen in

$$\text{(12.21)} \qquad B = \bigcup_{i=1}^{n} (B \cap A_i)$$

(vgl. Abb. 12.10). Daraus ergibt sich für die Wahrscheinlichkeit

$$\text{Prob}\{B\} = \text{Prob}\left[\bigcup_{i=1}^{n} (B \cap A_i)\right]$$

$$= \sum_{i=1}^{n} \text{Prob}\{B \cap A_i\} = \sum_{i=1}^{n} \text{Prob}\{B|A_i\} \cdot \text{Prob}\{A_i\}.$$

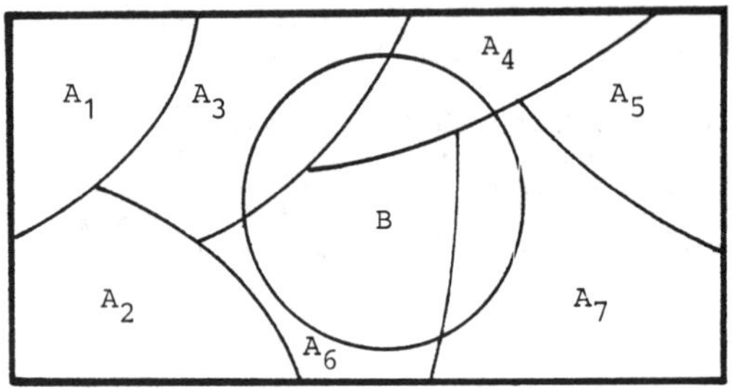

$$B = (B \cap A_3) \cup (B \cap A_4) \cup (B \cap A_6) \cup (B \cap A_7)$$

Abb. 12.10: Darstellung des Ereignisses B mit Hilfe der Ereignisse A_i

Beispiel 12.14:

Wie groß ist die Wahrscheinlichkeit, aus einer Urne mit zwei weißen und einer schwarzen Kugel beim zweiten Zug eine weiße Kugel zu ziehen, wenn die erste gezogene Kugel nicht zurückgelegt wurde?

Man betrachte die beiden Ereignisse

A = {Beim ersten Zug wird eine weiße Kugel gezogen},
C = {Beim ersten Zug wird eine schwarze Kugel gezogen}.

Diese beiden Ereignisse bilden eine Zerlegung der Grundgesamtheit

$$A \cup C = G \quad \text{und} \quad A \cap C \neq 0.$$

Die Wahrscheinlichkeit des Ereignisses

B = {Beim zweiten Zug wird eine weiße Kugel gezogen}

läßt sich dann mit Hilfe des Satzes von der totalen Wahrscheinlichkeit berechnen:

$$\text{Prob}\{B\} = \text{Prob}\{A\} \cdot \text{Prob}\{B|A\} + \text{Prob}\{C\} \cdot \text{Prob}\{B|C\}.$$

Nun ist

$$\text{Prob}\{A\} = 2/3, \quad \text{Prob}\{B|A\} = 1/2, \quad \text{Prob}\{C\} = 1/3, \quad \text{Prob}\{B|C\} = 1.$$

Somit ergibt sich

$$\text{Prob}\{B\} = 2/3 \cdot 1/2 + 1/3 \cdot 1 = 2/3.$$

Man könnte nun argumentieren, daß dieser Weg recht umständlich erscheint, denn man hätte dasselbe Ergebnis viel einfacher erhalten können.

Die Grundgesamtheit für das Ziehen von Kugeln ohne Zurücklegen umfaßt für dieses Beispiel die folgenden sechs Elementarereignisse

$$G = \{(W_1,W_2);\ (W_2,W_1);\ (W_1,S);\ (W_2,S);\ (S,W_1);\ (S,W_2)\}.$$

Die Zahl der günstigen Fälle, beim zweiten Zug eine weiße Kugel zu ziehen, umfaßt vier Elementarereignisse,nämlich

$$(W_1,W_2);\ (W_2,W_1);\ (S,W_1);\ (S,W_2).$$

Damit ergibt sich als Wahrscheinlichkeit für das Ereignis B

$$\text{Prob}\{B\} = g/n = 4/6 = 2/3.$$

Beim Ziehen einer Kugel aus einer Urne mit wenigen Kugeln läßt sich die Wahrscheinlichkeit unmittelbar erkennen. Bei der Lösung unserer Aufgabe bestand die Hauptarbeit in der vollständigen Aufzählung der Elementarereignisse der Grundgesamtheit G. Bei umfangreicheren Beispielen kann allerdings die vollständige Aufzählung der Elementarereignisse des Stichprobenraumes mühsam werden.

Beispiel 12.15:

Man bestimme die Wahrscheinlichkeit, daß in einem gut gemischten Kartenspiel aus 52 Karten Herz As und Herz König nebeneinander liegen.

Das Ereignis, dessen Wahrscheinlichkeit gesucht wird, werde mit A bezeichnet. "Gut gemischt" ist eine Symmetrieannahme, so daß folgende Ereignisse betrachtet werden können:

B_1 = {Herz-As liegt am oberen Ende des Paketes},
B_2 = {Herz-As liegt im Inneren des Paketes},
B_3 = {Herz-As liegt am unteren Ende des Paketes}.

B_1, B_2 und B_3 bilden eine vollständige Zerlegung der Grundgesamtheit G. Für die unbedingten und bedingten Wahrscheinlichkeiten erhält man

$$\text{Prob}\{B_1\} = 1/52,\ \text{Prob}\{B_2\} = 50/52,\ \text{Prob}\{B_3\} = 1/52,$$

$$\text{Prob}\{A|B_1\} = 1/51,\ \text{Prob}\{A|B_2\} = 2/51,\ \text{Prob}\{A|B_3\} = 1/51.$$

Somit

$$\text{Prob}\{A\} = \text{Prob}\{B_1\} \cdot \text{Prob}\{A|B_1\} + \text{Prob}\{B_2\} \cdot \text{Prob}\{A|B_2\} + $$
$$+ \text{Prob}\{B_3\} \cdot \text{Prob}\{A|B_3\}$$
$$= 1/52 \cdot 1/51 + 50/52 \cdot 2/51 + 1/52 \cdot 1/51$$
$$= 102/(51 \cdot 52) = 1/26.$$

Hätte man die gesamte Grundgesamtheit, d.h. alle möglichen Lagen der Karten aufzählen wollen, so hätte man $8{,}066 \cdot 10^{67}$ Elementarereignisse berücksichtigen müssen.

Beispiel 12.16 (Fortsetzung des Beispieles 12.3 von Seite 272):

Betrachten wir erneut den Fall des listigen Gefangenen, denn wir sind jetzt in der Lage, die Aufbesserung seiner Chancen exakt zu bestimmen. Er hatte die Kugeln so ausgetauscht, daß in der einen Urne (U_1) nur eine weiße Kugeln enthalten war, während in der anderen Urne (U_2) der Anteil der weißen Kugeln $\frac{n-1}{2n-1}$ betrug. Zunächst soll eine der beiden Urnen (entweder U_1 oder U_2) ausgewählt werden. Die Wahrscheinlichkeiten dafür betragen

$$\text{Prob}\{U_1\} = 1/2, \; \text{Prob}\{U_2\} = 1/2.$$

Wird die Urne U_2 ausgewählt, dann beträgt die Wahrscheinlichkeit, eine weiße Kugel zu ziehen

$$\text{Prob}\{W|U_2\} = \frac{n-1}{2n-1}.$$

Die totale Wahrscheinlichkeit für den listigen Gefangenen, eine weiße Kugel zu ziehen, ergibt sich somit zu

$$\text{Prob}\{W\} = \text{Prob}\{U_1\} \cdot \text{Prob}\{W|U_1\} + \text{Prob}\{U_2\} \cdot \text{Prob}\{W|U_2\}$$
$$= \frac{1}{2} \cdot 1 + \frac{1}{2} \cdot \frac{n-1}{2n-1} = \frac{2n-1+n-1}{4n-2} = \frac{3n-2}{4n-2}.$$

mit $$\lim_{n \to \infty} \frac{3n-2}{4n-2} = \frac{3}{4}.$$

Für eine hinreichend große Gesamtzahl von Kugeln nähert sich somit die Wahrscheinlichkeit für den listigen Gefangenen frei zu kommen, dem Wert 3/4. Dies bedeutet, daß er seine Chancen maximal um 25 % aufbessern kann.

12.3.5 Der Satz von Bayes

Eine Anwendung finden die bedingten Wahrscheinlichkeiten in dem **Satz von Bayes**, der in speziellen Bereichen der Statistik eine wichtige Rolle spielt.

Es seien die zufälligen Ereignisse A_1, A_2, ... ,A_n gegeben, die eine vollständige Zerlegung der Grundgesamtheit G darstellen mögen. Die unbedingten Wahrscheinlichkeiten dieser Ereignisse

$$\text{Prob}\{A_1\}, \text{Prob}\{A_2\}, \; . \; . \; . \; . \; . \; , \text{Prob}\{A_n\}$$

seien bekannt und werden als a-priori Wahrscheinlichkeiten bezeichnet. Ferner sei ein zufälliges Ereignis B mit $\text{Prob}\{B\} > 0$ gegeben, und die bedingten Wahrscheinlichkeiten dieses Ereignisses

$$\text{Prob}\{B|A_1\}, \text{Prob}\{B|A_2\}, \; . \; . \; . \; . \; . \; , \text{Prob}\{B|A_n\}$$

seien beobachtet worden.
Gesucht werden die bedingten Wahrscheinlichkeiten

$$\text{Prob}\{A_1|B\}, \text{Prob}\{A_2|B\}, \; . \; . \; . \; . \; . \; , \text{Prob}\{A_n|B\},$$

die als a-posteriori Wahrscheinlichkeiten bezeichnet werden, da die unbedingten Wahrscheinlichkeiten für die A_i revidiert werden durch die Zusatzinformation, daß das Ereignis B eingetroffen ist. Aus der Definition der bedingten Wahrscheinlichkeit

$$\text{Prob}\{A_i|B\} = \frac{\text{Prob}\{A_i \cap B\}}{\text{Prob}\{B\}} \tag{12.17}$$

folgt wegen

$$\text{Prob}\{A_i \cap B\} = \text{Prob}\{A_i\} \cdot \text{Prob}\{B|A_i\} \tag{12.19}$$

(**Multiplikationssatz für nichtdisjunkte Ereignisse**) und

$$\text{Prob}\{B\} = \sum_{j=1}^{n} \text{Prob}\{A_j\} \cdot \text{Prob}\{B|A_j\} \tag{12.20}$$

(**Satz von der totalen oder vollständigen Wahrscheinlichkeit**) die Beziehung

$$\text{Prob}\{A_i|B\} = \frac{\text{Prob}\{A_i\} \cdot \text{Prob}\{B|A_i\}}{\sum_{j=1}^{n} \text{Prob}\{A_j\} \cdot \text{Prob}\{B|A_j\}} \tag{12.22}$$

(**Satz von Bayes**).

Beispiel 12.17:

In einem Betrieb wird ein bestimmtes Produkt auf zwei verschiedenen Maschinen A und B hergestellt. Es ist bekannt, daβ 20 % der Tagesproduktion auf die Maschine A und 80 % auf die Maschine B entfallen. Ferner sei bekannt, daβ die Maschine A 5 % Ausschuβ und die Maschine B 2 % Ausschuβ produziert.

Es werde ein Produkt zufällig der Tagesproduktion entnommen, das sich als defekt herausstellt. Wie groβ ist die Wahrscheinlichkeit, daβ dieses Produkt auf der Maschine A (bzw. auf der Maschine B) produziert wurde?

Es werden die folgenden zufälligen Ereignisse definiert

A = {Das Produkt wurde auf der Maschine A hergestellt},
B = {Das Produkt wurde auf der Maschine B hergestellt},
D = {Das Produkt ist defekt}.

Es ist

Prob{A} der Anteil der Maschine A
Prob{B} der Anteil der Maschine B } an der Tagesproduktion.

Dies sind die Wahrscheinlichkeiten, die man einem Produkt vor Beginn der Produktion - also "a-priori" - zuordnet, auf einer der beiden Maschinen hergestellt zu werden.

Ferner kennt man die Güte, mit der die einzelnen Maschinen arbeiten, d.h. man kennt

Prob{D|A}, die Wahrscheinlichkeit, mit der die Maschine A defekte Produkte erzeugt, und

Prob{D|B}, die Wahrscheinlichkeit, mit der die Maschine B defekte Produkte erzeugt.

Hat man der Tagesproduktion ein Produkt zufällig entnommen und festgestellt, daβ dieses defekt ist, dann möchte man nach Kenntnis dieses Befundes - also "a-posteriori" - eine Wahrscheinlichkeitsaussage treffen, auf welcher Maschine dieses defekte Produkt hergestellt wurde. Man interessiert sich also für

Prob{A|D}, die Wahrscheinlichkeit, daβ das defekte Produkt auf der Maschine A hergestellt wurde, und

Prob{B|D}, die Wahrscheinlichkeit, daβ das defekte Produkt auf der Maschine B hergestellt wurde.

Beispiel 12.18:

Gegeben sind:

$$\text{Prob}\{A\} = 0{,}20 \text{ und } \text{Prob}\{B\} = 0{,}80.$$

Ferner sind bekannt

$$\text{Prob}\{D|A\} = 0{,}05 \text{ und } \text{Prob}\{D|B\} = 0{,}02.$$

Gesucht werden die beiden bedingten Wahrscheinlichkeiten

$$\text{Prob}\{A|D\} \text{ und } \text{Prob}\{B|D\}.$$

Die Anwendung des Satzes von Bayes ergibt

$$\text{Prob}\{A|D\} = \frac{\text{Prob}\{A\}\cdot\text{Prob}\{D|A\}}{\text{Prob}\{A\}\cdot\text{Prob}\{D|A\} + \text{Prob}\{|B\}\cdot\text{Prob}\{D|B\}}$$

$$= \frac{0{,}20 \cdot 0{,}05}{0{,}20 \cdot 0{,}05 + 0{,}80 \cdot 0{,}02} = 0{,}38,$$

$$\text{Prob}\{B|D\} = \frac{\text{Prob}\{B\}\cdot\text{Prob}\{D|B\}}{\text{Prob}\{A\}\cdot\text{Prob}\{D|A\} + \text{Prob}\{|B\}\cdot\text{Prob}\{D|B\}}$$

$$= \frac{0{,}80 \cdot 0{,}02}{0{,}20 \cdot 0{,}05 + 0{,}80 \cdot 0{,}02} = 0{,}62.$$

Die Wahrscheinlichkeit, daβ ein defektes Produkt auf der Maschine A hergestellt wurde, beträgt 38 %, und für die Herstellung auf der Machine B 62 %.

Beispiel 12.19:

Auf einem Tisch stehen 10 Urnen. In der Urne I befinden sich 7 schwarze und 3 weiβe Kugeln. In den Urnen II bis X jeweils 4 schwarze und 6 weiβe Kugeln.

Eine der 10 Urnen werde zufällig ausgewählt und aus ihr eine Kugel gezogen. Diese sei schwarz. Wie groβ ist die Wahrscheinlichkeit, daβ diese gezogene Kugel aus der Urne I, bzw. aus einer der Urnen II bis X gezogen wurde?

Folgende Ereignisse werden definiert:

E = {Die gezogene Kugel sei schwarz},
A_1 = {Die gezogene Kugel stamme aus der Urne I},
A_2 = {Die gezogene Kugel stamme aus einer der Urnen II bis X}.

Es sind gegeben:

$$\text{Prob}\{A_1\} = 0{,}10; \quad \text{Prob}\{A_2\} = 0{,}90;$$
$$\text{Prob}\{E|A_1\} = 0{,}70; \quad \text{Prob}\{E|A_2\} = 0{,}40.$$

Damit läβt sich berechnen:

$$\text{Prob}\{A_1|E\} = \frac{\text{Prob}\{A_1\}\cdot\text{Prob}\{E|A_1\}}{\text{Prob}\{A_1\}\cdot\text{Prob}\{E|A_1\} + \text{Prob}\{A_2\}\cdot\text{Prob}\{E|A_2\}}$$

$$= \frac{0{,}10\cdot 0{,}70}{0{,}10\cdot 0{,}70 + 0{,}90\cdot 0{,}40} = 0{,}1628,$$

d.h. nach einer groβen Anzahl von Versuchen wird man im Mittel in 16,28 % aller Fälle in denen man eine schwarze Kugel gezogen hat vermuten, daβ diese aus der Urne I gezogen worden ist.

Aufgaben zu Kapitel 12

Aufgabe 1:

Eine Münze werde dreimal geworfen.

a) Erläutern sie an diesem Beispiel die Begriffe

- **Elementarereignis**
- **Grundgesamtheit**

und geben Sie an, aus welchen Elementarereignissen die Grundgesamtheit besteht.

b) Nehmen Sie an, Sie erhalten bei dreimaligem Werfen als Ergebnis die Reihenfolge "Zahl - Wappen - Wappen".

Bestimmen Sie die relative Häufigkeit für das Ereignis "Wappen" bei dieser Reihenfolge und geben Sie an, wie sich die relative Häufigkeit dieses Ereignisses mit steigendem Stichprobenumfang veränden wird, wenn man Folgen von dreimaligen Würfen betrachtet.

c) Erläutern Sie den Wahrscheinlichkeitsbegriff von Laplace und bestimmen Sie für das unter b) angegebene Ereignis diese Wahrscheinlichkeit.

Welche Annahme treffen Sie dabei?

d) Berechnen Sie die Wahrscheinlichkeit, folgende Ergebnisse zu erhalten:

1. Folge "Wappen - Zahl - Wappen" und "Zahl - Zahl - Zahl".
2. Gesamtergebnis "Anzahl der Zahlwürfe ist größer als Anzahl der Wappenwürfe".
3. Mehr Zahl- als Wappenwürfe zu erhalten, wenn mindestens ein Wappenwurf gesichert sein soll.
4. Mehr Zahl- als Wappenwürfe zu erhalten, wenn weniger als 2 Wappenwürfe gesichert sein sollen.

c) 1/2. d) 1. 1/8; 1/8. 2. 1/2. 3. 3/7. 4. 1.

Aufgabe 2:

Wie groß sind die Wahscheinlichkeiten

a) aus einer Urne mit 100 Gewinnlosen und 400 Nieten einen Gewinn zu ziehen?
b) aus 32 Skatkarten ein As (den Kreuzbuben) zu ziehen?
c) daß eine vierstellige Quadratzahl mit 5 (mit 9) endet?

a) 1/5; b) 1/8; (1/32); c) 7/68; (14/68).

Aufgabe 3:

Bei einem Pferderennen mit 4 Pferden A, B, C und D sollen der Sieger und der Zweitplacierte vorausgesagt werden.

a) Wie groß ist die Wahrscheinlichkeit, daß
   1. A der Sieger ist ?
   2. die Reihenfolge BC gilt ?

b) Die 4 Pferde treffen am nächsten Tag bei einem weiteren Rennen erneut aufeinander.

   Wie groß ist die Wahrscheinlichkeit, daß an beiden Tagen
   1. A der Sieger ist?
   2. die Reihenfolge AD gilt?
   3. die Reihenfolge ACDB gilt?

a) 1/4; 1/12; b) 1/16; 1/144; 1/576.

Aufgabe 4:

Ein vollständiges Ereignissystem bestehe aus den Ereignissen A, B, C und D. Das Ereignis A kann zusammen mit dem Ereignis B auftreten, wobei jedoch A und B voneinander unabhängig sind. Alle anderen Ereignisse schließen sich gegenseitig aus.

Es sei Prob{A} = 0,3, Prob{C} = 0,2, und Prob{D} = 0,15.

Berechnen Sie Prob{B} und Prob{A ∩ B}.

0,5; 0,15.

Aufgabe 5:

Die drei Nahverkehrsgesellschaften U, S und T einer Großstadt wollen aus Rationalisierungsgründen fusionieren.

Die folgenden Anteile der Bevölkerung sind als Benutzer dieser öffentlichen Verkehrsmittel bekannt:

Prob{U} = 0,40; Prob{S} = 0,30; Prob{T} = 0,15;
Prob{U ∩ S} = 0,08; Prob{U ∩ T} = 0,02; Prob{S ∩ T} = 0,05;
Prob{U ∩ S ∩ T} = 0,01.

Es soll eine Befragung unter den Benutzern durchgeführt werden, wie groß die Wahrscheinlichkeit dafür ist, daß eine zufällig ausgewählte Person

a) kein Verkehrsmittel der Gesellschaft U,
b) ein Verkehrsmittel der Gesellschaften S oder T,
c) keine Verkehrsmittel der drei fusionierenden Gesellschaften,
d) höchstens Verkehrsmittel von zwei der drei Gesellschaften,
e) Verkehrsmittel von zwei und mehr Gesellschaften

benutzt.

a) 0,6; b) 0,4; c) 0,28; d) 0,99; e) 0,13.

Aufgabe 6:

In der Abteilung Qualitätssicherung eines Betriebes für Stellringe wird ein Posten von 1 000 Erzeugnissen untersucht, die unter gleichen produktionstechnischen Bedingungen hergestellt wurden. Dabei erwiesen sich 900 als normgerecht, die verschiedenen Qualitätsstufen zugeordnet werden können, 18 gehören der Qualitätsstufe I und 90 der Qualitätsstufe II an.

1. a) Wie groß ist die Wahrscheinlichkeit, einen der Norm entsprechenden Stellring zu erhalten?

   b) Bestimmen Sie die Wahrscheinlichkeit, daß ein normgerechter Stellring entweder der Qualitätsstufe I oder II angehört.

2. Bei der Qualitätssicherung dieses Erzeugnisses wird ein Kontrollsystem angewandt, das 98 % der normgerechten Stellringe als normgerecht und 95 % der nicht normgerechten Erzeugnisse als nicht normgerecht ausweist.

   a) Geben Sie die Wahrscheinlichkeit an, daß ein Stellring als normgerecht ausgewiesen wird, obwohl er tatsächlich nicht der Norm entspricht.

   b) Berechnen Sie die Wahrscheinlichkeit, daß ein Stellring normgerecht ist, wenn er von der Kontrolle auch als normgerecht ausgewiesen wurde.

   c) Erläutern Sie an diesem Beispiel den Satz von der totalen Wahrscheinlichkeit.

1. a) 0,9; b) 0,12; 2. a) 0,05; b) 0,994.

Aufgabe 7:

Ein Verlagshaus weiß aus Erfahrung, daß 40 % der männlichen und 30 % der weiblichen Bevölkerung seine Tageszeitung liest. Der Anteil der weiblichen Bevölkerung an der Gesamtbevölkerung beträgt 40 %.

1. Wie groß ist die Wahrscheinlichkeit, daß eine aus der Gesamtbevölkerung zufällig ausgewählte Person

   a) diese Zeitung liest?
   b) männlich ist, wenn man weiß, daß die Person diese Zeitung liest?
   c) diese Zeitung liest und weiblich ist?

2. Sind die beiden Ereignisse

   - eine zufällig ausgewählte Person liest diese Zeitung, und
   - eine zufällig augewählte Person ist männlich

   stochastisch voneinander unabhängig?

1. a) 0,36; b) 0,667; c) 0,12.

Aufgabe 8:

10 % der Angestellten einer Gesellschaft haben eine kaufmännische Lehre absolviert. 70 % dieser Personen arbeiten in der Verwaltung dieses Unternehmens. Von denen, die keine kaufmännische Lehre absolviert haben, arbeiten 30 % in der Verwaltung.

a) Wie groß ist die Wahrscheinlichkeit, daß ein zufällig ausgewählter Angestellter in der Verwaltung arbeitet?

b) Berechnen Sie die Wahrscheinlichkeit dafür, daß ein zufällig ausgewählter Angestellter, der in der Verwaltung beschäftigt ist, eine kaufmännische Lehre besitzt.

a) 0,34; b) 0,21.

Aufgabe 9:

1. Gegeben sind Prob{A} = 0,5, Prob{B} = 0,3 und Prob{A ∩ B} = 0,2. Man berechne:

   a) Prob[A ∩ {$\bar{A}$ ∪ B}],

   b) Prob[A ∪ {$\bar{A}$ ∩ B}] und

   c) Prob[{A ∩ B} ∪ {$\bar{A}$ ∩ $\bar{B}$}].

2. Zwei ideale Würfel werden geworfen:

   a) Man untersuche die stochastische Abhängigkeit der folgenden Ereignisse:

      A = {Der erste Würfel zeigt eine gerade Augenzahl},
      B = {Der zweite Würfel zeigt eine ungerade Augenzahl}.

   b) Man berechne Prob{C|A} und Prob{C|B}, wenn das Ereignis

      C = {Die Summe der beiden Augenzahlen ist durch drei teilbar}

      darstellt.
      Kann man aus diesen beiden Ergebnissen auf die Unabhängigkeit von C bezüglich der Ereignisse A und B schließen?

1. a) 0,1; b) 0,6; c) 0,6. 2. b) 0,33; 0,33.

Aufgabe 10:

Zwei Bogenschützen A und B schießen auf Zielscheiben. Die Trefferwahrscheinlichkeit von A beträgt 80 %, die von B 60 %.

1. Wie groß ist die Wahrscheinlichkeit dafür, daß A bei zweimaligem Schießen keinen Treffer erzielt?

2. Mit welcher Wahrscheinlichkeit erzielt B bei zwei Versuchen mindestens einen Treffer?

3. Wie groß ist die Wahrscheinlichkeit dafür, daß B bei zwei Versuchen genau einen Treffer erzielt?

4. A und B schießen auf die gleiche Zielscheibe, wobei A doppelt so häufig schießt wie B.

   a) Wie groß ist dann die Trefferwahrscheinlichkeit ?

   b) Wie groß ist die Wahrscheinlichkeit dafür, daß irgendein Treffer vom Schützen B erzielt wurde?

1. 0,04; 2. 0,84; 3. 0,48; 4. a) 0,73; b) 0,27.

Aufgabe 11:

In einem Betrieb seien 96 % aller Erzeugnisse normgerecht. Bei der Überwachung wird ein Kontrollsystem verwendet, daß 98 % der normgerechten Erzeugnisse als normgerecht und 95 % der nicht normgerechten Erzeugnisse als nicht normgerecht erkennt. Um eine größere Genauigkeit zu erzielen, werden alle Erzeugnisse nach dem obigen Verfahren doppelt geprüft.

a) Wie groß ist die Wahrscheinlichkeit, daß ein beliebiges Erzeugnis die doppelte Kontrolle besteht?

b) Wie groß ist die Wahrscheinlichkeit dafür, daß ein bei der doppelten Kontrolle als normgerecht ausgewiesenes Erzeugnis in der Tat der Norm genügt?

a) 0,922084; b) 0,99989.

Aufgabe 12:

Eine Fahrschule XYZ weiß aus Erfahrung, daß 70 % der männlichen und 75 % der weiblichen Prüflinge die Führerscheinprüfung erfolgreich absolvieren. Der Anteil der männlichen Prüflinge an der Gesamtzahl aller Prüflinge beträgt 60 %.

Wie groß ist die Wahrscheinlichkeit, daß eine aus der Gesamtzahl aller Prüflinge zufällig ausgewählte Person

a) die Prüfung nicht bestanden hat?

b) weiblich ist, wenn man weiß, daß die Person die Prüfung bestanden hat?

c) männlich ist und die Prüfung nicht bestanden hat?

d) Sind die beiden Ereignisse

- {eine zufällig ausgewählte Person ist weiblich}, und
- {eine zufällig ausgewählte Person hat die Prüfung bestanden}

voneinander stochastisch unabhängig?

a) 0,28; b) 0,4167; c) 0,18.

Aufgabe 13:

Für die Herstellung von synthetischen Benzin wird von zwei Firmen unabhängig voneinander an einer technisch realisierbaren Lösung geforscht. Die Wahrscheinlichkeit, daß die Firma A die Lösung findet betrage 0,8, daß die Firma B sie findet beträgt 0,7.

Mit welcher Wahrscheinlichkeit wird das Problem ungelöst bleiben? Berechnen Sie zunächst die Wahrscheinlichkeit, daß das Problem von wenigstens einer Firma gelöst wird.

0,94; 0,06.

Aufgabe 14:

Bei einem Multiple-Choice-Test werden vier Aufgaben gestellt. Für jede Aufgabe werden drei Lösungen zur Auswahl gestellt, von denen aber nur eine richtig ist. Die Prüfung ist bestanden, wenn mindestens zwei Aufgaben richtig gelöst worden sind.

Ein Prüfungsteilnehmer versucht, die richtigen Lösungen zu finden, indem er bei jeder Aufgabe mit geschlossenen Augen auf eine der drei gegebenen Antworten tippt.

a) Berechnen Sie die Wahrscheinlichkeit dafür, daß er alle vier Aufgaben richtig löst.

b) Berechnen Sie die Wahrscheinlichkeit dafür, daß er keine Aufgabe richtig löst.

c) Wie groß ist die Wahrscheinlichkeit, daß er die Prüfung besteht?

a) 1/81; b) 16/81; c) 33/81.

Aufgabe 15:

Eine Urne enthält drei weiße und fünf schwarze Kugeln. Es werden nacheinander zufällig drei Kugeln **mit** Zurücklegen aus der Urne gezogen. Gleichzeitg wird mit jeder zurückgelegten Kugel zusätzlich eine Kugel der gleichen Farbe hineingelegt.

Mit welcher Wahrscheinlichkeit treten die folgenden Ereignisse ein:

a) "Alle drei entnommenen Kugeln sind schwarz".

b) "Die als zweite entnommene Kugel ist weiß".

Hinweis: Betrachten Sie bei a) die Ereignisse

A : "die i-te Kugel ist schwarz" für i = 1,2,3, und bei b)

B_1: "die erste Kugel ist weiß"

B_2: "die erste Kugel ist schwarz" und

C : "die zweite Kugel ist weiß".

a) 0,0486; b) 0,375.

Aufgabe 16:

Von sieben Kugeln in einer Urne sind vier weiß und drei rot. Man zieht zufällig nacheinander 3 Kugeln, **ohne** sie wieder in die Urne zurückzulegen.

Wie groß ist die Wahrscheinlichkeit, daß unter den gezogenen Kugeln

a) keine,

b) eine,

c) zwei oder

d) drei rote Kugeln sind?

a) 0,11428; b) 0,51428; c) 0,11428; d) 0,0286.

Aufgabe 17:

Aus einem gut gemischten Kartenspiel von 52 Karten werden zufällig fünf Karten gezogen. Bestimmen Sie die Wahrscheinlichkeiten, daß unter den gezogenen Karten

a) vier Asse,

b) vier Asse und ein König oder

c) drei Zehnen und zwei Buben sind?

a) $0{,}1847 \cdot 10^{-4}$; b) $0{,}1539 \cdot 10^{-5}$; c) $0{,}92345 \cdot 10^{-5}$.

13. Zufallsvariable und Wahrscheinlichkeitsverteilungen

13.1 Begriff der Zufallsvariablen

Eine der wichtigsten Begriffe der Wahrscheinlichkeitsrechnung ist der Begriff der Zufallsvariablen. Dazu werde ein Zufallsexperiment betrachtet, dessen Realisationen reelle Zahlen sind.

Beispiel 13.1:

Beim Würfeln mit einem idealen Würfel kann als Realisation eine ganze Zahl zwischen 1 und 6 auftreten. Welche ganze Zahl im Einzelversuch tatsächlich realisiert wird, hängt vom Zufall ab. Man spricht daher von einer Zufallsvariablen.

Man unterscheidet zwischen einer **Zufallsvariablen** und den **Zahlenwerten**, die diese Zufallsvariable bei den einzelnen **Realisationen** annehmen kann. Die Zufallsvariablen bezeichnet man durch große lateinische Buchstaben X, Y, Z, ... und die Zahlenwerte, die sich als Realisationen des Zufallsexperimentes ergeben, mit kleinen lateinischen Buchstaben x, y, z, ...

Definition (vorläufig):

Sind die möglichen Ergebnisse eines Zufallsexperimentes reelle Zahlen, so lassen sich diese durch eine Zufallsvariable X beschreiben. Die Menge der Werte, die die Zufallsvariable bei der Realisation des Zufallsexperiments annehmen kann, nennt man den Wertebereich R_X dieser Zufallsvariablen.

Beispiel 13.2 (Beispiele von Zufallsvariablen):

	Zufallsexperiment	**Zufallsvariable**
1.	Verkauf einer Zeitung an einem Kiosk,	Anzahl der täglich verkauften Exemplare,
2.	Werfen mit einem Würfel,	geworfene Augenzahl,
3.	Wägungskontrolle von abgepackten Konserven,	Abweichung vom Sollgewicht,
4.	Werfen mit einem Würfel, bis eine "6" geworfen wird,	Anzahl der benötigten Würfe,
5.	Bedienung von Kunden an einem Schalter,	Warte- bzw. Bedienungszeit eines Kunden.

Diese - vorläufige - Definition der Zufallsvariablen als Zahlenwert eines Zufallsexperimentes ist aber noch nicht völlig befriedigend. Selbst wenn das Zufallsexperiment ein quantitatives Ergebnis besitzt, liegt dieses oft nicht unmittelbar als Zahlenwert vor. Erst ein Zähl- oder Meßvorgang liefert im Anschluß an das Zufallsexperiment eine quantitative Charakterisierung des Ergebnisses.

Beispiel 13.3:

Eine Münze wird dreimal geworfen. Die Grundgesamtheit G dieses Zufallsexperimentes besteht aus den acht Elementarereignissen

$$G = \{(Z,Z,Z);\ (Z,Z,W);\ (Z,W,Z);\ (W,Z,Z);\ (Z,W,W);\ (W,Z,W);\ (W,W,Z);\ (W,W,W)\}.$$

Man interessiert sich für die Anzahl der Ergebnisse {Wappen}, die bei diesen drei Würfen auftreten können. Durch Zählen der in den Elementarereignissen auftretenden Anzahl von Wappen ordnet man ihnen Zahlen aus dem Wertebereich $R_X = \{0,1,2,3\}$ zu, nämlich

G		$x_i \in R_X$
(Z,Z,Z)	$\longrightarrow$	0
(Z,Z,W) (Z,W,Z) (W,Z,Z)	$\longrightarrow$	1
(Z,W,W) (W,Z,W) (W,W,Z)	$\longrightarrow$	2
(W,W,W)	$\longrightarrow$	3

Schaubild zum Beispiel 13.3

Durch diese Zuordnung werden die Elementarereignisse der Grundgesamtheit G auf die Menge R_X abgebildet. Es liegt nun nahe, diese Abbildung als Zufallsvariable X aufzufassen.

> Definition: Es sei ein Zufallsexperiment mit der Grundgesamtheit G gegeben. Eine Funktion (oder Abbildung) X, die jedem Elementarereignis $E_i \in G$ eine reelle Zahl
>
> $$X(E_i) \in R_X$$
>
> zuordnet, heißt **Zufallsvariable**.
> Die reelle Zahl $x_i = X(E_i)$ nennt man **Realisierung** der Zufallsvariablen X.

Aus dem Beispiel wird ersichtlich, daß die Abbildung der Elementarereignisse in die Menge der reellen Zahlen in der Regel eindeutig ist.

Mit Hilfe der Abbildung X kann man Ereignisse auch in anderer Form ausdrücken, als durch Aufzählen ihrer Elementarereignisse. Das Ereignis A, Auftreten eines {Wappens} beim dreimaligen Werfen einer idealen Münze, wird definiert durch die Menge

$$A = \{(Z,Z,W);\ (Z,W,Z);\ (W,Z,Z)\}.$$

Das Schaubild des Beispieles 13.3 zeigt, daß dieses Ereignis identisch ist mit der Menge aller Elementarereignisse, die auf die Zahl "1" abgebildet werden. Man kann daher das Ereignis A auch wie folgt definieren

$$A = \{E_i | X(E_i) = 1 \text{ (oder kurz: } X = 1)\}.$$

Besonders wenn das Ergebnis eines Zufallsexperimentes unmittelbar als Zahl vorliegt (etwa bei einer Längen- oder Gewichtsmessung), bereitet es erfahrungsgemäß Schwierigkeiten, den Abbildungscharakter einer Zufallsvariablen einzusehen. Wie unterscheidet man in solchen Fällen die beiden Mengen G und R_X? Man kann

a) entweder die Grundgesamtheit G vergessen und sofort mit der Menge R_X arbeiten, oder

b) man kann die beiden Mengen gleichsetzen. Dies ist die Idee der ersten Definition der Zufallsvariablen. Als Abbildung wird dann die identische Abbildung gewählt, die G auf sich selbst abbildet, d.h.

$$X(E_i) = E_i.$$

Man unterscheidet zwei wichtige Arten von Zufallsvariablen, nämlich

1. die **diskreten** (oder diskontinuierlichen) **Zufallsvariablen**, und

2. die **stetigen** (oder kontinuierlichen) **Zufallsvariablen**.

Definition: Eine **diskrete Zufallsvariable X** liegt dann vor, wenn ihr Wertebereich nur endlich oder abzählbar unendlich viele Werte x_1, x_2, ..., x_n annehmen kann.

Beispiele für eine diskrete Zufallsvariable X sind die fehlerhaften Stücke einer Warensendung, die Registrierung der Zahl der Kunden, die an einem Tag eine bestimmte Ware kaufen, oder die Erfassung der Maschinenausfälle in einem bestimmten Zeitraum.

Definition: Eine **stetige Zufallsvariable X** liegt dann vor, wenn ihr Wertebereich jeden beliebigen Zahlenwert $x_i \in R_R$ eines vorgegebenen endlichen oder unendlichen Intervalls der reellen Zahlengeraden annehmen kann.

Beispiele für eine stetige Zufallsvariable X sind die Zerreißfestigkeit von Stoffen, Temperaturen, Bearbeitungszeiten, Körpergrößen usw., vorausgesetzt, die Meßgenauigkeit läßt sich beliebig verbessern.

13.2 Wahrscheinlichkeitsverteilungen

Will man eine Zufallsvariable X untersuchen, so genügt es nicht, die Werte zu kennen, die X bei den einzelnen Realisationen annehmen kann. Man muß auch wissen, wie oft, d.h. mit welcher Wahrscheinlichkeit, die Zufallsvariable X die einzelnen Realisationen x_i annimmt. Diese Wahrscheinlichkeiten hängen auch davon ab, ob es sich um eine diskrete oder eine stetige Zufallsvariable handelt. Um sie darzustellen, bedient man sich in der Wahrscheinlichkeitsrechnung des Begriffes der Verteilungsfunktion einer Zufallsvariablen.

13.2.1 Die Verteilungsfunktion F(x)

Für jede Zufallsvariable X ist $\{X \le x\}$ ein Ereignis, dem sich eine Wahrscheinlichkeit zuordnen läßt.

Definition: Die **Verteilungsfunktion F(x)** einer Zufallsvariablen X ist gegeben durch

(13.1) $$F(x) = \text{Prob}\{X \le x\}.$$

Sie gibt die Wahrscheinlichkeit dafür an, daß die Zufallsvariable X Realisationen annimmt, die kleiner oder gleich der reellen Zahl x sind. Dieser Begriffsbildung entspricht in der beschreibenden Statistik die empirische Verteilungsfunktion. Allerdings stellen die Funktionswerte jetzt Wahrscheinlichkeiten dar und nicht relative Häufigkeiten wie bei der empirischen Verteilungsfunktion.

Beispiel 13.4 (diskrete Zufallsvariable):

Eine ideale Münze werde dreimal geworfen. Man bestimme die Verteilungsfunktion der Zufallsvariablen

$$X = \{\text{Anzahl der geworfenen Wappen}\}.$$

Die Grundgesamtheit besteht aus acht Elementarereignissen. Somit wird jedem Elementarereignis nach Laplace die Wahrscheinlichkeit 1/8 zugeordnet. Man erhält

$$\begin{aligned}
A &= \{(Z,Z,Z)\} = \{X = 0\}, && \text{Prob}\{X = 0\} = 1/8,\\
B &= \{(Z,Z,W);\ (Z,W,Z);\ (W,Z,Z)\} = \{X = 1\}, && \text{Prob}\{X = 1\} = 3/8,\\
C &= \{(Z,W,W);\ (W,Z,W);\ (W,W,Z)\} = \{X = 2\}, && \text{Prob}\{X = 2\} = 3/8,\\
D &= \{W,W,W\} = \{X = 3\}, && \text{Prob}\{X = 3\} = 1/8.
\end{aligned}$$

Für die Funktionswerte der Verteilungsfunktion ergeben sich somit die Werte

$$F(-1) = 0;\ F(0) = 1/8;\ F(1) = 4/8;\ F(2) = 7/8;\ F(3) = 1;\ F(4) = 1.$$

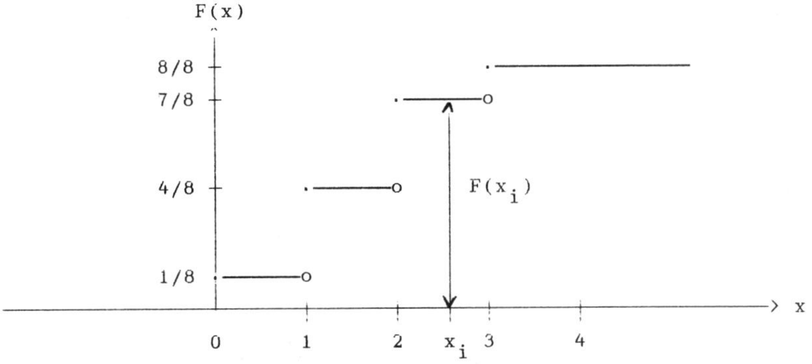

Abb. 13.1: Verteilungsfunktion einer diskreten Zufallsvariablen

Für eine diskrete Zufallsvariable X wird die Verteilungsfunktion F(x) graphisch durch eine Stufen- (Treppen-)funktion dargestellt. Man beachte, daß an den Sprungstellen der Funktionswert an der oberen Stufenkante gewählt werden muß.

Beispiel 13.5 (stetige Zufallsvariable):

In einem Supermarkt wurde die Abfertigungsdauer der Kunden an den Ladenkassen beobachtet. Die Zufallsvariable

X = {Abfertigungsdauer eines Kunden}

wurde dabei als stetig angenommen und ihre Realisierung in Sekunden gemessen. Die sich ergebende Verteilungsfunktion F(x) wird dann durch eine stetige Funktion dargestellt, deren Schaubild in Abb. 13.2 dargestellt ist.

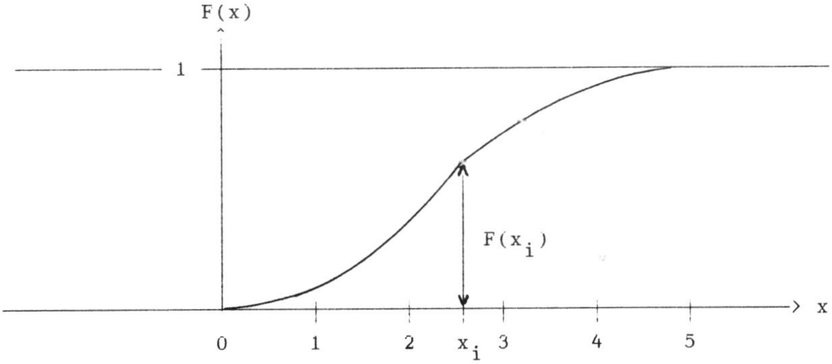

Abb. 13.2: Verteilungsfunktion einer stetigen Zufallsvariablen

Man kann eine Zufallsvariable auch mit Hilfe des Begriffes der Verteilungsfunktion definieren.

Definition: Die **Zufallsvariable X** ist eine Größe, deren Wert vom Zufall abhängt und für die eine Verteilungsfunktion F(x) mit

(13.1) $$F(x) = \text{Prob}\{X \le x\}$$

existiert.

Aus der Definition der Wahrscheinlichkeit und der Verteilungsfunktion ergeben sich einige wichtige Eigenschaften, die später benötigt werden und hier ohne Beweis angegeben werden sollen.

1. Eigenschaft:

   Für $x_1 < x_2$ gilt

   (13.2) $$\text{Prob}\{x_1 < X \le x_2\} = F(x_2) - F(x_1),$$

   d.h. die Wahrscheinlichkeit dafür, daß die Zufallsvariable X einen Wert aus dem Intervall $(x_1, x_2]$ annimmt, ist gleich der Differenz der Funktionswerte der Verteilungsfunktion an den Endpunkten des Intervalles.

2. Eigenschaft:

   Wenn $x_1 \le x_2$ ist, dann gilt

   (13.3) $$F(x_1) \le F(x_2),$$

   d.h. die Verteilungsfunktion F(x) einer Zufallsvariablen X ist stets eine monoton nicht fallende Funktion.

3. Eigenschaft:

   Für beliebige x genügt die Verteilungsfunktion F(x) der Ungleichung

   (13.4) $$0 \le F(x) \le 1.$$

4. Eigenschaft:

$$\lim_{x \to -\infty} F(x) = F(-\infty) = 0,$$ unmögliches Ereignis,

$$\lim_{x \to +\infty} F(x) = F(+\infty) = 1,$$ sicheres Ereignis.

13.2.2 Die Wahrscheinlichkeitsfunktion p(x)

Im folgenden werden nur diskrete Zufallsvariable X betrachtet, die endlich oder abzählbar unendlich viele verschiedene Werte x_1, x_2, ..., x_n, ... annehmen können. Die Wahrscheinlichkeiten, mit denen diese Werte angenommen werden, sollen mit p_1, p_2, ..., p_n, ...[oder $p(x_1)$, $p(x_2)$, ..., $p(x_n)$, ...] bezeichnet werden.

Es gilt dann

$$\text{Prob}\{X = x_i\} = p_i, \quad i = 1,2,\ldots,n,\ldots .$$

> <u>Definition</u>: Nimmt die diskrete Zufallsvariable X den Wert x_i mit der Wahrscheinlichkeit p_i an, dann bezeichnet man die Beziehung
>
> (13.5) $$\text{Prob}\{X = x_i\} = p_i$$
>
> als die **Wahrscheinlichkeitsfunktion** p_i [oder $p(x_i)$] der diskreten Zufallsvariablen X.

Die Wahrscheinlichkeitsfunktion hat folgende Eigenschaften:

1. Sind die Realisierungen einer diskreten Zufallsvariablen unabhängige Zufallsereignisse, dann gelten die Beziehungen

   (13.6) $\text{Prob}\{X = x_k \text{ oder } X = x_j\} = p_k + p_j$

   (13.7) $\text{Prob}\{X = x_k \text{ und } X = x_j\} = p_k \cdot p_j$

   jeweils für $x_k, x_j \in R_X$, mit $k \neq j$.

2. Es gilt

   (13.8) $$\sum_i p_i = 1,$$

   d.h. die diskrete Zufallsvariable X nimmt mit Sicherheit eine Realisierung an.

Die graphische Darstellung der Wahrscheinlichkeitsfunktion erfolgt durch ein Stabdiagramm (vgl. Abb. 13.3).

<u>Beispiel 13.6</u>:

Es soll die Wahrscheinlichkeitsfunktion der diskreten Zufallsvariablen

X = {Anzahl der Wappen, beim dreimaligen Werfen einer idealen Münze}

dargestellt werden. Man kann die Wahrscheinlichkeiten für die Werte x_i in einer Tabelle wie folgt darstellen:

a) allgemein:

$X = x_i$	x_1	x_2	x_3	....	x_n	....
$Prob\{X = x_i\} = p_i$	p_1	p_2	p_3	....	p_n	....

b) speziell:

$X = x_i$	0	1	2	3
$Prob\{X = x_i\} = p_i$	1/8	3/8	3/8	1/8

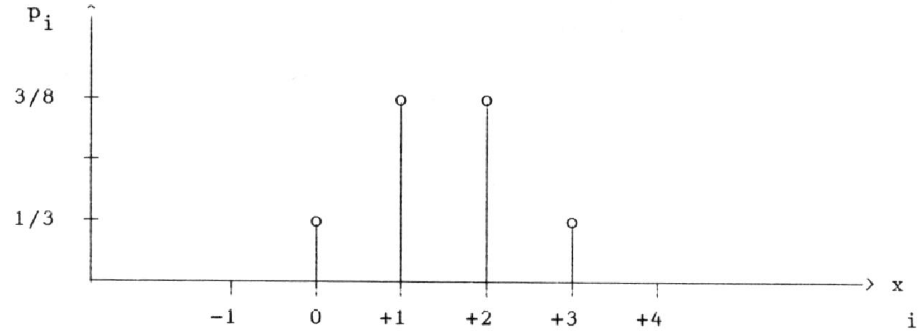

Abb. 13.3: Wahrscheinlichkeitsfunktion einer diskreten Zufallsvariablen

Zwischen der Wahrscheinlichkeitsfunktion p_i und der Verteilungsfunktion F(x) einer diskreten Zufallsvariablen besteht der folgende Zusammenhang

$$(13.9) \quad F(x) = Prob\{X \leq x\} = \sum_{x_i \leq x} Prob\{X = x_i\} = \sum_{x_i \leq x} p_i .$$

Kann eine diskrete Zufallsvariable nur die endlich vielen Werte $x_1, x_2, \ldots, x_n$ annehmen, dann gilt für die Verteilungsfunktion

$$F(x) = Prob\{X \leq x\} = \sum_{x_i \leq x} Prob\{X = x_i\} = \begin{cases} 0 & \text{für } x < x_1, \\ \sum_{i=1}^{k} p_i & \text{für } x_k \leq x < x_{k+1}, \\ & (k = 1,2,\ldots,n-1) \\ 1 & \text{für } x \geq x_n . \end{cases}$$

13.2.3 Die Wahrscheinlichkeitsdichte oder Dichtefunktion f(x)

Als Gegenstück zur Wahrscheinlichkeitsfunktion wird für stetige Zufallsvariable die **Wahrscheinlichkeitsdichte** [oder kurz Dichtefunktion] f(x) eingeführt.

Der Wertebereich R_X einer stetigen Zufallsvariablen X besteht aus allen reellen Zahlen eines vorgegebenen Intervalls

$$a \leq x \leq b,$$

wobei a auch gleich $-\infty$ und b gleich $+\infty$ sein können. Man sagt, eine Verteilungsfunktion

(13.1) $$F(x) = \text{Prob}\{X \leq x\}$$

ist vom stetigen Typ, wenn eine Dichtefunktion $f(x) \geq 0$ existiert, so daß sich jeder Funktionswert F(x) der Verteilungsfunktion als Flächeninhalt unter der zugehörigen Dichtefunktion f(x) von $-\infty$ bis zur Stelle x darstellen läßt (vgl. Abb. 13.4a und b).

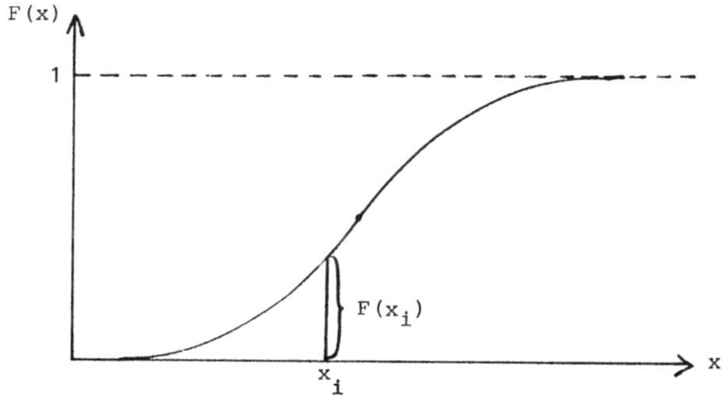

Abb. 13.4a: Verteilungsfunktion einer stetigen Zufallvariablen

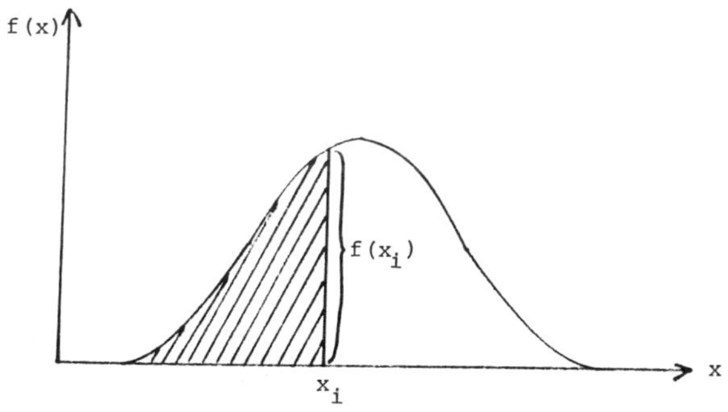

Abb. 13.4b: Dichtefunktion einer stetigen Zufallsvariablen

Diese Darstellung von F(x) als Flächeninhalt läßt sich mit Hilfe der Integralrechnung wie folgt darstellen

$$F(x) = \int_{-\infty}^{x} f(y)dy. \tag{13.10}$$

Die Dichtefunktion f(x) und die stetige Verteilungsfunktion F(x) besitzen folgende Eigenschaften:

1. Eigenschaft:

   Falls F(x) eine differenzierbare Funktion ist, gilt

   $$f(x) = \frac{d}{dx} F(x) = F'(x). \tag{13.11}$$

   Dies bedeutet graphisch, daß die Dichtefunktion in einem Punkt x_i die Steigung der Verteilungsfunktion im gleichen Punkt angibt.

2. Eigenschaft:

   Da F(x) eine im Intervall [0,1] monoton nichtfallende stetige Funktion ist, gilt

   $$f(x) \geq 0. \tag{13.12}$$

3. Eigenschaft:

   Es gilt

   $$\int_{-\infty}^{\infty} f(y)dy = 1. \tag{13.13}$$

4. Eigenschaft:

   Für die Wahrscheinlichkeit, daß eine Realisierung im Intervall $a < X \leq b$ liegt, gilt

   $$\text{Prob}\{a < X \leq b\} = \text{Prob}\{a \leq X \leq b\} = \int_{a}^{b} f(y)dy = \int_{-\infty}^{b} f(y)dy - \int_{-\infty}^{a} f(y)dy = F(b) - F(a), \tag{13.14}$$

   d.h. die Wahrscheinlichkeit ist gleich dem Flächeninhalt zwischen der Kurve y = f(x) und der Abszissenachse, die durch die Geraden x = a und x = b begrenzt wird (vgl. Abb. 13.5).

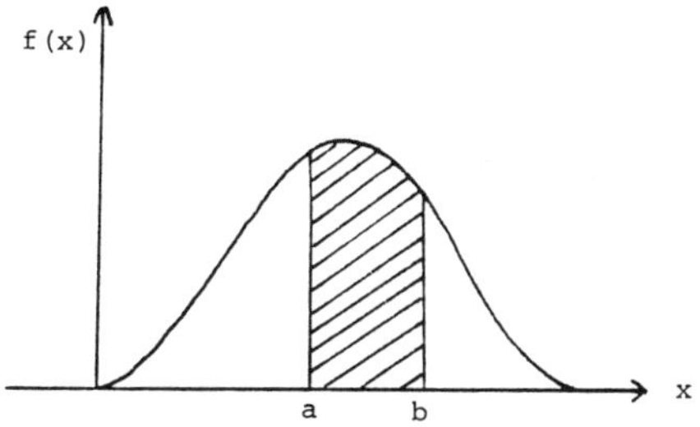

Abb. 13.5: Zur Intervallwahrscheinlichkeit Prob{a ≤ X ≤ b}

5. Eigenschaft:

   Es ist

$$(13.15)\quad \text{Prob}\{X = a\} = \text{Prob}\{a \leq X \leq a\} = \int_a^a f(y)dy = F(a) - F(a) = 0,$$

d.h. bei einer stetigen Verteilungsfunktion wird dem einzelnen Ereignis X = a die Wahrscheinlichkeit Null zugeordnet. Dies bedeutet jedoch nicht, daß das Ereignis X = a ein unmögliches Ereignis ist. Bei stetigen Zufallsvariablen ist daher immer nur die Angabe von Wahrscheinlichkeiten für endliche Intervalle von Realisierungen sinnvoll.

Beispiel 13.7:

Die stetige Zufallsvariable X sei die Verspätung einer Straßenbahn an einer bestimmten Haltestelle und habe die folgende Dichtefunktion

$$f(x) = \begin{cases} \frac{1}{2} - \frac{1}{8}x & \text{für } 0 \leq x \leq 4, \\ 0 & \text{für alle übrigen } x. \end{cases}$$

1. Zunächst soll gezeigt werden, daß f(x) eine Dichtefunktion ist. Es gilt

   a) $f(x) \geq 0$ für alle x,

   b) $\int_{-\infty}^{+\infty} f(x)dx = \int_{-\infty}^{+\infty} \left(\frac{1}{2} - \frac{1}{8}x\right) dx = \left[\frac{1}{2}x - \frac{1}{16}x^2\right]_0^4 = 2 - 1 = 1.$

2. Die Wahrscheinlichkeit, daß X einen Wert zwischen 1 und 2 annimmt, beträgt beispielsweise

$$\text{Prob}\{1 \leq X \leq 2\} = \int_1^2 f(x)dx = \int_1^2 \left(\frac{1}{2} - \frac{1}{8}x\right) dx$$

$$= \left[\frac{1}{2}x - \frac{1}{16}x^2\right]_1^2 = 1 - \frac{4}{16} - \left(\frac{1}{2} - \frac{1}{16}\right) = \frac{5}{16} = 0{,}3125.$$

3. Die Verteilungsfunktion F(x) erhält man zu

$$F(x) = \int_{-\infty}^{x} f(v)dv = \int_{0}^{x}\left(\frac{1}{2} - \frac{1}{8}\,v\right)dv = \left[\frac{1}{2}\,v - \frac{1}{16}\,v^2\right]_0^x$$

$$= \frac{1}{2}\,x - \frac{1}{16}\,x^2 \,.$$

Es ist also

$$F(x) = \begin{cases} 0 & \text{für } x < 0, \\ \frac{1}{2}\,x - \frac{1}{16}\,x^2 & \text{für } 0 \leq x \leq 4, \\ 1 & \text{für } x > 4. \end{cases}$$

Die gesuchte Wahrscheinlichkeit Prob{1 ≤ x ≤ 2} findet man auch unter Verwendung der Verteilungsfunktion zu

$$\text{Prob}\{1 \leq x \leq 2\} = F(2) - F(1) = 0{,}75 - 0{,}4375 = 0{,}3125.$$

13.3 Momente von Wahrscheinlichkeitsverteilungen

Man kann die Wahrscheinlichkeiten der einzelnen Realisationen x einer Zufallsvariablen X quantitativ vollständig beschreiben durch die Angabe der Wahrscheinlichkeits-, Dichte- und Verteilungsfunktion. Damit verfügt man aber über weit mehr Information als zur praktischen Lösung von statistischen Problemen oft benötigt wird. Man versucht daher, die wichtigsten Eigenschaften einer Wahrscheinlichkeitsverteilung durch einige wenige Maßzahlen (Parameter) auszudrücken.

Beispiel 13.8:

Die Anzahl der von einem Händler verkauften Exemplare einer Tageszeitung wird durch die Zufallsvariable X beschrieben. Die täglichen Absatzmengen x_i stellen die Realisationen dieser Zufallsvariablen dar. Allerdings wird der Zeitungshändler nicht so sehr an den Werten der einzelnen Realisationen x_i interessiert sein. Für seine Einkaufsentscheidung ist die durchschnittliche Anzahl der in einem bestimmten Zeitraum verkauften Exemplare (etwa einen Monat) wichtiger.

Beispiel 13.9:

Bei einem Glücksspiel interessiert die Bestimmung des fairen Wetteinsatzes. Angenommen, ein Bankhalter verpflichtet sich, denjenigen Geldbetrag auszuzahlen, der durch die Augenzahl eines vom Spieler geworfenen Würfels bestimmt wird. Um den fairen Wetteinsatz zu bestimmen, fragt man zunächst, welchen Betrag der Bankhalter im Durchschnitt pro Spiel auszuzahlen hat. Diesen Wert wird man als fairen Wetteinsatz für das Spiel ansehen. Natürlich wird der Bankhalter noch einen Zuschlag zu diesem fairen Wetteinsatz verlangen, um einen Gewinn zu erzielen. Dieser Gewinn wird jedoch erst "auf lange Sicht" verwirklicht, d.h. nach einer hinreichend großen Zahl von durchgeführten Spielen.

13.3.1 Der Erwartungswert

Diese Idee der "durchschnittlichen Zahlung auf lange Sicht" kann mittels des arithmetischen Mittels und der Häufigkeitsdefinition der Wahrscheinlichkeit präzisiert werden.

Mit den n Realisierungen eines Zufallsexperimentes seien Zahlungen verbunden, die die Werte $x_1, x_2, \ldots, x_k$ $(k < n)$ annehmen können. Die n Realisierungen bilden eine endliche Grundgesamtheit mit den Merkmalsausprägungen x_i. Die beobachteten Realisierungen können in der folgenden Tabellenform dargestellt werden:

Merkmalsausprägung	absolute Häufigkeit	relative Häufigleit
x_1	n_1	$h(x_1)$
x_2	n_2	$h(x_2)$
.	.	.
.	.	.
.	.	.
.	.	.
x_k	n_k	$h(x_k)$
Summe	n	1

Das arithmetische Mittel der Zahlungen ergibt sich zu

$$\bar{x}(n) = \frac{1}{n}(n_1x_1 + n_2x_2 + \ldots + n_kx_k)$$

$$= h(x_1)x_1 + h(x_2)x_2 + \ldots + h(x_k)x_k = \sum_{i=1}^{k} h(x_i)x_i .$$

Wendet man die Häufigkeitsdefinition der Wahrscheinlichkeit

$$\lim_{n \to \infty} \frac{n_i}{n} = \lim_{n \to \infty} h(x_i) = p_i$$

auf $\bar{x}(n)$ an, dann erhält man

$$\lim_{n \to \infty} \bar{x}(n) = \lim_{n \to \infty} \sum_{i=1}^{k} x_i h(x_i) = \sum_{i=1}^{k} x_i \cdot \lim_{n \to \infty} h(x_i) = \sum_{i=1}^{k} x_i p_i .$$

Dieser Grenzwert gibt Anlaß, den Erwartungswert einer diskreten Zufallsvariablen, der mit dem Symbol E{X} oder μ_X bezeichnet wird, wird, wie folgt zu definieren

Definition:	Es sei X eine **diskrete** Zufallsvariable mit den k Merkmalsausprägungen x_i, i = 1,2,....,k. Der **Erwartungswert E{X}** dieser Zufallsvariablen wird definiert als (13.16) $E\{X\} = \mu_X = \sum_{i=1}^{k} x_i \cdot Prob\{X = x_i\} = \sum_{i=1}^{k} x_i p_i$.

In der beschreibenden Statistik wurde das arithmetische Mittel $\bar{x}$ einer Häufigkeitsverteilung mittels der relativen Häufigkeit $h(x_i)$ der Realisierung x_i berechnet. Jetzt tritt an die Stelle der relativen Häufigkeit die Wahrscheinlichkeit p_i der Realisation x_i. Dies bedeutet, daβ durch das Rechnen mit Durchschnitten ein stochastisches Problem wie ein deterministisches behandelt wird, wobei anstatt der gesamten Wahrscheinlichkeitsverteilung nur ihr Erwartungswert in der Rechnung berücksichtigt wird.

Beispiel 13.10:

Bei einem Würfelspiel wird die vom Spieler gewürfelte Augenzahl als Gewinn ausgezahlt, höchstens jedoch 4 Geldeinheiten. Wie groβ ist der Erwartungswert der ausgesetzten Gewinnsumme? Die Zufallsvariable sei X = {ausgezahlte Gewinnsumme}. Ihr Definitionsbereich ergibt sich aus der Menge G der Elementarereignisse und Ihr Wertebereich R_X durch die folgende Zuordnungsvorschrift

$G \longrightarrow x_i \in R_X$	p_i	$x_i p_i$
(1) ⟶ 1	1/6	1/6
(2) ⟶ 2	1/6	2/6
(3) ⟶ 3	1/6	3/6
(4),(5),(6) ⟶ 4	3/6	12/6
Summe	1	18/6 = 3

Somit $$E\{X\} = \mu_X = \sum_{i=1}^{4} x_i p_i = 3,$$

d.h. "auf lange Sicht" werden bei diesem Würfelspiel im Durchschnitt 3 Geldeinheiten pro Spiel als Gewinnsumme ausgezahlt.

Ist die Zufallsvariable X stetig, dann wird zur Definition des Erwartungswertes die Dichtefunktion verwendet. An die Stelle der Summe tritt das Integral und man erhält

Definition:	Es sei X eine **stetige** Zufallsvariable, deren Wahrscheinlichkeitsverteilung eine Dichtefunktion f(x) besitzt. **Der Erwartungswert E{X}** dieser Zufallsvariable wird definiert als (13.17) $E\{X\} = \mu_X = \int_{-\infty}^{+\infty} x \cdot f(x)dx.$

Beispiel 13.7:

Wenn die Realisationen der Zufallsvariablen X nur aus dem endlichen Intervall (a,b) stammen können, erstreckt sich die Integration auch nur über dieses Intervall, d.h.

$$E\{X\} = \mu_X = \int_a^b x \cdot f(x)dx = \int_{x_u}^{x_0} x \cdot f(x)dx = \int_0^4 x \cdot \left[\frac{1}{2} - \frac{1}{8}x\right]dx$$

$$= \int_0^4 \left[\frac{1}{2} \cdot x - \frac{1}{8} \cdot x^2\right]dx = \left[\frac{1}{4} \cdot x^2 - \frac{1}{24} \cdot x^3\right]_0^4$$

$$= (4 - 2\tfrac{2}{3}) - 0 = 1\tfrac{1}{3} \text{ [Min]}.$$

13.3.2 Die Varianz

Der Erwartungswert allein reicht oft nicht aus, um die Eigenschaften einer Wahrscheinlichkeitsverteilung zu beschreiben. Ein weiterer wichtiger Parameter ist die Streuung der Werte der Realisierungen um den Erwartungswert. Während der Erwartungswert das mittlere Niveau der von einer Zufallsvariablen angenommenen Realisierungswerte kennzeichnet, charakterisiert die Varianz die Streuung der einzelnen Werte um den Mittelwert der Wahrscheinlichkeitsverteilung. Man definiert die Varianz als den Erwartungswert des Abweichungsquadrates der Zufallsvariablen von ihrem Erwartungswert. Man spricht daher auch von der mittleren quadratischen Abweichung oder Dispersion und bezeichnet sie mit den Symbolen $Var\{X\}$, $D^2(X)$ oder σ_X^2.

Definition:	Es sei X eine Zufallsvariable. Ihre **Varianz** wird definiert als
(13.18)	$Var\{X\} = \sigma_X^2 = E\left\{[X - E\{X\}]^2\right\}$
	$= \begin{cases} \sum_{i=1}^{k} (x_i - \mu)^2 \cdot p_i, & \text{falls X diskret,} \\ \int_{-\infty}^{+\infty} (x - \mu)^2 \cdot f(x)dx, & \text{falls X stetig.} \end{cases}$

Die numerische Berechnung der Varianz σ^2 wird oft durch den **Streuungsverschiebungssatz** erleichtert. Dieser besagt

$$(13.19)\qquad \operatorname{Var}\{X\} = \sigma_X^2 = E\left\{[X - E\{X\}]^2\right\} = E\{X^2\} - \mu^2$$

$$= \begin{cases} \sum_{i=1}^{k} x_i^2 \cdot p_i - \mu^2, & \text{falls X diskret,} \\ \int_{-\infty}^{+\infty} x^2 \cdot f(x)dx - \mu^2, & \text{falls X stetig.} \end{cases}$$

Dieser Streuungsverschiebungssatz läßt sich leicht beweisen, es gilt nämlich

$$\operatorname{Var}\{X\} = \sigma_X^2 = E\left\{[X - E\{X\}]^2\right\} = E\left\{X^2 - 2X \cdot E\{X\} + [E\{X\}]^2\right\}$$

$$= E\{X^2\} - 2[E\{X\}]^2 + [E\{X\}]^2$$

$$(13.20)\qquad = E\{X^2\} - \mu^2 .$$

Bei vielen Problemen besitzt die positive Quadratwurzel aus der Varianz, $+\sqrt{\sigma_X^2} = \sigma_X$, eine größere Bedeutung. Man bezeichnet sie als Standardabweichung.

<u>Beispiel 13.12</u>:

a) **diskrete** Zufallsvariable

Für das Würfelspiel aus Beispiel 13.10 soll die Varianz bestimmt werden. Man erhält

1. $\sum_{i=1}^{4} (x_i - \mu)^2 \cdot p_i = \sum_{i=1}^{4} (x_i - 3)^2 \cdot p_i$

$$= (1-3)^2 \cdot 1/6 + (2-3)^2 \cdot 1/6 + (3-3)^2 \cdot 1/6 + (4-3)^2 \cdot 3/6$$

$$= 4/6 + 1/6 + 0 + 3/6 = 1\tfrac{1}{3}.$$

2. $\sum_{i=1}^{4} x_i^2 \cdot p_i - \mu^2 = 1/6 + 4/6 + 9/6 + 48/6 - 9$

$$= 10\tfrac{1}{3} - 9 = 1\tfrac{1}{3}.$$

b) **stetige** Zufallsvariable

Für die Zufallsvariable X des Beispieles 13.7 soll die Varianz bestimmt werden. Man erhält

$$1.\ \operatorname{Var}\{X\} = \int_{x_u}^{x_0} (x-\mu)^2 \cdot f(x)dx = \int_0^4 \left[x - \frac{4}{3}\right]^2 \cdot \left[\frac{1}{2} - \frac{1}{8}x\right]dx$$

$$= \int_0^4 \left[x^2 - \frac{8}{3}x + \frac{16}{9}\right] \cdot \left[\frac{1}{2} - \frac{1}{8}x\right]dx$$

$$= \int_0^4 \left[-\frac{1}{8}x^3 + \frac{5}{6}x^2 - \frac{14}{9}x + \frac{8}{9}\right]dx$$

$$= \left[-\frac{1}{32}x^4 + \frac{5}{18}x^3 - \frac{7}{9}x^2 + \frac{8}{9}x\right]_0^4$$

$$= -\frac{256}{32} + \frac{320}{18} - \frac{112}{9} + \frac{32}{9} = -\frac{256}{32} + \frac{80}{9}$$

$$= \frac{-2\,304 + 2\,560}{288} = \frac{256}{288} = \frac{8}{9}\ .$$

$$2.\ \operatorname{Var}\{X\} = \int_{x_u}^{x_0} x^2 \cdot f(x)dx - \mu^2 = \int_0^4 x^2\left[\frac{1}{2} - \frac{1}{8}x\right]dx - \left[\frac{4}{3}\right]^2$$

$$= \int_0^4 \left[\frac{1}{2}x^2 - \frac{1}{8}x^3\right]dx - \left[\frac{4}{3}\right]^2 = \left[\frac{1}{6}x^3 - \frac{1}{32}x^4\right]_0^4 - \left[\frac{4}{3}\right]^2$$

$$= 10\frac{2}{3} - 8 - 1\frac{7}{9} = \frac{8}{9}\ [\text{Min}^2].$$

13.3.3 Das Konzept der Momente von Wahrscheinlichkeitsverteilungen

Wie in der deskriptiven Statistik bei der Darstellung von empirischen Häufigkeitsverteilungen kann man auch in der Wahrscheinlichkeitsrechnung den Erwartungswert und die Varianz einer Zufallsvariablen als spezielle Momente dieser Zufallsvariable auffassen. Um eine deutliche Abgrenzung gegenüber den Momenten der empirischen Häufigkeitsverteilungen zu besitzen, benutzt man in der Wahrscheinlichkeitsrechnung griechische Buchstaben zur Kennzeichnung der Momente. Diese Momente besitzen in der Wahrscheinlichkeitsrechnung und der mathematischen Statistik eine große Bedeutung. Man kann nämlich die Form der Wahrscheinlichkeitsverteilung durch die Angabe einiger spezieller Momente hinreichend genau beschreiben.

Betrachtet man die Potenzfunktion der Zufallsvariablen X, die von der Form

$$Y = (X - a)^k, \quad k = 1,2,\ldots.$$

sind, wobei a eine beliebige Konstante darstellt, dann bezeichnet man den Erwartungswert dieser neuen Zufallsvariable Y

$$E\{Y\} = E\{(X - a)^k\}$$

als Momente.

Definition: Das **k-te Moment einer Zufallsvariablen X** in Bezug auf die Konstante a ist der Erwartungswert

(13.21)

$$E\{Y\} = E\{(x - a)^k\} = \begin{cases} \sum_i (x_i - a)^k \cdot p_i, & \text{falls X diskret,} \\ \int_{-\infty}^{+\infty} (x - a)^k \cdot f(x)dx, & \text{falls X stetig.} \end{cases}$$

Analog der Darstellung in der deskriptiven Statistik unterscheidet man zwei Spezialfälle, je nachdem welchen Wert die Konstante a annimmt.

Falls a = 0 ist, spricht man von einem **gewöhnlichen Moment k-ter Ordnung**, μ'_k, und definiert

Definition: Das **gewöhnliche Moment k-ter Ordnung der Zufallsvariable X** lautet

(13.22)

$$E\{X^k\} = \mu'_k = \begin{cases} \sum_i x_i^k \cdot p_i, & \text{falls X diskret,} \\ \int_{-\infty}^{+\infty} x^k \cdot f(x)dx, & \text{falls X stetig.} \end{cases}$$

Das gewöhnliche Moment k-ter Ordnung kann somit als gewogenes arithmetisches Mittel der k-ten Potenzen der Realisierungen der Zufallsvariablen X aufgefaßt werden. Man erkennt sofort, daß der Erwartungswert das gewöhnliche Moment 1-ter Ordnung ist ,d.h.

$$E\{X\} = \mu'_1 = \mu.$$

Diese gewöhnlichen Momente reichen aber oft noch nicht aus, um die Eigenschaften einer Wahrscheinlichkeitsverteilung hinreichend genau darzustellen. Man definiert daher auch noch gewogene arithmetische Mittel, die sich auf das gewöhnliche Moment erster Ordnung, den Erwartungswert, beziehen. Diese Momente, bei denen die Konstante a den Wert

$$a = \mu'_1 = E\{X\} = \mu$$

annimmt, bezeichnet man als zentrale Momente k-ter Ordnung μ_k.

Definition: Das **zentrale Moment k-ter Ordnung der Zufallsvariablen X** lautet

(13.23)

$$E\{[X - E\{X\}]^k\} = \mu_k = \begin{cases} \sum_i (x_i - \mu)^k \cdot p_i, & \text{falls X diskret,} \\ \int_{-\infty}^{+\infty} (x - \mu)^k \cdot f(x)dx, & \text{falls X stetig.} \end{cases}$$

Man erkennt, daß das zentrale Moment 2-ter Ordnung die Varianz der Zufallsvariable X darstellt, d.h.

$$Var\{X\} = \mu_2 = \sigma^2.$$

Wie in der deskriptiven Statistik dienen die zentralen Momente dritter Ordnung, μ_3, zur Darstellung der Asymmetrie (Schiefe) einer Wahrscheinlichkeitsverteilung. Die zentralen Momente vierter Ordnung, μ_4, stellen ein approximatives Maß zur Beurteilung der Abflachung der Kurve der Dichtefunktion f(x) dar. Die zentralen Momente μ_k lassen sich aus den gewöhnlichen Momenten μ'_k berechnen, wodurch ihre praktische numerische Berechnung oft wesentlich erleichtert wird. Von besonderer Bedeutung ist dabei die Beziehung

(13.24) $$\mu_2 = \mu'_2 - (\mu'_1)^2,$$

die früher bereits als sog. **Verschiebungssatz** in der Form

(13.20) $$Var\{X\} = \sigma^2 = E\{X^2\} - \mu^2$$

angegeben wurde.

13.4 Zweidimensionale Wahrscheinlichkeitsverteilungen

Bisher wurden Probleme mit nur einer Zufallsvariablen behandelt. In der Praxis sind allerdings Probleme, bei denen zwei und mehr Zufallsvariable gleichzeitig betrachtet werden müssen, wesentlich häufiger, etwa das gleichzeitige Würfeln mit zwei Würfeln oder die Bestimmung von Körpergröße und -umfang einer Person zur Feststellung der Konfektionsgröße.

Um eine Theorie für mehrere Zufallsvariable zu entwickeln, kann man sich vorstellen,

a) daß man in einer konkreten Situation mehrere Beobachtungen anstellt und somit eine Menge Merkmalswerte von mehreren Zufallsvariablen erhält, oder

b) daß man dem Ergebnis eines Zufallsexperimentes ein Zahlenpaar oder ein Zahlen n-tupel zuordnet.

Die Realisierungen eines solchen Systems von mehreren Zufallsvariablen lassen sich als Punkte in einem euklidischen Raum darstellen, dessen Dimension gleich der Anzahl der Zufallsvariablen ist. Man spricht daher von einer mehrdimensionalen Zufallsvariablen.

Im folgenden wollen wir uns auf die Untersuchung der Wahrscheinlichkeitsverteilungen von zweidimensionalen Zufallsvariablen beschränken.

13.4.1 Wahrscheinlichkeitsverteilungen

Bei der Untersuchung zweidimensionaler Zufallsvariablen unterscheidet man wieder zwischen diskreten und stetigen Variablen, deren Definition eine unmittelbare Verallgemeinerung der Definition der eindimensionalen Zufallsvariablen X darstellt. Man sagt, die zweidimensionale Zufallsvariable (X,Y) sei diskret, wenn die einzelnen Zufallsvariablen X und Y beide diskrete Zufallsvariable sind. Sind dagegen die beiden Zufallsvariablen X und Y beide stetig, so ist auch die zweidimensionale Zufallsvariable (X,Y) stetig. Bei praktischen Problemen findet man häufig auch gemischte Zufallsvariable, bei denen eine Variable stetig und die andere diskret ist.

Als Wahrscheinlichkeitsfunktion der diskreten zweidimensionalen Zufallsvariablen (X,Y) bezeichnet man die Funktion, die die Wahrscheinlichkeit angibt, daß die Zufallsvariable einen bestimmten Wert (x_i, y_j) mit der Wahrscheinlichkeit p_{ij} annimmt, d.h.

(13.25) $$\text{Prob}\{X = x_i \text{ und } Y = y_j\} = p(x_i, y_j) = p_{ij}.$$

Für jede zweidimensionale diskrete Zufallsvariable gilt die Beziehung

$$\sum_i \sum_j p_{ij} = 1,$$

wobei über alle möglichen Realisierungen x_i und y_j summiert wird.

Bei zweidimensionalen Zufallsvariablen lassen sich, analog zur beschreibenden Statistik, verschiedene Arten von Wahrscheinlichkeitsverteilungen angeben, nämlich

(i) die **gemeinsame Verteilung**,
(ii) die **Randverteilung**, und
(iii) die **bedingten Verteilungen**.

(i) Die **gemeinsame Verteilungsfunktion F(x,y)** einer stetigen oder diskreten zweidimensionalen Zufallsvariablen (X,Y) gibt die Wahrscheinlichkeit an, daß sowohl $X \leq x$ als auch $Y \leq y$ ist, d.h.

(13.26) $$F(x,y) = \text{Prob}\{X \leq x \text{ und } Y \leq y\}.$$

Für diese Verteilungsfunktion gelten folgende Eigenschaften

$$0 \leq F(x,y) \leq 1,$$

$$\lim_{\substack{x \to +\infty \\ y \to +\infty}} F(x,y) = 1, \text{ sowie}$$

$$\lim_{y \to -\infty} F(x,y) = \lim_{x \to -\infty} F(x,y) = 0.$$

Die Wahrscheinlichkeit, daß die zweidimensionale Zufallsvariable (X,Y) im Intervall $(x_1 < X \leq x_2, y_1 < Y \leq y_2)$ liegt, läßt sich wie folgt berechnen (vgl. Abb. 13.6)

$$\begin{aligned} & \text{Prob}\{x_1 < X \leq x_2, y_1 < Y \leq y_2\} \\ = \; & \text{Prob}\{X \leq x_2, Y \leq y_2\} - \text{Prob}\{X \leq x_2, Y \leq y_1\} \\ - \; & \text{Prob}\{X \leq x_1, Y \leq y_2\} + \text{Prob}\{X \leq x_1, Y \leq y_1\} \\ = \; & F(x_2,y_2) - F(x_2,y_1) - F(x_1,y_2) + F(x_1,y_1). \end{aligned}$$

Für eine diskrete Zufallsvariable (X,Y) ergibt sich die gemeinsame Verteilungsfunktion zu

$$F(x,y) = \sum_{i=-\infty}^{x} \sum_{j=-\infty}^{y} p_{ij}.$$

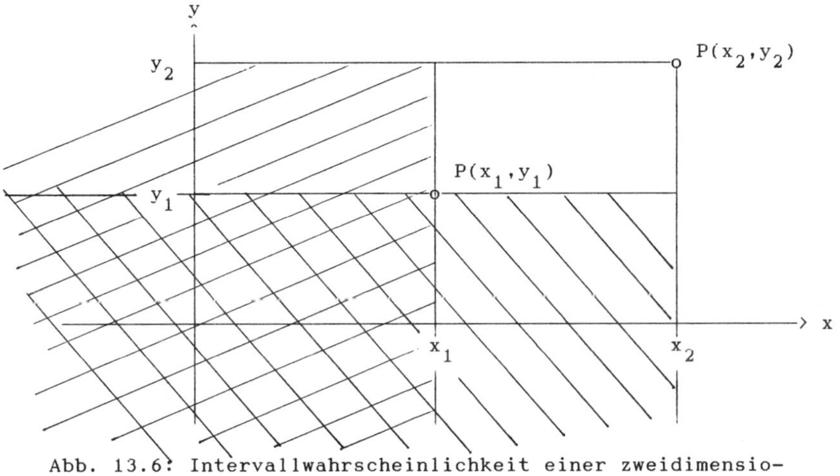

Abb. 13.6: Intervallwahrscheinlichkeit einer zweidimensionalen Zufallsvariablen

Existiert in allen Punkten (x,y) des zweidimensionalen euklidischen Raumes der Grenzwert

$$\lim_{\Delta x \to 0} \frac{\text{Prob}\{x < X \leq x + \Delta x;\ y < Y \leq y + \Delta y\}}{\Delta x \cdot \Delta y} = \frac{\partial^2 F(x,y)}{\partial x \partial y} = f(x,y) \geq 0,$$

so heißt die zweidimensionale Zufallsvariable (X,Y) stetig. Die Funktion f(x,y) nennt man die Dichtefunktion der zweidimensionalen stetigen Zufallsvariablen (X,Y). Es gelten die folgenden beiden Beziehungen

(13.28)
$$\int_{-\infty}^{+\infty}\int_{-\infty}^{+\infty} f(x,y)\,dx\,dy = 1, \text{ und}$$
$$F(x,y) = \int_{-\infty}^{y}\int_{-\infty}^{x} f(u,v)\,dv\,du.$$

Können die stetigen Zufallsvariablen X und Y Realisationen in den Intervallen $[x_1,x_2]$ und $[y_1,y_2]$ annehmen, so ergibt sich die Wahrscheinlichkeit, daß $x_1 < X \leq x_2$ und $y_1 < Y \leq y_2$ ist, zu

$$\text{Prob}\{x_1 < X \leq x_2,\ y_1 < Y \leq y_2\} = \text{Prob}\{x_1 \leq X \leq x_2,\ y_1 \leq Y \leq y_2\}$$
(13.29)
$$= \int_{x_1}^{x_2}\int_{y_1}^{y_2} f(u,v)\,dv\,du.$$

Beispiel 13.13:

Es wird eine Anlage betrachtet, die zwei besonders störanfällige Bauteile A und B besitzt. Mit X werde die Zufallsvariable bezeichnet, die die Zahl der Ausfälle des Bauteiles A und mit Y die entsprechende Zufallsvariable bezüglich des Bauteiles B angibt. Angenommen, X und Y können nur die Realisierungen 0, 1 und 2 annehmen, dann sei die Wahrscheinlichkeitsfunktion wie folgt gegeben

X \ Y	0	1	2
0	0,30	0,14	0,02
1	0,18	0,10	0,02
2	0,12	0,06	0,06

Die gemeinsame Wahrscheinlichkeitsfunktion

$$\text{Prob}\{X = x_i \text{ und } Y = y_i\} = p(x_i,y_j) = p_{ij},$$

lautet beispielsweise

$$\text{Prob}\{X = 1 \text{ und } Y = 0\} = p(1,0) = 0{,}18.$$

Die gemeinsame Verteilungsfunktion ist definiert als

$$F(x,y) = \sum_{i=1}^{x}\sum_{j=1}^{y} p_{ij}.$$

Ihre Werte sind in dem folgenden Tableau dargestellt

X \ Y	0	1	2
0	0,30	0,44	0,46
1	0,48	0,72	0,76
2	0,60	0,90	1,00

Zwischen der gemeinsamen Verteilungsfunktion und der gemeinsamen Wahrscheinlichkeitsfunktion gilt die rekursive Beziehung

$$F(x_i,y_j) = F(x_i,y_{j-1}) + F(x_{i-1},y_j) - F(x_{i-1},y_{j-1}) + p(x_i,y_j).$$

Beispielsweise F(1,1) = 0,72, nämlich

$$F(1,1) = F(1,0) + F(0,1) - F(0,0) + p(1,1)$$

$$= 0{,}48 \quad + 0{,}44 \quad - 0{,}30 \quad + 0{,}10 \quad = 0{,}72.$$

<u>Beispiel 13.14</u>:

Ein technisches Gerät besteht aus zwei Systemelementen. Das Gerät fällt aus, wenn beide Systemelemente unabhängig voneinander und gleichzeitig ausfallen. Die Lebensdauer jedes Elementes sei eine Zufallsvariable, die mit X bzw. mit Y bezeichnet wird. Die Wahrscheinlichkeit, daß das erste Element eine Lebensdauer kleiner als x besitzt, d.h. vorher ausfällt, wird gegeben durch

$$\text{Prob}\{X \leq x\} = F(x) = 1 - e^{-\lambda_1 x}.$$

Analog ergibt sich für das zweite Element

$$\text{Prob}\{Y \leq y\} = F(y) = 1 - e^{-\lambda_2 y}.$$

Die gemeinsame Verteilungsfunktion der Zufallsvariablen X und Y ergibt dann die Wahrscheinlichkeit, daß das Gerät ausfällt. Wegen der stochastischen Unabhängigkeit von X und Y erhält man

$$\text{Prob}\{X \leq x \text{ und } Y \leq y\} = F(x,y) = F(x) \cdot F(y)$$

$$= (1 - e^{-\lambda_1 x}) \cdot (1 - e^{-\lambda_2 y})$$

$$= 1 - e^{-\lambda_1 x} - e^{-\lambda_2 y} + e^{-\lambda_1 x - \lambda_2 y}.$$

Es handelt sich hierbei um die Verteilungsfunktion der Ausfallwahrscheinlichkeit des Gerätes.

(ii) Bei praktischen Problemen wird oft die zweidimensionale Verteilung $F(x,y)$ gegeben und die Verteilung einer einzelnen Zufallsvariablen (beispielsweise X) gesucht, unabhängig davon, welche Werte die andere Variable (hier dann Y) angenommen hat. Analog zur beschreibenden Statistik spricht man von der **Randverteilung** der Zufallsvariablen X. $F_Y(x)$ bezeichnet die Wahrscheinlichkeitsverteilung der Zufallsvariablen X, unabhängig davon, welche Werte die Zufallsvariable Y angenommen hat. Sie ist definiert als

$$\text{(13.30)} \quad \text{Prob}\{X \leq x \mid Y\} = F_Y(x) = \begin{cases} \sum_{j=-\infty}^{+\infty} \sum_{i=-\infty}^{x} p(x_i, y_j), & \text{falls X diskret,} \\ \int_{-\infty}^{+\infty} \int_{-\infty}^{x} f(u,v)\, du dv, & \text{falls X stetig.} \end{cases}$$

Analog kann man eine Randverteilung der Zufallsvariablen Y einführen.

Die Randdichtefunktionen bei stetigen Zufallswahrscheinlichkeiten $f_Y(x)$ bzw. $f_X(y)$ lassen sich analog aus der gemeinsamen Dichtefunktion $f(x,y)$ bestimmen

$$\text{(13.31)} \quad \begin{aligned} f_Y(x) &= \frac{dF_Y(x)}{dx} = \int_{-\infty}^{+\infty} f(x,y)dy \quad \text{und} \\ f_X(y) &= \frac{dF_X(y)}{dy} = \int_{-\infty}^{+\infty} f(x,y)dx. \end{aligned}$$

Die entsprechenden Wahrscheinlichkeitsfunktionen der diskreten Zufallsvariablen lauten

$$\text{(13.32)} \quad p_Y(x) = \sum_{j=-\infty}^{+\infty} p(x,y_j) \quad \text{und} \quad P_X(y) = \sum_{i=-\infty}^{+\infty} p(x_i,y).$$

Randverteilung für das Beispiel 13.13:

Die beiden Randwahrscheinlichkeitsfunktionen lassen sich aus der Tabelle der gemeinsamen Wahrscheinlichkeitsfunktion durch Bilden der Zeilen- bzw. Spaltensumme ableiten. Man erhält

x \ y	0	1	2	$p_Y(x)$
0	0,30	0,14	0,02	0,46
1	0,18	0,10	0,02	0,30
2	0,12	0,06	0,06	0,24
$p_X(y)$	0,60	0,30	0,10	1,00

Die zugehörigen Randverteilungsfunktionen erhält man durch Summation

$$F_X(y_j) = \text{Prob}\{-\infty < X < +\infty;\ Y \leq y_j\}, \text{ und}$$

$$F_Y(x_i) = \text{Prob}\{X \leq x_i;\ -\infty < Y < +\infty\}.$$

Sie lauten

x \ y	0	1	2	$F_Y(x)$
0	0,30	0,44	0,46	0,46
1	0,48	0,72	0,76	0,76
2	0,60	0,90	1,00	1,00
$F_X(y)$	0,60	0,90	1,00	

Randverteilung für das Beispiel 13.14:

Fragt man nach der Wahrscheinlichkeit, daß das erste Element eine beliebige Lebensdauer erreicht und das zweite Element vor Erreichen eines vorgegebenen Alters ausfällt, dann läßt sich diese mit Hilfe der folgenden Verteilungsfunktion bestimmen

$$F_X(y) = \int_{-\infty}^{y}\int_{-\infty}^{+\infty} f(u,v)\,du\,dv = \lambda_1\lambda_2 \cdot \int_0^{y}\int_0^{+\infty} e^{-\lambda_1 u} e^{-\lambda_2 v}\,du\,dv$$

$$= \lambda_1\lambda_2 \cdot \int_0^{y}\left[\int_0^{\infty} e^{-\lambda_1 u}\,du\right] e^{-\lambda_2 v}\,dv = \lambda_1\lambda_2 \cdot \int_0^{y}\left[-\frac{1}{\lambda_1}\,e^{-\lambda_1 u}\right]_0^{\infty} e^{-\lambda_2 v}\,dv$$

$$= \lambda_2 \cdot \int_0^{y} e^{-\lambda_2 v}\,dv = \lambda_2\left[-\frac{1}{\lambda_2}\,e^{-\lambda_2 v}\right]_0^{y} = 1 - e^{-\lambda_2 y}.$$

Die Randdichte ergibt sich zu

a) $$f_X(y) = \int_{-\infty}^{+\infty} f(x,y)\,dx = \lambda_1\lambda_2 \int_0^{+\infty} e^{-\lambda_1 x - \lambda_2 y}\,dx = \lambda_1\lambda_2 \cdot e^{-\lambda_2 y} \int_0^{+\infty} e^{-\lambda_1 x}\,dx$$

$$= \lambda_1\lambda_2 \cdot e^{-\lambda_2 y}\left[-\frac{1}{\lambda_1}\,e^{-\lambda_1 x}\right]_0^{\infty} = \lambda_2 \cdot e^{-\lambda_2 y}.$$

b) $$f_X(y) = \frac{dF_X(y)}{dy} = \lambda_2 \cdot e^{-\lambda_2 y}.$$

(iii) Große Bedeutung besitzt der Begriff der **bedingten Verteilung**, darunter versteht man die Verteilung einer Zufallsvariablen, etwa X, unter der Voraussetzung, daß die andere Zufallsvariable, hier Y, einen bestimmten festen Wert, etwa Y = y, angenommen hat. Man spricht dann von der bedingten Verteilung der Zufallsvariablen X unter der Bedingung, daß die Zufallsvaribale Y die Realisation y angenommen hat. Die Dichtefunktion dieser bedingten Verteilung für eine stetige Zufallsvariable bestimmt man mittels der Beziehungen

$$(13.33)\qquad f(x|y) = \frac{f(x,y)}{f_X(y)} \quad \text{bzw.} \quad f(y|x) = \frac{f(x,y)}{f_Y(x)}.$$

Bei diskreten Zufallsvariablen bestimmt man die entsprechende Wahrscheinlichkeitsfunktion der bedingten Verteilungen durch

$$(13.34)\qquad p(x|y) = \frac{p(x,y)}{p_X(y)} \quad \text{bzw.} \quad p(y|x) = \frac{p(x,y)}{p_Y(x)}.$$

$$\text{Prob}\{X = x_i | Y = y_j\} = \frac{\text{Prob}\{X = x_i \text{ und } Y = y_j\}}{\text{Prob}\{Y = y_j\}} = \frac{p(x_i,y_j)}{p_X(y_j)} = p(x_i|y_j),$$

$$\text{Prob}\{Y = y_j | X = x_i\} = \frac{\text{Prob}\{Y = y_j \text{ und } X = x_i\}}{\text{Prob}\{X = x_i\}} = \frac{p(x_i,y_j)}{p_Y(x_i)} = p(y_j|x_i).$$

Die bedingten Verteilungsfunktionen ergeben sich anlog dazu

$$(13.35)\qquad F(x|y) = \frac{F(x,y)}{F_X(y)} =$$

$$\begin{cases} \displaystyle\int_{-\infty}^{x}\int_{-\infty}^{y} f(u,v)\,dv\,du \Big/ \int_{-\infty}^{+\infty}\int_{-\infty}^{y} f(u,v)\,dv\,du, & \text{falls X stetig,} \\ \displaystyle\sum_{i=-\infty}^{x}\sum_{j=-\infty}^{y} p(x_i,y_j) \Big/ \sum_{i=-\infty}^{+\infty}\sum_{j=-\infty}^{y} p(x_i,y_j), & \text{falls X diskret.} \end{cases}$$

Bedingte Verteilung für das Beispiel 13.13:

a) Bedingung Y = 0 soll eingetreten sein:

Die bedingte Verteilung einer Zufallsvariablen X ergibt dann mit $p_X(0) = 0{,}60$ zu

$$p(x|0) = \frac{p(x,0)}{p_X(0)}$$

x	p(x,0)	p(x|0)
0	0,30	0,50
1	0,18	0,30
2	0,12	0,20
Σ	0,60	1,00

b) Bedingung X = 2 soll eingetreten sein:

Die bedingte Verteilung der Zufallsvariablen Y ergibt dann mit $p_Y(2) = 0{,}24$ zu

$$p(y|2) = \frac{p(2,y)}{p_Y(2)}$$

y	p(2,y)	p(y|2)
0	0,12	0,50
1	0,06	0,25
2	0,06	0,25
Σ	0,24	1,00

Bedingte Verteilung für das Beispiel 13.14:

Fragt man nach der Wahrscheinlichkeit, daß das zweite Element vor Erreichen eines vorgegebenen Alters ausfällt unter der Bedingung, daß das erste Element vor Erreichen eines bestimmten Alters bereits ausgefallen ist, so ergibt sich diese mit Hilfe der bedingten Verteilung

$$f(y|x) = \frac{f(x,y)}{f_Y(x)} = \lambda_2 e^{-\lambda_2 y}.$$

Viele Methoden der analytischen Statistik basieren auf der Annahme von **stochastisch unabhängigen Zufallsvariablen.** Man bezeichnet die beiden Zufallsvariablen X und Y der zweidimensionalen Zufallsvariablen (X,Y) als voneinander stochastisch unabhängig, wenn für alle Realisierungen x_i und y_j gilt

(13.36) $\mathrm{Prob}\{X \leq x_i \text{ und } Y \leq y_j\} = \mathrm{Prob}\{X \leq x_i\} \cdot \mathrm{Prob}\{Y \leq y_j\}$

Daraus folgt, daß zwei diskrete Zufallsvariable d.u.n.d. stochastisch unabhängig sind, wenn gilt

(13.37) $$p(x,y) = p_Y(x) \cdot p_X(y),$$

und bei stetigen Zufallsvariablen

(13.38) $$f(x,y) = f_Y(x) \cdot f_X(y).$$

Stochastische Unabhängigkeit für das Beispiel 13.13:

$$p(x_i, y_j) = p_Y(x_i) \cdot p_X(y_j).$$

a)
$$p(1,1) = p_Y(x=1) \cdot p_X(y=1),$$

$$0{,}10 \neq 0{,}30 \cdot 0{,}30 \quad (= 0{,}09).$$

b)
$$p(0,2) = p_Y(x=0) \cdot p_X(y=2),$$

$$0{,}02 \neq 0{,}46 \cdot 0{,}10 \quad (= 0{,}046).$$

Folglich sind die beiden Zufallsvariablen X und Y stochastisch abhängig.

Stochastische Unabhängigkeit für das Beispiel 13.14:

Wie man leicht sieht, sind in diesem Beispiel die beiden Zufallsvariablen X und Y stochastisch unabhängig, denn es gilt

$$f(x,y) = f_Y(x) \cdot f_X(y),$$

$$\lambda_1\lambda_2 \cdot e^{-\lambda_1 x - \lambda_2 y} = \lambda_1 \cdot e^{-\lambda_1 x} \cdot \lambda_2 \cdot e^{-\lambda_2 y}.$$

13.4.2 Momente der gemeinsamen Verteilung und der Randverteilungen

Wie bei den eindimensionalen Zufallsvariablen werden zur Charakterisierung der Wahrscheinlichkeitsverteilungen von zweidimensionalen Zufallsvariablen ebenfalls die Momente der Verteilung benutzt.

Als Moment der Ordnung (r+s) der zweidimensionalen Zufallsvariablen (X,Y) definiert man den Erwartungswert

(13.39) $$E\{(X - a)^r \cdot (Y - b)^s\}.$$

Für a = 0 und b = 0 erhält man das gewöhnliche Moment der Ordnung (r+s)

(13.40) $$\mu'_{rs} = E\{X^r \cdot Y^s\},$$

und wenn man als Bezugsgrößen die Erwartungswerte wählt, d.h. $a = \mu_X$ und $b = \mu_Y$, dann erhält man das zentrale Moment der Ordnung (r+s)

(13.41) $$\mu_{rs} = E\{(X - \mu_X)^r \cdot (Y - \mu_Y)^s\}.$$

Setzt man r = 0, so stellen die erhaltenen Momente μ'_{0s} und μ_{0s} die Momente der Randverteilung der Zufallsvariablen Y dar. Setzt man s = 0, so stellen die erhaltenen Momente μ'_{r0} und μ_{r0} die Momente der Randverteilung der Variablen X dar. Speziell erhält man demnach

$$\mu'_{10} = E\{X\} = \mu_X \quad \text{und}$$

$$\mu'_{01} = E\{Y\} = \mu_Y.$$

Von großer Bedeutung für die Messung der Abhängigkeit der beiden Zufallsvariablen X und Y ist das zentrale Moment der Ordnung (1+1), die sog. **Kovarianz**

$$(13.42) \qquad \mathrm{Cov}\{X,Y\} = \mu_{11} = E\{[X - E\{X\}]\cdot[Y - E\{Y\}]\}$$
$$= E\{X\cdot Y\} - E\{X\}\cdot E\{Y\}.$$

Es gilt der wichtige Satz:

Wenn die beiden Zufallsvariablen X und Y voneinander stochastisch unabhängig sind, dann ist ihre Kovarianz gleich Null.

Aus dieser Aussage kann gefolgert werden, daß die Kovarianz als eine Art Maßzahl für den Grad der stochastischen Abhängigkeit von zwei Zufallsvariablen verwendet werden kann. Wenn die beiden Zufallsvariablen stochastisch unabhängig sind, dann ist die Kovarianz Null. Ist sie ungleich Null, dann besteht zwischen den beiden Zufallsvariablen eine Abhängigkeit. Allerdings sollte man beachten, daß die Umkehrung des obigen Satzes nicht immer gilt, d.h. wenn die Kovarianz zwischen zwei Zufallsvariablen Null ist, kann man daraus nicht schließen, daß die beiden Zufallsvariablen stochastisch unabhängig sind.

Es erweist sich jedoch als zweckmäßig, als Maßgröße für die Abhängigkeit zwischen zwei Zufallsvariablen ein normiertes Maß zu verwenden, das nur Werte aus einem endlichen Intervall annehmen kann. Als eine solche Maßgröße hat sich der **Korrelationskoeffizient ρ** erwiesen, der wie folgt definiert ist

$$(13.43) \qquad \rho = \frac{\mathrm{Cov}(X,Y)}{\sqrt{\mathrm{Var}\{X\}\cdot\mathrm{Var}\{Y\}}}.$$

Es gilt dann die Aussage:

Sind die beiden Zufallsvariablen X und Y stochastisch unabhängig, dann ist der Korrelationskoeffizient ρ gleich Null.

Auch diese Aussage ist leider nicht umkehrbar. Wenn der Korrelationskoeffizient ungleich Null ist, so weiß man, daß die beiden Zufallsvariablen stochastisch abhängig sind. Ist dagegen der Korrelationskoeffizient gleich Null, so kann man daraus nicht auf die stochastische Unabhängigkeit der beiden Zufallsvariablen schließen. Man spricht in einem solchen Fall davon, daß die beiden Zufallsvariablen X und Y **unkorreliert** seien. Zwei abhängige Zufallsvariable sind immer auch korreliert, dagegen können zwei unkorrelierte Zufallsvariable auch voneinander abhängig sein.

Dies bedeutet, daß es relativ leicht ist, festzustellen, ob zwei Zufallsvariable unkorreliert sind, daß es jedoch im allgemeinen wesentlich schwieriger ist, nachzuprüfen, ob die beiden Zufallsvariablen auch stochastisch unabhängig sind. Letzteres erfordert die genaue Kenntnis der zweidimensionalen Wahrscheinlichkeitsverteilung (Dichtefunktion) der beiden Zufallsvariablen X und Y.

13.4.3 Berechnung des Erwartungswertes und der Varianz für die lineare Verknüpfungen von zwei Zufallsvariablen

Mit $Z_1 = X + Y$ werde die additive Verknüpfung zweier eindimensionaler Zufallsvariablen und mit $Z_2 = X \cdot Y$ ihre multiplikative Verknüpfung bezeichnet. Dagegen bezeichne das Paar (X,Y) die entsprechende zweidimensionale Zufallsvariable. Es werden die beiden eindimensionalen Zufallsvariablen X und Y mit ihren Erwartungswerten

$$E\{X\} = \mu_X \quad \text{und} \quad E\{Y\} = \mu_Y,$$

sowie den Varianzen

$$Var\{X\} = \sigma_X^2 \quad \text{und} \quad Var\{Y\} = \sigma_Y^2$$

betrachtet.

Bezüglich des Erwartungswertes gelten die folgenden Aussagen

1. Wenn a eine Konstante ist, dann gilt

$$E\{aX\} = a \cdot E\{X\}. \tag{13.44}$$

2. Für den Erwartungswert der Summe und der Differenz gilt

$$\begin{aligned} E\{X + Y\} &= E\{X\} + E\{Y\}, \\ E\{X - Y\} &= E\{X\} - E\{Y\}. \end{aligned} \tag{13.45}$$

3. Für den Erwartungswert des Produktes der beiden Zufallsvariablen gilt

$$E(X \cdot Y) = \begin{cases} E\{X\} \cdot E\{Y\}, & \text{wenn X und Y stochastisch unabhängig sind,} \\ E\{X\} \cdot E\{Y\} + Cov\{X,Y\}, & \text{wenn X und Y stochastisch abhängig sind.} \end{cases} \tag{13.46}$$

Bezüglich der Interpretation der Größe $E\{X \cdot Y\}$ sei folgendes Beispiel gebracht:

Angenommen, es bezeichne die Zufallsvariable X die Zahl der Krankmeldungen pro Jahr in einem bestimmten Betrieb und die Zufallsvariable Y die Dauer der Krankmeldung in Tagen in demselben Betrieb. Dann bezeichnet $E\{X \cdot Y\}$ die zu erwartende Anzahl der insgesamt wegen Krankheit ausfallenden Tage pro Jahr in diesem Betrieb.

Bezüglich der Varianz gelten folgende Aussagen

1. Wenn a eine Konstante ist, dann gilt

(13.47) $$\mathrm{Var}\{aX\} = a^2\mathrm{Var}\{X\}.$$

2. Sind a und b Konstante, dann gilt für die Varianz der gewichteten Summe

(13.48)
$$\mathrm{Var}\{aX \pm bY\} = \begin{cases} a^2\mathrm{Var}\{X\} + b^2\mathrm{Var}\{Y\}, & \text{wenn X und Y stochastisch unabhängig sind,} \\ a^2\mathrm{Var}\{X\} + b^2\mathrm{Var}\{Y\} \pm 2ab\cdot\mathrm{Cov}\{X,Y\}, & \text{wenn X und Y stochastisch abhängig sind.} \end{cases}$$

3. Für die Varianz der gewichteten Summe von drei Zufallsvariablen erhält man

(13.49)
$$\mathrm{Var}\{aX + bY + cZ\} = \begin{cases} a^2\mathrm{Var}\{X\} + b^2\mathrm{Var}\{Y\} + c^2\mathrm{Var}\{Z\}, \\ \qquad \text{wenn X,Y und Z stochastisch unabhängig sind,} \\ a^2\mathrm{Var}\{X\} + b^2\mathrm{Var}\{y\} + c^2\mathrm{Var}\{Z\} + \\ + 2ab\cdot\mathrm{Cov}\{X,Y\} + 2ac\cdot\mathrm{Cov}\{X,Z\} + 2bc\cdot\mathrm{Cov}\{Y,Z\}, \\ \qquad \text{wenn X,Y und Z stochastisch abhängig sind.} \end{cases}$$

4. Für die Varianz des Produktes der beiden Zufallsvariablen X und Y gilt

(13.50)
$$\mathrm{Var}\{X\cdot Y\} = \begin{cases} E\{X^2\} \cdot E\{Y^2\} + [E\{X\cdot Y\}]^2, & \text{wenn X und Y stochastisch abhängig sind,} \\ E\{(X\cdot Y)^2\} - [E\{X\cdot Y\}]^2, & \text{wenn X und Y stochastisch unabhängig sind.} \end{cases}$$

<u>Beispiel 13.13</u>: Erwartungswerte, Varianz und Kovarianz ergeben sich zu

$$E\{X\} = \sum_{i=1}^{3} x_i\cdot p_Y(x_i) = 0 \cdot 0,46 + 1 \cdot 0,30 + 2 \cdot 0,24 = 0,78,$$

$$E\{Y\} = \sum_{j=1}^{3} y_j\cdot p_X(y_j) = 0 \cdot 0,60 + 1 \cdot 0,30 + 2 \cdot 0,10 = 0,50.$$

$$\mathrm{Var}\{X\} = \sum_{i=1}^{3} x_i^2\cdot p_Y(x_i) - [E\{X\}]^2$$

$$= 0 \cdot 0,46 + 1 \cdot 0,30 + 4 \cdot 0,24 - (0,78)^2 = 0,6516,$$

$$\mathrm{Var}\{Y\} = \sum_{j=1}^{3} y_j^2 \cdot p_X(y_j) - [E\{Y\}]^2$$

$$= 0 \cdot 0{,}60 + 1 \cdot 0{,}30 + 4 \cdot 0{,}10 - (0{,}50)^2 = 0{,}45.$$

$$\mathrm{Cov}\{X,Y\} = E\{[X - E\{X\}] \cdot [Y - E\{Y\}]\}$$

$$= \sum_{i=1}^{3} \sum_{j=1}^{3} [x_i - E\{X\}] \cdot [y_j - E\{Y\}] \cdot p(x_i, y_j)$$

$$= \sum_{i=1}^{3} \sum_{j=1}^{3} x_i y_j p(x_i, y_j) - E\{X\} \cdot E\{Y\} = E\{X \cdot Y\} - E\{X\} \cdot E\{Y\}.$$

$$E\{X \cdot Y\} = \sum_{i=1}^{3} \sum_{j=1}^{3} x_i y_j \cdot p(x_i, y_j)$$

$$= 0 \cdot 0 \cdot 0{,}30 + 0 \cdot 1 \cdot 0{,}14 + 0 \cdot 2 \cdot 0{,}02$$
$$+ 1 \cdot 0 \cdot 0{,}18 + 1 \cdot 1 \cdot 0{,}10 + 1 \cdot 2 \cdot 0{,}02$$
$$+ 2 \cdot 0 \cdot 0{,}12 + 2 \cdot 1 \cdot 0{,}06 + 2 \cdot 2 \cdot 0{,}06 = 0{,}50.$$

Somit

$$\mathrm{Cov}\{X,Y\} = 0{,}50 - 0{,}78 \cdot 0{,}50 = 0{,}11.$$

Für den Korrelationskoeffizienten erhält man

$$\rho(X,Y) = \frac{\mathrm{Cov}(X,Y)}{\sqrt{\mathrm{Var}\{X\} \cdot \mathrm{Var}\{Y\}}} = \frac{0{,}11}{\sqrt{0{,}6516 \cdot 0{,}45}} = 0{,}2031.$$

Beispiel 13.14:

Bei stochastischer Unabhängigkeit gilt für die Kovarianz

$$\mathrm{Cov}\{X,Y\} = E\{X \cdot Y\} - E\{X\} \cdot E\{Y\}$$
$$= E\{X\} \cdot E\{Y\} - E\{X\} \cdot E\{Y\} = 0.$$

Mittels partieller Integration erhält man für den Erwartungswert

$$E\{(X \cdot Y)\} = E\{X\} \cdot E\{Y\}$$

$$= \left[\int_0^\infty x \cdot f(x) dx \right] \cdot \left[\int_0^\infty y \cdot f(y) dy \right]$$

$$= \left[\lambda_1 \int_0^\infty x \cdot e^{-\lambda_1 x} dx \right] \cdot \left[\lambda_2 \int_0^\infty y \cdot e^{-\lambda_2 y} dy \right]$$

$$= \lambda_1 \left[- \frac{x}{\lambda_1} e^{-\lambda_1 x} - \frac{1}{\lambda_1^2} e^{-\lambda_1 x} \right]_0^\infty \cdot \lambda_2 \left[- \frac{y}{\lambda_2} e^{-\lambda_2 y} - \frac{1}{\lambda_2^2} e^{-\lambda_2 y} \right]_0^\infty$$

$$= \frac{1}{\lambda_1} \cdot \frac{1}{\lambda_2} ,$$

und für die Varianz

$$Var\{X \cdot Y\} = E\left\{(X \cdot Y)^2\right\} - \left[E\{X \cdot Y\}\right]^2 = E\{X^2\} \cdot E\{Y^2\} - \left[E\{X \cdot Y\}\right]^2$$

$$= \lambda_1 \int_0^\infty x^2 \cdot e^{-\lambda_1 x} dx \cdot \lambda_2 \int_0^\infty y^2 \cdot e^{-\lambda_2 y} dy - \frac{1}{\lambda_1^2 \cdot \lambda_2^2}$$

$$= \frac{2}{\lambda_1^2} \cdot \frac{2}{\lambda_2^2} - \frac{1}{\lambda_1^2 \cdot \lambda_2^2} = \frac{3}{\lambda_1^2 \cdot \lambda_2^2} ,$$

und für die Kovarianz

$$Cov\{X, Y\} = E\{(X \cdot Y\} - E\{X\} \cdot E\{Y\} = \frac{1}{\lambda_1} \cdot \frac{1}{\lambda_2} - \frac{1}{\lambda_1} \cdot \frac{1}{\lambda_2} = 0.$$

Aufgaben zu Kapitel 13

Aufgabe 1:

Das Statistische Amt einer Gemeinde erhob am 31. 3. eines Jahres die Zahl ihrer Einwohner und die Höhe ihres monatlichen Einkommens.

Die festgestellten 10 000 Einwohner der Gemeinde verteilten sich dabei auf die folgenden Einkommensklassen:

Höhe des monatl. Einkommens in DM	Zahl der Einwohner
(0 - 500]	800
(500 - 1 000]	1 000
(1 000 - 1 500]	1 500
(1 500 - 2 500]	4 500
(2 500 - 4 000]	2 200
	Σ 10 000

Es wird eine Person zufällig herausgegriffen.

a) Berechnen Sie die Wahrscheinlichkeitsverteilung für die Zufallsvariable X (= Höhe des Einkommens).

Erläutern Sie den Begriff der Zufallsvariablen.

b) Wie groß ist die Wahrscheinlichkeit, daß ein zufällig ausgewählter Einwohner

- weniger als 1 500 DM,
- mehr als 1 000 DM,
- mehr als 500 DM aber weniger oder gleich 2 500 DM

monatlich verdient?

c) Bestimmen Sie die Wahrscheinlichkeit, beim 2. Zug einen Einwohner zu erhalten, der in die Einkommensklasse (1 000 - 1 500] DM fällt, wenn im 1. Zug ein Einwohner von 1 000 DM oder weniger herausgegriffen wurde (Ziehen mit Zurücklegen).

d) Ermitteln Sie das durchschnittliche monatliche Einkommen und seine Standardabweichung in dieser Gemeinde.

Welche Annahme treffen Sie dabei?

a) 0,08; 0,18; 0,33; 0,78; 1,00. b) 0,33; 0,82; 0,70.
c) 0,15. d) 1 897,5; 904,91.

Aufgabe 2:

Bei einem Würfelspiel (Werfen mit zwei Würfeln) erhält man für das Würfeln einer "12" 5 DM, für eine "11" 2 DM und für eine "10" 1 DM als Gewinn ausgezahlt. Der Einsatz pro Spiel beträgt 0,50 DM.

a) Berechnen Sie die Wahrscheinlichkeit für das Würfeln einer zweistelligen Augenzahl.

b) Wie hoch ist langfristig der durchschnittliche Reingewinn des Veranstalters pro Spiel.

c) Ermitteln Sie die Standardabweichung des Reingewinnes des Veranstalters pro Spiel.

d) Wie würden sich die unter b) und c) erhaltenen Ergebnisse ändern, wenn man sowohl den Einsatz als auch die Gewinne verdoppeln würde?

a) 1/6. b) 1/6. c) 0,986.

Aufgabe 3:

Es sei X eine diskrete Zufallsvariable mit der Wahrscheinlichkeitsfunktion p(x).

Beweisen Sie die folgenden Behauptungen:

a) $E\{aX\} = aE\{X\}$,

b) $E\{aX + b\} = aE\{X\} + b$,

c) $E\{x - \mu\} = 0$,

d) $E\{(X - \mu)^2\} = E\{X^2\} - \mu^2$,

e) $E\{(X - x_0)^2\}$ nimmt für $x_0 = \mu$ sein Minimum an.

Aufgabe 4:

Erläutern Sie, welcher Zusammenhang zwischen dem Erwartungswert einer Zufallsvariablen X mit der Wahrscheinlichkeitsfunktion p(x) und dem arithmetischen Mittel eines Stichprobenbefundes besteht.

Aufgabe 5:

In einer Schachtel liegen 10 Dichtungen, darunter 4 defekte. Es werden 2 Dichtungen nacheinander zufällig ohne Zurücklegen entnommen.

Man betrachte die beiden Zufallsvariablen

X_1 = Anzahl der beim 1. Zug erhaltenen defekten Dichtungen,

X_2 = Anzahl der beim 2. Zug erhaltenen defekten Dichtungen.

a) Man gebe die zweidimensionale Wahrscheinlichkeitsfunktion der Zufallsvariablen (X_1,X_2) an.

b) Wie groß ist die Wahrscheinlichkeit, beim 2. Zug eine defekte Dichtung zu ziehen, wenn im 1. Zug

- eine defekte Dichtung
- keine defekte Dichtung

gezogen wurde?

c) Man bestimme die Randverteilungen und interpretieren Sie die errechneten Werte.

d) Erläutern Sie den Begriff der stochastischen Unabhängigkeit und geben Sie an, ob die beiden Variablen X_1 und X_2 stochastisch unabhängig sind.

Wie würde sich die Aussage ändern, wenn die Dichtungen mit Zurücklegen entnommen würden?

a) 1/3; 4/15; 4/15; 2/15. b) 4/9; 1/3. c) 0,6; 0,6; 0,4; 0,4.

Aufgabe 6:

Die störungsfreie Laufzeit einer Stanzmaschine in einem Betrieb der eisenverarbeitenden Industrie besitzt die Dichtefunktion

$f(x) = a \cdot e^{-ax}$ für $x \geq 0$ und $a = 0{,}02$.

a) Bestimmen Sie die Verteilungsfunktion $F(x)$ und geben Sie an, wie groß die Wahrscheinlichkeit ist, daß die Maschinen 40 Stunden oder weniger ohne Störung läuft.

b) Wie groß ist die Wahrscheinlichkeit, daß die Maschine mindestens 30 Stunden aber höchstens 60 Stunden ohne Störung läuft?

c) Berechnen Sie die durchschnittliche störungsfreie Laufzeit der Maschine und ihre Standardabweichung.

d) Halten Sie es für sinnvoll, die Dichtefunktion für den Bereich $x < 0$ zu definieren?

a) 0,55. b) 0,25. c) 50; 50.

Aufgabe 7:

Der Vermögensberater einer Bank schlägt Ihnen vor, Ihr Vermögen in den drei Wertpapieren der Firmen A,B und C anzulegen. Als Maß der Gewinnträchtigkeit einer Aktienanlage gilt allgemein der zu erwartenden Kurswert $E\{X\}$ und als Maß des Risikos die Standardabweichung σ^2. Die Berechnungen des Beraters ergaben folgende Parameter für die Wertpapiere

$$E\{X_A\} = 100, \; \sigma_A^2 = 25,$$

$$E\{X_B\} = 180, \; \sigma_B^2 = 4,$$

$$E\{X_C\} = 200, \; \sigma_C^2 = 49.$$

Außerdem teilt er er Ihnen mit, daß die Kurse der Wertpapiere nicht voneinander unabhängig sind, sondern mit den Korrelationskoeffizienten

$$r_{AB} = -1, \quad r_{AC} = +1, \quad r_{BC} = -0{,}1$$

miteinander korrelieren.

a) Berechnen Sie den Erwartungswert und die Varianz der Wertpapiermischung, wenn Sie erstens Ihr Vermögen zu gleichen Teilen nur in die Papiere A und C investieren oder zweitens Ihr Vermögen zu gleichen Teilen in alle drei Papiere investieren.

b) Interpretieren Sie die unter Punkt a) berechneten Ergebnisse und begünden Sie welche der beiden Wertpapiermischungen Sie unter ökonomischen Gesichtspunkten vorziehen würden.

a) 150; 36; 160; 13,91.

Aufgabe 8:

Die Instandsetzungszeit für das Steuerwerk einer elektronischen Datenverarbeitungsanlage besteht aus der Zeit für die Fehlersuche X_1 und der Reparaturzeit X_2.
Die gemeinsame Verteilungsfunktion von (X_1, X_2) lautet

$$F(x_1, x_2) = 1 - e^{-a_1 x_1} - e^{-a_2 x_2} + e^{-a_1 x_1 - a_2 x_2}$$

mit $a_1 = 0{,}5$ und $a_2 = 0{,}2$.

a) Geben Sie an, ob die Zeit für Fehlersuche und die Reparaturzeit voneinander stochastisch unabhängige Zufallsvariable sind. Welche Aussage gilt dann bezüglich der Varianz der Zufallsvariablen für die Instandsetzungszeit?

b) Berechnen Sie den Wert der gemeinsamen Wahrscheinlichkeitsdichte für den Fall, daß die Reparatur genau 3 Stunden und die Fehlersuche genau 1 Stunde dauert.

c) Berechnen Sie aus der Randverteilung und der dazugehörigen Randdichte für die Zufallsvariable X_2 die Werte $F_{X_1}(3)$, $f_{X_1}(3)$ und erläutern Sie ihre Bedeutung.

d) Wie groß ist die Wahrscheinlichkeit, daß die Reparaturzeit höchstens 5 Stunden beträgt, wenn die Fehlersuche 2 Stunden oder weniger betragen hat?

e) Bestimmen Sie den durchschnittlichen Zeitaufwand für die Fehlersuche μ_1 und die mittlere Reparaturzeit μ_2 sowie die gesamte te durchschnittliche Zeit des Instandhaltungsvorganges.

b) 0,03. c) 0,45; 0,11. d) 0,632. e) 2; 5; 7.

Aufgabe 9:

Bei einer Feuerwehrsirene älterer Bauart des Dorfes A entstehen Lautstärkewerte zwischen 80 und 120 Phon, die noch innerhalb zufällig schwankender Entfernungen X (in km) hörbar sind. In einer Entfernung von 2 km vom Standort der Anlage beginnt ein Waldstück, das die Ausbreitung des Schalles behindert.

Die Zufallsvariable X sei wie folgt verteilt

$$f(x) = \begin{cases} 0{,}2 & \text{für } 0 \leq x < 2, \\ \frac{8}{30} - \frac{1}{30}x & \text{für } 2 \leq x \leq 8, \\ 0 & \text{sonst.} \end{cases}$$

a) Bestimmemn Sie den Erwartungswert und die Varianz.

b) Man bestimme die Verteilungsfunktion.

c) Wie groß ist die Wahrscheinlichkeit, daß die Feuerwehrsirene von der Feuerwehr des Nachbardorfes, das 7 km vom Standort der Sirene entfernt liegt, gehört wird?

d) Wie groß ist die Wahrscheinlichkeit, daß man die Feuerwehrsirene mindestens 6 km weiter hören kann als dies im Mittel zu erwarten ist?

a) 2,8; 3,6376. c) 0,0167. d) 0.

Aufgabe 10:

Ein Bäcker stellt nach jahrelanger Erfahrung fest, daß sich sein Brotumsatz (in 100 Pfund pro Tag) recht gut durch die Zufallsvariable X mit der folgenden Funktion f beschreiben läßt:

$$f(x) = \begin{cases} 0 & \text{für } x < 0, \\ ax & \text{für } 0 \leq x > 2, \\ a\cdot(4-x) & \text{für } 2 \leq x < 4, \\ 0 & \text{für } x > 4. \end{cases}$$

a) Für welchen Wert von a wird die Funktion f zu einer Dichtefunktion? Begründung.

b) Bestimmen Sie die Verteilungsfunktion von X, wobei Sie Ihr Resultat aus a) verwenden.

c) Berechnen Sie den Erwartungswert und die Varianz der Zufallsvariablen X.

d) Bestimmen Sie die folgenden Wahrscheinlichkeiten:

Prob(0 < X < 1,5); Prob(X < 2); Prob(X = 2); und
Prob(1,5 < X < 2,5).

a) 0,25; c) E(X) = 2; Var(X) = 0,66; d) 0,28125; 0,5, 0; 0,4375.

Aufgabe 11:

Ein homogener Würfel wird geworfen, wobei für die Zufallsvariablen X und Y gelte:

X ordnet jedem Wurf das Quadrat der gewürfelten Augenzahl zu,

Y nimmt den Wert 0 bei ungerader Augenzahl und den Wert 1 bei gerader Augenzahl an.

a) Bestimmen Sie die Verteilungsfunktion von (X + Y).

b) Bestimmen Sie den Erwartungswert und die Varianz von (X + Y).

b) 15,667, 152,8783.

14. Einige spezielle Wahrscheinlichkeitsverteilungen

Bisher wurden nur allgemeine Wahrscheinlichkeitsverteilungen betrachtet. Bei vielen Anwendungen der statistischen Methodenlehre, etwa im Bereich der Stichprobentheorie, werden oftmals nur einige wenige spezielle Wahrscheinlichkeitsverteilungen benötigt. Die Kunst bei der Anwendung besteht dann häufig darin, zu erkennen, welche typischen Situationen vorliegen. So läßt sich zum Beispiel das Ziehen einer Stichprobe aus einer Grundgesamtheit recht übersichtlich am Beispiel des Ziehens von Kugeln aus einer Urne darstellen. Dabei wird unterstellt, daß die Kugeln so beschaffen sind, daß nach gründlichem Mischen des Urneninhaltes keine der Kugeln beim Ziehen bevorzugt werden kann. Dadurch wird die Annahme des Gleichwahrscheinlichkeitsmodells erfüllt.

Man spricht von einer Zufallsstichprobe, wenn jedes Element der Grundgesamtheit dieselbe Wahrscheinlichkeit besitzt, in die Stichprobe zu gelangen. Bezogen auf das Urnenmodell bedeutet dies, daß jede Kugel dieselbe Wahrscheinlichkeit besitzt, gezogen zu werden. Legt man nach jedem Zug die gezogene Kugel wieder in die Urne zurück und stellt durch gründliches Mischen den Gleichgewichtszustand wieder her, so spricht man von einer **Stichprobe mit Zurücklegen**. Legt man dagegen die gezogene Kugel vor dem nächsten Zug nicht zurück, so spricht man von einer **Stichprobe ohne Zurücklegen**.

Diese Unterscheidung wird sich noch als grundlegend und wichtig herausstellen. Beim Ziehen einer Zufallsstichprobe mit Zurücklegen ändert sich der Urneninhalt vor den einzelnen Zügen eines Auswahlprozesses nicht. Befinden sich N Kugeln in der Urne, so besitzt jede Kugel wegen des Gleichmöglichkeitszustandes die gleiche Wahrscheinlichkeit von 1/N, bei einem bestimmten Zug gezogen zu werden.

Man könnte nun vermuten, daß die einzelnen Kugeln bei einer Stichprobenziehung ohne Zurücklegen verschiedene Auswahlwahrscheinlichkeiten besitzen. Es läßt sich jedoch zeigen, daß die Wahrscheinlichkeit, eine bestimmte Kugel bei einem bestimmten Zug zu ziehen, ebenfalls 1/N beträgt. Als Beispiel soll die Wahrscheinlichkeit berechnet werden, daß man die i-te Kugel beim zweiten Zug zieht. Man erhält

$$P_2(i) = \frac{N-1}{N} \cdot \frac{1}{N-1} = \frac{1}{N} ,$$

Dabei gibt der erste Faktor $\frac{N-1}{N}$ die Wahrscheinlichkeit an, daß beim ersten Zug eine beliebige Kugel, ausgenommen die i-te, gezogen wird. Der zweite Faktor gibt die Wahrscheinlichkeit an, beim zweiten Zug aus den verbleibenden N-1 Kugeln genau die i-te zu ziehen. Dabei sollte jedoch der folgende Unterschied beachtet werden:

Bei der Stichprobe **mit** Zurücklegen handelt es sich um die Wahrscheinlichkeit, eine beliebige Kugel bei einem beliebigen Zug zu ziehen. Bei der Stichprobe **ohne** Zurücklegen handelt es sich dagegen um die Wahrscheinlichkeit, eine bestimmte Kugel bei einem bestimmten Zug zu ziehen.

Die Wahrscheinlichkeitsverteilungen lassen sich einteilen in die beiden Gruppen der diskreten und der stetigen Verteilungen, je nachdem, ob die zugrundeliegende Zufallsvariable nur endlich viele oder abzählbar unendlich viele Realisationen annehmen kann oder ob alle Realisationen $x \in R$ möglich sind. Die wichtigsten diskreten Verteilungen, die im folgenden behandelt werden, sind

1) die **Binomialverteilung (BV)**, die von der Idee einer Stichprobe mit Zurücklegen ausgeht,

2) die **hypergeometrische Verteilung (HV)**, die von der Idee einer Stichprobe ohne Zurücklegen ausgeht, und

3) die **Poissonverteilung (PV)**.

Von den stetigen Verteilungen sollen ebenfalls die wichtigsten behandelt werden, nämlich

4) die **Normalverteilung (NV)**,

5) die **χ^2-Verteilung**,

6) die **F-Verteilung** und

7) die **t-Verteilung**.

14.1 Die Binomialverteilung (BV)

14.1.1 Wahrscheinlichkeitsfunktion und -verteilung

Es wird ein Zufallsexperiment betrachtet, das nur die beiden Elementarereignisse E_0 und E_1 aufweist. Die Grundgesamtheit G ist dann die Menge $G = \{E_0, E_1\}$. Man definiert nun eine diskrete Zufallsvariable Y, die dem Elementarereignis E_0 und E_1 die reelle Zahl $Y(E_0) = 0$ bzw. $Y(E_1) = 1$ zuordnet. Die Wahrscheinlichkeit, daß die Zufallsvariable Y den Wert 1 annimmt, soll mit $Prob\{Y = 1\} = p$ bezeichnet werden. Nach den Axiomen von Kolmogoroff gilt:

1. $Prob\{G\} = 1$, und
2. $Prob\{G\} = Prob\{E_0 \cup E_1\} = Prob\{E_0\} + Prob\{E_1\}$.

Dann folgt

$$Prob\{E_0\} = Prob\{Y = 0\} = Prob\{G\} - Prob\{E_1\} = 1-p = q.$$

Die Wahrscheinlichkeitsfunktion der Zufallsvariablen Y wird somit gegeben durch

Y	$Y(E_1) = 1$	$Y(E_0) = 0$
$Prob\{Y = Y(E_i)\} = f\{Y(E_i)\}$	p	1-p = q

Als Zufallsexperiment könnte man beispielsweise die Auswahl einer Person aus der Wohnbevölkerung der BRD betrachten, deren Geschlecht bestimmt werden soll. E_1 gibt dann das Ereignis an, daß die betreffende Person männlich ist, und E_0, daß sie weiblich ist. ist. Die Zufallsvariable Y ist in diesem Falle das Geschlecht. Ist die Geschlechterproportion der Wohnbevölkerung bekannt, dann kann man nach der Wahrscheinlichkeit fragen, daß eine beliebige ausgewählte Person männlich ist. Diese wird durch $Prob\{Y = 1\} = p$ gegeben.

Man kann diesen Auswahlvorgang wiederholen und nacheinander n beliebige Personen auf zufällige Weise aus der Grundgesamtheit herausgreifen, wobei jede Person vor der nächsten Auswahl zurückgelegt wird. Für jeden Zug i kann man eine Zufallsvariable Y_i definieren, welche die Werte 0 oder 1 mit der Wahrscheinlichkeit $Prob\{Y_i = 1\} = p$ bzw. $Prob\{Y_i = 0\} = 1-p = q$ annehmen kann. Man fragt dann nach der Wahrscheinlichkeit, mit der genau x aus den n herausgegriffenen Personen männlich sind. Diese Fragestellung führt zur Definition einer neuen Zufallsvariablen X, die die Anzahl der männlichen Personen angibt (Anzahl der Realisationen, die den Wert 1 annehmen) und damit zur Binomialverteilung führt. Ebenfalls kann man nach dem Anteil der männlichen Personen in der Stichprobe fragen. Dies führt auf die Definition der Zufallsvariablen $P = \frac{X}{n}$.

Die Wahrscheinlichkeiten der Zufallsvariablen X sollen nun mit Hilfe eines Urnenmodells abgeleitet werden. Eine Urne enthalte insgesamt N Kugeln, von denen N_1 weiß und $N - N_1$ schwarz sind.

Aus dieser Urne wird eine Stichprobe vom Umfang n mit Zurücklegen gezogen.

Wir betrachten einen beliebigen Zug einer Kugel aus dieser Urne mit Zurücklegen, etwa den i-ten Zug. Für diesen existieren die beiden Elementarereignisse W_i (die gezogene Kugel ist weiß) und S_i (die gezogene Kugel ist schwarz). Die Funktion Y_i, die den beiden Elementarereignissen W_i und S_i die reellen Zahlen $Y(W_i) = y_i = 1$ und $Y(S_i) = y_i = 0$ zuordnet, stellt in diesem Fall die Zufallsvariable dar. Die beiden reellen Zahlen y_i stellen die Realisation der Zufallsvariablen Y_i dar. Für jeden einzelnen Zug existiert nun eine solche Zufallsvariable, d.h. für eine Zufallsstichprobe vom Umfang n erhält man den Vektor $\underline{Y}$ von Zufallsvariablen

$$\underline{Y}' = (Y_1, Y_2, \ldots, Y_i, \ldots, Y_n).$$

Da bei einer Zufallsstichprobe mit Zurücklegen der Urneninhalt bei jedem Zug unverändert gleich N ist, sind die Realisationen der einzelnen Züge voneinander unabhängig und besitzen alle die gleiche Wahrscheinlichkeitsfunktion

Y	$y_i = 1$	$y_i = 0$
$f(y_i)$	$p = \frac{N_1}{N}$	$1-p = q = \frac{N - N_1}{N}$

Man kann nun für eine Zufallsstichprobe vom Umfang n eine neue diskrete Zufallsvariable X wie folgt definieren:

X = {Anzahl der weißen Kugeln in der Stichprobe vom Umfang n}.

Diese Zufallsvariable X ist damit durch die Summe

$$X = Y_1 + Y_2 + Y_3 + \ldots + Y_i + \ldots + Y_n$$

gegeben. Sie kann die Werte $x \in \{0,1,2,\ldots,n\}$ annehmen.

Unter der Annahme, daß die Zufallsvariablen Y_i voneinander stochastisch unabhängig sind, liefern die Wahrscheinlichkeiten der Ereignisse

$$\text{Prob}\{X = 0\},\ \text{Prob}\{X = 1\},\ \ldots,\ \text{Prob}\{X = k\},\ \ldots,\ \text{Prob}\{X = n\}$$

die Wahrscheinlichkeitsfunktion der Zufallsvariablen X. Man bezeichnet diese mit dem Symbol

(14.1) $$\text{Prob}\{X = k\} = f_{BV}(x_k) = f_{BV}(x_k;n,p).$$

Ihre zugehörige Wahrscheinlichkeitsverteilung nennt man **Binomialverteilung** und bezeichnet sie mit dem Symbol

(14.2) $$\text{Prob}\{X \leq k\} = F_{BV}(x_k) = F_{BV}(x_k;n,p).$$

Es gibt verschiedene Möglichkeiten, Realisationen der Zufallsvariablen X = k, nämlich k weiße Kugeln in der Stichprobe, zu erhalten. Sie kann z.B. dadurch zustande kommen, daß die ersten k Zufallsvariablen den Wert 1 und die restlichen (n-k) den Wert 0 annehmen, d.h.

$$(Y_1 = 1,\ Y_2 = 1, \ldots,\ Y_k = 1;\ Y_{k+1} = 0,\ \ldots,\ Y_n = 0).$$

Sodann muß die Wahrscheinlichkeit für diese Stichprobe berechnet werden. Wegen des Multiplikationssatzes für stochastisch unabhängige Zufallsvariable folgt

$$\text{Prob}\{Y_1 = 1,\ Y_2 = 1,\ \ldots,\ Y_k = 1; Y_{k+1} = 0,\ \ldots,\ Y_n = 0\}$$

$$= \text{Prob}\{Y_1{=}1\}\cdot\text{Prob}\{Y_2{=}1\}\cdot\ldots\cdot\text{Prob}\{Y_k{=}1\}\cdot\text{Prob}\{Y_{k+1}{=}1\}\cdot\ldots\cdot\text{Prob}\{Y_n{=}0\}$$

$$= \prod_{i=1}^{k} \text{Prob}\{Y_i = 1\} \cdot \prod_{i=k+1}^{n} \text{Prob}\{Y_i = 0\} = \prod_{i=1}^{k} p \cdot \prod_{i=k+1}^{n} (1-p)$$

$$= p^k \cdot (1-p)^{n-k}.$$

Dies ist die Wahrscheinlichkeit für das Eintreffen dieser speziellen Stichprobe. Nun gibt es aber verschiedene Möglichkeiten für die Anordnung der Zufallsvariablen Y_i, um die Bedingung $X=k$, d.h. die Stichprobe enthalte genau k weiße Kugeln, zu erfüllen. Jede dieser Möglichkeiten besitzt die gleiche Wahrscheinlichkeit, und da sich die Möglichkeiten gegenseitig ausschließen, addieren sich ihre Wahrscheinlichkeiten. Man muß daher die Zahl der Möglichkeiten für die Anordnung von k weißen Kugeln unter insgesamt n Kugeln bestimmen.

Aus der Kombinatorik ist die folgende Aussage bekannt:

Satz: Die Anzahl der verschiedenen Möglichkeiten, k Elemente unter n anzuordnen, beträgt genau

(14.3) $$\frac{n!}{k! \cdot (n-k)!} = \binom{n}{k},$$

die sich gegenseitig ausschließen.

Die in diesem Satz auftretenden Größen werden wie folgt definiert:

1. Definition: Es sei n eine nichtnegative ganze Zahl. Die Funktion n! (lies: n-Fakultät) ist gegeben durch

$$0! = 1,$$
$$n! = n \cdot (n-1) \cdot (n-2) \cdot \ldots \cdot 2 \cdot 1 \quad \text{für } n \geq 1.$$

2. Definition: Es seien n und k nichtnegative ganze Zahlen, mit $k \leq n$. Der Binomialkoeffizient $\binom{n}{k}$ (lies: n über k) ist gegeben durch

$$\binom{n}{k} = \frac{n!}{k! \cdot (n-k)!}, \text{ mit } \binom{n}{n} = 1.$$

Der Binomialkoeffizient läßt sich auch in der folgenden Form schreiben

$$\binom{n}{k} = \frac{n \cdot (n-1) \cdot \ldots \cdot (n-k+1)}{1 \cdot 2 \cdot \ldots \cdot k}.$$

Die im obigen Satz aufgestellte Behauptung aus dem Bereich der Kombinatorik soll hier nicht bewiesen werden. Ihre Gültigkeit soll nur anhand eines Zahlenbeispiels gezeigt werden.

Beispiel 14.1:

Es soll eine Stichprobe vom Umfang $n = 5$ gezogen werden, die aus $k = 2$ weißen und $n - k = 3$ schwarzen Kugeln bestehen soll.

Wieviele Möglichkeiten gibt es, eine solche Stichprobe zu erhalten?

Der obige Satz liefert als Ergebnis

$$\binom{n}{k} = \binom{5}{2} = \frac{5 \cdot 4}{1 \cdot 2} = 10 \text{ Möglichkeiten.}$$

Diese lauten:

1) (W,W,S,S,S);	6) (S,W,S,W,S);
2) (W,S,W,S,S);	7) (S,W,S,S,W);
3) (W,S,S,W,S);	8) (S,S,W,W,S);
4) (W,S,S,S,W);	9) (S,S,W,S,W);
5) (S,W,W,S,S);	10) (S,S,S,W,W).

Unter den folgenden Bedingungen:

1. Die Auswahl der n Stichprobenelemente erfolgt mit Zurücklegen,
2. jede diskrete Zufallsvariable Y_i kann nur die Werte 0 oder 1 annehmen,
3. die Zufallsvariablen Y_i sind voneinander stochastisch unabhängig und besitzen alle die gleiche Wahrscheinlichkeitsfunktion,

ist die Zufallsvariable X **binomialverteilt** mit der **Wahrscheinlichkeitsfunktion**

$$(14.1)\quad \text{Prob}\{X = k\} = f_{BV}(x_k) = f_{BV}(x_k;n,p) = \begin{cases} \binom{n}{k}\ p^k \cdot (1-p)^{n-k} & \text{für } k \geq 0, \\ 0 & \text{für } k < 0. \end{cases}$$

und der **Wahrscheinlichkeitsverteilung**

$$(14.2)\quad \text{Prob}\{X \leq k\} = F_{BV}(x_k) = F_{BV}(x_k;n,p) = \begin{cases} \sum_{i=0}^{x_k} \binom{n}{i}\ p^i \cdot (1-p)^{n-i} & \text{für } k \geq 0, \\ 0 & \text{für } k < 0. \end{cases}$$

Die beiden Größen

n, der **Umfang der Stichprobe**, und
p, die **Erfolgswahrscheinlichkeit** des Ereignisses,

sind die **Parameter der Binomialverteilung**. Durch ihre Angabe wird eine Binomialverteilung vollständig beschrieben. Man erhält alle Binomialverteilungen, wenn die Zahl n alle positiven ganzen Zahlen und p alle Zahlen aus dem Intervall (0,1) durchläuft, d.h. $n \in N$ und $p \in (0,1)$. Damit bilden die Binomialverteilungen eine **zweiparametrige Schar**.

Um die gewünschten Wahrscheinlichkeiten numerisch zu bestimmen, kann man die angegebenen Formeln verwenden. Wegen der oft mühsamen Berechnung der Binomialkoeffizienten ist dies jedoch recht umständlich. Daher ist die Binomialverteilung für eine Reihe von Erfolgswahrscheinlichkeiten $p \leq 0{,}5$ tabelliert worden.

14.1.2 Graphische Darstellung

Da die Binomialverteilung eine diskrete Verteilung ist, erfolgt die graphische Darstellung der Wahrscheinlichkeitsfunktion als ein Stabdiagramm und die Wahrscheinlichkeitsverteilung als Treppenfunktion. Die Darstellung hängt von den numerischen Werten der beiden Parameter ab. Dies soll anhand des folgenden Beispiels deutlich gemacht werden.

Beispiel 14.2:

Tabelle 14.1: Darstellung der Binomialverteilung für $n = 6$ und $p = 0{,}1$; $0{,}5$ sowie $0{,}9$.

x	p = 0,1		p = 0,5		p = 0,9	
	$f_{BV}(x)$	$F_{BV}(x)$	$f_{BV}(x)$	$F_{BV}(x)$	$f_{BV}(x)$	$F_{BV}(x)$
0	0,5314	0,5314	0,0156	0,0156	0,0000	0,0000
1	0,3543	0,8857	0,0938	0,1094	0,0001	0,0001
2	0,0984	0,9841	0,2344	0,3438	0,0012	0,0013
3	0,0146	0,9987	0,3125	0,6563	0,0146	0,0159
4	0,0012	0,9999	0,2343	0,8906	0,0984	0,1143
5	0,0001	1,0000	0,0938	0,9844	0,3543	0,4686
6	0,0000	1,0000	0,0156	1,0000	0,5314	1,0000

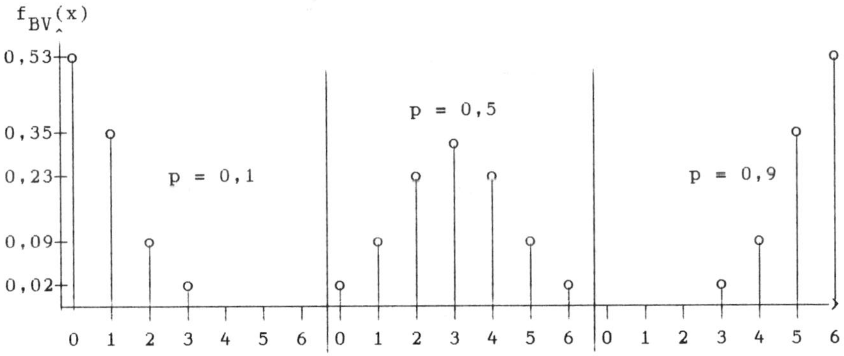

Abb. 14.1: Wahrscheinlichkeitsfunktionen

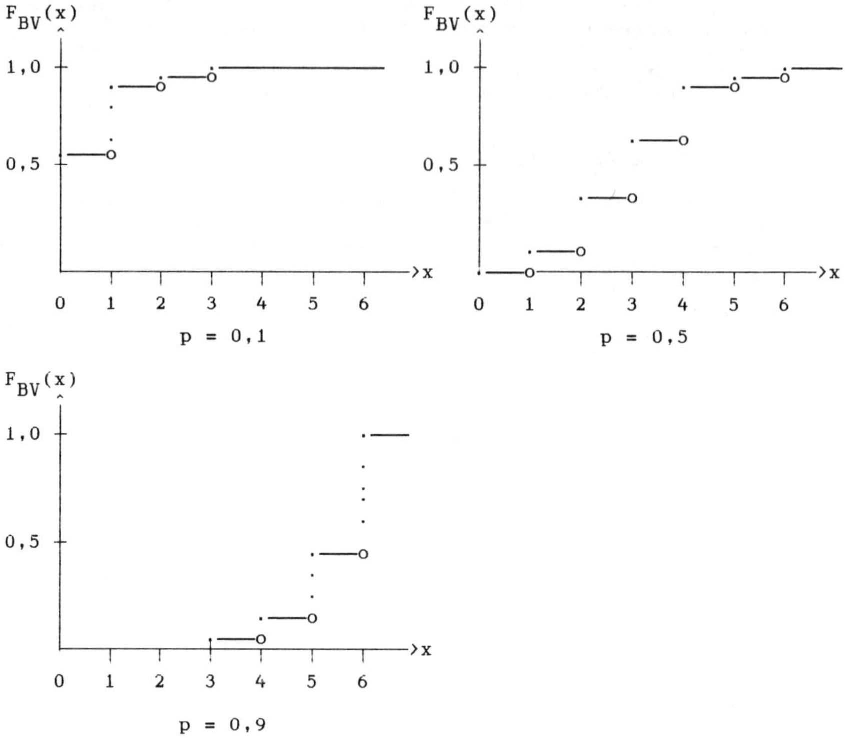

Abb. 14.2: Verteilungsfunktionen

14.1.3 Momente der Binomialverteilung

Die Zufallsvariable X läßt sich als Summe der Zufallsvariablen Y_i, $X = Y_1 + Y_2 + Y_3 + \ldots + Y_n$, darstellen.

Die Wahrscheinlichkeitsfunktion jeder Zufallsvariablen Y_i lautet

Y	$y_i = 1$	$y_i = 0$
$f(y_i)$	p	$1-p = q$

,

sodaß sich der Erwartungswert und die Varianz der Zufallsvariablen Y_i ergeben durch

$$E\{Y_i\} = \mu_{Y_i} = \Sigma\ y \cdot f(y) = 1 \cdot p + 0 \cdot (1-p) = p,$$

$$Var\{Y_i\} = \sigma^2_{Y_i} = E\{Y_i^2\} - [E\{Y_i\}]^2 = \Sigma\ y^2 \cdot f(y) - [E\{Y_i\}]^2$$

$$= 1^2 \cdot p + 0^2 \cdot (1-p) - p^2 = p \cdot (1-p) = p \cdot q.$$

Da die Y_i alle die gleiche Wahrscheinlichkeitsfunktion besitzen und voneinander stochastisch unabhängig sind, ergeben sich der Erwartungswert und die Varianz für die Zufallsvariable X wie folgt

(14.4) $$E\{X\} = \mu_X = E\{Y_1 + Y_2 + \dots + Y_n\}$$

$$= E\{Y_1\} + E\{Y_2\} + \dots + E\{Y_n\}$$

$$= p + p + \dots + p = n \cdot p,$$

(14.5) $$Var\{X\} = \sigma^2_X = Var\{Y_1 + Y_2 + \dots + Y_n\}$$

$$= Var\{Y_1\} + Var\{Y_2\} + \dots + Var\{Y_n\}$$

$$= p \cdot q + p \cdot q + \dots + p \cdot q = n \cdot p \cdot q$$

Betrachtet man nun die Zufallsvariable $P = X/n$, die den Anteilswert angibt, so gilt

$$P = \frac{X}{n} = \frac{Y_1}{n} + \frac{Y_2}{n} + \dots + \frac{Y_n}{n}, \text{ mit}$$

$\frac{Y}{n}$	$\frac{Y_i}{n} = \frac{1}{n}$	$\frac{Y_i}{n} = \frac{0}{n}$
$f(\frac{Y}{n})$	$\frac{p}{n}$	$\frac{1-p}{n} = \frac{q}{n}$

.

Für die **Erwartungswerte** erhält man

$$E\left\{\frac{Y_i}{n}\right\} = \frac{1}{n} E\{Y_i\} = \frac{1}{n} \cdot p,$$

$$E\{P\} = E\left\{\frac{X}{n}\right\} = \frac{1}{n} E\{X\} = \frac{1}{n} \cdot n \cdot p = p,$$

und für die **Varianzen** wegen (13.47)

$$Var\left\{\frac{Y_i}{n}\right\} = \frac{1}{n^2} Var\{Y_i\} = \frac{1}{n^2} \cdot p \cdot q,$$

$$Var\{P\} = Var\left\{\frac{X}{n}\right\} = \frac{1}{n^2} Var\{X\} = \frac{1}{n^2} \cdot n \cdot p \cdot q = \frac{p \cdot q}{n}.$$

14.1.4 Anwendungen der Binomialverteilung

1. Zur Fertigung eines Werkstückes stehen acht Maschinen zur Verfügung. Durch Beobachtung über einen längeren Zeitraum wurde festgestellt, daß die einzelnen Maschinen unabhängig voneinander mit einer Wahrscheinlichkeit von p = 0,8 arbeiten. Wieviel Maschinen arbeiten langfristig im Durchschnitt, und wie groß ist die mittlere quadratische Abweichung (= Varianz)?

   Parameter der Binomialverteilung: n = 8 und p = 0,8.

   Antwort: $E\{X\} = \mu_X = n \cdot p = 8 \cdot 0{,}8 = 6{,}4,$

   $$Var\{X\} = \sigma_X^2 = n \cdot p \cdot q = 8 \cdot 0{,}8 \cdot 0{,}2 = 1{,}28,$$

   $$\sigma_X = 1{,}13.$$

2. In einem Konstruktionsbüro arbeiten fünf Personen, die unabhängig voneinander für ihre Tätigkeit eine elektronische Rechenmaschine benötigen und zwar jeder durchschnittlich etwa 6 Minuten pro Stunde mit Unterbrechungen.

   Wie groß ist die Wahrscheinlichkeit, daß Wartezeiten auftreten, wenn man 1 (oder 2) Rechenmaschinen für das gesamte Büro zur Verfügung stellt?

   Es bezeichnen:

   E_1 : {Benutzung einer Rechenmaschine durch eine Person während einer Stunde}, $Prob\{E_1\} = p = 0{,}1,$

   E_0 : {Nichtbenutzung einer Rechenmaschine durch eine Person während einer Stunde}, $Prob\{E_0\} = q = 0{,}9,$

   X = {Anzahl der Personen, die eine Rechenmaschine gleichzeitig benötigen}.

   Parameter der Binomialverteilung: n = 5 und p = 0,1.

   $$Prob\{X = 0\} = \binom{5}{0} \cdot (0{,}1)^0 \cdot (0{,}9)^5 = 1 \cdot 1 \cdot 0{,}5905 = 0{,}5905,$$

   $$Prob\{X = 1\} = \binom{5}{1} \cdot (0{,}1)^1 \cdot (0{,}9)^4 = 5 \cdot 0{,}1 \cdot 0{,}6561 = 0{,}3280,$$

   $$Prob\{X = 2\} = \binom{5}{2} \cdot (0{,}1)^2 \cdot (0{,}9)^3 = 10 \cdot 0{,}01 \cdot 0{,}7290 = 0{,}07290,$$

   $$Prob\{X \leq 1\} = 0{,}9185, \qquad Prob\{X \leq 2\} = 0{,}9914,$$

   $$1 - Prob\{X \leq 1\} = 0{,}0815, \qquad 1 - Prob\{X \leq 2\} = 0{,}0086.$$

   Die Wahrscheinlichkeit, daß höchstens eine Person eine Rechenmaschine benötigt, beträgt 91,8 %, während sie sich für höchstens zwei Personen auf 99.1 % erhöht. Stellt man somit dem Büro eine Rechenmaschine zur Verfügung, beträgt die Wahrscheinlichkeit für das Auftreten von Wartezeiten 8,2 %. Diese verringert sich bei zwei zur Verfügung stehenden Rechenmaschinen auf 0,9 %.

14.2 Die Hypergeometrische Verteilung (HV)

14.2.1 Wahrscheinlichkeitsfunktion und -verteilung

Bei der im Abschnitt 14.1 behandelten Binomialverteilung wurde die Unabhängigkeit der einzelnen Ereignisse vorausgesetzt. Dies bedeutet, daß die Wahrscheinlichkeit Prob$\{E_0\}$ für das Eintreten des Ereignisses E_0 bei jeder Realisation konstant sein muß. Dies wurde durch die Bedingung des Ziehens einer Stichprobe mit Zurücklegen erreicht.

Diese Bedingung des Zurücklegens der gezogenen Einheit wird bei der hypergeometrischen Verteilung nicht mehr vorausgesetzt. Dafür muß jetzt der Umfang der Grundgesamtheit berücksichtigt werden, da sich dieser vor jeder Realisation ändert.

Dazu werde folgendes Urnenmodell betrachtet:

In einer Urne befinden sich N Kugeln, von denen wieder N_1 weiß und $N-N_1$ schwarz sind. Aus dieser Urne werden n Kugeln gezogen, wobei die gezogenen Kugeln nicht wieder zurückgelegt werden (einfache Stichprobe ohne Zurücklegen).

Es werde die folgende Zufallsvariable X definiert:

X := {Anzahl der weißen Kugeln in einer Stichprobe vom Umfang n}.

Es werde dann nach der Wahrscheinlichkeit des Ereignisses $\{X = k\}$ gefragt, d.h.

$$\text{Prob}\{X = k\},$$

d.h. mit welcher Wahrscheinlichkeit befinden sich genau k weiße Kugeln in einer Stichprobe vom Umfang n.

Bei der Binomialverteilung war bereits ausgeführt worden, daß es genau

$$\binom{N}{n} \text{ Möglichkeiten}$$

gibt, aus einer Grundgesamtheit vom Umfang N eine Stichprobe von n Elementen zu ziehen. Nach Voraussetzung sind alle diese Stichproben gleichmöglich. Beim Ziehen einer Stichprobe ohne Zurücklegen sind nur diejenigen günstige Ereignisse, die genau k weiße Kugeln enthalten. Dazu müssen zunächst k weiße Kugeln aus den insgesamt N_1 weißen herausgegriffen werden, dies kann auf $\binom{N_1}{k}$ verschiedene Möglichkeiten geschehen. Daneben müssen noch (n-k) schwarze Kugeln aus den restlichen $(N-N_1)$ schwarzen Kugeln entnommen werden. Dies kann auf $\binom{N-N_1}{n-k}$ verschiedene Möglichkeiten erfolgen. Jede der Möglichkeiten für die weißen Kugeln läßt sich mit jeder der Möglichkeiten für die schwarzen Kugeln verbinden.

Die **Laplace-Definition** für die Wahrscheinlichkeit ergibt somit

$$\text{Prob}\{X = k\} = \frac{\binom{N_1}{k} \cdot \binom{N - N_1}{n - k}}{\binom{N}{n}} .$$

Eine diskrete Zufallsvariable X, deren Wahrscheinlichkeiten sich nach diesem Bildungsgesetz berechnen lassen, nennt man hypergeometrisch-verteilt. Die hypergeometrische Verteilung wird durch drei Parameter, nämlich die Größen n, N und N_1, bestimmt. Man kann kann die Wahrscheinlichkeitsfunktion durch das Symbol $f_{HV}(x_k;n,N,N_1)$ darstellen, sie lautet

$$\text{Prob}\{X = k\} = f_{HV}(x_k) = f_{HV}(x_k;n,N,N_1)$$

$$(14.6) \qquad = \begin{cases} \dfrac{\binom{N_1}{k} \cdot \binom{N - N_1}{n - k}}{\binom{N}{n}} & \text{für } k = 0,1,\ldots\ldots,n, \\ 0 & \text{sonst.} \end{cases}$$

Die Verteilungsfunktion einer hypergeometrisch-verteilten Zufallsvariablen X lautet dann

$$\text{Prob}\{X \le k\} = H_{HV}(x_k) = F_{HV}(x_k;n,N,N_1)$$

$$(14.7) \qquad = \begin{cases} \sum\limits_{i=0}^{k} \dfrac{\binom{N_1}{i} \cdot \binom{N - N_1}{n - i}}{\binom{N}{n}} & \text{für } k = 0,1,\ldots\ldots,n, \\ 0 & \text{sonst.} \end{cases}$$

14.2.2 Momente der hypergeometrischen Verteilung

Der Erwartungswert und die Varianz einer mit den Parametern n, N und N_1 hypergeometrisch-verteilten Zufallsvariablen X seien ohne Beweis angegeben. Sie lauten

$$(14.8) \qquad E\{X\} = \mu_X = n \cdot \frac{N_1}{N} = n \cdot p, \text{ und}$$

$$(14.9) \quad \text{Var}\{X\} = \sigma_X^2 = \frac{N-n}{N-1} \cdot n \cdot \frac{N_1}{N} \cdot \left[1 - \frac{N_1}{N}\right] = \frac{N-n}{N-1} \cdot n \cdot p \cdot q,$$

14.2.3 Vergleich der hypergeometrischen Verteilung mit der Binomialverteilung

Die numerische Berechnung der Wahrscheinlichkeiten einer hypergeometrisch-verteilten Zufallsvariablen erweist sich meist als recht mühsam. Daher sind Tabellenwerke erstellt worden, um diese Wahrscheinlichkeiten aus ihnen ablesen zu können. Da es sich jedoch um eine dreiparametrige Verteilung handelt, muß eine solche Tabellierung recht umfangreich sein. Eine andere Möglichkeit besteht darin, die hypergeometrische Verteilung durch andere Verteilungen zu approximieren, es sei denn, man berechnet die Wahrscheinlichkeitswerte mittels eine Computers.

Man kann zeigen, daß sich für große N, N_1 und $N-N_1$ und ein im Ver-Vergleich dazu kleines n die hypergeometrische Verteilung bei gegebenem p recht gut durch die Binomialverteilung approximieren läßt.

Beispiel 14.3:

Die beiden Verteilungen sollen für die Parameterwerte N = 200, N_1 = 100, n = 10 und somit $p = N_1/N = 0{,}5$ miteinander verglichen werden.

Tabelle 14.2:

x	$f_{HV}(x)$	$F_{HV}(x)$	$f_{BV}(x)$	$F_{BV}(x)$
0	0,0008	0,0008	0,0010	0,0010
1	0,0085	0,0093	0,0087	0,0097
2	0,0410	0,0503	0,0440	0,0537
3	0,1153	0,1656	0,1172	0,1709
4	0,2082	0,3738	0,2051	0,3760
5	0,2525	0,6263	0,2460	0,6220
6	0,2082	0,8345	0,2051	0,8271
7	0,1153	0,9498	0,1172	0,9443
8	0,0410	0,9908	0,0440	0,9883
9	0,0085	0,9993	0,0097	0,9980
10	0,0008	1,0000	0,0010	0,9990

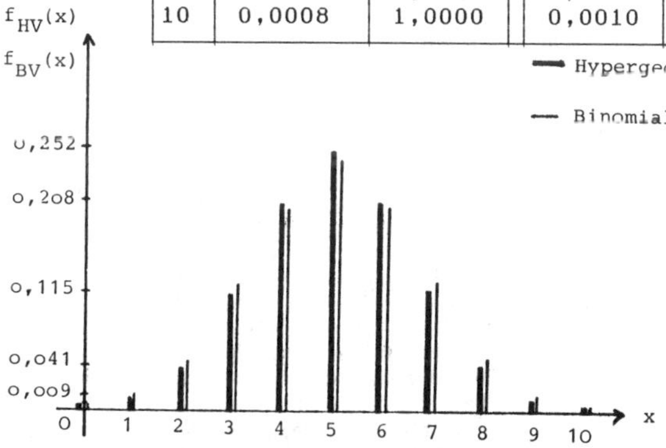

Abb. 14.3: Wahrscheinlichkeitsfunktion der hypergeometrischen Verteilung und der Binomialverteilung

Als Regel für die praktische Anwendung kann man bei Parameterwerten von $N \geq 2\,000$ und $n/N \leq 0{,}1$ eine Übereinstimmung beider Verteilungen in der dritten und vierten Stelle nach dem Komma erreichen.

14.2.4 Beispiele für die Anwendung der hypergeometrischen Verteilung

1. In einer Sendung von 50 Bildröhren für Fernsehapparate befinden sich 5 defekte Röhren. Es wird eine Stichprobe von 10 Bildröhren herausgegriffen und untersucht. Wie groß ist die Wahrscheinlichkeit, daß sich X = 2 defekte Röhren in der Stichprobe befinden?

   Parameter der Verteilung: Grundgesamtheit $N = 50$, $N_1 = 5$,
   Stichprobe $n = 10$,
   gesucht: $\text{Prob}\{X = 2\}$.

   $$\text{Prob}\{X = 2\} = f_{HV}(2) = \frac{\binom{5}{2}\binom{45}{8}}{\binom{50}{10}} = \frac{5\cdot 9\cdot 13\cdot 19}{23\cdot 47\cdot 49} = 0{,}2098,$$

   d.h. die Wahrscheinlichkeit beträgt rund 21 %.

   Hätte man nicht die hypergeometrische Verteilung, sondern die Binomialverteilung der Berechnung zugrundegelegt, so würde sich ergeben:

   Parameter der Verteilung: $n = 10$ und $p = 5/50 = 0{,}10$.

   $$\text{Prob}\{X = 2\} = f_{BV}(2) = \binom{10}{2}\cdot(0{,}10)^2\cdot(0{,}90)^8 = 45\cdot 0{,}01\cdot 0{,}04304$$
   $$= 0{,}1937.$$

   Will man wissen, wieviel defekte Bildröhren sich langfristig im Mittel einer Stichprobe vom Umfang $n = 10$ befinden, muß man den Erwartungswert bestimmen. Man erhält

   $$E\{X\} = n\cdot p = 10\cdot 0{,}1 = 1,$$

   und für die Varianz

   $$\text{Var}\{X\} = \frac{N-n}{N-1}\cdot n\cdot p\cdot q = \frac{40}{49}\cdot 10\cdot 0{,}1\cdot 0{,}9 = 0{,}7347,$$
   $$\sigma = 0{,}8571.$$

2. Eine Firma liefert Dichtungen in Packungen zu 100 Stück. Eine Packung darf laut Liefervertrag höchstens 10 % Ausschuß enthalten. Jede Packung wird geprüft, indem man 10 Stück zufällig und ohne Zurücklegen entnimmt. Sind diese 10 Stück alle einwandfrei, wird die Packung angenommen, anderenfalls wird sie zurückgewiesen. Wie groß ist bei diesem Prüfverfahren die Wahrscheinlichkeit ungerechtfertigter Reklamationen, indem eine Packung zurückgewiesen wird, obwohl sie den Lieferbedingungen entspricht?

Parameter der Verteilung: Grundgesamtheit $N = 100$, $N_1 = 10$,
Stichprobe $n = 10$,
gesucht:
$1 - \text{Prob}\{X=0\} = \text{Prob}\{X=1,2,\dots,10\}$.

$$\text{Prob}\{X = 0\} = f_{HV}(0) = \frac{\binom{10}{0}\binom{100-10}{10}}{\binom{100}{10}} = \frac{\binom{90}{10}}{\binom{100}{10}} = \frac{90!}{10!\cdot 80!}\cdot\frac{10!\cdot 90!}{100!}$$

$$= \frac{81\cdot 82\cdot 83\cdot 84\cdot 85\cdot 86\cdot 87\cdot 88\cdot 89\cdot 90}{91\cdot 92\cdot 93\cdot 94\cdot 95\cdot 96\cdot 97\cdot 98\cdot 99\cdot 100}$$

$$= 0{,}3305,$$

$$1 - \text{Prob}\{X = 0\} = 1 - 0{,}3305 = 0{,}6695.$$

Die Wahrscheinlichkeit für unberechtigte Reklamationen beträgt somit 66,95 %.

Approximation durch die Binomialverteilung würde ergeben:

$$n = 10,\ p = N_1/N = 0{,}1$$

$$\text{Prob}\{X = 0\} = \binom{10}{0}\cdot(0{,}1)^0\cdot(0{,}9)^{10} = 0{,}3487,$$

$$1 - \text{Prob}\{X = 0\} = 1 - 0{,}3487 = 0{,}6513, \text{ d.h. } 65{,}13\ \%.$$

14.3 Die Poissonverteilung (PV)

14.3.1 Wahrscheinlichkeitsfunktion und -verteilung

Aus der graphischen Darstellung der Binomialverteilung erkennt man, daß sich für kleine Werte der Erfolgswahrscheinlichkeit, etwa $p < 0{,}1$, stark linkssteile (rechtsschiefe) Verteilungskurven ergeben. Wird nun bei wachsendem n der Wert für die Erfolgswahrscheinlichkeit kleiner, und zwar so, daß der Mittelwert der Verteilung, $\mu = n\cdot p$, endlich bleibt, dann geht die Binomialverteilung in eine sog. Poissonverteilung über. Diese Poissonverteilung spielt dann eine Rolle, wenn punktuelle Ereignisse im Zeitablauf betrachtet werden, etwa Geburten, Sterbefälle, vorbeifahrende Autos, Bedarfsmeldungen von Ersatzteilen, Telefonanrufe usw. Betrachtet man dieses Geschehen im Zeitablauf, dann spricht man von der Realisierung eines sog. Punktprozesses. Dabei müssen folgende Bedingungen erfüllt sein:

1. Die Zeitpunkte des Eintreffens eines Ereignisses sollen unabhängig sein, d.h. die Wahrscheinlichkeit, daß in einem festen Zeitintervall Ereignisse eintreten, soll unabhängig davon sein, was sich vor dem Beginn dieses Zeitintervalles abgespielt hat.

2. Die Intensität des "Stromes" der eintretenden Ereignisse soll im Zeitablauf konstant sein, d.h. verschiebt man ein Intervall fester Länge auf der Zeitachse, so soll die mittlere Anzahl der in das Intervall fallenden Ereignisse unabhängig von der Lage des Intervalles auf der Zeitachse sein.

Sind für einen Punktprozeß diese Eigenschaften erfüllt, so spricht man von einem Poissonprozeß.

Beispiel 14.4:

Die Bedingung für die Unabhängigkeit der eintreffenden Ereignisse muß jeweils genau überprüft werden. Man betrachte etwa die an einer Beobachtungsstelle einer Autobahn vorbeifahrenden Autos. Bei mäßigem Verkehr sind die Bedingungen für das Zustandekommen eines Poissonprozeses in etwa erfüllt. Bei dichtem Verkehr werden sich jedoch wegen der Notwendigkeit von Überholvorgängen gewisse Anhäufungen von Fahrzeugen bilden, durch deren Existenz die Bedingung der "Regellosigkeit des Verkehrsablaufes" zum Teil aufgehoben werden.

Es wird nun eine Folge von unabhängigen Ereignissen betrachtet, die einen Poissonprozeß bilden. In einem Zeitintervall fester Länge sollen im Durchschnitt λ Einheiten eintreffen. Die Zufallsvariable X bezeichnet die in einem solchen Zeitintervall fester Länge auftretenden Ereignisse. Dann gilt:

In einem Poissonprozeß besitzt die Zufallsvariable X die Wahrscheinlichkeitsfunktion

$$\text{Prob}\{X = k\} = f_{PV}(x_k;\lambda) = \frac{\lambda^k}{k!}\cdot e^{-\lambda}, \tag{14.10}$$

$$\text{für } k = 0,1,2,\ldots \quad \text{mit } e = 2{,}71828\ldots\,.$$

Diese Wahrscheinlichkeit hängt von der Konstanten λ ab, es handelt sich somit um eine einparametrige Wahrscheinlichkeitsverteilung. Eine Zufallsvariable X heißt Poisson-verteilt, wenn sie der Verteilungsfunktion

$$\text{Prob}\{X \le k\} = F_{PV}(x_k;\lambda) = \begin{cases} \sum_{i=0}^{k} \frac{\lambda^i}{i!}\, e^{-\lambda} & \text{für } k \ge 0, \\ 0 & \text{für } k < 0 \end{cases}$$

genügt. Natürlich gilt für die Wahrscheinlichkeitsfunktion

$$\sum_{k=0}^{\infty} f_{PV}(x_k;\lambda) = \sum_{k=0}^{\infty} \frac{\lambda^k}{k!}\, e^{-\lambda} = 1.$$

Für die Momente einer Poisson-verteilten Zufallsvariablen X gilt

$$E\{X\} = \mu_X = \lambda = n\cdot p, \tag{14.12}$$

$$\text{Var}\{X\} = \sigma_X^2 = \lambda = n\cdot p. \tag{14.13}$$

Beispiel 14.5:

Tabelle 14.3: Darstellung der Poissonverteilung für $\lambda = 1$ und $\lambda = 2$

	$\lambda = 1$		$\lambda = 2$	
x	$f_{PV}(x)$	$F_{PV}(x)$	$f_{PV}(x)$	$F_{PV}(x)$
0	0,3679	0,3679	0,1353	0,1353
1	0,3679	0,7358	0,2707	0,4060
2	0,1839	0,9197	0,2707	0,6767
3	0,0613	0,9810	0,1804	0,8571
4	0,0153	0,9963	0,0902	0,9473
5	0,0031	0,9994	0,0361	0,9834

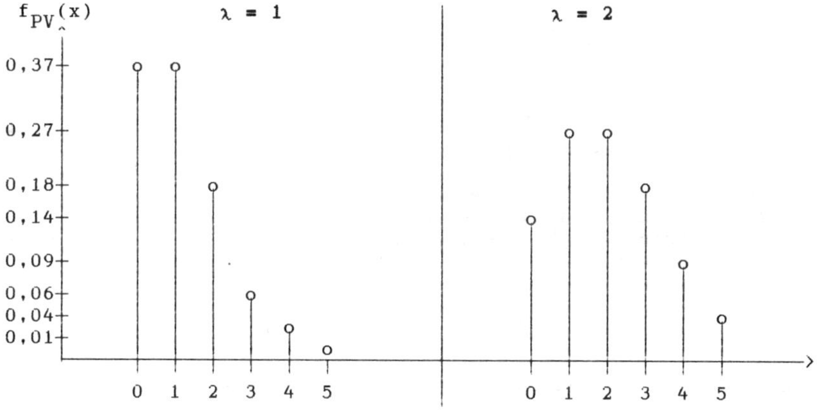

Abb. 14.4: Wahrscheinlichkeitsfunktion der Poissonverteilung

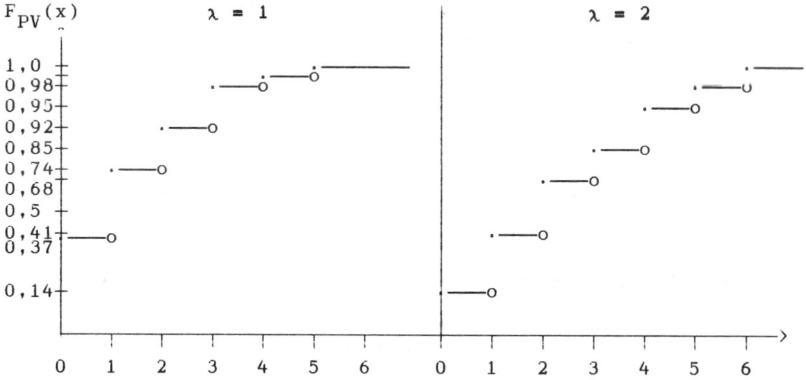

Abb. 14.5: Verteilungsfunktion der Poissonverteilung

14.3.2 Anwendungen der Poissonverteilung

1. In einer Großstadt wurden bisher im längjährigen Durchschnitt 3 unaufgeklärte Mordfälle pro Jahr registriert. Von den Polizeibehörden wurde berichtet, daß man durch verstärkte und intensivierte Verbrechensbekämpfung diese jährliche Rate auf die Hälfte zu drücken hoffe. Unterstellt man, daß diese Behauptung zutreffen würde, wie groß ist dann die Wahrscheinlichkeit, daß in Zukunft scheinbar kein Erfolg bei der Bekämpfung registriert wird, d.h. daß weiterhin 3 oder mehr unaufgeklärte Morde registriert werden?

   Die unaufgeklärten Mordfälle bilden pro Jahr eine Zufallsgröße, die Poisson-verteilt ist, mit dem Parameter $\lambda = 1,5$. Gesucht ist $\text{Prob}\{X \geq 3\}$. Man erhält

$$\text{Prob}\{X \geq 3\} = 1 - F_{PV}(2;1,5)$$

$$= 1 - (0,2231 + 0,3347 + 0,2510)$$

$$= 1 - 0,8088 = 0,1912.$$

   Somit beträgt die Wahrscheinlichkeit für das Registrieren eines Mißerfolges, trotz eigetretener Erhöhung der Aufklärungsquote, etwas weniger als ein Fünftel (< 1/5).

2. Eine Maschinenfabrik, die eine große Anzahl von Menschen beschäftigt, stellt fest, daß während einer bestimmten Zeitperiode die Abwesenheitsrate 3 Mann pro Schicht beträgt. Man berechne die Wahrscheinlichkeit, daß in einer Schicht

   a) genau 2 Mann fehlen,
   b) mehr als 4 Mann fehlen.

   Es ist $\lambda = 3$, $\text{Prob}\{X\} = \frac{\lambda^X}{X!} e^{-\lambda}$, mit $e^{-\lambda} = e^{-3} = 0,0498$.

   <u>Lösung</u>:

   a) $$\text{Prob}\{2\} = \frac{\lambda^2}{2!} e^{-\lambda} = \frac{9}{2} \cdot 0,0498 = 0,2241,$$

   d.h. die Wahrscheinlichkeit, daß genau 2 Mann fehlen, beträgt 22,4 %.

   b) $$\text{Prob}\{X > 4\} = 1 - \text{Prob}\{X \leq 4\} = 1 - F_{PV}(4)$$

$$= 1 - 0,8153 = 0,1847,$$

   d.h. die Wahrscheinlichkeit, daß mehr als 4 Mann fehlen, beträgt ≈ 18,5 %.

14.3.3 Vergleich der Poissonverteilung mit der Binomialverteilung

Der französische Mathematiker Poisson (1781 - 1840) leitete die Poissonverteilung durch eine Grenzwertbetrachtung aus der Binomialverteilung ab. Man kann sein Ergebnis wie folgt formulieren:

Satz: Ist die mittlere Anzahl der Erfolge bei einer Folge von Zufallsvariablen Y_k, die nur die Werte 0 oder 1 annehmen können, eine Konstante λ, so gilt

$$(14.14)\quad \lim_{n \to \infty} f_{BV}(x_k;n,p) = \lim_{n \to \infty} \binom{n}{k} p^k q^{n-k} = \frac{\lambda^k}{k!} e^{-\lambda} = f_{PV}(x_k;\lambda).$$

Interpretation:

Gegeben sei eine feste Erfolgswahrscheinlichkeit p. Läßt man nun die Länge der Versuchsserie n sehr groß werden, dann wird $f_{BV}(x_k;n,p)$ immer kleiner. Dies ist einleuchtend, denn nun wächst auch die mittlere Anzahl der Erfolge $n \cdot p$ proportional mit n und "kleine" Erfolgszahlen k werden immer unwahrscheinlicher. Kompensiert man das Wachstum von n durch eine gleichzeitige Verkleinerung von p derart, daß die mittlere Erfolgszahl $n \cdot p$ konstant bleibt, dann kann man einen nichttrivialen Grenzwert erwarten.

Der Anwendungsbereich der Poissonverteilung läßt sich daher erweitern:

Ist λ klein gegenüber $\sqrt{n}$, so kann die Binomialverteilung durch die einfachere Poissonverteilung approximiert werden. Faustregeln für diese Approximation können etwa sein:

a) $n \geq 100$ und $p \leq 0{,}05$, oder
b) $n \geq 50$, $p \leq 0{,}25$ und $n \cdot p \leq 5$.

Beispiel 14.6:

Wie groß ist die Wahrscheinlichkeit, daß unter den 250 Hörern einer Statistikvorlesung k = 0,1 oder 2 Hörer am 1. Januar Geburtstag haben?

Zunächst trifft die Binomialverteilung zu, denn jeder Student repräsentiert ein Zufallsexperiment mit den Ereignissen

E_0: Geburtstag am 1. Januar, $Prob\{E_0\} = 1/365$,

E_1: Geburtstag sonst $Prob\{E_1\} = 364/365$.

Somit $p = 1/365$, $q = 364/365$, $n = 250$.

Man müßte nun $F_{BV}(x_k;250,1/365)$ berechnen.

Es wird diese Berechnung durch eine Poissonverteilung approximiert mit dem Parameter $\lambda = n \cdot p = 250 \cdot 1/365 = 0{,}6849$.

Man erhält

$$\text{Prob}\{X = 0\} = e^{-0,6849} = 0,5041,$$

$$\text{Prob}\{X = 1\} = 0,6849 \cdot e^{-0,6849} = 0,3453,$$

$$\text{Prob}\{X = 2\} = \frac{(0,6849)^2}{2} \cdot e^{-0,6849} = 0,1183.$$

Zum Vergleich die ungefähren Werte der Binomialverteilung

$$f_{BV}(0;250,1/365) \approx 0,5037,$$

$$f_{BV}(1;250,1/365) \approx 0,3459,$$

$$f_{BV}(2;250,1/365) \approx 0,1183.$$

Beispiel 14.7:

Aus einer Grundgesamtheit, die 2 % defekte Stücke enthält, wird eine Zufallstichprobe vom Umfang n = 50 gezogen. Wie groß ist die Wahrscheinlichkeit, daß die Stichprobe weniger als drei defekte Stücke enthält?

n = Umfang der Stichprobe = 50,
p = Anteil der fehlerhaften Stücke = 0,02, somit

$$\lambda = n \cdot p = 50 \cdot 0,02 = 1.$$

$$e^{-\lambda} = e^{-1} = 0,3679.$$

Rekursive Berechnung der Wahrscheinlichkeiten:

$$\text{Prob}\{0\} = \frac{\lambda^0}{0!} e^{-\lambda} = e^{-\lambda},$$

$$\text{Prob}\{1\} = \frac{\lambda^1}{1!} e^{-\lambda} = \lambda \cdot e^{-\lambda} = \lambda \cdot \text{Prob}\{0\},$$

$$\text{Prob}\{2\} = \frac{\lambda^2}{2!} e^{-\lambda} = \frac{\lambda}{2} \cdot \frac{\lambda \cdot e^{-\lambda}}{1!} = \frac{\lambda}{2} \cdot \text{Prob}\{1\},$$

$$\text{Prob}\{3\} = \frac{\lambda^3}{3!} e^{-\lambda} = \frac{\lambda}{3} \cdot \frac{\lambda^2 \cdot e^{-\lambda}}{2!} = \frac{\lambda}{3} \cdot \text{Prob}\{2\}, \text{ u.s.w.}$$

$$\text{Prob}\{0\} = e^{-\lambda} = 0,3679,$$

$$\text{Prob}\{1\} = \lambda \cdot \text{Prob}\{0\} = 0,3679,$$

$$\text{Prob}\{2\} = \frac{\lambda}{2} \cdot \text{Prob}\{1\} = 0,18395,$$

$$\text{Prob}\{0\} + \text{Prob}\{1\} + \text{Prob}\{2\} = 0,91975,$$

d.h. die Wahrscheinlichkeit, daß die Stichprobe weniger als 3 fehlerhafte Stücke aufweist, beträgt 91,975 %, also rund ≈ 92 %. (Exakte Berechnung mittels der Binomialverteilung hätte 0,9216, d.h. rund ≈ 92,2 % ergeben).

14.4 Die Normalverteilung (NV)

Die bis jetzt betrachteten Verteilungen bezogen sich auf Zufallsvariable, deren Realisierungen durch diskrete Zahlenwerte dargestellt wurden. Die Normalverteilung bezieht sich dagegen auf Zufallsvariable, deren Realisierungen jeden Wert aus der Menge der reellen Zahlen annehmen kann. Sie stellt den für die statistische Praxis wichtigsten stetigen Verteilungstyp dar. Außerdem kann sie sehr oft zur Approximation anderer Verteilungen benutzt werden.

Historisch gesehen ist die Normalverteilung mit Namen wie "Glokkenkurve", "Fehlergesetz" oder "Gauß-Verteilung" verbunden. Es zeigte sich nämlich, daß viele in der Natur vorkommenden Größen, z.B. das Gewicht von Eiern, die Körpergröße von Menschen, die Durchmesser von Kugellagern u.a., Verteilungen aufweisen, die alle ungefähr die gleiche Form besitzen. Diese Form ist glockenförmig (vgl. Abb. 14.6). Mathematisch wird sie durch den Grundtyp e^{-x^2} dargestellt.

Wissenschaften, die sich mit Präzisionsmessungen beschäftigen, wie etwa die Astronomie oder die Geodäsie, stellten bereits früh fest, daß keine vollständig genauen Messungen möglich sind. Bei mehrmaligen Wiederholungen der gleichen Messung ergaben sich verschiedene Resultate, die sich alle um einen Mittelwert μ wie folgt gruppierten

$$\text{tatsächlicher Meßwert} = \text{"wahrer Wert"} + \text{Meßfehler}$$

$$X = \mu + U.$$

Dabei ist der Meßfehler U per Definitionem eine Zufallsvariable mit dem Erwartungswert $E\{U\} = 0$. Die graphische Darstellung der tatsächlichen Meßwerte X ergab eine Verteilung, deren Form durch eine Glockenkurve dargestellt wird.

Summiert man eine genügend große Zahl von Zufallsvariablen - es kann sich hierbei um stetige oder diskrete handeln - so zeigt sich, daß mit wachsender Summandenzahl die Form der Verteilung der Summe sich einer Glockenkurve nähert, die sich auch für die Verteilung der Meßfehler ergab. Diese Betrachtung legt es nahe, das gemeinsame Auftreten ein und derselben Verteilungsform durch eine gemeinsame Ursache zu erklären, nämlich als Ergebnis der Summierung vieler kleiner "Elementarfehler" bzw. "Störungen". Theoretisch wird diese Vermutung gestützt durch die Aussage des zentralen Grenzwertsatzes, auf den noch eingegangen wird.

14.4.1 Die zweiparametrige Schar von Normalverteilungen, die standardisierte Normalverteilung

Viele Situationen im Bereich der statistischen Anwendungen lassen sich durch eine stetige Zufallsvariable X beschreiben, deren Wahrscheinlichkeitsverteilung sich durch folgende Beziehungen beschreiben lassen:

a) **Wahrscheinlichkeitsdichte**

(14.15) $$f_{NV}(x;\mu,\sigma^2) = \frac{1}{\sigma\sqrt{2\pi}}\, e^{-\frac{(x-\mu)^2}{2\sigma^2}},$$

mit $e = 2{,}71828...$ und $\pi = 3{,}14159...$

b) **Verteilungsfunktion**

(14.16) $$\text{Prob}\{X \leq x\} = F_{NV}(x;\mu,\sigma^2) = \frac{1}{\sigma\sqrt{2\pi}} \int_{-\infty}^{x} e^{-\frac{(u-\mu)^2}{2\sigma^2}}\, du.$$

Eine Zufallsvariable X, die diesen Verteilungsgesetzen gehorcht, wird als **normalverteilte Zufallsvariable** bezeichnet. Das Verteilungsgesetz bezeichnet man als Normalverteilung $N(\mu,\sigma^2)$. Die beiden Größen μ und σ^2 stellen die Parameter der Verteilung dar.

Dies bedeutet, daß die Menge aller Normalverteilungen $N(\mu,\sigma^2)$ eine zweiparametrige Schar darstellt.

Man kann zeigen, daß diese Parameter gerade den Mittelwert und die Varianz der Zufallsvariablen X darstellen. Es gilt nämlich

c) **Momente der Verteilung**

(14.17) $$E\{X\} = \mu, \quad \text{und}$$

(14.18) $$Var\{X\} = \sigma^2.$$

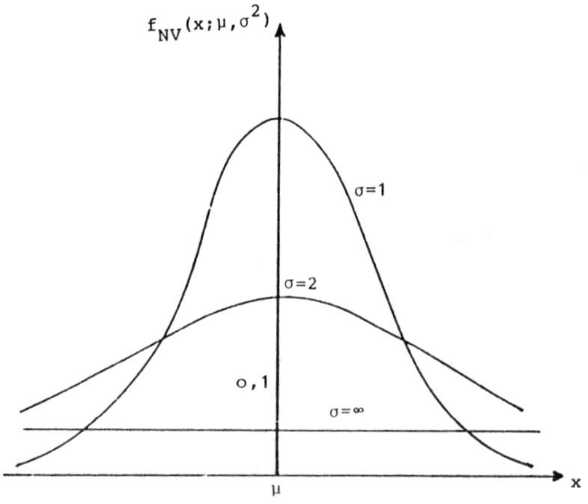

Abb. 14.6: Wahrscheinlichkeitsdichten der Normalverteilung bei konstantem Mittelwert und verschiedenen Werten für die Varianz

Aus der Graphik der Wahrscheinlichkeitsdichte der Normalverteilung (Abb. 14.6) kann man unmittelbar folgende Eigenschaften der Normalverteilung erkennen:

1. Die Normalverteilung ist symmetrisch.

2. Das Maximum liegt stets an der Stelle $x = \mu$.

3. Je kleiner σ, desto stärker konzentrieren sich die Werte um μ.

4. Die Wendepunkte der Verteilung sind um $\pm\, \sigma$ von μ entfernt.

5. Die Verteilung nähert sich auf beiden Seiten asymptotisch der x-Achse.

6. Durch Veränderung von μ verschiebt sich die komplette Kurve ohne Veränderung ihrer Gestalt.

7. Durch Vergrößerung bzw. Verkleinerung von σ wird sie jedoch auseinandergezogen bzw. zusammengedrückt, gleichzeitig steigt bzw. sinkt das Maximum.

Man kann nun zeigen, daß die graphische Form der Wahrscheinlichkeitsdichte $f_{NV}(x;\mu,\sigma^2)$ und der Verteilungsfunktion $F_{NV}(x;\mu,\sigma^2)$ vollständig beschrieben werden kann, wenn man auf der x-Achse nur die Punkte $\mu \pm z\cdot\sigma$ betrachtet und auf der Ordinatenachse die Einheit σ^{-1} wählt (vg. Abb. 14.7).

Diese graphische Darstellung zeigt, daß die Fläche unter der Wahrscheinlichkeitsdichte für ein Intervall $[\mu+z\cdot\sigma, \mu-z\cdot\sigma]$, mit $z_1 < z_2$, nur von den Werten z_1 und z_2 abhängt, nicht jedoch von den beiden Parametern μ und σ. Es erscheint daher sinnvoll, eine Koordinatentransformation von der Form

$$x = \mu + z\cdot\sigma \quad \text{bzw.} \quad z = \frac{x-\mu}{\sigma}$$

vorzunehmen. Dem entspricht die Einführung einer standardisierten Zufallsvariablen

$$Z = \frac{X-\mu}{\sigma}\,. \tag{14.19}$$

Die Zufallsvariable Z gibt also die Werte der Zufallsvariablen X als Abweichungen von ihrem Mittelwert in Einheiten der Standardabweichungen an.

Sei X eine Zufallsvariable, die $N(\mu,\sigma^2)$-verteilt ist, dann erhält man durch die Transformation $Z = \frac{X - \mu}{\sigma}$ ebenfalls eine normalverteilte Zufallsvariable, die N(0,1)-verteilt ist, d.h. mit dem Mittelwert 0 und der Varianz 1.

Man spricht von einer standardnormalverteilten Zufallsvariablen Z und sagt, Z sei N(0,1)-verteilt. Es gelten die Beziehungen

a) **Wahrscheinlichkeitsdichte** einer N(0,1)-verteilten Zufallsvariablen Z

(14.20) $$f_{NV}(z;0,1) = \frac{1}{\sqrt{2\pi}} e^{-\frac{z^2}{2}},$$

b) **Verteilungsfunktion** einer N(0,1)-verteilten Zufallsvariablen Z

(14.21) $$F_{NV}(z;0,1) = \text{Prob}\{Z \leq z\} = \frac{1}{\sqrt{2\pi}} \int_{-\infty}^{z} e^{-\frac{u^2}{2}} du.$$

Die Indizes μ,σ^2 bzw. 0,1 zur Unterscheidung einer normalverteilten Zufallsvariablen X von einer standardnormalverteilten Zufallsvariablen Z werden weggelassen, wenn keine Verwechslungen möglich sind.

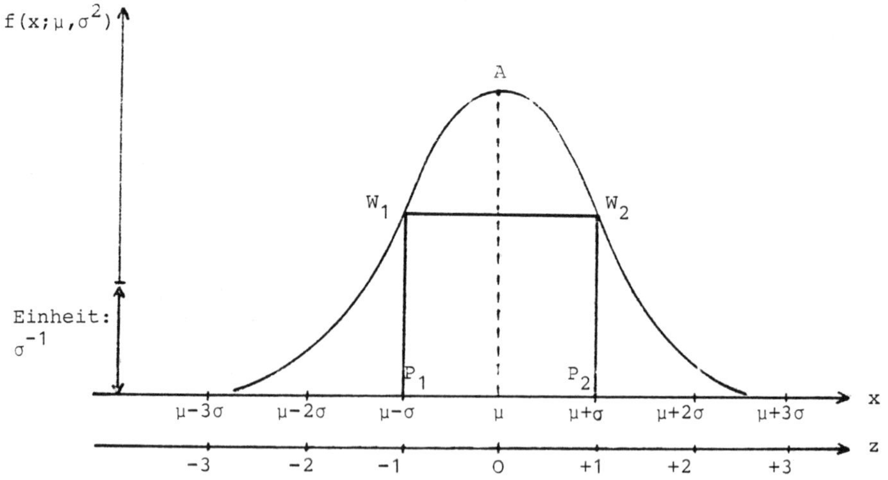

Abb. 14.7: Wahrscheinlichkeitsdichte der Normalverteilung

14.4.2 Das Rechnen mit normalverteilten Zufallszahlen

Die numerische Berechnung der Wahrscheinlichkeitswerte von normalverteilten Zufallsgrößen erweist sich als äußerst schwierig, da das in der Wahrscheinlichkeitsdichte auftretende Integral nicht mit elementaren Methoden ausgewertet werden kann. Durch die Transformation auf eine standardnormalverteilte Zufallsvariable Z gelingt es, die Wahrscheinlichkeitswerte zu berechnen, wobei die Verteilungsfunktion $F_{NV}(z;0,1)$ in Tabellenform vorliegt. Diese Tabellen umfassen in der Regel nur die Werte $z \geq 0$, da man wegen der Symmetrie der Normalverteilung die Verteilungswerte für negative Werte aus der Beziehung

(14.22) $$F_{NV}(-z) = 1 - F_{NV}(z)$$

bestimmen kann (vgl. Abb. 14.8).

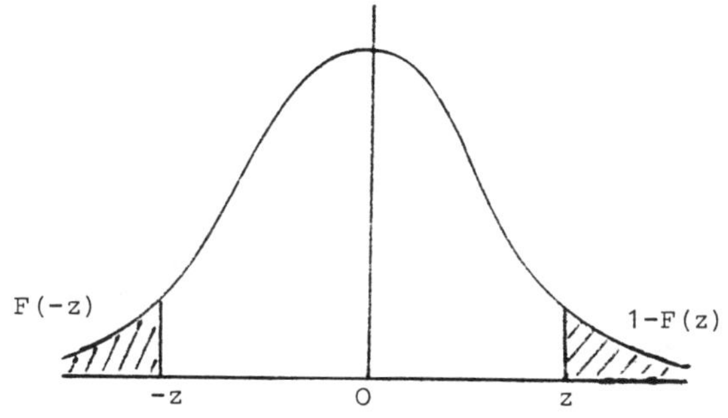

Abb. 14.8: $F_{NV}(-z) = \text{Prob}\{Z \leq -z\} = \text{Prob}\{Z > z\}$
$= 1 - \text{Prob}\{Z \leq z\} = 1 - F_{NV}(z)$

Das Berechnen der Wahrscheinlichkeitswerte mit Hilfe der Tabelle soll anhand von sechs Grundaufgaben für eine nach N(0,1)-verteilte Zufallsgröße Z gezeigt werden.

1) $$\begin{aligned}\text{Prob}\{Z \leq 1{,}413\} &= F(1{,}413)\\ &= F(1.41) + 0{,}3\cdot[F(1{,}42) - F(1{,}41)]\\ &= 0{,}9207 + 0{,}3\cdot[0{,}9222 - 0{,}9207]\\ &= 0{,}9207 + 0{,}0005\\ &= 0{,}9212.\end{aligned}$$

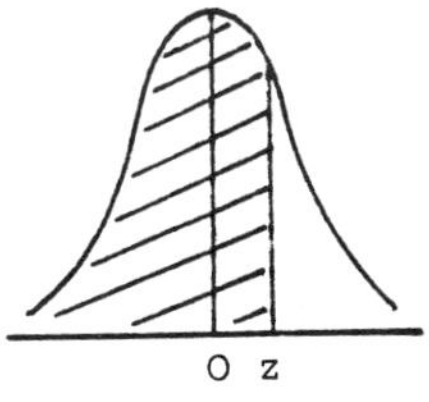

2) $\text{Prob}\{Z \geq 2\} = 1 - F(2) = 1 - 0{,}9772$
$= 0{,}0228.$

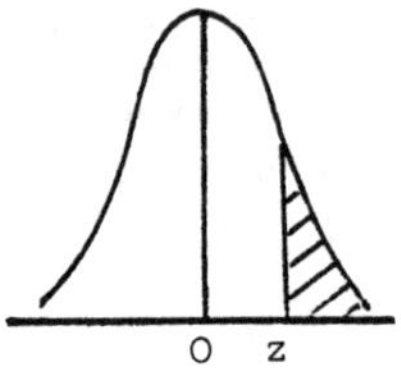

3) $\text{Prob}\{Z \leq -1{,}72\} = 1 - F(1{,}72) = 1 - 0{,}9573$
$= 0{,}0427.$

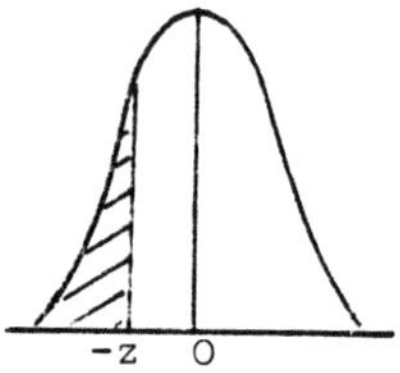

4) $\text{Prob}\{Z \geq -0{,}48\} = 1 - \text{Prob}\{Z \leq -0{,}48\}$
$= 1 - [1 - F(0{,}48)] = F(0{,}48)$
$= 0{,}6844.$

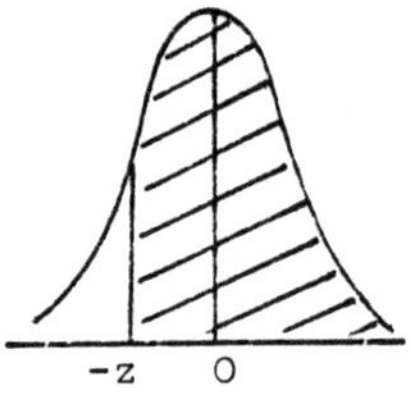

5) $\text{Prob}\{-2{,}7 \leq Z \leq 2{,}7\} = \text{Prob}\{Z \leq 2{,}7\} - \text{Prob}\{Z \leq -2{,}7\}$
$= F(2{,}7) - [1 - F(2{,}7)]$
$= 2 \cdot F(2{,}7) - 1 = 2 \cdot 0{,}9965 - 1$
$= 0{,}9930.$

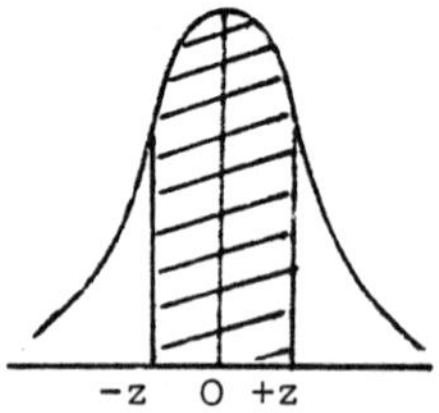

6) $\text{Prob}\{-1{,}2 \le Z \le -0{,}3\} = F(-0{,}3) - F(-1{,}2)$
$= 1 - F(0{,}3) - [1 - F(1{,}2)]$
$= F(1{,}2) - F(0{,}3)$
$= 0{,}8849 - 0{,}6179$
$= 0{,}2670.$

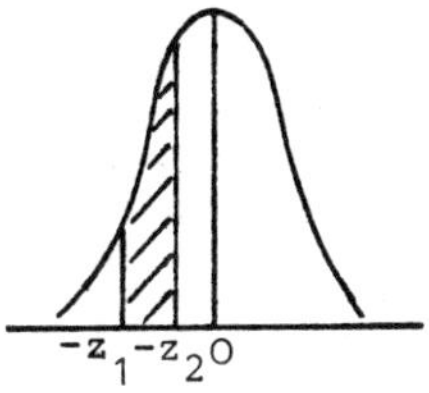

Es werde nun der Fall betrachtet, daß X eine nach $N(\mu,\sigma^2)$-verteilte Zufallsvariable ist. Um ihre Wahrscheinlichkeitswerte zu bestimmen, muß man den Zusammenhang zwischen X und der zugehörigen standardnormalverteilten Zufallsgröße Z kennen. Dieser ergibt sich durch

(14.13) $F_{NV}(x;\mu,\sigma^2) = \text{Prob}\{X \le x\} = \text{Prob}\{Z \le \frac{x-\mu}{\sigma}\} = F_{NV}(\frac{x-\mu}{\sigma};0,1).$

Diese Beziehung erlaubt es, die Berechnung der Wahrscheinlichkeiten von beliebigen normalverteilten Zufallsvariablen mit Hilfe der Tabellen für die standardnormalverteilte Zufallsvariable vorzunehmen. Für einen endlichen Bereich lautet die Beziehung

$$\begin{aligned}\text{Prob}\{x_1 \le X \le x_2\} &= F_{NV}(x_2;\mu,\sigma^2) - F_{NV}(x_1;\mu,\sigma^2)\\ &= F_{NV}\left(\frac{x_2-\mu}{\sigma};0,1\right) - F_{NV}\left(\frac{x_1-\mu}{\sigma};0,1\right)\\ &= F_{NV}(z_2) - F_{NV}(z_1).\end{aligned}$$

Beispiel 14.8:

Angenommen, das Gewicht von Briefumschlägen sei normalverteilt mit dem Mittelwert $\mu = 0{,}8$ g und der Varianz $\sigma^2 = 0{,}0025$.

Wieviele Briefumschläge unter 10 000 Stück werden mehr als 0,95 g wiegen?

Es sind $\mu = 0{,}8$ und $\sigma = 0{,}05$.

Gesucht: $\text{Prob}\{X \ge 0{,}95\}$.

Antwort: $\text{Prob}\{X \ge 0{,}95\} = \text{Prob}\{Z \ge \frac{0{,}95 - 0{,}80}{0{,}05}\}$
$= \text{Prob}\{Z \ge 3\} = 1 - F(3)$
$= 1 - 0{,}9987 = 0{,}0013,$

d.h. 0,13 % oder 13 Briefumschläge unter 10 000 Stück werden mehr als 0,95 g wiegen.

Bisher wurde bei einer $N(\mu,\sigma^2)$-verteilten Zufallsvariablen X nach der Wahrscheinlichkeit gefragt, mit der sie in einem vorgegebenen Intervall $[x_1,x_2]$ liegt. Nun kann diese Fragestellung umgekehrt werden. Man kann einen Wert für die Wahrscheinlichkeit, er möge mit δ bezeichnet werden, vorgeben. Es soll dann ein Bereich bestimmt werden, in dem die Zufallsvariable X mit dieser vorgegebenen Wahrscheinlichkeit liegen wird. Allerdings hat diese Umkehraufgabe keine eindeutige Lösung (vgl. Abb. 14.9). Selbst wenn man den Bereich als zusammenhängend voraussetzt, kann man durch Verschieben eine kontinuierliche Menge von Bereichen zu einer vorgegebenen Wahrscheinlichkeit δ konstruieren. Eine eindeutige Lösung dieser Umkehraufgabe läßt sich erreichen, wenn man eine bestimmte Form für den gesuchten Bereich vorschreibt.

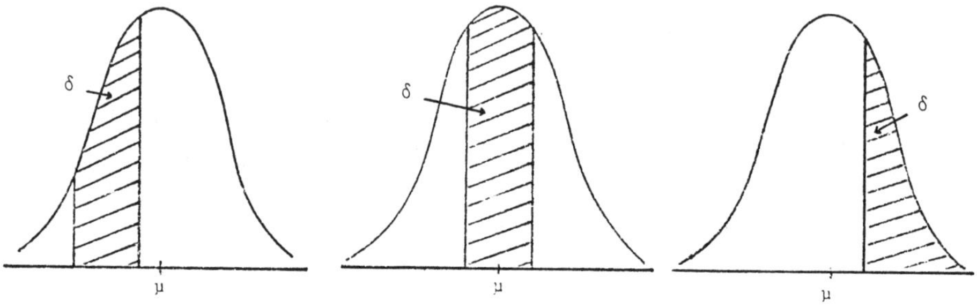

Abb. 14.9: Verschiedene Bereiche zu einer bestimmten Wahrscheinlichkeit δ

Zunächst soll die Lösung dieser Umkehraufgabe für die standardisierte Zufallsvariable Z gezeigt werden:

Gegeben sei eine reelle Zahl δ mit $0 < \delta < 1$. Es soll die Gleichung $F(z) = \delta$ nach z aufgelöst werden. Da die Funktion F(z) als stetige Verteilungsfunktion streng monoton ist, existiert eine eindeutige Lösung $z = F^{-1}(\delta)$. Diese besagt, daß die standardisierte Zufallsvariable Z mit der Wahrscheinlichkeit δ in dem Bereich $(-\infty,F^{-1}(\delta)]$ liegt.

Aus den Tabellen für die standardisierte Normalverteilung läßt sich aber nur die obere Bereichsgrenze $F^{-1}(\delta)$ für die Werte $\delta \geq 0.5$ ablesen. Für die Werte $\delta < 0.5$ muß man wieder die Eigenschaft $F(-z) = 1 - F(z)$ verwenden. Aus $F(z) = \delta$ folgt

$$1 - F(z) = 1 - \delta,$$
$$F(-z) = 1 - \delta,$$
$$-z = F^{-1}(1 - \delta),$$

(14.25) $$z = -F^{-1}(1 - \delta).$$

Um zu diesem Ergebnis zu gelangen, ging man von der Gleichung $F(z) = \delta$ aus. Damit müssen die beiden Ergebnisse, sowohl $z = F^{-1}(\delta)$ als auch $z = -F^{-1}(1 - \delta)$ übereinstimmen, d.h. es gilt

(14.26) $$F^{-1}(\delta) = -F^{-1}(1 - \delta).$$

Beispiel 14.9:

Es soll die Gleichung $F(z) = \delta$ gelöst werden für

a) $\delta = 0{,}93$, und b) $\delta = 0{,}02$.

a)
$$F(z) = 0{,}93,$$
$$z = F^{-1}(0{,}93),$$
$$z = 1{,}476.$$

b)
$$F(z) = 0{,}02,$$
$$z = F^{-1}(0{,}02),$$
$$z = -F^{-1}(1-0{,}02) = -F^{-1}(0{,}98),$$
$$z = -2{,}054.$$

Es wird jetzt wieder eine $N(\mu,\sigma^2)$-verteilte Zufallsvariable X betrachtet. Für diese sollen wieder gewisse Standardbereiche bestimmt werden, in denen die Zufallsvariable X mit einer vorgegebenen Wahrscheinlichkeit δ liegt. Die folgenden vier Standardbereiche werden betrachtet:

1. links-offener Bereich

$$\text{Prob}\{X \leq x\} = \delta,$$
$$\text{Prob}\{Z \leq \tfrac{x-\mu}{\sigma}\} = \delta,$$
$$\frac{x-\mu}{\sigma} = F^{-1}(\delta),$$
$$x = \mu + \sigma \cdot F^{-1}(\delta).$$

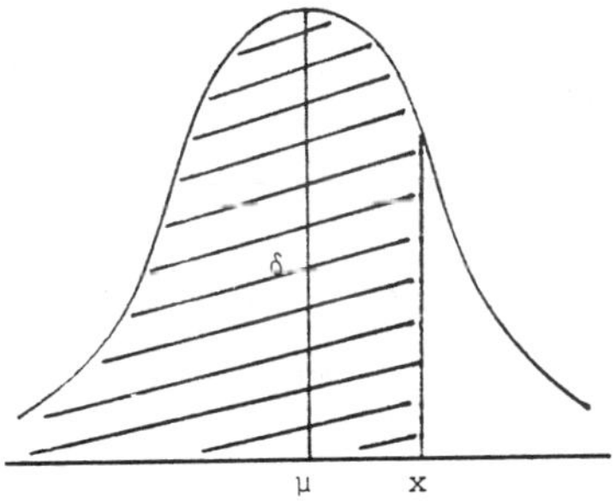

2. rechts-offener Bereich

$$\text{Prob}\{X \geq x\} = \delta,$$
$$\text{Prob}\{Z \geq \tfrac{x-\mu}{\sigma}\} = \delta,$$

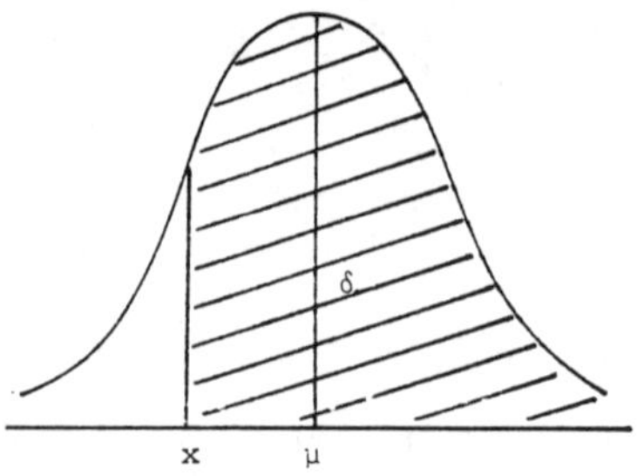

$$1 - F\left(\frac{x-\mu}{\sigma}\right) = \delta,$$

$$F\left(\frac{x-\mu}{\sigma}\right) = 1 - \delta,$$

$$\frac{x-\mu}{\sigma} = F^{-1}(1-\delta) = -F^{-1}(\delta),$$

$$x = \mu - \sigma \cdot F^{-1}(\delta).$$

3. Symmetrischer Bereich um den Erwartungswert

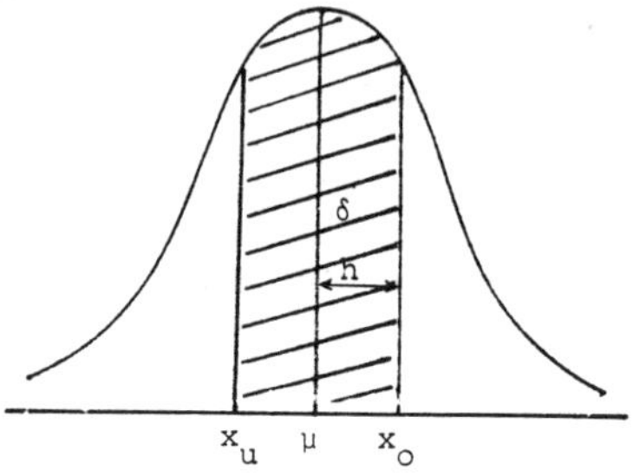

$$\text{Prob}\{\mu-h \le X \le \mu+h\} = \delta,$$

$$\text{Prob}\left[-\frac{h}{\sigma} \le Z \le \frac{h}{\sigma}\right] = \delta,$$

$$\text{Prob}\{Z \le \frac{h}{\sigma}\} - \text{Prob}\{-\frac{h}{\sigma} \le Z\} = \delta,$$

$$\text{Prob}\left[Z \le \frac{h}{\sigma}\right] - \left[1 - \text{Prob}\left[Z \le \frac{h}{\sigma}\right]\right] = \delta,$$

$$2 \cdot \text{Prob}\left[Z \le \frac{h}{\sigma}\right] - 1 = 2 \cdot F\left[\frac{h}{\sigma}\right] - 1 = \delta,$$

$$F\left[\frac{h}{\sigma}\right] = \frac{1+\delta}{2},$$

$$\frac{h}{\sigma} = F^{-1}\left[\frac{1+\delta}{2}\right],$$

$$h = \sigma \cdot F^{-1}\left[\frac{1+\delta}{2}\right].$$

Die beiden Bereichsgrenzen x_u und x_o ergeben sich somit zu

$$x_u = \mu - \sigma \cdot F^{-1}\left[\frac{1+\delta}{2}\right], \quad \text{und}$$

$$x_o = \mu + \sigma \cdot F^{-1}\left[\frac{1+\delta}{2}\right].$$

4. Beidseitig abgeschlossener Bereich, dessen untere Bereichsgrenze durch x_u vorgegeben ist

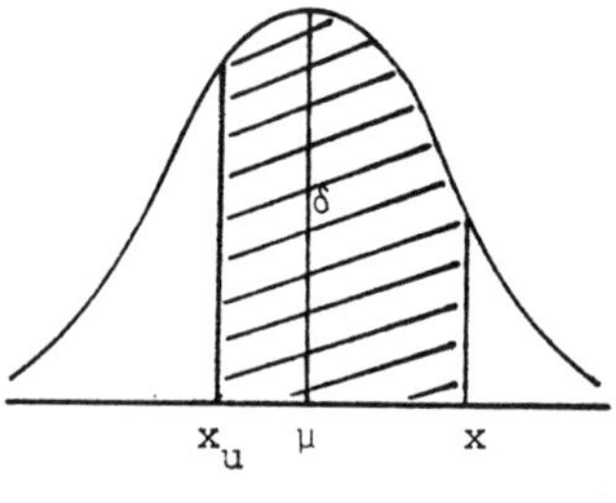

$$\text{Prob}\{x_u \le X \le x\} = \delta$$

$$\text{Prob}\left[\frac{x_u-\mu}{\sigma} \le Z \le \frac{x-\mu}{\sigma}\right] = \delta$$

$$F\left[\frac{x-\mu}{\sigma}\right] - F\left[\frac{x_u-\mu}{\sigma}\right] = \delta$$

$$F\left[\frac{x-\mu}{\sigma}\right] = \delta + F\left[\frac{x_u-\mu}{\sigma}\right],$$

$$\frac{x-\mu}{\sigma} = F^{-1}\left[\delta + F\left[\frac{x_u-\mu}{\sigma}\right]\right],$$

$$x = \mu + \sigma \cdot F^{-1}\left[\delta + F\left[\frac{x_u-\mu}{\sigma}\right]\right].$$

Beispiel 14.10:

Eine Großhandlung muß einem Kunden nach Eintreffen seiner Bestellung die Ware binnen 60 Minuten ausgeliefert haben. Der Kunde kann entweder über die Autobahn oder über eine Landstraße mit vielen Ortsdurchfahrten angefahren werden. Die Fahrzeiten X seien normalverteilte Zufallsvariablen mit den Verteilungen

Autobahn : N(26,9) -verteilt,
Landstraße : N(20,100)-verteilt.

Da die Zusammenstellung des Auftrages im Lager eine gewisse Zeit benötigt, stehen dem Fahrer zur Auslieferung nicht mehr die vollen 60 Minuten zur Verfügung. Angenommen, ihm stehen nur noch 28 (bzw. 29) Minuten zur Verfügung. Welche Route soll er wählen, um die Wahrscheinlichkeit einer verspäteten Anlieferung so gering wie möglich zu halten? Welche Route würde man für die Rückfahrt vorschlagen, damit der Wagen mit größerer Wahrscheinlichkeit früher wieder zum Lager zurückkommt?

1. Fahrt auf der Landstraße, d.h. X ist N(20,10)-verteilt.

a) $\text{Prob}\{X \geq 28\} = \text{Prob}\{Z \geq \frac{28 - 20}{10}\} = \text{Prob}\{Z \geq 0{,}8\}$

$= 1 - F(0{,}8) = 1 - 0{,}79 = 0{,}21,$

d.h. die Wahrscheinlichkeit einer Verspätung beträgt 21 %.

b) $\text{Prob}\{X \geq 29\} = \text{Prob}\{Z \geq \frac{29 - 20}{10}\} = \text{Prob}\{Z \geq 0{,}9\}$

$= 1 - F(0{,}9) = 1 - 0{,}82 = 0{,}18,$

d.h. die Wahrscheinlichkeit einer Verspätung beträgt 18 %.

2. Fahrt auf der Autobahn, d.h. X ist N(26,9)-verteilt.

a) $\text{Prob}\{X \geq 28\} = \text{Prob}\{Z \geq \frac{28 - 26}{3}\} = \text{Prob}\{Z \geq \frac{2}{3}\}$

$= 1 - F(0{,}67) = 1 - 0{,}75 = 0{,}25,$

d.h. die Wahrscheinlichkeit einer Verspätung beträgt 25 %.

b) $\text{Prob}\{X \geq 29\} = \text{Prob}\{Z \geq \frac{29 - 26}{3}\} = \text{Prob}\{Z \geq 1\}$

$= 1 - F(1) = 1 - 0{,}84 = 0{,}16,$

d.h. die Wahrscheinlichkeit einer Verspätung beträgt 16 %.

Daraus folgt, daß der Fahrer die Autobahn wählen sollte, wenn ihm 29 Minuten (oder mehr) für die Fahrt zur Verfügung stehen. Hat er dagegen nur 28 Minuten (oder weniger) Zeit für die Fahrt, dann sollte er die Route auf der Landstraße wählen.

Für die Rückfahrt ist wegen der fehlenden Zeitbeschränkung auf jeden Fall die Autobahnroute zu wählen. Bekanntlich liegen bei einer normalverteilten Zufallsvariablen X rund 84 % der Realisationen x im Intervall $(-\infty,\mu+\sigma]$. Dies bedeutet, daß man in rund 84 % aller Fälle das Lager über die Autobahn nach 29 Minuten, über die Landstraße jedoch erst nach 30 Minuten erreichen würde.

Beispiel 14.11:

Es sei X eine nach N(5;2,25) verteilte Zufallsvariable.

1. Man bestimme einen symmetrischen Bereich um den Mittelwert so, daß 99 % der Realisationen von X in diesem Bereich liegen werden.

2. Man bestimme eine Zahl x so, daß 10 % der Realisationen in einem Bereich liegen werden, dessen untere Begrenzung $x_u = 6{,}5$ gegeben wird.

Lösungen:

1. Es ist $\mu = 5$, $\sigma = 1{,}5$, $\delta = 0{,}99$ und $\frac{1+\delta}{2} = 0{,}995$.

   Somit ergeben sich die beiden Bereichsgrenzen zu

$$x_u = \mu - \sigma \cdot F^{-1}\left(\frac{1+\delta}{2}\right) = 5 - 1{,}5 \cdot F^{-1}(0{,}995) = 5 - 1{,}5 \cdot 2{,}576$$

$$= 5 - 3{,}864 = 1{,}136,$$

$$x_o = \mu + \sigma \cdot F^{-1}\left(\frac{1+\delta}{2}\right) = 5 + 3{,}864 = 8{,}864.$$

   Mit einer Wahrscheinlichkeit von 99 % liegt die Zufallsvariable X im Bereich [1,136 ; 8,864].

2. $\text{Prob}\{6{,}5 \le X \le x\} = 0{,}1,$

$$\text{Prob}\left(\frac{6{,}5-5}{1{,}5} \le Z \le \frac{x-5}{1{,}5}\right) = 0{,}1,$$

$$F\left(\frac{x-5}{1{,}5}\right) - F(1) = 0{,}1,$$

$$F\left(\frac{x-5}{1{,}5}\right) = 0{,}1 + F(1) = 0{,}9413,$$

$$\frac{x-5}{1{,}5} = F^{-1}(0{,}9413) = 1{,}566,$$

$$x = 5 + 2{,}349 = 7{,}349.$$

   Mit einer Wahrscheinlichkeit von 10 % liegt die Zufallsvariable X im Bereich [6,5 ; 7,349].

14.4.3 Die Normalverteilung als Näherungslösung für bestimmte Verteilungstypen

Für große Werte gewisser Parameter nähert sich die Form vieler, durch ein bestimmtes Gesetz gegebener Typen von Verteilungsfunktionen der Form der "**Glockenkurve**" an. Dies gilt insbesondere für folgende diskrete Verteilungen:

a) Binomialverteilung für große Werte von $n \cdot p$.

b) Hypergeometrische Verteilung für große Werte von N, N_1, und n.

c) Poissonverteilung für große Werte von λ.

Es läßt sich dabei folgendes Schema für die Übergänge zwischen den einzelnen Verteilungen aufstellen:

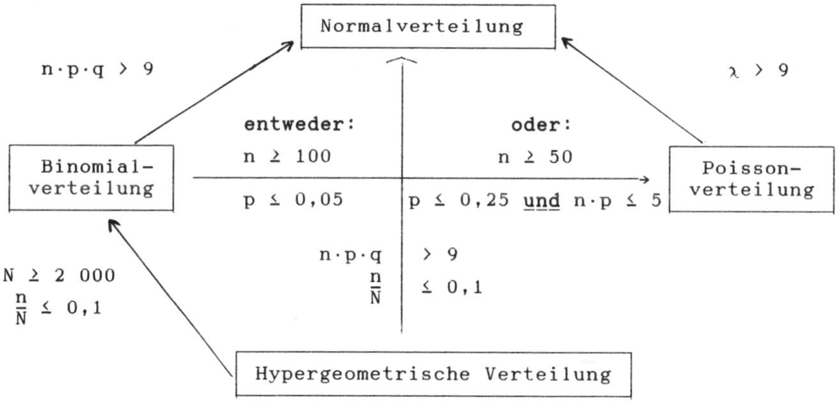

Abb. 14.10: Übersicht über die Übergänge zwischen den einzelnen Wahrscheinlichkeitsverteilungen

14.4.3.1 Approximation der Binomialverteilung durch die Normalverteilung

Für große Werte von n sind der Binomialkoeffizient $\binom{n}{k}$ sowie die Potenzen p^k und q^{n-k} in der Formel für die Binomialverteilung numerisch sehr mühsam zu berechnen. Es wurde bereits gezeigt, daß für kleine Werte der Erfolgswahrscheinlichkeit p die Poissonverteilung als Approximation verwendet werden kann. Nun möchte man aber auch für solche Werte von p, bei denen die Poissonverteilung als Approximation nicht geeignet ist, eine brauchbare Näherungslösung besitzen. Man kann zur Approximation einer Binomialverteilung die Normalverteilung benutzen. Je näher die Erfolgswahrscheinlichkeit p der Binomialverteilung bei 0,5 liegt, desto symmetrischer ist die Verteilung, und um so besser wird ihre Approximation durch die Normalverteilung. Ein kleiner Wert für p bedingt eine größere Schiefe der Binomialverteilung. Um eine brauchbare Approximation zu erzielen, benötigt man deshalb ein größeres n zum Erzielen einer brauchbaren Näherung. Als Faustregel für eine hinreichende Genauigkeit der Approximation benutzt man die folgende Ungleichung

$$n > \frac{9}{p(1-p)} \; .$$

Diese besagt, daß man für $n \cdot p \cdot q > 9$ eine Binomialverteilung durch eine Normalverteilung mit der standardisierten Zufallsvariablen

$$\hat{Z} = \frac{X - n \cdot p}{\sqrt{n \cdot p \cdot q}}$$

approximieren kann.

Da die Binomialverteilung eine diskrete, die Normalverteilung jedoch eine stetige Verteilung ist, muß die **Stetigkeitskorrektur** berücksichtigt werden. Somit approximiert man durch

$$\hat{Z} = \frac{X + 0{,}5 - n \cdot p}{\sqrt{n \cdot p \cdot q}} \; .$$

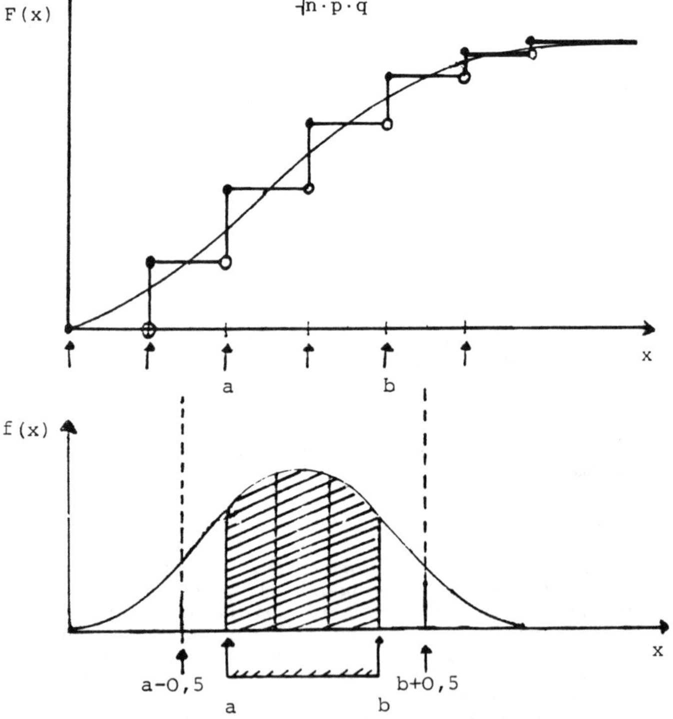

Abb. 14.11: Zur Anwendung der Stetigkeitskorrektur bei der Approximation einer diskreten durch eine stetige Verteilungsfunktion

Bei der Berechnung der Intervallwahrscheinlichkeit Prob{a ≤ X ≤b } muß die Stetigkeitskorrektur an beiden Intervallgrenzen berücksichtigt werden. Dabei wird das Intervall "aufgebläht", um sicher zu sein, daß die beiden diskreten Punkte a und b vom Intervall "überdeckt" werden. Man ersetzt daher das Intervall der diskreten Zufallsvariablen (a ≤ X ≤ b) durch das Intervall der stetigen Zufallsvariablen (a-0,5 ≤ Z ≤ b+0,5), d.h.

$$\text{Prob}\{x_a < X_{\text{diskret}} \leq x_b\} = \text{Prob}\{x_a - 0{,}5 \leq X_{\text{stetig}} \leq x_b + 0{,}5\}$$

$$= \text{Prob}\left\{\frac{x_a - 0{,}5 - n \cdot p}{\sqrt{n \cdot p \cdot q}} \leq Z \leq \frac{x_b + 0{,}5 - n \cdot p}{\sqrt{n \cdot p \cdot q}}\right\}.$$

Beispiel 14.12:

Bei einer Produktion von Leuchtstoffröhren fallen im Durchschnitt 6 % defekte Röhren an. Die Ware wird in Partien von je 1 000 Stück versandt. Die Qualitätskontrolle eines Abnehmers reklamiert, wenn in einer Partie mehr als 80 defekte Röhren enthalten sind. Wie groß ist die Wahrscheinlichkeit einer Reklamation?

Die Anzahl X der defekten Röhren in einer Partie ist approximativ binomial-verteilt mit den Parametern n = 1 000 und p = 0,06 bzw. q = 0,94. Somit ist

$\mu = n \cdot p = 60$, und

$\sigma^2 = n \cdot p \cdot q = 1\,000 \cdot 0{,}06 \cdot 0{,}94 = 56{,}4$, und $\sigma = \sqrt{n \cdot p \cdot q} = 7{,}51$.

Weil 56,4 > 9 ist, kann die Binomialverteilung durch eine Normalverteilung approximiert werden, d.h. X ist approximativ N(60;56,4)-verteilt.

Eine Reklamation tritt auf, wenn X > 80 bzw. X ≥ 81 ist. Da die diskrete Binomialverteilung durch die stetige Normalverteilung approximiert wird, rechnet man mit dem Korrekturwert X = 80,5.

$$\text{Prob}\{X \geq 80{,}5\} = \text{Prob}\left\{Z \geq \frac{80{,}5 - 60}{7{,}51}\right\} = \text{Prob}\{Z \geq 2{,}73\}$$

$$= 1 - F(2{,}73) = 1 - 0{,}997 = 0{,}003,$$

d.h. die gesuchte Wahrscheinlichkeit beträgt 0,3 %.

14.4.3.2 Approximation der Poissonverteilung durch die Normalverteilung

Auch die Poissonverteilung läßt sich für große Werte des Parameters λ durch eine Normalverteilung approximieren. Dieser Approximationsfehler wird kleiner als 0,01 wenn $\lambda \geq 100$ ist. Für die Praxis brauchbare Resultate der Approximation erreicht man aber bereits für $\lambda > 9$. Wenn eine Poisson-verteilte Zufallsvariable mit $\lambda > 9$ ist, dann ist X approximativ normalverteilt mit den beiden Parametern $\mu = \lambda$ und $\sigma = \sqrt{\lambda}$. Eine anschauliche Darstellung der Approximation einer diskreten Poissonverteilung mit $\lambda = 4$ durch eine stetige Normalverteilung wird für den Bereich $0 \leq x \leq 9$ in der Abbildung 14.12 gezeigt.

Tabelle 14.4: Approximation der Poissonverteilung durch die Normalverteilung

x	$F_{PV}(x;\lambda=4)$	$F_{NV}\left(\frac{x-4}{2}\right)$	$F_{NV}\left(\frac{x+0,5-4}{2}\right)$	(2) - (3)	(2) - (4)
(1)	(2)	(3)	(4)	(5)	(6)
0	0,0183	0,0228	0,0401	- 0,0045	- 0,0218
1	0,0916	0,0668	0,1057	0,0248	- 0,0141
2	0,2381	0.1587	0,2266	0,0794	0,0115
3	0,4335	0,3085	0,4013	0,1250	0,0322
4	0,6228	0,5000	0,5987	0,1228	0,0241
5	0,7851	0,6915	0,7734	0,0936	0,0117
6	0,8893	0,8413	0,8944	0,0480	0,0051
7	0,9489	0,9332	0,9599	0,0157	- 0,0011
8	0,9786	0,9773	0,9878	0,0013	- 0,0092
9	0,9919	0,9938	0,9970	- 0,0019	- 0,0051

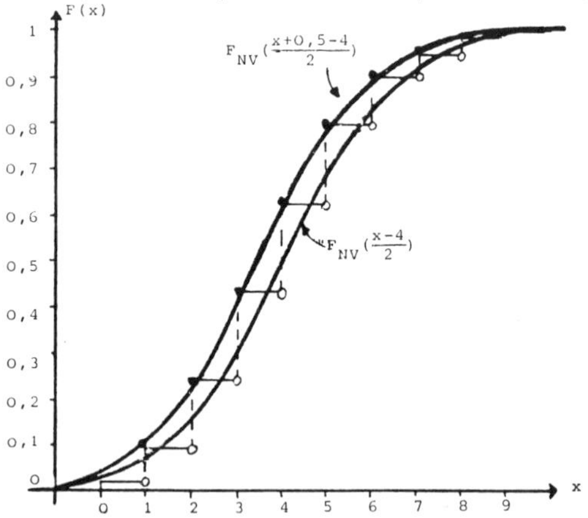

Abb. 14.12: Approximation der F_{PV} $(x;\lambda=4)$ durch die Normalverteilung

Beispiel 14.13:

Aus einem Ersatzteillager werden durchschnittlich pro Woche 12 Austauschmotoren benötigt. Es soll der Anfangsbestand einer Woche so bemessen werden, daß man duchschnittlich

a) höchstens zweimal im Jahr,
b) höchstens einmal in zwei Jahren,

mit den gelagerten Ersatzteilen während einer Woche nicht auskommt.

Der Wochenbedarf ist eine Zufallsvariable, die mit X bezeichnet wird, und von der man annimmt, daß sie Poisson-verteilt mit $\lambda = 12$ ist. Dazu muß allerdings gefordert werden, daß die Ersatzteile einzeln und nicht gruppenweise benötigt werden. Die Angaben über die durchschnittliche Häufigkeit des Überschreitens des Lagerbestandes sollen mit Hilfe der Häufigkeitsinterpretation als Wahrscheinlichkeiten gedeutet werden. Man erhält

$$a)\ \delta = 2/52 = 0{,}0385 \quad \text{und} \quad b)\ \delta = 1/104 = 0{,}0096.$$

Die gesuchte Stückzahl des Lagerbestandes sei x. Dann muß gelten

$$\text{Prob}\{X > x\} = \delta \quad \text{bzw.} \quad \text{Prob}\{X \geq x+1\} = \delta.$$

Da die diskrete Poissonverteilung durch die stetige Normalverteilung approximiert wird, rechnet man mit dem Korrekturwert $x + 0{,}5$.

Die Standardisierung ergibt

$$\text{Prob}\left\{Z \geq \frac{x + 0{,}5 - \lambda}{\sqrt{\lambda}}\right\} = \delta.$$

Somit erhält man

$$1 - F\left(\frac{x + 0{,}5 - \lambda}{\sqrt{\lambda}}\right) = \delta,$$

$$\frac{x + 0{,}5 - \lambda}{\sqrt{\lambda}} = F^{-1}(1 - \delta),$$

$$x = \lambda - 0{,}5 + \sqrt{\lambda} \cdot F^{-1}(1 - \delta).$$

Durch Einsetzen der numerischen Werte erhält man

a) $1 - \delta = 0{,}962$; $F^{-1}(1 - \delta) = 1{,}770$; $\lambda = 12$; $\sqrt{12} = 3{,}46$;

$$x = 12 - 0{,}5 + 3{,}46 \cdot 1{,}770 = 17{,}63.$$

b) $1 - \delta = 0{,}990$; $F^{-1}(1 - \delta) = 2{,}34$; $\lambda = 12$; $\sqrt{12} = 3{,}46$;

$$x = 12 - 0{,}5 + 3{,}46 \cdot 2{,}34 = 19{,}61.$$

Da es sich hier um diskrete Größen handelt, rundet man auf die nächstgrößere ganze Zahl auf. Es ist üblich, den Lagerbestand wie folgt zu zerlegen:

Lagerbestand = durchschnittlicher Bedarf plus Sicherheitsbestand.

Somit lautet das Ergebnis:

a) $x = 18 = 12 + 6$, d.h. ein Sicherheitsbestand von 6 Einheiten garantiert, daß man durchschnittlich höchstens zweimal im Jahr während einer Woche mit dem Anfangsbestand nicht auskommt.

b) $x = 20 = 12 + 8$, d.h. ein Sicherheitsbestand von 8 Einheiten garantiert, daß man durchschnittlich höchstens einmal in zwei Jahren während einer Woche mit dem Anfangsbestand nicht auskommt.

14.4.4 Lineare Funktionen mehrerer normalverteilter Zufallsvariablen

Ohne Beweis werde der folgende Satz angeführt:

> **Satz:** Eine Linearform, gebildet als lineare Funktion aus voneinander unabhängigen, normalverteilten Zufallsvariablen, ist ebenfalls normalverteilt.

Die Anwendung dieses Satzes soll an einigen Beispielen gezeigt werden:

1. Es seien

X_1 nach $N(\mu_1,\sigma_1^2)$-verteilt, und

X_2 nach $N(\mu_2,\sigma_2^2)$-verteilt.

Dann ist

$X_1 + X_2$: nach $N(\mu_1 + \mu_2,\sigma_1^2 + \sigma_2^2)$-verteilt, und

$X_1 - X_2$: nach $N(\mu_1 - \mu_2,\sigma_1^2 + \sigma_2^2)$-verteilt.

2. Es seien X_1 und X_2 beide nach $N(\mu,\sigma^2)$-verteilt.

Dann ist

$X_1 + X_2$: nach $N(2\mu,2\sigma^2)$-verteilt, und

$X_1 - X_2$: nach $N(0,2\sigma^2)$-verteilt.

3. Es seien $X_1, X_2, \ldots, X_n$ nach $N(\mu,\sigma^2)$-verteilt.

Dann ist

$$S_n = \sum_{i=1}^{n} X_i \quad \text{nach } N(n\mu, n\sigma^2)\text{-verteilt.}$$

Da für für das arithmetische Mittel $\bar{X} = \frac{1}{n} \cdot S_n$ gilt ,folgt, daß

$$\bar{X} \text{ nach } N(\mu, \frac{\sigma^2}{n})\text{-verteilt ist.}$$

Beispiel 14.14:

Eine Verpackungsmaschine füllt Butterpakete ab. Diese Packungen werden in Kartons zu je 50 Stück versandt. Die Gewichte von Füllung, Verpackung und Karton seien normalverteilt mit den folgenden Erwartungswerten und Standardabweichungen:

	Erwartungswert	Standardabweichung
Füllung	μ_f = 250 g,	σ_f = 10 g,
Verpackung	μ_p = 10 g,	σ_p = 2 g,
Karton (leer)	μ_1 = 200 g,	σ_1 = 20 g.

1. Man vergleiche Erwartungswert und Standardabweichung einer gefüllten Packung und eines vollgepackten Kartons.

Zunächst führt man folgende Bezeichnungen ein:

X_i : Füllgewicht der i-ten Packung,

V_i : Gewicht der i-ten leeren Packung,

R : Gewicht des leeren Kartons,

G_i : Gewicht der i-ten gefüllten Packung,

K : Gewicht des vollgepackten Kartons,

jeweils für i = 1,2, ..., 100.

Es wird

$$E\{X_i\} = \mu_{if}, \qquad E\{V_i\} = \mu_{ip}, \qquad E\{K\} = \mu_K,$$

$$Var\{X_i\} = \sigma_{if}^2, \qquad Var\{V_i\} = \sigma_{ip}^2, \qquad Var\{K\} = \sigma_K^2.$$

X_i, V_i, und R können als unabhängige Zufallsvariablen aufgefaßt werden.

Dann gilt

$$G_i = X_i + V_i,$$

$$E\{G_i\} = \mu_u = \mu_{if} + \mu_{ip} = 250 + 10 = 260,$$

$$\mathrm{Var}\{G_i\} = \sigma_u^2 = \sigma_{if}^2 + \sigma_{ip}^2 = 10^2 + 2^2 = 104.$$

Damit ist G_i nach N(260,104)-verteilt.

$$K = \sum_{i=1}^{50} X_i + \sum_{i=1}^{50} V_i + R,$$

$$E\{K\} = \mu_k = \sum_{i=1}^{50} \mu_{if} + \sum_{i=1}^{50} \mu_{ip} + \mu_1$$

$$= 50 \cdot 250 + 50 \cdot 10 + 200 = 13\ 200,$$

$$\mathrm{Var}\{K\} = \sigma_k^2 = \sum_{i=1}^{50} \sigma_{if}^2 + \sum_{i=1}^{50} \sigma_{ip}^2 + \sigma_1^2$$

$$= 50 \cdot 10^2 + 50 \cdot 2^2 + 20^2 = 5\ 600.$$

Damit ist K nach N(13 200;5 600)-verteilt, und man erhält das Ergebnis

	Erwartungswert	Standardabweichung
gefüllte Packung	260 g	10,20 g,
gefüllter Karton	13 200 g	74,83 g.

2. Wie groß ist die Wahrscheinlichkeit, daß das Gewicht des vollgepackten Kartons in den Grenzen ± 1 % des Normalgewichtes liegt?

Die Zufallsvariable

K = (Gewicht des vollgepackten Kartons)

ist nach N(13 200,5 600)-verteilt.

Als "Normalgewicht" von K werde μ_K = 13 200 g aufgefaßt.

Der geforderte Bereich wird dann durch das Intervall

(13 200 - 132 ; 13 200 + 132)

gegeben. Zu berechnen ist somit

$$\mathrm{Prob}\{13\ 200 - 132 \leq K \leq 13\ 200 + 132\}.$$

Nach Übergang zu standardisierten Variablen erhält man

$$\mathrm{Prob}\{- \frac{132}{74{,}83} \leq Z \leq \frac{132}{74{,}83}\}$$

$$= \mathrm{Prob}\{- 1{,}76 \leq Z \leq 1{,}76\} = 2F(1{,}76) - 1$$

$$= 2 \cdot 0{,}9608 - 1 = 0{,}9216,$$

d.h. die Wahrscheinlichkeit, daß das Gewicht eines vollgepackten Kartons in den Grenzen ± 1 % des Normalgewichtes liegt, beträgt 92,16 %.

14.4.5 Der Zentrale Grenzwertsatz

Die Aussage des vorigen Abschnittes, daß die Summe (und damit auch das arithmetische Mittel) von n unabhängigen Zufallsvariablen ebenfalls normalverteilt ist, läßt sich noch etwas abschwächen. Besitzt man eine große Zahl von "Summanden", dann kann man auf die Bedingung, daß diese normalverteilt sein müssen, verzichten. Es gilt nämlich der folgende Satz, der als Grenzwertsatz bezeichnet wird:

Satz: Es sei eine Folge von n unabhängigen Zufallsvariablen X_1, X_2, ..., X_n mit der gleichen unbekannnten Wahrscheinlichkeitsdichte f(x) gegeben. Erwartungswert $E\{X_i\} = \mu$ und Varianz $Var\{X_i\} = \sigma^2$ mögen existieren. Für die aus den beiden Zufallsvariablen

$$S_n = \sum_{i=1}^{n} X_i \text{ und } \bar{X}_n = \frac{1}{n} \sum_{i=1}^{n} X_i = \frac{1}{n} S_n$$

gewonnenen standardisierten Zufallsvariablen gilt dann

$$(4.27)\quad \lim_{n \to \infty} \text{Prob}\left\{\frac{S_n - n\mu}{\sigma\sqrt{n}} \leq z\right\} = \lim_{n \to \infty} \text{Prob}\left\{\frac{\bar{X}_n - \mu}{\sigma/\sqrt{n}} \leq z\right\} = F_{NV}(z;0,1)$$

Verbal besagt dies, daß für ein hinreichend großes n die Zufallsvariable S_n approximativ nach $N(n\mu, n\sigma^2)$-verteilt und die Zufallsvariable $\bar{X}_n$ approximativ nach $N(\mu, \frac{\sigma^2}{n})$-verteilt sind.

Der Zentrale Grenzwertsatz ist für die praktischen Anwendungen der Statistik von großer Bedeutung. Er besagt u.a., daß bei hinreichend großem Stichprobenumfang n das arithmetische Mittel der Stichprobenwerte $\bar{X}$ approximativ normalverteilt ist, unabhängig von der Verteilung der Zufallsvariablen X in der Grundgesamtheit. Für die praktische Anwendung unterstellt man, daß bei einem Stichprobenumfang $n \geq 100$ die Approximation hinreichend genau ist.

14.5 Die Chi-Quadrat Verteilung

Man kann in der Statistik zwei Klassen von Wahrscheinlichkeitsverteilungen unterscheiden:

1. Verteilungen, die im Zusammenhang mit mathematischen Modellen von Zufallsexperimenten auftreten. Beispiele sind die bereits behandelte Hypergeometrische, die Binomial- und die Poissonverteilung.

2. Testverteilungen. Dies sind Verteilungen, die die Grundlage von statistischen Tests bilden, d.h. Verteilungen, die im Zusammenhang mit Prüfverfahren entwickelt wurden.

Die bereits behandelte Normalverteilung kann man beiden Klassen zuordnen. Im folgenden sollen nun die drei wichtigsten Testverteilungen besprochen werden.

Gegeben seien n voneinander stochastisch unabhängige, standardnormalverteilte Zufallsvariablen $Z_1, Z_2, \ldots, Z_n$. Bildet man die Quadratsumme dieser n Zufallsvariablen, so erhält man eine neue Zufallsvariable. die mit W^2 bezeichnet werden soll. d.h.

$$W^2 = Z_1^2 + Z_2^2 + \ldots + Z_n^2 = \sum_{i=1}^{n} Z_i^2.$$

Dabei bezeichnet n eine positive ganze Zahl. Die Verteilung dieser neuen Zufallsvariablen W^2 heißt **Chi-Quadrat (χ^2)-Verteilung** und die Form ihrer Wahrscheinlichkeitsdichte hängt von der Zahl n ab. Für n = 1 und n = 2 fällt die Dichtefunktion der χ^2-Verteilung monoton, und für kleine Werte von n ist die χ^2-Verteilung eine schiefsymmetrische, linkssteile Verteilung, die für wachsende Werte von n gegen die Form einer Normalverteilung strebt. Die Zahl n ist der Parameter dieser Verteilung, man spricht auch von der Anzahl der Freiheitsgrade ν dieser Verteilung, wobei $\nu = n$ ist. Die χ^2-Verteilung liegt tabelliert vor, so daß die recht umständlichen Formeln zur Berechnung der Dichtefunktion und der Wahrscheinlichkeitsverteilung in der Praxis nicht benötigt werden. Für Erwartungswert und Varianz der χ^2-Verteilung gilt

$$E\{W^2\} = \nu = n, \quad \text{und}$$

$$Var\{W^2\} = 2\nu = 2n.$$

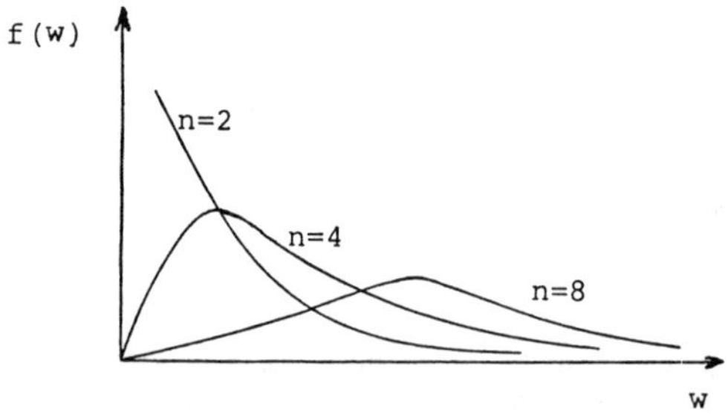

Abb. 14.13: Wahrscheinlichkeitsdichte der χ_n^2-Verteilung

Mit wachsenden Werten von γ nähert sich die χ^2-Verteilung einer Normalverteilung mit den Parametern $\mu = n$ und $\sigma^2 = 2n$. Die Zufallsvariable

$$Z = \frac{W^2 - \gamma}{\sqrt{2\gamma}}$$

ist somit approximativ standardnormalverteilt, d.h.

$$F(W^2) = F_{NV}\left(\frac{W^2 - n}{\sqrt{2n}}\right).$$

Ebenfalls eine asymptotisch normalverteilte Zufallsvariable erhält man in der Form $\sqrt{2 \cdot W^2}$, mit dem Erwartungswert $\sqrt{2n - 1}$ und der Varianz 1. Eine bessere Approximation erhält man mittels der Zufallsvariablen

$$Z^* = \sqrt{2 \cdot W^2} - \sqrt{2n - 1},$$

die bereits für Freiheitsgrade $\gamma > 50$ recht gut mit der Standardnormalverteilung übereinstimmt.

Beispiel 14.15:

Es sei W^2 eine χ^2-verteilte Zufallsvariable, mit $\gamma = 40$. Aus einer Tabelle der χ^2-Verteilung entnimmt man den Wert

$$\text{Prob}\left[W^2 \leq 51{,}805\right] = 0{,}90.$$

Angenommen, man hätte keine χ^2-Tabelle zur Verfügung, dann könnte man eine Approximation mittels der standardnormalverteilten Zufallsvariablen

$$Z^* = \sqrt{2 \cdot 51{,}805} - \sqrt{2 \cdot 40 - 1} = 1{,}2907$$

berechnen. Aus der Tabelle der Standardnormalverteilung entnimmt man dann den Wert

$$\text{Prob}\left[Z^* \leq 1{,}2907\right] = 0{,}9016.$$

Die χ^2-Verteilung wird u.a. benötigt, wenn man ein Konfidenzintervall für die Varianz einer normalverteilten Grundgesamtheit bestimmen will. In der Testtheorie wird sie beispielsweise benötigt beim χ^2-Anpassungstest, dem χ^2-Unabhängigkeitstest und dem χ^2-Homogenitätstest.

14.6 Die Studentverteilung (t-Verteilung)

Der Name dieser Verteilung stammt von dem Engländer W.S. Gosset, der diese Verteilung 1908 unter dem Pseudonym "Student" veröffentlicht hat. Eine andere Bezeichnung lautet t-Verteilung.

Diese Verteilung wird u.a. benötigt, wenn man ein Konfidenzintervall für den Erwartungswert einer Grundgesamtheit bei unbekannter Varianz σ^2 berechnen will.

Man geht aus von zwei voneinander stochastisch unabhängigen Zufallsvariablen Z und W^2, wobei Z standardnormalverteilt und W^2 Chi-Quadrat verteilt ist, mit $\gamma = n$ Freiheitsgraden. Bildet man als neue Zufallsvariable T den Quotienten

$$T = \frac{Z}{\sqrt{W^2/n}} = \frac{Z}{W} \cdot \sqrt{n},$$

so erhält man eine Zufallsvariable, von der Gosset gezeigt hat, daß sie einer Wahrscheinlichkeitsverteilung gehorcht, deren Dichtefunktion von dem Parameter n abhängt, den man wieder als Freiheitsgrad γ bezeichnet. Die Dichtefunktion besitzt eine symmetrische Glockenform zum Erwartungswert μ wie die Normalverteilung und man kann zeigen, daß für wachsende Zahl der Freiheitsgrade γ die Wahrscheinlichkeitsdichte gegen die der Standardnormalverteilung strebt. Für $n > 1$ ergibt sich

$$E\{T\} = 0$$

und für $n \geq 3$

$$Var\{T\} = \frac{n}{n-2} .$$

Für $n = 1$ besitzt die t-Verteilung keinen Erwartungswert und für $n \leq 2$ keine Varianz. Da sowohl die Verteilungs- als auch die Dichtefunktion relativ mühsam zu berechnen sind, liegen diese Werte für verschiedene Freiheitsgrade tabelliert vor.

Für $n \geq 100$ läßt sich die Studentverteilung hinreichend gut durch die Werte der Normalverteilung approximieren.

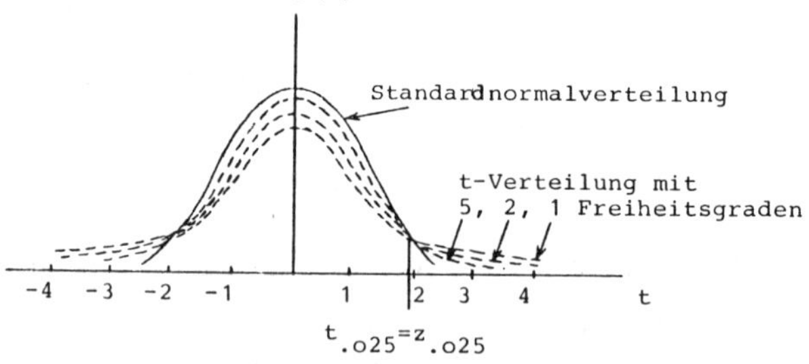

Abb. 14.14: Vergleich der Dichtefunktion der Standardnormalverteilung mit der t-Verteilung für verschiedene Freiheitsgrade

Um ein Konfidenzintervall für den Erwartungswert μ einer normalverteilten Zufallsvariablen bei unbekannter Varianz σ^2 und kleinem Stichprobenumfang n aufstellen zu können, benötigt man den folgenden Sachverhalt:

Es sei $(X_1, X_2, \ldots, X_n)$ eine Stichprobe vom Umfang n aus einer normalverteilten Grundgesamtheit mit den beiden Parametern μ und σ^2. Sodann bildet man die beiden Stichprobenzufallsvariablen

$$\bar{X} = \frac{1}{n} \sum_{i=1}^{n} X_i \quad \text{und} \quad S^2 = \frac{1}{n-1} \sum_{i=1}^{n} (X_i - \bar{X})^2.$$

Es ist nun bekannt, daß die Zufallsvariable $\bar{X}$ nach $N(\mu,\sigma^2/n)$-verteilt ist. Die Zufallsvariable $(n-1)\cdot S^2$ ist nach χ^2_{n-1}-verteilt. An dieser Verteilung ändert sich nichts, wenn man diese Zufallsvariable durch die Konstante $(n-1)\cdot\sigma^2$ dividiert, d.h.

$$W^2 = \frac{S^2}{\sigma^2} \quad \text{ist nach } \chi^2_{n-1}\text{-verteilt.}$$

Bildet man nun die standardnormalverteilte Zufallsvariable

$$Z = \frac{\bar{X} - \mu}{\sigma/\sqrt{n}}$$

und dividiert diese Größe durch W, dann erhält man eine t-verteilte Zufallsvariable, nämlich

$$T = \frac{Z}{W} = \frac{\bar{X} - \mu}{\sigma/\sqrt{n}} \cdot \frac{\sigma}{S} = \frac{(\bar{X} - \mu)\sqrt{n}}{S},$$

mit $\nu = n-1$ Freiheitsgraden.

14.7 Die F-Verteilung

Man betrachtet zwei verschiedene Grundgesamtheiten und in jeder werde eine Zufallsvariable, etwa X und Y, betrachtet. Diese seien jeweils normalverteilt mit den Parametern (μ_X, σ_X^2) in der einen und (μ_Y, σ_Y^2) in der anderen Grundgesamtheit. Man zieht aus beiden Grundgesamtheiten jeweils eine Zufallsstichprobe vom Umfang n_X bzw. n_Y. Bildet man nun die beiden Zufallsvariablen

$$W_X^2 = \frac{(n_X-1)S^2(\bar{X})}{\sigma_X^2} \quad \text{und} \quad W_Y^2 = \frac{(n_Y-1)S^2(\bar{Y})}{\sigma_Y^2},$$

dann ist bekannt, daß diese beiden Zufallsvariablen jeweils χ^2-verteilt sind, und zwar mit $\nu_X = n_X-1$ bzw. mit $\nu_Y = n_Y-1$ Freiheitsgraden. R.A. Fisher (1924) hat nun gezeigt, daß der Quotient aus diesen beiden Zufallsvariablen jeweils dividiert durch ihre Anzahl der Freiheitsgrade, d.h.

$$F = \frac{W_X^2/\nu_X}{W_Y^2/\nu_Y}$$

wieder eine Zufallsvariable bildet, die einer sog. F-Verteilung genügt, mit den beiden Freiheitsgraden ν_X und ν_Y.

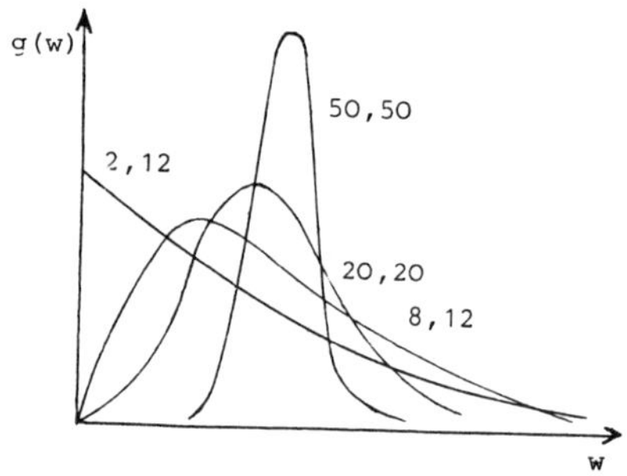

Abb. 14.15: Wahrscheinlichkeitsdichte der F-Verteilung für (ν_X, ν_Y) Freiheitsgrade

Auch diese Verteilung liegt tabelliert vor, da ihre numerische Berechnung recht mühsam ist. Weil jedoch diese Verteilung von zwei Freiheitsgraden abhängt, wird die tabellarische Darstellung recht aufwendig und man würde für ihre Wiedergabe umfangreiche Tabellenwerke benötigen. Man begnügt sich daher damit, die Werte der Verteilungsfunktion nur für einige häufig benötigte Wahrscheinlichkeitswerte anzugeben. Für kleine Werte von ν_X und ν_Y stellt die F-Verteilung keine symmetrische Verteilung dar. Erst für große Werte beider Freiheitsgrade nähert sie sich einer Normalverteilung. Es gilt für die F-Verteilung die sog. **reziproke Symmetrie**. Diese lautet

$$F_{1-\alpha}(\nu_X,\nu_Y) = \frac{1}{F_{\alpha}(\nu_Y,\nu_X)} \; .$$

Man beachte, daß sich beim Übergang von der Wahrscheinlichkeit 1-α zum reziproken Wert für die Wahrscheinlichkeit α die beiden Freiheitsgrade ebenfalls vertauschen. Mit Hilfe der reziproken Symmetrie läßt sich beispielsweise die Wahrscheinlichkeit für α = 0,05 leicht aus derjenigen für 1-α = 0,95 ermitteln.

Beispiel 14.16:

Für $\nu_X = 12$ und $\nu_Y = 8$ ergibt sich für $1-\alpha = 0{,}99$ der Wert

$$F_{0,99}(12,8) = 5{,}6668.$$

Der Wert für $F_{0,01}(12,8)$ ergibt sich nun über $F_{0,99}(8,12) = 4{,}4994$ zu

$$F_{0,01}(12,8) = \frac{1}{F_{0,99}(8,12)} = \frac{1}{4{,}4994} = 0{,}2223.$$

Aufgaben zu Kapitel 14

Aufgabe 1:

Ein Fragebogen zu Prüfungszwecken enthält 20 Fragen. Zu jeder Frage werden 5 Antwortmöglichkeiten angeboten, von denen jeweils nur eine richtig ist.

a) Wie groß ist die Wahrscheinlichkeit, durch von Sachkenntnis unbeeinflußtes Raten mindestens 10 Fragen richtig zu beantworten?

b) Wieviele Fragen werden mit der Wahrscheinlichkeit p = 0,05 mindestens richtig erraten? Prob{X $\geq$ k} = 0,05.

c) Wieviele richtige Antworten sind im Durchschnitt zu erwarten?

a) 0,0026. b) 7. c) 4.

Aufgabe 2:

Ein Schraubenhersteller liefert Schrauben in Packungen zu je 100 Stück. Die Ausschußquote beträgt 10 %. Ein Kunde prüft den Inhalt einer Packung, indem er ihr 10 Schrauben zufällig und ohne Zurücklegen entnimmt und diese kontrolliert.

a) Welches ist die in diesem Fall interessierende Zufallsvariable und welche Werte kann sie annehmen?

b) Berechnen Sie den Erwartungswert und die Varianz dieser Zufallsvariable.

c) Wie groß ist die Wahrscheinlichkeit, daß genau 2 fehlerhafte Schrauben in die Stichprobe gelangen?

d) Wie groß ist die Wahrscheinlichkeit, daß mehr als eine Schraube fehlerhaft ist?

e) Aus fertigungstechischen Gründen werden in Zukunft nur noch Packungen zu je 2 000 Schrauben geliefert. Der Kunde entnimmt diesen Packungen 20 Schrauben zufällig und ohne Zurücklegen. Berechnen Sie die Wahrscheinlichkeit dafür, daß höchstens 3 der in die Stichprobe gelangten Schrauben fehlerhaft sind.

b) 1; 0,8182. c) 0,2015. d) 0,2615. e) 0,8670.

Aufgabe 3:

Bei einer Untersuchung wurde festgestellt, daß 1983 60 % aller Haushalte in der BRD eine Feuerversicherung besaßen.

Eine Versicherungsgesellschaft führte im folgenden Jahr eine Stichprobe vom Umfang n = 20 durch, von denen 14 Hausahlte eine Feuerversicherung hatten.

a) Wie groß ist die Wahrscheinlichkeit, daß in einer Stichprobe vom Umfang n = 20 mehr als 15 Haushalte mit einer Feuerversicherung erfaßt werden, wenn der Anteil der Haushalte, die eine Feuerversicherung abgeschlossen haben, sich nicht verändert hat?

b) Können Sie mit einer Irrtumswahrscheinlichkeit von 8 % aus dem Ergebnis der Stichprobe schließen, daß sich die Anzahl der Haushalte mit einer Feuerversicherung gegenüber 1983 erhöht hat?

c) Bei einer weiteren Stichprobe vom Umfang n = 100 wurden 70 Haushalte festgestellt, die eine Feurversicherung abgeschlossen hatten. Wie groß ist die Wahrscheinlichkeit, daß die Zahl der Haushalte mit einer Feuerversicherung größer oder gleich 70 ist?

a) 0,0510. c) 0,0263.

Aufgabe 4:

Bei einer Radarkontrolle für Kraftfahrzeuge auf einer Autobahn werden in einer Stunde durchschnittlich 5 Fahrzeuge mit zu hoher Geschwindigkeit registriert.

a) Wie groß ist die Wahrscheinlichkeit, daß in einer Stunde kein Fahrzeug mit zu hoher Geschwindigkeit registriert wird?

b) Mit welcher Wahrscheinlichkeit wird in 3 Stunden kein Kraftfahrzeug mit zu hoher Geschwindigkeit erfaßt?

c) Wieviele Kraftfahrzeuge werden mit einer Wahrscheinlichkeit von 0,08 höchstens registriert, wenn sich die durchschnittliche Zahl der Fahrzeuge mit zu hoher Geschwindigkeit auf 7 erhöht hat?

d) Welche Annahme treffen Sie bei diesen Berechnungen?

a) 0,0067. b) $0{,}3008 \cdot 10^{-6}$. c) 3.

Aufgabe 5:

Von den 10 000 Haushalten einer Stadt sind 2 000 mit einem Videorecorder ausgestattet.

Wie groß ist die Wahrscheinlichkeit, daß von 20 zufällig ausgewählten Haushalten

a) 4 Haushalte im Besitz eines Videogerätes sind?

b) mehr als 6 Haushalte einen Videorecorder besitzen?

c) mindestens 4 mit einem Videorecorder ausgestattete Haushalte in die Stichprobe gelangen?

d) höchstens 14 Haushalte keinen Videorecorder besitzen?

e) zwischen 8 und 12 Haushalte, die keinen Videorecorder besitzen, in die Stichprobe gelangen?

a) 0,2182. b) 0,0867. c) 0,5886. d) 0,1958. e) 0,0321.

Aufgabe 6:

Ein Hersteller von Metallstiften garantiert seinen Abnehmern, daß im Durchschnitt nur jeder 20. Metallstift von der vorgeschriebenen Norm abweicht. Die Metallstifte werden in Packungen zu je 100 Stück geliefert.

a) Zur Kontrolle einer Lieferung entnimmt ein Abnehmer aus einer Packung zufällig und "ohne Zurücklegen" 20 Metallstifte.

   1. Mit wieviel defekten Metallstiften muß er im Durchschnitt in dieser Stichprobe rechnen?

   2. Wie groß ist die Standardabweichung der interessierenden Zufallsvariable?

   3. Wie groß ist die Wahrscheinlichkeit für

      - genau 2
      - höchstens 3

      defekte Metallstifte in der Stichprobe?

b) Nach Eingang verschiedener Reklamationen überprüft der Hersteller die Metallstifte, indem er aus der laufenden Produktion 20 Metallstifte zufällig entnimmt.

   Wie groß ist die Wahrscheinlichkeit dafür, daß

   - keiner
   - genau 2
   - höchstens 3
   - mindestens 3

   der in die Stichprobe gelangten Metallstifte fehlerhaft sind?

c) Mit einer neuen Maschine kann der Ausschußanteil auf 2 % gesenkt werden. Weiter werden die Metallstifte nur noch in Packungen zu je 2 000 Stück geliefert.

   Wie groß ist dann die Wahrscheinlichkeit dafür, daß ein Kunde in einer Stichprobe von 100 Metallstiften mehr als 2 fehlerhafte Metallstifte findet?

a) 1; 0,8762; 0,2073; 0,9946.
b) 0,3585; 0,1887; 0,9841; 0,0755.
c) 0,3233.

Aufgabe 7:

Auf einer Hobelmaschine werden Platten hergestellt. Es fallen jedoch nicht alle Stücke gleich aus, so daß die Plattendicke X verschiedene Werte annehmen kann.

Die Zufallsvariable X sei normalverteilt, mit dem Mittelwert μ = 10 mm und der Standardabweichung σ = 0,02 mm.

a) Wieviel Prozent Ausschuß sind zu erwarten, wenn die Platten mindestens 9,97 mm stark sein sollen?

b) Wie sind die Toleranzgrenzen festzulegen, wenn sie nach oben und unten insgesamt höchstens mit einer Wahrscheinlichkeit von überschritten werden dürfen?

c) Wie ändert sich der Ausschußprozentsatz für die unter b) bestimmten Toleranzgrenzen, wenn sich μ nach 10,01 mm verschiebt?

a) 0,0668. b) 9,9608; 10,0392. c) 7,9 %.

Aufgabe 8:

Eine Baufirma verfügt in ihrem Lagerbestand über Stahlrohre unterschiedlicher Länge, die aus verschiedenen, voneinander unabhängigen Produktionen stammen.

Die Länge der Rohre sei normalverteilt; die folgenden Daten seien bekannt:

Produktion	mittlere Länge	Varianz
A	μ_A = 10 m	σ_A^2 = 2 mm,
B	μ_A = 20 m	σ_A^2 = 3 mm,
C	μ_A = 30 m	σ_A^2 = 3,5 mm.

a) Berechnen Sie den Mittelwert der Rohrleitung bei Verlegung

1. einer Rohrleitung X, die aus 10 Rohren der Produktion A und 10 Rohren der Produktion B besteht,

2. einer Rohrleitung Y, die aus 18 Rohren der Produktion A und 4 Rohren der Produktion C besteht.

b) Ist bei Verlegung einer Rohrleitung von 300 m Länge in diesem Fall deren Standardabweichung ein Kriterium für eine Entscheidung zwischen den Kombinationen a)1. oder a)2.?

a) 300; 300. b) 50; 50.

Aufgabe 9:

Bei der Herstellung eines Produktes A werden Zwischenprodukte benötigt, die nacheinander hergestellt werden müssen. Die Fertigungszeiten der einzelnen Produkte U , V , und W sind unabhängig normalverteilte Zufallsvariablen mit den Mittelwerten μ_U = 20 Min, μ_V = 40, Min, μ_W = 25 Min und den Standardabweichungen σ_U = 1 Min, $\sigma_V = \sigma_W$ = 2 Min.

Zur Herstellung des Endproduktes werden 5 Einheiten von U, 10 Einheiten von V und 2 Einheiten von W verwendet.

a) Bestimmen Sie die durchschnittliche Fertigungszeit für das Produkt A.

b) Ein Abnehmer bestellt 50 Einheiten des Produktes A. Wie groß ist die durchschnittliche Fertigungszeit für diesen Auftrag?

c) Wie groß ist die Wahrscheinlichkeit, daß die Fertigungszeit für A höchstens um 10 Min von ihrem Mittelwert abweicht?

a) 550. b) 27 500. c) 0,8306.

Aufgabe 10:

Die Wahrscheinlichkeit für die Geburt eines Knaben beträgt approximativ 0,513.

a) Ermitteln Sie die Wahrscheinlichkeitsfunktion und die Verteilungsfunktion für die Geschlechtskombination der Kinder einer Drei-Kinder-Familie.

b) Berechnen Sie den Mittelwert und die Varianz für dieses Ereignis.

a) 0,1155; 0,3650; 0,3845; 0,1350; 0,1155; 0,4805; 0,8650; 1.
b) 1,539; 0,7495.

Aufgabe 11:

Ein großes Lebensmittelgeschäft bietet an einem Tag 1000 Tüten Milch an, wovon jedoch 200 unverkauft bleiben. Am nächsten Tag werden der Molkerei nur 800 frische Tüten abgenommen und die 200 Tüten vom Vortag werden zufällig unter die Frichmilchtüten verteilt. Eine Hausfrau kauft 4 Tüten. Wie groß ist die Wahrscheinlichkeit, daß

a) ... sie genau eine Tüte vom Vortag erhält?

b) ... sie mindestens eine Tüte vom Vortag erhält?

a) 0,4105; b) 0,591.

Aufgabe 12:

8 studentische Hilfskräfte eines Instituts, die alle genauso oft zuhause wie am Institut arbeiten, haben ein gemeinsames Zimmer. Wieviele Schreibtische müssen im Institutszimmer stehen, damit jede Hilfskraft mindestens 90 % der Zeit im Institut einen davon zur Verfügung hat?

6 Stück.

Aufgabe 13:

Einen beschrankten Bahnübergang passieren durchschnittlich 2 Fahrzeuge pro Minute. Das Verkehrsaufkommen ist im Tagesablauf konstant. Ohne den Verkehr einer Querstraße zu behindern, haben 4 Fahrzeuge vor dem geschlossenen Bahnübergang Platz.

Wie groß ist die Wahrscheinlichkeit, daß mehr als 4 Fahrzeuge warten, wenn die Schließdauer der Schranke 1 Minute beträgt?

0,0527.

15. Einführung in die Schätztheorie

Die bisherige Betrachtungsweise ging von einer Grundgesamtheit aus, deren stochastische Eigenschaften bezüglich eines oder mehrerer Merkmale als bekannt vorausgesetzt wurden. Aus dieser Grundgesamtheit wird nach dem Zufallsprinzip eine Stichprobe vom Umfang n gezogen. Man kann dann die Wahrscheinlichkeit bestimmen, mit der gewisse Stichprobenresultate eintreten. Diese Vorgehensweise bezeichnet man als den **deduktiven (oder direkten) Schluß** in der Statistik. Er bietet die Möglichkeit, theoretisch interessante Probleme zu behandeln. Für die praktische Anwendung der Statistik ist jedoch die umgekehrte Vorgehensweise wichtiger. Man geht von einem Stichprobenbefund aus und möchte Aussagen machen über die unbekannten Eigenschaften der Grundgesamtheit, aus der die Stichprobe gezogen wurde. Man spricht vom **induktiven (oder indirekten) Schluß** in der Statistik. Dabei muß man zwei zentrale Aufgabenstellungen der induktiven Schlußweise der Statistik unterscheiden. Man kann aufgrund des Stichprobenergebnisses unbekannte Parameter der Wahrscheinlichkeitsverteilungen in der Grundgesamtheit schätzen und ferner Vertrauensbereiche für diese Schätzungen berechnen. Zum anderen kann man fragen, ob die Ergebnisse einer Stichprobenerhebung Entscheidungen bezüglich gewisser Hypothesen über bestimmte Eigenschaften der Grundgesamtheit erlauben. Entsprechend dieser beiden Aufgabenstellungen der induktiven Schlußweise der Statistik unterscheidet man zwischen Schätz- und Testtheorie. Eine Einführung in die Schätztheorie wird in diesem und eine in die Testtheorie im nächsten Kapitel gebracht.

Allgemein beinhaltet die induktive Schlußweise immer die Gefahr von Fehlern oder von Fehlurteilen, da durch die Stichprobe nur ein Teil der Grundgesamtheit überdeckt wird. Diese Gefahr verringert sich, wenn der Stichprobenumfang vergrößert wird, sie verschwindet jedoch niemals, es sei denn, aus der Stichprobenerhebung wird eine Totalerhebung. Man muß daher bei einer Stichprobenerhebung versuchen, eine Wahrscheinlichkeitsaussage über die Richtigkeit der Schätz- bzw. Testergebnisse zu erhalten. Auf diese Weise bekommt sowohl das Schätzen von Parameterwerten als auch das Prüfen von Hypothesen einen wahrscheinlichkeitstheoretischen Charakter. Um jedoch von Stichprobenergebnissen auf die unbekannte Grundgesamtheit zu schließen, reichen die Begriffe der Wahrscheinlichkeitsrechnung allein nicht aus. Um beispielsweise eine Stichprobenfunktion zu finden, die eine möglichst gute Schätzung des Parameters der Grundgesamtheit erlaubt, benötigt man zusätzliche Regeln und Vorschriften, die nicht direkt aus der Wahrscheinlichkeitsrechnung folgen.

Die Theorie des statistischen Schätzens umfaßt zwei grundlegende Aufgabenstellungen: Die **Punktschätzung** und die **Intervallschätzung**. Die Aufgabe der Punktschätzung besteht darin, aufgrund eines Stichprobenergebnisses eine möglichst genaue Schätzung für den unbekannten Parameter der Grundgesamtheit zu bestimmen. Man kann dazu aus einer Reihe von Schätzfunktionen diejenige auswählen, die unter Berücksichtigung bestimmter Kriterien den besten Schätzwert liefert. Aber dieser stimmt bei einer Stichprobenerhebung niemals mit dem exakten Parameterwert der Grundgesamtheit überein. Man möchte daher noch eine Aussage darüber erhalten, mit welcher Wahrscheinlichkeit der Schätzwert in der Nähe des gesuchten unbekannten Parameters liegt. Diese Überlegung führt dazu, zwei weitere Gesichtspunkte bei der Schätzung zu berücksichtigen, nämlich die

Genauigkeit und die Sicherheit der Schätzung. Beide Begriffe können berücksichtigt werden, wenn man anstelle einer Punktschätzung für den unbekannten Parameter eine Intervallschätzung vornimmt. Ein solches Intervall heißt **Konfidenz- (oder Vertrauens-)intervall**. Die **Genauigkeit der Schätzung** kann durch die Länge des Intervalls und die **Sicherheit** durch die Wahrscheinlichkeit ausgedrückt werden, mit der das Intervall den unbekannten Parameter enthält.

15.1 Grundlagen der Punktschätzung

15.1.1 Der Begriff der Schätzfunktion (Stichprobenfunktion)

Die Aufgabe der Schätztheorie besteht darin, bestimmte Eigenschaften der Wahrscheinlichkeitsverteilung einer Zufallsvariablen X in der Grundgesamtheit aufgrund von Stichprobenrealisationen zu bestimmen. Beispielsweise kann es sich hierbei um eine **Parameterschätzung** handeln. Dabei werde der zu schätzende Parameter mit Δ bezeichnet. Zu diesem Zweck wird eine **Zufallsstichprobe vom Umfang n** betrachtet, die die **Realisierungen** $x_1, x_2, \ldots, x_n$ für die Zufallsvariable X liefert. Jede eindeutig bestimmte Funktion der Realisierungen der Zufallsvariablen X, die einen Wert für den unbekannten Parameter Δ liefert, heißt **Schätzfunktion** $\hat{\Delta}$ für Δ. Der von dieser Funktion konkret angenommene Wert $\hat{\delta}$ heißt **Schätzwert** für den Parameter Δ.

Beispiel 15.1:

Angenommen, eine uns interessierende Zufallsvariable X sei in einer Grundgesamtheit normalverteilt, d.h. $N(\mu,\sigma^2)$-verteilt. Man möchte möglichst genau die beiden Parameter μ und σ^2 schätzen.

Dazu entnimmt man der Grundgesamtheit eine Zufallsstichprobe vom Umfang n, die die Realisationen $x_1, x_2, \ldots, x_n$ liefert. Es erhebt sich nun die Frage, welche Funktionen der Realisierungen x_i man als beste Schätzung für die Parameter μ und σ^2 verwenden sollte. Folgende Möglichkeiten bieten sich an:

a) Mögliche Schätzfunktionen für den Erwartungswert μ:

1. Das arithmetische Mittel $\bar{X}$

(6.3) $$\bar{X} = \frac{1}{n} \sum_{i=1}^{n} X_i .$$

2. Der Median

(6.1) $$Z = \begin{cases} X_{\left(\frac{n+1}{2}\right)} & \text{falls n ungerade,} \\ \frac{1}{2}\left[X_{\left(\frac{n}{2}\right)} + X_{\left(\frac{n}{2}+1\right)}\right] & \text{falls n gerade.} \end{cases}$$

b) Mögliche Schätzfunktionen für die Varianz σ^2:

1. Die "gewöhnliche" Stichprobenvarianz

(15.1) $$S_1^2(\mu) = \frac{1}{n} \sum_{i=1}^{n} (X_i - \mu)^2$$ bei bekanntem μ,

(15.2) $$S_1^2(\bar{X}) = \frac{1}{n} \sum_{i=1}^{n} (X_i - \bar{X})^2$$ bei unbekanntem μ.

2. Die "modifizierte" Stichprobenvarianz

(15.3) $$S_X^2 = \frac{1}{n-1} \sum_{i=1}^{n} (X_i - \bar{X})^2.$$

3. Die Spannweite R, versehen mit einem geeigneten Korrekturfaktor c_n

(15.4) $$S_R^2 = c_n R = c_n \left[X_{max} - X_{min}\right].$$

Man erkennt, daß es im allgemeinen verschiedene Möglichkeiten gibt, Schätzfunktionen für ein und denselben Grundgesamtheitsparameter zu konstruieren. Ferner sind diese Schätzfunktionen Funktionen der Realisierungen $x_1, x_2, \ldots, x_n$. Diese Realisierungen hängen aber von der Wahl der Stichprobe ab, d.h. für verschiedene Stichproben erhält man auch verschiedene Realisierungen. Dies bedeutet, daß die **Schätzfunktionen selbst Zufallsvariable** sind, die je nach Stichprobenrealisation zu anderen Schätzwerten führen. Man kann daher eine Wahrscheinlichkeitsverteilung der Schätzfunktion $\hat{\Delta}$ bestimmen und ihre Momente, etwa Erwartungswert und Varianz, berechnen. Diese Wahrscheinlichkeitsverteilung hängt natürlich von der Verteilung der Zufallsvariablen X in der Grundgesamtheit und von der gewählten Schätzfunktion ab. Bei wiederholter Durchführung der Stichprobenerhebung wird man verschiedene Realisierungen und damit auch verschiedene Schätzwerte $\hat{\delta}$ erhalten, die sich irgendwie um den "wahren" Parameterwert der Grundgesamtheit gruppieren. Man wird daher bemüht sein, nur solche Schätzfunktionen zuzulassen, die näher zu definierende **optimale Eigenschaften** besitzen.

Als **Schätzfehler** bezeichnet man die Differenz zwischen dem Schätzwert und dem wirklichen Parameterwert, also die **Größe $\hat{\delta}-\Delta$**. Die Wahl der besten Schätzfunktion ist das Grundproblem der Punktschätzung. Um allerdings die beste Schätzfunktion auswählen zu können, muß die Schätzfunktion bestimmte Grundeigenschaften aufweisen und nach diesen Eigenschaften auch klassifizierbar sein. Im folgenden soll daher kurz auf diese "wünschenswerten" Eigenschaften der Schätzfunktionen eingegangen werden.

15.1.2 Wünschenswerte Eigenschaften von Schätzfunktionen

15.1.2.1 Die Erwartungstreue (Unverfälschtheit, unbiasedness)

Definition: Eine Schätzfunktion $\hat{\Delta}(X_1, X_2, \ldots, X_n)$ für den unbekannten Parameter Δ heißt **erwartungstreu**, wenn der Erwartungswert $E\{\hat{\Delta}\}$ existiert und mit Δ übereinstimmt, d.h.

(15.5) $$E\{\hat{\Delta}\} = \Delta.$$

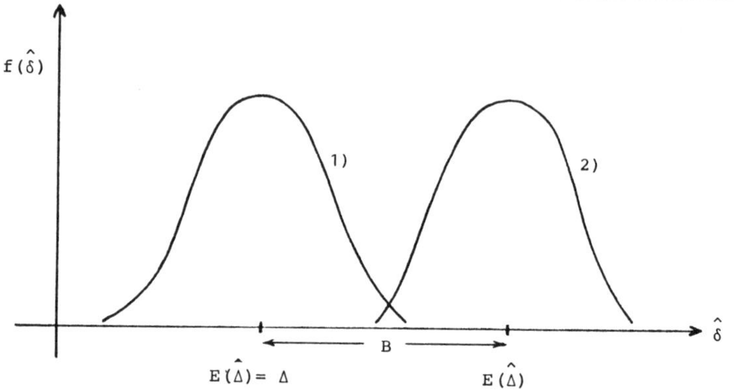

Abb. 15.1: Erwartungstreue (1) und nicht-erwartungstreue (2) Schätzfunktion

Eine Schätzfunktion heißt somit erwartungstreu, wenn der Erwartungswert der Schätzfunktion gleich dem tatsächlichen Parameterwert ist. Die Erwartungstreue ist eine Minimalforderung an eine Schätzfunktion. Ist eine Schätzfunktion erwartungstreu, dann werden sich bei einer hinreichend großen Zahl von Stichproben die Schätzfehler für die sich ergebenden Schätzwerte zu Null addieren, da sich die positiven und negativen Schätzfehler der einzelnen Stichproben gegenseitig aufheben. Eine erwartungstreue Schätzfunktion liefert also "im Durchschnitt" eine exakte Schätzung des gesuchten, unbekannten Parameters. Es erweist sich als vorteilhaft, erwartungstreue Schätzfunktionen zu verwenden, doch ist die Erwartungstreue nicht das einzige Kriterium für eine gute Schätzfunktion. Die Differenz zwischen dem Erwartungswert der Schätzfunktion und dem wirklichen Parameter wird als **Verzerrung** (Diskrepanz oder bias) bezeichnet, d.h.

(15.6) $$B = E\{\hat{\Delta}\} - \Delta.$$

Eine erwartungstreue Schätzfunktion läßt sich somit auch als eine Schätzfunktion mit der Verzerrung Null auffassen.

Beispiel 15.2:

Der Stichprobenmittelwert

$$\bar{X} = \frac{1}{n} \sum_{i=1}^{n} X_i$$

ist eine erwartungstreue Schätzfunktion für den Erwartungswert μ einer Grundgesamtheit.

Bildet man den Erwartungswert des Stichprobenmittelwertes, so erhält man

$$E\{\bar{X}\} = E\left\{\frac{1}{n} \sum_{i=1}^{n} X_i\right\} = \frac{1}{n} \sum_{i=1}^{n} E\{X_i\}.$$

Wegen der Annahme, daß in der Grundgesamtheit alle Zufallsvariablen X_i den Erwartungswert μ besitzen, gilt $E\{X_i\} = \mu$, und somit erhält man

$$E\{\bar{X}\} = \frac{1}{n} \cdot n\mu = \mu.$$

Beispiel 15.3:

Als mögliche Schätzfunktionen einer normalverteilten Grundgesamtheit bieten sich die folgenden drei Schätzfunktionen an:

a) $$S_1^2(\mu) = \frac{1}{n} \sum_{i=1}^{n} (X_i - \mu)^2,$$

b) $$S_1^2(\bar{X}) = \frac{1}{n} \sum_{i=1}^{n} (X_i - \bar{X})^2,$$

c) $$S_{\bar{X}}^2 = \frac{1}{n-1} \sum_{i=1}^{n} (X_i - \bar{X})^2.$$

Es soll untersucht werden, ob diese Schätzfunktionen erwartungstreu sind.

a) Nach (13.18) lautet die Definition der Varianz einer Zufallsvariablen X_i mit dem Erwartungswert μ

$$\text{Var}\{X_i\} = E\left\{(X_i - \mu)^2\right\} = \sigma^2.$$

Somit erhält man

$$E\left\{S_1^2(\mu)\right\} = E\left\{\frac{1}{n} \sum_{i=1}^{n} (X_i - \mu)^2\right\} = \frac{1}{n} \sum_{i=1}^{n} E\left\{(X_i - \mu)^2\right\}$$

$$= \frac{1}{n} \cdot n \cdot \sigma^2 = \sigma^2,$$

d.h. $S_1^2(\mu)$ ist eine erwartungstreue Schätzfunktion für σ^2.

b) Zunächst muß die Varianz des Stichprobenmittelwertes $\bar{X}$ bestimmt werden. Man erhält

$$\begin{aligned}
Var\{\bar{X}\} &= E\left\{(\bar{X} - \mu)^2\right\} = E\left\{(\tfrac{1}{n} \cdot \Sigma\, X_i - \mu)^2\right\} \\
&= E\left\{\left[\frac{\Sigma X_i - n\mu}{n}\right]^2\right\} = \frac{1}{n^2} \cdot E\left\{(\Sigma\, X_i - n\mu)^2\right\} \\
&= \frac{1}{n^2} \cdot n\sigma^2 = \frac{\sigma^2}{n}.
\end{aligned}$$

Die Streuungsverschiebungsformel (13.20) lautete

$$\sigma_X^2 = Var\{X_i\} = E\{X_i^2\} - \left[E\{X_i\}\right]^2 .$$

Die Auflösung dieser Beziehung nach $E\{X_i^2\}$ ergibt

$$E\{X_i^2\} = Var\{X_i\} + \left[E\{X_i\}\right]^2 = \sigma_X^2 + \mu_X^2,$$

und Anwendung auf $\bar{X}^2$ ergibt

$$E\{\bar{X}^2\} = Var\{\bar{X}\} + \left[E\{\bar{X}\}\right]^2 = \frac{\sigma_X^2}{n} + \mu_X^2.$$

Einsetzen dieser beiden Beziehungen in die Gleichung für $S_1^2(\bar{X})$ ergibt

$$\begin{aligned}
E\left\{S_1^2(\bar{X})\right\} &= \frac{1}{n}\, E\left\{\sum_{i=1}^{n} (X_i - \bar{X})^2\right\} = \frac{1}{n} \sum_{i=1}^{n} E\{X_i^2\} - E\{\bar{X}^2\} \\
&= \frac{1}{n} \sum_{i=1}^{n} (\sigma^2 + \mu^2) - \left[\frac{\sigma^2}{n} + \mu^2\right] \\
&= \sigma^2 + \mu^2 - \frac{\sigma^2}{n} - \mu^2 = \frac{n-1}{n}\, \sigma^2,
\end{aligned}$$

d.h. die gewöhnliche Stichprobenvarianz bei unbekanntem μ, $S_1^2(\bar{X})$, ist keine erwartungstreue Schätzfunktion für die Varianz der Grundgesamtheit σ^2.

c) Zunächst beachte man, daß

$$S_X^2 = \frac{n}{n-1} \cdot \frac{1}{n} \sum_{i=1}^{n} (X_i - \bar{X})^2$$

gilt. Damit erhält man

$$E\{S_X^2\} = \frac{n}{n-1} \cdot E\left\{\frac{1}{n} \sum_{i=1}^{n} (X_i - \bar{X})^2\right\}$$

$$= \frac{n}{n-1} \cdot \frac{n-1}{n} \cdot \sigma^2 = \sigma^2 .$$

Mit Hilfe des Quotienten $\frac{n}{n-1}$, der auch als **Besselsche Korrektur** bezeichnet wird, erhält man aus der gewöhnlichen Stichprobenvarianz die sogenannte modifizierte Stichprobenvarianz. Diese stellt dann eine erwartungstreue Schätzfunktion für die unbekannte Varianz der Grundgesamtheit σ^2 dar.

15.1.2.2 Die asymptotische Erwartungstreue

In der Praxis müssen oft nicht erwartungstreue Schätzfunktionen verwendet werden, die allerdings oft nur eine kleine Verzerrung besitzen. Es fragt sich nun, welche zusätzlichen Bedingungen diese Schätzfunktionen aufweisen müssen, damit auch sie brauchbare Schätzwerte liefern, d.h. große Schätzfehler (Verzerrungen) nur mit geringer Wahrscheinlichkeit auftreten. Dazu betrachtet man die gewöhnliche Stichprobenvarianz als Schätzfunktion für die Varianz der Grundgesamtheit. Um diese nicht erwartungstreue Schätzfunktion in eine erwartungstreue umzuwandeln, mußte mit dem Faktor $\frac{n}{n-1}$ multipliziert werden. Der Wert dieses Korrekturfaktors hängt von der Größe des Stichprobenumfanges n ab. Je größer n ist, um so mehr nähert sich der Wert dieses Korrekturfaktors dem Wert eins. Dies bedeutet aber, daß die Verzerrung für hinreichend große n nahezu verschwindet. Damit eine nicht erwartungstreue Schätzfunktion brauchbar wird, muß man daher sinnvollerweise verlangen, daß die vom Stichprobenumfang n abhängige Verzerrung B mit wachsendem n verschwindet, d.h. es muß gelten

$$\lim_{n \to N} B_n = \lim_{n \to N} \left\{E\{\hat{\Delta}\} - \Delta\right\} = 0. \tag{15.7}$$

Man bezeichnet eine Schätzfunktion, die diese Eigenschaft besitzt, als **asymptotisch erwartungstreu**.

15.1.2.3 Die absolute Effizienz

Zusätzlich muß aber auch berücksichtigt werden, daß jede Schätzfunktion neben dem Erwartungswert auch noch eine Varianz besitzt, die mit Var $(\hat{\Delta})$ bezeichnet werden soll. Die Eigenschaft dieser Varianz hat nun wesentliche Bedeutung für die Güte einer Schätzfunktion. Je größer die Varianz ist, um so größer ist die Wahrscheinlichkeit, große Schätzfehler zu begehen. Man wird daher solche Schätzfunktionen bevorzugen, die eine kleine Varianz besitzen. Dies ist allerdings nur dann sinnvoll, wenn es sich um eine erwartungstreue Schätzfunktion handelt, da eine nicht-erwartungstreue Schätzfunktion selbst bei einer Varianz bei Null im Mittel nicht den wahren Parameter der Grundgesamtheit liefert (vgl. Abb. 15.2).

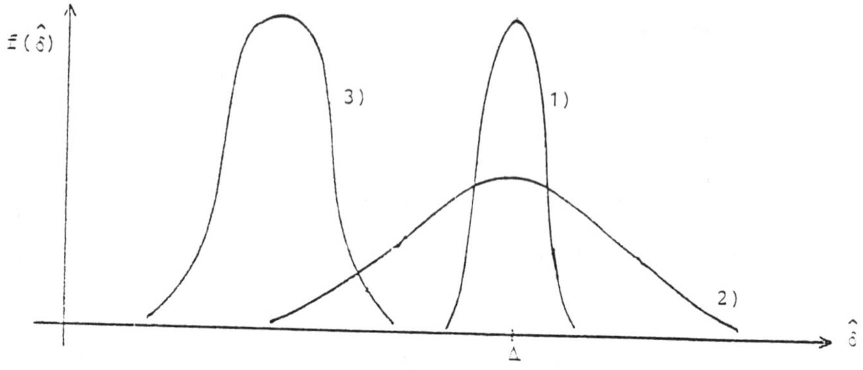

Abb. 15.2: Nicht-erwartungstreue Schätzfunktion (3). Erwartungstreue Schätzfunktion mit absoluter (1) und mit nicht-absoluter Effizienz (2).

Unter allen erwartungstreuen Schätzfunktionen wird man dann diejenige Schätzfunktion auswählen, die die kleinste Varianz besitzt. Dies führt zu der folgenden Definition:

Definition: Eine erwartungstreue Schätzfunktion $\hat{\Delta}$ heißt **absolut effizient**, wenn ihre Varianz $E(\hat{\Delta} - \Delta)^2$ minimal ist im Vergleich zur Varianz jeder anderen erwartungstreuen Schätzfunktion. Eine erwartungstreue Schätzfunktion $\hat{\Delta}$ heißt relativ effizient gegenüber einer erwartungstreuen Schätzfunktion $\hat{\Delta}_1$, wenn die Varianz von $\hat{\Delta}$ kleiner ist als die von $\hat{\Delta}_1$.

15.1.2.4 Die Konsistenz

Oft hängt die Größe der Varianz ebenfalls vom Stichprobenumfang n ab. Man wird daher Schätzfunktionen wünschen, für die mit wachsendem Stichprobenumfang n die Varianz kleiner wird. Schätzfunktionen, die asymptotisch erwartungstreu sind und deren Varianz mit wachsendem Stichprobenumfang n kleiner wird, nennt man konsistent (vgl. Abb. 15.3).

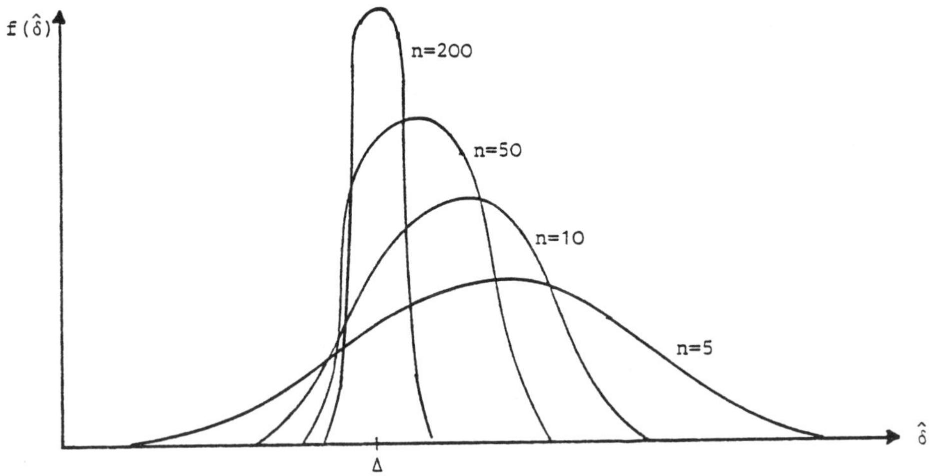

Abb. 15.3: Konsistente Schätzfunktion: mit wachsendem Stichprobenumfang konzentriert sich die Verteilung von $\hat{\Delta}$ um den Wert Δ.

Definition: Eine Schätzfunktion $\hat{\Delta}$ für den Parameter Δ heißt **konsistent**, wenn Verzerrung und Varianz mit wachsendem Stichprobenumfang n gegen Null streben, d.h. wenn gilt

$$\lim_{n \to N} B_n = \lim_{n \to N} \left[E\{\hat{\Delta}\} - \Delta\right] = 0, \text{ und} \tag{15.8}$$

$$\lim_{n \to N} \mathrm{Var}\{\hat{\Delta}\} = \lim_{n \to N} \left\{E\{\hat{\Delta} - \Delta\}^2\right\} = 0.$$

Beispiel 15.4:

Es soll untersucht werden, ob das arithmetische Mittel $\bar{X}$ einer Stichprobe eine konsistente Schätzfunktion für den Erwartungswert μ einer Grundgesamtheit ist.

Da die Schätzfunktion erwartungstreu ist, gilt $E\{\bar{X}\} = \mu$, d.h. die erste Forderung $\lim_{n \to N} B_n = 0$ ist automatisch erfüllt. Wegen

$\mathrm{Var}\{\bar{X}\} = \frac{\sigma^2}{n}$ ist aber auch die zweite Forderung wegen $\lim_{n \to N} \frac{\sigma^2}{n} = 0$ erfüllt.

Wenn die Stichprobe aus unabhängigen Realisierungen besteht, so ist das Stichprobenmittel $\bar{X}$ eine konsistente Schätzfunktion für das arithmetische Mittel μ der Grundgesamtheit.

15.1.3 Methoden zur Konstruktion von Schätzfunktionen

Bisher wurden die Eigenschaften von Schätzfunktionen behandelt. Im folgenden sollen Methoden zur Bestimmung von Schätzfunktionen entwickelt werden. Dabei werden vor allem solche Methoden bevorzugt, die im Hinblick auf die wünschenswerten Eigenschaften gute Schätzfunktionen liefern.

15.1.3.1 Die Momentenmethode

Das älteste Verfahren zur Bestimmung von Schätzfunktionen für die Punktschätzung ist die Momentenmethode. Sie beruht auf der Überlegung, daß die Parameter einer Verteilung häufig die Momente selbst oder einfache Funktionen dieser Momente sind. Es liegt deshalb nahe, zur Schätzung der Parameter die Momente der Grundgesamtheit durch die entsprechenden Momente der Stichprobe zu approximieren. So wird beispielsweise zur Schätzung des Erwartungswertes der Grundgesamtheit der Stichprobenmittelwert und zur Schätzung der Varianz die Stichprobenvarianz verwendet.

Diese Methode wird insbesondere angewandt, wenn die Verteilung in der Grundgesamtheit nicht bekannt ist. Allerdings besitzt sie den Nachteil, daß die mit ihrer Hilfe konstruierten Schätzfunktionen im allgemeinen nur wenige der wünschenswerten Eigenschaften besitzen.

15.1.3.2 Die Maximum-Likelihood-Methode

Diese Methode besitzt eine große Bedeutung, da sie im allgemeinen Schätzfunktionen liefert, die viele der wünschenswerten Eigenschaften besitzen. So erhält man durch sie die absolut effiziente Schätzfunktion, vorausgesetzt, eine solche existiert.

Der Grundgedanke der Maximum-Likelihood-Methode soll an dem folgenden Beispiel erläutert werden:

Beispiel 15.5:

Es sei ein Lagerbestand (Grundgesamtheit) von $N = 10\ 000$ Stahlseilen gegeben. Wenn die Stahlseile einen vorgegebenen Durchmesser überschreiten, werden sie als Ausschuß deklariert, da sie dann unbrauchbar sind. Zur Vereinfachung werde angenommen, daß die Grundgesamtheit entweder

1. 10 %, oder
2. 20 %

Ausschuß enthalte. Aufgrund einer Stichprobe vom Umfang $n = 10$ soll entschieden werden, welcher Ausschußanteil in der Grundgesamtheit vorhanden ist.

Aus der Wahrscheinlichkeitsrechnung (deduktive Schlußweise) ist bekannt, daß die Zahl der unbrauchbaren Stücke in der Stichprobe binomialverteilt ist. Somit ergeben sich die folgenden Binomialverteilungen für die Stichprobe:

x	0	1	2	3	4
$f_{BV}(x;10,0.1)$	0,3487	0,3874	0,1937	0,0574	0,0112
$f_{BV}(x;10,0.2)$	0,1074	0,2684	0,3020	0,2013	0,0881
$F_{BV}(x;10,0.1)$	0,3487	0,7361	0,9298	0,9872	0,9984
$F_{BV}(x;10,0.2)$	0,1074	0,3758	0,6778	0,8791	0,9672

Kennt man diese beiden Verteilungen, dann ist es nicht schwer, eine Entscheidung aufgrund des Stichprobenergebnisses zu treffen. Man wird sich nämlich jeweils für diejenige Grundgesamtheit entscheiden, die bei einem bestimmten, beobachteten Stichprobenergebnis die größere Wahrscheinlichkeit besitzt. Wird man etwa $x = 1$ beobachten, dann entstammt diese Stichprobe mit einer größeren Wahrscheinlichkeit (nämlich 39 % zu 27 %) aus einer Grundgesamtheit mit $p = 0,1$, d.h. 10 % Ausschußanteil. Beobachtet man dagegen ein Stichprobenergebnis von $x \geq 2$, so entstammt ein solches Ergebnis mit einer größeren Wahrscheinlichkeit (nämlich 62 % zu 26 %) aus einer Grundgesamtheit mit $p = 0,2$, d.h. 20 % Ausschußanteil.

Dieses Problem läßt sich zwar auch als Testproblem auffassen, wir wollen uns aber hier zunächst für das Schätzproblem interessieren. Dies bedeutet, daß wir aufgrund eines Stichprobenergebnisses den unbekannten Parameter P in der Grundgesamtheit schätzen wollen. In diesem speziellen Fall würde man sich bei einem Stichprobenergebnis von $x \leq 1$ für den Schätzwert $\hat{p} = 0,1$ und bei einem Stichprobenergebnis von $x \geq 2$ für den Schätzwert $\hat{p} = 0,2$ entscheiden.

Aus diesem Prinzip kann man eine Methode (Verfahren) entwickeln, die es erlaubt, Schätzfunktionen bzw. Schätzwerte in der Statistik zu bestimmen. Man wählt nämlich diejenige Schätzung, die für das beobachtete Stichprobenergebnis am wahrscheinlichsten ist. Dies bedeutet, daß man denjenigen Parameterwert als Schätzung für den unbekannten Parameterwert der Grundgesamtheit wählt, der das Stichprobenergebnis am wahrscheinlichsten erscheinen läßt. Diese Schätzung nennt man die **MAXIMUM-LIKELIHOOD-Schätzung**.

Es wird jetzt allgemein angenommen, daß die Verteilung einer Zufallsvariablen X in der Grundgesamtheit einer einparametrigen Dichtefunktion, etwa $f(x;\Delta)$, genügt. Aus dieser Grundgesamtheit wird eine Zufallsstichprobe vom Umfang n

$$X_1, X_2, \ldots, X_n$$

gezogen. Es wird vorausgesetzt, daß diese n Zufallsvariablen, die in die Stichprobe gelangen, voneinander stochastisch unabhängig sind. Aufgrund dieser Annahme läßt sich die Wahrscheinlichkeit, die Realisierung $(x_1, x_2, \ldots, x_n)$ zu erhalten, durch das Produkt

$$f(x_1, x_2, \ldots, x_n;\Delta) = f(x_1;\Delta) \cdot f(x_2;\Delta) \cdot \ldots \cdot f(x_n;\Delta)$$

berechnen.

Der Wert dieses Produktes hängt nicht nur von den einzelnen Realisierungen $x_1, x_2, \ldots x_n$, sondern auch von dem Parameter Δ ab.

Es wird nun die Stichprobenrealisierung fest vorgegeben. Dann hängt der Wert des Produktes nur noch von dem Parameter Δ ab. Man nennt das Produkt "**Likelihood-Funktion**" und bezeichnet es mit $L(\Delta)$.

Somit erhält man

$$L(\Delta) = L(x_1, x_2, \ldots, x_n; \Delta) = f(x_1;\Delta) \cdot f(x_2;\Delta) \cdot \ldots \cdot f(x_n;\Delta)$$

$$(15.9) \qquad = \prod_{i=1}^{n} f(x_i;\Delta).$$

Die Maximum-Likelihood-Schätzung besteht nun darin, daß man als Schätzung für den unbekannten Parameter Δ denjenigen Wert wählt, der die Funktion $L(\Delta)$ maximiert. Unter gewissen Regularitätsvoraussetzungen besitzt die Likelihood-Funktion $L(\Delta)$ genau ein Maximum. Es wird angenommen, daß diese Bedingungen erfüllt sind. Ferner sei $L(\Delta)$ eine in Δ differenzierbare Funktion.

Eine notwendige Bedingung dafür, daß $L(\Delta)$ als differenzierbare Funktion in Δ ein Maximum besitzt, ist das Verschwinden der ersten Ableitung nach Δ, d.h.

$$\frac{\partial L}{\partial \Delta} = 0.$$

Hier wurde die partielle Ableitung benutzt, da $L(x;\Delta)$ auch noch von der Stichprobenrealisation $x = (x_1, x_2, \ldots x_n)$ abhängt, eine Größe, die bei der Lösung unseres Problems als konstant angenommen wurde.

Da $f(x;\Delta)$ nicht negativ ist, ist auch $L(x;\Delta)$ an der Stelle seines Maximums im allgemeinen positiv. Da der natürliche Logarithmus $\ln L(\Delta)$ eine monotone Funktion von $L(\Delta)$ ist, besitzt $\ln L(\Delta)$ genau an der Stelle sein Maximum, an der auch $L(\Delta)$ sein Maximum besitzt. Man kann daher $L(\Delta)$ durch $\ln L(\Delta)$ ersetzen und erhält als Bestimmungsgleichung für dieses Maximum die Beziehung

$$\frac{\partial \ln L}{\partial \Delta} = 0.$$

15.1.3.3 Anwendung der Maximum-Likelihood-Methode

a) Schätzfunktion für den Parameter P der Binomialverteilung

Es wird jetzt angenommen, daß die Zufallsvariable X in der Grundgesamtheit mit dem unbekannten Parameter P binomialverteilt sei. Eine Zufallsstichprobe vom Umfang n liefere die Realisationen $(x_1, x_2, \ldots, x_n)$. Die Summe dieser Realisationen werde mit y abgekürzt, d.h.

$$y = \sum_{i=1}^{n} x_i.$$

Unter der Annahme, daß bei den Realisationen y-mal der Wert 1 und (n-y)-mal der Wert 0 vorkommt, erhält man für die Likelihood-Funktion

$$L(y;p) = \prod_{i=1}^{n} f(x_i;p) = \binom{n}{y} \cdot p^y \cdot (1-p)^{n-y}.$$

Logarithmieren ergibt

$$\ln L(y;p) = \ln\binom{n}{y} + y \cdot \ln p + (n-y) \cdot \ln(1-p).$$

Partielle Differentiation nach p ergibt

$$\frac{\partial \ln L}{\partial p} = y \cdot \frac{1}{p} + (n-y) \cdot \frac{-1}{1-p} .$$

Nullsetzen der partiellen Ableitung ergibt den Schätzwert

$$\frac{\partial \ln L}{\partial p} = 0 \quad ===> \quad \frac{y}{\hat{p}} - \frac{n-y}{1-\hat{p}} = 0 \;;$$

und somit

$$\hat{p} = \frac{y}{n} .$$

Wegen $y = \sum_{i=1}^{n} x_i$ erhält man

(15.10) $$\hat{p} = \frac{1}{n} \sum_{i=1}^{n} x_i = \bar{x} .$$

Die Maximum-Likelihood-Schätzung liefert also als Schätzwert für den unbekannten Parameter P der Grundgesamtheit den Stichprobenmittelwert $\bar{x}$.

Wäre man nicht von der Realisierung $(x_1, x_2, \ldots.\ x_n)$, sondern von den Zufallsvariablen $(X_1, X_2, \ldots, X_n)$ ausgegangen, dann hätte man als Maximum-Likelihood-Schätzfunktion die Zufallsvariable

(15.11) $$\hat{P} = \bar{X}$$

erhalten.

Beispiel 15.6:

In einer Stichprobe von n = 100 Stahlseilen sind 58 unbrauchbare Stahlseile ermittelt worden.

Es werde die Zufallsvariable

Y = {Anzahl der unbrauchbaren Stahlseile in der Stichprobe}

betrachtet. Da in der Stichprobe 58 unbrauchbare Stahlseile beobachtet wurden, erhält man

$$y = \sum_{i=1}^{100} x_i = 58.$$

Der Maximum-Likelihood-Schätzwert für den Parameter P der Grundgesamtheit lautet daher

$$\hat{p} = \frac{y}{n} = \frac{58}{100} = 0{,}58.$$

b) Schätzfunktion für die Parameter μ und σ^2 der Normalverteilung

Jetzt wird angenommen, daβ die Zufallsvariable X in der Grundgesamtheit $N(\mu,\sigma^2)$-verteilt sei. Die beiden Parameter μ und σ^2 seien unbekannt und sollen aufgrund einer Zufallsstichprobe vom Umfang n geschätzt werden. Die Realisationen der Zufallsvariablen X_i in der Stichprobe werden wieder mit $(x_1, x_2, \ldots, x_n)$ bezeichnet.

Da die Dichtefunktion der Normalverteilung

$$f(x;\mu,\sigma^2) = \frac{1}{\sigma\sqrt{2\pi}} \exp\left[-\frac{(x-\mu)^2}{2\sigma^2}\right]$$

beträgt, erhält man für die Likelihood-Funktion

$$\begin{aligned} L(x;\mu,\sigma^2) &= f(x_1;\mu,\sigma^2) \cdot f(x_2;\mu,\sigma^2) \cdot \ldots \cdot f(x_n;\mu,\sigma^2) \\ &= \prod_{i=1}^{n} \frac{1}{\sigma\sqrt{2\pi}} \exp\left[-\frac{(x_i-\mu)^2}{2\sigma^2}\right] \\ &= \left(\frac{1}{\sigma\sqrt{2\pi}}\right)^n \cdot \exp\left[-\frac{1}{2\sigma^2} \cdot \sum_{i=1}^{n} (x_i-\mu)^2\right]. \end{aligned}$$

Logarithmieren ergibt

$$\ln L(x;\mu,\sigma^2) = -\frac{n}{2} \cdot \ln 2\pi - \frac{n}{2} \cdot \ln \sigma^2 - \frac{1}{2\sigma^2} \cdot \sum_{i=1}^{n} (x_i-\mu)^2.$$

Partielle Differentiation nach μ und Nullsetzen der Ableitung ergibt

$$\frac{\partial \ln L}{\partial \mu} = \frac{2 \cdot \sum_{i=1}^{n} (x_i - \mu)}{2\sigma^2},$$

$$\sum_{i=1}^{n} (x_i - \hat{\mu}) = 0 ,$$

(15.12) $$\hat{\mu} = \frac{1}{n} \sum_{i=1}^{n} x_i = \bar{x} \; .$$

Wenn man nicht von der Realisierung $(x_1, x_2, \ldots, x_n)$, sondern von den Zufallsvariablen $(X_1, X_2, \ldots, X_n)$ ausgeht, erhält man als Maximum-Likelihood-Schätzfunktion die Zufallsvariable $\hat{M} = \bar{X}$.

Partielle Differentiation nach σ^2 und Nullsetzen der Ableitung ergibt

$$\frac{\partial \ln L}{\partial \sigma^2} = -\frac{n}{2} \cdot \frac{1}{\sigma^2} + \frac{\sum_{i=1}^{n} (x_i - \mu)^2}{2\left(\sigma^2\right)^2} \, ,$$

$$-\frac{n}{2} \cdot \frac{1}{\tilde{\sigma}^2} + \frac{\sum_{i=1}^{n} (x_i - \mu)^2}{2\left(\tilde{\sigma}^2\right)^2} = 0 ,$$

$$\frac{n}{2} \cdot \frac{1}{\tilde{\sigma}^2} = \frac{\sum_{i=1}^{n} (x_i - \mu)^2}{2\left(\tilde{\sigma}^2\right)^2} \, ,$$

$$\tilde{\sigma}^2 = \frac{1}{n} \sum_{i=1}^{n} (x_i - \mu)^2 , \text{ bzw.}$$

(15.13) $$\tilde{\sigma}^2 = \frac{1}{n} \sum_{i=1}^{n} (x_i - \bar{x})^2 .$$

Dieser Schätzwert $\tilde{\sigma}^2$ stimmt mit der Stichprobenvarianz $s_1^2(\bar{x})$ bei unbekanntem Erwartungswert μ der Grundgesamtheit überein. Wäre man nicht von der Realisierung $(x_1, x_2, \ldots, x_n)$, sondern von den Zufallsvariablen $(X_1, X_2, \ldots, X_n)$ ausgegangen, dann hätte man als Maximum-Likelihood-Schätzfunktion die Zufallsvariable $S_1^2(\bar{X})$ erhalten.

Von dieser war bereits früher gezeigt worden, daß sie nicht erwartungstreu ist. Man sieht daran, daß Maximum-Likelihood-Schätzfunktionen nicht notwendig erwartungstreu sein müssen; dafür sind sie aber konsistent. Ferner kann man zeigen: Wenn eine effiziente Schätzfunktion für den zu schätzenden Parameter existiert, so wird diese durch die Maximum-Likelihood-Methode geliefert.

Beispiel 15.7:

Das arithmetische Mittel $\bar{X}$ einer Stichprobe ist eine **suffiziente** (erschöpfende) **Schätzung** für μ. Dies bedeutet, daß kein anderer Schätzwert für μ (wie etwa der Stichprobenmedian) irgendeine zusätzliche Information über den Parameter μ, der geschätzt werden soll, ergeben kann.

15.2 Grundlagen der Intervallschätzung

Auch bei Verwendung einer Schätzfunktion, die im Sinn der wünschenswerten Eigenschaften eine gute Schätzfunktion ist, können sich Abweichungen der Schätzwerte vom wahren Parameterwert der Grundgesamtheit ergeben. Es erscheint sinnvoll, eine Punktschätzung durch die Angabe eines Intervalles zu ergänzen, in dem der wahre Parameterwert mit einer vorgegebenen Wahrscheinlichkeit enthalten sein wird (vgl. Abb. 15.4).

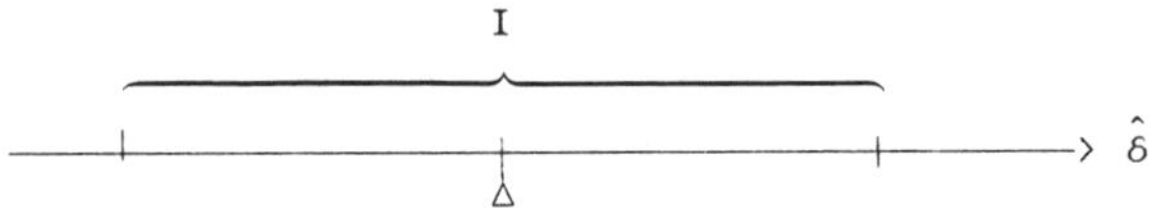

Abb. 15.4: Intervall I zur Lokalisierung des Parameters Δ

Ein solches Intervall wird als **Konfidenz-** (oder Vertrauens-)**intervall** bezeichnet. Die Genauigkeit der Schätzung wird durch die Länge des Intervalls, ihre Sicherheit durch die Wahrscheinlichkeit ausgedrückt, mit der das Intervall den unbekannten Parameter Δ überdeckt. Allerdings stehen bei einer solchen Schätzung die Begriffe Genauigkeit und Sicherheit in einem Widerspruch zueinander. Erhöht man nämlich die Genauigkeit, d.h. verkleinert man das Intervall, dann wird dadurch automatisch die Sicherheit verringert. Umgekehrt kann man eine größere Sicherheit nur durch eine kleinere Genauigkeit erkaufen, d.h. durch Verbreiterung des Intervalls.

15.2.1 Schwankungsintervall für den Mittelwert $\bar{X}$

Zunächst werde nochmals der deduktive Schluß der Statistik (von der bekannten Grundgesamtheit auf die daraus gezogene Stichprobe) betrachtet. Man geht davon aus, daß eine Zufallsvariable X in der Grundgesamtheit $N(\mu,\sigma^2)$-verteilt sei. Zu einer vorgegebenen **Sicherheitswahrscheinlichkeit $1-\alpha$** konnte ein symmetrisches Intervall um den Erwartungswert μ mit der Breite 2h so konstruiert werden, daß die Zufallsvariable X mit der Wahrscheinlichkeit $1-\alpha$ in diesem Intervall liegt, nämlich

$$\text{Prob}\{\mu - h \leq X \leq \mu + h\} = 1 - \alpha.$$

Bezeichnet man den Abstand h der Intervallgrenzen vom Erwartungswert in Einheiten der Standardabweichung σ, so lautet dieses Intervall

$$\text{(15.14)} \qquad \text{Prob}\{\mu - z\sigma \leq X \leq \mu + z\sigma\} = 1 - \alpha,$$

wobei die Konstante z von der Sicherheitswahrscheinlichkeit $1-\alpha$ abhängt. Für einige spezielle ganzzahlige Werte der Konstanten z ergaben sich folgende Intervalle

$$\text{Prob}\{\mu - 1\cdot\sigma \leq X \leq \mu + 1\cdot\sigma\} = 0{,}6827,$$

$$\text{Prob}\{\mu - 2\cdot\sigma \leq X \leq \mu + 2\cdot\sigma\} = 0{,}9545,$$

$$\text{Prob}\{\mu - 3\cdot\sigma \leq X \leq \mu + 3\cdot\sigma\} = 0{,}9973.$$

Ein solches Intervall wird ein z-faches zentrales **Schwankungsintervall** für die Zufallsvariable X genannt. Seine Berechnung ist allerdings nur dann möglich, wenn die Parameter μ und σ der Grundgesamtheit bekannt sind; seine Grenzen sind dann bekannte Größen.

Jetzt wird aber aus der Grundgesamtheit eine Zufallsstichprobe vom Umfang n gezogen und das arithmetische Mittel $\bar{x}$ dieser Stichprobe berechnet. Es ist bekannt, daß $\bar{X}$ eine Zufallsvariable ist, die $N(\mu,\sigma^2/n)$-verteilt ist. Diese Verteilungsaussage gilt, da die Grundgesamtheit als $N(\mu,\sigma^2)$-verteilt angenommen wurde. Falls der Stichprobenumfang hinreichend groß ist (etwa n ≥ 100), gilt diese Verteilungsaussage auch dann, wenn die Zufallsvariable X in der Grundgesamtheit einer beliebigen Verteilung gehorchte, die den Erwartungswert μ und die Varianz σ^2 besitzt. Bei Kenntnis der beiden Parameter kann man nun ebenfalls ein z-faches Schwankungsintervall für die Zufallsvariable $\bar{X}$ berechnen. Zu einer vorgegebenen Sicherheitswahrscheinlichkeit $1-\alpha$ erhält man

$$\text{Prob}\left\{\mu - z_{1-\alpha/2}\cdot\sigma_{\bar{X}} \leq \bar{X} \leq \mu + z_{1-\alpha/2}\cdot\sigma_{\bar{X}}\right\} = 1 - \alpha,$$

$$\text{Prob}\left\{\mu - z_{1-\alpha/2}\cdot\frac{\sigma}{\sqrt{n}} \leq \bar{X} \leq \mu + z_{1-\alpha/2}\cdot\frac{\sigma}{\sqrt{n}}\right\} = 1 - \alpha.$$

Diese Beziehung läßt sich wie folgt umformen

$$\text{Prob}\left\{- z_{1-\alpha/2}\cdot\frac{\sigma}{\sqrt{n}} \leq \bar{X} - \mu \leq + z_{1-\alpha/2}\cdot\frac{\sigma}{\sqrt{n}}\right\} = 1 - \alpha.$$

(15.15) $$\text{Prob}\left\{- z_{1-\alpha/2} \leq \frac{\bar{X} - \mu}{\sigma/\sqrt{n}} \leq + z_{1-\alpha/2}\right\} = 1 - \alpha.$$

Auf diese Weise hat man ein Schwankungsintervall für die standardnormal-verteilte Zufallsvariable

$$\frac{\bar{X} - \mu}{\sigma/\sqrt{n}} \; : \; N(0,1) - \text{verteilt}$$

erhalten.

Man beachte, daß sich nach Vorgabe einer Sicherheitswahrscheinlichkeit von $1-\alpha$ bei Kenntnis der Parameterwerte μ und σ ein Schwankungsintervall berechnen läßt, dessen Intervallgrenzen konstant sind.

Zunächst betrachte man die standardnormal-verteilte Zufallsvariable $\frac{\bar{X} - \mu}{s/\sqrt{n}}$. Das Schwankungsintervall für eine Sicherheitswahrscheinlichkeit von 95 % ergibt sich zu

$$\text{Prob}\left\{- z_{1-\alpha/2} \leq \frac{\bar{X} - \mu}{\sigma/\sqrt{n}} \leq + z_{1-\alpha/2}\right\} = 0{,}95.$$

Diese Beziehung wird verwendet, um z zu bestimmen. Man erhält

$$F(z_{1-\alpha/2}) - F(- z_{1-\alpha/2}) = 0{,}95,$$

$$F(z_{1-\alpha/2}) - [1 - F(z_{1-\alpha/2})] = 0{,}95,$$

$$2 \cdot F(z_{1-\alpha/2}) - 1 = 0{,}95,$$

$$F(z_{1-\alpha/2}) = 0{,}975,$$

$$z_{1-\alpha/2} = F^{-1}(0{,}975) = 1{,}96.$$

Dieser Zusammenhang zwischen z und $F^{-1}(1-\alpha)$ muß nun nicht jedesmal auf diese etwas mühsame Weise bestimmt werden. Da in der Praxis nur wenige Werte für die Sicherheitswahrscheinlichkeit $1-\alpha$ interessieren, kann man die wichtigsten Werte in Tabellen erfassen.

Tabelle 15.1: Symmetrisches Intervall um den Erwartungswert μ

$1 - \alpha$	0,90	0,95	0,99	0,9545	0,9973
$1 - \alpha/2$	0,95	0,975	0,995	0,9772	0,9987
z	1,645	1,960	2,575	2,0	3,0

Tabelle 15.2: Halbseitig offene Intervalle um den Erwartungswert μ

$1 - \alpha$	0,90	0,95	0,99	0,9772	0,9987
z	1,281	1,645	2,326	2,0	3,0

15.2.2 Konfidenzintervall für den Erwartungswert μ einer Normalverteilung bei großem Stichprobenumfang

Das Problem bei einer Intervallschätzung ist aber ein anderes. Jetzt sind die Parameter der Grundgesamtheit μ und σ nicht mehr beide bekannt, sondern ein unbekannter Parameter soll geschätzt werden. Angenommen, der Erwartungswert μ sei unbekannt. Als Schätzwert wird das arithmetische Mittel $\bar{x}$ einer Zufallsstichprobe vom Umfang n verwendet. Es soll nun eine Wahrscheinlichkeitsaussage darüber getroffen werden, wie groß ein Intervall um das arithmetische Mittel $\bar{x}$ der Stichprobe sein muß, damit der wahre Erwartungswert μ der Grundgesamtheit mit einer bestimmten Wahrscheinlichkeit davon überdeckt wird. Dazu geht man vom z-fachen Schwankungsintervall

für die N(0,1)-verteilte Zufallsvariable $\frac{\bar{X}-\mu}{\sigma/\sqrt{n}}$ aus.

Dieses lautet für eine Sicherheitswahrscheinlichkeit von $1-\alpha$

$$\text{(15.15)} \qquad \text{Prob}\left\{-z_{1-\alpha/2} \le \frac{\bar{X}-\mu}{\sigma/\sqrt{n}} \le +z_{1-\alpha/2}\right\} = 1-\alpha.$$

Durch die folgenden Umformungen kann man nun daraus eine Intervallaussage für den unbekannten Parameter μ erhalten, nämlich

$$\text{Prob}\left\{-z_{1-\alpha/2}\cdot\frac{\sigma}{\sqrt{n}} \le \bar{X}-\mu \le +z_{1-\alpha/2}\cdot\frac{\sigma}{\sqrt{n}}\right\} = 1-\alpha.$$

$$\text{Prob}\left\{-z_{1-\alpha/2}\cdot\frac{\sigma}{\sqrt{n}} - \bar{X} \le -\mu \le +z_{1-\alpha/2}\cdot\frac{\sigma}{\sqrt{n}} - \bar{X}\right\} = 1-\alpha.$$

Multiplikation der Ungleichung in der Klammer mit -1 ergibt

$$\text{Prob}\left\{z_{1-\alpha/2}\cdot\frac{\sigma}{\sqrt{n}} + \bar{X} \ge \mu \ge -z_{1-\alpha/2}\cdot\frac{\sigma}{\sqrt{n}} + \bar{X}\right\} = 1-\alpha.$$

$$\text{(15.16)} \qquad \text{Prob}\left\{\bar{X} - z_{1-\alpha/2}\cdot\frac{\sigma}{\sqrt{n}} \le \mu \le \bar{X} + z_{1-\alpha/2}\cdot\frac{\sigma}{\sqrt{n}}\right\} = 1-\alpha.$$

Auf diese Weise erhält man eine Aussage über ein Intervall, in dem der unbekannte Parameter mit der vorgegebenen Sicherheitswahrscheinlichkeit $1-\alpha$ liegt. Dabei sind die Intervallgrenzen jetzt Funktionen des Stichprobenmittelwertes $\bar{X}$. Da dieser aber eine Zufallsvariable ist, sind auch die Intervallgrenzen Zufallsvariable, deren Wert mit der Stichprobenrealisation variiert. Ein solches Intervall heißt **Konfidenz-** (oder Vertrauens-)**intervall**. Die Realisationen eines solchen Konfidenzintervalles aus verschiedenen Stichproben lassen sich durch die Abb. 15.5 anschaulich darstellen.

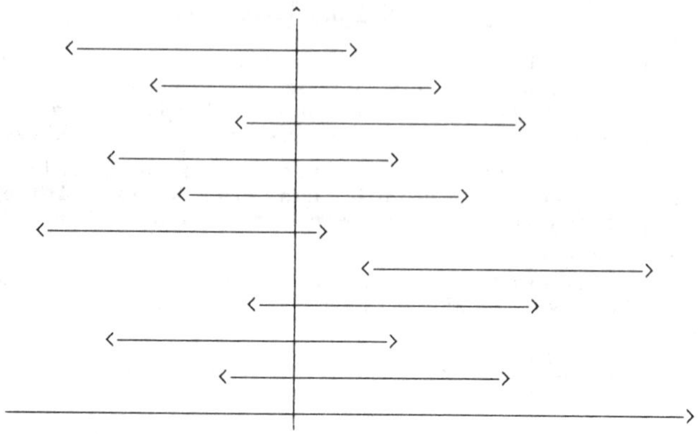

Abb. 15.5: Lage verschiedener Konfidenzintervalle für den Erwartungswert μ

Man interpretiert ein Konfidenzintervall wie folgt:

Das Intervall überdeckt mit einer Wahrscheinlichkeit von $1-\alpha$ den unbekannten Parameter μ der Grundgesamtheit, d.h. bei mehrmaligen, häufigen Wiederholungen der Stichprobenerhebung werden $(1-\alpha)\%$ der Intervalle den Parameter μ überdecken. Nachteilig bei der Berechnung eines solchen Konfidenzintervalles wirkt sich allerdings die Tatsache aus, daß zu seiner Berechnung der Parameter σ der Grundgesamtheit benötigt wird. Daher kann diese Intervallschätzung für den unbekannten Parameter μ nur in zwei Fällen angewendet werden:

1. Die Grundgesamtheit ist normalverteilt mit bekannter Varianz. Dann kann das Konfidenzintervall aufgrund einer Stichprobe beliebigen Umfangs (auch eines kleinen) berechnet werden.

2. Die Verteilung der Zufallsvariablen X in der Grundgesamtheit ist nicht bekannt, man weiß nur, daß sie mit dem Erwartungswert μ und der Varianz σ^2 verteilt ist. Ferner liegt eine Zufallsstichprobe von genügend großem Umfang ($n \geq 100$) vor. Dann ist wegen des Zentralen Grenzwertsatzes der Stichprobenmittelwert $\bar{X}$ approximativ normalverteilt. Die unbekannte Varianz σ^2 der Grundgesamtheit kann dann durch die Schätzfunktion $S^2(X)$ ersetzt werden.

<u>Beispiel 15.8</u>:

Aus der laufenden Produktion von Glühlampen wird eine Zufallsstichprobe vom Umfang $n = 100$ entnommen und in einer zerstörenden Prüfung die Brenndauer jeder Glühbirne bestimmt. Das arithmetische Mittel für die Brenndauer ergab $\bar{x} = 1\,300$ Stunden und für die Stichprobenvarianz $s^2 = 15\,625$. Mit einer Sicherheitswahrscheinlichkeit von 95 % bestimme man ein symmetrisches Konfidenzintervall für den Erwartungswert μ der Brenndauer der Gesamtproduktion.

Das gesuchte Konfidenzintervall, das den unbekannten Parameter μ mit einer Sicherheitswahrscheinlichkeit von 95 % enthält, ergibt sich somit zu

$$\text{Prob}\left\{\bar{x} - 1{,}96 \cdot \frac{s}{\sqrt{n}} \leq \mu \leq \bar{x} + 1{,}96 \cdot \frac{s}{\sqrt{n}}\right\} = 0{,}95.$$

Einsetzen der Zahlenwerte ergibt

$$\text{Prob}\left\{1\,300 - 1{,}96 \cdot \frac{125}{10} \leq \mu \leq 1\,300 + 1{,}96 \cdot \frac{125}{10}\right\} = 0{,}95,$$

$$\text{Prob}\{1\,300 - 24{,}5 \leq \mu \leq 1\,300 + 24{,}5\} = 0{,}95.$$

Für den unbekannten Erwartungswert μ der Gesamtproduktion ergibt sich somit bei einer Sicherheitswahrscheinlichkeit von 95 % die Beziehung

$$\mu \in [1\,275;\ 1\,325].$$

Man beachte, daß die Intervallgrenzen auf ganze Zahlen gerundet wurden. Wenn dies geschieht, muß man darauf achten, daß man immer auf der "sicheren Seite" des Intervalls bleibt.

Das Intervall [1 275;1 325] überdeckt mit einer Sicherheitswahrscheinlichkeit von mindestens 95 % den unbekannten Parameter μ der Grundgesamtheit. Dies bedeutet, daß bei einer häufigen Wiederholung der Stichprobenerhebung 95 % der erhaltenen Konfidenzintervalle den Parameter μ überdecken.

Vom Standpunkt des Produzenten aus erscheint es nicht immer sinnvoll, den unbekannten Erwartungswert nach beiden Seiten abzugrenzen. Ein Produzent wird vor allem daran interessiert sein, daß seine Glühlampen eine bestimmte Mindestbrenndauer aufweisen. Dies bedeutet, daß der unbekannte Erwartungswert nach unten abgegrenzt wird. Man wird daher fragen: In welchem nach links abgeschlossenen und nach rechts offenen Intervall liegt der unbekannte Erwartungswert μ mit einer Sicherheitswahrscheinlichkeit von 95 %?

$$\text{Prob}\left\{\mu > \bar{x} - z_{1-\alpha} \cdot \frac{s}{\sqrt{n}}\right\} = 1 - \alpha,$$

$$\text{Prob}\left\{\mu > \bar{x} - 1{,}645 \cdot \frac{s}{\sqrt{n}}\right\} = 1 - \alpha.$$

Einsetzen der Zahlenwerte ergibt

$$\text{Prob}\left\{\mu > 1\,300 - 1{,}645 \cdot \frac{125}{10}\right\} = 0{,}95,$$

$$\text{Prob}\{\mu > 1\,300 - 20{,}5625\} = 0{,}95.$$

Das einseitige Konfidenzintervall für den unbekannten Erwartungswert der Gesamtproduktion lautet somit bei einer Sicherheitswahrscheinlichkeit von 95 %

$$\mu > 1279 \text{ bzw. } \mu \in [1\,279,\ \infty].$$

Einen graphischen Vergleich der beiden Konfidenzintervalle verdeutlicht Abb. 15.6.

Abb. 15.6: Vergleich der beiden Konfidenzintervalle

15.2.3 Konfidenzintervall für den Erwartungswert μ bei unbekannter Varianz σ^2 und kleinem Stichprobenumfang n

Die Bestimmung eines Konfidenzintervalles wird erschwert, wenn die Varianz σ^2 der Grundgesamtheit nicht bekannt ist, was bei der praktischen Anwendung sehr häufig der Fall sein wird, bzw. wenn der Stichprobenumfang $n < 100$ ist und somit die Voraussetzung für die Anwendung des "Zentralen Grenzwertsatzes" nicht mehr erfüllt ist. Denn nun kann nicht mehr gefolgert werden, daß der Stichprobenmittelwert $\bar{X}$ approximativ normalverteilt ist.

In der standardnormal-verteilten Zufallsvariable

$$Z = \frac{\bar{X} - \mu}{\sigma_{\bar{X}}} = \frac{\bar{X} - \mu}{\sigma/\sqrt{n}}$$

muß die unbekannte Varianz σ^2 durch ihre erwartungstreue Schätzfunktion

$$\hat{\sigma}^2 = S_X^2 = \frac{1}{n-1} \sum_{i=1}^{n} (X_i - \bar{X})^2$$

ersetzt werden. Man erhält eine neue Zufallsvariable

$$T = \frac{\bar{X} - \mu}{S_X/\sqrt{n}} \; .$$

Diese Zufallsvariable ist allerdings nicht mehr standardnormalverteilt. Ihre Verteilung weist eine größere Varianz als die standardnormal-verteilte Zufallsvariable Z auf, da die Schätzfunktion S_X als Zufallsvariable ebenfalls eine bestimmte Varianz besitzt, womit ein weiterer Unsicherheitsfaktor hinzukommt. Wir wollen diese neue Zufallsvariable mit T bezeichnen.

Wir betrachten die Zufallsvariable

$$T = \frac{\bar{X} - \mu}{S_X/\sqrt{n}} \; .$$

Wir wissen bereits, daß diese t-verteilt ist, mit $\gamma = n - 1$ Freiheitsgraden.

Bezeichnet man mit $t^{\gamma}_{\alpha/2}$ bzw. $t^{\gamma}_{1-\alpha/2}$ die Punkte, bei denen die Verteilungsfunktion der t-Verteilung mit γ Freiheitsgraden die Werte $\alpha/2$ bzw. $1-\alpha/2$ besitzt, dann erhält man ein Schwankungsintervall zu

$$\text{Prob}\left\{t^{\gamma}_{\alpha/2} \leq \frac{\bar{X} - \mu}{S_X/\sqrt{n}} \leq t^{\gamma}_{1-\alpha/2}\right\} = 1 - \alpha.$$

Wegen der Symmetrie der Studentverteilung gilt

$$t^{\gamma}_{1-\alpha/2} = - t^{\gamma}_{\alpha/2},$$

und somit hat das Konfidenzintervall für den Erwartungswert μ der Grundgesamtheit die Form

$$\text{Prob}\left\{\bar{X} - t^{\gamma}_{1-\alpha/2}\cdot\frac{S_X}{\sqrt{n}} \leq \mu \leq \bar{X} + t^{\gamma}_{1-\alpha/2}\cdot\frac{S_X}{\sqrt{n}}\right\} = 1 - \alpha.$$

Beispiel 15.9:

Angenommen, die Zahl der einer zerstörenden Prüfung unterzogenen Glühbirnen betrug aus Kostenersparnis nur $n = 20$ Stück. Es ergab sich wiederum eine mittlere Brenndauer von $\bar{x} = 1\,300$ Stunden und eine Stichprobenvarianz von $s^2 = 15\,625$. Wie groß ist jetzt das Konfidenzintervall für μ mit einer Sicherheitswahrscheinlichkeit von 95 %?

Aus einer Tabelle der t-Verteilung entnimmt man den Wert

$$t^{n-1}_{1-\alpha/2} = t^{19}_{0,975} = 2,093.$$

Damit lautet das Konfidenzintervall

$$\text{Prob}\left\{1\,300 - 2,093 \cdot \frac{125}{\sqrt{20}} \leq \mu \leq 1\,300 + 2,093 \cdot \frac{125}{\sqrt{20}}\right\} = 0,95,$$

$$\text{Prob}\{1\,300 - 58,5011 \leq \mu \leq 1\,300 + 58,5011\} = 0,95.$$

Der unbekannte Erwartungswert μ liegt jetzt mit 95 %iger Sicherheits-wahrscheinlichkeit in dem Intervall

$$\mu \in [1\,241,50;\ 1\,358,50].$$

Bei Rundung auf ganze Zahlen erhält man

$$\mu \in [1\,241;\ 1\,359].$$

Beim Vergleich mit dem Ergebnis von Beispiel 15.8 erkennt man, daß der kleinere Stichprobenumfang ein größeres Konfidenzintervall ergibt, ein Resultat, das nicht völlig überraschend ist.

15.2.4 Konfidenzintervall für den Anteilswert P einer binomialverteilten Zufallsvariablen X

Die Schätzfunktion $\hat{P}$ für den Anteilswert $P = X/n$ ist bei Erfüllung der Approximationsregel $n \cdot p \cdot q > 9$ näherungsweise normalverteilt mit

$$\hat{P} \approx N\left\{\hat{p}; \frac{\hat{p}(1-\hat{p})}{n}\right\},$$

wobei $\hat{p} = x/n$ den realisierten Schätzwert der Stichprobe darstellt. Ein Konfidenzintervall für den Anteilswert $\hat{P}$ erhält man zu einer vorgegebenen Sicherheitswahrscheinlichkeit $1-\alpha$ nach dem <u>Prinzip</u>:

<u>Schätzwert plus/minus einem Vielfachen seiner Standardabweichung</u>

Somit lautet das Konfidenzintervall

$$\text{Prob}\left\{\hat{p} - z_{1-\alpha/2} \cdot \sqrt{\frac{\hat{p}(1-\hat{p})}{n}} \leq P \leq \hat{p} + z_{1-\alpha/2} \cdot \sqrt{\frac{\hat{p}(1-\hat{p})}{n}}\right\} = 1 - \alpha.$$

<u>Beispiel 15.10</u>:

Eine Umfrage unter 200 Hausfrauen ergab, daß 63 von ihnen das Waschmittel XYZ kannten. Dies sind 31,5 % der befragten Hausfrauen. Es wird mit einer Sicherheitswahrscheinlichkeit von 99 % nach dem prozentualen Anteil derjenigen Hausfrauen in der Grundgesamtheit gefragt, die das Waschmittel XYZ kennen.

Die Punktschätzung für den Parameter p der Binomialverteilung liefert den Wert

$$\hat{p} = \frac{x}{n} = 0{,}315.$$

Die Größe $n \cdot \hat{p} \cdot \hat{q} = 200 \cdot 0{,}315 \cdot 0{,}685 = 43{,}16 > 9$ erlaubt die Annahme, daß die Schätzfunktion $\hat{p}$ approximativ normalverteilt ist, mit $E\{P\} = \hat{p}$ und $Var\{P\} = \frac{\hat{p}(1-\hat{p})}{n}$.

Die Tabelle 15.1 liefert den Wert

$$z_{1-\alpha/2} = z_{0,995} = 2{,}575.$$

Damit ergibt sich das gesuchte Konfidenzintervall für den unbekannten Anteilswert P der Grundgesamtheit aller Hausfrauen zu

$$\text{Prob}\left\{\hat{p} - 2{,}575 \cdot \sqrt{\frac{\hat{p}(1-\hat{p})}{n}} \le P \le \hat{p} + 2{,}575 \cdot \sqrt{\frac{\hat{p}(1-\hat{p})}{n}}\right\} = 1 - \alpha.$$

Einsetzen der Zahlenwerte ergibt

$$\text{Prob}\left\{0{,}315-2{,}575 \cdot \sqrt{\frac{0{,}315 \cdot 0{,}685}{200}} \le P \le 0{,}315+2{,}575 \cdot \sqrt{\frac{0{,}315 \cdot 0{,}685}{200}}\right\} =$$

$$= 0{,}99$$

$$\text{Prob}\{0{,}315 - 0{,}0846 \le P \le 0{,}315 + 0{,}0846\} = 0{,}99,$$

$$\text{Prob}\{0{,}230 \le P \le 0{,}400\} = 0{,}99.$$

Damit liegt der Anteil der Hausfrauen, die das Waschmittel XYZ kennen, mit einer Sicherheitswahrscheinlichkeit von 99 % zwischen 23 % und 40 %, bzw. das Konfidenzintervall [0,23;0,40] enthält mit 99 %iger Sicherheitswahrscheinlichkeit den "wahren" Parameterwert der Grundgesamtheit.

15.2.5 Konfidenzintervall für die Differenz zweier Erwartungswerte

Gegeben seien zwei normalverteilte Grundgesamtheiten GG1 und GG2. In der Grundgesamtheit GG1 werde eine Zufallsvariable X und in GG2 eine Zufallsvariable Y betrachtet, mit den Erwartungswerten μ_X und μ_Y, wobei $\mu_X \neq \mu_Y$ sein kann. Beide Zufallsvariablen mögen die gleiche Varianz besitzen, d.h. $\text{Var}\{X\} = \text{Var}\{Y\} = \sigma^2$. Aus jeder der Grundgesamtheit werde eine Stichprobe gezogen, jeweils mit dem Stichprobenumfang n_X bzw. n_Y.

Da X und Y normalverteilt sind, ist auch die Zufallsvariable $D = \bar{X} - \bar{Y}$ normalverteilt, mit

$$E\{D\} = E\{\bar{X} - \bar{Y}\} = E\{\bar{X}\} - E\{\bar{Y}\} = \mu_X - \mu_Y,$$

$$\text{Var}\{D\} = \text{Var}\{\bar{X} - \bar{Y}\} = \frac{\sigma^2}{n_X} + \frac{\sigma^2}{n_Y} = \sigma^2\left(\frac{1}{n_X} + \frac{1}{n_Y}\right) = \sigma^2\left(\frac{n_X + n_Y}{n_X \cdot n_Y}\right).$$

Da aber σ^2 im allgemeinen nicht bekannt sein wird, muß man mit den Stichprobenschätzwerten S_X^2 und S_Y^2 arbeiten. Auch unter der Annahme, daß in beiden Grundgesamtheiten die gleiche Varianz σ^2 gelte, können die beiden Stichprobenschätzwerte verschieden sein, d.h.

$$S_X^2 \neq S_Y^2.$$

Um einen Schätzwert S^2 für die gemeinsame Varianz σ^2 zu erhalten, berechnet man das gewogene arithmetische Mittel aus den beiden Schätzwerten S_X^2 und S_Y^2, nämlich

$$S^2 = \frac{(n_X - 1)S_X^2 + (n_Y - 1)S_Y^2}{n_X + n_Y - 2} .$$

Damit ergibt sich als Schätzwert für die Varianz der Differenz D

$$\mathrm{Var}\{D\} = S_D^2 = \frac{(n_X - 1)S_X^2 + (n_Y - 1)S_Y^2}{n_X + n_Y - 2} \cdot \frac{n_X + n_Y}{n_X \cdot n_Y} .$$

Bildet man jetzt ein Konfidenzintervall zur Sicherheitswahrscheinlichkeit 1-α für die Differenz der beiden Erwartungswerte $\mu_X - \mu_Y$, so erhält man

$$\mathrm{Prob}\left\{(\bar{X} - \bar{Y}) \pm \text{Vielfaches von } S_D\right\} = 1 - \alpha.$$

Um das Vielfache von S_D berechnen zu können, benötigt man die Wahrscheinlichkeitsverteilung von S_D. Von der Zufallsvariablen

$$Z = \frac{(\bar{X} - \bar{Y}) - (\mu_X - \mu_Y)}{\sigma \cdot \sqrt{\frac{1}{n_X} + \frac{1}{n_Y}}}$$

ist bekannt, daß diese Größe standardnormal-verteilt ist.

Bildet man die Zufallsvariablen

$$W_X^2 = \frac{(n_X - 1)S_X^2}{\sigma^2} \quad \text{und} \quad W_Y^2 = \frac{(n_Y - 1)S_Y^2}{\sigma^2} ,$$

dann sind diese χ^2-verteilt, mit jeweils $\nu_X = n_X - 1$ bzw. $\nu_Y = n_Y - 1$ Freiheitsgraden. Da die Summe zweier χ^2-verteilter Größen wieder χ^2-verteilt ist, ergibt sich somit für die Summe der Zufallsvariablen W_X^2 und W_Y^2, daß auch die Zufallsvariable

$$W^2 = W_X^2 + W_Y^2 = \frac{(n_X - 1)S_X^2 + (n_Y - 1)S_Y^2}{\sigma^2}$$

χ^2-verteilt ist mit $\nu = \nu_X + \nu_V = n_X + n_Y - 2$ Freiheitsgraden.

Bildet man nun die neue Zufallsvariable

$$T = \frac{Z}{\sqrt{W^2/\nu}} = \frac{(\bar{X} - \bar{Y}) - (\mu_X - \mu_Y)}{\sqrt{(n_X - 1)S_X^2 + (n_Y - 1)S_Y^2}} \cdot \sqrt{\frac{n_X n_Y (n_X + n_Y - 2)}{n_X + n_Y}}$$

so weiß man, daß diese t-verteilt ist mit $\gamma = n_X + n_Y - 2$ Freiheitsgraden.

Damit ergibt sich für das Konfidenzintervall

$$\text{Prob}\left\{(\bar{X} - \bar{Y}) \pm t^{\gamma}_{1-\alpha/2} \cdot \sqrt{\frac{(n_X - 1)S_X^2 + (n_Y - 1)S_Y^2}{n_X n_Y (n_X + n_Y - 2)/(n_X + n_Y)}}\right\} = 1 - \alpha.$$

Beispiel 15.11:

Zwei Studentengruppen sind von zwei verschiedenen Tutoren auf eine abschließende Klausur vorbereitet worden. Bei dieser erreichten die Teilnehmer des Tutors A bei $n_A = 15$ Teilnehmern ein durchschnittliches Ergebnis von $\bar{x}_A = 84$ Punkten bei einer Standardabweichung von $s_A = 6$ Punkten. Die $n_B = 10$ Teilnehmer des Tutors B erreichten im Durchschnitt $\bar{x}_B = 90$ Punkte bei einer Standardabweichung von $s_B = 8$ Punkten.

Unter der Annahme, daß die erzielten Punktzahlen in beiden Tutorengruppen normalverteilt sind, soll ein 95 %iges Konfidenzintervall für die Differenz der Grundgesamtheitserwartungswerte $\mu_A - \mu_B$ bestimmt werden.

Es ist $\gamma = n_A + n_B - 2 = 23$ und somit $t^{\gamma}_{1-\alpha/2} = t^{23}_{0,975} = 2,069$.

Damit ergibt sich das Konfidenzintervall zu

$$\text{Prob}\left\{(84 - 90) \pm 2,069 \cdot \sqrt{\frac{14 \cdot 36 + 9 \cdot 64}{10 \cdot 15 \cdot 23/25}}\right\} = 0,95,$$

$$\text{Prob}\left\{- 6 \pm 2,069 \cdot \sqrt{7,8261}\right\} = 0,95.$$

Daraus folgt, daß die Differenz $\mu_A - \mu_B$ mit einer 95 %igen Sicherheit im Intervall

$$[- 0,2119; - 11,7881]$$

liegt. Daraus folgt ferner, daß mit der gleichen Sicherheitswahrscheinlichkeit ein signifikanter Unterschied zwischen den Klausuren der Studenten in den beiden Tutorengruppen besteht.

Beispiel 15.12:

Der Mittelwert der Größe von 15 zufällig ausgewählten Bewohnern der Stadt A ergab sich zu $\bar{x}_A = 174,9$ cm. In der Stadt B errechnete man von ebenfalls 15 zufällig ausgewählten Bewohnern dieser Stadt einen Größenmittelwert von $\bar{x}_B = 171,3$ cm. Die Varianzen der

Grundgesamtheit seien unbekannt, aber als gleich vorausgesetzt. Für die Schätzer der Varianzen ergab sich $s_A^2 = 6{,}0$ und $s_B^2 = 6{,}7$. Welche Grenzen hat unter diesen Bedingungen das 95 %ige Konfidenzintervall für die Differenz der beiden arithmetischen Mittel der Grundgesamtheit?

Unter der Annahme von normalverteilten Grundgesamtheiten ergibt sich $\gamma = n_A + n_B - 2 = 28$ und $t^{\gamma}_{1-\alpha/2} = t^{28}_{0,975} = 2{,}048$. Somit erhält man für das Konfidenzintervall

$$\text{Prob}\left\{(174{,}9 - 171{,}3) \pm 2{,}048 \cdot \sqrt{\frac{14 \cdot 6{,}0 + 14 \cdot 6{,}7}{15 \cdot 15 \cdot 28/30}}\right\} = 0{,}95,$$

$$\text{Prob}\left\{- 3{,}6 \pm 2{,}048 \cdot \sqrt{0{,}8467}\right\} = 0{,}95.$$

Das bedeutet, daß die Differenz $\mu_A - \mu_B$ mit einer 95 %igen Sicherheit im Intervall

$$[1{,}7155;\ 5{,}4845]$$

liegt. Man kann also folgern, daß mit dieser Sicherheitswahrscheinlichkeit ein signifikanter Unterschied zwischen den durchschnittlichen Größen der Bewohner der beiden Städte existiert.

15.2.6 Konfidenzintervall für die Varianz einer normalverteilten Grundgesamtheit

Wenn die Varianz σ^2 einer normalverteilten Grundgesamtheit unbekannt ist, lautet die erwartungstreue Schätzfunktion aus einer Stichprobe vom Umfang n

$$S_X^2 = \frac{1}{n-1} \sum_{i=1}^{n} (X_i - \bar{X})^2.$$

Bildet man jetzt die Zufallsvariable

$$W^2 = \frac{(n-1)S_X^2}{\sigma^2},$$

dann ist bekannt, daß diese Größe χ^2-verteilt ist mit $\gamma = n-1$ Freiheitsgraden.

Zur Sicherheitswahrscheinlichkeit $1-\alpha$ besitzt ein Schwankungsintervall für diese Zufallsvariable die Form

$$\text{Prob}\left\{\chi^2(\gamma;\alpha/2) \leq \frac{(n-1)S_X^2}{\sigma^2} \leq \chi^2(\gamma;1-\alpha/2)\right\} = 1 - \alpha.$$

Man beachte, daß die beiden Intervallgrenzen nicht mehr symmetrisch zur Zufallsvariablen W^2 liegen, da die χ^2-Verteilung keine symmetrische Verteilung ist. Durch entsprechende Umformungen erhält man aus diesem Schwankungsintervall ein Konfidenzintervall für den Grundgesamtheitsparameter σ^2. Dieses lautet

$$\text{Prob}\left\{\frac{(n-1)S_X^2}{\chi^2(\gamma;1-\alpha/2)} \leq \sigma^2 \leq \frac{(n-1)S_X^2}{\chi^2(\gamma;\alpha/2)}\right\} = 1 - \alpha.$$

Beispiel 15.13:

Es werde angenommen, daß die Lebensdauer von Glühlampen normalverteilt sei. Man möchte ein zweiseitiges Konfidenzintervall zur Sicherheitswahrscheinlichkeit $1-\alpha = 0{,}95$ für die Varianz σ^2 der Gesamtproduktion bestimmen. Dazu betrachtet man eine Stichprobe vom Umfang $n = 25$ und erhält für die Schätzfunktion S_X^2 die Realisation $s_X^2 = 196$. Aus der Tabelle der χ^2-Verteilung entnimmt man die Werte

$$\chi^2(24;\ 0{,}025) = 12{,}401;\quad \chi^2(24;\ 0{,}975) = 39{,}364.$$

Damit ergibt sich das zweiseitige Konfidenzintervall zu

$$\text{Prob}\left\{\frac{24 \cdot 196}{39{,}364} \leq \sigma^2 \leq \frac{24 \cdot 196}{12{,}401}\right\} = 0{,}95, \text{ d.h.}$$

$$\sigma^2 \in [119{,}50\ ;\ 379{,}33].$$

15.2.7 Konfidenzintervall für den Quotienten zweier Varianzen aus normalverteilten Grundgesamtheiten

Es werden wieder zwei normalverteilte Grundgesamtheiten mit ihren Zufallsvariablen X bzw. Y betrachtet. Die Erwartungswerte μ_X bzw. μ_Y seien bekannt, während die beiden Varianzen σ_X^2 bzw. σ_Y^2 unbekannt sind. Aus den beiden Grundgesamtheiten wird nun jeweils eine Zufallsstichprobe vom Umfang n_X bzw. n_Y gezogen, um eine Wahrscheinlichkeitsaussage über die Unterschiedlichkeit der beiden unbekannten Varianzen treffen zu können. Bei den Erwartungswerten konstruierte man zu diesem Zweck ein Konfidenzintervall für die Differenz $\mu_X - \mu_Y$. Für den Varianzvergleich hat es sich jedoch als zweckmäßiger erwiesen, nicht die Differenz, sondern den Quotienten σ_X^2/σ_Y^2 zu betrachten. Dazu geht man wieder aus von den beiden Zufallsvariablen

$$W_X^2 = \frac{(n_X-1)S_X^2}{\sigma_X^2} \quad \text{und} \quad W_Y^2 = \frac{(n_Y-1)S_Y^2}{\sigma_Y^2}.$$

Von diesen ist bekannt, daß sie χ^2-verteilt sind mit $\nu_X = n_X-1$ bzw. $\nu_Y = n_Y-1$ Freiheitsgraden.

Man bildet nun die neue Zufallsvariable

$$F = \frac{W_X^2/\nu_X}{W_Y^2/\nu_Y} = \frac{(n_X-1)S_X^2}{(n_Y-1)S_Y^2} \cdot \frac{\sigma_Y^2}{\sigma_X^2} \cdot \frac{(n_Y-1)}{(n_X-1)} = \frac{S_X^2/\sigma_X^2}{S_Y^2/\sigma_Y^2} .$$

Diese Zufallsvariable ist als Quotient zweier χ^2-verteilten Zufallsvariablen F-verteilt mit den beiden Freiheitsgraden $(\nu_X;\nu_Y) = (n_X-1;n_Y-1)$.

Man kann nun zur Sicherheitswahrscheinlichkeit $1-\alpha$ ein **Schwankungsintervall** wie folgt bestimmen

$$\text{Prob}\left\{F_{\alpha/2}(\nu_X;\nu_Y) \le \frac{S_X^2(\bar{X})/\sigma_X^2}{S_Y^2(\bar{Y})/\sigma_Y^2} \le F_{1-\alpha/2}(\nu_X;\nu_Y)\right\} = 1 - \alpha.$$

Durch entsprechende Umformung erhält man daraus ein **Konfidenzintervall** für σ_Y^2/σ_X^2 in der Form

$$\text{Prob}\left\{\frac{S_Y^2}{S_X^2} \cdot F_{\alpha/2}(\nu_X;\nu_Y) \le \frac{\sigma_Y^2}{\sigma_X^2} \le \frac{S_Y^2}{S_X^2} \cdot F_{1-\alpha/2}(\nu_X;\nu_Y)\right\} = 1 - \alpha.$$

Beispiel 15.14:

Es werden zwei Produkte A und B, mit μ_A und μ_B, hergestellt. Mit Hilfe von unabhängigen Stichproben vom Umfang $n_A = 31$ und $n_B = 21$ soll mit der Sicherheitswahrscheinlichkeit $1-\alpha = 0{,}98$ geprüft werden, ob die beiden Varianzen $\sigma_A^2 = \sigma_B^2$ der beiden Produkte gleich sind, d.h. $\sigma_A^2/\sigma_B^2 = 1$. Die beiden Stichprobenschätzwerte für die Varianzen ergeben sich zu $S_A^2 = 6\,400$ und $S_B^2 = 10\,000$. Aus einer Tabelle der F-Verteilung entnimmt man den Wert

$$F_{1-\alpha/2} = F_{0,99}(30;20) = 2{,}7785.$$

Wegen der reziproken Symmetrie der F-Verteilung berechnet sich der Wert für die andere Grenze zu

$$F_{\alpha/2}(\nu_A;\nu_B) = \frac{1}{F_{1-\alpha/2}(\nu_B;\nu_A)} = \frac{1}{F_{0,99}(20,30)} = \frac{1}{2{,}5487} = 0{,}3924.$$

Somit erhält man für das Konfidenzintervall

$$\mathrm{Prob}\left\{\frac{6\,400}{10\,000}\cdot F_{0,01}(20;30) \leq \frac{\sigma_A^2}{\sigma_B^2} \leq \frac{6\,400}{10\,000}\cdot F_{0,99}(20;30)\right\} = 0{,}98,$$

mit $F_{0,99}(20;30) = 2{,}5487,$

$$F_{0,01}(20;30) = \frac{1}{F_{0,99}(30;20)} = \frac{1}{2{,}7785} = 0{,}3599,$$

erhält man

$$\mathrm{Prob}\left\{0{,}64 \cdot 0{,}3599 \leq \frac{\sigma_A^2}{\sigma_B^2} \leq 0{,}64 \cdot 2{,}5487\right\} = 0{,}98,$$

$$\mathrm{Prob}\left\{0{,}2303 \leq \frac{\sigma_A^2}{\sigma_B^2} \leq 1{,}6312\right\} = 0{,}98,$$

$$\frac{\sigma_A^2}{\sigma_B^2} \in [0{,}2303 \; ; \; 1{,}6312].$$

Analog ergibt sich für den Quotienten σ_B^2/σ_A^2 das Konfidenzintervall

$$\mathrm{Prob}\left\{\frac{10\,000}{6\,400}\cdot F_{0,01}(30;20) \leq \frac{\sigma_B^2}{\sigma_A^2} \leq \frac{10\,000}{6\,400}\cdot F_{0,99}(30;20)\right\} = 0{,}98,$$

mit $F_{0,99}(30;20) = 2{,}7785,$

$$F_{0,01}(30;20) = \frac{1}{F_{0,99}(20;30)} = \frac{1}{2{,}5487} = 0{,}3924,$$

erhält man

$$\mathrm{Prob}\left\{1{,}5625 \cdot 0{,}3924 \leq \frac{\sigma_B^2}{\sigma_A^2} \leq 1{,}5625 \cdot 2{,}7785\right\} = 0{,}98,$$

$$\mathrm{Prob}\left\{0{,}6131 \leq \frac{\sigma_B^2}{\sigma_A^2} \leq 4{,}3414\right\} = 0{,}98,$$

$$\frac{\sigma_B^2}{\sigma_A^2} \in [0{,}6131 \; ; \; 4{,}3414].$$

15.3 Der Stichprobenumfang

Es leuchtet ein, daß die Größe des Konfidenzintervalls nicht nur von der vorgegebenen Sicherheitswahrscheinlichkeit, sondern auch vom Stichprobenumfang n abhängt. Bei den bisherigen Überlegungen war immer angenommen worden, daß der Stichprobenumfang n fest vorgegeben war. In der Praxis wird jedoch oft auch die umgekehrte Situation vorkommen. Man gibt die Größe des Konfidenzintervalles sowie die gewünschte Sicherheitswahrscheinlichkeit 1-α vor und fragt nach der Größe des Stichprobenumfanges n, der gewählt werden muß, um die geforderten Bedingungen zu erfüllen. Diese Problemstellung soll an zwei Beispielen erläutert werden.

Beispiel 15.15:

Der Glühlampenproduzent möchte wissen, mit welchem Stichprobenumfang n er seine Produktion testen muß, wenn er

a) mit einer 95 %igen Sicherheitswahrscheinlichkeit,

b) mit einer 99 %igen Sicherheitswahrscheinlichkeit

garantieren will, daß die mittlere Brenndauer seiner Glühlampen im Intervall [1 275;1 325] liegt.

Um die Aufgabe zu lösen, muß man eine maximale Abweichung A des Stichprobenmittelwertes $\bar{X}$ vom Mittelwert μ der Grundgesamtheit bestimmen, die mit der vorgegebenen Sicherheitswahrscheinlichkeit 1-α nicht überschritten wird, d.h.

$$\text{Prob}\{|\bar{X} - \mu| \leq A\} = 1 - \alpha.$$

Dieser Ausdruck wird umgeformt in

$$\text{Prob}\{\mu - A \leq \bar{X} \leq \mu + A\} = 1 - \alpha.$$

Unter der Annahme, daß der Stichprobenmittelwert $\bar{X}$ approximativ $N(\mu, \frac{\sigma^2}{n})$-verteilt ist, kann man für die Abweichung A

$$A = z_{1-\alpha/2} \cdot \frac{\sigma}{\sqrt{n}}$$

schreiben. Falls σ nicht bekannt ist, kann man es bei hinreichend großem Stichprobenumfang ($n \geq 100$) durch die Schätzfunktion S_X^2 ersetzen. Damit ist in der obigen Beziehung nur der Stichprobenumfang n unbekannt. Durch Auflösen nach n erhält man

$$n = \frac{z_{1-\alpha/2}^2 \cdot S_X^2}{A^2}. \tag{15.17}$$

In unserem Beispiel beträgt die Intervallbreite 50 Stunden, d.h. die Abweichung vom Mittelwert ± 25 Stunden, da es sich um ein symmetrisches Intervall handelt. Der Wert von z kann aus der Tabelle 15.1 entnommen werden. Man erhält

$$\text{a)}\quad 1 - \alpha/2 = 0{,}975; \quad z = 1{,}96,$$
$$\text{b)}\quad 1 - \alpha/2 = 0{,}995; \quad z = 2{,}575.$$

Einsetzen der Zahlenwerte ergibt für die Lösung

$$\text{a)}\ n = \frac{1{,}96^2 \cdot 15\,625}{25^2} = 96{,}04,$$

d.h. wenn eine Sicherheitswahrscheinlichkeit von 95 % gewünscht wird, muß eine Stichprobe vom Umfang n = 97 gezogen werden.

$$\text{b)}\ n = \frac{2{,}575^2 \cdot 15\,625}{25^2} \approx 165{,}77,$$

d.h. wenn eine Sicherheitswahrscheinlichkeit von 99 % gewünscht wird, muß eine Stichprobe vom Umfang n = 166 gezogen werden. Man beachte, daß die Approximation durch eine Normalverteilung bei der Lösung des Problems nur dann zulässig ist, wenn sich als Lösung ein Stichprobenumfang ergibt, für den $n \geq 100$ gilt.

Beispiel 15.16:

Wie groß muß der Stichprobenumfang n gewählt werden, wenn man mit einer Sicherheitswahrscheinlichkeit von 99 % wissen will, daß der Anteil der Hausfrauen, die das Waschmittel XYZ kennen in einem symmetrischen Intervall der Breite von 10 % um den Anteilswert P liegt?

Zur Lösung der Aufgabe wird unterstellt, daß der Anteilswert der Grundgesamtheit P = 0,315 bekannt ist. Es sei A = 0,05. Man geht aus von dem Intervall

$$\text{Prob}\{|\hat{P} - P| \leq A\} = 1 - \alpha.$$

Umformung ergibt

$$\text{Prob}\{P - A \leq \hat{P} \leq P + A\} = 1 - \alpha.$$

Unter der Annahme, daß $\hat{P}$ approximativ $N\left(P, \frac{P(1-P)}{n}\right)$-verteilt ist, läßt sich die Abweichung A in der Form schreiben

$$A = z_{1-\alpha/2} \cdot \sqrt{\frac{P(1-P)}{n}}.$$

Auflösen dieser Beziehung nach n ergibt

$$n = \frac{z^2_{1-\alpha/2} \cdot P \cdot (1-P)}{A^2}. \qquad (15.18)$$

Einsetzen der Zahlenwerte liefert

$$n = \frac{2{,}575^2 \cdot 0{,}315 \cdot 0{,}685}{0{,}05^2} \approx 572{,}29.$$

Es müßten also insgesamt 573 Hausfrauen befragt werden, um die gewünschte Genauigkeit und Sicherheit zu erhalten.

Sollte man den benötigten Stichprobenumfang n aus praktischen Gründen nicht realisieren können, dann muß man entweder die Anforderungen an die statistische Sicherheit herabsetzen oder aber die Breite des Konfidenzintervalles vergrößern.

Um n zu bestimmen, benötigt man in diesem Beispiel den Parameter P der Grundgesamtheit. Wenn dieser unbekannt ist und man sich keine Information über seinen Wert beschaffen kann, gibt es folgende Näherungsmöglichkeit. Das Produkt $P\cdot(1-P)$ ist eine Funktion in P, die im Intervall [0,1] definiert ist, d.h.

$$F(P) = P\cdot(1-P).$$

Um ihr Maximum in P zu bestimmen, muß man die erste Ableitung gleich Null setzen, und man erhält

$$F'(P) = P\cdot(-1) + (1-P)\cdot 1$$

$$= 1 - 2\cdot P.$$

Aus $F'(P) = 0$ ergibt sich

$$1 - 2\cdot\hat{P} = 0, \text{ d.h. } \hat{P} = 0{,}5.$$

Das Produkt erreicht somit für $\hat{P} = 0{,}5$ sein Maximum, und man kann diesen Wert als grobe Näherung annehmen. In unserem Beispiel würde sich dadurch der benötigte Stichprobenumfang auf n = 664 erhöhen.

Aufgaben zu Kapitel 15

Aufgabe 1:

Zeigen Sie, daß

a) der Stichprobenmittelwert

$$\bar{X} = \frac{1}{n} \sum_{i=1}^{n} X_i$$

eine erwartungstreue Schätzfunktion für den Mittelwert μ einer Grundgesamtheit ist,

b) die Varianz

$$S_1^2(\bar{X}) = \frac{1}{n} \sum_{i=1}^{n} (X_i - \bar{X})^2$$

nur eine asymptotisch erwartungstreue Schätzfunktion für die Varianz σ^2 der Grundgesamtheit ist,

c) die Schätzfunktion $\hat{P} = \frac{Y}{n}$ einer binomialverteilten Zufallsvariablen X erwartungstreu und konsistent ist,

d) die lineare Stichprobenfunktion

$$\tilde{X} = \sum_{i=1}^{n} c_i X_i \quad \text{mit } c_i \geq 0 \text{ und } \sum_{i=1}^{n} c_i = 1$$

für $\sum_{i=1}^{n} c_i^2 > \frac{1}{n}$ nicht effizienter ist als die unter a) angegebene Schätzfunktion.

Aufgabe 2:

Nehmen Sie an, Sie befragen 10 zufällig ausgewählte Bundesbürger nach ihren Reiseplänen. Vier davon geben an, bereits eine Urlaubsreise gebucht zu haben.

a) Wie groß ist die Wahrscheinlichkeit, daß Sie ein solches Stichprobenergebnis erhalten, wenn 10 % (20 %, 30 %, 40 %, 50 % 60 %, 70 %, 80 %, 90 %, 100 %) der Bundesbürger bereits eine Urlaubsreise gebucht haben?

b) Von welchem Anteilswert für die Grundgesamtheit würden Sie bei Kenntnis des Stichprobenergebnisses ausgehen?

a) 0; 0,0112; 0,0881; 0,2001; 0,2508; 0,2051; 0,1115; 0,0368; 0,0055; 0,0001; 0,0.

b) 0,4.

Aufgabe 3:

In einem Unternehmen mit 20 000 Beschäftigten, von denen 20 % Angestellte und 80 % Arbeiter sind, soll auf der Grundlage einer Zufallsstichprobe die Einstellung der Beschäftigten zur betrieblichen Sozialpolitik erforscht werden.

a) In welchem symmetrischen Bereich um den Erwartungswert wird der Anteil der Angestellten in der Stichprobe bei einem Sicherheitsgrad von 99 % liegen, wenn 1 225 Beschäftigte zufällig ausgewählt werden?

b) Wieviele Beschäftigte müssen befragt werden, wenn der Anteil der Angestellten in der Stichprobe bei einem Sicherheitsgrad von 95 % zwischen 18 % und 22 % liegen soll?

a) 0,1706; 0,2294. b) 1 537.

Aufgabe 4:

Bei der Herstellung von Stahlrohren auf einer bestimmten Produktionsanlage treten Abweichungen vom Sollwert μ_0 = 200 mm auf. Eine Untersuchung von 23 Rohren ergab eine Varianz von s^2 = 0,81.

a) Welches Intervall überdeckt den unbekannten Parameter σ^2 der normalverteilten Grundgesamtheit mit einem Sicherheitsgrad von 99 %?

b) In welchem symmetrischen Bereich um den Mittelwert μ liegt der Radius der Stahlrohre mit einer Wahrscheinlichkeit von 95 %?

c) Wie groß ist die Wahrscheinlichkeit, daß der Radius der Stahlrohre größer als 200,5 mm ist?

d) In welchem symmetrischen Bereich um den Mittelwert μ kann der durchschnittliche Radius der Stahlrohre mit einer Wahrscheinlichkeit von 95 % erwartet werden, wenn man aus der Produktion eine Stichprobe vom Umfang n = 100 entnimmt?

a) 0,4163; 2,0618. b) 199,6107; 200,3893.
c) 0,0075. d) 199,8236; 200,1764.

Aufgabe 5:

In einer Klinik wurden bei 400 Geburten 208 Knabengeburten registriert (ohne Mehrlingsgeburten).

a) Wie groß ist der Maximum-Likelihood-Schätzwert p für den Anteil P aller Knabengeburten?

b) Bestimmen Sie das 95 % Konfidenzintervall für den Anteil P der Knabengeburten in der Grundgesamtheit.

c) Für die 400 Neugeborenen wurde ein durchschnittliches Gewicht von 3,2 kg festgestellt, wobei die Stichprobenvarianz $s^2 = 0{,}81$ betrug. In welchem symmetrischen Intervall kann der Mittelwert μ der Grundgesamtheit mit einer Sicherheit von 99 % erwartet werden?

a) 0,52. b) 0,4710; 0,5690. c) 3,0841; 3,3159.

Aufgabe 6:

Ein Hersteller von Textilien will mit Hilfe einer Stichprobe aus einem Lagerbestand von 10 000 Stück feststellen, wieviel Prozent seiner hergestellten Waren einen Webfehler aufweisen. Nehmen Sie an, er wüßte bereits, daß entweder 5 % oder 15 % einen Webfehler aufweisen können.

Anhand einer Stichprobe vom Umfang n = 4 (ohne Zurücklegen) soll nun entschieden werden, welcher dieser Anteilswerte richtig ist.

a) 1. Bestimmen Sie die Wahrscheinlichkeiten für die möglichen Stichprobenergebnisse.

   2. Angenommen, in der Stichprobe ist kein fehlerhaftes Stück enthalten. Für welchen Anteilswert in der Grundgesamtheit würden Sie sich entscheiden?

   3. Erklären Sie anhand dieses Beispiels, was Sie unter dem "Maximum-Likelihood-Schätzprinzip" verstehen, und bestimmen Sie allgemein den Maximum-Likelihood-Schätzwert für P.

   4. Zeigen Sie, daß die zugehörige Schätzfunktion erwartungstreu ist.

b) 1. Bestimmen Sie das 95 %ige Konfidenzintervall für den Anteil der fehlerhaften Stücke in der Grundgesamtheit, wenn der Hersteller nun 400 Stück zufällig auswählt und davon 40 Stück einen Webfehler besitzen.

   2. Wie groß muß der Stichprobenumfang n gewählt werden, damit

$$\text{Prob}\{|\hat{p} - P| \leq 0{,}01\} = 0{,}90$$

   ist, wenn der Hersteller keine Information über den wahren Anteilswert in der Grundgesamtheit besitzt?

3. Geben Sie an, wie sich das Konfidenzintervall verändert, wenn man bei gegebener Sicherheitswahrscheinlichkeit den Stichprobenumfang n erhöht.

a) 1. 0,8145; 0,1715; 0,0135; 0,0005; 0,0
0,5220; 0,3685; 0,0975; 0,0115; 0,0005.
2. 0,05.
b) 1. 0,0706; 0,1294.
2. 6766.

Aufgabe 7:

Es sei X eine poissonverteilte Zufallsvariable. Bestimmen Sie mit Hilfe einer Stichprobe x_1, x_2, ... x_n einen Schätzwert für den Parameter λ.

Aufgabe 8:

In einer Zufallsstichprobe bei 400 hessischen Industriearbeitern mit abgeschlossener Lehre wurde ein durchschnittlicher Wochenlohn in Höhe von 525 DM festgestellt. Die Standardabweichung der Stichprobe betrage s = 80 DM.

a) Bestimmen Sie das 95 %ige Konfidenzintervall für den durchschnittlichen Wochenlohn aller hessischen Industriearbeiter.

b) Wie hoch dürfte bei einem Sicherheitsgrad von 90 % der durchschnittliche Wochenlohn aller hessischen Industriearbeiter mindestens sein?

c) Wie groß ist das 95 %ige Konfidenzintervall, wenn bei der Befragung von 1 600 Industriearbeitern ein durchschnittlicher Wochenlohn von 525 DM festgestellt worden wäre?

d) Wie groß muß der Stichprobenumfang n mindestens sein, wenn gelten soll: $\text{Prob}\{|X - \bar{\mu}| \leq 6\} = 0{,}90$?

e) Bei einer weiteren Stichprobe wurde bei 500 hessischen Industriearbeitern ohne abgeschlossene Lehre ein durchschnittlicher Wochenlohn in Höhe von 400 DM mit einer Standardabweichung von 40 DM festgestellt. Bestimmen Sie das 95 %ige Konfidenzintervall für die Differenz der beiden durchschnittlichen Wochenlöhne.

a) 517,16; 532,84. b) 519,874. c) 521,08; 528,92.
d) 482. e) 116,9465; 133,0536.

Aufgabe 9:

In einem Land A gibt es 1 Million landwirtschaftliche Betriebe. Durch eine Stichprobenerhebung soll die durchschnittliche Betriebsgröße ermittelt werden.

a) In welchem Bereich ist bei einem Sicherheitsgrad von 99 % die durchschnittliche Betriebsgröße aller landwirtschaftlichen Betriebe zu vermuten, wenn für 10 000 zufällig ausgewählte landwirtschaftliche Betriebe eine durchschnittliche Betriebsgröße von 15 ha und eine mittlere quadratische Abweichung von $s^2 = 25$ festgestellt wurde?

b) Innerhalb welcher Grenzen kann die Gesamtfläche aller landwirtschaftlichen Betriebe im Land A bei einem Sicherheitsgrad von 99 % erwartet werden?

a) 14,871; 15,129. b) 14 871 000; 15 129 000.

Aufgabe 10:

Eine Werbeagentur möchte überprüfen, wie stark sie die Leser einer Zeitung in der Stadt A mit einer Auflage von 10 000 Exemplaren durch ihre Anzeige angesprochen hat. Dazu werden 50 verschiedene, zufällig ausgewählte Leser befragt, ob sie die Anzeige gelesen hätten.

a) Bestimmen Sie den Maximum-Likelihood-Schätzwert für den unbekannten Anteil der Leser, die die Anzeige gelesen haben, wenn 15 der Befragten angeben, sie haben die Anzeige gelesen. Innerhalb welcher Grenzen liegt der unbekannte Anteil der Anzeigenleser der Grundgesamtheit bei einer Sicherheitswahrscheinlichkeit von 95 %?

b) Aufgrund des sehr geringen Stichprobenumfanges entschließt sich die Werbeagentur, eine zweite Stichprobe von 400 Personen zu befragen.

Bestimmen Sie das 95 %ige Konfidenzintervall für den unbekannten Anteil der Leser in der Grundgesamtheit, die die Anzeige gelesen haben, wenn 30 % der Befragten angeben, die Anzeige gelesen zu haben.

Vergleichen Sie die Ergebnisse der beiden Konfidenzintervalle, und erläutern Sie die Unterschiede.

c) Wie groß hätte der Stichprobenumfang gewählt werden müssen, wenn mit einer 97 %igen Sicherheit der Anteil der Leser, die die Anzeige gelesen haben, in einem symmetrischen Intervall der Breite von 6 % um den Anteilswert P liegen soll, wenn man keine Informationen über den Wert dieses Parameters besitzt?

d) Die Werbeagentur führt in der Stadt B ebenfalls eine Stichprobenbefragung von 400 Personen durch, von denen 25 % angeben, die Anzeige gelesen zu haben. Wie lautet das 99 %ige Konfidenzintervall für die Differenz der Anteilswerte der beiden Grundgesamtheiten? Interpretieren Sie das Ergebnis.

a) 0,3; 0,1697; 0,4303. b) 0,255; 0,345. c) 1 309.
d) - 0,0312; 0,1312.

Aufgabe 11:

Die Arbeitsstätte eines Angestellten ist 50 km entfernt. Er fährt jeden Tag mit dem Auto hin und zurück und erwägt jetzt, auf öffentliche Verkehrsmittel umzusteigen. Um einen Kostenvergleich anzustellen, mißt er 5 Tage lang den Benzinverbrauch in Litern:

8.41; 7.71; 8.21; 8.41; 7.81

Nehmen Sie an, die Höhe des Benzinverbrauchs sei eine normalverteilte Zufallsvariable und schätzen Sie ein 95 %-iges Konfidenzintervall für den wahren Benzinverbrauch!

$\text{Prob}\{7,69 \leq \mu \leq 8,51\} = 0,95.$

Aufgabe 12:

Im Herbst dieses Jahres finden in den USA Präsidentschaftswahlen statt. Um ihre Chancen abschätzen zu können, läßt die republikanische Partei eine Meinungsumfrage durchführen. Es werden 256 Wähler befragt. Sie ergab, daß der Anteil der Wähler, die für die Republikaner stimmen, in dem Konfidenzintervall [0,5812;0,6988] liegt.

a) Welche Sicherheitswahrscheinlichkeit liegt der Berechnung zugrunde?

b) Erklären Sie den Zusammenhang zwischen Sicherheit und Genauigkeit einer Schätzung!

c) Erklären Sie den Unterschied zwischen einem Konfidenz- und einem Schwankungsintervall!

a) 95 %.

16. Einführung in die Testtheorie

Die Aufgabe der statistischen Schätztheorie besteht u.a. darin, für unbekannte Verteilungsparameter einer Grundgesamtheit aufgrund von Stichprobenergebnissen einen numerischen Wert zu schätzen, bzw. ein Intervall anzugeben, das den "wahren" Wert mit einer vorgegebenen Sicherheitswahrscheinlichkeit $1-\alpha$ enthält.

Wir wollen uns jetzt mit der Frage beschäftigen, ob Annahmen über die numerischen Parameterwerte einer Verteilung oder Annahmen über eine Verteilungsform von Zufallsvariablen in einer Grundgesamtheit durch ein Stichprobenergebnis mit einer vorgegebenen Irrtumswahrscheinlichkeit α abgelehnt werden müssen oder nicht. Es handelt sich dabei um Problemstellungen, die in das Gebiet der Testtheorie einzuordnen sind, dem zweiten wichtigen Zweig der induktiven Schlußweise der Statistik.

16.1 Grundbegriffe der Testtheorie

Zunächst sollen einige wichtige Begriffe der Testtheorie erläutert werden.

16.1.1 Die statistische Hypothese

Unter einer statistischen Hypothese versteht man Annahmen über die Form der Wahrscheinlichkeitsverteilung einer Zufallsvariablen X oder deren numerische Parameterwerte in der Grundgesamtheit. Solche Hypothesen werden aufgrund theoretischer Überlegungen, früherer Beobachtungen oder Erfahrungen aufgestellt. Man kann etwa fragen, ob ein beobachteter Stichprobenmittelwert $\bar{x}$ einem angenommenen Mittelwert μ einer Grundgesamtheit widerspricht, bzw. ob eine Hypothese über die Form einer Verteilung in der Grundgesamtheit aufgrund eines Stichprobenergebnisses abzulehnen ist.

16.1.2 Der statistische Test

Als statistischen Test bezeichnet man eine eindeutig bestimmte Vorschrift, die Bedingungen angibt, unter denen eine aufgestellte Hypothese abgelehnt bzw. nicht abgelehnt werden muß. Zu diesem Zweck wird nach Vorgabe einer Irrtumswahrscheinlichkeit α ein sog. **kritischer Bereich** K_α bestimmt. Liegt die beobachtete Stichprobenrealisation in diesem kritischen Bereich, dann folgert man, daß die aufgestellte Hypothese dadurch widerlegt sei. Die Überlegungen, die der Prüfung von statistischen Hypothesen zugrunde liegen, basieren darauf, daß eine einzige widersprechende Beobachtung (Realisation) genügt, um eine aufgestellte Hypothese zu widerlegen. Um sie allerdings zu bestätigen würden noch so viele Beobachtungen (Realisationen) nicht ausreichen.

16.1.3 Formen der statistischen Hypothesen

Man kann die statistischen Tests entsprechend der aufgestellten Hypothesen klassifizieren. Bisher war davon ausgegangen worden, daβ eine einzige Hypothese aufgestellt worden war. Diese wollen wir als **Nullhypothese H_0** bezeichnen. Es soll lediglich geprüft werden, ob diese "nicht falsch" ist, d.h. man entscheidet nur zwischen "Ablehnung" und "Nicht-Ablehnung" einer einzigen Hypothese. Derartige Entscheidungen werden als **Signifikanztests** bezeichnet.

Bei vielen praktischen Problemen sind aber neben der Nullhypothese H_0 noch weitere Hypothesen denkbar, die als Alternativhypothesen H_a bezeichnet werden sollen. Beschränkt man sich auf den Fall einer einzigen Alternativhypothese H_a, die dann oft auch mit H_1 bezeichnet wird, dann kann man die Verfahren, die zwischen den beiden Hypothesen H_0 und H_a entscheiden, auch als **Alternativtests** bezeichnen.

Statistische Hypothesen, die nur die Parameterwerte der Verteilung von Zufallsvariablen festlegen, heiβen **Parametertests**. Ordnet die Parameterhypothese dem unbekannten Parameter einen bestimmten Wert zu, etwa H_0: $\mu = \mu_0$, dann spricht man von einer **einfachen Hypothese**. Besagt die Hypothese jedoch, daβ der unbekannte Parameterwert einer bestimmten Menge angehört, etwa H_0: $\mu < \mu_0$, dann spricht man von einer **zusammengesetzten Hypothese**.

Eine andere Möglichkeit der Klassifizierung ergibt sich aus der Fragestellung, ob Abweichungen zwischen Realisierung und Sollwert der Grundgesamtheit in beiden oder nur in einer Richtung interessieren. Entsprechend spricht man von **zweiseitigen bzw. einseitigen Tests**.

Angenommen, es werde nach Abweichungen des Mittelwertes μ einer Grundgesamtheit von einem gegebenen Sollwert μ_0 gefragt, dann sind folgende Fragestellungen möglich:

a) **zweiseitiger Test** $\quad H_0$: $\mu = \mu_0$, $\quad H_a$: $\mu \neq \mu_0$. (16.1)

b) **einseitiger Test** 1. H_0: $\mu \leq \mu_0$, $\quad H_a$: $\mu > \mu_0$, (16.2)

2. H_0: $\mu \geq \mu_0$, $\quad H_a$: $\mu < \mu_0$. (16.3)

Neben dem Parametertest, bei dem die Hypothese einen Wert für den unbekannten Parameter festlegt, unterscheidet man noch die sog. **Anpassungstests**. Bei diesen wird gefragt, ob der Stichprobenbefund eine Entscheidung erlaubt, daβ die Verteilung einer interessierenden Zufallsvariablen in der Grundgesamtheit einer bestimmten theoretischen Verteilung, etwa der Normalverteilung, entspricht.

16.2 Fehlermöglichkeiten bei stastistischen Tests

Da die Entscheidungen eines statistischen Testes auf stochastischen Ergebnissen basieren, nämlich auf Stichprobenrealisierungen, besteht immer ein gewisses Risiko einer Fehlentscheidung. Allerdings läßt sich für den langfristigen Durchschnitt die Wahrscheinlichkeit solcher Fehlentscheidungen berechnen. Dazu unterstellt man, daß die Nullhypothese H_0 richtig sei. Man wählt dann eine Stichprobenfunktion, deren Verteilung von H_0 abhängt. Mit $Prob\{E|H_0\}$ wird die Wahrscheinlichkeit bezeichnet, daß das Ereignis E eintrifft, unter der Bedingung, daß H_0 gilt. Man interessiert sich nun für solche Ereignisse E, deren Wahrscheinlichkeit des Eintreffens klein ist, unter der Bedingung, daß H_0 gilt. Diese Wahrscheinlichkeit bezeichnet man mit α, d.h. es sei $Prob\{E|H_0\} \leq \alpha$. Beobachtet man nun bei einer Stichprobenerhebung das Eintreffen des Ereignisses E, so spricht dieses Ergebnis gegen die Nullhypothese H_0, da es offenbar vernünftiger ist, diese Hypothese abzulehnen, als bei einer einzigen Stichprobenerhebung die Realisation eines relativ seltenen Ereignisses zu erwarten.

Aus der Beobachtung eines Ereignisses E, für das $Prob\{E|H_0\} \leq \alpha$ gilt, folgert man also, daß H_0 praktisch widerlegt sei. Eine solche Entscheidung ist zwar nicht logisch zwingend, aber sie ist empirisch fast sicher. Die Größe $Prob\{E|H_0\}$ stellt somit eine Maßgröße für die Zuverlässigkeit der Entscheidung dar. Je kleiner $Prob\{E|H_0\}$ ist, um so eher wird man die Nullhypothese H_0 verwerfen. Ist dagegen $Prob\{E|H_0\} > \alpha$, so lehnt man H_0 nicht ab, da ihr das Ereignis E nicht widerspricht. Man hat dann aber lediglich etwas beobachtet, das unter der Voraussetzung von H_0 nicht selten zu erwarten war und daher auch nur wenig über H_0 aussagt. Wenn die Realisierungen einer Hypothese H_0 nicht widersprechen, so sagt man "**H_0 sei nicht falsch**". Dies bedeutet <u>nicht</u>, daß H_0 richtig sein <u>muß</u>, da ja noch andere Hypothesen außer H_0 nicht falsch sein können.

<u>Daraus folgt eine wichtige praktische Konsequenz:</u>

<u>Man kann eine Arbeitshypothese H nie direkt bestätigen</u>.

Man wird daher versuchen, eine Gegenhypothese H_0 aufzustellen, um diese dann zu widerlegen. Damit würde man die Arbeitshypothese H dann indirekt bestätigen. Dieses Verfahren ist aber nur dann schlüssig, wenn die Hypothese H_0 die einzige mögliche Gegenhypothese zu H ist.

Bei der Prüfung einer statistischen Hypothese zerlegt man die Menge der möglichen Realisierungen von Stichprobenresultaten in zwei zueinander disjunkte Teilmengen, die mit K_α und $\bar{K}_\alpha$ bezeichnet werden sollen. Diejenigen Ereignisse E, für die nach Vorgabe einer **Irrtumswahrscheinlichkeit α** die Beziehung $Prob\{E|H_0\} > \alpha$ gilt, zählt man zur Menge $\bar{K}_\alpha$, und diejenigen, für die $Prob\{E|H_0\} \leq \alpha$ gilt, zählt man zur Menge K_α. Die Menge K_α bezeichnet man als den **kritischen Bereich** des entsprechenden Testes. Wenn die Stichprobenrealisation in den kritischen Bereich K_α fällt, wird die Nullhypothese H_0 abgelehnt. Die Größe α gibt somit den Anteil an, mit dem im Durchschnitt die Nullhypothese H_0 abgelehnt wird, obwohl sie richtig ist. Man bezeichnet α auch als **Signifikanzniveau des Testes**. Der komplementäre Wert 1−α gibt nun nicht an, wieviele Entscheidungen, die aufgrund des Testes gefällt werden, im Durchschnitt richtig sind. Eine solche Auslegung ist falsch! Man kann lediglich sagen, daß man höchstens den Anteil α richtiger Hypothesen H_0 irrtümlich ablehnt.

Die Wahl des Signifikanzniveaus (Irrtumswahrscheinlichkeit) α ist an sich willkürlich und hängt von der jeweiligen Problemstellung ab. Grundsätzlich läßt sich sagen, je kleiner man α wählt, um so vorsichtiger ist man bei der Ablehnung von H_0. Bei kleinem α spricht man von einer hohen, bei großem α von einer niedrigen Signifikanzstufe. Eine Hypothese, die bei einem Wert von $\alpha = 0,05$ bereits abgelehnt wird, kann bei einem Wert von $\alpha = 0,01$ durchaus noch "nicht abgelehnt" werden.

Es haben sich in der Praxis verschiedene Werte für die Irrtumswahrscheinlichkeit α eingebürgert, die wichtigsten sind:

1. Man gibt eine Irrtumswahrscheinlichkeit von $\alpha = 0,05$ vor, was einem Prozentsatz von 5 % entspricht. Dabei wird das Risiko einkalkuliert, daß man im Durchschnitt bei 5 von 100 Fällen ein Fehlurteil riskiert, d.h. eine richtige Hypothese irrtümlich ablehnt.

2. Man gibt eine Irrtumswahrscheinlichkeit von $\alpha = 0,01$ vor, was einem Prozentsatz von 1 % entspricht. In diesem Fall werden schon wesentlich höhere Ansprüche an die Zuverlässigkeit des Untersuchungsergebnisses gestellt. Jetzt erlaubt man im Durchschnitt nur eine falsche Entscheidung unter 100 Fällen.

3. Bei Untersuchungen von besonderer Wichtigkeit wählt man eine Irrtumswahrscheinlichkeit von $\alpha = 0,001$, was einem Prozentsatz von einem Promille entspricht. Jetzt erlaubt man nur noch das Risiko einer Fehlentscheidung unter 1 000 Fällen.

Je kleiner der Wert von α ist, um so schwieriger wird ein Test reale Abweichungen von der Hypothese H_0 aufdecken. Dies gilt besonders dann, wenn die Abweichungen gering und der Stichprobenumfang n klein ist. Ob eine bestehende Abweichung von der Hypothese H_0 erkannt wird, hängt nämlich außer von α auch noch vom Stichprobenumfang n ab. Bei genügend kleinem Stichprobenumfang liefern die meisten statistischen Tests bezüglich fast aller Hypothesen H_0 als Resultat die Nicht-Ablehnung. Daher muß man auch die Konsequenzen der Entscheidung eines statistischen Tests bei seiner Beurteilung berücksichtigen.

Dazu muß man die Fehlermöglichkeiten untersuchen, die bei der Prüfung statistischer Hypothesen auftreten können. Diese lassen sich in zwei Gruppen unterteilen:

1. Die Nullhypothese H_0 wird verworfen, obwohl sie richtig war. Dieser Fehler heißt **Fehler erster Art**. Seine Wahrscheinlichkeit wird durch die Irrtumswahrscheinlichkeit (bzw. das Signifikanzniveau) α bestimmt und soll daher auch mit α bezeichnet werden.

2. Die Nullhypothese H_0 wird nicht verworfen, obwohl sie falsch ist. Dieser Fehler wird als **Fehler zweiter Art** bezeichnet. Die Wahrscheinlichkeit für diesen Fehler soll mit β bezeichnet werden.

Schematisch werden die vier möglichen Entscheidungen bei einem statistischen Test in der Tabelle 16.1 dargestellt:

Tabelle 16.1: Entscheidungsmöglichkeiten bei einem statistischen Test

Entscheidung des Testes	Zustand der Wirklichkeit	
	H_0 gilt	H_0 ist falsch
H_0 abgelehnt	**Fehler 1. Art Wahrscheinlichkeit α**	richtige Entscheidung
H_0 nicht abgelehnt	richtige Entscheidung	**Fehler 2. Art Wahrscheinlichkeit β**

Beispiel 16.1:

Von Katharina II. von Rußland wird überliefert, daß sie einmal gesagt haben soll: "Es ist besser, 10 Schuldige freizusprechen, als einen Unschuldigen zu hängen".

Unter dem Gesichtspunkt eines statistischen Testes lassen sich die Fehlermöglichkeiten bei dieser Entscheidung wie folgt darstellen:

Entscheidung von Katharina II.	tatsächlicher "Zustand" der Angeklagte ist	
	schuldig	nicht schuldig
Freispruch	Fehler 1. Art	richtige Entscheidung
Hinrichtung	richtige Entscheidung	Fehler 2. Art

Bei diesem "statistischen Test" erlaubte also Katharina II. eine zehnmal so große Wahrscheinlichkeit für den Fehler 1. Art als für den Fehler 2. Art.

Verändert man bei konstantem Stichprobenumfang n die Irrtumswahrscheinlichkeit α, so ändert sich dadurch die Wahrscheinlichkeit β für den Fehler 2. Art im entgegengesetzten Sinn. Bei einer Verkleinerung der Irrtumswahrscheinlichkeit α vergrößert man damit die Wahrscheinlichkeit β für den Fehler 2. Art. Nur wenn der Stichprobenumfang n beliebig vergrößert werden darf, lassen sich α und β beliebig klein machen. Da sich der Stichprobenumfang n aber in der Praxis meist nicht beliebig vergrößern läßt, muß man, je nachdem welche Fehlentscheidung folgenschwerer ist, im konkreten Fall die entsprechende Wahrscheinlichkeit, α oder β, vorgeben.

16.3 Das Prinzip eines statistischen Testes

Das Prinzip eines statistischen Testes soll anhand der folgenden Geschichte erläutert werden, die von R.A. Fisher stammt:

Bei einer Gesellschaft behauptet eine Dame X: Setze man ihr eine Tasse Tee vor, der etwas Milch beigegeben wurde, so könne sie im allgemeinen einwandfrei schmecken, ob zuerst Tee oder ob zuerst Milch eingegossen worden sei. Wie prüft man diese Behauptung?

Sicher nicht so: Zwei äußerlich völlig gleichartige Tassen vorsetzen, wobei in die erste zuerst Milch und dann Tee (Reihenfolge MT) und in die zweite zuerst Tee und dann Milch (TM) eingegossen wurde. Würde man jetzt die Dame wählen lassen, so hätte sie offenbar eine Chance von 50 % die richtige Antwort zu geben, auch wenn ihre Behauptung falsch ist.

Besser ist folgendes Vorgehen: Acht äußerlich gleiche Tassen werden der Dame vorgesetzt. Davon sind vier in der Reihenfolge TM, die anderen vier in der Reihenfolge MT gefüllt worden. Die Tassen werden zufällig über den Tisch verteilt und danach die Dame herbeigerufen. Man teilt ihr mit, daß von den Tassen je vier vom Typ TM bzw. MT seien. Ihre Aufgabe bestehe darin, die vier TM Tassen herauszufinden. Jetzt ist die Wahrscheinlichkeit, ohne Sonderbegabung die richtigen vier Tassen zu finden, sehr gering geworden. Aus 8 Tassen kann man nämlich auf

$$\binom{8}{4} = \frac{8\cdot 7\cdot 6\cdot 5}{4\cdot 3\cdot 2} = 70 \text{ verschiedene Möglichkeiten 4 auswählen.}$$

Von diesen 70 Kombinationen ist aber nur eine einzige die Richtige. Die Wahrscheinlichkeit ohne Sonderbegabung, also zufällig, die richtige Kombination zu treffen, beträgt daher nach Laplace 1/70 = 0,0143 oder etwa 1,4 %, sie ist also sehr gering. Wählt die Dame nun wirklich die vier richtigen Tassen aus, so wird man die Nullhypothese - H_0: die Dame besitzt diese Sonderbegabung nicht - verwerfen und ihr diese besondere Fähigkeit zuerkennen. Dabei nimmt man eine Irrtumswahrscheinlichkeit von 1,4 % in Kauf. Natürlich könnte man diese Irrtumswahrscheinlichkeit dadurch verringern, daß man die Anzahl der Tassen erhöhen würde, z.B. auf 12, wobei wieder die Hälfte nach TM bzw. MT gefüllt wäre. In diesem Fall würde die Irrtumswahrscheinlichkeit auf $\alpha \approx 0,1$ % sinken.

Charakteristisch für dieses Vorgehen ist:

Man stellt zunächst eine Nullhypothese auf und verwirft diese genau dann, wenn man ein Ergebnis beobachtet, das bei Gültigkeit dieser Nullhypothese unwahrscheinlich ist.

Stellt man eine Nullhypothese auf, die mit statistischen Methoden geprüft werden soll, so interessiert, ob eine vorliegende Stichprobe diese Hypothese stützt oder nicht. Im Teetassen-Beispiel würde man die Nullhypothese verwerfen, wenn die Dame die vier TM-Tassen richtig auswählt. In jedem anderen Fall hält man an der Nullhypothese fest. Man muß also bei jeder möglichen Stichprobe eine Entscheidung treffen. In diesem Beispiel könnte man auch die Entscheidung vertreten, daß die Nullhypothese zu verwerfen sei, wenn die Dame mindestens drei richtig gefüllte TM-Tassen herausfindet.

Um der Schwierigkeit zu entgehen, sich in jedem konkreten Fall die Entscheidung vorher überlegen zu müssen, sucht man nach einem Verfahren, das eine solche Entscheidung stets herbeiführt. Ein solches Verfahren, das für jede Stichprobe die Entscheidung liefert, ob das Stichprobenergebnis die aufgestellte Hypothese stützt oder nicht, heißt ein **statistischer Test**.

16.4 Parametertests

Die meisten statistischen Tests werden mit Hilfe einer Prüfgröße (pr) entschieden. Diese Prüfgröße wird nach einer bestimmten Vorschrift aus einer gegebenen Stichprobe berechnet. Der Test besteht dann darin, daß diese Prüfgröße - nach Vorgabe einer Irrtumswahrscheinlichkeit α - mit einer kritischen Größe (kr) verglichen wird. Dieser Vergleich liefert dann eine Entscheidung, ob die aufgestellte Nullhypothese verworfen werden muß oder nicht.

16.4.1 Signifikanztest für den Erwartungswert μ bei großem Stichprobenumfang n

Die Problemstellung eines solchen Signifikanztestes werde an dem folgenden Beispiel erläutert:

In einem Unternehmen wird Wein maschinell abgefüllt. Die Abfüllmaschine ist auf einen Sollwert von 700 ccm pro Flasche eingestellt worden. Nach einer gewissen Laufzeit möchte man wissen, ob die Maschine diesen Sollwert noch einhält oder nicht. Zu diesem Zweck wird eine Zufallsstichprobe vom Umfang n = 100 Flaschen aus der Produktion entnommen und auf ihren Inhalt geprüft. Es ergab sich ein Stichprobenmittelwert von $\bar{x}$ = 699,2 ccm pro Flasche.

Man fragt nun: Ist diese beobachtete Abweichung vom Sollwert rein zufällig zustande gekommen, d.h. sind die Flaschen, die in die Stichprobe gelangten, rein zufällig zu schlecht gefüllt, oder ist diese Abweichung signifikant, d.h. deutet sie auf eine fehlerhafte Einstellung der Maschine hin?

In diesem Fall lautet die Nullhypothese

$$H_0\colon \mu = \mu_0 = 700 \text{ ccm}.$$

Als Alternativhypothese H_0 wählt man jetzt alle möglichen Abweichungen von dem Wert $\mu_0 = 700$, d.h.

$$H_a\colon \mu = \mu_1 \neq 700 \text{ ccm}.$$

Nach unserer Terminologie handelt es sich hierbei um einen zweiseitigen Signifikanztest. Die Nullhypothese H_0 wird verworfen, wenn die Stichprobenrealisation $\bar{x}$ in den kritischen Bereich K_α fällt. Es muß daher zunächst dieser kritische Bereich für eine vorgegebene Irrtumswahrscheinlichkeit α konstruiert werden.

Man unterstellt nun, daß die Füllmenge X, die von der Verpackungsmaschine abgefüllt wird, eine Zufallsvariable sei, die mit den beiden Parametern $E\{X\} = \mu$ und $Var\{X\} = \sigma^2$ verteilt ist. Als Stichprobenfunktion wird das arithmetische Mittel $\bar{X}$ der Stichprobe gewählt. Wegen des großen Stichprobenumfanges n kann der "Zentrale Grenzwertsatz" angewandt werden. Man folgert daher, daß $\bar{X}$ approximativ nach $N(\mu,\frac{\sigma^2}{n})$-verteilt ist. Diese Verteilung ist in Abb. 16.1 skizziert.

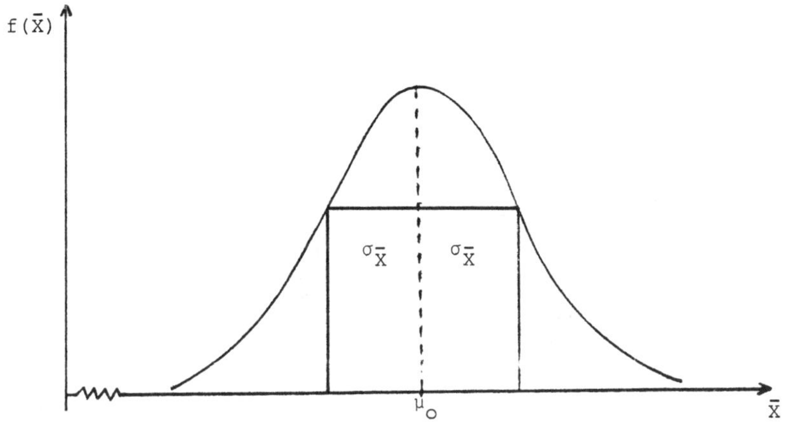

Abb. 16.1: Wahrscheinlichkeitsdichte der Zufallsvariablen $\bar{X}$

Um die Nullhypothese H_0 zu testen, muß die Stichprobenfunktion $\bar{X}$ so normiert werden, daß man eine N(0,1)-verteilte Zufallsvariable Z erhält, die als Testvariable bezeichnet wird. Dies erfolgt durch durch die Transformation

$$Z = \frac{\bar{X} - \mu_0}{\sigma/\sqrt{n}} \quad : \text{N(0,1)-verteilt.}$$

Man wird nun die Nullhypothese H_0 ablehnen, wenn der Absolutbetrag der Stichprobenrealisation dieser normierten Zufallsvariablen

$$(16.4) \qquad |z_{pr}| = \left| \frac{\bar{x} - \mu_0}{\sigma/\sqrt{n}} \right|$$

in einem kritischen Bereich K_α liegt, der symmetrisch um den Mittelwert μ der Grundgesamtheit so konstruiert wird, daß dies nur mit einer vorgegebenen Irrtumswahrscheinlichkeit α eintreffen wird, falls die Nullhypothese H_0 gilt (vgl. Abb. 16.2).

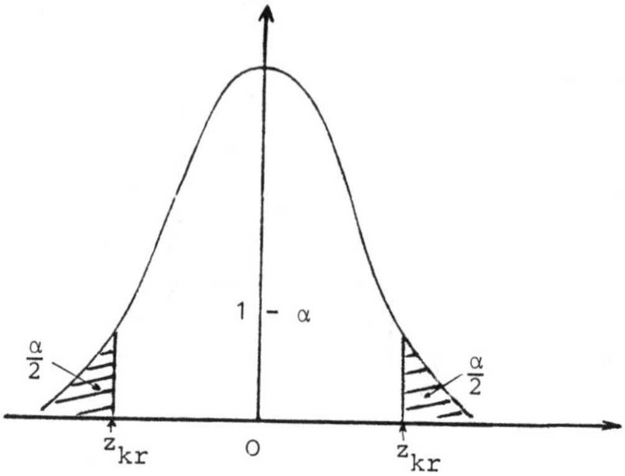

Abb. 16.2: Lage des kritischen Bereiches bei einem zweiseitigen Signifikanztest

Die Bestimmungsgleichung für die Grenzen z_{kr} des kritischen Bereiches K_α für einen zweiseitigen Signifikanztest lautet

(16.5) $$\text{Prob}\{|Z| \geq z_{kr}|H_0\} = \alpha.$$

Dabei bezeichnet $\text{Prob}\{|Z| \geq z_{kr}|H_0\} = \alpha$ die Wahrscheinlichkeit, daß $|Z| \geq z_{kr}$ ist, falls die Nullhypothese H_0 gilt. Aus Abb. 16.2 erkennt man, daß die Nullhypothese H_0 mit der Irrtumswahrscheinlichkeit α abgelehnt wird, falls $-Z \leq z_{\alpha/2}$ oder $Z \geq z_{1-\alpha/2}$ ist. Wegen der Symmetrie der Normalverteilung gilt $-z_{\alpha/2} = z_{1-\alpha/2}$.

Damit wird die Nullhypothese H_0 abgelehnt, falls

$$|Z| \geq z_{kr} = z_{1-\alpha/2}$$

ist.

Für unser Beispiel wird jetzt zunächst angenommen, daß die Varianz der Grundgesamtheit mit $\sigma^2 = 16$ bekannt sei. Nach Vorgabe einer Irrtumswahrscheinlichkeit $\alpha = 0{,}05$ entnimmt man einer Tabelle der Standardnormalverteilung den kritischen Wert

$$z_{kr} = z_{1-\alpha/2} = z_{0,975} = 1{,}960.$$

Aus dem Stichprobenmittelwert $\bar{x} = 699.2$ erhält man die standardisierte Testgröße

$$z_{pr} = \frac{\bar{x} - \mu_0}{\sigma/\sqrt{n}} = \frac{699,2 - 700}{4/\sqrt{100}} = - \frac{0,8}{0,4} = - 2,0.$$

Damit erhält man

$$|z_{pr}| \geq z_{kr}, \text{ nämlich } 2,0 \geq 1,960,$$

d.h. die Nullhypothese, daß der Mittelwert 700 ccm beträgt, wird mit einer Irrtumswahrscheinlichkeit von 5 % verworfen.

Hätte man dagegen als Irrtumswahrscheinlichkeit den Wert $\alpha = 0,01$ gewählt, würde sich der kritische Wert zu

$$z_{kr} = z_{1-\alpha/2} = z_{0,995} = 2,576.$$

ergeben. Damit erhält man aber

$$|z_{pr}| < z_{kr}, \text{ nämlich } 2,0 < 2,576.$$

Dies bedeutet, daß die Nullhypothese mit einer Irrtumswahrscheinlichkeit von 1 % nicht verworfen werden kann.

Die bisherigen Überlegungen setzten immer voraus, daß die Varianz σ^2 der Grundgesamtheit bekannt ist. Falls dies nicht sein sollte, muß sie durch die Stichprobenvarianz $S^2 = \frac{1}{n-1} \sum_{i=1}^{n} (x_i - \bar{x})^2$ geschätzt werden. Die Testvariable lautet dann

$$T = \frac{\bar{X} - \mu_0}{S/\sqrt{n}}.$$

Von dieser Größe weiß man aber, daß sie t-verteilt ist mit $\nu = n-1$ Freiheitsgraden. Daher müssen in diesem Fall die Grenzen für den kritischen Bereich K_α des zweiseitigen Signifikanztestes mit Hilfe der t-verteilten Größe

$$\text{Prob}\{|T| \geq t_{kr} | H_0\} = \alpha$$

bestimmt werden.

Für den Fall einer unbekannten Varianz σ^2 der Grundgesamtheit muß somit die kritische Größe zur Irrtumswahrscheinlichkeit von α = 0,05 einer t-Tabelle entnommen werden. Man erhält

$$t_{kr} = t^{n-1}_{1-\alpha/2} = t^{99}_{0,975} = 1,984,$$

bzw. für eine Irrtumswahrscheinlichkeit von $\alpha = 0,01$

$$t_{kr} = t^{n-1}_{1-\alpha/2} = t^{99}_{0,995} = 2,626.$$

Man erkennt, daβ die Unterschiede zum standardnormalverteilten kritischen Wert bei kleinen Irrtumswahrscheinlichkeiten doch beachtlich sind.

Es soll jetzt der Fall eines einseitigen Signifikanztestes betrachtet werden, bei dem gefragt wird, ob der Mittelwert μ der Flaschenfüllung mindestens 700 ccm beträgt. Dies bedeutet, daβ man die Nullhypothese

$$H_0: \mu \geq \mu_0 = 700 \text{ ccm}.$$

gegen die Alternativhypothese

$$H_a: \mu < \mu_0 = 700 \text{ ccm}.$$

testet.

Der kritische Bereich K_α wird jetzt durch die Beziehung

(16.6) $$\text{Prob}\{Z \leq z_{kr} | H_0\} = \alpha.$$

bestimmt.

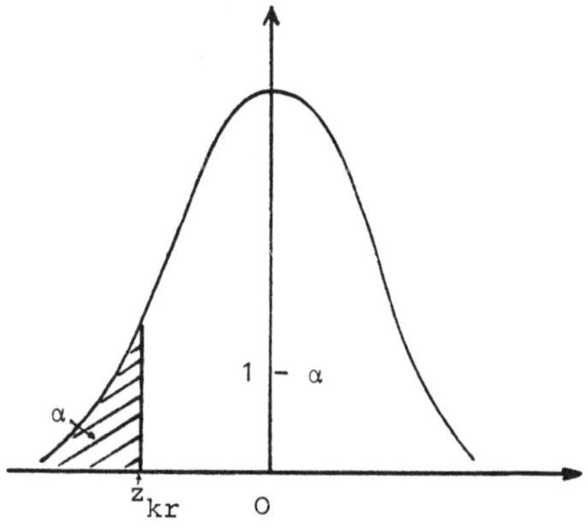

Abb. 16.3: Lage des kritischen Bereiches bei einem einseitigen Signifikanztest

Aus Abb. 16.3 erkennt man, daβ die Nullhypothese H_0 abgelehnt wird, falls $Z \leq z_{kr} = z_\alpha = - z_{1-\alpha}$ ist.

Aus dem Stichprobenmittelwert $\bar{x} = 699.2$ ergab sich die standardisierte Testgröβe $z_{pr} = - 2,0$. Nach Vorgabe einer Irrtumswahrscheinlichkeit α kann man z_{kr} bestimmen.

a) $\alpha = 0{,}05$

$$z_{kr} = z_{\alpha} = -\ z_{1-\alpha}$$

$$= -\ z_{0,95} = -\ 1.645.$$

b) $\alpha = 0{,}01$

$$z_{kr} = z_{\alpha} = -\ z_{1-\alpha}$$

$$= -\ z_{0,99} = -\ 2{,}326.$$

Die Nullhypothese H_0 wird abgelehnt, wenn

$$Z = z_{pr} \leq z_{kr} = -\ z_{1-\alpha}$$

ist, d.h.

a) $-\ 2{,}0 \leq -\ 1{,}645$

H_0 wird verworfen:

b) $-\ 2{,}0 > -\ 2{,}326$

H_0 wird nicht verworfen.

Man erkennt, daß auch hier die Nullhypothese H_0 bei einer Irrtumswahrscheinlichkeit von 5 % verworfen, aber bei einer solchen von 1 % nicht verworfen werden kann.

Es werde noch der Fall betrachtet, bei dem der Mittelwert einen vorgegebenen Sollwert μ_0 nicht überschreiten soll. In diesem Fall lautet die Nullhypothese

$$H_0\colon\ \mu \leq \mu_0 = 700 \text{ ccm.}$$

gegen die Alternativhypothese

$$H_a\colon\ \mu > \mu_0 = 700 \text{ ccm.}$$

Diese Fragestellung könnte bei unserem Problem deshalb von Interesse sein, weil ein Überschreiten des Sollwertes die Flaschen zum Überlaufen bringen würde. Angenommen, bei einer Stichprobenuntersuchung von n = 100 Flaschenfüllungen habe sich der Mittelwert $\bar{x}$ = 701 ccm ergeben. Kann die Nullhypothese H_0 mit einer Irrtumswahrscheinlichkeit von 1 % verworfen werden?

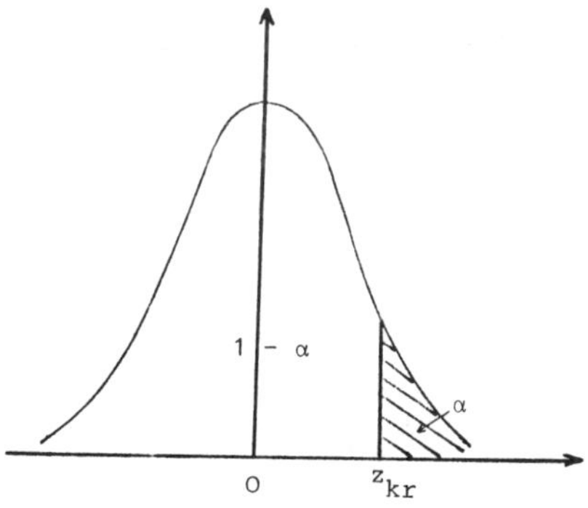

Abb. 16.4: Lage des kritischen Bereiches bei einem einseitigen Signifikanztest

Zunächst muß der kritische Bereich K_α für diesen Test festgelegt werden. Seine Bestimmungsgleichung lautet

(16.7) $$\text{Prob}\{Z \geq z_{kr} \mid H_0\} = \alpha.$$

Aus der Abb. 16.4 erkennt man, daß die Nullhypothese H_0 abgelehnt werden muß, falls $Z \geq z_{kr} = z_{1-\alpha}$ ausfällt.

Mit dem Stichprobenmittelwert $\bar{x} = 701$ erhält man für die standardisierte Testgröße

$$z_{pr} = \frac{\bar{x} - \mu_0}{\sigma/\sqrt{n}} = \frac{701 - 700}{4/\sqrt{100}} = \frac{1}{0,4} = 2,5.$$

Für $\alpha = 0,01$ entnimmt man der Tabelle den Wert

$$z_{kr} = z_{1-\alpha} = z_{0,99} = 2,326.$$

Damit erhält man

$$2,5 = z_{pr} \geq z_{kr} = 2,326,$$

und die Nullhypothese, H_0: $\mu \leq \mu_0 = 700$ ccm, muß mit einer Irrtumswahrscheinlichkeit von 1 % verworfen werden.

Eine zusammenfassende Übersicht über diese Entscheidungen findet man in der Tabelle 16.2.

Tabelle 16.2: Übersicht über die kritischen Bereiche und die Entscheidungsregeln bei Signifikanztests für den Mittelwert μ bei großen Stichprobenumfängen und bekannter Varianz σ^2.

Nullhypothese H_0:	kritischer Bereich K_α:	H_0 wird abgelehnt, falls
$\mu = \mu_0$	$\text{Prob}\{\lvert Z\rvert \geq z_{kr} \mid H_0\} = \alpha$	$\lvert z_{pr}\rvert \geq z_{1-\alpha/2}$
$\mu \geq \mu_0$	$\text{Prob}\{Z \leq z_{kr} \mid H_0\} = \alpha$	$z_{pr} \leq z_{1-\alpha}$
$\mu \leq \mu_0$	$\text{Prob}\{Z \geq z_{kr} \mid H_0\} = \alpha$	$z_{pr} \geq z_{1-\alpha}$

Ist die Varianz σ^2 unbekannt, wird jeweils Z durch T bzw. z durch t^{n-1} ersetzt.

16.4.2 Signifikanztest für den Erwartungswert μ bei kleinem Stichprobenumfang n

Es soll jetzt unterstellt werden, daß es nur möglich ist, Zufallsstichproben aus der Grundgesamtheit zu ziehen, deren Umfang $n < 100$ ist. Unter dieser Bedingung ist der "Zentrale Grenzwertsatz" nicht mehr anwendbar. Um zu garantieren, daß die Stichprobenfunktion $\bar{X}$ normalverteilt ist, muß bei bekannter Varianz σ^2 der Grundgesamtheit gefordert werden, daß die Zufallsvariable X in der Grundgesamtheit $N(\mu,\sigma^2)$-verteilt ist. Dann folgt, daß

$$\bar{X}:\ N(\mu,\frac{\sigma^2}{n})\text{-verteilt}$$

ist, und man kann die kritischen Werte für den Test wieder einer Tabelle der Standardnormalverteilung entnehmen.

Ist die Varianz σ^2 der Grundgesamtheit nicht bekannt und muß sie durch die Stichprobenfunktion S^2 geschätzt werden, dann kann man bei normalverteiltem X nur zeigen, daß die Prüfgröße

$$T = \frac{\bar{X} - \mu}{S/\sqrt{n}}$$

t-verteilt ist mit $\nu = n-1$ Freiheitsgraden. Die kritischen Werte für die Testentscheidung müssen dann einer Tabelle der t-Verteilung entnommen werden.

16.4.3 Signifikanztest für den Anteilswert P

Unterstellt man eine binomialverteilte Zufallsvariable in der Grundgesamtheit, dann kann man mittels einer Zufallsstichprobe, deren Umfang die Approximationsbedingung $n\cdot p\cdot q > 9$ erfüllt, die Hypothese testen, daß ihr Anteilswert kleiner oder gleich einem vorgegebenem Wert p_0 sein soll, d.h.

$$H_0:\ P \le p_0,$$

$$H_a:\ P > p_0.$$

Nach Vorgabe einer Irrtumswahrscheinlichkeit α kann mit Hilfe des Stichprobenschätzwertes $\hat{p}$ ein kritischer Bereich in der Form

$$\text{Prob}\{\hat{p} > c_\alpha | H_0\} = \alpha,$$

$$1 - \text{Prob}\{\hat{p} \le c_\alpha | H_0\} = \alpha,$$

$$\text{Prob}\{\hat{p} \le c_\alpha | H_0\} = 1 - \alpha,$$

konstruiert werden. Wegen des Zentralen Grenzwertsatzes ist der Schätzwert $\hat{p}$ bei großen Stichprobenumfängen approximativ normalverteilt mit den Parametern $E\{\hat{p}\} = p_0$ und $\text{Var}\{\hat{p}\} = \frac{p_0(1-p_0)}{n}$. Aus der Beziehung für den kritischen Bereich wird nun die Begrenzungsgröße c_α wie folgt bestimmt

$$\text{Prob}\left\{\frac{\hat{p}-p_0}{\sigma_{\hat{p}}} \le \frac{c_\alpha - p_0}{\sigma_{\hat{p}}}\right\} = 1-\alpha,$$

$$\text{Prob}\left\{Z \le \frac{c_\alpha - p_0}{\sigma_{\hat{p}}}\right\} = 1-\alpha,$$

$$F_{NV}\left\{\frac{c_\alpha - p_0}{\sigma_{\hat{p}}}\right\} = 1-\alpha,$$

$$c_\alpha = p_0 + \sigma_{\hat{p}} \cdot F_{NV}^{-1}(1-\alpha)$$

$$= p_0 + \sqrt{\frac{p_0(1-p_0)}{n}} \cdot F_{NV}^{-1}(1-\alpha).$$

Die Entscheidung des Testes lautet dann:

Wenn $\hat{p} \ge c_\alpha$ ist, dann **muß** H_0 verworfen werden,
bei $\hat{p} < c_\alpha$ kann H_0 **nicht** verworfen werden.

Beispiel 16.2:

Einem Versandhaus ist bekannt, daß 15 % seiner Kunden innerhalb von drei Monaten nach Erscheinen eines neuen Kataloges eine Bestellung aufgeben. Um den Umsatz zu erhöhen, plant das Versandhaus, jede Bestellung durch ein kleines Werbegeschenk zu ergänzen. Eine solche Aktion würde sich allerdings nur dann rentieren, wenn dadurch die Bestellquote von 15 % auf 20 % angehoben werden könnte. Bevor die Werbeaktion gestartet wird, soll anhand einer Zufallsstichprobe vom Umfang n = 2 000 die Erfolgsaussicht getestet werden.

Wenn innerhalb von drei Monaten 424 Kunden aus der Zufallsstichprobe eine Bestellung aufgegeben haben, möchte das Versandhaus die Werbeaktion starten.

Kann mit einer Irrtumswahrscheinlichkeit von α = 0.01 die Erfolgsaussicht der Werbeaktion garantiert werden? Mit α = 0,01 soll die Nullhypothese

$$H_0: p = p_0 \leq 0{,}2,$$

$$H_a: p = p_0 > 0{,}2$$

getestet werden. Der Stichprobenvariablen X_i wird genau dann der Wert 1 zugeordnet, wenn der Kunde i innerhalb von drei Monaten bestellt hat, anderenfalls nimmt sie den Wert 0 an. Wegen des "Zentralen Grenzwertsatzes" ist die Zufallsvariable $U = \sum_{i=1}^{2000} X_i$ approximativ normalverteilt mit den Parametern $E\{U\} = 2\,000 \cdot p$ und $Var\{U\} = 2\,000 \cdot p \cdot (1-p)$. Die Bestimmung des kritischen Bereiches erfolgt mittels der Beziehung

$$\text{Prob}\{U \leq c_\alpha | H_0\} = 1-\alpha,$$

$$\text{Prob}\left\{Z \leq \frac{c_\alpha - np_0}{\sqrt{np_0(1-p_0)}}\right\} = 1-\alpha,$$

$$F_{NV}\left(\frac{c_\alpha - np_0}{\sqrt{np_0(1-p_0)}}\right) = 1-\alpha,$$

$$c_\alpha = n \cdot p_0 + \sqrt{np_0(1-p_0)} \cdot F_{NV}^{-1}(1-\alpha),$$

$$c_\alpha = 2\,000 \cdot 0{,}2 + \sqrt{2\,000 \cdot 0{,}2 \cdot 0{,}8} \cdot F_{NV}^{-1}(0{,}99),$$

$$= 400 + 17{,}889 \cdot 2{,}326,$$

$$= 441{,}61.$$

Folglich ergibt sich für den kritischen Bereich (Ablehnungsbereich) des Testes

$$K_\alpha \in [442 \; ; \; 2\,000].$$

Da das Stichprobenergebnis nicht in diesen kritischen Bereich fällt, kann die Nullhypothese nicht verworfen werden, d.h. ein Erfolg der Werbeaktion kann mit einer Irrtumswahrscheinlichkeit von 1 % nicht garantiert werden.

16.4.4 Signifikanztest für die Varianz σ^2

Angenommen, man besitzt eine Grundgesamtheit, in der die Zufallsvariable X: $N(\mu,\sigma^2)$-verteilt sei. Bezeichnet $S^2(\bar{X})$ die empirische Stichprobenvarianz aus einer Zufallsstichprobe von beliebigem Umfang n, dann ist bekannt, daß die Zufallsvariable

$$\chi^2 = \frac{(n-1)S^2(\bar{X})}{\sigma^2}$$

Chi-Quadrat-verteilt ist mit $\nu = n-1$ Freiheitsgraden.

Will man die einseitige Hypothese

$$H_0: \sigma^2 \le \sigma_0^2,$$

$$H_a: \sigma^2 > \sigma_0^2,$$

testen, dann kann man die Größe χ^2 als Prüfgröße des Testes verwenden. Nach Vorgabe einer Irrtumswahrscheinlichkeit α entnimmt man einer Chi-Quadrat Tabelle den kritischen Wert

$$\chi_{kr}^2 = \chi^2(\nu, 1-\alpha)$$

und vergleicht ihn mit der Prüfgröße

$$\chi_{pr}^2 = \frac{(n-1)s^2}{\sigma_0^2}.$$

Wenn $\chi_{pr}^2 \ge \chi_{kr}^2$ ausfallen sollte, dann muß die aufgestellte Nullhypothese H_0 mit der vorgegebenen Irrtumswahrscheinlichkeit verworfen werden.

Will man dagegen die zweiseitige Hypothese

$$H_0: \sigma^2 = \sigma_0^2,$$

$$H_a: \sigma^2 \neq \sigma_0^2,$$

testen, dann muß man, da die χ^2-Verteilung keine symmetrische Verteilung ist, der Verteilungstabelle zwei kritische Werte entnehmen. Nämlich einen unteren und einen oberen kritischen Wert

$$\chi_{unten}^2(\nu;\alpha/2) \quad \text{und} \quad \chi_{oben}^2(\nu;1-\alpha/2).$$

Wenn

$$\chi_{pr}^2 \le \chi_{unten}^2 \quad \text{oder} \quad \chi_{pr}^2 \ge \chi_{oben}^2$$

ausfällt, dann muß man mit der vorgegebenen Irrtumswahrscheinlichkeit α die aufgestellte Nullhypothese H_0 verwerfen.

Beispiel 16.3:

Die automatisch arbeitende Weinabfüllanlage des Abschnitts 16.4.1 ist vom Hersteller überholt und neu justiert worden. Es soll mit einer Irrtumswahrscheinlichkeit von $\alpha = 0,01$ getestet werden, ob der bisherige Sollwert der Varianz $\sigma^2 = 16$ noch eingehalten wird, oder ob er sich vergrößert hat.

Aus einer Stichprobenerhebung vom Umfang n = 20 ergab sich eine empirische Stichprobenvarianz von $s^2 = 17{,}25$.

Aus einer Chi-Quadrat Tabelle entnimmt man den kritischen Wert

$$\chi^2_{kr} = \chi^2(19;0{,}99) = 36{,}191.$$

Der Prüfwert ergibt sich zu

$$\chi^2_{pr} = \frac{19 \cdot 17{,}25}{16} = 20{,}484.$$

Wegen

$$\chi^2_{pr} = 20{,}48 < 36{,}191 = \chi^2_{kr}$$

kann die Nullhypothese nicht verworfen werden, d.h. die Abfüllanlage arbeitet weiterhin mit der alten Varianz.

Will man dagegen den zweiseitigen Test

$$H_0\colon \sigma^2 = \sigma_0^2 \quad \text{gegen} \quad H_a\colon \sigma^2 \neq \sigma_0^2$$

prüfen, so ergeben sich für die Irrtumswahrscheinlichkeit $\alpha = 0{,}01$ die beiden kritischen Werte

$$\chi^2_{unten}(19;0{,}005) = 6{,}844 \text{ und}$$

$$\chi^2_{oben}(19;0{,}995) = 38{,}582.$$

Der kritische Bereich berechnet sich somit zu

$$K = \{(-\infty;6{,}844] \; ; \; [38{,}582;+\infty)\}.$$

Da auch in diesem Fall χ^2_{pr} nicht im kritischen Bereich liegt, kann die Nullhypothese nicht verworfen werden.

16.4.5 Signifikanztest für die Differenz zweier Erwartungswerte $\mu_X - \mu_Y$

Bei den Anwendungen von statistischen Verfahren wird häufig die Aufgabe gestellt, die Mittelwerte zweier Zufallsvariablen X und Y miteinander zu vergleichen. Es seien zwei unabhängige Zufallsstichproben vom Umfang n_X und n_Y gegeben.

Es soll die Hypothese

$$H_0\colon \mu_X = \mu_Y,$$

$$H_a\colon \mu_X \neq \mu_Y,$$

getestet werden. Sind die beiden Varianzen σ_X^2 und σ_Y^2 bekannt, dann kann der Test der Nullhypothese darauf aufgebaut werden, daß die Differenz der beiden Stichprobenmittelwerte $\bar{X} - \bar{Y}$ normalverteilt ist mit den beiden Parametern

$$E\{\bar{X} - \bar{Y}\} = \mu_X - \mu_Y \text{ und } Var\{\bar{X} - \bar{Y}\} = \frac{\sigma_X^2}{n_X} + \frac{\sigma_Y^2}{n_Y}.$$

Dies setzt entweder normalverteilte Grundgesamtheiten oder große Stichprobenumfänge voraus. Als Prüfgröße berechnet man die Größe

$$z_{pr} = \frac{(\bar{x}-\bar{y}) - (\mu_X-\mu_Y)}{\sigma_{(\bar{X}-\bar{Y})}} = \frac{\bar{x} - \bar{y}}{\sigma_{(\bar{X}-\bar{Y})}} = \frac{\bar{x} - \bar{y}}{\sqrt{\frac{\sigma_X^2}{n_X} + \frac{\sigma_Y^2}{n_Y}}},$$

die N(0,1)-verteilt ist. Die kritische Größe entnimmt man zu einer vorgegebenen Irrtumswahrscheinlichkeit α gemäß der Gleichung für den kritischen Bereich

$$Prob\{|z_{pr}| \geq z_{kr}\} = \alpha$$

einer Normalverteilungstabelle.

Sind die beiden Varianzen σ_X^2 und σ_Y^2 unbekannt, dann liegt das bis heute ungelöste sog. "**Behrends-Fisher**"-**Problem** vor.

Bei großen Stichprobenumfängen kann mit Hilfe des Zentralen Grenzwertsatzes wieder eine standardnormalverteilte Prüfgröße bestimmt werden. Dabei sind jeweils die unbekannten Varianzen σ_X^2 bzw. σ_Y^2 durch ihre Stichprobenvarianzen s_X^2 bzw. s_Y^2 zu schätzen.

Oft kann man jedoch unterstellen, daß beide Streuungen gleich groß sind, d.h. $\sigma_X^2 = \sigma_Y^2$.

Für beliebige Stichprobenumfänge aus normalverteilten Grundgesamtheiten läßt sich zeigen, daß die Zufallsvariable

$$T = \frac{(\bar{X} - \bar{Y}) - (\mu_X - \mu_Y)}{\sqrt{(n_X - 1)S_X^2 + (n_Y - 1)S_Y^2}} \cdot \sqrt{\frac{n_X n_Y(n_X + n_Y - 2)}{n_X + n_Y}}$$

$$= \frac{(\bar{X} - \bar{Y})}{\sqrt{\frac{(n_X - 1)S_X^2 + (n_Y - 1)S_Y^2}{(n_X + n_Y - 2)} \cdot \frac{n_X + n_Y}{n_X \cdot n_Y}}}$$

t-verteilt ist mit $\nu = n_X + n_Y - 2$ Freiheitsgraden. Man verwendet diese Größe als Prüfgröße und vergleicht sie mit dem Wert $t_{kr} = t^{\nu}_{1-\alpha/2}$ den man zu einer Irrtumswahrscheinlichkeit α einer t-Tabelle entnommen hat.

Beispiel 16.4:

Es existieren zwei Herstellungsverfahren 1 und 2 zur Produktion eines bestimmten Erzeugnisses. Um festzustellen, ob beide den gleichen Materialaufwand erfordern, wurden Stichprobenerhebungen für den Materialaufwand pro Einheit Fertigprodukt erhoben. Es ergaben sich folgende Werte:

Verfahren 1: 2,0; 2,7; 2,5; 2,9; 2,3; 2,6; $n_1 = 6$.

Verfahren 2: 2,5; 3,2; 3,5; 3,8; 3,5; $n_2 = 5$.

Unter der Annahme $\sigma_1^2 = \sigma_2^2$ soll die Hypothese

$$H_0: \mu_1 - \mu_2 = 0,$$
$$H_a: \mu_1 - \mu_2 \neq 0,$$

bei einer Irrtumswahrscheinlichkeit von $\alpha = 0{,}05$ getestet werden. Man erhält

$$\bar{x}_1 = 2{,}5; \; (n_1-1)s_1^2 = 0{,}50; \; \bar{x}_2 = 3{,}3; \; (n_2-1)s_2^2 = 0{,}78.$$

Aus einer t-Tabelle entnimmt man für den zentralen kritischen Bereich die Größe

$$t_{kr} = t^{9}_{0,975} = 2{,}262.$$

Für den Wert der Prüfgröße erhält man

$$t_{pr} = \frac{2{,}5 - 3{,}3}{\sqrt{\frac{0{,}50 + 0{,}78}{6 + 5 - 2} \cdot \left(\frac{1}{5} + \frac{1}{6}\right)}} = -\,3{,}50.$$

Da

$$|t_{pr}| = 3{,}50 > 2{,}262 = t_{kr}$$

ist, muß die Nullhypothese verworfen werden. Da − 3,50 unterhalb von − 2,262 liegt, und $\bar{x}_1 < \bar{x}_2$ beobachtet wurde, kann weiter gefolgert werden, daß beim Verfahren 1 weniger Material benötigt wird als beim Verfahren 2.

16.4.6 Signifikanztest für die Differenz zweier binomialverteilter Anteilswerte $P_X - P_Y$

Es soll jetzt der Unterschied zweier binomialverteilter Anteilswerte der beiden Zufallsvariablen X und Y aus zwei unabhängigen Zufallsstichproben vom Umfang n_X und n_Y überprüft werden. Dazu formuliert man die Hypothese

$$H_0: P_X = P_Y,$$
$$H_a: P_X \neq P_Y.$$

Unter der Voraussetzung. daβ die Stichprobenumfänge n_X und n_Y die beiden Bedingungen $n_X p_X q_X > 9$ und $n_Y p_Y q_Y > 9$ erfüllen, können die beiden einzelnen Stichprobenanteilswerte p_X und p_Y als approximativ normalverteilt angesehen werden. Somit ist die Differenz $D = P_X - P_Y$ ebenfalls approximativ normalverteilt mit den beiden Parametern

$$E\{D\} = E\{P_X - P_Y\} = E\{P_X\} - E\{P_Y\} = P_X - P_Y \quad \text{und}$$

$$Var\{D\} = Var\{P_X - P_Y\} = Var\{P_X\} + Var\{P_Y\} = \frac{P_X(1-P_X)}{n_X} + \frac{P_Y(1-P_Y)}{n_Y}.$$

Als Prüfgröβe bestimmt man den Ausdruck

$$z_{pr} = \frac{(\hat{p}_X - \hat{p}_Y) - (p_X - p_Y)}{\sigma_{(P_X - P_Y)}},$$

von dem bekannt ist, daβ er asymptotisch N(0,1)-verteilt ist.

Die kritische Gröβe entnimmt man zu einer vorgegebenen Irrtumswahrscheinlichkeit α gemäβ der Bestimmung des kritischen Bereiches

$$Prob\{|z_{pr}| > z_{kr}\} = \alpha$$

einer Tabelle der Standardnormalverteilung.

Der Einfachheit halber beschränkt man sich meist auf den Fall, daβ die beiden Grundgesamtheitsanteilswerte gleich sind, d.h. $P_X = P_Y = P$. Die Prüfgröβe vereinfacht sich dann zu

$$z_{pr} = \frac{\hat{p}_X - \hat{p}_Y}{\sqrt{\frac{\hat{p}(1-\hat{p})}{n_X} + \frac{\hat{p}(1-\hat{p})}{n_Y}}} = \frac{\hat{p}_X - \hat{p}_Y}{\sqrt{\hat{p}(1-\hat{p}) \cdot \frac{n_X + n_Y}{n_X n_Y}}}.$$

Ist der Parameter P unbekannt, dann erhält man einen Schätzwert mittels der Schätzfunktion

$$\hat{p} = \frac{n_X\hat{p}_X + n_Y\hat{p}_Y}{n_X + n_Y}\,.$$

Beispiel 16.5:

Ein Unternehmen läßt durch zwei Zufallsstichprobenerhebungen vom jeweiligen Umfang n = 200 feststellen, daß der Bekanntheitsgrad eines bestimmten Artikels im Absatzgebiet X = 26 % und im Absatzgebiet Y = 20 % beträgt. Mit einer Irrtumswahrscheinlichkeit von $\alpha = 0{,}05$ soll überprüft werden, ob sich der Bekanntheitsgrad in beiden Absatzgebieten signifikant unterscheidet.

Wegen $n \cdot p_X \cdot q_X = 38{,}48 > 9$ und $n \cdot p_Y \cdot q_Y = 32 > 9$ ist die Prüfgröße approximativ normalverteilt.

Mit Hilfe des Schätzwertes $\hat{p} = \frac{40 + 52}{400} = 0{,}23$ berechnet sich die Prüfgröße zu

$$z_{pr} = \frac{\hat{p}_X - \hat{p}_Y}{\sqrt{\hat{p}(1-\hat{p}) \cdot \frac{n_X + n_Y}{n_X n_Y}}} = \frac{0{,}06}{\sqrt{0{,}23 \cdot 0{,}77 \cdot 0{,}01}} = 1{,}4257.$$

Die kritische Größe ergibt sich aus einer Tabelle der Normalverteilung zu

$$z_{kr} = z_{1-\alpha/2} = z_{0,975} = 1{,}96.$$

Wegen

$$1{,}4257 = z_{pr} < z_{kr} = 1{,}96$$

kann die Nullhypothese nicht abgelehnt werden, d.h. man muß aufgrund der Stichprobenerhebung mit einer Irrtumswahrscheinlichkeit von 5 % davon ausgehen, daß sich der Bekanntheitsgrad in beiden Absatzgebieten nicht signifikant unterscheidet.

16.4.7 Signifikanztest für den Quotienten zweier Varianzen σ_X^2/σ_Y^2 aus normalverteilten Grundgesamtheiten

Im Abschnitt 15.2.7 wurde gezeigt, daß die Zufallsvariable

$$F = \frac{W_X^2/\gamma_X}{W_Y^2/\gamma_Y}$$

als Quotient zweier χ^2-verteilten Zufallsvariablen F-verteilt ist, mit den beiden Freiheitsgraden $(\nu_X;\nu_Y) = (n_X-1;n_Y-1)$.

Man kann nun diese Zufallsvariable F als Prüfgröße eines Signifikanztestes für den Quotienten zweier Varianzen verwenden. Sehr häufig wird die Gleichheit zweier Varianzen zu überprüfen sein, d.h. die Nullhypothese lautet dann

$$H_0: \sigma_X^2 = \sigma_Y^2,$$

gegen die Alternativhypothese

$$H_a: \sigma_X^2 \neq \sigma_Y^2.$$

Es handelt sich wieder um einen zweiseitigen Test. Die Prüfgröße für diesen Test lautet

$$F_{pr} = \frac{W_X^2/\nu_X}{W_Y^2/\nu_Y} = \frac{(n_X-1)s_X^2}{\sigma_X^2} \cdot \frac{\sigma_Y^2}{(n_Y-1)s_Y^2} \cdot \frac{\nu_Y}{\nu_X}.$$

Wegen der Nullhypothese vereinfacht sich dieser Ausdruck zu

$$F_{pr} = s_X^2/s_Y^2.$$

Zu einer vorgegebenen Irrtumswahrscheinlichkeit α wird der kritische Bereich nach unten durch den Wert $F(\alpha/2;n_X-1,n_Y-1)$ und nach oben durch $F(1-\alpha/2;n_X-1,n_Y-1)$ abgegrenzt. Daraus folgt, daß die Nullhypothese abgelehnt wird, wenn

$$F_{pr} = \frac{s_X^2}{s_Y^2} < F_{kr} = F(\alpha/2;n_X-1,n_Y-1)$$

oder wenn

$$F_{pr} = \frac{s_X^2}{s_Y^2} > F_{kr} = F(1-\alpha/2;n_X-1,n_Y-1)$$

ausfällt.

Man beachte, wenn eine Tabelle der F-Verteilung für die 99 %-Quantile vorliegt, kann man mit einer solchen Tabelle bei zweiseitigen Fragestellungen, wie im vorliegenden Beispiel, nur ein Signifikanzniveau von $\alpha = 0{,}2$ realisieren und zunächst nur den oberen kritischen Wert ablesen. Man kann nun die folgenden beiden Alternativen wählen, um den zweiseitigen Signifikanztest zu entscheiden:

1. Wenn s_X^2/s_Y^2 größer als eins ist, vergleicht man diese Prüfgröße mit dem oberen kritischen Wert

$$F_{kr} = F(1-\alpha/2;n_X-1,n_Y-1).$$

Ist die Prüfgröße größer als dieser kritische Wert, lehnt man die Nullhypothese ab, anderenfalls nicht.

Wenn s_X^2/s_Y^2 kleiner als eins ist, vergleicht man mit dem unteren kritischen Wert, d.h.

$$F_{kr} = F(\alpha/2;n_X-1,n_Y-1) = 1/F(1-\alpha/2;n_Y-1,n_X-1).$$

Man lehnt H_0 ab, wenn die Prüfgröße kleiner ist als dieser kritische Wert, anderenfalls nicht.

2. Eine andere Alternative geht von derjenigen Prüfgröße aus, deren Varianzenquotient größer als eins ist.

Angenommen, es sei s_A^2/s_B^2 größer als eins, dann vergleicht man diese Prüfgröße mit dem kritischen Wert

$$F_{kr} = F(1-\alpha/2;n_A-1,n_B-1).$$

und lehnt die Nullhypothese ab, wenn die Prüfgröße größer als die kritische Größe ist.

Ist dagegen s_B^2/s_A^2 größer als eins, dann vergleicht man mit

$$F_{kr} = F(1-\alpha/2;n_B-1,n_A-1).$$

und lehnt die Nullhypothese ab, wenn

$$F_{pr} > F_{kr}$$

ist.

Beispiel 16.6:

Es werden die Daten des Beispiels 15.11 betrachtet. Diese lauten

$$n_A = 15, \quad \bar{x}_A = 84, \quad s_A^2 = 36;$$

$$n_B = 10, \quad \bar{x}_B = 90, \quad s_B^2 = 64;$$

Bei einer Irrtumswahrscheinlichkeit von $\alpha = 0{,}02$ soll die Nullhypothese

$$H_0: \sigma_A^2 = \sigma_B^2$$

getestet werden. Es ergibt sich die Prüfgröße

$$F_{pr} = s_A^2/s_B^2 = 36/64 = 0{,}5625.$$

Da dieser Wert kleiner als eins ist, wird die Prüfgröße

$$F_{pr} = s_B^2/s_A^2 = 64/36 = 1{,}7778$$

betrachtet. Diese wird mit der kritischen Größe

$$F_{kr} = F(0{,}99;\ 9{,}14) = 4{,}0297$$

verglichen. Da $F_{pr} < F_{kr}$ ist, kann die Nullhypothese bei einer Irrtumswahrscheinlichkeit von $\alpha = 0{,}02$ nicht verworfen werden.

16.4.8 Alternativtest

Bisher hatten wir uns mit Signifikanztests beschäftigt, d.h. statistischen Tests, bei denen nur über die Verwerfung bzw. Nicht-Verwerfung einer Nullhypothese H_0 entschieden werden mußte. Es sind nun aber auch Problemstellungen denkbar, bei denen man zwischen einer **einfachen Nullhypothese** H_0 und einer **einfachen Alternativhypothese** H_a entschieden werden muß. Diese Problemstellung soll an dem folgenden Beispiel erläutert werden.

Beispiel 16.7:

Eine automatisch arbeitende Abfüllmaschine packt Butterpakete mit 250 g Inhalt ab. Die Einhaltung des Füllgewichtes soll überprüft werden. Dazu wird eine Stichprobe von $n = 100$ Paketen willkürlich ausgewählt. Das arithmetische Mittel der Füllgewichte dieser Pakete ergab $\bar{x} = 253$ g. Kann man annehmen, daß sich das mittlere Füllgewicht auf 255 g erhöht hat, so daß die Anlage neu justiert werden muß, um keine Butter zu "verschenken"?

In diesem Fall soll die Nullhypothese

$$H_0: \mu = \mu_0 = 250$$

gegen die Alternativhypothese

$$H_a: \mu = \mu_1 = 255$$

getestet werden.

Lehnt man aufgrund des Stichprobenergebnisses die Nullhypothese H_0 ab, so bedeutet dies gleichzeitig, daß man die Alternativhypothese H_a annimmt und umgekehrt. Man spricht daher von einem **Alternativtest**.

Es werde jetzt unterstellt, daß die Packungsgewichte der Abfüllmaschine normalverteilte Zufallsvariablen seien, deren Varianz $\sigma^2 = 225$ betrage. Wenn die Nullhypothese H_0 richtig sein soll, sind sind die Gewichte somit nach N(250,225)-verteilt, und wenn die Alternativhypothese H_a richtig sein soll, sind die Gewichte somit nach N(255,225)-verteilt. Der Verlauf der Dichtefunktionen der beiden Verteilungen ist in Abb. 16.5 wiedergegeben.

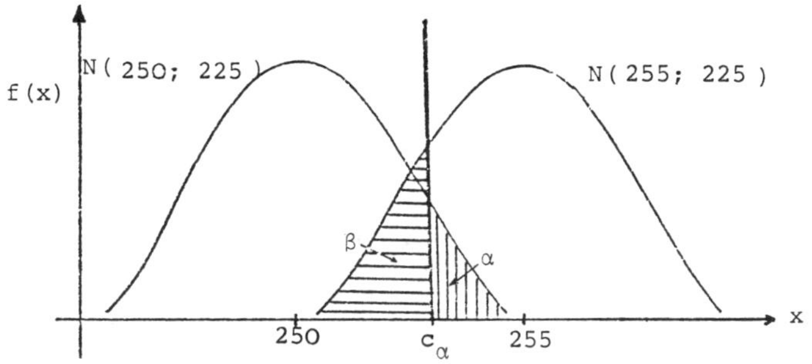

Abb. 16.5: Lage der kritischen Bereiche bei einem Alternativtest

Nach Vorgabe einer Irrtumswahrscheinlichkeit α läßt sich dann ein kritischer Wert c_α bestimmen. Wenn die Stichprobenrealisation diesen kritischen Wert überschreitet, bedeutet dies, daß man die Nullhypothese ablehnt, somit die Alternativhypothese annimmt und die Abfüllmaschine neu justieren muß. Die Bestimmung dieses kritischen Wertes c_α erfolgt über eine standardnormal-verteilte Zufallsvariable aus der Beziehung

$$\frac{c_\alpha - \mu_0}{\sigma/\sqrt{n}} = z_{kr} = z_{1-\alpha}.$$

Man erhält daraus

$$c_\alpha = \mu_0 + z_{1-\alpha} \cdot \frac{\sigma}{\sqrt{n}}. \qquad (16.8)$$

Für unser Beispiel erhält man für vorgegebene Irrtumswahrscheinlichkeiten von 5 % bzw. 1 %:

1. $\alpha = 0{,}05$: $\quad c_\alpha = 250 + z_{0,95} \cdot \frac{15}{\sqrt{100}}$

$$= 250 + 1{,}645 \cdot 1{,}5 = 252{,}47.$$

2. $\alpha = 0{,}01$: $c_\alpha = 250 + z_{0,99} \cdot \frac{15}{\sqrt{100}}$

$= 250 + 2{,}326 \cdot 1{,}5 = 253{,}489.$

Fassen wir noch einmal zusammen:

Der kritische Bereich K_α für diesen Test wird durch die Beziehung

(16.7) $$\text{Prob}\{Z \geq z_{1-\alpha} | H_0\} = \alpha$$

bestimmt. Ergibt sich nun ein Wert für die Stichprobenrealisation, der in diesen kritischen Bereich K_α fällt, so wird die Nullhypothese als unverträglich mit dem Stichprobenbefund abgelehnt. Damit ist allerdings nicht bewiesen, daß die Nullhypothese falsch ist. Man kann lediglich sagen, daß der beobachtete Stichprobenbefund mit einer Irrtumswahrscheinlichkeit, die höchstens gleich α ist, auf einen statistisch gesicherten Unterschied bzw. auf eine signifikante Abweichung von der Nullhypothese hinweist.

Das Komplement zum kritischen Bereich wird bei einem solchen Alternativtest auch **Annahmebereich** genannt. Die Tatsache, daß ein Stichprobenergebnis im Annahmebereich liegt, kann aber nicht als Beweis für die Richtigkeit der Nullhypothese aufgefaßt werden. Ein solches Ergebnis deutet lediglich darauf hin, daß der beobachtete Stichprobenbefund mit einer gewissen Wahrscheinlichkeit nicht im Widerspruch zur Nullhypothese steht.

Analog zu den Ausführungen bei den Signifikanztests ergeben sich vier Entscheidungsmöglichkeiten. Von diesen sind, je nach dem Zustand in der Grundgesamtheit, zwei korrekt und die beiden anderen falsch.

Tabelle 16.3: Entscheidungsmöglichkeiten bei einem statistischen Alternativtest

Entscheidung des Testes Stichprobenergebnis	Zustand der Wirklichkeit (Grundgesamtheit)	
	H_0 ist richtig (H_a ist falsch)	H_0 ist falsch (H_a ist richtig)
H_0 wird abgelehnt H_a wird angenommen	**Fehler 1. Art** **Wahrscheinlichkeit α**	richtige Entscheidung Wahrscheinlichkeit $1 - \beta$
H_0 nicht abgelehnt H_a nicht angenommen	richtige Entscheidung Wahrscheinlichkeit $1-\alpha$	**Fehler 2. Art** **Wahrscheinlichkeit β**

Beispiel 16.8:

Das monatliche Durchschnittseinkommen der Bauern eines Landes wird von der Regierung mit 1 100 Rechnungseinheiten (RE) angegeben. Der Bauernverband geht dagegen bei seinen Forderungen von einem Durchschnittseinkommen von 1 000 Rechnungseinheiten aus. Beide Parteien sind bereit, den Streit durch eine Testentscheidung aufgrund einer Zufallsstichprobe von n = 100 Befragten zu klären. Die Standardabweichung des monatlichen Einkommens wird von beiden Seiten mit σ = 200 RE angenommen. Die Zufallsstichprobe liefert das Ergebnis $\bar{x}$ = 1 051 RE. Welche der beiden Parteien fühlt sich in ihrer Argumentation durch dieses Ergebnis bestätigt?

Lösung:

a) Die Regierung habe zu einer Irrtumswahrscheinlichkeit von α = 0,005 den folgenden Alternativtest formuliert

$$H_0: \mu_0 = 1\ 100 \text{ RE}$$

$$H_a: \mu_a = 1\ 000 \text{ RE}$$

Es ist bekannt, daß X normalverteilt ist. Man bestimmt daher zur gegebenen Irrtumswahrscheinlichkeit α die Trenngröße c_α, durch die beide Bereiche abgegrenzt werden, mittels der Beziehung

$$\text{Prob}\{\bar{X} \leq c_\alpha | H_0\} = \alpha,$$

$$\text{Prob}\left\{\frac{\bar{X}-\mu_0}{\sigma/\sqrt{n}} \leq \frac{c_\alpha-\mu_0}{\sigma/\sqrt{n}}\right\} = \alpha,$$

$$\text{Prob}\left\{Z \leq \frac{c_\alpha-1\ 100}{20}\right\} = 0{,}005,$$

$$F\left\{\frac{c_\alpha-1\ 100}{20}\right\} = 0{,}005.$$

$$c_\alpha = 1\ 100 + 20\cdot F^{-1}(0{,}005)$$

$$= 1\ 100 + 20\cdot(-\ 2{,}575)$$

$$= 1\ 048{,}5.$$

Da

$$\bar{x} = 1\ 051 > 1\ 048{,}5 = c_\alpha$$

ist, wird von der Regierung die Nullhypothese μ = 1 100 RE angenommen und die Alternativhypothese μ = 1 000 RE abgelehnt.

b) Der Bauernverband habe dagegen mit einer Irrtumswahrscheinlichkeit von α = 0,005 den folgenden Signifikanztest formuliert

$$H_0\colon \mu_0 = 1\ 000 \text{ RE}$$

$$H_a\colon \mu_a > \mu_0.$$

Es ergibt sich der folgende kritische Bereich

$$\text{Prob}\{|z_{pr}| > z_{kr}|H_0\} = \alpha.$$

Daraus bestimmt sich die kritische Größe zu

$$z_{kr} = z_{1-\alpha} = z_{0,995} = 2{,}575,$$

und die Prüfgröße zu

$$|z_{pr}| = \left|\frac{\bar{x}-\mu_0}{\sigma/\sqrt{n}}\right| = \left|\frac{1\ 051 - 1\ 000}{20}\right| = 2{,}55.$$

Wegen

$$z_{pr} = 2{,}55 \leq 2{,}575 = z_{kr}$$

kommt dagegen der Bauernverband zu der Schlußfolgerung, seine Nullhypothese $H_0\colon \mu_0 = 1\ 000$ RE nicht zu verwerfen.

Wie läßt sich nun erklären, daß beide Parteien bei gleicher Irrtumswahrscheinlichkeit zu unterschiedlichen Schlußfolgerungen kommen, die jeweils ihre aufgestellte Hypothese stützen?

Die Erklärung des Widerspruches liegt an der unterschiedlichen Wahl der Testform. Hätten beide Parteien einen Alternativtest gewählt, würde die Regierungsannahme bestätigt. Bei der Wahl eines einseitigen Signifikanztestes durch beide Parteien wäre die Annahme des Bauernverbandes bestätigt worden.

16.5 Tests für Verteilungsfunktionen (Anpassungstest)

16.5.1 Der Chi-Quadrat-Anpassungstest

Bei den bisher behandelten Testverfahren handelte es sich um die Prüfung von Parameterhypothesen. Oft müssen jedoch andere Hypothesen getestet werden, etwa Verteilungshypothesen, die sich auf unbekannte Verteilungen der Grundgesamtheit beziehen. Bei einer solchen Prüfung untersucht man, ob eine beobachtete Stichprobenverteilung im Widerspruch steht zur angenommenen Grundgesamtheitsverteilung oder nicht. Es wird hierbei die Güte der Anpassung einer angenommenen theoretischen Grundgesamtheitsverteilung an eine beobachtete empirische Stichprobenverteilung überprüft. Man spricht daher auch von einem **Anpassungstest**. Das bekannteste Testverfahren ist der Chi-Quadrat Anpassungstest.

Die Vorgehensweise des Chi-Quadrat Anpassungstestes soll an einem einfachen Beispiel erläutert werden. Angenommen, eine Münze sei 50-mal geworfen worden. Dabei wurde 22-mal "Zahl" und 28-mal "Wappen" beobachtet. Es erhebt sich die Frage, ob es sich um eine homogene Münze handelt. Mit n_i werde die Zahl der beobachteten Häufigkeit und mit np_i die erwartete (theoretische) Wahrscheinlichkeit bezeichnet, wobei p_i die theoretische Wahrscheinlichkeit darstellt. Die Nullhypothese lautet dann

$$H_0 \colon n_i = n \cdot p_i .$$

Für das gegebene Beispiel gilt

$$n = \Sigma\, n_i = 50; \; p_1 = \frac{1}{2} \text{ und } p_2 = \frac{1}{2}.$$

Man bildet die Größe

$$\chi^2_{beob} = \sum_{i=1}^{k} \frac{(n_i - np_i)^2}{np_i} = \frac{1}{n} \sum_{i=1}^{k} \frac{n_i^2}{p_i} - n .$$

Von dieser Größe hat Pearson gezeigt, daß sie approximativ Chi-Quadrat-verteilt ist mit $\gamma = k-1$ Freiheitsgraden. Es folgt

$$\chi^2_{beob} = \frac{(22 - 25)^2}{25} + \frac{(28 - 25)^2}{25} = \frac{9}{25} + \frac{9}{25} = 0{,}72 .$$

Voraussetzung für die Anwendung der Chi-Quadrat Verteilung ist allerdings, daß die erwarteten absoluten Häufigkeiten np_i nicht zu klein sind, wobei als Faustregel $np_i \geq 5$ für alle i gilt. Nach Vorgabe eines Signifikanzniveaus, etwa $\alpha = 0{,}05$, entnimmt man einer χ^2-Tabelle den kritischen Wert

$$\chi^2_{kr} = \chi^2(\gamma;1-\alpha) = \chi^2(1;0{,}95) = 3{,}841 .$$

Die Entscheidung des Testes lautet dann:

Wenn $\chi^2_{beob} \geq \chi^2_{kr}$ ausfällt, dann **muß** H_0 verworfen werden,
Wenn $\chi^2_{beob} < \chi^2_{kr}$ ausfällt, dann kann H_0 **nicht** verworfen werden,

Da

$$\chi^2_{beob} = 0{,}72 < 3{,}841 = \chi^2_{kr}$$

ist, kann die Nullhypothese, daß es sich um eine homogene Münze handelt, nicht verworfen werden.

Kommt es beim χ^2-Anpassungstest zu keiner Ablehnung von H_0, so kann dies allerdings auch an einer zu groben Intervalleinteilung liegen. Da die Chi-Quadrat Verteilung zu den stetigen Verteilungen gehört, die Prüfgröße χ^2_{beob} jedoch diskret ist, muß die Güte der Approximation durch die **Yates-Stetigkeitskorrektur** verbessert werden. Die korrigierte Prüfgröße lautet dann

$$\chi^2_{korr} = \sum_{i=1}^{k} \frac{(|n_i - np_i| - 0,5)^2}{np_i} .$$

In der Praxis wird diese Korrektur allerdings nur angewandt, wenn die Zahl der Freiheitsgrade $\nu = 1$ beträgt.

Für unser Beispiel lautet die korregierte Prüfgröße

$$\chi^2_{korr} = \frac{(|22-25| - 0,5)^2}{25} + \frac{(|28-25| - 0,5)^2}{25} = 0,25 + 0,25 = 0,50.$$

Müssen zur Ermittlung der erwarteten Häufigkeiten und damit zur Bestimmung der theoretischen Verteilung aus der Stichprobe Parameter dieser Verteilung geschätzt werden, etwa m Stück, dann vermindert sich die Anzahl der Freiheitsgrade entsprechend, sie beträgt dann

$$\nu = k - m - 1.$$

Beispiel 16.9:

Für die in der Tabelle 16.4 gegebenen Werte einer empirisch beobachteten Verteilung soll bei einer Irrtumswahrscheinlichkeit von $\alpha = 0,05$ die Nullhypothese geprüft werden, ob die Zufallsvariable einer Normalverteilung genügt.

Tabelle 16.4: Empirische Verteilung der Zufallsvariablen X

x_i	x_i^m	$(x_i^m)^2$	n_i	$n_i x_i^m$	$n_i (x_i^m)^2$
[3,0 - 3,6)	3,3	10,89	2	6,6	21,78
[3,6 - 4,2)	3,9	15,21	8	31,2	121,68
[4,2 - 4,8)	4,5	20,25	35	157,5	708,75
[4,8 - 5,4)	5,1	26,01	43	219,3	1 118,43
[5,4 - 6,0)	5,7	32,49	22	125,4	714,78
[6,0 - 6,6)	6,3	39,69	15	94,5	595,35
[6,6 - 7,2)	6,9	47,61	5	34,5	238,05
			n = 130	669,0	3 518,82

$$\bar{x} = \frac{1}{n} \Sigma n_i x_i^m = \frac{669,0}{130} = 5,1462.$$

$$s_x^2 = \frac{1}{n-1} \Sigma n_i (x_i^m)^2 - \frac{n}{n-1} \cdot \bar{x}^2 = \frac{3\ 518,82}{129} - \frac{130}{129} \cdot (5,1462)^2 = 0,5890,$$

$s_x = +\sqrt{s_x^2} = 0,7675.$

Um die theoretischen Werte np_i zu berechnen, benötigt man zunächst die Wahrscheinlichkeiten p_i.

Man kennt die Stichprobenschätzwerte $\bar{x} = 5,1462$ und $s = 0,7675$.

Die Werte p_i geben an, mit welcher Wahrscheinlichkeit die N(5,1462;0,5890)-verteilte Zufallsvariable X einen Wert annimmt, der einer der vorgegebenen Klassen angehört.

Für das dritte Intervall ergibt sich beispielsweise die folgende Berechnung:

$$p_3 = \text{Prob}\{4,2 \leq X < 4,8\} = \text{Prob}\left\{\frac{4,2-5,1462}{0,7675} \leq Z < \frac{4,8-5,1462}{0,7675}\right\}$$

$$= \text{Prob}\{-1,2328 \leq Z < -0,4511\} = F(-0,4511) - F(-1,2328)$$

$$= 0,3260 - 0,1088 = 0,2172.$$

Insgesamt erhält man die folgenden Werte

i	1	2	3	4	5	6	7
p_i	0,0194	0,0868	0,2172	0,2922	0,2488	0,1039	0,0253
np_i	2,522	11,284	28,236	37,986	32,344	13,507	3,289

Da für zwei Intervalle die Forderung $np_i \geq 5$ verletzt ist, müssen benachbarte Klassen zusammengefaßt werden. Eine entsprechende Zusammenfassung muß natürlich auch für die beobachteten Häufigkeiten n_i vorgenommen werden. Man erhält

i	1	2	3	4	5
n_i	10	35	43	22	20
p_i	0,1062	0,2172	0,2922	0,2488	0,1292
np_i	13,806	28,236	37,986	32,344	16,796

Die Anzahl der Klassen reduziert sich dabei ebenfalls, nämlich auf

$$k^* = k - 2 = 7 - 2 = 5.$$

Die Prüfgröße ergibt sich nun zu

$$\chi^2_{pr} = \sum_{i=1}^{5} \frac{(n_i - np_i)^2}{np_i}$$

$$= 1{,}0492 + 1{,}6203 + 0{,}6618 + 3{,}3081 + 0{,}6112$$

$$= 7{,}2506.$$

Da die beiden Stichprobenparameter $\bar{x}$ und s geschätzt wurden, ist m = 2, und man erhält für die Zahl der Freiheitsgrade

$$\nu = k^* - m - 1 = 5 - 2 - 1 = 2.$$

Aus einer Tabelle der Chi-Quadrat Verteilung entnimmt man den kritischen Wert

$$\chi^2_{kr} = \chi^2(2;0{,}950) = 5{,}991.$$

Wegen

$$\chi^2_{pr} = 7{,}2506 > 5{,}991 = \chi^2_{kr}$$

muß die aufgestellte Nullhypothese, daß die beobachteten Werte normalverteilt seien, mit einer Irrtumswahrscheinlichkeit von 5 % verworfen werden.

16.5.2 Der Kolmogorov - Smirnov Anpassungstest

Wie der Chi-Quadrat Test ist auch dieser Test ein Beurteilungskriterium für die Güte der Anpassung einer beobachteten empirischen Wahrscheinlichkeitsverteilung an eine angenommene theoretische Wahrscheinlichkeitsverteilung. Im Gegensatz zum Chi-Quadrat Anpassungstest kann er auch schon bei kleinen Stichprobenumfängen angewandt werden. Allerdings unterstellt er, daß die theoretische Verteilung stetig sei.

Die Nullhypothese besagt wieder, daß die Grundgesamtheit einer bestimmten theoretischen Wahrscheinlichkeitsverteilung gehorcht. Die Prüfgröße wird allerdings jetzt aus den beiden Verteilungsfunktionen gebildet.

Man bezeichnet die in der Grundgesamtheit angenommene theoretische Verteilungsfunktion mit $F^{th}(x)$ und die in der Stichprobe beobachtete empirische mit $F^{e}(x)$. Bei Gültigkeit der Nullhypothese ist dann zu erwarten, daß die beobachteten absoluten Abweichungen

$$|F^{th}(x) - F^{e}(x)|$$

für jeden Wert von x sehr gering sein werden. Die beobachtete maximale Abweichung

$$D_{pr} = \underset{x}{\text{Max}} \; |F^{th}(x) - F^{e}(x)|$$

stellt die Prüfgröße des Testes dar. Kolmogorov und Smirnov haben nun gezeigt, daß die Verteilung der Prüfgröße D_{pr} nicht von der speziellen für die Grundgesamtheit angenommenen theoretischen Verteilung abhängt, sondern für alle stetigen Verteilungen dieselbe ist. Die Verteilung der Prüfgröße D_{pr} ist allein vom Stichprobenumfang n abhängig und liegt in tabellierter Form vor, d.h. nach Vorgabe einer Irrtumswahrscheinlichkeit α und dem Stichprobenumfang n kann man aus Tabellen den zugehörigen kritischen Wert D_{kr} ablesen. Wenn $D_{pr} < D_{kr}$ ist, dann kann die aufgestellte Nullhypothese H_0 mit der vorgegebenen Irrtumswahrscheinlichkeit nicht verworfen werden.

Beispiel 16.10:

Man hat eine Stichprobe von 100 Luftpostumschlägen untersucht, ob ihr Gewicht einer Normalverteilung mit $\mu = 1{,}95$ g und $\sigma = 0{,}05$ g genügt.

Die Ergebnisse der Stichprobe liegen in gruppierter Form vor. Daraus lassen sich die Werte der empirischen Verteilungsfunktion $F^e(x_i)$ berechnen.

Klassenmitte x_i^m	absolute Häufigkeit n_i	relative Häufigkeit h_i	empirische Verteilungsfunktion $F^e(x_i)$
1,81	2	0,02	0,02
1,84	3	0,03	0,05
1,87	6	0,06	0,11
1,90	18	0,18	0,29
1,93	25	0,25	0,54
1,96	18	0,18	0,72
1,99	14	0,14	0,86
2,02	11	0,11	0,97
2,05	3	0,03	1,00
	Σ 100	1,00	

Da die beobachtete empirische Verteilungsfunktion $F^e(x_i)$ eine unstetige Treppenfunktion ist, die theoretische Verteilung $F^{th}(x)$ dagegen eine stetige Funktion, muß man die maximale absolute Abweichung beider Verteilungen an den Sprungstellen x_i betrachten.

Dabei sind die beiden Differenzen $a_1 = |F^{th}(x_i) - F^e(x_{i-1})|$ und $a_2 = |F^{th}(x_i) - F^e(x_i)|$ zu bilden (vgl. Abb. 16.6). Man erhält

x_i^m	$z = \frac{x_i^m - 1,95}{0,05}$	$F^{th}(z)$	a_1	a_2	
1,81	- 2,8	0,0026	0,0026	0,0174	
1,84	- 2,2	0,0139	0,0061	0,0361	
1,87	- 1,6	0,0548	0,0048	0,0552	
1,90	- 1,0	0,1587	0,0487	0,1313	
1,93	- 0,4	0,3446	0,0546	0,1954	<--- Max
1,96	0,2	0,5793	0,0393	0,1407	
1,99	0,8	0,7881	0,0681	0,0719	
2,02	1,4	0,9192	0,0592	0,0508	
2,05	2,0	0,9772	0,0072	0,0228	

Als maximale Abweichung und somit als Prüfgröße ergibt sich

$$D_{pr} = 0,1954.$$

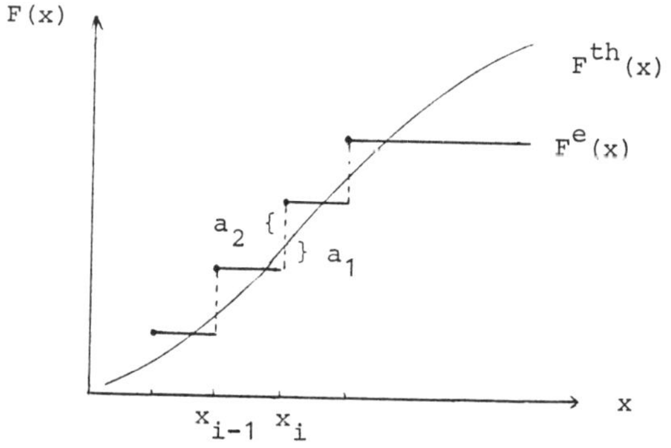

Abb. 16.6: Zur Berechnung der Abweichungen zwischen theoretischer und empirischer Verteilungsfunktion bei Kolmogorov-Smirnov Test.

Für Stichprobenumfänge n > 40 entnimmt man einer Tabelle für den Kolmogorov-Smirnov Test die kritischen Werte

zweiseitige Irrtumswahr-scheinlichkeit α	0,20	0,15	0,10	0,05	0,02	0,01	0,001
D_{kr}	$\frac{1,073}{\sqrt{n}}$	$\frac{1,138}{\sqrt{n}}$	$\frac{1,224}{\sqrt{n}}$	$\frac{1,358}{\sqrt{n}}$	$\frac{1,52}{\sqrt{n}}$	$\frac{1,628}{\sqrt{n}}$	$\frac{1,949}{\sqrt{n}}$

Man erkennt, daß für alle tabellierten Irrtumswahrscheinlichkeiten α bei einem Stichprobenumfang von n > 40 immer

$$D_{pr} = 0,1954 > D_{kr}$$

ist. Dies bedeutet, daß man bei einer Irrtumswahrscheinlichkeit von α = 0,001 die aufgestellte Nullhypothese verwerfen muß, d.h. die Gewichte der Luftpostumschläge sind nicht N(1,95;0,0025)-verteilt.

16.6 Die Gütefunktion eines statistischen Testes

Für die praktische Anwendung sind die Konsequenzen der Entscheidung eines statistischen Testes für seine Beurteilung von großer Bedeutung. Durch die Vorgabe der Irrtumswahrscheinlichkeit α wird die Wahrscheinlichkeit für den Fehler 1. Art festgelegt. Danach läßt sich auch die Wahrscheinlichkeit für einen Fehler 2. Art bestimmen.

Für das Beispiel 16.7 soll die Wahrscheinlichkeit β für einen Fehler 2. Art bei einer Irrtumswahrscheinlichkeit von α = 0,05 bestimmt werden. Diese Wahrscheinlichkeit bestimmt sich aus

$$\text{(16.9)} \qquad \text{Prob}\{\bar{X} \leq c_\alpha | H_a\} = \beta$$

$$\text{bzw. Prob}\{\bar{X} \leq 252,47 | \mu_1 = 255\} = \beta.$$

Damit lautet die Bestimmungsgleichung für β

$$\text{(16.10)} \qquad \beta = \text{Prob}\left[\frac{\bar{X} - \mu_1}{\sigma/\sqrt{n}} \leq \frac{c_\alpha - \mu_1}{\sigma/\sqrt{n}}\right],$$

$$= \text{Prob}\left[\frac{\bar{X} - \mu_1}{\sigma/\sqrt{n}} \leq \frac{252,47 - 255}{15/\sqrt{100}}\right],$$

$$= \text{Prob}\{Z \leq -1,687\} = F(-1,687),$$

$$= 1 - F(1,687) = 1 - 0,9542 = 0,0458.$$

Aus der Tabelle der Verteilungsfunktion der standardisierten Normalverteilung liest man dann ab

$$\beta = 0{,}0458.$$

Dieses Ergebnis besagt, daß man bei diesem statistischen Test im Durchschnitt bei 4,6 % der Entscheidungen einen Fehler 2. Art zuläßt, d.h. im Durchschnitt wird bei 20 Entscheidungen die Nullhypothese H_0 einmal irrtümlich nicht verworfen, obwohl sie falsch ist.

Verringert man die Irrtumswahrscheinlichkeit auf $\alpha = 0{,}01$, d.h. läßt man im Durchschnitt nur noch bei einer Entscheidung unter 100 die Möglichkeit eines Fehlers 1. Art zu, dann erhöht sich dadurch, wie man leicht nachrechnen kann, die Wahrscheinlichkeit für den Fehler 2. Art auf $\beta = 0{,}158$. Dies bedeutet, daß im Durchschnitt bei fast jeder sechsten Entscheidung die Nullhypothese H_0 nicht verworfen wird, obwohl sie falsch ist.

Dieses Beispiel zeigt, daß die Güte eines statistischen Testes nicht durch eine geringe Wahrscheinlichkeit für den Fehler 1. Art ausgedrückt werden kann. Bei konstantem Stichprobenumfang n bedeutet eine kleinere Wahrscheinlichkeit für den Fehler 1. Art automatisch eine größere Wahrscheinlichkeit für den Fehler 2. Art.

Die Größe des Fehlers 2. Art hängt von der Wahl des Fehlers 1. Art ab, und zwar sowohl von dessen Größe als auch von der Lage des kritischen Bereiches K_α. Dieser Zusammenhang soll am folgenden den Beispiel 16.11 gezeigt werden.

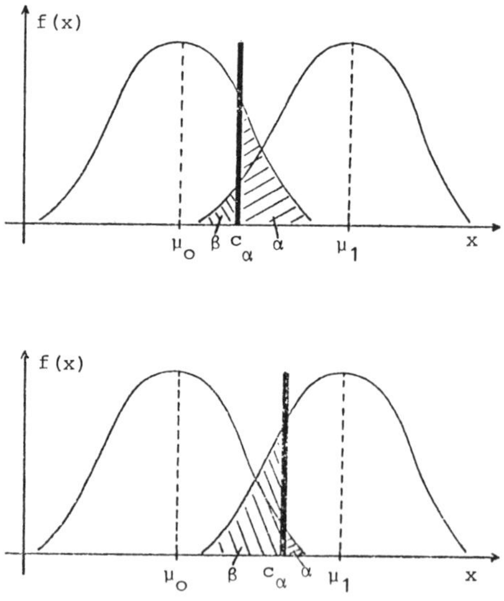

Abb. 16.7: Zusammenhang zwischen den Wahrscheinlichkeiten für die Fehler 1. Art und 2. Art

Beispiel 16.11:

Die Verteilungsfunktionen F(x) einer diskreten Zufallsvariablen X unter den beiden Hypothesen H_0 und H_a sind in der folgenden Tabelle gegeben:

x	1	2	3	4	5	6	7	Σ
$F(x \mid H_0)$	0,01	0,02	0,03	0,05	0,05	0,07	0,77	1,00
$F(x \mid H_a)$	0,03	0,09	0,10	0,10	0,20	0,18	0,30	1,00

Es soll ein Hypothesentest mit einem Fehler 1. Art von α = 0,10 durchgeführt werden. Es lassen sich dazu die folgenden kritischen Bereiche bilden, die alle einen Fehler 1. Art von α = 0,10 aufweisen, aber unterschiedliche Fehler 2. Art:

Kritischer Bereich	α	β	$1-\beta$	
(2,3,4)	0,10	0,71	0,29	
(2,3,5)	0,10	0,61	0,39	<==== Max
(4,5)	0,10	0,70	0,30	
(3,6)	0,10	0,72	0,28	
(1,2,6)	0,10	0,70	0,30	

Es ist also bei diesem Beispiel möglich, für einen Fehler 1. Art von α = 0,10 fünf verschiedene kritische Bereiche und damit auch fünf verschiedene Tests aufzustellen, die unterschiedliche Fehler 2. Art besitzen. Damit stellt sich die Frage, welchen dieser kritischen Bereiche man auswählen soll, um den für diese Problemstellung günstigsten Test zu bestimmen. Es liegt nahe, denjenigen Test auszuwählen, der bei gegebenem Fehler 1. Art den kleinsten Fehler 2. Art aufweist, bzw. denjenigen Test, der die Größe $1-\beta$ maximiert.

Bei gegebenem Fehler 1. Art erfolgt eine Aussage über die Güte des Testes, somit aufgrund der Wahrscheinlichkeit, mit der eine falsche Nullhypothese H_0 vom Test als falsch erkannt wird. Diese Wahrscheinlichkeit beträgt genau $1-\beta$ und entspricht der Wahrscheinlichkeit, keinen Fehler 2. Art zu machen. Dies bedeutet, daß bei einem konkreten statistischen Test das Signifikanzniveau (Irrtumswahrscheinlichkeit) α nicht die entscheidende Rolle spielt, die man zunächst vermuten könnte. Wichtiger ist es, die Wahrscheinlichkeit β, einen Fehler 2. Art zu machen, zu minimieren, bzw. die Wahrscheinlichkeit $1-\beta$ zu maximieren.

Man bezeichnet die Größe 1-β als **Gütefunktion** (auch Macht) eines statistischen Testes

(16.11) $$G(H_a) = 1 - \beta = \text{Prob}\{Z \in K_\alpha | H_a\},$$

und kürzt sie mit G ab. Sie bezeichnet die Wahrscheinlichkeit keinen Fehler 2. Art zu machen.

Die Wahrscheinlichkeit, daß eine falsche Nullhypothese H_0 abgelehnt wird, hängt natürlich vom Wert der tatsächlich gültigen Hypothese ab. Dies hat zur Folge, daß der Wert der Gütefunktion eines Testes eine Funktion des Wertes der tatsächlich gültigen Hypothese ist.

Es werde der einseitige Signifikanztest

$$H_0: \mu \leq \mu_0 = 700 \text{ ccm}$$

betrachtet. Die Gütefunktion $G(\mu)$ ist jetzt eine Funktion des Parameters μ, dem wahren Wert des Erwartungswertes in der Grundgesamtheit. Der Wert der Gütefunktion wird für Werte von μ nahe dem hypothetischen Wert μ_0 sehr klein sein und mit wachsendem Abstand des wahren Wertes μ vom hypothetischen Wert μ_0 zunehmen.

Beispiel 16.12:

Es soll die Gütefunktion $G(\mu)$ für eine Irrtumswahrscheinlichkeit von 5 % bestimmt werden. Die Nullhypothese H_0 (H_0: $\mu \leq \mu_0$; H_a: $\mu > \mu_0$) wird abgelehnt, wenn

$$Z = \frac{\bar{X} - \mu_0}{\sigma/\sqrt{n}} \geq z_{1-\alpha} = z_{0,95} = 1{,}645$$

ausfällt. Damit erhält man für die Gütefunktion

$$G(\mu) = 1 - \beta = \text{Prob}\left[\frac{\bar{X} - \mu_0}{\sigma/\sqrt{n}} \geq 1{,}645 | \mu > \mu_0\right].$$

Um $G(\mu)$ zu bestimmen, werden folgende Umformungen vorgenommen

$$G(\mu) = \text{Prob}\left[\frac{\bar{X} - \mu + \mu - \mu_0}{\sigma/\sqrt{n}} \geq 1{,}645\right]$$

$$= \text{Prob}\left[\frac{\bar{X} - \mu}{\sigma/\sqrt{n}} \geq 1{,}645 - \frac{\mu - \mu_0}{\sigma/\sqrt{n}}\right]$$

$$= 1 - \text{Prob}\left[\frac{\bar{X} - \mu}{\sigma/\sqrt{n}} \leq 1{,}645 - \frac{\mu - \mu_0}{\sigma/\sqrt{n}}\right].$$

Da die Größe $Z = \frac{\bar{X} - \mu}{\sigma/\sqrt{n}}$ nach N(0,1)-verteilt ist, erhält man

$$G(\mu) = 1 - F_{NV}\left[1{,}645 - \frac{\mu - \mu_0}{\sigma/\sqrt{n}}\right].$$

Setzt man speziell $\mu = \mu_0$, so erhält man

$$G(\mu_0) = 1 - F_{NV}\left[1{,}645 - \frac{\mu_0 - \mu_0}{\sigma/\sqrt{n}}\right] = 1 - F_{NV}(1{,}645) = 0{,}05.$$

Dies bedeutet, daß im Fall der Gültigkeit der Nullhypothese die Wahrscheinlichkeit für ihre Ablehnung genau der vorgegebenen Irrtumswahrscheinlichkeit α, d.h. dem Fehler 1. Art, entspricht. In diesem und nur in diesem Fall ist der Wert der Gütefunktion unabhängig vom Stichprobenumfang n. Für $\mu > \mu_0$ dagegen ist der Wert der Gütefunktion vom Stichprobenumfang n abhängig. Für die beiden Stichprobenumfänge n = 9 und n = 25 ist der Verlauf der Gütefunktion in der Abb. 16.8 skizziert.

Tabelle 16.5: Wertetabelle der Gütefunktion für den einseitigen Signifikanztest

μ	700	701	702	703	704	705	706
$G(\mu)$; n = 9	0,05	0,19	0,44	0,73	0,91	0,98	1,00
n = 25	0,05	0,34	0,80	0,98	1,00		

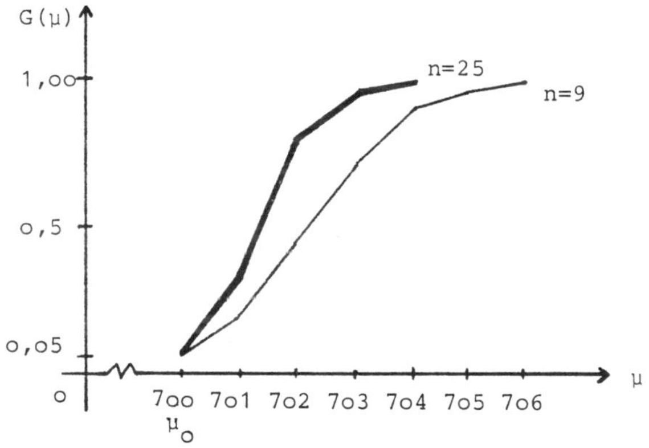

Abb.16.8: Verlauf der Gütefunktion $G(\mu)$ für den einseitigen Signifikanztest

Beispiel 16.13:

Es werde die Gütefunktion für den zweiseitigen Signifikanztest

$$H_0: \mu = \mu_0 = 700 \text{ ccm},$$
$$H_a: \mu \neq \mu_0$$

berechnet.

Die Gütefunktion $G(\mu)$ soll für eine Irrtumswahrscheinlichkeit α = 0,05 bestimmt werden. Die Nullhypothese wird abgelehnt, wenn

$$\left|\frac{\bar{X} - \mu_0}{\sigma/\sqrt{n}}\right| \geq z_{1-\alpha/2} = z_{0,975} = 1,96$$

ausfällt. Damit lautet die Gütefunktion

$$\begin{aligned} G(\mu) = 1-\beta &= \text{Prob}\left\{\left|\frac{\bar{X} - \mu_0}{\sigma/\sqrt{n}}\right| \geq 1,96 \mid \mu \neq \mu_0\right\} \\ &= \text{Prob}\left\{\frac{\mu_0 - \bar{X}}{\sigma/\sqrt{n}} \leq -1,96 \mid \mu \neq \mu_0\right\} \\ &\quad + \text{Prob}\left\{\frac{\bar{X} - \mu_0}{\sigma/\sqrt{n}} \geq 1,96 \mid \mu \neq \mu_0\right\} \\ &= \text{Prob}\left\{-\frac{\bar{X} - \mu}{\sigma/\sqrt{n}} \leq -1,96 - \frac{\mu - \mu_0}{\sigma/\sqrt{n}}\right\} \\ &\quad + \text{Prob}\left\{\frac{\bar{X} - \mu}{\sigma/\sqrt{n}} \geq 1,96 - \frac{\mu - \mu_0}{\sigma/\sqrt{n}}\right\} \\ &= F_{NV}\left(-1,96 - \frac{\mu-\mu_0}{\sigma/\sqrt{n}}\right) + 1 - F_{NV}\left(1,96 - \frac{\mu-\mu_0}{\sigma/\sqrt{n}}\right). \end{aligned}$$

Für $\mu \neq \mu_0$ wird der Verlauf der Gütefunktion für die beiden Stichprobenumfänge n = 9 und n = 25 in der Abbildung 16.9 skizziert.

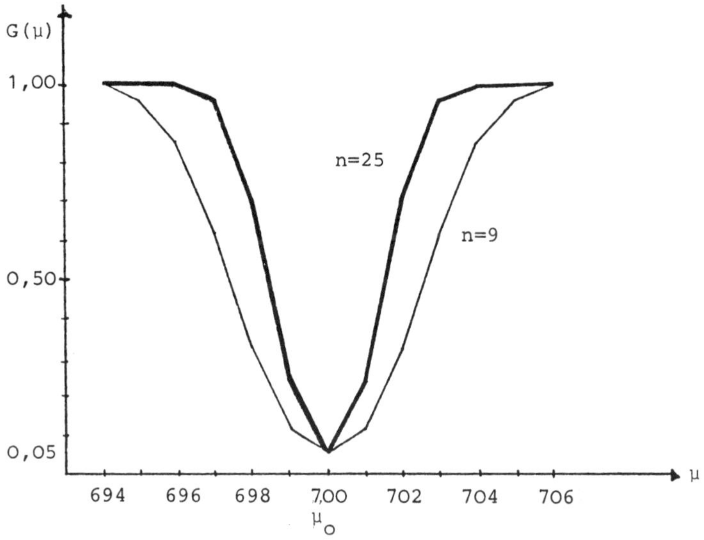

Abb. 16.9: Verlauf der Gütefunktion für den zweiseitigen Signifikanztest

Tabelle 16.6: Wertetabelle der Gütefunktion für den zweiseitigen Signifikanztest

μ	694	695	696	697	698	699	700
$G(\mu)$; n = 9	0,9941	0,9633	0,8508	0,6141	0,3231	0,1165	0,05
n = 25		1,00	0,9988	0,9625	0,7054	0,2396	0,05

μ	701	702	703	704	705	706
$G(\mu)$; n = 9	0,1165	0,3231	0,6141	0,8508	0,9633	0,9941
n = 25	0,2396	0,7054	0,9625	0,9988	1,00	

Aus dem Verlauf der Gütefunktion erkennt man, daß diese umso steiler verläuft, je größer der Stichprobenumfang n ist. Die größere Steilheit der Gütefunktion bedeutet aber, daß der betreffende Test um so besser zwischen μ und μ_0 unterscheiden kann. Daher ist die richtige Wahl des Stichprobenumfanges n für eine erfolgreiche praktische Anwendung von statistischen Tests von großer Bedeutung. Der Stichprobenumfang n sollte so gewählt werden, daß alle praktisch relevanten Abweichungen zwischen μ und μ_0 auch tatsächlich erkannt werden. Andererseits sollte der Stichprobenumfang nicht größer als nötig gewählt werden, denn es ist sinnlos, praktisch unbedeutende Unterschiede als statistisch signifikant nachzuweisen.

Beim Vergleich der beiden Gütefunktionen erkennt man ferner, daß die Steilheit dieser Funktion beim einseitigen Signifikanztest größer ist als beim zweiseitigen Test. Daraus folgt, daß ein einseitiger Test unter sonst gleichen Bedingungen trennschärfer ist als ein zweiseitiger Test.

In einigen Anwendungsbereichen der Statistik, etwa in der statistischen Qualitätskontrolle, wird nicht die Gütefunktion zur Beurteilung eines Testverfahrens verwendet, sondern die **Operationscharakteristik (OC-Kurve)**. Diese ist definiert als die zur Gütefunktion komplementäre Wahrscheinlichkeit, d.h.

$$OC(\mu) = 1 - G(\mu) = \beta.$$

Die Operationscharakteristik stellt somit die Wahrscheinlichkeit dar, einen Fehler 2. Art zu machen, d.h. die Wahrscheinlichkeit, die Nullhypothese nicht abzulehnen, obwohl sie falsch ist.

Zum Abschluß soll in der Tabelle 16.7 nochmals eine Übersicht über die in dieser Einführung behandelten Signifikanztests gegeben werden. Weitere statistische Testverfahren, besonders solche, die bei kleinen Stichprobenumfängen auf jegliche Verteilungsannahmen verzichten - man spricht von verteilungsunabhängigen bzw. parameterfreien Methoden -, übersteigen den Rahmen dieser Einführung. Es sei auf die spezielle Literatur zu solchen Problemen verwiesen.

Tabelle 16.7: Übersicht über die behandelten Signifikanztests

Parameter	Grundgesamtheit	Stichprobenumfang	Testvariable
Mittelwert μ	beliebig-verteilt	$n \geq 100$	σ^2 bekannt: Z
			σ^2 unbekannt: Z
	normal-verteilt	$n < 100$	σ^2 bekannt: Z
			σ^2 unbekannt: T
Anteilswert P	binomialverteilt	$n \cdot p \cdot q > 9$	Z
	beliebig-verteilt	$n \geq 100$	Z
Varianz σ^2	normalverteilt	n beliebig	χ^2
Differenz von zwei Mittelwerten $\mu_X - \mu_Y$	normalverteilt	$n_X\ n_Y < 100$	σ_X^2, σ_Y^2 bekannt: Z
			σ_X^2, σ_Y^2 unbekannt: $\sigma_X^2 \neq \sigma_Y^2$, sog. Behrens-Fisher Problem
			σ_X^2, σ_Y^2 unbekannt, $\sigma_X^2 = \sigma_Y^2$: T
	beliebig-verteilt	$n_X, n_Y \geq 100$	σ_X^2, σ_Y^2 bekannt: Z
			σ_X^2, σ_Y^2 unbekannt, $\sigma_X^2 \neq \sigma_Y^2$: Z
Differenz von $P_X - P_Y$	binomial-verteilt	$n_X \cdot p_X \cdot q_X > 9$ und $n_Y \cdot p_Y \cdot q_Y > 9$	Z
Quotient σ_X^2/σ_Y^2	normalverteilt	$n_X, n_Y < 100$	$F_{pr} = s_X^2/s_Y^2$

Aufgaben zu Kapitel 16

Aufgabe 1:

In einem pharmazeutischen Betrieb wird automatisch ein bestimmter Wirkstoff, der sich aus zwei Komponenten, Pyridon und Aceton, zusammensetzt, mit dem durchschnittlichen Mischungsanteil von 120 mg und 140 mg je Einheit produziert. Um gesundheitliche Schäden auszuschließen, darf die Standardabweichung jeder einzelnen Komponente nicht mehr als 20 mg betragen.

Aus einer Testreihe wurde eine Stichprobe vom Umfang n = 100 gezogen und für Pyridon ein durchschnittlicher Mischungsanteil von 114 mg, für Aceton von 146 mg festgestellt.

a) Testen Sie mit einer Irrtumswahrscheinlichkeit von 1 %, ob sich der durchschnittliche Mischungsanteil von Pyridon verändert hat.

b) Für Aceton wird angenommen, daß sich der durchschnittliche Mischungsanteil auf 148 mg erhöht hat.

Formulieren Sie mit einer Irrtumswahrscheinlichkeit von α = 0,02 einen geeigneten Test.

Nach welchen Kriterien bestimmen Sie den Fehler 1. Art und wie lautet aufgrund des Stichprobenergebnisses für Aceton Ihre Entscheidung?

Bestimmen Sie außerdem die Wahrscheinlichkeit für den Fehler 2. Art und die Wahrscheinlichkeit, mit der eine Nullhypothese für Aceton als richtig erkannt wird.

c) Bei einer zusätzlichen Stichprobe vom Umfang n = 350 lag der durchschnittliche Mischungsanteil des Pyridons um 8 mg niedriger. Formulieren Sie auch hier einen Test mit einer Irrtumswahrscheinlichkeit von α = 0,05.

Wie entscheiden Sie sich in diesem Fall, wenn Sie das Stichprobenergebnis der Testreihe für Pyridon betrachten?

Bestimmen Sie des weiteren den Fehler 2. Art und geben Sie an, wie man diesen verringern kann.

a) - 3. b) 144,107; 0,0258. c) 118,24; 0,001.

Aufgabe 2:

Ein Hersteller von Bildröhren für Fernsehgeräte garantiert seinen Kunden eine mittlere Lebensdauer der von ihm hergestellten Röhren von 1 400 Betriebsstunden. Die Standardabweichung betrage 60 Stunden. Zur Überprüfung der vom Hersteller garantierten mittleren Lebensdauer entnimmt ein Kunde einer sehr großen Lieferung eine Stichprobe von 100 Röhren, für die eine mittlere Lebensdauer von 1 388 Stunden festgestellt wird.

a) Wird der Kunde aufgrund der Stichprobe die Lieferung bei einer Irrtumswahrscheinlichkeit von 5 % ablehnen oder nicht?

b) Welche Entscheidung wird der Kunde bei einer Irrtumswahrscheinlichkeit von 1 % treffen?

a) - 2,0. b) - 2,0.

Aufgabe 3:

Ein Unternehmen beabsichtigt durch eine Änderung des Produktionsverfahrens die Brenndauer seiner hergestellten Taschenlampenbatterien zu erhöhen. Aus Testversuchen weiß man, daß bisher eine durchschnittliche Brenndauer von 250 Stunden bei einer Standardabweichung von 18 Stunden erreicht wurde. Die Geschäftsleitung führt versuchsweise für einen Monat die Herstellung nach einem neuen Verfahren durch, um durch einen statistischen Test zu entscheiden, ob das neue Produktionsverfahren vorteilhaft ist, d.h. eine höhere durchschnittliche Brenndauer gewährleistet ist. Es wird dabei eine Stichprobe vom Umfang n = 100 zugrunde gelegt.

a) Der Produktionsleiter der Firma will das neue Verfahren zurückweisen, wenn sich mit einer Irrtumswahrscheinlichkeit von 5 % die durchschnittliche Brenndauer der Batterien nicht erhöht hat. Formulieren Sie hierzu eine geeignete Nullhypothese und bestimmen Sie den kritischen Bereich.

b) Die Forschungsabteilung des Unternehmens will schon dann das Verfahren annehmen, wenn mit einer Irrtumswahrscheinlichkeit von 5 % gesagt werden kann, daß sich die durchschnittliche Brenndauer der neuen Batterien nicht verringert hat. Formulieren Sie hierzu einen Test und bestimmen Sie den kritischen Bereich.

c) Vergleichen Sie die Ergebnisse aus a) und b) miteinander. Ergibt sich immer eine eindeutige Entscheidung? Läßt sich aus dem Testaufbau unter a) und b) ein Rückschluß auf die Interessenlage von Produktionsleiter und Forschungsabteilung ableiten?

d) Erläutern Sie den Begriff der Gütefunktion. Welche Möglichkeit gibt es, die Güte eines Testes zu verbessern?

a) 252,961. b) 247,039.

Aufgabe 4:

Ein Gummiproduzent gibt an, daß die Lebensdauer der von ihm hergestellten Reifen eine normalverteilte Zufallsvariable sei mit dem Mittelwert μ = 40 000 km und einer Standardabweichung von σ = 6 000 km.

a) Zur Prüfung dieser Angabe werden 400 Reifen ausgewählt. Es ergab sich eine durchschnittliche Lebensdauer von 39 600 km. Prüfen Sie mit einer Irrtumswahrscheinlichkeit von 5 %, ob aufgrund dieses Stichprobenergebnisses geschlossen werden kann, daß sich die durchschnittliche Lebensdauer verringert hat.

b) Durch die Anwendung eines neuen Produktionsverfahrens soll sich die durchschnittliche Lebensdauer um 1 000 km erhöht haben.

   Eine Stichprobe von 400 Reifen ergab jetzt eine durchschnittliche Lebensdauer von 40 800 km.

   1. Testen Sie mit einer Irrtumswahrscheinlichkeit von 1 % die Hypothese, daβ sich die durchschnittliche Lebensdauer der Reifen um 1 000 km erhöht hat.

   2. Berechnen Sie den Fehler 2. Art.

   3. Erläutern Sie die Fehlermöglichkeiten eines statistischen Tests.

a) - 1,333. b) 1. 40,699, 2. 0,1587.

Aufgabe 5:

Auf einer Drehbank wurden in der Vergangenheit Wellen hergestellt, die im Durchschnitt einen Durchmesser von 140 mm hatten. Die Standardabweichung ist aus langjähriger Erfahrung bekannt und beträgt σ = 4 mm. Zur Überprüfung der Arbeitsgenauigkeit der Maschine wurden aus der laufenden Produktion 144 Wellen zufällig ausgewählt. Die in die Stichprobe gelangten Wellen hatten einen durchschnittlichen Durchmesser von x = 139,2 mm.

a) Testen Sie die Hypothese H_0: $\mu = \mu_0$ = 140 mm gegen die Alternativhypothese $\mu \neq \mu_0$ bei einer Irrtumswahrscheinlichkeit von 5 %.

   Wie ist die Arbeitsgenauigkeit der Maschine aufgrund des Testes zu beurteilen?

b) Ist es in diesem Fall sinnvoll, einen zweiseitigen Test vorzunehmen?

a) - 2,4.

Aufgabe 6:

Nach Ansicht eines Fabrikanten von Kunststoffolien ist die Wahrscheinlichkeit, daβ eine Folie schadhaft ist, p = 0,05.

Bei Kontrollen der laufenden Produktion werden in längeren Abständen Stichproben vom Umfang n = 200 gezogen.

a) Der Fabrikant hält eine Korrektur des Produktionsprozesses für notwendig, wenn 13 oder mehr Folien in einer Stichprobe Mängel aufweisen. Wie groβ ist die Wahrscheinlichkeit, daβ unter der Hypothese des Fabrikanten 13 oder mehr Folien schadhaft sind?

b) Nach verstärkten Reklamationen hält es der Fabrikant für notwendig, zu überprüfen, ob er die Hypothese H_0: $p_0 = 0{,}05$ für das Auftreten schadhafter Folien nicht zu Gunsten der Alternativhypothese H_a: $p_1 = 0{,}1$ verwerfen sollte, wenn 13 oder mehr Folien in einer Stichprobe Mängel aufweisen. Berechnen Sie die Größe des Fehlers 1. Art und des Fehlers 2. Art.

c) x sei die Anzahl der schadhaften Folien in einer Stichprobe vom Umfang n = 200. Welchen kritischen Bereich würden Sie wählen, wenn die Wahrscheinlichkeit für den Fehler 1. Art höchstens α = 0,1 sein soll?

Wie groß ist für diesen kritischen Bereich der Fehler 2. Art? Welche Möglichkeiten gibt es, den Fehler 2. Art zu verringern?

d) Testen Sie die Hypothese H_0: $p_0 \leq 0{,}05$ gegen die Alternativhypothese H_a: $p_1 = > 0{,}05$ mit der Irrtumswahrscheinlichkeit $\alpha = 0{,}1$.

Bestimmen Sie den kritischen Bereich und β_{max}.

a) 0,2087. b) 0,0385. c) 14,4498; 0,0974. d) 13,9498; 0,9.

Aufgabe 7:

Eine Füllmaschine produziert Waschmittelpakete, deren Gewicht normalverteilt ist mit μ = 2 500 g und σ = 10 g.

a) Der Produktionsprozeß wird unterbrochen, wenn eine Stichprobe von 4 Packungen ein $\bar{x}$ von mindestens 2 510 g liefert. Durch einen Defekt eines Teiles der Maschine wird von Zeit zu Zeit ein durchschnittliches Füllgewicht von 2 518 g erzielt.

Formulieren Sie die beiden Hypothesen. Wie ist in diesem Fall der kritische Bereich definiert? Berechnen und interpretieren Sie den Fehler 1. und 2. Art.

b) Nach welchen Kriterien sollten der Fehler 1. Art und der Fehler 2. Art festgelegt werden?

c) Wann ist es sinnvoll, den kritischen Bereich eines Testes anhand eines vorgegebenen Fehlers 1. Art zu bestimmen? Ist es sinnvoll, bei Ablehnung von H_0 den Wert von α nachträglich noch zu verkleinern, damit H_0 angenommen werden kann?

d) Formulieren Sie einen Test der Hypothese H_0: μ_0 = 2 500 g gegen die Alternativhypothese, daß das Füllgewicht größer als 2 500 g ist, bei einem Fehler 1. Art von 0,02. Dabei soll eine Stichprobe vom Umfang n = 25 gezogen werden.

e) Formulieren Sie einen Test für die Hypothese H_0: μ_0 = 2 500 g gegen die Alternativhypothese H_a:$\mu_1 \neq$ 2 500 g mit einem Fehler 1. Art von 0,10 (für n = 25). Wie groß ist der maximale Fehler 2. Art in diesem Fall? In welcher Richtung wird der kritische Bereich festgelegt und warum?

f) Erläutern Sie den Begriff der Operations-Charakteristik und bestimmen Sie die OC-Kurve für den Mittelwert μ der Grundgesamtheit mit einer Abweichung von ± 10 g.

a) 0,0228; 0,0548. d) 2504,1. e) 2503,29; 2496,71.
f) 0; 0,001; 0,003; 0,013; 0,043; 0,111; 0,236; 0,413; 0,610; 0,782; 0,9; 0,782; 0,61; 0,413; 0,236; 0,111; 0,043; 0,013; 0,003; 0,001; 0.

Aufgabe 8:

Auf einer vollautomatisch arbeitenden Verpackungsmaschine werden Mehlpakete mit einem durchschnittlichen Füllgewicht von 2 000 g abgefüllt. Aufgrund einer Stichprobe vom Umfang n = 30 soll überprüft werden, ob sich das durchschnittliche Füllgewicht der Mehlpaktete auf 2 020 g erhöht hat. Wegen der dadurch entstehenden Verluste von 20 g pro Packung müßte die Anlage vorübergehend stillgelegt und neu justiert werden. Die Stichprobenstandardabweichung beträgt 25 g.

a) Geben Sie einen Test an, aufgrund dessen bei einer Irrtumswahrscheinlichkeit von 1 % entschieden werden kann, ob die Maschine neu justiert werden muß, oder ob ohne Überprüfung der Anlage weiterproduziert werden kann.

b) Erläutern Sie an diesem Beispiel, was man unter einem Fehler 1. Art und einem Fehler 2. Art versteht.

c) Wie groß ist im vorliegenden Fall die Wahrscheinlichkeit, einen Fehler 1. Art zu machen?

d) Wie groß ist die Wahrscheinlichkeit für einen Fehler 2. Art?

e) Wie groß wäre die Wahrscheinlichkeit für einen Fehler 1. Art bei einem kritischen Wert von c = 2 006 g?

f) Auf welche Weise lassen sich der Fehler 1. Art und der Fehler 2. Art gleichzeitig verringern?

g) Der Hersteller der Verpackungsmaschine garantierte eine Standardabweichung vom Sollwert von 20 g. Überprüfen Sie mit einer Irrtumswahrscheinlichkeit von 1 % anhand der Stichprobe, ob sich diese mittlere Abweichung erhöht hat.

a) 2 011,237. c) 0,01. d) 0,0324. e) 0,0995. g) 45,313.

Aufgabe 9:

Im Rahmen einer Qualitätskontrolle wurde die Zugfestigkeit von 200 Drähten geprüft. Es ergab sich folgende Verteilung:

Zugfestigkeit in kg X	n_i
[0, 50)	7
[50, 60)	17
[60, 70)	38
[70, 80)	53
[80, 90)	45
[90,100)	27
[100,200)	13
Σ	200

mit $\bar{x} = 79{,}5$ und $s = 23{,}6$.

Testen Sie mit einer Sicherheitswahrscheinlichkeit von 99,9 % die Behauptung, daβ die durchschnittliche Zugfestigkeit der Drähte aus einer normalverteilten Grundgesamtheit stammt.

47,2240.

Aufgabe 10:

Gemäβ einer gesetzlichen Verordnung darf die Emission von Schwefeldioxid (SO_2) maximal 60 Mikrogramm pro Kubikmeter Luft betragen. Das Umweltministerium wirft dem Unternehmen U vor, daβ dessen SO_2-Werte über dem angegebenen Grenzwert bei 61 Mikrogramm liegen. Nach eigenen Berechnungen des Unternehmens liegt der entsprechende Wert jedoch nur bei 59 Mikrogramm.

Beide Seiten einigen sich, aufgrund einer Stichprobe vom Umfang 144 zu entscheiden. Die Stichprobe liefert einen Mittelwert von 58 Mikrogramm.

Es ist bekannt, daβ die SO_2-Emission normalverteilt ist, mit der Varianz 40.

a) Zugunsten welcher Partei spricht das Stichprobenergebnis? Zeigen Sie die einzelnen Lösungsschritte auf, wobei Sie eine Irrtumswahrscheinlichkeit von 5 % verwenden!

b) Berechnen Sie den Fehler 2. Art und erläutern Sie ihn!

a) H_0: $\mu_0 = 61$, H_a: $\mu_a = 59$. Wegen $z_{pr} = 58 < 60{,}1329 = z_{kr}$ wird H_0 verworfen; b) 0,0158.

Aufgabe 11:

Nehmen Sie an, Aktienkurse seien normalverteilt. Ein Anleger besitzt Aktienpakete von 2 Unternehmen A und B. Da er in Liquiditätsschwierigkeiten ist, muß er einen Teil seines Vermögens verkaufen: Um diejenigen Aktien abzustoßen, die das größte Kursrisiko beinhalten, vergleicht er die Varianzen der ZV "Kurswert A" bzw. "Kurswert B" in den letzten 20 Tagen.

Die Stichprobe ergibt:

$$m_A = m_B = 20, \ \bar{x}_A = 280, \ \bar{x}_B = 360, \ s_A^2 = 35.2, \quad s_B^2 = 37.4.$$

Testen Sie bei einer Irrtumswahrscheinlichkeit von 10 % auf Gleichheit der Varianzen in der GG!

Wegen $0{,}4612 < F_{pr} = 1{,}0625 < 2{,}1683$ wird H_0 nicht verworfen.

Aufgabe 12:

Ein Lehrstuhl möchte untersuchen, ob der zunehmende Einsatz von Textverarbeitungssystemen bei der Erstellung von Seminararbeiten eine Veränderung der durchschnittlichen Seitenzahl bewirkt hat. Dabei werden jeweils 10 Arbeiten aus den Zeiträumen A: SS 84 - SS 85 und B: SS 86 - SS 87 betrachtet.

Man erhält:

$$\bar{x}_A = 15.5, \qquad \bar{x}_B = 16.2$$

Man weiß, daß die GG eine Varianz von $\sigma^2 = 6.25 = 2.5^2$ besitzt. Testen Sie bei einer Irrtumswahrscheinlichkeit von 5 % die Nullhypothese

$$H_0 : \mu_A - \mu_B = 0.$$

Wegen $1{,}965 > z_{pr} = -\ 0{,}6261 > -1{,}965$ wird H_0 nicht verworfen.

Anhang

1. BINOMIALVERTEILUNG

$$F_{BV}(x_k|n;p) = \sum_{i=0}^{k} \binom{n}{i} p^i (1-p)^{n-i} \quad \text{für } k \geq 0; \quad (0 < p < 1)$$

Für $p > 0{,}5$ findet man den gesuchten Wert über die Beziehung

$$F_{BV}(x_k|n;p) = 1 - F_{BV}(n-x_k-1|n;1-p).$$

		ERFOLGSWAHRSCHEINLICHKEIT P							
n	x	0.01	0.05	0.10	0.15	0.20	0.30	0.40	0.50
1	0	0.9900	0.9500	0.9000	0.8500	0.8000	0.7000	0.6000	0.5000
	1	1.0000	1.0000	1.0000	1.0000	1.0000	1.0000	1.0000	1.0000
2	0	0.9801	0.9025	0.8100	0.7225	0.6400	0.4900	0.3600	0.2500
	1	0.9999	0.9975	0.9900	0.9775	0.9600	0.9100	0.8400	0.7500
	2	1.0000	1.0000	1.0000	1.0000	1.0000	1.0000	1.0000	1.0000
3	0	0.9703	0.8574	0.7290	0.6141	0.5120	0.3430	0.2160	0.1250
	1	0.9997	0.9927	0.9720	0.9393	0.8960	0.7840	0.6480	0.5000
	2	1.0000	0.9999	0.9990	0.9966	0.9920	0.9730	0.9360	0.8750
	3	1.0000	1.0000	1.0000	1.0000	1.0000	1.0000	1.0000	1.0000
4	0	0.9606	0.8145	0.6561	0.5220	0.4096	0.2401	0.1296	0.0625
	1	0.9994	0.9860	0.9477	0.8905	0.8192	0.6517	0.4752	0.3125
	2	1.0000	0.9995	0.9963	0.9880	0.9728	0.9163	0.8208	0.6875
	3	1.0000	1.0000	0.9999	0.9995	0.9984	0.9919	0.9744	0.9375
	4	1.0000	1.0000	1.0000	1.0000	1.0000	1.0000	1.0000	1.0000
5	0	0.9510	0.7738	0.5905	0.4437	0.3277	0.1681	0.0778	0.0313
	1	0.9990	0.9774	0.9185	0.8352	0.7373	0.5282	0.3370	0.1875
	2	1.0000	0.9988	0.9914	0.9734	0.9421	0.8369	0.6826	0.5000
	3	1.0000	1.0000	0.9995	0.9978	0.9933	0.9692	0.9130	0.8125
	4	1.0000	1.0000	1.0000	0.9999	0.9997	0.9976	0.9898	0.9688
	5	1.0000	1.0000	1.0000	1.0000	1.0000	1.0000	1.0000	1.0000
6	0	0.9415	0.7351	0.5314	0.3771	0.2621	0.1176	0.0467	0.0156
	1	0.9985	0.9672	0.8857	0.7765	0.6554	0.4202	0.2333	0.1094
	2	1.0000	0.9978	0.9841	0.9527	0.9011	0.7443	0.5443	0.3438
	3	1.0000	0.9999	0.9987	0.9941	0.9830	0.9295	0.8208	0.6563
	4	1.0000	1.0000	0.9999	0.9996	0.9984	0.9891	0.9590	0.8906
	5	1.0000	1.0000	1.0000	1.0000	0.9999	0.9993	0.9959	0.9844
	6	1.0000	1.0000	1.0000	1.0000	1.0000	1.0000	1.0000	1.0000
7	0	0.9321	0.6983	0.4783	0.3206	0.2097	0.0824	0.0280	0.0078
	1	0.9980	0.9556	0.8503	0.7166	0.5767	0.3294	0.1586	0.0625
	2	1.0000	0.9962	0.9743	0.9262	0.8520	0.6471	0.4199	0.2266
	3	1.0000	0.9998	0.9973	0.9879	0.9667	0.8740	0.7102	0.5000
	4	1.0000	1.0000	0.9998	0.9988	0.9953	0.9712	0.9037	0.7734
	5	1.0000	1.0000	1.0000	0.9999	0.9996	0.9962	0.9812	0.9375
	6	1.0000	1.0000	1.0000	1.0000	1.0000	0.9998	0.9984	0.9922
	7	1.0000	1.0000	1.0000	1.0000	1.0000	1.0000	1.0000	1.0000

1. BINOMIALVERTEILUNG

		ERFOLGSWAHRSCHEINLICHKEIT P							
n	x	0.01	0.05	0.10	0.15	0.20	0.30	0.40	0.50
8	0	0.9227	0.6634	0.4305	0.2725	0.1678	0.0576	0.0168	0.0039
	1	0.9973	0.9428	0.8131	0.6572	0.5033	0.2553	0.1064	0.0352
	2	0.9999	0.9942	0.9619	0.8948	0.7969	0.5518	0.3154	0.1445
	3	1.0000	0.9996	0.9950	0.9786	0.9437	0.8059	0.5941	0.3633
	4	1.0000	1.0000	0.9996	0.9971	0.9896	0.9420	0.8263	0.6367
	5	1.0000	1.0000	1.0000	0.9998	0.9988	0.9887	0.9502	0.8555
	6	1.0000	1.0000	1.0000	1.0000	0.9999	0.9987	0.9915	0.9648
	7	1.0000	1.0000	1.0000	1.0000	1.0000	0.9999	0.9993	0.9961
	8	1.0000	1.0000	1.0000	1.0000	1.0000	1.0000	1.0000	1.0000
9	0	0.9135	0.6302	0.3874	0.2316	0.1342	0.0404	0.0101	0.0020
	1	0.9966	0.9288	0.7748	0.5995	0.4362	0.1960	0.0705	0.0195
	2	0.9999	0.9916	0.9470	0.8591	0.7382	0.4628	0.2318	0.0898
	3	1.0000	0.9994	0.9917	0.9661	0.9144	0.7297	0.4826	0.2539
	4	1.0000	1.0000	0.9991	0.9944	0.9804	0.9012	0.7334	0.5000
	5	1.0000	1.0000	0.9999	0.9994	0.9969	0.9747	0.9006	0.7461
	6	1.0000	1.0000	1.0000	1.0000	0.9997	0.9957	0.9750	0.9102
	7	1.0000	1.0000	1.0000	1.0000	1.0000	0.9996	0.9962	0.9805
	8	1.0000	1.0000	1.0000	1.0000	1.0000	1.0000	0.9997	0.9980
	9	1.0000	1.0000	1.0000	1.0000	1.0000	1.0000	1.0000	1.0000
10	0	0.9044	0.5987	0.3487	0.1969	0.1074	0.0282	0.0060	0.0010
	1	0.9957	0.9139	0.7361	0.5443	0.3758	0.1493	0.0464	0.0107
	2	0.9999	0.9885	0.9298	0.8202	0.6778	0.3828	0.1673	0.0547
	3	1.0000	0.9990	0.9872	0.9500	0.8791	0.6496	0.3823	0.1719
	4	1.0000	0.9999	0.9984	0.9901	0.9672	0.8497	0.6331	0.3770
	5	1.0000	1.0000	0.9999	0.9986	0.9936	0.9527	0.8338	0.6230
	6	1.0000	1.0000	1.0000	0.9999	0.9991	0.9894	0.9452	0.8281
	7	1.0000	1.0000	1.0000	1.0000	0.9999	0.9984	0.9877	0.9453
	8	1.0000	1.0000	1.0000	1.0000	1.0000	0.9999	0.9983	0.9893
	9	1.0000	1.0000	1.0000	1.0000	1.0000	1.0000	0.9999	0.9990
	10	1.0000	1.0000	1.0000	1.0000	1.0000	1.0000	1.0000	1.0000
11	0	0.8953	0.5688	0.3138	0.1673	0.0859	0.0198	0.0036	0.0005
	1	0.9948	0.8981	0.6974	0.4922	0.3221	0.1130	0.0302	0.0059
	2	0.9998	0.9848	0.9104	0.7788	0.6174	0.3127	0.1189	0.0327
	3	1.0000	0.9984	0.9815	0.9306	0.8389	0.5696	0.2963	0.1133
	4	1.0000	0.9999	0.9972	0.9841	0.9496	0.7897	0.5328	0.2744
	5	1.0000	1.0000	0.9997	0.9973	0.9883	0.9218	0.7535	0.5000
	6	1.0000	1.0000	1.0000	0.9997	0.9980	0.9784	0.9006	0.7256
	7	1.0000	1.0000	1.0000	1.0000	0.9998	0.9957	0.9707	0.8867
	8	1.0000	1.0000	1.0000	1.0000	1.0000	0.9994	0.9941	0.9673
	9	1.0000	1.0000	1.0000	1.0000	1.0000	1.0000	0.9993	0.9941
	10	1.0000	1.0000	1.0000	1.0000	1.0000	1.0000	1.0000	0.9995
	11	1.0000	1.0000	1.0000	1.0000	1.0000	1.0000	1.0000	1.0000

1. BINOMIALVERTEILUNG

n	x	ERFOLGSWAHRSCHEINLICHKEIT P							
		0.01	0.05	0.10	0.15	0.20	0.30	0.40	0.50
12	0	0.8864	0.5404	0.2824	0.1422	0.0687	0.0138	0.0022	0.0002
	1	0.9938	0.8816	0.6590	0.4435	0.2749	0.0850	0.0196	0.0032
	2	0.9998	0.9804	0.8891	0.7358	0.5583	0.2528	0.0834	0.0193
	3	1.0000	0.9978	0.9744	0.9078	0.7946	0.4925	0.2253	0.0730
	4	1.0000	0.9998	0.9957	0.9761	0.9274	0.7237	0.4382	0.1938
	5	1.0000	1.0000	0.9995	0.9954	0.9806	0.8822	0.6652	0.3872
	6	1.0000	1.0000	0.9999	0.9993	0.9961	0.9614	0.8418	0.6128
	7	1.0000	1.0000	1.0000	0.9999	0.9994	0.9905	0.9427	0.8062
	8	1.0000	1.0000	1.0000	1.0000	0.9999	0.9983	0.9847	0.9270
	9	1.0000	1.0000	1.0000	1.0000	1.0000	0.9998	0.9972	0.9807
	10	1.0000	1.0000	1.0000	1.0000	1.0000	1.0000	0.9997	0.9968
	11	1.0000	1.0000	1.0000	1.0000	1.0000	1.0000	1.0000	0.9998
	12	1.0000	1.0000	1.0000	1.0000	1.0000	1.0000	1.0000	1.0000
13	0	0.8775	0.5133	0.2542	0.1209	0.0550	0.0097	0.0013	0.0001
	1	0.9928	0.8646	0.6213	0.3983	0.2336	0.0637	0.0126	0.0017
	2	0.9997	0.9755	0.8661	0.6920	0.5017	0.2025	0.0579	0.0112
	3	1.0000	0.9969	0.9658	0.8820	0.7473	0.4206	0.1686	0.0461
	4	1.0000	0.9997	0.9935	0.9658	0.9009	0.6543	0.3530	0.1334
	5	1.0000	1.0000	0.9991	0.9925	0.9700	0.8346	0.5744	0.2905
	6	1.0000	1.0000	0.9999	0.9987	0.9930	0.9376	0.7712	0.5000
	7	1.0000	1.0000	1.0000	0.9998	0.9988	0.9818	0.9023	0.7095
	8	1.0000	1.0000	1.0000	1.0000	0.9998	0.9960	0.9679	0.8666
	9	1.0000	1.0000	1.0000	1.0000	1.0000	0.9993	0.9922	0.9539
	10	1.0000	1.0000	1.0000	1.0000	1.0000	0.9999	0.9987	0.9888
	11	1.0000	1.0000	1.0000	1.0000	1.0000	1.0000	0.9999	0.9983
	12	1.0000	1.0000	1.0000	1.0000	1.0000	1.0000	1.0000	0.9999
	13	1.0000	1.0000	1.0000	1.0000	1.0000	1.0000	1.0000	1.0000
14	0	0.8687	0.4877	0.2288	0.1028	0.0440	0.0068	0.0008	0.0001
	1	0.9916	0.8470	0.5846	0.3567	0.1979	0.0475	0.0081	0.0009
	2	0.9997	0.9699	0.8416	0.6479	0.4481	0.1608	0.0398	0.0065
	3	1.0000	0.9958	0.9559	0.8535	0.6982	0.3552	0.1243	0.0287
	4	1.0000	0.9996	0.9908	0.9533	0.8702	0.5842	0.2793	0.0898
	5	1.0000	1.0000	0.9985	0.9885	0.9561	0.7805	0.4859	0.2120
	6	1.0000	1.0000	0.9998	0.9978	0.9884	0.9067	0.6925	0.3953
	7	1.0000	1.0000	1.0000	0.9997	0.9976	0.9685	0.8499	0.6047
	8	1.0000	1.0000	1.0000	1.0000	0.9996	0.9917	0.9417	0.7880
	9	1.0000	1.0000	1.0000	1.0000	1.0000	0.9983	0.9825	0.9102
	10	1.0000	1.0000	1.0000	1.0000	1.0000	0.9998	0.9961	0.9713
	11	1.0000	1.0000	1.0000	1.0000	1.0000	1.0000	0.9994	0.9935
	12	1.0000	1.0000	1.0000	1.0000	1.0000	1.0000	0.9999	0.9991
	13	1.0000	1.0000	1.0000	1.0000	1.0000	1.0000	1.0000	0.9999
	14	1.0000	1.0000	1.0000	1.0000	1.0000	1.0000	1.0000	1.0000

1. BINOMIALVERTEILUNG

		ERFOLGSWAHRSCHEINLICHKEIT P							
n	x	0.01	0.05	0.10	0.15	0.20	0.30	0.40	0.50
15	0	0.8601	0.4633	0.2059	0.0874	0.0352	0.0047	0.0005	0.0000
	1	0.9904	0.8290	0.5490	0.3186	0.1671	0.0353	0.0052	0.0005
	2	0.9996	0.9638	0.8159	0.6042	0.3980	0.1268	0.0271	0.0037
	3	1.0000	0.9945	0.9444	0.8227	0.6482	0.2969	0.0905	0.0176
	4	1.0000	0.9994	0.9873	0.9383	0.8358	0.5155	0.2173	0.0592
	5	1.0000	0.9999	0.9977	0.9832	0.9389	0.7216	0.4032	0.1509
	6	1.0000	1.0000	0.9997	0.9964	0.9819	0.8689	0.6098	0.3036
	7	1.0000	1.0000	1.0000	0.9994	0.9958	0.9500	0.7869	0.5000
	8	1.0000	1.0000	1.0000	0.9999	0.9992	0.9848	0.9050	0.6964
	9	1.0000	1.0000	1.0000	1.0000	0.9999	0.9963	0.9662	0.8491
	10	1.0000	1.0000	1.0000	1.0000	1.0000	0.9993	0.9907	0.9408
	11	1.0000	1.0000	1.0000	1.0000	1.0000	0.9999	0.9981	0.9824
	12	1.0000	1.0000	1.0000	1.0000	1.0000	1.0000	0.9997	0.9963
	13	1.0000	1.0000	1.0000	1.0000	1.0000	1.0000	1.0000	0.9995
	14	1.0000	1.0000	1.0000	1.0000	1.0000	1.0000	1.0000	1.0000
16	0	0.8515	0.4401	0.1853	0.0743	0.0281	0.0033	0.0003	0.0000
	1	0.9891	0.8108	0.5147	0.2839	0.1407	0.0261	0.0033	0.0003
	2	0.9995	0.9571	0.7892	0.5614	0.3518	0.0994	0.0183	0.0021
	3	1.0000	0.9930	0.9316	0.7899	0.5981	0.2459	0.0651	0.0106
	4	1.0000	0.9991	0.9830	0.9209	0.7982	0.4499	0.1666	0.0384
	5	1.0000	0.9999	0.9967	0.9765	0.9183	0.6598	0.3288	0.1051
	6	1.0000	1.0000	0.9995	0.9944	0.9733	0.8247	0.5272	0.2272
	7	1.0000	1.0000	0.9999	0.9989	0.9930	0.9256	0.7161	0.4018
	8	1.0000	1.0000	1.0000	0.9998	0.9985	0.9743	0.8577	0.5982
	9	1.0000	1.0000	1.0000	1.0000	0.9998	0.9929	0.9417	0.7728
	10	1.0000	1.0000	1.0000	1.0000	1.0000	0.9984	0.9809	0.8949
	11	1.0000	1.0000	1.0000	1.0000	1.0000	0.9997	0.9951	0.9616
	12	1.0000	1.0000	1.0000	1.0000	1.0000	1.0000	0.9991	0.9894
	13	1.0000	1.0000	1.0000	1.0000	1.0000	1.0000	0.9999	0.9979
	14	1.0000	1.0000	1.0000	1.0000	1.0000	1.0000	1.0000	0.9997
	15	1.0000	1.0000	1.0000	1.0000	1.0000	1.0000	1.0000	1.0000
17	0	0.8429	0.4181	0.1668	0.0631	0.0225	0.0023	0.0002	0.0000
	1	0.9877	0.7922	0.4818	0.2525	0.1182	0.0193	0.0021	0.0001
	2	0.9994	0.9497	0.7618	0.5198	0.3096	0.0774	0.0123	0.0012
	3	1.0000	0.9912	0.9174	0.7556	0.5489	0.2019	0.0464	0.0064
	4	1.0000	0.9988	0.9779	0.9013	0.7582	0.3887	0.1260	0.0245
	5	1.0000	0.9999	0.9953	0.9681	0.8943	0.5968	0.2639	0.0717
	6	1.0000	1.0000	0.9992	0.9917	0.9623	0.7752	0.4478	0.1662
	7	1.0000	1.0000	0.9999	0.9983	0.9891	0.8954	0.6405	0.3145
	8	1.0000	1.0000	1.0000	0.9997	0.9974	0.9597	0.8011	0.5000
	9	1.0000	1.0000	1.0000	1.0000	0.9995	0.9873	0.9081	0.6855
	10	1.0000	1.0000	1.0000	1.0000	0.9999	0.9968	0.9652	0.8338
	11	1.0000	1.0000	1.0000	1.0000	1.0000	0.9993	0.9894	0.9283
	12	1.0000	1.0000	1.0000	1.0000	1.0000	0.9999	0.9975	0.9755
	13	1.0000	1.0000	1.0000	1.0000	1.0000	1.0000	0.9995	0.9936
	14	1.0000	1.0000	1.0000	1.0000	1.0000	1.0000	0.9999	0.9988
	15	1.0000	1.0000	1.0000	1.0000	1.0000	1.0000	1.0000	0.9999
	16	1.0000	1.0000	1.0000	1.0000	1.0000	1.0000	1.0000	1.0000

1. BINOMIALVERTEILUNG

n	x	ERFOLGSWAHRSCHEINLICHKEIT P							
		0.01	0.05	0.10	0.15	0.20	0.30	0.40	0.50
18	0	0.8345	0.3972	0.1501	0.0536	0.0180	0.0016	0.0001	0.0000
	1	0.9862	0.7735	0.4503	0.2241	0.0991	0.0142	0.0013	0.0001
	2	0.9993	0.9419	0.7338	0.4797	0.2713	0.0600	0.0082	0.0007
	3	1.0000	0.9891	0.9018	0.7202	0.5010	0.1646	0.0328	0.0038
	4	1.0000	0.9985	0.9718	0.8794	0.7164	0.3327	0.0942	0.0154
	5	1.0000	0.9998	0.9936	0.9581	0.8671	0.5344	0.2088	0.0481
	6	1.0000	1.0000	0.9988	0.9882	0.9487	0.7217	0.3743	0.1189
	7	1.0000	1.0000	0.9998	0.9973	0.9837	0.8593	0.5634	0.2403
	8	1.0000	1.0000	1.0000	0.9995	0.9957	0.9404	0.7368	0.4073
	9	1.0000	1.0000	1.0000	0.9999	0.9991	0.9790	0.8653	0.5927
	10	1.0000	1.0000	1.0000	1.0000	0.9998	0.9939	0.9424	0.7597
	11	1.0000	1.0000	1.0000	1.0000	1.0000	0.9986	0.9797	0.8811
	12	1.0000	1.0000	1.0000	1.0000	1.0000	0.9997	0.9942	0.9519
	13	1.0000	1.0000	1.0000	1.0000	1.0000	1.0000	0.9987	0.9846
	14	1.0000	1.0000	1.0000	1.0000	1.0000	1.0000	0.9998	0.9962
	15	1.0000	1.0000	1.0000	1.0000	1.0000	1.0000	1.0000	0.9993
	16	1.0000	1.0000	1.0000	1.0000	1.0000	1.0000	1.0000	0.9999
	17	1.0000	1.0000	1.0000	1.0000	1.0000	1.0000	1.0000	1.0000
19	0	0.8262	0.3774	0.1351	0.0456	0.0144	0.0011	0.0001	0.0000
	1	0.9847	0.7547	0.4203	0.1985	0.0829	0.0104	0.0008	0.0000
	2	0.9991	0.9335	0.7054	0.4413	0.2369	0.0462	0.0055	0.0004
	3	1.0000	0.9868	0.8850	0.6841	0.4551	0.1332	0.0230	0.0022
	4	1.0000	0.9980	0.9648	0.8556	0.6733	0.2822	0.0696	0.0096
	5	1.0000	0.9998	0.9914	0.9463	0.8369	0.4739	0.1629	0.0318
	6	1.0000	1.0000	0.9983	0.9837	0.9324	0.6655	0.3081	0.0835
	7	1.0000	1.0000	0.9997	0.9959	0.9767	0.8180	0.4878	0.1796
	8	1.0000	1.0000	1.0000	0.9992	0.9933	0.9161	0.6675	0.3238
	9	1.0000	1.0000	1.0000	0.9999	0.9984	0.9674	0.8139	0.5000
	10	1.0000	1.0000	1.0000	1.0000	0.9997	0.9895	0.9115	0.6762
	11	1.0000	1.0000	1.0000	1.0000	0.9999	0.9972	0.9648	0.8204
	12	1.0000	1.0000	1.0000	1.0000	1.0000	0.9994	0.9884	0.9165
	13	1.0000	1.0000	1.0000	1.0000	1.0000	0.9999	0.9969	0.9682
	14	1.0000	1.0000	1.0000	1.0000	1.0000	1.0000	0.9994	0.9904
	15	1.0000	1.0000	1.0000	1.0000	1.0000	1.0000	0.9999	0.9978
	16	1.0000	1.0000	1.0000	1.0000	1.0000	1.0000	1.0000	0.9996
	17	1.0000	1.0000	1.0000	1.0000	1.0000	1.0000	1.0000	1.0000
20	0	0.8179	0.3585	0.1216	0.0388	0.0115	0.0008	0.0000	0.0000
	1	0.9831	0.7358	0.3917	0.1756	0.0692	0.0076	0.0005	0.0000
	2	0.9990	0.9245	0.6769	0.4049	0.2061	0.0355	0.0036	0.0002
	3	1.0000	0.9841	0.8670	0.6477	0.4114	0.1071	0.0160	0.0013
	4	1.0000	0.9974	0.9568	0.8298	0.6296	0.2375	0.0510	0.0059
	5	1.0000	0.9997	0.9887	0.9327	0.8042	0.4164	0.1256	0.0207
	6	1.0000	1.0000	0.9976	0.9781	0.9133	0.6080	0.2500	0.0577
	7	1.0000	1.0000	0.9996	0.9941	0.9679	0.7723	0.4159	0.1316
	8	1.0000	1.0000	0.9999	0.9987	0.9900	0.8867	0.5956	0.2517
	9	1.0000	1.0000	1.0000	0.9998	0.9974	0.9520	0.7553	0.4119
	10	1.0000	1.0000	1.0000	1.0000	0.9994	0.9829	0.8725	0.5881
	11	1.0000	1.0000	1.0000	1.0000	0.9999	0.9949	0.9435	0.7483
	12	1.0000	1.0000	1.0000	1.0000	1.0000	0.9987	0.9790	0.8684
	13	1.0000	1.0000	1.0000	1.0000	1.0000	0.9997	0.9935	0.9423
	14	1.0000	1.0000	1.0000	1.0000	1.0000	1.0000	0.9984	0.9793
	15	1.0000	1.0000	1.0000	1.0000	1.0000	1.0000	0.9997	0.9941
	16	1.0000	1.0000	1.0000	1.0000	1.0000	1.0000	1.0000	0.9987
	17	1.0000	1.0000	1.0000	1.0000	1.0000	1.0000	1.0000	0.9998
	18	1.0000	1.0000	1.0000	1.0000	1.0000	1.0000	1.0000	1.0000

1. BINOMIALVERTEILUNG

n	x	ERFOLGSWAHRSCHEINLICHKEIT P							
		0.01	0.05	0.10	0.15	0.20	0.30	0.40	0.50
25	0	0.7778	0.2774	0.0718	0.0172	0.0038	0.0001	0.0000	0.0000
	1	0.9742	0.6424	0.2712	0.0931	0.0274	0.0016	0.0001	0.0000
	2	0.9980	0.8729	0.5371	0.2537	0.0982	0.0090	0.0004	0.0000
	3	0.9999	0.9659	0.7636	0.4711	0.2340	0.0332	0.0024	0.0001
	4	1.0000	0.9928	0.9020	0.6821	0.4207	0.0905	0.0095	0.0005
	5	1.0000	0.9988	0.9666	0.8385	0.6167	0.1935	0.0294	0.0020
	6	1.0000	0.9998	0.9905	0.9305	0.7800	0.3407	0.0736	0.0073
	7	1.0000	1.0000	0.9977	0.9745	0.8909	0.5118	0.1536	0.0216
	8	1.0000	1.0000	0.9995	0.9920	0.9532	0.6769	0.2735	0.0539
	9	1.0000	1.0000	0.9999	0.9979	0.9827	0.8106	0.4246	0.1148
	10	1.0000	1.0000	1.0000	0.9995	0.9944	0.9022	0.5858	0.2122
	11	1.0000	1.0000	1.0000	0.9999	0.9985	0.9558	0.7323	0.3450
	12	1.0000	1.0000	1.0000	1.0000	0.9996	0.9825	0.8462	0.5000
	13	1.0000	1.0000	1.0000	1.0000	0.9999	0.9940	0.9222	0.6550
	14	1.0000	1.0000	1.0000	1.0000	1.0000	0.9982	0.9656	0.7878
	15	1.0000	1.0000	1.0000	1.0000	1.0000	0.9995	0.9868	0.8852
	16	1.0000	1.0000	1.0000	1.0000	1.0000	0.9999	0.9957	0.9461
	17	1.0000	1.0000	1.0000	1.0000	1.0000	1.0000	0.9988	0.9784
	18	1.0000	1.0000	1.0000	1.0000	1.0000	1.0000	0.9997	0.9927
	19	1.0000	1.0000	1.0000	1.0000	1.0000	1.0000	0.9999	0.9980
	20	1.0000	1.0000	1.0000	1.0000	1.0000	1.0000	1.0000	0.9995
	21	1.0000	1.0000	1.0000	1.0000	1.0000	1.0000	1.0000	0.9999
	22	1.0000	1.0000	1.0000	1.0000	1.0000	1.0000	1.0000	1.0000
30	0	0.7397	0.2146	0.0424	0.0076	0.0012	0.0000	0.0000	0.0000
	1	0.9639	0.5535	0.1837	0.0480	0.0105	0.0003	0.0000	0.0000
	2	0.9967	0.8122	0.4114	0.1514	0.0442	0.0021	0.0000	0.0000
	3	0.9998	0.9392	0.6474	0.3217	0.1227	0.0093	0.0003	0.0000
	4	1.0000	0.9844	0.8245	0.5245	0.2552	0.0302	0.0015	0.0000
	5	1.0000	0.9967	0.9268	0.7106	0.4275	0.0766	0.0057	0.0002
	6	1.0000	0.9994	0.9742	0.8474	0.6070	0.1595	0.0172	0.0007
	7	1.0000	0.9999	0.9922	0.9302	0.7608	0.2814	0.0435	0.0026
	8	1.0000	1.0000	0.9980	0.9722	0.8713	0.4315	0.0940	0.0081
	9	1.0000	1.0000	0.9995	0.9903	0.9389	0.5888	0.1763	0.0214
	10	1.0000	1.0000	0.9999	0.9971	0.9744	0.7304	0.2915	0.0494
	11	1.0000	1.0000	1.0000	0.9992	0.9905	0.8407	0.4311	0.1002
	12	1.0000	1.0000	1.0000	0.9998	0.9969	0.9155	0.5785	0.1808
	13	1.0000	1.0000	1.0000	1.0000	0.9991	0.9599	0.7145	0.2923
	14	1.0000	1.0000	1.0000	1.0000	0.9998	0.9831	0.8246	0.4278
	15	1.0000	1.0000	1.0000	1.0000	0.9999	0.9936	0.9029	0.5722
	16	1.0000	1.0000	1.0000	1.0000	1.0000	0.9979	0.9519	0.7077
	17	1.0000	1.0000	1.0000	1.0000	1.0000	0.9994	0.9788	0.8192
	18	1.0000	1.0000	1.0000	1.0000	1.0000	0.9998	0.9917	0.8998
	19	1.0000	1.0000	1.0000	1.0000	1.0000	1.0000	0.9971	0.9506
	20	1.0000	1.0000	1.0000	1.0000	1.0000	1.0000	0.9991	0.9786
	21	1.0000	1.0000	1.0000	1.0000	1.0000	1.0000	0.9998	0.9919
	22	1.0000	1.0000	1.0000	1.0000	1.0000	1.0000	1.0000	0.9974
	23	1.0000	1.0000	1.0000	1.0000	1.0000	1.0000	1.0000	0.9993
	24	1.0000	1.0000	1.0000	1.0000	1.0000	1.0000	1.0000	0.9998
	25	1.0000	1.0000	1.0000	1.0000	1.0000	1.0000	1.0000	1.0000

2. POISSONVERTEILUNG

$$F_{PV}(x_k;\lambda) = \sum_{i=0}^{k} \frac{\lambda^i}{i!} e^{-\lambda} \text{ für } k \geq 0 \text{ (mit } e = 2,71828...).$$

x	ERWARTUNGSWERT λ						
	0.005	0.010	0.020	0.030	0.040	0.050	0.060
0	0.9950	0.9900	0.9802	0.9704	0.9608	0.9512	0.9418
1	1.0000	1.0000	0.9998	0.9996	0.9992	0.9988	0.9983
2	1.0000	1.0000	1.0000	1.0000	1.0000	1.0000	1.0000

x	ERWARTUNGSWERT λ						
	0.070	0.080	0.090	0.100	0.110	0.120	0.130
0	0.9324	0.9231	0.9139	0.9048	0.8958	0.8869	0.8781
1	0.9977	0.9970	0.9962	0.9953	0.9944	0.9934	0.9922
2	0.9999	0.9999	0.9999	0.9998	0.9998	0.9997	0.9997
3	1.0000	1.0000	1.0000	1.0000	1.0000	1.0000	1.0000

x	ERWARTUNGSWERT λ						
	0.140	0.150	0.160	0.170	0.180	0.190	0.200
0	0.8694	0.8607	0.8521	0.8437	0.8353	0.8270	0.8187
1	0.9911	0.9898	0.9885	0.9871	0.9856	0.9841	0.9825
2	0.9996	0.9995	0.9994	0.9993	0.9992	0.9990	0.9989
3	1.0000	1.0000	1.0000	1.0000	1.0000	1.0000	0.9999
4	1.0000	1.0000	1.0000	1.0000	1.0000	1.0000	1.0000

x	ERWARTUNGSWERT λ						
	0.300	0.400	0.500	0.600	0.700	0.800	0.900
0	0.7408	0.6703	0.6065	0.5488	0.4966	0.4493	0.4066
1	0.9631	0.9384	0.9098	0.8781	0.8442	0.8088	0.7725
2	0.9964	0.9921	0.9856	0.9769	0.9659	0.9526	0.9371
3	0.9997	0.9992	0.9982	0.9966	0.9942	0.9909	0.9865
4	1.0000	0.9999	0.9998	0.9996	0.9992	0.9986	0.9977
5	1.0000	1.0000	1.0000	1.0000	0.9999	0.9998	0.9997
6	1.0000	1.0000	1.0000	1.0000	1.0000	1.0000	1.0000

2. POISSONVERTEILUNG

$$F_{PV}(x_k;\lambda) = \sum_{i=0}^{k} \frac{\lambda^i}{i!} e^{-\lambda} \quad \text{für } k \geq 0 \text{ (mit } e = 2,71828\ldots).$$

	ERWARTUNGSWERT λ						
x	0.005	0.010	0.020	0.030	0.040	0.050	0.060
0	0.9950	0.9900	0.9802	0.9704	0.9608	0.9512	0.9418
1	1.0000	1.0000	0.9998	0.9996	0.9992	0.9988	0.9983
2	1.0000	1.0000	1.0000	1.0000	1.0000	1.0000	1.0000

	ERWARTUNGSWERT λ						
x	0.070	0.080	0.090	0.100	0.110	0.120	0.130
0	0.9324	0.9231	0.9139	0.9048	0.8958	0.8869	0.8781
1	0.9977	0.9970	0.9962	0.9953	0.9944	0.9934	0.9922
2	0.9999	0.9999	0.9999	0.9998	0.9998	0.9997	0.9997
3	1.0000	1.0000	1.0000	1.0000	1.0000	1.0000	1.0000

	ERWARTUNGSWERT λ						
x	0.140	0.150	0.160	0.170	0.180	0.190	0.200
0	0.8694	0.8607	0.8521	0.8437	0.8353	0.8270	0.8187
1	0.9911	0.9898	0.9885	0.9871	0.9856	0.9841	0.9825
2	0.9996	0.9995	0.9994	0.9993	0.9992	0.9990	0.9989
3	1.0000	1.0000	1.0000	1.0000	1.0000	1.0000	0.9999
4	1.0000	1.0000	1.0000	1.0000	1.0000	1.0000	1.0000

	ERWARTUNGSWERT λ						
x	0.300	0.400	0.500	0.600	0.700	0.800	0.900
0	0.7408	0.6703	0.6065	0.5488	0.4966	0.4493	0.4066
1	0.9631	0.9384	0.9098	0.8781	0.8442	0.8088	0.7725
2	0.9964	0.9921	0.9856	0.9769	0.9659	0.9526	0.9371
3	0.9997	0.9992	0.9982	0.9966	0.9942	0.9909	0.9865
4	1.0000	0.9999	0.9998	0.9996	0.9992	0.9986	0.9977
5	1.0000	1.0000	1.0000	1.0000	0.9999	0.9998	0.9997
6	1.0000	1.0000	1.0000	1.0000	1.0000	1.0000	1.0000

2. POISSONVERTEILUNG

x	ERWARTUNGSWERT λ 1.000	1.100	1.200	1.300	1.400	1.500	1.600
0	0.3679	0.3329	0.3012	0.2725	0.2466	0.2231	0.2019
1	0.7358	0.6990	0.6626	0.6268	0.5918	0.5578	0.5249
2	0.9197	0.9004	0.8795	0.8571	0.8335	0.8088	0.7834
3	0.9810	0.9743	0.9662	0.9569	0.9463	0.9344	0.9212
4	0.9963	0.9946	0.9923	0.9893	0.9857	0.9814	0.9763
5	0.9994	0.9990	0.9985	0.9978	0.9968	0.9955	0.9940
6	0.9999	0.9999	0.9997	0.9996	0.9994	0.9991	0.9987
7	1.0000	1.0000	1.0000	0.9999	0.9999	0.9998	0.9997
8	1.0000	1.0000	1.0000	1.0000	1.0000	1.0000	1.0000

x	ERWARTUNGSWERT λ 1.700	1.800	1.900	2.000	2.100	2.200	2.300
0	0.1827	0.1653	0.1496	0.1353	0.1225	0.1108	0.1003
1	0.4932	0.4628	0.4337	0.4060	0.3796	0.3546	0.3309
2	0.7572	0.7306	0.7037	0.6767	0.6496	0.6227	0.5960
3	0.9068	0.8913	0.8747	0.8571	0.8386	0.8194	0.7993
4	0.9704	0.9636	0.9559	0.9473	0.9379	0.9275	0.9162
5	0.9920	0.9896	0.9868	0.9834	0.9796	0.9751	0.9700
6	0.9981	0.9974	0.9966	0.9955	0.9941	0.9925	0.9906
7	0.9996	0.9994	0.9992	0.9989	0.9985	0.9980	0.9974
8	0.9999	0.9999	0.9998	0.9998	0.9997	0.9995	0.9994
9	1.0000	1.0000	1.0000	1.0000	0.9999	0.9999	0.9999
10	1.0000	1.0000	1.0000	1.0000	1.0000	1.0000	1.0000

x	ERWARTUNGSWERT λ 2.400	2.500	2.600	2.700	2.800	2.900	3.000
0	0.0907	0.0821	0.0743	0.0672	0.0608	0.0550	0.0498
1	0.3084	0.2873	0.2674	0.2487	0.2311	0.2146	0.1991
2	0.5697	0.5438	0.5184	0.4936	0.4695	0.4460	0.4232
3	0.7787	0.7576	0.7360	0.7141	0.6919	0.6696	0.6472
4	0.9041	0.8912	0.8774	0.8629	0.8477	0.8318	0.8153
5	0.9643	0.9580	0.9510	0.9433	0.9349	0.9258	0.9161
6	0.9884	0.9858	0.9828	0.9794	0.9756	0.9713	0.9665
7	0.9967	0.9958	0.9947	0.9934	0.9919	0.9901	0.9881
8	0.9991	0.9989	0.9985	0.9981	0.9976	0.9969	0.9962
9	0.9998	0.9997	0.9996	0.9995	0.9993	0.9991	0.9989
10	1.0000	0.9999	0.9999	0.9999	0.9998	0.9998	0.9997
11	1.0000	1.0000	1.0000	1.0000	1.0000	0.9999	0.9999
12	1.0000	1.0000	1.0000	1.0000	1.0000	1.0000	1.0000

2. POISSONVERTEILUNG

	ERWARTUNGSWERT λ						
x	3.500	4.000	4.500	5.000	5.500	6.000	6.500
0	0.0302	0.0183	0.0111	0.0067	0.0041	0.0025	0.0015
1	0.1359	0.0916	0.0611	0.0404	0.0266	0.0174	0.0113
2	0.3208	0.2381	0.1736	0.1247	0.0884	0.0620	0.0430
3	0.5366	0.4335	0.3423	0.2650	0.2017	0.1512	0.1118
4	0.7254	0.6288	0.5321	0.4405	0.3575	0.2851	0.2237
5	0.8576	0.7851	0.7029	0.6160	0.5289	0.4457	0.3690
6	0.9347	0.8893	0.8311	0.7622	0.6860	0.6063	0.5265
7	0.9733	0.9489	0.9134	0.8666	0.8095	0.7440	0.6728
8	0.9901	0.9786	0.9597	0.9319	0.8944	0.8472	0.7916
9	0.9967	0.9919	0.9829	0.9682	0.9462	0.9161	0.8774
10	0.9990	0.9972	0.9933	0.9863	0.9747	0.9574	0.9332
11	0.9997	0.9991	0.9976	0.9945	0.9890	0.9799	0.9661
12	0.9999	0.9997	0.9992	0.9980	0.9955	0.9912	0.9840
13	1.0000	0.9999	0.9997	0.9993	0.9983	0.9964	0.9929
14	1.0000	1.0000	0.9999	0.9998	0.9994	0.9986	0.9970
15	1.0000	1.0000	1.0000	0.9999	0.9998	0.9995	0.9988
16	1.0000	1.0000	1.0000	1.0000	0.9999	0.9998	0.9996
17	1.0000	1.0000	1.0000	1.0000	1.0000	0.9999	0.9998
18	1.0000	1.0000	1.0000	1.0000	1.0000	1.0000	0.9999
19	1.0000	1.0000	1.0000	1.0000	1.0000	1.0000	1.0000

	ERWARTUNGSWERT λ						
x	7.000	7.500	8.000	8.500	9.000	9.500	10.000
0	0.0009	0.0006	0.0003	0.0002	0.0001	0.0001	0.0000
1	0.0073	0.0047	0.0030	0.0019	0.0012	0.0008	0.0005
2	0.0296	0.0203	0.0138	0.0093	0.0062	0.0042	0.0028
3	0.0818	0.0591	0.0424	0.0301	0.0212	0.0149	0.0103
4	0.1730	0.1321	0.0996	0.0744	0.0550	0.0403	0.0293
5	0.3007	0.2414	0.1912	0.1496	0.1157	0.0885	0.0671
6	0.4497	0.3782	0.3134	0.2562	0.2068	0.1649	0.1301
7	0.5987	0.5246	0.4530	0.3856	0.3239	0.2687	0.2202
8	0.7291	0.6620	0.5925	0.5231	0.4557	0.3918	0.3328
9	0.8305	0.7764	0.7166	0.6530	0.5874	0.5218	0.4579
10	0.9015	0.8622	0.8159	0.7634	0.7060	0.6453	0.5830
11	0.9467	0.9208	0.8881	0.8487	0.8030	0.7520	0.6968
12	0.9730	0.9573	0.9362	0.9091	0.8758	0.8364	0.7916
13	0.9872	0.9784	0.9658	0.9486	0.9261	0.8981	0.8645
14	0.9943	0.9897	0.9827	0.9726	0.9585	0.9400	0.9165
15	0.9976	0.9954	0.9918	0.9862	0.9780	0.9665	0.9513
16	0.9990	0.9980	0.9963	0.9934	0.9889	0.9823	0.9730
17	0.9996	0.9992	0.9984	0.9970	0.9947	0.9911	0.9857
18	0.9999	0.9997	0.9993	0.9987	0.9976	0.9957	0.9928
19	1.0000	0.9999	0.9997	0.9995	0.9989	0.9980	0.9965
20	1.0000	1.0000	0.9999	0.9998	0.9996	0.9991	0.9984
21	1.0000	1.0000	1.0000	0.9999	0.9998	0.9996	0.9993
22	1.0000	1.0000	1.0000	1.0000	0.9999	0.9999	0.9997
23	1.0000	1.0000	1.0000	1.0000	1.0000	0.9999	0.9999
24	1.0000	1.0000	1.0000	1.0000	1.0000	1.0000	1.0000

3. STANDARD – NORMALVERTEILUNG

$$F_{NV}(z) = \frac{1}{\sqrt{2\pi}} \int_{-\infty}^{z} e^{-u^2/2} du$$

(mit π = 3,14159... und e = 2,71828...)

Es gilt $F_{NV}(-z) = 1 - F_{NV}(z)$.

Z	0	1	2	3	4	5	6	7	8	9
0.00	.5000	.5004	.5008	.5012	.5016	.5020	.5024	.5028	.5032	.5036
0.01	.5040	.5044	.5048	.5052	.5056	.5060	.5064	.5068	.5072	.5076
0.02	.5080	.5084	.5088	.5092	.5096	.5100	.5104	.5108	.5112	.5116
0.03	.5120	.5124	.5128	.5132	.5136	.5140	.5144	.5148	.5152	.5156
0.04	.5160	.5164	.5168	.5171	.5175	.5179	.5183	.5187	.5191	.5195
0.05	.5199	.5203	.5207	.5211	.5215	.5219	.5223	.5227	.5231	.5235
0.06	.5239	.5243	.5247	.5251	.5255	.5259	.5263	.5267	.5271	.5275
0.07	.5279	.5283	.5287	.5291	.5295	.5299	.5303	.5307	.5311	.5315
0.08	.5319	.5323	.5327	.5331	.5335	.5339	.5343	.5347	.5351	.5355
0.09	.5359	.5363	.5367	.5370	.5374	.5378	.5382	.5386	.5390	.5394
0.10	.5398	.5402	.5406	.5410	.5414	.5418	.5422	.5426	.5430	.5434
0.11	.5438	.5442	.5446	.5450	.5454	.5458	.5462	.5466	.5470	.5474
0.12	.5478	.5482	.5486	.5489	.5493	.5497	.5501	.5505	.5509	.5513
0.13	.5517	.5521	.5525	.5529	.5533	.5537	.5541	.5545	.5549	.5553
0.14	.5557	.5561	.5565	.5569	.5572	.5576	.5580	.5584	.5588	.5592
0.15	.5596	.5600	.5604	.5608	.5612	.5616	.5620	.5624	.5628	.5632
0.16	.5636	.5640	.5643	.5647	.5651	.5655	.5659	.5663	.5667	.5671
0.17	.5675	.5679	.5683	.5687	.5691	.5695	.5699	.5702	.5706	.5710
0.18	.5714	.5718	.5722	.5726	.5730	.5734	.5738	.5742	.5746	.5750
0.19	.5753	.5757	.5761	.5765	.5769	.5773	.5777	.5781	.5785	.5789
0.20	.5793	.5797	.5800	.5804	.5808	.5812	.5816	.5820	.5824	.5828
0.21	.5832	.5836	.5839	.5843	.5847	.5851	.5855	.5859	.5863	.5867
0.22	.5871	.5875	.5878	.5882	.5886	.5890	.5894	.5898	.5902	.5906
0.23	.5910	.5913	.5917	.5921	.5925	.5929	.5933	.5937	.5941	.5944
0.24	.5948	.5952	.5956	.5960	.5964	.5968	.5972	.5975	.5979	.5983
0.25	.5987	.5991	.5995	.5999	.6003	.6006	.6010	.6014	.6018	.6022
0.26	.6026	.6030	.6033	.6037	.6041	.6045	.6049	.6053	.6057	.6060
0.27	.6064	.6068	.6072	.6076	.6080	.6083	.6087	.6091	.6095	.6099
0.28	.6103	.6106	.6110	.6114	.6118	.6122	.6126	.6129	.6133	.6137
0.29	.6141	.6145	.6149	.6152	.6156	.6160	.6164	.6168	.6171	.6175
0.30	.6179	.6183	.6187	.6191	.6194	.6198	.6202	.6206	.6210	.6213
0.31	.6217	.6221	.6225	.6229	.6232	.6236	.6240	.6244	.6248	.6251
0.32	.6255	.6259	.6263	.6267	.6270	.6274	.6278	.6282	.6285	.6289
0.33	.6293	.6297	.6301	.6304	.6308	.6312	.6316	.6319	.6323	.6327
0.34	.6331	.6334	.6338	.6342	.6346	.6350	.6353	.6357	.6361	.6365
0.35	.6368	.6372	.6376	.6380	.6383	.6387	.6391	.6395	.6398	.6402
0.36	.6406	.6409	.6413	.6417	.6421	.6424	.6428	.6432	.6436	.6439
0.37	.6443	.6447	.6451	.6454	.6458	.6462	.6465	.6469	.6473	.6477
0.38	.6480	.6484	.6488	.6491	.6495	.6499	.6503	.6506	.6510	.6514
0.39	.6517	.6521	.6525	.6528	.6532	.6536	.6539	.6543	.6547	.6551

3. STANDARD – NORMALVERTEILUNG

Z	0	1	2	3	4	5	6	7	8	9
0.40	.6554	.6558	.6562	.6565	.6569	.6573	.6576	.6580	.6584	.6587
0.41	.6591	.6595	.6598	.6602	.6606	.6609	.6613	.6617	.6620	.6624
0.42	.6628	.6631	.6635	.6639	.6642	.6646	.6649	.6653	.6657	.6660
0.43	.6664	.6668	.6671	.6675	.6679	.6682	.6686	.6689	.6693	.6697
0.44	.6700	.6704	.6708	.6711	.6715	.6718	.6722	.6726	.6729	.6733
0.45	.6736	.6740	.6744	.6747	.6751	.6754	.6758	.6762	.6765	.6769
0.46	.6772	.6776	.6780	.6783	.6787	.6790	.6794	.6797	.6801	.6805
0.47	.6808	.6812	.6815	.6819	.6822	.6826	.6830	.6833	.6837	.6840
0.48	.6844	.6847	.6851	.6855	.6858	.6862	.6865	.6869	.6872	.6876
0.49	.6879	.6883	.6886	.6890	.6893	.6897	.6901	.6904	.6908	.6911
0.50	.6915	.6918	.6922	.6925	.6929	.6932	.6936	.6939	.6943	.6946
0.51	.6950	.6953	.6957	.6960	.6964	.6967	.6971	.6974	.6978	.6981
0.52	.6985	.6988	.6992	.6995	.6999	.7002	.7006	.7009	.7012	.7016
0.53	.7019	.7023	.7026	.7030	.7033	.7037	.7040	.7044	.7047	.7051
0.54	.7054	.7057	.7061	.7064	.7068	.7071	.7075	.7078	.7082	.7085
0.55	.7088	.7092	.7095	.7099	.7102	.7106	.7109	.7112	.7116	.7119
0.56	.7123	.7126	.7129	.7133	.7136	.7140	.7143	.7146	.7150	.7153
0.57	.7157	.7160	.7163	.7167	.7170	.7174	.7177	.7180	.7184	.7187
0.58	.7190	.7194	.7197	.7201	.7204	.7207	.7211	.7214	.7217	.7221
0.59	.7224	.7227	.7231	.7234	.7237	.7241	.7244	.7247	.7251	.7254
0.60	.7257	.7261	.7264	.7267	.7271	.7274	.7277	.7281	.7284	.7287
0.61	.7291	.7294	.7297	.7301	.7304	.7307	.7311	.7314	.7317	.7320
0.62	.7324	.7327	.7330	.7334	.7337	.7340	.7343	.7347	.7350	.7353
0.63	.7357	.7360	.7363	.7366	.7370	.7373	.7376	.7379	.7383	.7386
0.64	.7389	.7392	.7396	.7399	.7402	.7405	.7409	.7412	.7415	.7418
0.65	.7422	.7425	.7428	.7431	.7434	.7438	.7441	.7444	.7447	.7451
0.66	.7454	.7457	.7460	.7463	.7467	.7470	.7473	.7476	.7479	.7483
0.67	.7486	.7489	.7492	.7495	.7498	.7502	.7505	.7508	.7511	.7514
0.68	.7517	.7521	.7524	.7527	.7530	.7533	.7536	.7540	.7543	.7546
0.69	.7549	.7552	.7555	.7558	.7562	.7565	.7568	.7571	.7574	.7577
0.70	.7580	.7583	.7587	.7590	.7593	.7596	.7599	.7602	.7605	.7608
0.71	.7611	.7615	.7618	.7621	.7624	.7627	.7630	.7633	.7636	.7639
0.72	.7642	.7645	.7649	.7652	.7655	.7658	.7661	.7664	.7667	.7670
0.73	.7673	.7676	.7679	.7682	.7685	.7688	.7691	.7694	.7697	.7700
0.74	.7703	.7707	.7710	.7713	.7716	.7719	.7722	.7725	.7728	.7731
0.75	.7734	.7737	.7740	.7743	.7746	.7749	.7752	.7755	.7758	.7761
0.76	.7764	.7767	.7770	.7773	.7776	.7779	.7782	.7785	.7788	.7791
0.77	.7793	.7796	.7799	.7802	.7805	.7808	.7811	.7814	.7817	.7820
0.78	.7823	.7826	.7829	.7832	.7835	.7838	.7841	.7844	.7847	.7849
0.79	.7852	.7855	.7858	.7861	.7864	.7867	.7870	.7873	.7876	.7879
0.80	.7881	.7884	.7887	.7890	.7893	.7896	.7899	.7902	.7905	.7907
0.81	.7910	.7913	.7916	.7919	.7922	.7925	.7927	.7930	.7933	.7936
0.82	.7939	.7942	.7945	.7947	.7950	.7953	.7956	.7959	.7962	.7964
0.83	.7967	.7970	.7973	.7976	.7979	.7981	.7984	.7987	.7990	.7993
0.84	.7995	.7998	.8001	.8004	.8007	.8009	.8012	.8015	.8018	.8021

3. STANDARD – NORMALVERTEILUNG

Z	0	1	2	3	4	5	6	7	8	9
0.85	.8023	.8026	.8029	.8032	.8034	.8037	.8040	.8043	.8046	.8048
0.86	.8051	.8054	.8057	.8059	.8062	.8065	.8068	.8070	.8073	.8076
0.87	.8078	.8081	.8084	.8087	.8089	.8092	.8095	.8098	.8100	.8103
0.88	.8106	.8108	.8111	.8114	.8117	.8119	.8122	.8125	.8127	.8130
0.89	.8133	.8135	.8138	.8141	.8143	.8146	.8149	.8151	.8154	.8157
0.90	.8159	.8162	.8165	.8167	.8170	.8173	.8175	.8178	.8181	.8183
0.91	.8186	.8189	.8191	.8194	.8196	.8199	.8202	.8204	.8207	.8210
0.92	.8212	.8215	.8217	.8220	.8223	.8225	.8228	.8230	.8233	.8236
0.93	.8238	.8241	.8243	.8246	.8248	.8251	.8254	.8256	.8259	.8261
0.94	.8264	.8266	.8269	.8272	.8274	.8277	.8279	.8282	.8284	.8287
0.95	.8289	.8292	.8295	.8297	.8300	.8302	.8305	.8307	.8310	.8312
0.96	.8315	.8317	.8320	.8322	.8325	.8327	.8330	.8332	.8335	.8337
0.97	.8340	.8342	.8345	.8347	.8350	.8352	.8355	.8357	.8360	.8362
0.98	.8365	.8367	.8369	.8372	.8374	.8377	.8379	.8382	.8384	.8387
0.99	.8389	.8392	.8394	.8396	.8399	.8401	.8404	.8406	.8409	.8411
1.00	.8413	.8416	.8418	.8421	.8423	.8426	.8428	.8430	.8433	.8435
1.01	.8438	.8440	.8442	.8445	.8447	.8449	.8452	.8454	.8457	.8459
1.02	.8461	.8464	.8466	.8468	.8471	.8473	.8476	.8478	.8480	.8483
1.03	.8485	.8487	.8490	.8492	.8494	.8497	.8499	.8501	.8504	.8506
1.04	.8508	.8511	.8513	.8515	.8518	.8520	.8522	.8525	.8527	.8529
1.05	.8531	.8534	.8536	.8538	.8541	.8543	.8545	.8547	.8550	.8552
1.06	.8554	.8557	.8559	.8561	.8563	.8566	.8568	.8570	.8572	.8575
1.07	.8577	.8579	.8581	.8584	.8586	.8588	.8590	.8593	.8595	.8597
1.08	.8599	.8602	.8604	.8606	.8608	.8610	.8613	.8615	.8617	.8619
1.09	.8621	.8624	.8626	.8628	.8630	.8632	.8635	.8637	.8639	.8641
1.10	.8643	.8646	.8648	.8650	.8652	.8654	.8656	.8659	.8661	.8663
1.11	.8665	.8667	.8669	.8671	.8674	.8676	.8678	.8680	.8682	.8684
1.12	.8686	.8689	.8691	.8693	.8695	.8697	.8699	.8701	.8703	.8706
1.13	.8708	.8710	.8712	.8714	.8716	.8718	.8720	.8722	.8724	.8726
1.14	.8729	.8731	.8733	.8735	.8737	.8739	.8741	.8743	.8745	.8747
1.15	.8749	.8751	.8753	.8755	.8758	.8760	.8762	.8764	.8766	.8768
1.16	.8770	.8772	.8774	.8776	.8778	.8780	.8782	.8784	.8786	.8788
1.17	.8790	.8792	.8794	.8796	.8798	.8800	.8802	.8804	.8806	.8808
1.18	.8810	.8812	.8814	.8816	.8818	.8820	.8822	.8824	.8826	.8828
1.19	.8830	.8832	.8834	.8836	.8838	.8840	.8842	.8843	.8845	.8847
1.20	.8849	.8851	.8853	.8855	.8857	.8859	.8861	.8863	.8865	.8867
1.21	.8869	.8871	.8872	.8874	.8876	.8878	.8880	.8882	.8884	.8886
1.22	.8888	.8890	.8891	.8893	.8895	.8897	.8899	.8901	.8903	.8905
1.23	.8907	.8908	.8910	.8912	.8914	.8916	.8918	.8920	.8921	.8923
1.24	.8925	.8927	.8929	.8931	.8933	.8934	.8936	.8938	.8940	.8942
1.25	.8944	.8945	.8947	.8949	.8951	.8953	.8954	.8956	.8958	.8960
1.26	.8962	.8963	.8965	.8967	.8969	.8971	.8972	.8974	.8976	.8978
1.27	.8980	.8981	.8983	.8985	.8987	.8988	.8990	.8992	.8994	.8996
1.28	.8997	.8999	.9001	.9003	.9004	.9006	.9008	.9010	.9011	.9013
1.29	.9015	.9017	.9018	.9020	.9022	.9023	.9025	.9027	.9029	.9030

3. STANDARD – NORMALVERTEILUNG

Z	0	1	2	3	4	5	6	7	8	9
1.30	.9032	.9034	.9035	.9037	.9039	.9041	.9042	.9044	.9046	.9047
1.31	.9049	.9051	.9052	.9054	.9056	.9057	.9059	.9061	.9062	.9064
1.32	.9066	.9067	.9069	.9071	.9072	.9074	.9076	.9077	.9079	.9081
1.33	.9082	.9084	.9086	.9087	.9089	.9091	.9092	.9094	.9096	.9097
1.34	.9099	.9100	.9102	.9104	.9105	.9107	.9108	.9110	.9112	.9113
1.35	.9115	.9117	.9118	.9120	.9121	.9123	.9125	.9126	.9128	.9129
1.36	.9131	.9132	.9134	.9136	.9137	.9139	.9140	.9142	.9143	.9145
1.37	.9147	.9148	.9150	.9151	.9153	.9154	.9156	.9157	.9159	.9161
1.38	.9162	.9164	.9165	.9167	.9168	.9170	.9171	.9173	.9174	.9176
1.39	.9177	.9179	.9180	.9182	.9183	.9185	.9186	.9188	.9189	.9191
1.40	.9192	.9194	.9195	.9197	.9198	.9200	.9201	.9203	.9204	.9206
1.41	.9207	.9209	.9210	.9212	.9213	.9215	.9216	.9218	.9219	.9221
1.42	.9222	.9223	.9225	.9226	.9228	.9229	.9231	.9232	.9234	.9235
1.43	.9236	.9238	.9239	.9241	.9242	.9244	.9245	.9246	.9248	.9249
1.44	.9251	.9252	.9253	.9255	.9256	.9258	.9259	.9261	.9262	.9263
1.45	.9265	.9266	.9268	.9269	.9270	.9272	.9273	.9274	.9276	.9277
1.46	.9279	.9280	.9281	.9283	.9284	.9285	.9287	.9288	.9289	.9291
1.47	.9292	.9294	.9295	.9296	.9298	.9299	.9300	.9302	.9303	.9304
1.48	.9306	.9307	.9308	.9310	.9311	.9312	.9314	.9315	.9316	.9318
1.49	.9319	.9320	.9322	.9323	.9324	.9325	.9327	.9328	.9329	.9331
1.50	.9332	.9333	.9335	.9336	.9337	.9338	.9340	.9341	.9342	.9344
1.51	.9345	.9346	.9347	.9349	.9350	.9351	.9352	.9354	.9355	.9356
1.52	.9357	.9359	.9360	.9361	.9362	.9364	.9365	.9366	.9367	.9369
1.53	.9370	.9371	.9372	.9374	.9375	.9376	.9377	.9379	.9380	.9381
1.54	.9382	.9383	.9385	.9386	.9387	.9388	.9389	.9391	.9392	.9393
1.55	.9394	.9396	.9397	.9398	.9399	.9400	.9401	.9403	.9404	.9405
1.56	.9406	.9407	.9409	.9410	.9411	.9412	.9413	.9414	.9416	.9417
1.57	.9418	.9419	.9420	.9421	.9423	.9424	.9425	.9426	.9427	.9428
1.58	.9429	.9431	.9432	.9433	.9434	.9435	.9436	.9437	.9439	.9440
1.59	.9441	.9442	.9443	.9444	.9445	.9446	.9448	.9449	.9450	.9451
1.60	.9452	.9453	.9454	.9455	.9456	.9458	.9459	.9460	.9461	.9462
1.61	.9463	.9464	.9465	.9466	.9467	.9468	.9470	.9471	.9472	.9473
1.62	.9474	.9475	.9476	.9477	.9478	.9479	.9480	.9481	.9482	.9483
1.63	.9485	.9486	.9487	.9488	.9489	.9490	.9491	.9492	.9493	.9494
1.64	.9495	.9496	.9497	.9498	.9499	.9500	.9501	.9502	.9503	.9504
1.65	.9505	.9506	.9507	.9508	.9509	.9510	.9511	.9512	.9513	.9514
1.66	.9515	.9516	.9517	.9518	.9519	.9520	.9521	.9522	.9523	.9524
1.67	.9525	.9526	.9527	.9528	.9529	.9530	.9531	.9532	.9533	.9534
1.68	.9535	.9536	.9537	.9538	.9539	.9540	.9541	.9542	.9543	.9544
1.69	.9545	.9546	.9547	.9548	.9549	.9550	.9551	.9552	.9552	.9553
1.70	.9554	.9555	.9556	.9557	.9558	.9559	.9560	.9561	.9562	.9563
1.71	.9564	.9565	.9566	.9566	.9567	.9568	.9569	.9570	.9571	.9572
1.72	.9573	.9574	.9575	.9576	.9576	.9577	.9578	.9579	.9580	.9581
1.73	.9582	.9583	.9584	.9585	.9585	.9586	.9587	.9588	.9589	.9590
1.74	.9591	.9592	.9592	.9593	.9594	.9595	.9596	.9597	.9598	.9599

3. STANDARD – NORMALVERTEILUNG

Z	0	1	2	3	4	5	6	7	8	9
1.75	.9599	.9600	.9601	.9602	.9603	.9604	.9605	.9605	.9606	.9607
1.76	.9608	.9609	.9610	.9610	.9611	.9612	.9613	.9614	.9615	.9616
1.77	.9616	.9617	.9618	.9619	.9620	.9621	.9621	.9622	.9623	.9624
1.78	.9625	.9625	.9626	.9627	.9628	.9629	.9630	.9630	.9631	.9632
1.79	.9633	.9634	.9634	.9635	.9636	.9637	.9638	.9638	.9639	.9640
1.80	.9641	.9641	.9642	.9643	.9644	.9645	.9645	.9646	.9647	.9648
1.81	.9649	.9649	.9650	.9651	.9652	.9652	.9653	.9654	.9655	.9655
1.82	.9656	.9657	.9658	.9658	.9659	.9660	.9661	.9662	.9662	.9663
1.83	.9664	.9665	.9665	.9666	.9667	.9667	.9668	.9669	.9670	.9670
1.84	.9671	.9672	.9673	.9673	.9674	.9675	.9676	.9676	.9677	.9678
1.85	.9678	.9679	.9680	.9681	.9681	.9682	.9683	.9683	.9684	.9685
1.86	.9686	.9686	.9687	.9688	.9688	.9689	.9690	.9690	.9691	.9692
1.87	.9693	.9693	.9694	.9695	.9695	.9696	.9697	.9697	.9698	.9699
1.88	.9699	.9700	.9701	.9702	.9702	.9703	.9704	.9704	.9705	.9706
1.89	.9706	.9707	.9708	.9708	.9709	.9710	.9710	.9711	.9712	.9712
1.90	.9713	.9713	.9714	.9715	.9715	.9716	.9717	.9717	.9718	.9719
1.91	.9719	.9720	.9721	.9721	.9722	.9723	.9723	.9724	.9724	.9725
1.92	.9726	.9726	.9727	.9728	.9728	.9729	.9729	.9730	.9731	.9731
1.93	.9732	.9733	.9733	.9734	.9734	.9735	.9736	.9736	.9737	.9737
1.94	.9738	.9739	.9739	.9740	.9741	.9741	.9742	.9742	.9743	.9744
1.95	.9744	.9745	.9745	.9746	.9747	.9747	.9748	.9748	.9749	.9749
1.96	.9750	.9751	.9751	.9752	.9752	.9753	.9754	.9754	.9755	.9755
1.97	.9756	.9756	.9757	.9758	.9758	.9759	.9759	.9760	.9760	.9761
1.98	.9761	.9762	.9763	.9763	.9764	.9764	.9765	.9765	.9766	.9767
1.99	.9767	.9768	.9768	.9769	.9769	.9770	.9770	.9771	.9771	.9772
2.00	.9773	.9773	.9774	.9774	.9775	.9775	.9776	.9776	.9777	.9777
2.01	.9778	.9778	.9779	.9779	.9780	.9780	.9781	.9782	.9782	.9783
2.02	.9783	.9784	.9784	.9785	.9785	.9786	.9786	.9787	.9787	.9788
2.03	.9788	.9789	.9789	.9790	.9790	.9791	.9791	.9792	.9792	.9793
2.04	.9793	.9794	.9794	.9795	.9795	.9796	.9796	.9797	.9797	.9798
2.05	.9798	.9799	.9799	.9800	.9800	.9801	.9801	.9802	.9802	.9803
2.06	.9803	.9803	.9804	.9804	.9805	.9805	.9806	.9806	.9807	.9807
2.07	.9808	.9808	.9809	.9809	.9810	.9810	.9811	.9811	.9811	.9812
2.08	.9812	.9813	.9813	.9814	.9814	.9815	.9815	.9816	.9816	.9816
2.09	.9817	.9817	.9818	.9818	.9819	.9819	.9820	.9820	.9820	.9821
2.10	.9821	.9822	.9822	.9823	.9823	.9824	.9824	.9824	.9825	.9825
2.11	.9826	.9826	.9827	.9827	.9827	.9828	.9828	.9829	.9829	.9830
2.12	.9830	.9830	.9831	.9831	.9832	.9832	.9832	.9833	.9833	.9834
2.13	.9834	.9835	.9835	.9835	.9836	.9836	.9837	.9837	.9837	.9838
2.14	.9838	.9839	.9839	.9839	.9840	.9840	.9841	.9841	.9841	.9842
2.15	.9842	.9843	.9843	.9843	.9844	.9844	.9845	.9845	.9845	.9846
2.16	.9846	.9847	.9847	.9847	.9848	.9848	.9848	.9849	.9849	.9850
2.17	.9850	.9850	.9851	.9851	.9851	.9852	.9852	.9853	.9853	.9853
2.18	.9854	.9854	.9854	.9855	.9855	.9856	.9856	.9856	.9857	.9857
2.19	.9857	.9858	.9858	.9858	.9859	.9859	.9860	.9860	.9860	.9861

3. STANDARD – NORMALVERTEILUNG

Z	0	1	2	3	4	5	6	7	8	9
2.20	.9861	.9861	.9862	.9862	.9862	.9863	.9863	.9863	.9864	.9864
2.21	.9864	.9865	.9865	.9866	.9866	.9866	.9867	.9867	.9867	.9868
2.22	.9868	.9868	.9869	.9869	.9869	.9870	.9870	.9870	.9871	.9871
2.23	.9871	.9872	.9872	.9872	.9873	.9873	.9873	.9874	.9874	.9874
2.24	.9875	.9875	.9875	.9876	.9876	.9876	.9876	.9877	.9877	.9877
2.25	.9878	.9878	.9878	.9879	.9879	.9879	.9880	.9880	.9880	.9881
2.26	.9881	.9881	.9882	.9882	.9882	.9882	.9883	.9883	.9883	.9884
2.27	.9884	.9884	.9885	.9885	.9885	.9885	.9886	.9886	.9886	.9887
2.28	.9887	.9887	.9888	.9888	.9888	.9888	.9889	.9889	.9889	.9890
2.29	.9890	.9890	.9890	.9891	.9891	.9891	.9892	.9892	.9892	.9892
2.30	.9893	.9893	.9893	.9894	.9894	.9894	.9894	.9895	.9895	.9895
2.31	.9896	.9896	.9896	.9896	.9897	.9897	.9897	.9897	.9898	.9898
2.32	.9898	.9899	.9899	.9899	.9899	.9900	.9900	.9900	.9900	.9901
2.33	.9901	.9901	.9901	.9902	.9902	.9902	.9903	.9903	.9903	.9903
2.34	.9904	.9904	.9904	.9904	.9905	.9905	.9905	.9905	.9906	.9906
2.35	.9906	.9906	.9907	.9907	.9907	.9907	.9908	.9908	.9908	.9908
2.36	.9909	.9909	.9909	.9909	.9910	.9910	.9910	.9910	.9911	.9911
2.37	.9911	.9911	.9912	.9912	.9912	.9912	.9912	.9913	.9913	.9913
2.38	.9913	.9914	.9914	.9914	.9914	.9915	.9915	.9915	.9915	.9916
2.39	.9916	.9916	.9916	.9916	.9917	.9917	.9917	.9917	.9918	.9918
2.40	.9918	.9918	.9918	.9919	.9919	.9919	.9919	.9920	.9920	.9920
2.41	.9920	.9920	.9921	.9921	.9921	.9921	.9922	.9922	.9922	.9922
2.42	.9922	.9923	.9923	.9923	.9923	.9923	.9924	.9924	.9924	.9924
2.43	.9925	.9925	.9925	.9925	.9925	.9926	.9926	.9926	.9926	.9926
2.44	.9927	.9927	.9927	.9927	.9927	.9928	.9928	.9928	.9928	.9928
2.45	.9929	.9929	.9929	.9929	.9929	.9930	.9930	.9930	.9930	.9930
2.46	.9931	.9931	.9931	.9931	.9931	.9931	.9932	.9932	.9932	.9932
2.47	.9932	.9933	.9933	.9933	.9933	.9933	.9934	.9934	.9934	.9934
2.48	.9934	.9934	.9935	.9935	.9935	.9935	.9935	.9936	.9936	.9936
2.49	.9936	.9936	.9936	.9937	.9937	.9937	.9937	.9937	.9938	.9938
2.5	.9938	.9940	.9941	.9943	.9945	.9946	.9948	.9949	.9951	.9952
2.6	.9953	.9955	.9956	.9957	.9959	.9960	.9961	.9962	.9963	.9964
2.7	.9965	.9966	.9967	.9968	.9969	.9970	.9971	.9972	.9973	.9974
2.8	.9974	.9975	.9976	.9977	.9977	.9978	.9979	.9979	.9980	.9981
2.9	.9981	.9982	.9982	.9983	.9984	.9984	.9985	.9985	.9986	.9986
3.0	.9987	.9987	.9987	.9988	.9988	.9989	.9989	.9989	.9990	.9990
3.1	.9990	.9991	.9991	.9991	.9992	.9992	.9992	.9992	.9993	.9993
3.2	.9993	.9993	.9994	.9994	.9994	.9994	.9994	.9995	.9995	.9995
3.3	.9995	.9995	.9995	.9996	.9996	.9996	.9996	.9996	.9996	.9997
3.4	.9997	.9997	.9997	.9997	.9997	.9997	.9997	.9997	.9997	.9998

4. χ^2 – VERTEILUNG

Tabelliert sind die Werte χ^2, für die gilt:

$\text{Prob}(0 < u \leq \chi^2) = F_{CH}(\chi^2 | \nu) = 1 - \alpha.$

	$1 - \alpha$						
ν	0.001	0.050	0.010	0.015	0.020	0.025	0.030
1	0.0000	0.0039	0.0002	0.0003	0.0006	0.0010	0.0014
2	0.0020	0.1026	0.0201	0.0302	0.0404	0.0506	0.0609
3	0.0243	0.3518	0.1148	0.1516	0.1848	0.2158	0.2451
4	0.0908	0.7107	0.2971	0.3682	0.4294	0.4844	0.5351
5	0.2102	1.1455	0.5543	0.6618	0.7519	0.8312	0.9031
6	0.3811	1.6354	0.8721	1.0160	1.1344	1.2373	1.3296
7	0.5985	2.1674	1.2390	1.4184	1.5643	1.6899	1.8016
8	0.8571	2.7326	1.6465	1.8603	2.0325	2.1797	2.3101
9	1.1520	3.3251	2.0879	2.3349	2.5324	2.7004	2.8485
10	1.4788	3.9403	2.5582	2.8372	3.0591	3.2470	3.4121
11	1.8339	4.5748	3.0535	3.3634	3.6087	3.8157	3.9972
12	2.2142	5.2260	3.5706	3.9104	4.1783	4.4038	4.6009
13	2.6172	5.8919	4.1069	4.4757	4.7654	5.0087	5.2210
14	3.0407	6.5706	4.6604	5.0572	5.3682	5.6287	5.8556
15	3.4827	7.2609	5.2293	5.6534	5.9849	6.2621	6.5032
16	3.9417	7.9616	5.8122	6.2628	6.6142	6.9077	7.1625
17	4.4161	8.6718	6.4078	6.8842	7.2550	7.5642	7.8324
18	4.9049	9.3905	7.0149	7.5165	7.9062	8.2307	8.5120
19	5.4069	10.1170	7.6327	8.1588	8.5670	8.9065	9.2004
20	5.9211	10.8508	8.2604	8.8105	9.2367	9.5908	9.8971
21	6.4467	11.5913	8.8972	9.4708	9.9146	10.2829	10.6013
22	6.9830	12.3380	9.5425	10.1390	10.6000	10.9823	11.3125
23	7.5293	13.0905	10.1957	10.8147	11.2926	11.6885	12.0303
24	8.0849	13.0404	10.8564	11.4974	11.9918	12.4011	12.7543
25	8.6494	14.6114	11.5240	12.1867	12.6973	13.1197	13.4839
26	9.2222	15.3792	12.1981	12.8821	13.4086	13.8439	14.2190
27	9.8028	16.1514	12.8785	13.5833	14.1254	14.5734	14.9592
28	10.3909	16.9279	13.5647	14.2900	14.8475	15.3079	15.7042
29	10.9861	17.7084	14.2564	15.0019	15.5745	16.0471	16.4538
30	11.5880	18.4927	14.9535	15.7188	16.3062	16.7908	17.2076
31	12.1963	19.2806	15.6554	16.4403	17.0423	17.5387	17.9656
32	12.8107	20.0719	16.3622	17.1663	17.7827	18.2908	18.7275
33	13.4309	20.8665	17.0735	17.8966	18.5271	19.0466	19.4931
34	14.0568	21.6643	17.7892	18.6309	19.2754	19.8063	20.2622
35	14.6879	22.4650	18.5089	19.3691	20.0274	20.5694	21.0348
36	15.3242	23.2686	19.2327	20.1110	20.7829	21.3359	21.8106
37	15.9654	24.0749	19.9602	20.8565	21.5419	22.1056	22.5895
38	16.6113	24.8839	20.6914	21.6054	22.3040	22.8785	23.3714
39	17.2617	25.6954	21.4262	22.3576	23.0693	23.6543	24.1562
40	17.9165	26.5093	22.1643	23.1130	23.8376	24.4330	24.9437

4. χ^2 – VERTEILUNG

	1 − α						
ν	0.035	0.040	0.050	0.075	0.100	0.200	0.300
1	0.0019	0.0025	0.0039	0.0088	0.0157	0.0639	0.1479
2	0.0713	0.0816	0.1026	0.1559	0.2107	0.4463	0.7133
3	0.2731	0.3002	0.3518	0.4720	0.5844	1.0052	1.4237
4	0.5824	0.6271	0.7107	0.8969	1.0636	1.6488	2.1947
5	0.9693	1.0313	1.1455	1.3937	1.6103	2.3425	2.9999
6	1.4140	1.4924	1.6354	1.9415	2.2041	3.0701	3.8276
7	1.9033	1.9971	2.1674	2.5277	2.8331	3.8223	4.6713
8	2.4281	2.5366	2.7326	3.1440	3.4895	4.5936	5.5274
9	2.9821	3.1047	3.3251	3.7847	4.1682	5.3801	6.3933
10	3.5606	3.6965	3.9403	4.4459	4.8652	6.1791	7.2672
11	4.1600	4.3087	4.5748	5.1243	5.5778	6.9887	8.1479
12	4.7775	4.9385	5.2260	5.8175	6.3038	7.8073	9.0343
13	5.4109	5.5838	5.8919	6.5238	7.0415	8.6339	9.9257
14	6.0583	6.2426	6.5706	7.2415	7.7895	9.4673	10.8215
15	6.7183	6.9137	7.2609	7.9695	8.5468	10.3070	11.7212
16	7.3896	7.5958	7.9616	8.7067	9.3122	11.1521	12.6243
17	8.0712	8.2878	8.6718	9.4522	10.0852	12.0023	13.5307
18	8.7622	8.9889	9.3905	10.2053	10.8649	12.8570	14.4399
19	9.4617	9.6983	10.1170	10.9653	11.6509	13.7158	15.3517
20	10.1692	10.4154	10.8508	11.7317	12.4426	14.5784	16.2659
21	10.8839	11.1395	11.5913	12.5041	13.2396	15.4446	17.1823
22	11.6055	11.8703	12.3380	13.2819	14.0415	16.3140	18.1007
23	12.3334	12.6072	13.0905	14.0648	14.8480	17.1865	19.0211
24	13.0672	13.3498	13.8484	14.8525	15.6587	18.0618	19.9432
25	13.8066	14.0978	14.6114	15.6447	16.4734	18.9397	20.8670
26	14.5512	14.8509	15.3792	16.4410	17.2919	19.8202	21.7924
27	15.3007	15.6087	16.1514	17.2414	18.1139	20.7030	22.7192
28	16.0549	16.3711	16.9279	18.0454	18.9392	21.5880	23.6475
29	16.8134	17.1377	17.7084	18.8530	19.7677	22.4750	24.5770
30	17.5761	17.9083	18.4927	19.6639	20.5992	23.3641	25.5078
31	18.3428	18.6827	19.2806	20.4780	21.4336	24.2551	26.4397
32	19.1133	19.4608	20.0719	21.2951	22.2706	25.1478	27.3728
33	19.8873	20.2424	20.8665	22.1151	23.1102	26.0422	28.3069
34	20.6648	21.0273	21.6643	22.9379	23.9523	26.9383	29.2421
35	21.4456	21.8154	22.4650	23.7633	24.7967	27.8359	30.1782
36	22.2295	22.6065	23.2686	24.5912	25.6433	28.7350	31.1152
37	23.0164	23.4005	24.0749	25.4214	26.4921	29.6355	32.0532
38	23.8062	24.1973	24.8839	26.2541	27.3430	30.5374	32.9920
39	24.5987	24.9968	25.6954	27.0889	28.1958	31.4405	33.9315
40	25.3940	25.7989	26.5093	27.9258	29.0505	32.3450	34.8719

4. χ^2 – VERTEILUNG

	1 − α						
ν	0.400	0.500	0.600	0.700	0.800	0.900	0.950
1	0.2743	0.4541	0.7074	1.0733	1.6416	2.7048	3.8405
2	1.0217	1.3863	1.8326	2.4079	3.2189	4.6052	5.9915
3	1.8692	2.3660	2.9462	3.6649	4.6416	6.2514	7.8147
4	2.7528	3.3567	4.0446	4.8784	5.9886	7.7794	9.4877
5	3.6555	4.3515	5.1319	6.0644	7.2893	9.2364	11.0705
6	4.5702	5.3481	6.2108	7.2311	8.5581	10.6446	12.5916
7	5.4932	6.3458	7.2832	8.3834	9.8033	12.0170	14.0671
8	6.4226	7.3441	8.3505	9.5245	11.0301	13.3616	15.5073
9	7.3570	8.3428	9.4136	10.6564	12.2421	14.6837	16.9190
10	8.2955	9.3418	10.4732	11.7807	13.4420	15.9872	18.3070
11	9.2373	10.3410	11.5298	12.8987	14.6314	17.2750	19.6751
12	10.1820	11.3403	12.5838	14.0111	15.8120	18.5494	21.0260
13	11.1291	12.3398	13.6356	15.1187	16.9848	19.8119	22.3620
14	12.0785	13.3393	14.6853	16.2221	18.1508	21.0642	23.6848
15	13.0297	14.3389	15.7332	17.3217	19.3107	22.3072	24.9959
16	13.9827	15.3385	16.7795	18.4179	20.4651	23.5418	26.2962
17	14.9373	16.3382	17.8244	19.5110	21.6146	24.7691	27.5870
18	15.8932	17.3379	18.8679	20.6014	22.7596	25.9894	28.8694
19	16.8504	18.3377	19.9102	21.6891	23.9004	27.2036	30.1436
20	17.8088	19.3374	20.9514	22.7745	25.0375	28.4120	31.4105
21	18.7683	20.3372	21.9915	23.8578	26.1711	29.6151	32.6706
22	19.7288	21.3371	23.0307	24.9390	27.3015	30.8132	33.9245
23	20.6902	22.3369	24.0689	26.0184	28.4288	32.0069	35.1721
24	21.6525	23.3368	25.1064	27.0960	29.5534	33.1963	36.4151
25	22.6156	24.3366	26.1430	28.1719	30.6752	34.3815	37.6524
26	23.5794	25.3365	27.1789	29.2463	31.7947	35.5633	38.8851
27	24.5440	26.3363	28.2141	30.3192	32.9116	36.7413	40.1134
28	25.5093	27.3363	29.2486	31.3909	34.0267	37.9161	41.3373
29	26.4751	28.3361	30.2826	32.4611	35.1394	39.0875	42.5569
30	27.4416	29.3360	31.3159	33.5302	36.2503	40.2562	43.7729
31	28.4087	30.3359	32.3406	34.5982	37.3590	41.4215	44.9851
32	29.3763	31.3359	33.3809	35.6650	38.4664	42.5848	46.1947
33	30.3444	32.3357	34.4126	36.7306	39.5717	43.7452	47.3996
34	31.3130	33.3357	35.4439	37.7954	40.6757	44.9033	48.6024
35	32.2821	34.3356	36.4746	38.8592	41.7779	46.0587	49.8016
36	33.2516	35.3355	37.5050	39.9220	42.8789	47.2122	50.9985
37	34.2216	36.3355	38.5349	40.9839	43.9781	48.3630	52.1918
38	35.1920	37.3355	39.5644	42.0451	45.0763	49.5128	53.3839
39	36.1628	38.3354	40.5934	43.1054	46.1730	50.6597	54.5727
40	37.1340	39.3354	41.6222	44.1649	47.2686	51.8054	55.7586

4. χ^2 – VERTEILUNG

	1 − α						
ν	0.960	0.970	0.975	0.980	0.990	0.995	0.999
1	4.2169	4.7081	5.0225	5.4103	6.6327	7.8764	10.8223
2	6.4378	7.0131	7.3778	7.8240	9.2103	10.5966	13.8155
3	8.3112	8.9473	9.3484	9.8374	11.3448	12.8380	16.2653
4	10.0255	10.7119	11.1433	11.6679	13.2767	14.8606	18.4672
5	11.6443	12.3746	12.8326	13.3883	15.0862	16.7497	20.5158
6	13.1978	13.9677	14.4494	15.0333	16.8119	18.5477	22.4600
7	14.7031	15.5091	16.0128	16.6224	18.4751	20.2777	24.3219
8	16.1708	17.0105	17.5345	18.1683	20.0903	21.9549	26.1254
9	17.6083	18.4796	19.0228	19.6791	21.6662	23.5892	27.8782
10	19.0208	19.9219	20.4832	21.1608	23.2096	25.1881	29.5875
11	20.4121	21.3416	21.9201	22.6181	24.7253	26.7565	31.2669
12	21.7851	22.7418	23.3367	24.0539	26.2169	28.2995	32.9044
13	23.1423	24.1250	24.7357	25.4712	27.6877	29.8198	34.5288
14	24.4855	25.4932	26.1190	26.8727	29.1416	31.3192	36.1188
15	25.8162	26.8479	27.4883	28.2596	30.5781	32.8011	37.6985
16	27.1356	28.1908	28.8453	29.6332	32.0001	34.2671	39.2512
17	28.4450	29.5228	30.1911	30.9953	33.4089	35.7184	40.7899
18	29.7451	30.8448	31.5264	32.3461	34.8057	37.1561	42.3086
19	31.0367	32.1576	32.8525	33.6875	36.1912	38.5824	43.8267
20	32.3207	33.4628	34.1697	35.0195	37.5665	39.9978	45.3212
21	33.5971	34.7591	35.4788	36.3440	38.9322	41.4016	46.7959
22	34.8673	36.0490	36.7805	37.6598	40.2902	42.7967	48.2716
23	36.1312	37.3326	38.0759	38.9681	41.6379	44.1823	49.7343
24	37.3893	38.6094	39.3642	40.2705	42.9801	45.5584	51.1833
25	38.6416	39.8798	40.6464	41.5656	44.3139	46.9276	52.6268
26	39.8897	41.1457	41.9237	42.8561	45.6429	48.2910	54.0659
27	41.1316	42.4064	43.1945	44.1397	46.9624	49.6440	55.4636
28	42.3703	43.6627	44.4606	45.4185	48.2790	50.9953	56.8982
29	43.6035	44.9130	45.7220	46.6924	49.5879	52.3377	58.2964
30	44.8334	46.1595	46.9801	47.9624	50.8940	53.6717	59.6966
31	46.0600	47.4024	48.2318	49.2269	52.1905	55.0029	61.0968
32	47.2817	48.6408	49.4803	50.4859	53.4872	56.3289	62.4823
33	48.5003	49.8755	50.7246	51.7423	54.7753	57.6478	63.8718
34	49.7159	51.1072	51.9661	52.9958	56.0623	58.9640	65.2417
35	50.9275	52.3353	53.2028	54.2434	57.3417	60.2704	66.6160
36	52.1374	53.5600	54.4374	55.4896	58.6197	61.5842	68.0048
37	53.3431	54.7815	55.6677	56.7302	59.8922	62.8832	69.3397
38	54.5474	56.0002	56.8963	57.9697	61.1643	64.1827	70.7133
39	55.7473	57.2150	58.1196	59.2016	62.4270	65.4741	72.0407
40	56.9462	58.4277	59.3422	60.4366	63.6925	66.7713	73.3971

5. t — VERTEILUNG

Tabelliert sind die Werte von t,
für die gilt:

$\text{Prob}(-\infty < T \leq t) = F_S(t;\nu) = 1 - \alpha.$

Es gilt $F_S(-t|\nu) = 1 - F_S(t|\nu)$.

	1 - α						
ν	0.550	0.600	0.650	0.700	0.750	0.800	0.850
1	0.1584	0.3250	0.5095	0.7266	1.0000	1.3764	1.9626
2	0.1421	0.2886	0.4447	0.6173	0.8165	1.0607	1.3862
3	0.1367	0.2766	0.4241	0.5844	0.7649	0.9785	1.2498
4	0.1338	0.2707	0.4141	0.5687	0.7407	0.9410	1.1896
5	0.1323	0.2672	0.4083	0.5595	0.7267	0.9196	1.1558
6	0.1311	0.2648	0.4044	0.5534	0.7176	0.9057	1.1342
7	0.1304	0.2632	0.4015	0.5491	0.7111	0.8960	1.1192
8	0.1296	0.2619	0.3995	0.5459	0.7064	0.8889	1.1082
9	0.1292	0.2610	0.3979	0.5435	0.7027	0.8834	1.0997
10	0.1288	0.2602	0.3966	0.5416	0.6998	0.8790	1.0931
11	0.1285	0.2596	0.3956	0.5399	0.6974	0.8756	1.0877
12	0.1285	0.2590	0.3947	0.5386	0.6955	0.8726	1.0832
13	0.1281	0.2587	0.3940	0.5375	0.6938	0.8702	1.0795
14	0.1281	0.2583	0.3933	0.5366	0.6924	0.8680	1.0763
15	0.1277	0.2579	0.3928	0.5357	0.6912	0.8663	1.0735
16	0.1277	0.2577	0.3923	0.5350	0.6901	0.8646	1.0711
17	0.1277	0.2573	0.3919	0.5344	0.6892	0.8633	1.0690
18	0.1273	0.2571	0.3915	0.5339	0.6883	0.8620	1.0672
19	0.1273	0.2569	0.3912	0.5333	0.6876	0.8609	1.0655
20	0.1273	0.2567	0.3909	0.5328	0.6869	0.8599	1.0640
21	0.1273	0.2565	0.3906	0.5324	0.6864	0.8591	1.0627
22	0.1273	0.2565	0.3904	0.5321	0.6858	0.8583	1.0615
23	0.1269	0.2563	0.3901	0.5318	0.6853	0.8576	1.0603
24	0.1269	0.2561	0.3900	0.5314	0.6848	0.8569	1.0593
25	0.1269	0.2561	0.3897	0.5311	0.6844	0.8562	1.0584
26	0.1269	0.2559	0.3896	0.5308	0.6840	0.8557	1.0575
27	0.1269	0.2559	0.3895	0.5307	0.6837	0.8552	1.0567
28	0.1269	0.2557	0.3894	0.5304	0.6834	0.8546	1.0560
29	0.1269	0.2557	0.3891	0.5302	0.6830	0.8542	1.0553
30	0.1269	0.2555	0.3890	0.5300	0.6828	0.8538	1.0547
31	0.1269	0.2555	0.3890	0.5298	0.6825	0.8533	1.0541
32	0.1265	0.2555	0.3888	0.5296	0.6822	0.8530	1.0535
33	0.1265	0.2553	0.3887	0.5295	0.6820	0.8526	1.0530
34	0.1265	0.2553	0.3886	0.5293	0.6818	0.8523	1.0525
35	0.1265	0.2553	0.3885	0.5292	0.6815	0.8520	1.0520
36	0.1265	0.2551	0.3885	0.5291	0.6814	0.8517	1.0516
37	0.1265	0.2551	0.3883	0.5290	0.6812	0.8515	1.0511
38	0.1265	0.2551	0.3882	0.5289	0.6810	0.8512	1.0508
39	0.1265	0.2551	0.3882	0.5287	0.6808	0.8509	1.0504
40	0.1265	0.2550	0.3881	0.5286	0.6807	0.8507	1.0500

5. t – VERTEILUNG

	1 - α						
ν	0.900	0.950	0.975	0.990	0.995	0.998	0.999
1	3.0777	6.3138	12.7062	31.8206	63.6569	159.156	318.315
2	1.8856	2.9200	4.3027	6.9646	9.9248	15.7640	22.3274
3	1.6377	2.3534	3.1825	4.5407	5.8409	8.0527	10.2147
4	1.5332	2.1319	2.7764	3.7469	4.6041	5.9514	7.1732
5	1.4759	2.0150	2.5706	3.3649	4.0321	5.0303	5.8935
6	1.4398	1.9432	2.4469	3.1427	3.7074	4.5241	5.2076
7	1.4149	1.8946	2.3646	2.9979	3.4995	4.2071	4.7853
8	1.3968	1.8595	2.3060	2.8965	3.3554	3.9910	4.5008
9	1.3830	1.8331	2.2622	2.8214	3.2498	3.8345	4.2968
10	1.3722	1.8125	2.2281	2.7638	3.1693	3.7162	4.1437
11	1.3634	1.7959	2.2010	2.7181	3.1058	3.6238	4.0247
12	1.3562	1.7823	2.1788	2.6810	3.0545	3.5495	3.9297
13	1.3502	1.7709	2.1604	2.6503	3.0123	3.4887	3.8520
14	1.3450	1.7613	2.1448	2.6245	2.9768	3.4379	3.7874
15	1.3406	1.7531	2.1315	2.6025	2.9467	3.3948	3.7329
16	1.3367	1.7459	2.1199	2.5835	2.9208	3.3579	3.6862
17	1.3334	1.7396	2.1098	2.5669	2.8982	3.3259	3.6458
18	1.3304	1.7341	2.1009	2.5524	2.8784	3.2979	3.6105
19	1.3277	1.7291	2.0930	2.5395	2.8609	3.2732	3.5794
20	1.3253	1.7247	2.0860	2.5280	2.8453	3.2512	3.5518
21	1.3232	1.7208	2.0796	2.5177	2.8314	3.2315	3.5272
22	1.3212	1.7171	2.0739	2.5083	2.8188	3.2138	3.5050
23	1.3195	1.7139	2.0686	2.4999	2.8073	3.1978	3.4850
24	1.3178	1.7109	2.0639	2.4922	2.7969	3.1832	3.4668
25	1.3164	1.7081	2.0595	2.4851	2.7874	3.1699	3.4502
26	1.3150	1.7056	2.0555	2.4786	2.7787	3.1577	3.4350
27	1.3137	1.7033	2.0518	2.4727	2.7707	3.1465	3.4211
28	1.3125	1.7011	2.0484	2.4671	2.7633	3.1362	3.4082
29	1.3114	1.6991	2.0452	2.4620	2.7564	3.1266	3.3962
30	1.3104	1.6973	2.0423	2.4573	2.7500	3.1177	3.3852
31	1.3095	1.6955	2.0395	2.4528	2.7440	3.1094	3.3749
32	1.3086	1.6939	2.0369	2.4487	2.7385	3.1017	3.3653
33	1.3077	1.6924	2.0345	2.4448	2.7333	3.0944	3.3563
34	1.3069	1.6909	2.0322	2.4411	2.7284	3.0877	3.3479
35	1.3062	1.6896	2.0301	2.4377	2.7238	3.0813	3.3401
36	1.3055	1.6883	2.0281	2.4345	2.7195	3.0753	3.3326
37	1.3048	1.6871	2.0262	2.4314	2.7154	3.0697	3.3257
38	1.3042	1.6859	2.0244	2.4286	2.7116	3.0643	3.3190
39	1.3036	1.6849	2.0227	2.4258	2.7079	3.0593	3.3128
40	1.3031	1.6839	2.0211	2.4233	2.7045	3.0545	3.3069

6. F–VERTEILUNG für 1 – ALPHA = .90

ν_Z: Freiheitsgrad des Zählers
ν_N: Freiheitsgrad des Nenners

Tabelliert sind die Werte F_c, für die gilt:

$Prob(0 < F \leq F_c) = F_F(F_c | \nu_Z, \nu_N) = 1 - \alpha.$

	ν_Z						
ν_N	1	2	3	4	5	6	7
1	39.8635	49.5000	53.5934	55.8330	57.2401	58.2044	58.9060
2	8.5263	9.0000	9.1618	9.2434	9.2926	9.3255	9.3491
3	5.5383	5.4624	5.3908	5.3426	5.3092	5.2847	5.2662
4	4.5448	4.3246	4.1909	4.1072	4.0506	4.0097	3.9790
5	4.0604	3.7797	3.6195	3.5202	3.4530	3.4045	3.3679
6	3.7759	3.4633	3.2888	3.1808	3.1075	3.0545	3.0145
7	3.5894	3.2574	3.0741	2.9605	2.8833	2.8274	2.7849
8	3.4579	3.1131	2.9238	2.8064	2.7264	2.6683	2.6241
9	3.3603	3.0065	2.8129	2.6927	2.6106	2.5509	2.5053
10	3.2850	2.9245	2.7277	2.6053	2.5216	2.4606	2.4140
11	3.2252	2.8595	2.6602	2.5362	2.4512	2.3891	2.3416
12	3.1765	2.8068	2.6055	2.4801	2.3940	2.3310	2.2828
13	3.1362	2.7632	2.5603	2.4337	2.3467	2.2830	2.2341
14	3.1022	2.7265	2.5222	2.3947	2.3069	2.2426	2.1931
15	3.0732	2.6952	2.4898	2.3614	2.2730	2.2081	2.1582
16	3.0481	2.6682	2.4618	2.3327	2.2438	2.1783	2.1280
17	3.0262	2.6446	2.4374	2.3077	2.2183	2.1524	2.1017
18	3.0070	2.6239	2.4160	2.2858	2.1958	2.1296	2.0785
19	2.9899	2.6056	2.3970	2.2663	2.1760	2.1094	2.0580
20	2.9747	2.5893	2.3801	2.2489	2.1582	2.0913	2.0397
21	2.9610	2.5746	2.3649	2.2333	2.1423	2.0751	2.0233
22	2.9486	2.5613	2.3512	2.2193	2.1279	2.0605	2.0084
23	2.9374	2.5493	2.3387	2.2065	2.1149	2.0472	1.9949
24	2.9271	2.5383	2.3274	2.1949	2.1030	2.0351	1.9826
25	2.9177	2.5283	2.3170	2.1842	2.0922	2.0241	1.9714
26	2.9091	2.5191	2.3075	2.1745	2.0822	2.0139	1.9610
27	2.9012	2.5106	2.2987	2.1655	2.0730	2.0045	1.9515
28	2.8938	2.5028	2.2906	2.1571	2.0645	1.9959	1.9427
29	2.8870	2.4955	2.2831	2.1494	2.0566	1.9878	1.9345
30	2.8807	2.4887	2.2761	2.1422	2.0492	1.9803	1.9269
40	2.8354	2.4404	2.2261	2.0910	1.9968	1.9269	1.8725
50	2.8087	2.4120	2.1967	2.0608	1.9660	1.8954	1.8405
60	2.7911	2.3933	2.1774	2.0410	1.9457	1.8747	1.8194
70	2.7786	2.3800	2.1637	2.0269	1.9313	1.8600	1.8044
80	2.7693	2.3701	2.1535	2.0165	1.9206	1.8491	1.7933

6. F–VERTEILUNG für 1 – ALPHA = .90

ν_Z: Freiheitsgrad des Zählers
ν_N: Freiheitsgrad des Nenners

Es gilt die Beziehung der reziproken Symmetrie

$$F_{\alpha;\nu_Z,\nu_N} = \frac{1}{F_{1-\alpha;\nu_N,\nu_Z}} .$$

	ν_Z						
ν_N	8	9	10	11	12	13	14
1	59.4389	59.8576	60.1950	60.4727	60.7051	60.9028	61.0726
2	9.3668	9.3805	9.3916	9.4006	9.4081	9.4145	9.4200
3	5.2517	5.2400	5.2304	5.2224	5.2156	5.2098	5.2047
4	3.9549	3.9357	3.9199	3.9067	3.8955	3.8859	3.8776
5	3.3393	3.3163	3.2974	3.2816	3.2682	3.2567	3.2468
6	2.9830	2.9577	2.9369	2.9195	2.9047	2.8920	2.8809
7	2.7516	2.7247	2.7025	2.6839	2.6681	2.6545	2.6426
8	2.5893	2.5612	2.5380	2.5186	2.5020	2.4876	2.4752
9	2.4694	2.4403	2.4163	2.3961	2.3789	2.3640	2.3510
10	2.3772	2.3473	2.3226	2.3018	2.2841	2.2687	2.2553
11	2.3040	2.2735	2.2482	2.2269	2.2087	2.1930	2.1792
12	2.2446	2.2135	2.1878	2.1660	2.1474	2.1313	2.1173
13	2.1953	2.1638	2.1376	2.1155	2.0966	2.0802	2.0658
14	2.1539	2.1220	2.0954	2.0729	2.0537	2.0370	2.0224
15	2.1185	2.0862	2.0593	2.0366	2.0171	2.0001	1.9853
16	2.0880	2.0553	2.0281	2.0051	1.9854	1.9682	1.9532
17	2.0613	2.0284	2.0009	1.9777	1.9577	1.9404	1.9252
18	2.0379	2.0047	1.9770	1.9535	1.9333	1.9158	1.9004
19	2.0171	1.9836	1.9557	1.9321	1.9117	1.8940	1.8785
20	1.9985	1.9649	1.9367	1.9129	1.8924	1.8745	1.8588
21	1.9819	1.9480	1.9197	1.8956	1.8750	1.8570	1.8412
22	1.9668	1.9327	1.9043	1.8801	1.8593	1.8411	1.8252
23	1.9531	1.9189	1.8903	1.8659	1.8450	1.8267	1.8107
24	1.9407	1.9063	1.8775	1.8530	1.8319	1.8136	1.7974
25	1.9292	1.8947	1.8658	1.8412	1.8200	1.8015	1.7853
26	1.9188	1.8841	1.8550	1.8303	1.8090	1.7904	1.7741
27	1.9091	1.8743	1.8451	1.8203	1.7989	1.7802	1.7638
28	1.9001	1.8652	1.8359	1.8110	1.7895	1.7708	1.7542
29	1.8918	1.8568	1.8274	1.8024	1.7808	1.7620	1.7454
30	1.8841	1.8490	1.8195	1.7944	1.7727	1.7538	1.7371
40	1.8289	1.7929	1.7627	1.7369	1.7146	1.6950	1.6778
50	1.7963	1.7598	1.7292	1.7029	1.6802	1.6602	1.6426
60	1.7748	1.7380	1.7070	1.6805	1.6574	1.6372	1.6193
70	1.7596	1.7225	1.6913	1.6645	1.6413	1.6209	1.6028
80	1.7483	1.7110	1.6796	1.6526	1.6292	1.6086	1.5904

6. F-VERTEILUNG für 1 - ALPHA = .90

ν_Z: Freiheitsgrad des Zählers
ν_N: Freiheitsgrad des Nenners

	ν_Z						
ν_N	15	16	17	18	19	20	21
1	61.2203	61.3498	61.4645	61.5664	61.6581	61.7402	61.8151
2	9.4247	9.4288	9.4325	9.4358	9.4387	9.4414	9.4437
3	5.2003	5.1964	5.1929	5.1898	5.1870	5.1845	5.1822
4	3.8704	3.8639	3.8582	3.8531	3.8485	3.8443	3.8406
5	3.2380	3.2303	3.2234	3.2172	3.2117	3.2067	3.2021
6	2.8712	2.8626	2.8550	2.8481	2.8419	2.8363	2.8312
7	2.6322	2.6230	2.6148	2.6074	2.6008	2.5947	2.5892
8	2.4642	2.4545	2.4458	2.4380	2.4310	2.4246	2.4188
9	2.3396	2.3295	2.3205	2.3123	2.3050	2.2983	2.2922
10	2.2435	2.2330	2.2237	2.2153	2.2077	2.2007	2.1944
11	2.1671	2.1563	2.1467	2.1380	2.1302	2.1230	2.1165
12	2.1049	2.0938	2.0839	2.0750	2.0670	2.0597	2.0530
13	2.0532	2.0419	2.0318	2.0227	2.0145	2.0070	2.0001
14	2.0095	1.9981	1.9878	1.9785	1.9701	1.9625	1.9555
15	1.9722	1.9605	1.9501	1.9407	1.9321	1.9243	1.9172
16	1.9399	1.9281	1.9175	1.9079	1.8992	1.8913	1.8840
17	1.9117	1.8997	1.8889	1.8792	1.8704	1.8624	1.8550
18	1.8868	1.8747	1.8638	1.8539	1.8450	1.8368	1.8294
19	1.8647	1.8524	1.8414	1.8314	1.8224	1.8142	1.8066
20	1.8449	1.8325	1.8214	1.8113	1.8022	1.7938	1.7862
21	1.8271	1.8146	1.8034	1.7932	1.7840	1.7756	1.7678
22	1.8111	1.7984	1.7871	1.7768	1.7675	1.7590	1.7512
23	1.7964	1.7837	1.7723	1.7619	1.7525	1.7439	1.7360
24	1.7831	1.7703	1.7587	1.7483	1.7388	1.7302	1.7222
25	1.7708	1.7579	1.7463	1.7358	1.7263	1.7175	1.7095
26	1.7596	1.7466	1.7349	1.7243	1.7147	1.7059	1.6978
27	1.7492	1.7361	1.7243	1.7137	1.7040	1.6951	1.6870
28	1.7395	1.7264	1.7146	1.7039	1.6941	1.6852	1.6770
29	1.7306	1.7174	1.7055	1.6947	1.6849	1.6759	1.6677
30	1.7223	1.7090	1.6970	1.6862	1.6763	1.6673	1.6590
40	1.6624	1.6486	1.6362	1.6249	1.6146	1.6052	1.5965
50	1.6269	1.6128	1.6000	1.5884	1.5778	1.5681	1.5592
60	1.6034	1.5890	1.5760	1.5642	1.5534	1.5435	1.5343
70	1.5866	1.5721	1.5589	1.5470	1.5360	1.5259	1.5166
80	1.5741	1.5594	1.5461	1.5340	1.5230	1.5128	1.5034

6. F-VERTEILUNG für 1 - ALPHA = .90

ν_Z: Freiheitsgrad des Zählers
ν_N: Freiheitsgrad des Nenners

	ν_Z						
ν_N	22	23	24	25	26	27	28
1	61.8829	61.9451	62.0020	62.0547	62.1030	62.1481	62.1896
2	9.4459	9.4478	9.4496	9.4513	9.4528	9.4543	9.4556
3	5.1801	5.1781	5.1764	5.1747	5.1732	5.1718	5.1705
4	3.8371	3.8339	3.8310	3.8283	3.8258	3.8235	3.8213
5	3.1979	3.1941	3.1905	3.1873	3.1842	3.1814	3.1788
6	2.8266	2.8223	2.8183	2.8147	2.8113	2.8082	2.8053
7	2.5842	2.5796	2.5753	2.5714	2.5677	2.5643	2.5612
8	2.4135	2.4086	2.4041	2.3999	2.3961	2.3925	2.3891
9	2.2867	2.2816	2.2768	2.2725	2.2684	2.2646	2.2611
10	2.1887	2.1833	2.1784	2.1739	2.1697	2.1657	2.1621
11	2.1106	2.1051	2.1000	2.0953	2.0909	2.0869	2.0831
12	2.0469	2.0412	2.0360	2.0312	2.0267	2.0225	2.0186
13	1.9939	1.9881	1.9827	1.9778	1.9732	1.9689	1.9649
14	1.9490	1.9431	1.9377	1.9326	1.9279	1.9235	1.9194
15	1.9106	1.9046	1.8990	1.8939	1.8891	1.8846	1.8804
16	1.8774	1.8712	1.8656	1.8603	1.8554	1.8508	1.8466
17	1.8482	1.8420	1.8362	1.8309	1.8259	1.8213	1.8169
18	1.8225	1.8162	1.8103	1.8049	1.7999	1.7951	1.7907
19	1.7997	1.7932	1.7873	1.7818	1.7767	1.7719	1.7674
20	1.7792	1.7727	1.7667	1.7611	1.7559	1.7510	1.7465
21	1.7607	1.7541	1.7481	1.7424	1.7372	1.7322	1.7276
22	1.7440	1.7374	1.7312	1.7255	1.7202	1.7152	1.7106
23	1.7288	1.7221	1.7159	1.7101	1.7047	1.6997	1.6950
24	1.7149	1.7081	1.7019	1.6960	1.6906	1.6855	1.6808
25	1.7021	1.6953	1.6890	1.6831	1.6776	1.6725	1.6677
26	1.6904	1.6835	1.6771	1.6712	1.6657	1.6605	1.6556
27	1.6795	1.6726	1.6662	1.6602	1.6546	1.6494	1.6445
28	1.6695	1.6625	1.6560	1.6500	1.6444	1.6391	1.6342
29	1.6601	1.6531	1.6465	1.6405	1.6348	1.6295	1.6246
30	1.6514	1.6443	1.6377	1.6316	1.6259	1.6206	1.6156
40	1.5884	1.5810	1.5741	1.5677	1.5617	1.5560	1.5507
50	1.5509	1.5432	1.5361	1.5294	1.5232	1.5173	1.5118
60	1.5259	1.5180	1.5107	1.5039	1.4975	1.4915	1.4859
70	1.5080	1.5000	1.4926	1.4857	1.4791	1.4730	1.4673
80	1.4947	1.4866	1.4790	1.4720	1.4653	1.4591	1.4533

6. F—VERTEILUNG für 1 − ALPHA = .90

ν_Z: Freiheitsgrad des Zählers
ν_N: Freiheitsgrad des Nenners

	ν_Z						
ν_N	29	30	40	50	60	70	80
1	62.2287	62.2650	62.5290	62.6880	62.7942	62.8702	62.9273
2	9.4568	9.4579	9.4663	9.4712	9.4745	9.4770	9.4788
3	5.1693	5.1681	5.1597	5.1546	5.1512	5.1487	5.1469
4	3.8193	3.8174	3.8036	3.7952	3.7896	3.7855	3.7825
5	3.1764	3.1741	3.1573	3.1471	3.1402	3.1353	3.1316
6	2.8025	2.8000	2.7812	2.7697	2.7620	2.7564	2.7522
7	2.5582	2.5555	2.5351	2.5226	2.5142	2.5082	2.5036
8	2.3860	2.3830	2.3614	2.3481	2.3391	2.3326	2.3277
9	2.2578	2.2547	2.2320	2.2180	2.2085	2.2017	2.1965
10	2.1586	2.1554	2.1317	2.1171	2.1072	2.1000	2.0946
11	2.0795	2.0762	2.0516	2.0364	2.0261	2.0187	2.0130
12	2.0149	2.0115	1.9861	1.9704	1.9597	1.9520	1.9461
13	1.9611	1.9576	1.9315	1.9153	1.9043	1.8963	1.8903
14	1.9155	1.9119	1.8852	1.8686	1.8572	1.8490	1.8428
15	1.8765	1.8728	1.8454	1.8284	1.8168	1.8083	1.8019
16	1.8426	1.8388	1.8108	1.7934	1.7816	1.7729	1.7664
17	1.8128	1.8090	1.7805	1.7628	1.7506	1.7418	1.7351
18	1.7866	1.7827	1.7537	1.7356	1.7232	1.7142	1.7073
19	1.7632	1.7592	1.7298	1.7114	1.6988	1.6896	1.6826
20	1.7422	1.7382	1.7083	1.6896	1.6768	1.6674	1.6603
21	1.7233	1.7193	1.6890	1.6700	1.6569	1.6474	1.6401
22	1.7062	1.7021	1.6714	1.6521	1.6389	1.6292	1.6218
23	1.6906	1.6864	1.6554	1.6358	1.6224	1.6125	1.6051
24	1.6763	1.6721	1.6407	1.6209	1.6073	1.5973	1.5897
25	1.6632	1.6589	1.6272	1.6072	1.5933	1.5833	1.5755
26	1.6511	1.6468	1.6147	1.5945	1.5805	1.5703	1.5625
27	1.6399	1.6356	1.6032	1.5827	1.5686	1.5582	1.5503
28	1.6295	1.6252	1.5925	1.5718	1.5575	1.5471	1.5390
29	1.6199	1.6155	1.5825	1.5617	1.5472	1.5366	1.5285
30	1.6109	1.6065	1.5732	1.5522	1.5376	1.5269	1.5187
40	1.5458	1.5411	1.5056	1.4830	1.4672	1.4555	1.4465
50	1.5067	1.5018	1.4648	1.4409	1.4242	1.4119	1.4023
60	1.4806	1.4755	1.4373	1.4126	1.3953	1.3823	1.3723
70	1.4618	1.4567	1.4176	1.3922	1.3742	1.3608	1.3504
80	1.4478	1.4426	1.4027	1.3767	1.3583	1.3445	1.3337

7. F–VERTEILUNG für 1 – ALPHA = .95

ν_Z: Freiheitsgrad des Zählers
ν_N: Freiheitsgrad des Nenners

Tabelliert sind die Werte F_c, für die gilt:

$$\text{Prob}(0 < F \leq F_c) = F_F(F_c | \nu_Z, \nu_N) = 1 - \alpha.$$

ν_N	ν_Z = 1	2	3	4	5	6	7
1	161.4477	199.5000	215.7081	224.5831	230.1622	233.9858	236.7690
2	18.5128	19.0000	19.1643	19.2468	19.2964	19.3296	19.3532
3	10.1280	9.5521	9.2766	9.1172	9.0135	8.9406	8.8868
4	7.7086	6.9443	6.5914	6.3882	6.2561	6.1631	6.0942
5	6.6079	5.7861	5.4095	5.1922	5.0503	4.9503	4.8759
6	5.9874	5.1433	4.7571	4.5337	4.3874	4.2839	4.2067
7	5.5915	4.7374	4.3468	4.1203	3.9715	3.8660	3.7870
8	5.3177	4.4590	4.0662	3.8379	3.6875	3.5806	3.5005
9	5.1174	4.2565	3.8625	3.6331	3.4817	3.3738	3.2927
10	4.9646	4.1028	3.7083	3.4781	3.3258	3.2172	3.1355
11	4.8443	3.9823	3.5874	3.3567	3.2039	3.0946	3.0123
12	4.7472	3.8853	3.4903	3.2592	3.1059	2.9961	2.9134
13	4.6672	3.8056	3.4105	3.1791	3.0254	2.9153	2.8321
14	4.6001	3.7389	3.3439	3.1122	2.9582	2.8477	2.7642
15	4.5431	3.6823	3.2874	3.0556	2.9013	2.7905	2.7066
16	4.4940	3.6337	3.2389	3.0069	2.8524	2.7413	2.6572
17	4.4513	3.5915	3.1968	2.9647	2.8100	2.6987	2.6143
18	4.4139	3.5546	3.1599	2.9277	2.7729	2.6613	2.5767
19	4.3808	3.5219	3.1273	2.8951	2.7401	2.6283	2.5435
20	4.3512	3.4928	3.0984	2.8661	2.7109	2.5990	2.5140
21	4.3248	3.4668	3.0725	2.8401	2.6848	2.5727	2.4876
22	4.3010	3.4434	3.0491	2.8167	2.6613	2.5491	2.4638
23	4.2793	3.4221	3.0280	2.7955	2.6400	2.5277	2.4422
24	4.2597	3.4028	3.0088	2.7763	2.6207	2.5082	2.4226
25	4.2417	3.3852	2.9912	2.7587	2.6030	2.4904	2.4047
26	4.2252	3.3690	2.9752	2.7426	2.5868	2.4741	2.3883
27	4.2100	3.3541	2.9604	2.7278	2.5719	2.4591	2.3732
28	4.1960	3.3404	2.9467	2.7141	2.5581	2.4453	2.3593
29	4.1830	3.3277	2.9340	2.7014	2.5454	2.4324	2.3463
30	4.1709	3.3158	2.9223	2.6896	2.5336	2.4205	2.3343
40	4.0847	3.2317	2.8387	2.6060	2.4495	2.3359	2.2490
50	4.0343	3.1826	2.7900	2.5572	2.4004	2.2864	2.1992
60	4.0012	3.1504	2.7581	2.5252	2.3683	2.2541	2.1665
70	3.9778	3.1277	2.7355	2.5027	2.3456	2.2312	2.1435
80	3.9604	3.1108	2.7188	2.4859	2.3287	2.2142	2.1263

7. F—VERTEILUNG für 1 – ALPHA = .95

ν_Z: Freiheitsgrad des Zählers
ν_N: Freiheitsgrad des Nenners

Es gilt die Beziehung der reziproken Symmetrie

$$F_{\alpha;\nu_Z,\nu_N} = \frac{1}{F_{1-\alpha;\nu_N,\nu_Z}} .$$

	ν_Z						
ν_N	8	9	10	11	12	13	14
1	238.8827	240.5437	241.8816	242.9844	243.9062	244.6908	245.3640
2	19.3710	19.3848	19.3959	19.4049	19.4126	19.4190	19.4245
3	8.8452	8.8123	8.7855	8.7633	8.7446	8.7287	8.7149
4	6.0411	5.9988	5.9644	5.9358	5.9117	5.8911	5.8733
5	4.8183	4.7725	4.7351	4.7040	4.6777	4.6552	4.6358
6	4.1468	4.0990	4.0600	4.0274	3.9999	3.9764	3.9559
7	3.7257	3.6767	3.6365	3.6030	3.5747	3.5503	3.5292
8	3.4381	3.3881	3.3472	3.3129	3.2839	3.2590	3.2374
9	3.2296	3.1789	3.1373	3.1025	3.0729	3.0476	3.0255
10	3.0717	3.0204	2.9782	2.9430	2.9130	2.8872	2.8647
11	2.9480	2.8962	2.8536	2.8179	2.7876	2.7614	2.7386
12	2.8486	2.7964	2.7534	2.7173	2.6866	2.6602	2.6371
13	2.7669	2.7144	2.6710	2.6347	2.6037	2.5769	2.5536
14	2.6987	2.6458	2.6022	2.5655	2.5342	2.5073	2.4837
15	2.6408	2.5876	2.5437	2.5068	2.4753	2.4481	2.4244
16	2.5911	2.5377	2.4935	2.4564	2.4247	2.3973	2.3733
17	2.5480	2.4943	2.4499	2.4126	2.3807	2.3531	2.3290
18	2.5102	2.4563	2.4117	2.3742	2.3421	2.3143	2.2900
19	2.4768	2.4227	2.3779	2.3402	2.3080	2.2800	2.2556
20	2.4471	2.3928	2.3479	2.3100	2.2776	2.2495	2.2250
21	2.4205	2.3660	2.3210	2.2829	2.2504	2.2222	2.1975
22	2.3965	2.3419	2.2967	2.2585	2.2258	2.1975	2.1727
23	2.3748	2.3201	2.2747	2.2364	2.2036	2.1752	2.1502
24	2.3551	2.3002	2.2547	2.2163	2.1834	2.1548	2.1298
25	2.3371	2.2821	2.2365	2.1979	2.1649	2.1362	2.1111
26	2.3205	2.2655	2.2197	2.1811	2.1479	2.1192	2.0939
27	2.3053	2.2501	2.2043	2.1655	2.1323	2.1035	2.0781
28	2.2913	2.2360	2.1900	2.1512	2.1179	2.0889	2.0635
29	2.2783	2.2229	2.1768	2.1379	2.1045	2.0755	2.0500
30	2.2662	2.2107	2.1646	2.1256	2.0921	2.0630	2.0374
40	2.1802	2.1240	2.0772	2.0376	2.0035	1.9738	1.9476
50	2.1299	2.0734	2.0261	1.9861	1.9515	1.9214	1.8949
60	2.0970	2.0401	1.9926	1.9522	1.9174	1.8870	1.8602
70	2.0737	2.0166	1.9689	1.9283	1.8932	1.8627	1.8357
80	2.0564	1.9991	1.9512	1.9105	1.8753	1.8445	1.8174

7. F–VERTEILUNG für 1 – ALPHA = .95

γ_Z: Freiheitsgrad des Zählers
γ_N: Freiheitsgrad des Nenners

γ_N \ γ_Z	15	16	17	18	19	20	21
1	245.9506	246.4641	246.9199	247.3231	247.6862	248.0134	248.3094
2	19.4293	19.4334	19.4370	19.4402	19.4433	19.4458	19.4482
3	8.7029	8.6923	8.6829	8.6745	8.6670	8.6602	8.6540
4	5.8578	5.8441	5.8320	5.8211	5.8114	5.8025	5.7945
5	4.6188	4.6038	4.5904	4.5785	4.5678	4.5581	4.5493
6	3.9381	3.9223	3.9083	3.8957	3.8844	3.8742	3.8649
7	3.5107	3.4944	3.4799	3.4669	3.4551	3.4445	3.4349
8	3.2184	3.2016	3.1867	3.1733	3.1613	3.1503	3.1404
9	3.0061	2.9890	2.9737	2.9600	2.9477	2.9365	2.9263
10	2.8450	2.8276	2.8120	2.7980	2.7854	2.7740	2.7636
11	2.7186	2.7009	2.6851	2.6709	2.6581	2.6464	2.6358
12	2.6169	2.5989	2.5828	2.5684	2.5554	2.5436	2.5328
13	2.5331	2.5149	2.4987	2.4841	2.4709	2.4589	2.4479
14	2.4630	2.4446	2.4282	2.4134	2.4000	2.3879	2.3768
15	2.4034	2.3849	2.3683	2.3533	2.3398	2.3275	2.3163
16	2.3522	2.3335	2.3167	2.3016	2.2880	2.2756	2.2642
17	2.3077	2.2888	2.2719	2.2567	2.2429	2.2304	2.2189
18	2.2686	2.2496	2.2325	2.2172	2.2033	2.1906	2.1791
19	2.2341	2.2149	2.1977	2.1823	2.1683	2.1555	2.1438
20	2.2033	2.1840	2.1667	2.1511	2.1370	2.1242	2.1124
21	2.1757	2.1563	2.1389	2.1232	2.1090	2.0960	2.0842
22	2.1508	2.1313	2.1138	2.0980	2.0837	2.0707	2.0587
23	2.1282	2.1086	2.0910	2.0751	2.0608	2.0476	2.0356
24	2.1077	2.0880	2.0703	2.0543	2.0399	2.0267	2.0146
25	2.0889	2.0691	2.0513	2.0353	2.0207	2.0075	1.9953
26	2.0716	2.0518	2.0339	2.0178	2.0032	1.9898	1.9776
27	2.0558	2.0358	2.0179	2.0017	1.9870	1.9736	1.9613
28	2.0411	2.0210	2.0030	1.9868	1.9720	1.9586	1.9462
29	2.0275	2.0073	1.9893	1.9730	1.9581	1.9446	1.9322
30	2.0148	1.9946	1.9765	1.9601	1.9452	1.9317	1.9192
40	1.9245	1.9038	1.8851	1.8682	1.8529	1.8389	1.8260
50	1.8714	1.8503	1.8313	1.8141	1.7985	1.7841	1.7709
60	1.8364	1.8151	1.7959	1.7784	1.7625	1.7480	1.7346
70	1.8117	1.7902	1.7708	1.7531	1.7371	1.7223	1.7088
80	1.7932	1.7716	1.7520	1.7342	1.7180	1.7032	1.6895

7. F-VERTEILUNG für 1 - ALPHA = .95

γ_Z: Freiheitsgrad des Zählers
γ_N: Freiheitsgrad des Nenners

	γ_Z						
γ_N	22	23	24	25	26	27	28
1	248.5787	248.8266	249.0517	249.2618	249.4523	249.6311	249.7965
2	19.4503	19.4522	19.4540	19.4558	19.4574	19.4589	19.4601
3	8.6484	8.6433	8.6385	8.6342	8.6301	8.6264	8.6229
4	5.7872	5.7805	5.7744	5.7687	5.7635	5.7586	5.7541
5	4.5413	4.5339	4.5272	4.5209	4.5151	4.5098	4.5047
6	3.8564	3.8486	3.8415	3.8348	3.8287	3.8230	3.8177
7	3.4260	3.4179	3.4105	3.4036	3.3972	3.3913	3.3858
8	3.1313	3.1229	3.1152	3.1081	3.1016	3.0954	3.0897
9	2.9169	2.9084	2.9005	2.8932	2.8864	2.8801	2.8743
10	2.7541	2.7453	2.7372	2.7298	2.7229	2.7164	2.7104
11	2.6261	2.6172	2.6090	2.6014	2.5943	2.5877	2.5816
12	2.5229	2.5139	2.5055	2.4977	2.4905	2.4838	2.4776
13	2.4379	2.4287	2.4202	2.4123	2.4050	2.3982	2.3918
14	2.3667	2.3573	2.3487	2.3407	2.3333	2.3264	2.3199
15	2.3060	2.2966	2.2878	2.2797	2.2722	2.2652	2.2587
16	2.2538	2.2442	2.2354	2.2272	2.2196	2.2125	2.2059
17	2.2084	2.1987	2.1898	2.1815	2.1738	2.1666	2.1599
18	2.1685	2.1587	2.1497	2.1413	2.1335	2.1262	2.1195
19	2.1331	2.1233	2.1141	2.1057	2.0978	2.0905	2.0836
20	2.1016	2.0917	2.0825	2.0739	2.0660	2.0586	2.0517
21	2.0733	2.0633	2.0540	2.0454	2.0374	2.0299	2.0229
22	2.0478	2.0377	2.0283	2.0196	2.0116	2.0040	1.9970
23	2.0246	2.0144	2.0050	1.9963	1.9881	1.9805	1.9734
24	2.0035	1.9932	1.9838	1.9750	1.9668	1.9591	1.9520
25	1.9842	1.9738	1.9643	1.9554	1.9472	1.9395	1.9323
26	1.9664	1.9560	1.9464	1.9375	1.9292	1.9215	1.9142
27	1.9500	1.9396	1.9299	1.9210	1.9126	1.9048	1.8975
28	1.9349	1.9244	1.9147	1.9057	1.8973	1.8894	1.8821
29	1.9208	1.9103	1.9005	1.8915	1.8830	1.8751	1.8677
30	1.9077	1.8972	1.8874	1.8782	1.8698	1.8618	1.8544
40	1.8141	1.8031	1.7929	1.7835	1.7746	1.7663	1.7586
50	1.7588	1.7475	1.7371	1.7273	1.7183	1.7097	1.7018
60	1.7222	1.7108	1.7001	1.6902	1.6809	1.6722	1.6641
70	1.6962	1.6846	1.6738	1.6638	1.6543	1.6455	1.6372
80	1.6768	1.6651	1.6542	1.6440	1.6345	1.6255	1.6171

7. F-VERTEILUNG für 1 − ALPHA = .95

ν_Z: Freiheitsgrad des Zählers
ν_N: Freiheitsgrad des Nenners

	ν_Z						
ν_N	29	30	40	50	60	70	80
1	249.9526	250.0953	251.1431	251.7739	252.1957	252.4970	252.7236
2	19.4612	19.4624	19.4709	19.4760	19.4787	19.4810	19.4833
3	8.6196	8.6166	8.5944	8.5810	8.5720	8.5656	8.5607
4	5.7498	5.7459	5.7170	5.6995	5.6878	5.6793	5.6730
5	4.5001	4.4957	4.4638	4.4444	4.4314	4.4220	4.4150
6	3.8128	3.8082	3.7743	3.7537	3.7398	3.7298	3.7223
7	3.3806	3.3758	3.3404	3.3189	3.3043	3.2939	3.2860
8	3.0844	3.0794	3.0428	3.0204	3.0053	2.9945	2.9862
9	2.8688	2.8637	2.8259	2.8028	2.7872	2.7760	2.7675
10	2.7048	2.6996	2.6609	2.6371	2.6211	2.6095	2.6008
11	2.5759	2.5705	2.5309	2.5066	2.4901	2.4782	2.4692
12	2.4718	2.4663	2.4259	2.4010	2.3842	2.3720	2.3628
13	2.3859	2.3803	2.3392	2.3138	2.2966	2.2841	2.2747
14	2.3139	2.3082	2.2664	2.2405	2.2230	2.2102	2.2006
15	2.2525	2.2468	2.2043	2.1780	2.1601	2.1472	2.1373
16	2.1997	2.1938	2.1507	2.1240	2.1058	2.0926	2.0826
17	2.1536	2.1477	2.1040	2.0769	2.0584	2.0450	2.0348
18	2.1131	2.1071	2.0629	2.0354	2.0166	2.0030	1.9927
19	2.0772	2.0712	2.0264	1.9986	1.9795	1.9657	1.9552
20	2.0452	2.0391	1.9938	1.9656	1.9464	1.9323	1.9217
21	2.0164	2.0102	1.9645	1.9360	1.9165	1.9023	1.8915
22	1.9904	1.9842	1.9380	1.9092	1.8894	1.8751	1.8641
23	1.9668	1.9605	1.9139	1.8848	1.8648	1.8503	1.8392
24	1.9453	1.9390	1.8920	1.8625	1.8424	1.8276	1.8164
25	1.9255	1.9192	1.8718	1.8421	1.8217	1.8069	1.7955
26	1.9074	1.9010	1.8533	1.8233	1.8027	1.7877	1.7762
27	1.8907	1.8842	1.8361	1.8059	1.7851	1.7700	1.7584
28	1.8752	1.8687	1.8203	1.7898	1.7689	1.7535	1.7418
29	1.8608	1.8543	1.8055	1.7748	1.7537	1.7382	1.7264
30	1.8474	1.8409	1.7918	1.7609	1.7396	1.7240	1.7121
40	1.7513	1.7444	1.6928	1.6600	1.6373	1.6205	1.6077
50	1.6942	1.6872	1.6337	1.5995	1.5757	1.5580	1.5448
60	1.6564	1.6491	1.5943	1.5590	1.5345	1.5162	1.5021
70	1.6294	1.6220	1.5661	1.5300	1.5047	1.4858	1.4712
80	1.6092	1.6017	1.5449	1.5082	1.4822	1.4629	1.4479

8. F-VERTEILUNG für 1 − ALPHA = .99

ν_Z: Freiheitsgrad des Zählers
ν_N: Freiheitsgrad des Nenners

Tabelliert sind die Werte F_c, für die gilt:

$$\text{Prob}(0 < F \leq F_c) = F_F(F_c \mid \nu_Z, \nu_N) = 1 - \alpha.$$

	ν_Z						
ν_N	1	2	3	4	5	6	7
1	4052.2050	4999.5140	5403.4460	5624.6200	5763.6920	5859.0220	5928.4900
2	98.5026	98.9999	99.1663	99.2497	99.2993	99.3338	99.3567
3	34.1164	30.8166	29.4568	28.7100	28.2373	27.9107	27.6718
4	21.1977	18.0000	16.6944	15.9770	15.5219	15.2069	14.9759
5	16.2582	13.2739	12.0600	11.3919	10.9670	10.6723	10.4556
6	13.7450	10.9248	9.7796	9.1483	8.7459	8.4661	8.2600
7	12.2464	9.5466	8.4513	7.8466	7.4604	7.1914	6.9928
8	11.2587	8.6491	7.5910	7.0061	6.6318	6.3707	6.1776
9	10.5615	8.0215	6.9919	6.4221	6.0569	5.8018	5.6129
10	10.0443	7.5594	6.5523	5.9943	5.6363	5.3858	5.2001
11	9.6460	7.2057	6.2167	5.6683	5.3160	5.0692	4.8861
12	9.3302	6.9266	5.9525	5.4119	5.0643	4.8206	4.6395
13	9.0739	6.7010	5.7394	5.2053	4.8616	4.6204	4.4410
14	8.8616	6.5149	5.5639	5.0354	4.6950	4.4558	4.2779
15	8.6832	6.3589	5.4170	4.8932	4.5556	4.3183	4.1416
16	8.5310	6.2262	5.2922	4.7726	4.4374	4.2016	4.0259
17	8.3998	6.1121	5.1850	4.6690	4.3359	4.1015	3.9267
18	8.2854	6.0129	5.0919	4.5790	4.2479	4.0146	3.8406
19	8.1850	5.9259	5.0103	4.5003	4.1708	3.9386	3.7653
20	8.0959	5.8489	4.9382	4.4307	4.1027	3.8714	3.6987
21	8.0166	5.7804	4.8740	4.3688	4.0422	3.8117	3.6396
22	7.9454	5.7190	4.8166	4.3134	3.9880	3.7583	3.5867
23	7.8812	5.6637	4.7649	4.2636	3.9392	3.7102	3.5390
24	7.8229	5.6136	4.7181	4.2184	3.8951	3.6667	3.4959
25	7.7698	5.5680	4.6755	4.1774	3.8550	3.6272	3.4568
26	7.7213	5.5263	4.6366	4.1400	3.8183	3.5911	3.4210
27	7.6767	5.4881	4.6009	4.1056	3.7848	3.5580	3.3882
28	7.6356	5.4529	4.5681	4.0740	3.7539	3.5276	3.3581
29	7.5977	5.4204	4.5378	4.0449	3.7254	3.4995	3.3303
30	7.5625	5.3904	4.5097	4.0179	3.6990	3.4735	3.3045
40	7.3141	5.1785	4.3126	3.8283	3.5138	3.2910	3.1238
50	7.1706	5.0566	4.1993	3.7195	3.4077	3.1864	3.0202
60	7.0771	4.9774	4.1259	3.6491	3.3389	3.1187	2.9530
70	7.0114	4.9219	4.0744	3.5997	3.2907	3.0712	2.9060
80	6.9627	4.8808	4.0363	3.5631	3.2551	3.0361	2.8713

8. F-VERTEILUNG für 1 - ALPHA = .99

ν_Z: Freiheitsgrad des Zählers
ν_N: Freiheitsgrad des Nenners

Es gilt die Beziehung der reziproken Symmetrie

$$F_{\alpha;\nu_Z,\nu_N} = \frac{1}{F_{1-\alpha;\nu_N,\nu_Z}} .$$

	ν_Z						
ν_N	8	9	10	11	12	13	14
1	5981.0790	6022.5190	6055.9000	6083.3890	6106.2970	6126.0180	6142.6960
2	99.3750	99.3879	99.3992	99.4105	99.4157	99.4228	99.4311
3	27.4892	27.3453	27.2288	27.1328	27.0518	26.9833	26.9238
4	14.7989	14.6591	14.5459	14.4524	14.3737	14.3065	14.2487
5	10.2893	10.1578	10.0510	9.9627	9.8883	9.8248	9.7700
6	8.1017	7.9761	7.8741	7.7896	7.7183	7.6575	7.6049
7	6.8400	6.7188	6.6201	6.5382	6.4691	6.4101	6.3590
8	6.0289	5.9106	5.8143	5.7343	5.6667	5.6089	5.5589
9	5.4671	5.3511	5.2565	5.1779	5.1114	5.0545	5.0052
10	5.0567	4.9424	4.8492	4.7715	4.7059	4.6496	4.6008
11	4.7445	4.6316	4.5393	4.4624	4.3974	4.3416	4.2932
12	4.4994	4.3875	4.2961	4.2198	4.1553	4.0999	4.0518
13	4.3021	4.1911	4.1003	4.0245	3.9603	3.9052	3.8573
14	4.1399	4.0297	3.9394	3.8640	3.8001	3.7452	3.6975
15	4.0045	3.8948	3.8049	3.7299	3.6662	3.6115	3.5639
16	3.8896	3.7804	3.6909	3.6162	3.5527	3.4981	3.4506
17	3.7910	3.6823	3.5931	3.5185	3.4552	3.4007	3.3533
18	3.7054	3.5971	3.5082	3.4338	3.3706	3.3162	3.2689
19	3.6305	3.5225	3.4338	3.3596	3.2965	3.2422	3.1949
20	3.5644	3.4567	3.3682	3.2941	3.2311	3.1769	3.1296
21	3.5056	3.3982	3.3098	3.2359	3.1730	3.1187	3.0715
22	3.4530	3.3458	3.2576	3.1837	3.1209	3.0667	3.0195
23	3.4057	3.2986	3.2106	3.1368	3.0740	3.0199	2.9727
24	3.3629	3.2560	3.1681	3.0944	3.0316	2.9775	2.9303
25	3.3239	3.2172	3.1294	3.0558	2.9931	2.9390	2.8917
26	3.2884	3.1818	3.0941	3.0205	2.9578	2.9038	2.8566
27	3.2558	3.1494	3.0618	2.9882	2.9256	2.8715	2.8243
28	3.2259	3.1195	3.0320	2.9585	2.8959	2.8418	2.7946
29	3.1982	3.0920	3.0045	2.9311	2.8685	2.8144	2.7672
30	3.1726	3.0665	2.9791	2.9057	2.8431	2.7890	2.7418
40	2.9930	2.8876	2.8005	2.7274	2.6648	2.6107	2.5634
50	2.8900	2.7850	2.6981	2.6250	2.5625	2.5083	2.4609
60	2.8233	2.7185	2.6318	2.5587	2.4961	2.4419	2.3944
70	2.7765	2.6719	2.5852	2.5122	2.4496	2.3953	2.3477
80	2.7420	2.6374	2.5508	2.4778	2.4151	2.3608	2.3131

8. F-VERTEILUNG für 1 − ALPHA = .99

ν_Z: Freiheitsgrad des Zählers
ν_N: Freiheitsgrad des Nenners

	ν_Z						
ν_N	15	16	17	18	19	20	21
1	6157.3420	6170.1480	6181.7210	6191.5540	6200.7480	6208.7330	6216.3360
2	99.4341	99.4373	99.4414	99.4439	99.4493	99.4529	99.4565
3	26.8724	26.8269	26.7869	26.7509	26.7187	26.6899	26.6638
4	14.1982	14.1539	14.1146	14.0796	14.0482	14.0196	13.9938
5	9.7222	9.6802	9.6429	9.6096	9.5797	9.5526	9.5281
6	7.5590	7.5186	7.4828	7.4507	7.4218	7.3959	7.3723
7	6.3144	6.2750	6.2401	6.2089	6.1808	6.1554	6.1324
8	5.5151	5.4766	5.4423	5.4116	5.3840	5.3591	5.3364
9	4.9621	4.9240	4.8902	4.8599	4.8327	4.8080	4.7856
10	4.5581	4.5204	4.4869	4.4569	4.4299	4.4054	4.3831
11	4.2509	4.2134	4.1801	4.1503	4.1234	4.0990	4.0769
12	4.0096	3.9724	3.9392	3.9095	3.8827	3.8584	3.8363
13	3.8154	3.7783	3.7452	3.7156	3.6888	3.6646	3.6426
14	3.6557	3.6187	3.5857	3.5561	3.5294	3.5052	3.4832
15	3.5222	3.4852	3.4523	3.4228	3.3961	3.3719	3.3499
16	3.4090	3.3720	3.3392	3.3096	3.2829	3.2588	3.2367
17	3.3117	3.2748	3.2419	3.2124	3.1857	3.1615	3.1394
18	3.2273	3.1904	3.1575	3.1280	3.1013	3.0771	3.0550
19	3.1533	3.1165	3.0836	3.0541	3.0274	3.0031	2.9810
20	3.0880	3.0512	3.0183	2.9887	2.9620	2.9377	2.9156
21	3.0300	2.9931	2.9602	2.9306	2.9039	2.8796	2.8574
22	2.9779	2.9411	2.9082	2.8786	2.8518	2.8275	2.8052
23	2.9311	2.8943	2.8613	2.8317	2.8049	2.7805	2.7583
24	2.8887	2.8519	2.8189	2.7892	2.7624	2.7380	2.7157
25	2.8502	2.8133	2.7803	2.7506	2.7238	2.6993	2.6770
26	2.8150	2.7781	2.7451	2.7153	2.6885	2.6640	2.6416
27	2.7827	2.7458	2.7127	2.6830	2.6561	2.6316	2.6092
28	2.7530	2.7160	2.6830	2.6532	2.6263	2.6017	2.5793
29	2.7256	2.6886	2.6555	2.6257	2.5987	2.5742	2.5517
30	2.7002	2.6632	2.6301	2.6003	2.5733	2.5487	2.5262
40	2.5216	2.4844	2.4511	2.4210	2.3938	2.3689	2.3461
50	2.4190	2.3816	2.3481	2.3178	2.2903	2.2653	2.2423
60	2.3523	2.3148	2.2811	2.2507	2.2231	2.1978	2.1747
70	2.3055	2.2679	2.2341	2.2036	2.1758	2.1504	2.1271
80	2.2709	2.2332	2.1993	2.1686	2.1408	2.1153	2.0919

8. F-VERTEILUNG für 1 − ALPHA = .99

ν_Z: Freiheitsgrad des Zählers
ν_N: Freiheitsgrad des Nenners

ν_N \ ν_Z	22	23	24	25	26	27	28
1	6222.8640	6229.2320	6234.6420	6239.9710	6244.6580	6249.1340	6253.2390
2	99.4539	99.4588	99.4620	99.4639	99.4638	99.4606	99.4666
3	26.6395	26.6181	26.5976	26.5791	26.5619	26.5465	26.5312
4	13.9704	13.9489	13.9290	13.9109	13.8941	13.8783	13.8639
5	9.5058	9.4853	9.4665	9.4491	9.4331	9.4182	9.4043
6	7.3507	7.3308	7.3128	7.2960	7.2805	7.2661	7.2527
7	6.1113	6.0921	6.0743	6.0580	6.0428	6.0288	6.0157
8	5.3157	5.2967	5.2793	5.2632	5.2482	5.2344	5.2214
9	4.7651	4.7463	4.7290	4.7130	4.6982	4.6845	4.6717
10	4.3628	4.3441	4.3269	4.3110	4.2963	4.2827	4.2700
11	4.0566	4.0380	4.0209	4.0051	3.9904	3.9768	3.9641
12	3.8161	3.7976	3.7805	3.7647	3.7500	3.7364	3.7238
13	3.6224	3.6038	3.5868	3.5710	3.5563	3.5427	3.5300
14	3.4630	3.4445	3.4274	3.4116	3.3969	3.3833	3.3706
15	3.3297	3.3111	3.2940	3.2782	3.2635	3.2499	3.2372
16	3.2165	3.1979	3.1808	3.1650	3.1503	3.1366	3.1239
17	3.1192	3.1007	3.0835	3.0676	3.0529	3.0392	3.0264
18	3.0348	3.0162	2.9990	2.9831	2.9683	2.9546	2.9417
19	2.9607	2.9421	2.9249	2.9089	2.8941	2.8804	2.8675
20	2.8953	2.8766	2.8594	2.8434	2.8286	2.8148	2.8019
21	2.8370	2.8183	2.8010	2.7851	2.7702	2.7563	2.7434
22	2.7849	2.7661	2.7488	2.7328	2.7179	2.7040	2.6910
23	2.7379	2.7191	2.7017	2.6857	2.6707	2.6568	2.6438
24	2.6953	2.6764	2.6591	2.6430	2.6280	2.6140	2.6010
25	2.6565	2.6377	2.6203	2.6041	2.5891	2.5751	2.5620
26	2.6211	2.6022	2.5848	2.5686	2.5536	2.5395	2.5264
27	2.5887	2.5697	2.5522	2.5360	2.5209	2.5069	2.4937
28	2.5588	2.5398	2.5223	2.5060	2.4909	2.4768	2.4636
29	2.5311	2.5121	2.4946	2.4783	2.4631	2.4490	2.4358
30	2.5055	2.4865	2.4689	2.4526	2.4374	2.4233	2.4100
40	2.3252	2.3059	2.2880	2.2714	2.2559	2.2415	2.2280
50	2.2211	2.2016	2.1835	2.1667	2.1510	2.1363	2.1226
60	2.1533	2.1336	2.1154	2.0984	2.0825	2.0677	2.0538
70	2.1057	2.0858	2.0674	2.0503	2.0343	2.0194	2.0054
80	2.0703	2.0504	2.0319	2.0146	1.9985	1.9835	1.9693

8. F–VERTEILUNG für 1 – ALPHA = .99

ν_Z: Freiheitsgrad des Zählers
ν_N: Freiheitsgrad des Nenners

ν_N	ν_Z						
	29	30	40	50	60	70	80
1	6257.2560	6260.6400	6286.7790	6302.5270	6313.0800	6320.6020	6326.2440
2	99.4642	99.4669	99.4856	99.4863	99.4924	99.4785	99.4858
3	26.5176	26.5046	26.4109	26.3542	26.3165	26.2893	26.2689
4	13.8504	13.8377	13.7455	13.6898	13.6523	13.6258	13.6054
5	9.3915	9.3793	9.2912	9.2378	9.2020	9.1764	9.1570
6	7.2402	7.2285	7.1432	7.0914	7.0567	7.0319	7.0132
7	6.0035	5.9920	5.9084	5.8577	5.8236	5.7991	5.7806
8	5.2094	5.1982	5.1156	5.0654	5.0317	5.0073	4.9891
9	4.6598	4.6486	4.5666	4.5167	4.4831	4.4589	4.4407
10	4.2580	4.2470	4.1653	4.1155	4.0819	4.0577	4.0394
11	3.9523	3.9411	3.8596	3.8097	3.7761	3.7518	3.7335
12	3.7119	3.7008	3.6192	3.5692	3.5355	3.5111	3.4928
13	3.5182	3.5070	3.4253	3.3752	3.3413	3.3168	3.2984
14	3.3587	3.3476	3.2657	3.2153	3.1813	3.1567	3.1381
15	3.2253	3.2141	3.1319	3.0814	3.0471	3.0224	3.0037
16	3.1119	3.1007	3.0182	2.9675	2.9331	2.9082	2.8893
17	3.0145	3.0032	2.9205	2.8694	2.8348	2.8098	2.7908
18	2.9298	2.9185	2.8354	2.7842	2.7494	2.7241	2.7050
19	2.8555	2.8442	2.7608	2.7093	2.6742	2.6488	2.6296
20	2.7898	2.7785	2.6948	2.6430	2.6077	2.5822	2.5628
21	2.7313	2.7200	2.6359	2.5838	2.5484	2.5227	2.5032
22	2.6789	2.6675	2.5831	2.5308	2.4952	2.4693	2.4496
23	2.6316	2.6202	2.5355	2.4829	2.4471	2.4210	2.4013
24	2.5888	2.5773	2.4923	2.4395	2.4034	2.3773	2.3574
25	2.5498	2.5383	2.4530	2.3999	2.3637	2.3373	2.3173
26	2.5142	2.5026	2.4170	2.3637	2.3273	2.3008	2.2806
27	2.4814	2.4699	2.3840	2.3304	2.2938	2.2672	2.2469
28	2.4513	2.4397	2.3535	2.2998	2.2629	2.2361	2.2157
29	2.4234	2.4118	2.3253	2.2714	2.2344	2.2074	2.1869
30	2.3976	2.3860	2.2992	2.2450	2.2079	2.1808	2.1601
40	2.2153	2.2034	2.1142	2.0581	2.0194	1.9911	1.9694
50	2.1097	2.0976	2.0066	1.9490	1.9090	1.8797	1.8577
60	2.0408	2.0285	1.9360	1.8772	1.8366	1.8064	1.7832
70	1.9922	1.9798	1.8861	1.8263	1.7848	1.7539	1.7301
80	1.9560	1.9435	1.8489	1.7885	1.7461	1.7146	1.6903

Literaturverzeichnis

A. Standardwerke zur Methodenlehre der Statistik

Anderson,O.; Popp,W.; Schaffranek,M.; Stenger,H; Szameitat,K.
"Grundlagen der Statistik"
Springer-Verlag, Berlin 1988

Anderson,O.; Popp,W.; Schaffranek,M.; Steinmetz,D.; Stenger,H.
"Schätzen und Testen"
Springer-Verlag, Berlin 1976

Bamberg, Günter; Baur,Franz
"Statistik"
R.Oldenbourg-Verlag, München 1987

Bartel, Hans
"Statistik I" und "Statistik II"
UTB Taschenbücher, Gustav Fischer-Verlag, Stuttgart
Band I: 1983, Band II: 1976

Billeter-Frey, Ernst; Vlach, Vladimir
"Grundlagen der statistischen Methodenlehre"
UTB Taschenbücher, Gustav Fischer-Verlag, Stuttgart 1982

Bleymüller, Josef; Gehlert, Günter; Gülicher, Herbert
"Statistik für Wirtschaftswissenschaftler"
Verlag Franz Vahlen, München 1988

Bohley, Peter
"Statistik - Einführendes Lehrbuch für Wirtschafts- und Sozialwissenschaftler"
R. Oldenbourg-Verlag, München 1987

Clauß, Günter; Ebner, Heinz
"Grundlagen der Statistik"
Verlag Harri Deutsch, Frankfurt/Main 1988

Elpelt, Bärbel; Hartung, Joachim
"Grundkurs Statistik:
Lehr- und Übungsbuch der angewandten Statistik"
R. Oldenbourg-Verlag, München 1987

Ferschl, Franz
"Deskriptive Statistik"
Physica-Verlag, Würzburg 1985

Grohmann, Heinz
"Statistik - Allgemeine Methodenlehre I"
dipa-Verlag, Frankfurt/Main 1985

Hackl, Peter; Katzenbeisser, Walter; Panny, Walter
"Statistik: Lehrbuch mit Übungsaufgaben"
R. Oldenbourg-Verlag, München 1986

Hansen, Gerd
"Methodenlehre der Statistik"
Verlag Franz Vahlen, München 1985

Henn, Rudolf; Kischka, Peter
"Statistik: Theorie und Anwendungen in den Wirtschaftswissenschaften"
Athenäum-Verlag, Königstein, Teil 1: 1979; Teil 2: 1981

Kellerer, Hans
"Statistik im modernen Wirtschafts- und Sozialleben"
Rowohlt Taschenbücher, Hamburg 1966

Kraft, M; Braun, K.
"Statistische Methoden"
Physica-Verlag, Würzburg 1981

Kreyszig, Erwin
"Statistische Methoden und ihre Anwendungen"
Vandenhoeck & Ruprecht, Göttingen 1979

Leiner, Bernd
"Einführung in die Statistik"
R. Oldenbourg-Verlag, München 1988

Linder, Arthur; Bechtold, Willi
"Statistische Methoden I: Elementare Statistische Methoden"
UTB Taschenbücher, Birkhäuser Verlag, Basel 1979

Maaβ, Siegfried
"Statistik für Wirtschafts- und Sozialwissenschaftler I: Wahrscheinlichkeitstheorie"
Springer-Verlag, Berlin, Heidelberg 1983

Maaβ, Siegfried; Mürdter, Heinz; Rieβ, Hugo Christian
"Statistik für Wirtschafts- und Sozialwissenschaftler II: Induktive Statistik"
Springer-Verlag, Berlin, Heidelberg 1983

Mayer, Horst
"Beschreibende Statistik"
Carl Hanser-Verlag, München 1981

Pfanzagl, Johann
"Allgemeine Methodenlehre der Statistik"
Walter de Gruyter-Verlag, Berlin, Teil I: 1972, Teil II: 1974

Pinnekamp, Heinz-Jürgen; Siegmann, Frank
"Deskriptive Statistik:
Einführung in die statistische Methodelnlehre"
R. Oldenbourg-Verlag, München 1988

Reichardt, Helmut
"Statistische Methodenlehre für Wirtschaftswissenschaftler"
Gabler-Verlag, Wiesbaden 1976

Rinne, Horst; Günter Ickler
"Grundstudium Statistik: Teil 1 bis 3"
Verlag für Wirtschaftsskripten, München 1986

Röhr, M.; Lohse, H.; Ludwig, R.
"Statistik für Soziologen, Pädagogen, Psychologen und Mediziner - Statistische Verfahren"
Verlag Harri Deutsch, Frankfurt/Main 1983

Rüger, Bernhard
"Induktive Statistik: Einführung für Wirtschafts- und Sozialwissenschaftler"
R. Oldenbourg-Verlag, München 1988

Schaich, E.; Köhle,D.; Schreiber W.; Wagner,F.
"Statistik"
Verlag Franz Vahlen, München, Band I: 1974, Band II: 1975

Schaich, E.
"Schätz- und Testmethoden für Sozialwissenschaftler"
Verlag Franz Vahlen, München 1977

Schlittgen, Rainer
"Einführung in die Statistik: Analyse und Modellierung von Daten"
R. Oldenbourg-Verlag, München 1987

Schwarze, Jochen
"Grundlagen der Statistik - Beschreibende Verfahren"
Verlag Neue Wirtschafts-Briefe, Herne/Berlin 1985

Wallis, W. Allen; Roberts, Harry V.
"Methoden der Statistik"
Rudolf Haufe-Verlag, Freiburg 1969

Wetzel, Wolfgang
"Statistische Grundausbildung für Wirtschaftwissenschaftler"
Walter de Gruyter-Verlag, Berlin, Teil I: 1971, Teil II: 1973

Yamane, Taro
"Statistik, ein einführendes Lehrbuch"
Fischer Taschenbuch Verlag, Frankfurt, Teil I und II, 1976

B. Einige Lehrbücher über spezielle Bereiche der Statistik

Anderson,O.; Schaffranek,M.; Stenger,H.; Szameitat,K.
"Bevölkerungs- und Wirtschaftsstatistik"
Springer-Verlag, Berlin 1983

Bortz, Jürgen
"Lehrbuch der Statistik für Sozialwissenschaftler"
Springer-Verlag, Berlin 1985

Feichtinger, Gustav
"Bevölkerungsstatistik"
Walter de Gruyter-Verlag, Berlin 1973

Gerß, Wolfgang
"Elementare Stichprobenmodelle"
Verlag Harri Deutsch, Frankfurt/Main 1987

Grohmann, Heinz
"Statistik - Bevölkerungs- und Wirtschaftsstatistik"
dipa-Verlag, Frankfurt/Main 1985

Hartung, Joachim; Elpelt, Bärbel
"Multivariate Statistik"
R. Oldenbourg-Verlag, München 1986

Hartung, Joachim; Elpelt, Bärbel; Klösener, Karl-Heinz
"Statistik - Lehr- und Handbuch der angewandten Statistik"
R. Oldenbourg-Verlag, München 1987

Hochstädter, Dieter; Kaiser, Ulrike
"Varianz- und Kovarianzanalyse"
Verlag Harri Deutsch, Frankfurt/Main 1988

Krug, Walter; Nourney, Martin
"Wirtschafts- und Sozialstatistik: Gewinnung von Daten"
R. Oldenbourg-Verlag, München 1987

Leiner, Bernd
"Stichprobentheorie
R. Oldenbourg-Verlag, München 1985

Leiner, Bernd
"Einführung in die Zeitreihenanalyse"
R. Oldenbourg-Verlag, München 1986

Leiner, Bernd
"Statistik-Programme in BASIC"
R. Oldenbourg-Verlag, München 1988

Linder, Arthur; Berchtold, Willi
"Statistische Methoden II: Varianzanalyse und Regressionsrechnung"
UTB Taschenbücher, Birkhäuser-Verlag, Basel 1982

"Statistische Methoden III: Multivariate Verfahren"
UTB Taschenbücher, Birkhäuser-Verlag, Basel 1982

Lippe von der, Peter
"Wirtschaftsstatistik"
UTB Taschenbücher, Gustav Fischer-Verlag, Stuttgart 1985

Marinell, Gerhard
"Multivariate Verfahren"
R. Oldenbourg-Verlag, München 1986

Marinell, Gerhard
"Statistik"
R. Oldenbourg-Verlag, München 1987

Marinell, Gerhard; Seeber, Gilg
"Angewandte Statistik: Entscheidungsorientierte Methoden"
R. Oldenbourg-Verlag, München 1988

Pokropp, Fritz
"Stichproben: Theorie und Verfahren"
Athenäum-Verlag, Königstein/Ts. 1980

Sachs, Lothar
"Angewandte Statistik - Anwendung statistischer Methoden"
Springer-Verlag, Berlin 1984

Scharnbacher, Kurt
"Statistik im Betrieb
Lehrbuch mit praktischen Beispielen"
Gabler-Verlag, Wiesbaden 1988

Scharnbacher, Kurt
"Statistikfälle im Betrieb"
Gabler-Verlag, Wiesbaden 1983

Schlittgen, Rainer; Streitberg, Bernd H.J.
"Zeitreihenanalyse"
R. Oldenbourg-Verlag, München 1987

Tiede, Manfred
"Statistik - Regressions- und Korrelationsanalyse"
R. Oldenbourg-Verlag, München 1987

Zöfel, Peter
"Statistik für die Praxis"
UTB Taschenbücher, Gustav Fischer-Verlag, Stuttgart 1985

Weber, Erna
"Grundriß der biologischen Statistik"
Gustav Fischer-Verlag, Stuttgart 1980

C. Bücher mit Übungsaufgaben

Bamber, Günter; Baur Franz
"Arbeitsbuch Statistik"
R. Oldenbourg-Verlag, München 1988

Basler, Herbert
"Aufgabensammlung zur statistischen Methodenlehre und Wahrscheinlichkeitsrechnung"
Physica-Verlag, Würzburg 1984

Bihn, W.R.; Schäffer K.A.
"Übungsaufgaben zur Grundausbildung in Statistik für Wirtschaftswissenschaftler"
J.C. Witsch Nachf., Köln 1986

Deutler, Tilmann; Schaffranek, Manfred; Steinmetz, Dieter
"Statistik-Übungen im wirtschaftswissenschaftlichen Grundstudium"
Springer-Verlag, Berlin 1984

Gerß, Wolfgang
"Klausuraufgaben zur Statistik"
Verlag Harri Deutsch, Frankfurt/Main 1988

Hartung, Joachim; Heine, Barbara
"Statistik-Übungen: Deskriptive Statistik"
R. Oldenbourg-Verlag, München 1988

Hartung, Joachim; Heine, Barbara
"Statistik-Übungen: Induktive Statistik"
R. Oldenbourg-Verlag, München 1987

Lippe von der, Peter
"Klausurtraining in Statistik"
R. Oldenbourg-Verlag, München 1986

Reichardt, Agnes
"Übungsprogramm zur statistischen Methodenlehre"
Gabler-Verlag, Wiesbanden 1976

Vogel, Friedrich
"Statistik - Aufgaben und Beispiele"
R. Oldenbourg-Verlag, München 1987

D. Formel- und Tabellenwerke

Bleymüller, Josef; Gehlert, Günther
"Statistische Formeln, Tabellen und Programme"
Verlag Franz Vahlen, München 1985

Bihn, W. R.; Schäffer K.A.
"Formeln und Tabellen zur Grundausbildung in Statistik für Wirtschaftswissenschaftler"
J.C.Witsch Nachf., Köln 1987

Bohley, Peter
"Formeln, Rechenregeln und Tabellen zur Statistik"
R. Oldenbourg-Verlag, München 1987

Rinne, Horst
"Statistische Formelsammlung"
Verlag Harri Deutsch, Frankfurt/Main 1988

Vogel, Friedrich
"Beschreibende und schließende Statistik - Formeln, Definitionen, Erläuterungen, Stichwörter und Tabellen"
R. Oldenbourg-Verlag, München 1988

Stichwortverzeichnis

Abgangsziffer 177
Abweichung
durchschnittliche
absolute (MAD) 55
quadratische 105
Adäquationsproblem 5
Additionssatz
für nicht-disjunkte
Ereignisse 292
für Mittelwerte 43
Alternativhypothese 461
Alternativmerkmal 8
Alternativtest 450,474ff
Alterspyramiden 185ff
Annahmebereich 450,476
Anpassungstest 450,478ff
Chi-Quadrat- 478
Kolmogorov-Smirnov- 482
Anteilswerte
Berechnung von 26,35
Approximation von
Wahrscheinlichkeits-
verteilungen 373,387ff,390
Assoziationsrechnung 79
Aufbereitung
statistische 13ff
Auswahlverfahren 259ff
Axiome der Wahrscheinlich-
keitsrechnung 290ff

Bayes, Satz von 303ff
Becker'sche Schema 171
Behrens-Fischer Problem 468,493
Bereich, kritischer 449
Bertrand'sches Paradoxon 280
Bestand
durchschnitlicher 175
-sfortschreibung 6,177ff
-smasse 5,116,171,180ff
Bestimmtheitsmaß 107ff
Bevölkerungspyramide 181
Bevölkerungsstruktur
zeitliche Veränderung 193
Bewegungsmasse 5,116,171,189ff
Beziehungszahlen 118ff
spezifische 120
Bias (Verzerrung) 412
Binomialkoeffizient 359
Binomialverteilung 356ff
Anwendungen der 364

Census Value Added (CVA) 153
Chi-Quadrat Anpassungstest 478ff
Chi-Quadrat Verteilung 395ff

Deflationierung 145ff
demographische Struktur 182ff
nach dem Geschlecht 182ff
nach dem Alter 185ff
nach dem Erwerbskonzept 190ff
Dichtefunktion 316ff
Differenzentest 467ff,470ff
Durchschnittbestand 175ff

Effizienz 415
Einheit, statistische 4
Elementarereignis 273
Entscheidungsmöglichkeiten bei
einem Alternativtest 476
einem Signifikanztest 453
Entsprechungszahlen 119
Ereignis, zufälliges 271ff
stochastisch
unabhängiges 294ff
Erhebung, statistische 11
Erhebungsmerkmal 6
Ersatzwerteigenschaft
des AM 43
Erwartungstreue 412ff
Erwartungswert 327ff
Erwerbslose 190
Erwerbspersonen 190
Erwerbsquote 191
Erwerbstätige 186
Exponentielle Glättung 229ff
Exportquote 117

F-Verteilung 399ff
Faktorumkehrprobe 138
Fehler
erster Art 453,486
zweiter Art 453,486
Fortschreibungsmodell 175ff
Fortschreibungsreihen 155

Gauß'sches Fehlergesetz 375
Geburtenziffer 119
Ginisches
Konzentrationsverhältnis 68
gleichmöglich 273
Gleitende Durchschnitte 224
gewichtete 228
Gliederungszahlen 116ff
Gliedzifferverfahren 247ff
Grenzwertsatz, zentraler 395
Grundgesamtheit 259
Gruppenbildung 14ff
Gütefunktion eines
statistischen Tests 485ff

Häufigkeit
absolute 19ff,80
kumulierte 23
relative 19ff,80

Häufigkeitsdichte 30
Häufigkeitsfunktion 23,28,81
Häufigkeitstabelle 24,32
Häufigkeitspolygon
Häufigkeitsverteilung
eindimensionale 22
quantitativer Merkmale 87ff
zweidimensionale 79ff
Histogramm 29ff
Hypergeometrische
Verteilung 365ff
Anwendungen der 368
Vergleich mit der
Binomialverteilung 367
Hypothese
einfache 450
statistische 449
zusammengesetze 450

Index
Nettoproduktion 146ff
Mengen- 147ff
nach Laspeyres 137
nach Lowe 138
nach Paasche 138
Preis- für die
Lebenshaltungskosten 139ff
Preis- 133ff, 143ff
Umsatz- 147
Volumen- 148
-zahlen 132ff
Intervallschätzung 424ff
Intervallskala 9
Irrtumswahrscheinlichkeit 452

Kettenmeßziffer 123,248
Klasse, modale 42
Klassenbildung 26ff
Klasseneinteilung,
disjunkte 7
Klumpenstichprobe 262ff
Kohorte 176
Kolmogorov
Axiomensystem von 290ff
Komponenten
einer Zeitreihe 214ff
horizontale 230ff
Rest- 214
saisonale 214
zyklische 214
Konfidenzintervall 410,427ff
für den
Anteilswert 432ff
Erwartungswert 427ff,430ff
für die Differenz zweier
Erwartungswerte 432ff
für den Quotienten zweier
Varianzen 437ff
für die Varianz 436ff
Konsistenz 416
Konzentration einer
Verteilung 65f
Konzentrationsmaß, Ginisches 68
Konzentrationsaussage 66
Korrelations-
koeffizient 343
empirischer 101ff,108
rechnung 79,101ff
Kovarianz 92,98,343
Kreisdiagramm 21
Kritischer Bereich 452

Längsschnittanalyse 180ff
Lebenserwartung
durchschnittliche 201
Likelihood-Funktion 420
Linearformen von
Zufallsvariablen (ZV) 344ff
normalverteilten ZV 392ff
Lorenzkurve 65ff

Masse
Abgangs- 167
geschlossene 167
offene 167
statistische 2,4
Zugangs- 167
Maximum-Likelihood
Methode 418ff, 420ff
Median (Zentralwert) 40ff
Mengenindex 143ff
Merkmal 6
approximativ-stetig 9
demographisches 178
diskretes 9
Erhebungs- 6
extensives 43
häufbar 8
nicht-häufbar 8
qualitatives 7
quantitatives 7
räumliches 7
-sausprägung 6
stetiges 9
Unterscheidungs- 6
Meßniveau 4ff
Meßziffer 121ff
-nreihen 122ff
Methode der
exponentiellen Glättung 229ff
gewichteten gleitenden
Durchschnitte 228
gleitenden Durchschnitte 224ff
kleinsten Quadrate 88ff,219ff
Mikrozensus 181
Mittel
arithmetisches 42ff
geometrisches 48
harmonisches 49ff
Mittelwerte
Additionssatz für 43
bedingte 95ff
Modalwert (Modus) 42
Momente
von Verteilungen 64ff,342ff
gewöhnliches 64,342
zentrales 64,342
Momentenmethode 418
Multiplikationssatz 297

Nettoproduktionsindex 149ff
Nominalskala 8
Normalverteilung 375ff
Nullhypothese 450

Objektive a-posteriori
Wahrscheinlichkeit 283
Objektive a-priori
Wahrscheinlichkeit 284
Operationscharakteristik 492
Ordinalskala 8

Parametertest 455ff
Phasendurchschnittsverfahren (nach Person) 239,244ff
Poissonverteilung 369ff
Anwendungen der 372
P-Quantile 51ff
Preisindex
für die Lebenshaltung 139ff
für Kaufkraftparitäten 144
nach Laspeyres 136
nach Paasche 136
Prinzip vom unzureichendem
Grund 273
Produktionsindex
des Produzierenden
Gewerbes 148ff
nach fachlichen Unternehmensteilen 150,159
nach Unternehmen 150,163
Punktschätzung 398ff

Quantile 52ff
Quartilsabstand (QA) 54
Querschnittsanalysen 180
Quotenverfahren 261

Randverteilung 81ff,342ff
Realisation 271
Regression, lineare 87ff
Regressionsrechnung für
gruppiertes Material 94ff
ungruppiertes Material 87f
Reststreuung 106

Saisonindexziffern 240,245
Saisonbereinigung von Zeitreihen
bei Verknüpfung
additiver 233ff
mulitplikativer 239ff
Schätzfunktion 410ff
asymptotisch
erwartungstreue 41
effiziente 415
erwartungstreue 412ff
konsistente 416
Konstruktion einer 418ff
Schätzung
Intervall- 424ff
Punkt- 410ff
Schätztheorie 397ff
Schätzwert 398
Schichtenbildung 265
Schiefe einer Verteilung 64
Schlußweise
induktive 268ff,409
deduktive 268ff,409
Schwankungsintervall 424ff
Sexualproportion 182ff
Sicherheitswahrscheinlichkeit 424
Signifikanzniveau 452
Signifikanztest 450
einseitiger 460ff
zweiseitiger 456
für den Anteilswert 463
für die Differenz
von Anteilswerten 470
von Erwartungswerten 467
für den Erwartungswert 455,463
für die Varianz 465
für den Quotienten
zweier Varianzen 471

Skalentypen
(von Merkmalsausprägungen) 9
Spannweite (range) 52
Stabdiagramm 21
Standardabweichung 323
empirische 57
Standardisierung 126ff
Standardnormalverteilung 375ff
Statistik
amtliche 1
beschreibende 2
schließende 2
deduktive 268ff,409
induktive 268ff,409
Sterbetafel
Generationen- 197
Perioden- 198ff
Sterbewahrscheinlichkeit
altersspezifische 199
Sterbeziffer
allgemeine 129
altersspezifische 129,198
rohe 194
standardisierte 195
Stetigkeitskorrektur 388
von Yates 480
Stichprobe
-nerhebung 261ff,266ff
Klumpen- 267
mit Zurücklegen 355
ohne Zurücklegen 355
-numfang 440ff
Stichprobenverfahren
(-erhebungen)
einfaches 261
geschichtetes 264
mehrstufiges 268
Stochastische Unabhängigkeit 294ff,298,343
Streuung
externe 59
interne 59
Streuungs
-aussage 66
-parameter 56ff
-verschiebungssatz 320,333
-zerlegung 58ff,104ff
Struktur, demographische 182ff
nach dem Geschlecht 182ff
nach dem Alter 185ff
nach dem
Erwerbskonzept 190ff
Student (t-)-
Verteilung 398ff
Subjektive a-priori
Wahrscheinlichkeit 284
Symmetrie
der Normalverteilung 379
reziproke der
F-Verteilung 400
Systematik 7

Tabellentechnik 13
Teilerhebung 2,10,259ff
Test
  Alternativ- 474ff
  Chi-Quadrat
    Anpassungs- 478ff
  Fehlermöglichkeiten
    bei einem 451fff
  Kolmogorov-Smirnov- 482
  Prinzip eines 454ff
  Signifikanz- für den
    Erwartungswert bei
      großem Umfang 455ff
      kleinem Umfang 463ff
    für die Varianz 465ff
    für die Differenz
      zweier Erwartungs-
        werte 467ff
      zweier Anteils-
        werte 470ff
Testtheorie 440ff
Totalerhebung 2,10,259ff
Trendparameter 234ff

Umbasierung 123ff
Umschlagziffer 178
Unabhängigkeit
  statistische 83ff
  stochastische 294ff,
    298,341
Unternehmensteil,
  fachlicher 146
Unterscheidungsmerkmal 6
Unverzerrtheit
  (Erwartungstreue) 412ff
Urmaterial 2,12

Varianz 329ff
  empirische 56ff,92
Variationskoeffizient 63
Verhältnisskala 9
Verhältniszahlen 116ff
  erwartungsgemäße 131
  standardisierte 131
Verkettung 121
Verteilung (Wahrscheinlichkeits-)
  bedingte 83ff,340ff
  Binomial- 356ff
  Chi-Quadrat- 395ff
  F- 399ff
  gemeinsame 334ff
  Hypergeometrische 365ff
  marginale 82
  Normal- 375ff
  Poisson- 369ff
  Rand- 80,338ff
  Student-(t-) 398ff
  zweidimensionale 333ff
Verteilungsfunktion
  eindimensionale 23,29,318ff
  zweidimensionale 334ff
Verzerrung (bias) 412
Volkszählung 177
Volumenindizes 144

Wahrscheinlichkeit
  a posteriori 284
  a priori 284
  bedingte 294ff,340ff
  empirische Bestimmung 283ff
  logische Bestimmung 284
  geometrische 279
  nach Kolmogorov 285,290ff
  klassische
    nach Laplace 274
  nach v. Mises 283
  objektive 283
  subjektive 284
  totale 299
Wahrscheinlichkeits-
  funktion 320ff,334
  Approximation 387ff,390,395
  bedingte 340

Zeitmengenbestand 175
Zeitreihenanalyse 213
Zeitumkehrprobe 138
Ziffer
  Abgangs- 173
  Sterbe- 189ff
  Verweildauer- 173
  Zugangs- 173
Zentraler Grenzwertsatz 395
Zufallsexperiment 271,315
Zufallszahlen 262
Zufallsvariable 315ff
  Definition einer 316
  diskrete 317
  standardnormalverteilte 378
  stetige 317
  Verteilungsfunktion 318
  zweidimensionale 333
Zugangsziffer 177